U0260477

BEIJINGSHI NONGZUOWU

北京市农作物种子管理教程

ZHONGZI GUANLI JIAOCHENG

（第二版）

赵山普　主编

中国农业出版社

编 写 委 员 会

Bianxie Weiyuanhui

主　　编：赵山普

副 主 编：贾希海　张连平　白琼岩　福德平

编写人员（按姓氏笔画排序）：

王　平　王玉珏　王英杰　云晓敏
牛　茜　叶翠玉　白聪慧　邬研明
刘晓燕　闫祥升　孙增辉　杨　帆
肖文静　吴明生　宋　歌　张　冬
张梅娟　张潇月　陈　冀　赵　娜
赵　琨　赵彦鹏　赵海艳　郝　静
侯　伟　律宝春　贾倩倩　高　勇
高　超　郭慧杰　黄　寰　黄铃冰
龚先友　崔兆芳　阎晓辉　彭瑞迪
傅海鹏　窦欣欣　熊建龙

前 言

| *Preface* |

国以农为本，农以种为先，农作物种子产业的发展直接关系到农业生产安全和农民增产增收。2011 年国务院发布《关于加快推进现代农作物种业发展的意见》（国发〔2011〕8 号），把农作物种业提升为国家战略性、基础性核心产业，是促进农业长期稳定发展、保障国家粮食安全的根本。

依法治国是社会进步、社会文明的一个重要标志，是发展社会主义市场经济的必然要求。种子产业的健康发展，必须有法可依，有法必依，执法必严，违法必究。1989 年国务院颁布了《农作物种子管理条例》，2000 年全国人大颁布了《中华人民共和国种子法》，随后农业部制定了一系列的配套规章。2006 年国务院办公厅发布《关于推进种子管理体制改革加强市场监管的意见》（国办发〔2006〕40 号），实行政企分开，健全了各级种子管理机构，规范了管理队伍。

知法、懂法是守法经营、依法管理的前提。为帮助种子从业人员和种子管理人员熟练掌握和应用与种子有关的法律法规，我们组织长期从事种子管理工作、具有丰富实践经验的人员编写了本教程。本教材以北京市多年的种子管理工作为基础，兼顾国家和其他省市的管理工作。

由于种子是具有科技含量的活的生命体，种子管理离不开技术支撑，因此本教材分为管理篇和技术篇。管理篇涵盖了农作物种质资源管理、品种管理和品种权保护、种子生产经营管理、种子进出口管理、种子质量管理、种子储备和南繁管理、种子市场监管和行政处罚。技术篇包括种子质量常规检验技术、分子检测技术和健康检测技术等。转基因生物技术给种子产业带来了革命性的影响，人们可以有目的地把优良基因导入目标生物体或者把不良基因从目标生物体中敲除，从而快速高效获得预期的农作物新品种。农业转基因生物技术已在大豆、棉花、玉米、油菜等作物上得到广泛应用，转基因农作物种植面积迅速扩大，大有势不可挡之势。作为新兴的育种技术，人们对其认知和掌控能力尚为不足，为避免给人类和生态环境带来危害，加强风险管理尤为重要。因此，本教程加入了农业转基因生物安全监管和成分检测的内容。

法律具有周密性和严谨性，要防患于未然。但在实践中有的行为很少发生，或者从未发生过。本教程基于长期的种子管理实践编写，篇章体例、逻辑顺序、内容多寡与法律本身并不完全匹配，有的也可能没有涉及。另外，编者对法律的理解和阐释也基于工作实际，未必与立法本意完全一致。因此，读者在阅读本教程时，还需要参照法律原文，多加思考。编者也衷心希望读者对书中存在的问题给予指正，帮助我们在工作中改进，共同促进我国种子产业的繁荣发展。

编　者

2014年8月

目 录

Contents

技　术　篇

管理篇

第一章　总　　则

第一节　《中华人民共和国种子法》修改情况

新修订的《中华人民共和国种子法》（以下简称《种子法》）于2015年11月4日经全国人大第十二届常委会第十七次会议审议通过，2016年1月1日正式颁布实施。新法在总结过去15年实践的基础上，结合现代农业发展需求和种业发展现状，并借鉴国际种业立法理念，对我国种业基本法律制度进行了全面修订和完善。

一、种子法修订的背景

（一）发展现代种业体系

2011年国务院印发8号文件，即《国务院关于加快推进现代农作物种业发展的意见》（国发〔2011〕8号）（以下简称《意见》）。《意见》分析了我国农作物种业发展的形势，并提出了加快推进现代农作物种业发展的总体要求、重点任务、政策措施、保障措施。同年，国务院副总理回良玉在全国现代种业工作会议强调要推动传统种业向现代种业转变，建立现代种业体系。2013年中央农村工作会议上习近平总书记指示，要下决心把民族种业搞上去，抓紧培育出有自主知识产权的优良品种，从源头上保障国家粮食安全。发展现代种业体系，提升我国农业科技创新水平，增强农作物种业竞争力，成为我国种业发展的当务之急。

（二）简政放权，鼓励创新

为贯彻党的十八大和十八届三中、四中全会关于简政放权、转变政府职能、更好地发挥市场作用的相关精神，2013年以来本届政府大刀阔斧进行行政体制改革，加快政府职能转变。2015年首次常务会议确定了规范和改进行政审批的措施，并指出深化行政体制改革、转变政府职能总的要求是简政放权、放管结合、优化服务协同推进，即"放、管、服"三管齐下。

2015年国务院印发了32号文件，即《国务院关于大力推进大众创业万众创新若干政策措施的意见》（国发〔2015〕32号），系统阐述了推进大众创业、万众创新的总体思路，就是要按照"四个全面"战略布局要求，充分发挥市场配置资源的决定性作用和更好地发挥政府作用，着力"放宽政策、放开市场、放活主体"，建立健全有利于"大众创业、万众创新"蓬勃发展的政策环境、制度环境和公共服务体系。

现代种业体系建设需要简政放权，释放市场活力，保护知识产权，实施创新驱动发展战略。

（三）2000年《种子法》局限性凸显

法律要调整的现实社会的内容是具体的、多样的、易变的。随着社会的不断发展，由此产生一些新生事物、进而形成新的社会关系，这就必然造成法律相对社会现实的滞后性和僵化性。随着社会主义市场经济的发展，我国种业出现了不少新情况，2000年《种子法》的一些规定已不适应现实情况：一是种质资源保护、利用制度不完善，种质资源流失严重、利用困难等问题突出；二是育种创新体制机制不健全，需要构建符合现代种业发展要求的育种体制机制；三是对植物新品种假冒侵权现象打击力度不够，植物新品种权的保护力度需要进一步加强；四是种子生产经营的管理环节过多，审批事项多，需要简化管理，下放审批；五是缺乏种业扶持措施，种业国际竞争力弱的问题没有明显改善；六是基层种业执法机构权责不清，综合执法机构和种子管理机构的职责地位需要明确；七是法律责任范围偏窄，处罚力度偏小，需要调整。

二、种子法修订的目的

关于立法目的，新修订的种子法第一条明文规定："为了保护和合理利用种质资源，规范品种选育、种子生产经营和管理行为，保护植物新品种权，维护种子生产经营者、使用者的合法权益，提高种子质量，推动种子产业化，保障国家粮食安全，促进农业和林业的发展，制定本法。"

与2000年《种子法》相比，此次修法，在立法目的方面进一步完善，做了很大的扩展，增加了四个方面的内容：一是将种子管理行为纳入规范的范畴，强调对种子行政管理行为的规范；二是增加了保护植物新品种权，将新品种保护的法律地位由法规提升到法律的层次，对鼓励育种创新、加大新品种保护力度有积极作用；三是发展现代种业，这是十八届五中全会提到的内容，增加此项内容，体现了种子立法与中央精神保持高度一致；四是保障粮食安全，近年来粮食安全形势日趋严峻，将保障粮食安全写入到立法目的当中，体现了国家对粮食安全的重视，必将为保障粮食安全提供强有力的法律后盾。

三、《种子法》的调整范围

关于调整范围，新修订的《种子法》第二条明文规定："在中华人民共和国境内从事品种选育、种子生产经营和管理等活动，适用本法。本法所称种子，是指农作物和林木的种植材料或者繁殖材料，包括籽粒、果实、根、茎、苗、芽、叶、花等。"

（一）关于种子的定义

法律调整的是特定的权利义务关系，《种子法》中种子的定义与自然科学的定义相比，有其特定的含义。《种子法》中的"种子"，必须是农作物和林木的种植材料或者繁殖材料，与农作物和林木的种植与繁殖无关的种子，如仅用来食用而不作种用的稻谷、小麦等粮食，不属于《种子法》调整的范围。与自然科学的定义相比，《种子法》调整的种子形态上更丰富，除了籽粒、果实外，还包括其他的种植材料或者繁殖材料，如根、茎、苗、芽、叶、花等。由此看来，《种子法》中的种子，与自然科学中的种子是一种相互交叉的关系。

特别要指出的是，随着育种科技的进步，花作为生物体器官，也逐渐被用作种植材料或者繁殖材料，因此本次修订将花也纳入种子范畴。

（二）关于调整范围

《种子法》第二条规定，在中华人民共和国境内从事品种选育、种子生产经营和管理等几个方面的活动，适用《种子法》。那么，要明确哪些行为属于《种子法》的调整范畴，就必须对品种选育、种子生产经营和种子管理行为有一个准确的认识：

1. 品种选育

品种是指经过人工选育或者发现并经过改良，形态特征和生物学特性一致，遗传性状相对稳定的植物群体。品种选育，则是指育种者采用物理、化学、生物等人工方法改变品种的遗传特性，培育出新的品种的活动。

2. 种子生产经营

种子生产经营，是指种植、采收、干燥、清选、分级、包衣、包装、标识、贮藏、销售及进出口种子的活动；种子生产是指繁（制）种的种植、采收的田间活动。

3. 种子管理

种子管理是指各级人民政府及其有关部门、有关机构以及有关组织对种子行业进行管理的活动，包括对种子行业进行指导、规范、扶持、服务、审批、执法等活动。

四、种子监督管理

（一）种子管理的职责体系

科学合理的种子管理体系是依法高效开展种子管理工作的重要条件。按照新修订的《种子法》的规定，国务院农业、林业主管部门分别主管全国农作物种子和林木种子工作；县级以上地方人民政府农业、林业主管部门分别主管本行政区域内农作物种子和林木种子工作。各级人民政府及其有关部门应当采取措施，加强种子执法和监督，依法惩处侵害农民权益的种子违法行为。从而明确了种子管理的职责体系：

一是明确了种子管理主管部门。农业、林业行政部门作为各级政府主管农业工作的主体，依法肩负相应的责任和义务，应当依法履行种子管理的各项职责，包括种质资源保护、品种审定和登记、植物新品种保护、生产经营许可证核发和管理、种子进出口管理、种子质量监管、种子市场监管、种子信息发布等多个方面的法定职责。

二是明确了种子管理体系。国务院农林主管部门负责全国农作物种子和林木种子工作；县级以上地方人民政府农林主管部门分别主管本行政区域内农作物种子和林木种子工作。从宏观上架构了种子管理从中央到地方的分级管理体系，同时，各级主管部门的具体职责和分工又有相应的法律法规具体规定，从而形成了从上到下，覆盖种子管理各项职责的完整的管理体系。

三是明确了各职能部门的协作机制。《种子法》第三条将执法监督由部门行为上升为政府行为，种子管理主管部门在履行职责的过程中遇到难以解决的问题，可以根据这一条，报请本级人民政府，由其组织有关部门开展联合执法。如果能够充分利用这一机制，由各个部门互相配合、相互协作，许多种子管理过程中的难题将迎刃而解。

（二）种子管理机构的地位

按照新《种子法》的规定，农业、林业主管部门所属的综合执法机构或者受其委托的种子管理机构，可以开展种子执法相关工作。县级以上人民政府农业、林业主管部门所属的综合执法机构或者受其委托的种子管理机构依据职责分工和有关法律法规的规定，承担具体的种子执法工作。综合执法机构或种子管理机构在开展种子执法工作中，可以依法进入生产经营场所进行现场检查；对种子进行取样测试、试验或者检验；查阅、复制有关合同、票据、账簿、生产经营档案及其他有关资料；查封、扣押有证据证明违法生产经营的种子，以及用于违法生产经营的工具、设备及运输工具等；查封违法从事种子生产经营活动的场所。

特别要指出的是，《北京市实施〈中华人民共和国种子法〉办法》第五条第二款规定："市和区、县种子管理机构具体负责种子管理和监督工作。北京市种子管理机构对区、县种子管理机构进行指导和监督。"该办法通过地方法规授权的方式，直接将种子管理和监督职责授权给种子管理机构，北京市的各级种子管理机构可以依法开展相关的种子执法工作。

（三）种业发展规划和实施

根据《种子法》的规定，省级以上人民政府应当根据科教兴农方针和农业、林业发展的需要制定种业发展规划并组织实施。种业发展规划的编制，是通过长期规划的方式明确今后一段时期种业发展方向和目标。通过编制规划明确种业发展任务和措施，这是推动种业持续健康发展的重要途径。

2012 年，国务院办公厅正式印发由农业部、国家发展改革委、财政部、科技部等 16 个部门编制完成的《全国现代农作物种业发展规划（2012—2020年）》，该《规划》共包括规划背景、总体要求、重点任务、发展布局、重大工程和保障措施六个部分，为全国种业的发展指明了方向，提供了保障。2012年，北京市正式印发由市农委、市农业局、市园林绿化局、市发展改革委、市科委、市财政局六个部门共同组织，由中国农业大学会同中国农业科学院、北京农林科学院、中国社会科学院等单位共同编制，部分郊区县农业行政主管部门和种业企业参与编制完成的《北京种业发展规划（2010—2015年）》，该规划从北京种业发展现状，指导思想、基本原则和目标，北京种业发展布局，重点工程及投资概算，效益分析，保障措施等七个方面，为北京种业的发展做了全面的规划。该规划是首都种业建设发展的重要依据和指南，也是"十二五"期间我市都市型现代农业发展规划的重要组成部分；透视了北京种业发展的历程、阶段特征和未来趋向，洞察了北京种业发展的环境条件和面临的关键问题，明确了北京种业发展的定位、目标和转型提升方向，谋划了北京种业发展的布局和重点工程，提出了推进北京种业可持续、跨越式发展的主要措施。实施五年来，该规划在促进首都种业发展，推动种业之都建设方面起到了重要作用。

五、种子储备制度

省级以上人民政府建立种子储备制度，主要用于发生灾害时的生产需要及余缺调剂，保障农业和林业生产安全。对储备的种子应当定期检验和更新。种子储备的具体办法由国务院规定。

（一）储备制度设立的背景

我国幅员辽阔，地理气候条件复杂，自然灾害种类多且发生频繁。各种自然灾害对农业生产影响很大，洪灾、旱灾、风灾、蝗灾、地震等严重自然灾害，常常会给农业生产造成大面积减产、绝收等不利后果，从而造成农民收入减少，影响他们的正常生活，甚至可能引发社会问题。为了能够在严重自然灾害发生时，减少对农业生产的影响，降低可能给农民造成的损失，防范可能发生的社会问题，建立完善的救灾备荒种子储备制度势在必行。

（二）储备制度的主要功能

《种子法》修订后，种子储备制度增加了"余缺调剂"的功能，使储备制度更全面、更科学。通常，由于生产经营成本和种子本身特性的限制，自主生产经营种子的企业不会常年储备种子。在严重的自然灾害发生时，往往会发生种子供求失衡、价格波动剧烈等问题，这时候只靠市场自我调节不能完全解决实际问题。为此，《全国现代农作物种业发展规划（2012—2020年）》提出要"健全种子市场调控体系"。在市场调节这只手不能满足需要的时候，就需要国家宏观调控这只手发挥应有的作用，双管齐下，调剂种子余缺，平衡种子供求关系，稳定种子价格，保障农业生产用种，维护农民的切身利益。

（三）种子储备制度架构

1. 储备的责任主体

《种子法》第六条明确规定省级以上人民政府建立种子储备制度，通过进一步明确国家和省级人民政府的责任，建立以国家和省级两级政府为责任主体的种子储备体系。在储备种子的时候，相关国家和省级管理部门要提前沟通，确保各级种子储备保持合理规模，做到在功能定位、品种结构、地域布局上能够互相衔接和补充。

2. 储备制度的运作

虽然国家和省级政府是种子储备的责任主体，但在具体运作上需要市场力量的积极参与。《农业部关于加强种子管理工作的意见》提出："为增强种子市场调控能力，各级农业部门和种子管理机构都要创造条件，建立以种子企业为主体、财政资金为保障、市场化运作的种子储备制度，并争取将种子储备资金纳入同级财政预算。”《国务院关于加快推进现代农作物种业发展的意见》提出：“在现有国家救灾备荒种子储备基础上，建立国家和省两级种子储备体系。国家重点储备杂交玉米、杂交水稻种子及其亲本，保障杂交种子供应和平抑市场价格；省级重点储备短生育期和大宗作物种子，保障灾后恢复生产和市场调剂。种子储备任务通过招投标方式落实，国家重点支持的‘育繁推一体化’种子企业要主动参与投标。”

六、转基因品种管理

按照《种子法》的规定：“转基因植物品种的选育、试验、审定和推广应当进行安全性评价，并采取严格的安全控制措施。国务院农业、林业主管部门应当加强跟踪监管并及时公告有关转基因植物品种审定和推广的信息。具体办法由国务院规定。”

《种子法》修订后，在转基因品种管理方面新增加了“加强跟踪监管和及时公告转基因植物品种审定和推广的信息”，通过增加这条规定，从而强化和落实农业部、国家林业局，以及县级以上地方各级人民政府农林主管部门的转基因品种管理责任，督促其切实采取措施提高监管水平，保障公众的知情权，加强社会监督，完善转基因植物品种的管理。作为一项新技术，转基因潜在的风险具有一定的未知性。为了防范可能出现的风险，我国建立了严格的转基因监管法律法规体系。除《种子法》等法律外，国务院颁布了《农业转基因生物安全管理条例》，以加强农业转基因生物安全管理。此外，多个部门也制定了相应的规章。农业部方面，为了加强转基因棉花种子生产经营许可管理，制定了《转基因棉花种子生产经营许可规定》；为加强农业转基因生物安全评价管理，制定了《农业转基因生物安全评价管理办法》；为加强农业转基因生物进口的安全管理，制定了《农业转基因生物进口安全管理办法》；为加强对农业转基因生物的标识管理，制定了《农业转基因生物标识管理办法》；为了加强农业转基因生物加工审批管理，制定了《农业转基因生物加工审批办法》。国家质检总局方面，为了加强进出境转基因产品检验检疫管理，制定了《进出境转基因产品检验检疫管理办法》。国家林业局方面，为了规范林木转基因工程活动审批行为，制定了《开展林木转基因工程活动审批管理办法》。这些法律文件共同构筑起了我国转基因监管法律法规体系，为相关部门加强转基因植物品种监管提供了法律依据。

参考文献

刘振伟，余欣荣，张建龙. 2016. 中华人民共和国种子法导读［M］. 北京：中国法制出版社.

第二节 扶持措施

行业要发展，企业是主体。政策扶持，对种业企业而言，以政策作用相对公平的特点，调节行业发展，引导企业调整产业结构和产品结构。特别是在当前种业发展的关键时期，政策扶持必然发挥巨大的作用。自2000年《种子法》颁布以来，我国种业取得了长足的发展，但同世界种业巨头相比还存在较大的差距。种业是基础性产业，关系到国家粮食安全，同时也是弱势产业，需要国家政策上的一个推动力，予以保护和扶持，促进其快速发展，提高与国外种企的竞争力。

一、我国现阶段扶持措施特点

（一）出台法律法规

2011年，国家出台《国务院关于加快推进现代农作物种业发展意见》（国发〔2011〕8号，以下简称2011年国务院8号文件），明确了农作物种业作为国家战略性、基础性“两个核心产业地位”，促进农业长期稳定发展、保障国家粮食安全“两个根本作用”已经深入人心，中央各部门和地方政府密集出台了法律法规及一系列支持种业发展政策，全社会都高度关注种业的发展，形成了加快推进现代农作物种业的强大合力。

新修订的《种子法》为“扶持措施”单独新增了一章（七条），将近年来有关种业的扶持政策措施上升为法律层面，进一步加大扶持力度。重点对品种选育、生产、示范推广、种植资源保护、种子储备以及制种大县给予扶持。同时，《种子法》将生产许可和经营许可合二为一，将育繁推一体化企业的审核下放到省级农业主管部门，减少主要农作物种类，对非主要农作物采取登记制度等，充分体现了简政放权，强化事中事后监管，推动现代种业快速发展，体现了国家从法律层面对种业的扶持。

《种子法》出台后，农业部又相继出台了《主要农作物品种审定办法》《农作物种子生产经营许可管理办法》等部门规章，在品种审定和生产经营许可管理方面，下放审批权限、简化办理程序、实行品种审定绿色通道制度，许可两证合一等规定也是国家对种业发展的大力扶持和推动。

（二）出台系列文件

自2011年国务院8号文件后，国家相继密集出台了多个文件，2012年，国务院办公厅印发《全国现代农作物种业发展规划（2012—2020年）》（国办发〔2012〕59号），全面细化了该文件提出的目标，明确了现代种业发展的总体目标和重点任务，明确了种业发展的时间表，全面统筹各类种业发展项目。

2013年12月，国务院发布《关于深化种业体制改革提高创新能力的意见》（国办发〔2013〕109号），在科研成果权益比例改革、种业科研成果公开交易办法研究制定、国家良种攻关五年规划方案和种质资源发展规划编制、种业科研“事企脱钩”和制种大县奖励、打击侵犯品种权和制售假劣专项行动、市场行业评价和企业委托经营制度研究等方面进行重点部署。

2015年11月，经国务院批准，农业部、国家发展改革委、财政部、国土资源部和海南省政府联合印发《国家南繁科研育种基地（海南）建设规划（2015—2025）》（以下简称《规划》），划定了26.8万亩*适宜南繁科研育种的区域，为永久基本农田，实行用途管制。《规划》针对目前南繁基地基础设施薄弱、科研用地不稳、配套设施违建严重、生物安全风险加大、基地监管任务繁重等重大问题，提出了一系列可操作的政策措施。除了解决用地问题，《规划》还明确建设科研育种保护区高标准农田、建设南繁基地水利设施、公共实验服务和执法管理基础设施等，为建造一流基地打下坚实基础。

在种业发展的新形势下，全国各省都相继出台了发展意见及发展规划，以北京市为例，市政府高度重视，出台了相关意见和扶持政策，并联合农业部共同推进北京市种业的发展，力求发挥北京的引领作用。2012年2月，北京市政府发布了《关于促进现代种业发展的意见》，进一步加快推进“种业之都”建设，重点优化种业发展布局，初步形成“一个核心、两大区域、三类基地、四级网络”的种业发展格局；强化种业公益性基础性研究；建立商业化育种体系，推进产学研结合；培育“育繁推一体化”种业企业；强化种业市场监管和服务；严格品种审定和保护；健全种子管理体系；加强种业人才引进与培养；提升种业综合发展能力；加强种业国际合作交流。2012年5月，北京市政府与农业部正式签署了《共同建设现代农作物种业战略合作备忘录》，共同推进北京现代种业的建设。该备忘录进一步明确了北京市政府与农业部共同建设北京农作物种业的目标及具体措施。重点将围绕种业科技创新、体制转变和“育繁推一体化”种子企业培育开展工作。

（三）设置专项资金扶持

近年来，国家对农业的支出不断增加，2011年中央财政对“三农”投入首次超过1万亿元。各省贯彻落实2011年国务院〔2011〕8号文件的措施中，均把“鼓励和引导相关金融机构以多种形式加大对‘育繁推一体化’企业的资金扶持”作为重要内容。政府财政增加对“育繁推一体化”种子企

* 亩为非法定计量单位，1亩≈667米^2——编者注

业资金投入，大力开展商业化育种工作，支持引进国内外先进育种技术、装备和高端人才，并购优势科研单位或种子企业，促进“育繁推一体化”种子企业发展壮大。

2013 年，北京市财政安排了种业专项资金，重点支持种业企业育种创新能力提升、创新成果转化、种业服务平台建设。北京市发展和改革委员会落实了中央生物育种能力建设与产业化专项，共投入资金 1 亿元；北京市科学技术委员会支持产学研结合创新平台、种业科技成果托管平台建设，共投入 1.3 亿元，投入力度进一步加大；落实种业规划项目 20 个，项目总资金 1 亿元。

2014 年，为了贯彻落实中央 1 号文件，经北京市财政专项拨付，实施了北京市小麦良种全额补贴工作，共计补贴经费 1 000 万元，补贴面积 10 万亩，惠及大兴、顺义、通州、房山 4 个区县 15 个乡镇、316 个村的 13 377 户农民。该项工作，一方面为农户提供了优良品种，实现了小麦良种种植，提高了小麦生产产量，从根本上解决了京郊小麦“三层楼”的问题；另一方面有效地激发种子企业的生产和销售的能力，利于培育优势种子企业，为打造种业之都提供支持。

（四）安排大项目扶持

近年来，农业部开展多个大项目支持农业，特别是向种业扶持方大幅倾斜，仅就北京市“育繁推一体化”企业近三年来就拿到 8 个科研项目、近 7 000 万元的资金支持，扶持方向主要包括品种选育及科技创新基地建设。

北京市近几年也开展了多个扶持项目。借助北京发展规划——北京市种子质量监管体系建设项目实施，2013 年北京市完成检测室环境改造、仪器设备的验收和调试，并对技术人员进行了仪器管理和检测技术的培训。同时为进一步发挥仪器设备功效，提高区县检测人员的动手能力，首次组织开展全市种子检测机构“玉米品种真实性检测技术能力验证试验”，全面提升体系整体检测能力。目前基本建成以北京市种子管理站检测中心为主，以 10 个区检测机构为辅的“1＋10”种子质量监管体系网络。

借助基地建设项目，北京市区县品种试验展示基地硬件建设已经初具规模，独具特色的地方品种展示得到长足发展。北京市已经完全形成了以市级品种试验展示基地为中心，辐射 10 个区县级基地的“1＋10”品种试验展示基地网络。针对不同的作物和种植茬口，组织技术人员、育种专家、种粮大户、种子企业代表等参加观摩会和培训会，全面推进种子管理部门看禾推介品种、农民看禾选用品种、种子企业看禾营销品种。组织良种配套技术培训，引导农户在使用新品种的同时注重良种良法，使新品种能达到优质高产，使品种推广水平进一步提高。

（五）实施税收优惠政策扶持

《中华人民共和国企业所得税法》《中华人民共和国企业所得税法实施条例》明确规定：对从事农、林、牧、渔业项目的所得可以免征、减征企业所得税，对从事蔬菜、谷物、薯类、油料、豆类、棉花、麻类、糖料、水果、坚果的种植和农作物新品种的选育的企业可以免征企业所得税。对符合条件的“育繁推一体化”种子企业的种子生产经营所得，免征企业所得税。对全国农业产业化联席会议审查认定为重点龙头企业的和国有农口企事业单位从事种植业、养殖业和农林产品初加工业企业的所得暂免征收企业所得税。此外还有针对种子企业的增值税政策和高新技术企业优惠政策，鼓励种业企业跨行业、跨地区、跨所有制进行兼并重组。注重优化资源配置，整合行业优势，创造融资条件，扶持做大做强。为了扶持种子企业做大做强，突出“育繁推一体化”企业发展，在种子企业兼并重组涉及的资产评估增值、债务重组收益、土地房屋权属转移等给予适当税收优惠。

二、种业扶持措施发展方向

现代种业发展是一个系统工程，涉及多环节、多主体、多部门。《全国现代农作物种业发展规划（2012—2020 年）》指出，围绕落实重点任务，全面统筹重点项目，形成种业基础性公益性研究、商业化育种、种子生产基地建设、种业监管能力提升四大工程，构建了加快提升种业科技创新、供种保障、企业竞争和市场监管“四大能力”的政策支持体系。

第三节　种子管理机构的权力和责任

《种子法》第一条“为了保护和合理利用种质资源，规范品种选育、种子生产经营和管理行为……”中规定了规范种子管理行为，种子管理是农业主管部门、各级人民政府以及有关部门、机构、组织等对种业进行规范、协调、监督和执法的行为，规范种子管理行为，既要做到将法定职权用好，又要做到不越权行使职能。

一、种子管理机构的权力

“权力”一词的基本含义是能力，是一种能够控制和影响他人的能力。种子管理机构对于种子的管理行为属于行政权。所谓行政权力，是指行政机关依法享有的管理国家事务、社会公共事务以及自身内部事务的权力。行政权力是行政机关履行职责的保障，是行政活动的基础和依据。一切行政活动，无论是行政决策还是做出行政决定，都是通过行政权力的运行来实现的。

根据《种子法》和《北京市实施〈中华人民共和国种子法〉办法》的相关规定，种子管理机构的行政权力主要有行政决定权（如行政许可权、行政确认权）、行政执行权、行政监督检查权、行政强制执行权（如查封、扣押）、行政处罚权。在种子管理的实践中具体表现为以下六种权力：行政管理权、种质资源管理权、品种管理权、生产经营管理权、质量监督管理权、行政强制执行权、行政处罚权。

（一）行政管理权

行政管理是一种以国家权力为基础，以国家组织主要是政府机关为管理主体，以国家事务、社会公共事务以及政府机关内部事务为管理对象的管理活动。《种子法》第三条第一款规定：“国务院农业、林业主管部门分别主管全国农作物种子和林木种子工作；县级以上地方人民政府农业、林业主管部门分别主管本行政区域内农作物种子和林木种子工作”。该条款规定县级以上地方人民政府农业主管部门主管本级行政区域内农作物种子工作，即法律赋予农业主管部门主管农作物种子的行政管理权。该条款可具体解析为：行使种子行政管理权的主体包括国务院农业主管部门、县级以上地方人民政府农业主管部门、各级人民政府及其有关部门（第三条第二款）、农业、林业主管部门所属的综合执法机构或者受委托的种子管理机构（第五十条第三款）；行使的行政管理权力涉及种质资源、新品种保护、生产经营、品种审定和登记、质量监督检查和处罚等权力。

（二）种质资源管理权

种质是育种的物质基础，种质资源是国家的重要战略资源。《种子法》第九十二条第一项规定了种质资源的概念：“种质资源是指选育新品种的基础材料，包括各类植物的栽培种、野生种的繁殖材料以及利用上述繁殖材料人工创造的各种植物的遗传材料。”为体现种质资源国家战略资源的定位，在种子法第一条中将“保护和合理利用种质资源”作为立法目的之一，同时对于侵占、破坏种质资源，私自采集或者采伐天然种质资源等的违法行为，加大了处罚力度。《种子法》第八条第二款规定：“禁止采集或者采伐国家重点保护的天然种质资源。因科研等特殊情况需要采集或者采伐的，应当经国务院或者省、自治区、直辖市人民政府的农业、林业主管部门批准。”《种子法》第十一条第一款规定：“国家对种质资源享有主权，任何单位和个人向境外提供种质资源，或者与境外机构、个人开展合作研究利用种质资源的，应当向省、自治区、直辖市人民政府农业、林业主管部门提出申请，并提交国家共享惠益的方案；受理申请的农业、林业主管部门经审核，报国务院农业、林业主管部门批准。”该条款进一步规范种质资源的国家交流，防止国内种质资源流失。

（三）品种管理权

1. 品种审定

《种子法》第十五条第一款规定："国家对主要农作物和主要林木实行品种审定制度。主要农作物品种和主要林木品种在推广前应当通过国家级或者省级审定。"品种审定是指品种审定委员会对新育成或新引进申请审定的品种，根据审定标准和规定程序，对该品种的品种试验结果进行审核检定，决定该品种能否推广，以及确定其适宜种植区域范围，并由有关部门予以公告的行为。品种审定是一项行政许可，审定的主要农作物是稻、小麦、玉米、棉花、大豆。《种子法》第十六条的规定："国务院和省、自治区、直辖市人民政府的农业、林业主管部门分别设立由专业人员组成的农作物品种和林木品种审定委员会。品种审定委员会承担主要农作物品种和主要林木品种的审定工作，建立包括申请文件、品种审定试验数据、种子样品、审定意见和审定结论等内容的审定档案，保证可追溯。在审定通过的品种依法公布的相关信息中应当包括审定意见情况，接受监督。"该条款规定国务院和省级农业主管部门分别设立由专业人员组成的农作物品种审定委员会，承担主要农作物品种的审定工作。

2. 品种登记

《种子法》第二十二条第一款规定："国家对部分非主要农作物实行品种登记制度。列入非主要农作物登记目录的品种在推广前应当登记。"品种登记，是指国家设立的品种登记机构依当事人申请，对具备特异性、一致性、稳定性等要求的植物品种，将品种的特征特性等内容依法记载于品种登记机关并加以公告的行为。登记也是一项行政许可，目的是建立品种的市场准入管理机制，确保进入市场的任何品种的种子是合法的，杜绝假冒侵权等不合法品种的种子进入市场，提高违法者的侵权成本。

3. 植物新品种保护权

植物新品种保护权作为一种知识产权，在保护育种者合法权益、打击种子侵权行为、维护种子市场秩序方面有着重要的作用。因此植物新品种保护权是维护品种所有权人（简称品种权人）合法权益、促进育种创新、提高创新能力的根本保障。《种子法》第三十条规定："为了国家利益或者社会公共利益，国务院农业、林业主管部门可以做出实施植物新品种权强制许可的决定，并予以登记和公告。取得实施强制许可的单位或者个人不享有独占的实施权，并且无权允许他人实施。"《种子法》第七十三条第五、六款规定："县级以上人民政府农业、林业主管部门处理侵犯植物新品种权案件时，为了维护社会公共利益，责令侵权人停止侵权行为，没收违法所得和种子；货值金额不足五万元的，并处一万元以上二十五万元以下罚款；货值金额五万元以上的，并处货值金额五倍以上十倍以下罚款。假冒授权品种的，由县级以上人民政府农业、林业主管部门责令停止假冒行为，没收违法所得和种子；货值金额不足五万元的，并处一万元以上二十五万元以下罚款；货值金额五万元以上的，并处货值金额五倍以上十倍以下罚款。"该条款是通过行政机关实施行政处罚权对植物新品种权予以保护。

（四）生产经营管理权

生产经营管理权属于行政许可权，行政许可是指在法律规范一般禁止的情况下，行政主体根据行政相对人的申请，经依法审查，通过颁发许可证或者执照等形式，依法作出准予或者不准予特定的行政相对人从事特定活动的行政行为。实行种子生产经营许可制度可实现两个确保，一是确保进入种子市场的生产经营者是合法的，二是确保进入种子市场的种子是合法的。《种子法》第三十一条第一、二、三款规定："从事种子进出口业务的种子生产经营许可证，由省、自治区、直辖市人民政府农业、林业主管部门审核，国务院农业、林业主管部门核发。从事主要农作物杂交种子及其亲本种子、林木良种种子的生产经营以及实行选育生产经营相结合，符合国务院农业、林业主管部门规定条件的种子企业的种子生产经营许可证，由生产经营者所在地县级人民政府农业、林业主管部门审核，省、自治区、直辖市人民政府农业、林业主管部门核发。前两款规定以外的其他种子的生产经营许可证，由生产经营者所在地县级以上地方人民政府农业、林业主管部门核发。"该条款规定了国家对种子生产经营许可证实行分级审批、两级审核发放制度。

(五)监督管理权

行政监督权是行政机关为保证行政管理目标的实现而对行政相对人遵守法律、法规、履行义务情况进行检查监督的权力。在相关法律法规中,种子管理机构的监督管理权包括质量监督管理权、市场监督管理权和转基因品种监督管理权。

1. 质量监督管理权

《种子法》第一条规定:“为了保护和合理利用种质资源,规定品种选育、种子生产经营和管理行为,保护植物新品种权,维护种子生产经营者、使用者的合法权益,提高种子质量……,制定本法。”根据法律规定,提高种子质量是种子法立法宗旨之一。

种子质量水平关系到农业增效、农民增收和农村稳定,加强种子质量管理,对于增加农民收入,维护农村稳定,构建和谐社会,具有重要意义。《种子法》第四十七条第一款规定:“农业、林业主管部门应当加强对种子质量的监督检查。种子质量管理办法、行业标准和检验方法,由国务院农业、林业主管部门制定。”该条明确规定种子质量的监督检查主体是农业、林业主管部门并应当加强对种子质量的监督检查。而根据《农作物种子质量监督抽查管理办法》第二条的规定:“本办法所称监督抽查是指由县级以上人民政府农业行政主管部门组织有关种子管理机构和种子质量检验机构对生产、销售的农作物种子进行扦样、检验,并按规定对抽查结果公布和处理的活动。”根据《农作物种子质量监督抽查管理办法》第三条的规定,农业行政主管部门负责监督抽查的组织实施和结果处理。农业行政主管部门委托的种子质量检验机构和(或)种子管理机构负责抽查样品的扦样工作,种子质量检验机构负责抽查样品的检验工作。该条规定了种子质量检验机构受农业行政主管部门的委托,承担种子质量检验工作,并对农业行政主管部门负责。

2. 市场监督管理权

种子市场的监督管理是保障国家粮食安全和生态安全的重要手段,涉及用种者、种子生产经营者和育种者等各方利益。市场监督管理权涉及市场检查权(如《种子法》第五十条第一款第一、三项规定:“进入生产经营场所进行现场检查;查阅、复制有关合同、票据、账簿、生产经营档案及其他有关资料”)、打击生产经营假、劣种子的违法行为(种子法第四十九条)和建立统一的种业信息发布平台(《种子法》第五十五条)。

3. 转基因植物品种的监督管理权

《种子法》第七条规定:“转基因植物品种的选育、试验、审定和推广应当进行安全性评价,并采取严格的安全控制措施。国务院农业、林业主管部门应当加强跟踪监管并及时公告有关转基因植物品种审定和推广的信息。具体办法由国务院规定。”《农业转基因生物安全管理条例》第四条第二款规定:“县级以上地方各级人民政府农业行政主管部门负责本行政区域内的农业转基因生物安全的监督管理工作。”《农业转基因生物安全管理条例》第三十九条规定:“农业行政主管部门履行监督检查职责时,有权采取下列措施:(一)询问被检查的研究、试验、生产、加工、经营或者进口、出口的单位和个人、利害关系人、证明人,并要求其提供与农业转基因生物安全有关的证明材料或者其他资料;(二)查阅或者复制农业转基因生物研究、试验、生产、加工、经营或者进口、出口的有关档案、账册和资料等;(三)要求有关单位和个人就有关农业转基因生物安全的问题做出说明;(四)责令违反农业转基因生物安全管理的单位和个人停止违法行为;(五)在紧急情况下,对非法研究、试验、生产、加工、经营或者进口、出口的农业转基因生物实施封存或者扣押。”转基因问题是社会关注的热点问题,为了回应民众对农业转基因生物产品的疑虑,增强了跟踪监管职责。

(六)行政强制权

行政强制是指在行政过程中出现违反义务或者义务不履行的情况下,为了确保行政的时效性,维护和实现公共利益,由行政主体或者行政主体申请人民法院,对公民、法人或者其他组织的财产以及人身、自由等予以强制而采取的措施。《中华人民共和国行政强制法》第九条规定：行政强制措施的种类包括限制公民人身自由，查封场所、设施或者财务，扣押财产，冻结存款、汇款及其他行政强制措施。《种子法》第五十条第四、五项规定："农业、林业主管部门是种子行政执法机关。种子执法人员依法执行公务时应当出示行政执法证件。农业、林业主管部门依法履行种子监督检查职责时，有权采取下列措施"，"（四）查封、扣押有证据证明违法生产经营的种子，以及用于违法生产经营的工具、设备及运输工具等；（五）查封违法从事种子生产经营活动的场所。"《种子法》中赋予行政主体的强制权包括查封场所、设施或者财务和扣押财物两种。

（七）行政处罚权

行政处罚是指行政主体为达到对违法者予以惩戒，促使其以后不再犯，有效实施行政管理，维护公共利益和社会秩序，保护公民、法人或者其他组织的合法权利的目的，依法对行政相对人违反行政法律规范尚未构成犯罪的行为，给予其人身的、财产的、名誉的及其他形式的法律制裁的行政行为。根据《中华人民共和国行政处罚法》第八条的规定，行政处罚的种类有警告、罚款、没收违法所得、没收非法财物、责令停产停业、暂扣或者吊销许可证、暂扣或者吊销执照、行政拘留及法律、行政法规规定的其他行政处罚。依据《种子法》的相关规定，种子管理机构涉及的行政处罚包括罚款、没收违法所得、没收非法财物、责令停产停业、暂扣或者吊销许可证。其中前三项罚款、没收违法所得和没收非法财物属于财产罚，即行政组织强迫违法者交纳一定数额的金钱或者一定数量的物品，或者限制、剥夺其某种财产权的处罚；后两种责令停产停业和暂扣或者吊销许可证属于行为罚，即限制或者剥夺行政违法者某些特定行为能力和资格的处罚。

二、种子管理机构的责任

有权力就应有责任，责任是促进行政机关实现依法行政的要求。行政权力的行使必须受到制约，否则就会产生腐败。由于主、客观因素的影响，行政机关违法或不当的行政行为是不可避免的，因此对于行政机关及其公务人员的违法或不当行使职权的行为须予以法律制裁。如果行政机关及其公务人员违法或不当行使职权，就应当承担相应的民事责任、行政责任和刑事责任。民事责任是指当事人不履行民事义务所应承担的民法上的后果。行政责任是指因违反行政法律或行政法规规定的事由而应当承担的法定的不利后果。刑事责任是指违法刑事法律规范应当承担的法律责任。

民事、行政和刑事责任的区别：①责任产生的根据不同。民事责任是违反民事义务所产生的法律责任，而行政责任与刑事责任是违反了行政法和刑法上的强行性规定而产生的法律责任。②适用的对象不同。刑事责任作为规定犯罪和刑法的法律制度，主要调整罪刑关系，所以，只有那些触犯刑律、具备刑事责任规定的犯罪要件的行为，才应受刑事责任调整；而尚未构成犯罪却造成对他人损害的不法行为，一般应受民事责任调整。行政责任适用的对象是各种行政违法行为，行政违法行为是未构成犯罪的行为，它不一定造成个人的实际损失。③适用的目的不同。民事责任制度适用的目的，主要是补偿受害人因民事违法行为所受到的损害，通过赔偿的办法使已经遭受侵害的财产关系和人身关系得到恢复和补偿。而刑事责任的主要目的是惩罚犯罪行为人，并教育和警戒犯罪行为人与社会上可能犯罪的人，达到预防犯罪的目的。行政责任通过制裁各种行政违法行为，保障行政机关依法行政，从而保障公民、法人及非法人组织的合法权益。④责任性质不同。民事责任具有一定的随意性，即当事人可自主协商解决。而在刑事责任和行政责任的规范中，体现了明显的强制性。刑事责任除少数自诉案件以外，不得由受害人自由免除，刑事责任的承担也不能由受害人决定。行政责任作为公法上的责任，也不允许发生通过协商确定责任的内容、免除等问题。

在《种子法》及相关法律法规中，规定的民事责任主要有侵权责任（如侵犯植物新品种权应承担停止侵害、赔偿损失、消除影响等责任）、连带责任（种子法第七十二条）等；行政责任有行政处分、责令改正、没收违法所得、吊销种子生产经营许可证等；刑事责任有拘役、有期徒刑、无期徒刑、罚金等（如刑法中的生产、销售假劣种子罪）。根据《种子法》的相关规定，区分种子管理机构不同的主体应承担不同的责任。

（一）关于农业主管部门及其工作人员的法律责任

1. 不依法履职的责任

《种子法》第七十条规定管理者的行政不作为将承担相应的法律责任。行政不作为是指行政主体维持现有法律状态，或不改变现有法律状态的具体行政行为，如不予答复和予以拒绝等。《种子法》第七十条第一款规定：农业主管部门及其工作人员不依法做出行政许可决定，发现违法行为或者接到对违法行为的举报不予查处，或者有其他未依照本法规定履行职责的行为的，将承担相应的法律责任，由本级或者上级农业、纪检和监察部门责令改正，对负有责任的主管人员和其他直接责任人员依法给予处分，从事种子生产经营活动的，依法给予处分。关于不依法作出行政许可规定，可根据《中华人民共和国行政许可法》第七十四条第一款第一、二项的规定："行政机关实施行政许可，有下列情形之一的，由其上级行政机关或者监察机关责令改正，对直接负责的主管人员和其他直接责任人员依法给予行政处分；构成犯罪的，依法追究刑事责任：（一）对不符合法定条件的申请人准予行政许可或者超越法定职权作出准予行政许可决定的；（二）对符合法定条件的申请人不予行政许可或者在法定期限内作出准予行政许可决定的。"

2. 违法参与和从事生产经营活动的法律责任

《种子法》第五十六条规定："农业、林业主管部门及其工作人员，不得参与和从事种子生产经营活动。"《种子法》第七十条第二款规定："违反本法第五十六条规定，农业、林业主管部门工作人员从事生产经营活动的，依法给予处分。"本法明确规定农业、林业主管部门及其工作人员不得参与和从事种子生产经营活动，目的是为了维护公平、公正、公开的种子生产经营市场秩序。农业主管部门及其工作人员如参与市场生产经营活动，不仅影响正常的行政管理活动，也将破坏市场正常的经营秩序。在《中华人民共和国公务员法》第五十三条第一款第十四项规定，公务员必须遵守纪律，不得从事或者参与营利性活动，在企业或者其他营利性组织中兼任职务。禁止国家机关及其国家工作人员从事营利性的种子生产经营活动，这是对国家机关及其工作人员最基本的行为要求。

（二）关于品种审定委员会委员和工作人员不履职的法律责任

《种子法》第十六条第二款规定："品种审定实行回避制度。品种审定委员会委员、工作人员及相关测试、试验人员应当忠于职守，公正廉洁。对单位和个人举报或者监督检查发现上述人员的违法行为，省级以上人民政府农业、林业主管部门和有关机关应当及时依法处理。"《种子法》第七十一条规定："不依法履职、弄虚作假、徇私舞弊的，依法给予处分；自处分决定作出之日起五年内不得从事品种审定工作。"通过法条约束品种审定委员会委员和工作人员的行为，加强对其监管。该条规定了对品种审定委员会委员和工作人员违法违纪应承担的法律责任，尤其是规定了行业禁入条款，即自处分决定作出之日起五年内不得从事品种审定工作，有利于完善监管机制。

（三）关于品种测试、试验和种子质量检验机构伪造测试、试验、检验数据或者出具虚假证明的法律责任

《种子法》第七十二条规定："品种测试、试验和种子质量检验机构伪造测试、试验、检验数据或者出具虚假证明的，由县级以上人民政府农业、林业主管部门责令改正，对单位处五万元以上十万元以下罚款，对直接负责的主管人员和其他直接责任人员处一万元以上五万元以下罚款；有违法所得的，并处没收违法所得；给种子使用者和其他种子生产经营者造成损失的，与种子生产经营者承担连带责任；情节严重的，由省级以上人民政府有关主管部门取消种子质量检验资格。"该条增加了品种测试、试验机构作为法律责任的承担主体，加大对其的处罚力度。明确了给种子使用者和其他种子生产经营者造成损失的个人或企业，与种子生产经营者承担连带责任，旨在加强对品种测试、试验和质

量检验机构的监管。连带责任是一种民事法律责任，《中华人民共和国民法通则》（简称《民法通则》）第一百三十条规定："二人以上共同侵权造成他人损害的，应当承担连带责任。"连带责任指当事人按照法律的规定或者合同的约定，连带地向权利人承担责任。在此种责任中，权利人有权要求责任人中的任何一个人承担全部的或者部分的责任，责任人也有义务承担部分的或者全部的责任。

《农作物种子质量监督抽查管理办法》第四十二条规定："检验机构和参与监督抽查的工作人员违反本办法第三十八条、第三十九条第二款、第四十条规定，由农业行政主管部门责令限期改正，暂停其种子质量检验工作；情节严重的，收回有关证书和证件，取消从事种子质量检验资格；对有关责任人员依法给予行政处分，构成犯罪的，依法追究刑事责任。"

三、种子管理机构的监管职责

在新形势下，种子管理机构应当履行好法律法规赋予的权力——种子的管理和监督工作（《北京市实施〈中华人民共和国种子法〉办法》第五条第二款规定），规范种子管理行为，做好种子监督工作，做到该管即管，避免管理缺位的同时也要避免监管越位，在种子管理和监督中要做到以下四方面：

（一）明确管理职权

明确监管职权即明确种子管理机构在质量管理、行政审批、市场监管和种业安全方面的职能。根据《种子法》及相关法规规定省级种子管理机构的职能包括：①主要农作物品种审定；②非主要农作物的品种登记；③对选育生产经营相结合的种子企业开设绿色通道；④引种备案；⑤完善区域协作机制，选育、推广优良品种；⑥审核进出口生产经营证；⑦核发县级审核通过的从事主要农作物杂交种子及其亲本种子的生产经营以及实行选育生产经营相结合，符合国务院农业、林业主管部门规定条件的种子企业的种子生产经营许可证；⑧开展种子执法工作；⑨建立区域协调机制；⑩加强新品种权保护工作。县级种子管理机构的职能包括：①审核从事主要农作物杂交种子及其亲本种子的生产经营以及实行选育生产经营相结合，符合国务院农业、林业主管部门规定条件的种子企业的种子生产经营许可证；②核发除从事种子进出口业务的种子生产经营许可证和从事主要农作物杂交种子及其亲本种子的生产经营以及实行选育生产经营相结合，符合国务院农业、林业主管部门规定条件的种子企业的种子生产经营许可证以外的其他种子的生产经营许可证；③查处新品种权保护案件；④开展种子执法工作。

（二）明确监管责任

明确监管责任即明确种子管理机构在品种管理、行业管理、质量管理和市场监管等方面的责任。在品种管理中，做好品种审定、登记和撤销工作，由管理品种逐步转向管理企业行为，由管理资质转向管理档案、备案，加强事中事后监管。在行业管理中，做好种子生产经营许可证的颁发及审批工作，严管企业的资质审查；对从事种子生产经营但不需要办理种子生产经营许可证的，实行事后备案管理。在转基因管理中，对转基因品种的选育、试验、审定和推广进行安全性评价，加强跟踪监管、及时公告。在市场管理中，行使好法律赋予的行政强制权和行政处罚权。在质量管理中，加强对种子质量的监督检查，明确快速检测方法的法律地位及复检要求。此外法律还明确规范管理主体行为，实行回避制度，对违法行为依法查处，不与种子的生产经营者存在特殊的利益关系，确保种子管理的公正性。

（三）拓宽监管渠道

在种子管理中，注重管理理念的转变，从种业管理转向种业服务，从多渠道扩宽监管途径。一是建立统一的种业信息发布平台。互联网时代为种业监管提供了更加便利的条件，统一的信息发布平台涉及品种审定、登记、种子生产经营许可、新品种权保护、市场管理、质量监督等多方面信息，通过统一信息发布平台可建立起种子全程追溯管理体系，实现种子生产经营的全面监管，规范种子生产经营管理行为，打击品种侵权。二是注重种子行业协会的引导作用。通过建立种子行业协会和信用体系建设，可引导种子企业加强行业自律，提高守法诚信经营意识。三是鼓励种子企业进行种子质量认证。种子质量认证是指认证机构按照有关标准或者技术规范要求，对种子及其生产过程进行合格评定的活动。通过第三方机构对种子的质量作出客观、公正、全面的评价，可提高种子企业的质量控制水平，也可提升企业的品牌效益，促进种业的健康发展。

（四）坚持依法行政

依法行政是指国家行政机关的一切行政活动都必须要有法律依据，都必须依法进行。在进行行政管理过程中，种子管理机构须坚持法定职责必须为，法无授权不可为，不进行法外设定权力，没有法律依据不得做出减损公民、法人或者其他组织合法权益或者增加其义务的决定。

第二章　农作物种质资源和品种管理

第一节　农作物种质资源的保护与管理

种质资源是育种的基础，优良种质资源的发现能够对品种选育带来突破性的进展。我国是重要的作物起源中心之一，具有丰富的种质资源。如何保护和合理利用种质资源，充分发挥我国种质资源的优势是种质资源管理的核心环节。

一、农作物种质资源概述

（一）农作物种质资源的概念

作物种质资源，又称作物遗传资源或作物基因资源。亲代传给子代的遗传物质称作种质，携带各种种质的材料称作种质资源，它蕴藏在作物各类品种、品系、类型、野生种和近缘植物中。

在自然界，所有生物都表现自身的遗传现象，它是生命延续和种族繁衍的保证。“种瓜得瓜，种豆得豆”是对遗传现象的生动描述，豆和瓜的繁衍就是由遗传物质决定。

农作物的种质资源不仅指那些与作物亲缘关系较近的野生种、杂交种及某些特殊的遗传育种材料，还包括经过人工选育而成的农作物新老品种。

在形态上，作物种质资源包括有性繁殖的种子和无性繁殖的块根、块茎等器官，以至植物的组织和单个细胞，如果实、籽粒、苗、根、茎、叶、芽、花、组织、细胞核 DNA、DNA 片段及基因等。

这些种质资源具有长期进化过程中形成的各种基因，是农作物育种的物质基础，也是研究作物起源、进化、分类、遗传的基本材料，更是人类赖以生存的重要物质基础。农作物种质资源不仅为当前农业生产服务，而且也为人类未来的生存和发展服务。

（二）农作物种质资源的重要作用

农作物种质资源作为生物资源的重要组成部分，是培育作物优质、高产、抗病（虫）、抗逆新品种的物质基础，是人类社会生存与发展的战略性资源，是提高农业综合生产能力、维系国家食物安全的重要保证，是我国农业得以持续发展的重要基础。

1. 农作物种质资源是人类食物、药物和工业原料的重要源泉

农作物种质资源不仅为人类的衣、食等方面提供原料，为人类的健康提供营养品和药物，而且为人类幸福生存提供了良好的环境，同时它也为制造酒精、橡胶、工业油等提供重要原料。

2. 农作物种质资源是现代育种的关键原材料

所有育种方法均离不开种质资源，无论是常规育种、杂交育种、倍性育种、辐射育种还是分子育种，有了丰富的遗传资源，育种的新技术和新途径才能够发挥作用。如果把研究人员育成的各种类型的农作物新品种比作一幢幢高楼大厦，那么种质资源就好比一块块砖瓦，一幢高楼的完工需要不同类型、不同材质的砖瓦，那么新的育种目标的实现也就需要有更丰富的种质资源作为基础材料。

植物育种发展的事实表明，突破性的成就取决于关键基因资源的开发与利用。现代农业生产对育种工作要求越来越高，品种丰产性、抗病性、适应性和品质等方面目标的实现，主要取决于所掌握的各种基因资源。矮秆小麦以及杂交水稻的大量推广使用使得小麦和水稻的产量得以成倍的增加，缓解了人口增长对粮食需求的压力，这其主要归因于小麦和水稻个别特殊基因的发现和利用。

不断地收集保存种质资源并加以深入研究和利用，是保证育种工作顺利开展的基本永恒条件。但是，某种基因一旦从地球上消灭就难以用任何先进方法再创造出来，因此，保护、研究和利用农作物种质资源不仅是农作物品种改良所必须，也是农业持续发展所必须，而且是人类生存所必须。

3. 农作物种质资源是植物进化的基础

丰富的种质资源可使栽培植物新品种层出不穷，避免新品种遗传基础贫乏，克服遗传脆弱性，使其适应不同的环境。

4. 农作物种质资源是生物多样性的重要构成因素

各种类型的种质资源构成了丰富多彩的植物世界，对农业生态系统的稳定性起着重要作用。然而随着城市的扩张和人们不断的掠夺性采伐，生态环境遭到破坏，大量资源流失，许多资源濒临灭绝，资源的合理开发与保护愈显重要。

发掘、收集、保存、研究和利用好作物种质资源是我国农业科技创新和增强国力的需要，是争取国际市场参加国际竞争的需要。1992 年联合国在巴西召开环发大会签署国际性《生物多样性公约》，强调所有国家必须进一步充分认识所拥有遗传资源的重要性和潜在价值。

（三）农作物种质资源的特点

1. 有限性

地球上的生态环境和耕作方式千差万别，千万年来在各种环境中形成的种质资源的数量很多，但并非无止境的，而是有限的，并且随着时间的推进正逐渐减少。

2. 潜在性

作物的基因种类繁多，但目前认识的还十分有限，特别是一些目前认为还没有用的作物种质材料，可能随着科学研究的发展，还会成为十分有用的资源。通过数十年的研究，人类对染色体基因的认识才比较清楚，许多植物种类的基因研究还处于空白。

3. 易灭性

地球上的生物资源丰富，并在不断产生，但是产生的速度远不如消失的速度。随着大规模农业生产和城乡建设活动的进行，环境受到污染，生态平衡遭到破坏，大量的野生资源失去了栖息地，有的已经或正在灭绝。

（四）种质库的种类及用途

随着现代科学的发展，科学家已经将世界上大部分植物有用的基因收集起来，贮存在一个“仓库”中，这个仓库就称之为“基因库”，俗称“种质库”。

种质库是用以保存种质资源的，库内有先进的保温隔湿结构和空调仪器，常年保持着低温干燥环境，能够减缓种子新陈代谢，延长种子寿命，使种子在几年乃至近百年仍不丧失原有的遗传性和发芽能力。

迄今为止，全世界已建成各类种质库 500 多座，收藏种质资源 180 多万份。世界上最大的种质库是美国科罗拉多州的科林斯堡种质库，收藏种质 20 多万份。我国的国家种质库贮存的种质数量已达到 39 万份，长期保存的种质数量处于世界第一。

我国的国家级农作物种质库分为长期种质库及其复份库、中期种质库、种质圃及试管苗库。长期种质库负责全国农作物种质资源的长期保存，复份库负责长期种质库贮存种质的备份保存，中期种质库负责种质的中期保存、特性鉴定、繁殖和分发，种质圃及试管苗库负责无性繁殖作物及多年生作物种质的保存、特性鉴定、繁殖和分发。

1. 国家种质库

国家种质库是全国作物种质资源长期保存与研究中心。该库在美国洛克菲勒基金会和国际植物遗传资源委员会的部分资助下，于1986年10月在中国农业科学院落成，隶属于中国农业科学院作物品种资源研究所。

国家种质库的总建筑面积为3 200米^2，由试验区、种子入库前处理操作区、保存区三部分组成。保存区建有两个长期贮藏冷库，总面积为300米^2，其容量可保存种质40余万份。种质贮藏条件为：温度（−18±1)℃，相对湿度<50%。国家种质库贮存的种质数量已达到39万余份，隶属35科192属712种，80%是从国内收集，不少属于我国特有，其中国内地方品种资源占60%，稀有珍稀植物和野生近缘植物约占10%。长期保存的种质数量处于世界第一，为我国作物育种和生产提供了雄厚的物质基础。

2. 国家中期种质库

我国建有10座国家中期种质库，分布于北京、浙江、河南、湖南、湖北、黑龙江、山东、内蒙古等省（直辖市、自治区)，负责农作物、蔬菜、牧草以及棉花、油料等经济作物种质的中期保存、特性鉴定、繁殖和分发。各中期库地点、保存作物种类及数量详见表2-1。

表2-1 国家中期种质库保存作物种质资源种类及份数

序号	中期库名称	地点	作物	保存份数	负责单位
1	国家农作物种质保存中心	北京	稻类、麦类、大豆、杂粮、食用豆、其他小作物	20万	中国农业科学院作物品种资源研究所
2	国家水稻中期库	浙江杭州	稻类	7万	中国水稻研究所
3	国家棉花中期库	河南安阳	棉花	6 200	中国农业科学院棉花研究所
4	国家麻类作物中期库	湖南长沙	麻类作物	5 000	中国农业科学院麻类研究所
5	国家油料作物中期库	湖北武汉	油料作物	2.2万	中国农业科学院油料作物研究所
6	国家蔬菜中期库	北京	蔬菜	2.8万	中国农业科学院蔬菜花卉研究所
7	国家甜菜中期库	黑龙江哈市	甜菜	1 300	中国农业科学院甜菜研究所
8	国家烟草中期库	山东青州	烟草	3 600	中国农业科学院烟草研究所
9	国家牧草中期库	内蒙古呼市	牧草	3 000	中国农业科学院草原研究所
10	国家西甜瓜中期库	河南郑州	西瓜、甜瓜	1 500	中国农业科学院郑州果树研究所

国家农作物种质保存中心和国家蔬菜中期库坐落于北京。国家农作物种质保存中心隶属于中国农业科学院作物品种资源研究所，现保存有稻类、麦类、大豆、杂粮、食用豆、其他小作物种质材料共计20万份。

国家蔬菜中期库隶属于中国农业科学院蔬菜花卉研究所。现保存各类蔬菜作物种质材料共计2.8万份。

3. 国家级作物种质资源圃

我国建有32座国家级作物种质资源圃，分布于北京、广东、浙江、河南、辽宁、吉林、云南、安徽、海南等省（直辖市)，负责无性繁殖作物及多年生作物种质的保存、特性鉴定、繁殖和分发。各种质资源圃保存作物种类及数量详见表2-2。

小麦野生近缘植物圃和国家果树种质北京桃、草莓圃坐落于北京。小麦野生近缘植物圃依托中国农业科学院作物品种资源研究所，建于1985年，占地面积约8亩，圃内保存国内外小麦资源1 798份，包含181个种、18个亚种（变种)。国家果树种质北京桃、草莓圃依托北京市农林科学院林果所，1985年建成，占地面积35亩，圃内保存国内外桃资源250份，包含5个种5个变种，保存国内外草莓资源284份，包含6个种。

表 2-2 国家级作物种质资源圃保存作物种质资源种类及份数

序号	种质圃名称	面积（亩）	作物	保存份数	保存的种、变种及近缘野生种
1	国家种质广州野生稻圃	6.7	野生稻	4 300	21 个种
2	国家种质南宁野生稻圃	6.3	野生稻	4 633	17 个种
3	国家种质广州甘薯圃	30.0	甘薯	950	1 个种
4	国家种质武昌野生花生圃	5.2	野生花生	103	22 个种
5	国家种质武汉水生蔬菜圃	75.0	水生蔬菜	1 276	28 个种 3 个变种
6	国家种质杭州茶树圃	63.0	茶树	2 527	17 个种 5 个变种
7	国家种质镇江桑树圃	87.0	桑树	1 757	11 个种 3 个变种
8	国家种质沅江苎麻圃	30.0	苎麻	1 303	16 个种 7 个变种
9	国家果树种质兴城梨、苹果圃	196.0 180.0	梨 苹果	731 703	14 个种 23 个种
10	国家果树种质郑州葡萄、桃圃	30.0 40.0	葡萄 桃	916 510	17 个种 3 个变种 5 个种个变种
11	国家果树种质重庆柑橘圃	240.0	柑橘	1 041	22 个种
12	国家果树种质泰安核桃、板栗圃	73.0	核桃 板栗	73 120	10 个种 5 个种 2 个变种
13	国家果树种质南京桃、草莓圃	60.0 20.0	桃 草莓	600 160	4 个种 3 个变种 4 个种
14	国家果树种质新疆名特果树及砧木圃	230.0	新疆名特果树及砧木	648	（未报）
15	国家果树种质云南特有果树及砧木圃	120.0	云南特有果树及砧木	800	98 个种
16	国家果树种质眉县柿圃	46.0	柿	784	5 个种
17	国家果树种质太谷枣、葡萄圃	126.0 20.61	枣 葡萄	456 361	2 个种 3 个变种 4 个种 1 个野生种
18	国家果树种质武昌砂梨圃	50.0	砂梨	522	3 个种（含水量个野生，1 个半野生）
19	国家果树种质公主岭寒地果树圃	105.0	寒地果树	855	57 个种
20	国家果树种质广州荔枝、香蕉圃	80.0 10.0	荔枝 香蕉	 130	3 个种（含 1 个野生，1 个半野生） 1 个种
21	国家果树种质福州龙眼、枇杷圃	32.33 21.0	龙眼 枇杷	236 251	3 个种 1 个变种 3 个种 1 个变种
22	国家果树种质北京桃、圃	25.0 10.0	桃 草莓	250 284	5 个种 5 个变种 6 个种
23	国家果树种质熊岳李、杏圃	160.0	杏 李	600 500	9 个种 11 个种
24	国家果树种质沈阳山楂圃	10.0	山楂	170	8 个种 2 个变种
25	中国农科院左家山葡萄圃	3.0	山葡萄	380	1 个种
26	国家种质多年生牧草圃	10.0	多年生牧草	2 454	265 个种
27	国家种质开远甘蔗圃	30.0	甘蔗	1 718	16 个种
28	国家种质徐州甘薯试管苗库	118.7 米^2	甘薯	1 400	2 个种 15 个近缘种
29	国家种质克山马铃薯试管苗库	100 米^2	马铃薯	900	2 个种 3 个亚种
30	中国热带农业科学院橡胶热作种质圃	313.2 337.8	橡胶 热作	6 900 584	6 个种 1 个变种 20 多个种
31	中国农业科学院海南野生棉种质圃	6.0	野生棉	460	41 个种
32	中国农业科学院多年生小麦野生近缘植物圃	8.0	小麦近缘植物	1 798	181 个种 18 个亚种（变种）
	合计	2 896 亩 219 米^2		45 338	1 026 个种（亚种）

二、农作物种质资源的监管

伴随着现代工业和城市建设的发展，生产单一经营和山区开发建设等带来的污染和生态环境的破坏等，日益加重了种质资源的灭绝，特别是野生资源。为了实现农业的可持续发展，保护和合理利用种质资源及其遗传多样性，2000 年发布的《种子法》就种质资源的保护和合理利用做出规定；2003 年发布的《农作物种质资源管理办法》就农作物种质资源保护、交流和利用等相关方面做出了明确规定。

（一）农作物种质资源监管机构

农业部设立国家农作物种质资源委员会，负责研究提出国家农作物种质资源发展战略和方针政策，协调全国农作物种质资源的管理工作。种质资源委员会下设委员会办公室，办公室设在农业部种植业管理司，负责委员会的日常工作。各省、自治区、直辖市农业行政主管部门可根据需要，确定相应的农作物种质资源管理单位。

（二）农作物种质资源的采集、采伐、交流程序

种质资源是人类共同的财富，但种质资源并非不分国界，各国对其境内的种质资源享有主权已为越来越多的国家达成共识。《种子法》第二章第八条规定，国家依法保护种质资源，任何单位和个人不得侵占和破坏种质资源。“侵占”就是把本来就有限的种质资源占为己有，妨碍了他人的使用；“破坏”不仅对他人不利，对自己也没有什么好处，更是法律所不容忍。

种质资源是社会共有财富，为全社会共享。国家对种质资源享有主权，对外而言，不受任何外国干预，任何外国及其机构或人员未经主权国家的准许，不得采集主权国家的种质资源。《种子法》第十一条规定，任何单位和个人向境外提供种质资源，或者与境外机构、个人开展合作研究利用种质资源的，应当向省、自治区、直辖市人民政府农业、林业主管部门提出申请，并提交国家共享惠益的方案；受理申请的农、林业主管部门经审核，报国务院农业、林业主管部门批准。从境外引进种质资源，依照国务院农业行政主管部门的有关规定办理。对内而言，国家对种质资源享有主权，并不妨碍国内任何单位和个人按照有关法律法规的规定，依法收集和利用种质资源。

1. 种质资源的采集、采伐

国家根据种质资源的重要性和稀有程度进行了分级，我国《农作物种质资源管理办法》第二章规定：禁止采集或者采伐列入国家重点保护野生植物名录的野生种、野生近缘种、濒危稀有种和保护区、保护地、种质圃内的农作物种质资源。因科研等特殊情况，需要采集或者采伐列入国家重点保护野生植物名录的种质资源的，需要经农业行政主管部门办理审批手续。需要采集或者采伐保护区、保护地、种质圃内种质资源的，应当经建立该保护区、保护地、种质圃的农业行政主管部门批准。采集数量应以不影响原始居群的遗传完整性及其正常生产为标准，并且需要建立原始档案，详细记载材料名称、基本特征特性、采集地点和时间、采集数量、采集人等信息。

2. 种质资源的交流

（1）**境外人员采集、考察我国种质资源。**《农作物种质资源管理办法》第二章指出：未经批准，境外人员不得在中国境内采集农作物种质资源。中外科学家联合考察我国农作物种质资源的，应当提前六个月报经农业部批准。

（2）**引进农作物种质资源。**国家鼓励单位和个人从境外引进农作物种质资源。《农作物种质资源管理办法》第五章规定，引进的种质资源，应当隔离试种，经植物检疫机构检疫，证明确实不带危险性病、虫及杂草的，方可分散种植。引进种质资源要由国家农作物种质资源委员会统一编号和译名，任何单位和个人不得更改国家引种编号和译名。从境外引进新物种的，应当进行科学论证，采取有效措施，防止可能造成的生态危害和环境危害，引进前需报经农业部批准，引进后要隔离种植 1 个以上

生育周期，经评估，证明确实安全和有利用价值的，方可分散种植。

（3）**对外提供农作物种质资源。**对外提供种质资源实行分类管理制度，农业部定期修订分类管理目录。《农作物种质资源管理办法》第五章规定，对于允许对外提供的农作物种质资源，在向外提供前应当经所在地省、自治区、直辖市农业行政主管部门审核，报农业部审批，并按以下程序办理：对外提供种质资源的单位和个人按规定的格式及要求填写对外提供农作物种质资源申请表，提交种质资源说明，向所在地省、自治区、直辖市农业行政主管部门提出申请；省、自治区、直辖市农业行政主管部门在收到申请材料之日起十日内完成审核工作，审核通过的，报农业部审批；农业部在收到审核意见之日起十日内完成审批工作，审批通过的开具对外提供农作物种质资源准许证，加盖“农业部对外提供农作物种质资源审批专用公章”；对外提供种质资源的单位和个人持对外提供农作物种质资源准许证到检疫机关办理检疫审批手续；对外提供农作物种质资源准许证和检疫通关证明作为海关放行依据。

（三）农作物种质资源的研究和利用

国家设立了相应的机构保护、研究和利用种质资源，如中国农业科学院作物品种资源研究所、国家农作物种质保存中心、国家种质资源中期库、小麦野生近缘植物圃等。研究内容包括保存技术、更新技术、遗传多样性与指纹图谱绘制等。农作物种质资源的利用单位主要是科研育种单位和种子企业。

1. 种质资源的鉴定、登记和保存

农作物种质资源的鉴定、登记和保存工作主要由各资源库及资源圃完成。

（1）**鉴定。**农作物种质资源的鉴定包括植物学类别和主要农艺性状，实行国家统一标准制度，具体标准由农业部根据国家农作物种质资源委员会的建议制定和公布。

（2）**登记。**农作物种质资源的登记实行统一编号制度，任何单位和个人不得更改国家统一编号和名称。

（3）**保存。**农作物种质资源的保存实行原生境保存和非原生境保存相结合的制度。原生境保存包括在农业植物多样性中心、重要农作物野生种及野生近缘植物原生地以及其他农业野生资源富集区建立农作物种质资源保护区和保护地；非原生境保存包括建立各种类型的种质库、种质圃及试管苗库。

种质资源送库保存途径如下：属于农作物种质资源，按目前入库保存渠道，由各作物牵头单位负责统一编目、统一安排繁种送交国家长期库保存。

例如，某单位现有几百份麻类种质资源，且未存入国家长期库保存，则可与中国农科院麻类所联系，由该所来协调统一编目和繁种，然后送交国家长期库保存。属于农作物以外的种质资源或按目前入库渠道，没有指定单位负责的作物种质资源，可直接与国家种质库联系。

入国家种质库保存种质的基本要求有以下几方面：提供每份材料的品种名称、学名、原产地、繁育条件及种植时间；每份材料须提供3 000～5 000粒种子，特殊情况可减少，但不少于1 500粒；种子为当季新收，发芽率＞85%，无明显病虫害，未受损伤、拌药、包衣；每份材料包装袋内、外都应有标签，标明品种名称、统一编号、保存单位编号，包装结实牢固、防漏、防潮、防混杂、防散包；送交种子要清选干净，杂质＜2%；禾谷类种子含水量＜13%；蛋白质类与油脂类种子含水量应更低一些；有其他情况可与国家种质库预先联系。

2. 种质资源的利用

国家长期种质库保存的种质资源属国家战略资源，《农作物种质资源管理办法》第四章指出，未经农业部批准，任何单位和个人不得动用。因国家中期种质库保存的种质资源绝种，需要从国家长期库取种繁殖的，应当报农业部审批。

国家中期库主要职责是负责种质资源的中期保存和分发供种。对于可供利用的种质资源，农业部定期公布目录，单位和个人因科研育种的需要，可以向国家中期种质库、种质圃提出申请，对于符合条件的，可迅速、免费获得适量种质材料，如需收费，不会超过繁种等所需的最低费用。申请者当及时向国家中期种质库、种质圃反馈种质资源利用信息，对于不提供信息的，今后将不再向其提供种质资源。

获得种质资源有两条途径，一是直接到各类作物中期种质库（圃）申请获取，二是登录“中国作物种质信息网（http：//www. cgris. net/）”，在网上申请获取。

三、违法行为及法律责任

1. 私自采集或采伐国家种质资源

依据《种子法》第八十一条，侵占、破坏种质资源，私自采集或者采伐国家重点保护的天然种质资源的，由县级以上人民政府农业、林业行政主管部门责令停止违法行为，没收种质资源和违法所得，并处以五千元以上五万元以下罚款；造成损失的，依法承担赔偿责任。

案例：2009年10月、11月贵州罗甸县王某组织罗某等60余人两次破坏国家林业局麻疯树种质资源保存库贵州库基地，损害麻疯树异地种源和繁殖材料。经县法院庭审，王某、罗某二被告分别被判处有期徒刑6年和3年。

2. 非法动用国家长期库种质资源

依据《农作物种质资源管理办法》第三十九条，国家长期种质库保存的种质资源属国家战略资源，未经农业部批准，任何单位和个人不得动用。非法动用国家长期库种质资源的，对直接负责的主管人员和其他直接责任人员，依法给予行政处分。

3. 非法向境外提供或从境外引进种质资源

依据《种子法》第八十二条，非法向境外提供或从境外引进种质资源，或者与境外机构、个人开展合作研究利用种质资源的，由国务院或者省、自治区、直辖市人民政府的农业、林业行政主管部门没收种质资源和违法所得，并处以二万元以上二十万元以下罚款。

案例：种中国豆，侵美国权，教训惨重。原产于我国的一株野生大豆被偷带出境后，进入美国种质资源库，被美国孟山都公司发现并提取特有的高产基因，申请专利。如果专利申请获得通过，那么我国科学家选育的大豆品种或者农民种植的大豆品种含有该基因，就必须给孟山都公司交钱，获得授权，否则就是侵犯了他们的专利权利。除大豆外，原产于我国的一种特种小麦资源也已经流失到国外，并被国外有关机构使用选育小麦品种。目前我国杂交水稻种质资源外流也较为严重。

4. 未向国家送交未登记种质资源或国外引进种质资源

依据《农作物种质资源管理办法》第四十一条，农业行政主管部门或者农业科研机构未及时将收到的单位或者个人送交的国家未登记的种质资源及境外引进种质资源送交国家种质库保存的，或者引进境外种质资源未申报备案的，由本单位或者上级主管部门责令改正。对直接负责的主管人员和其他直接责任人员，可以依法给予行政处分。

第二节　主要农作物品种审定

农作物品种审定是由农作物品种审定委员会对新育成的品种或引进品种进行区域试验、生产试验及品种特异性、一致性和稳定性测试（以下简称DUS测试）的鉴定，按规定程序进行审查，决定该品种能否推广并确定推广范围的过程。具体的考察内容包括品种的适应性、丰产性、抗性、生育期、特异性、一致性、稳定性等。《种子法》规定：对主要农作物品种，在推广应用前应当通过国家级或省级审定。

一、农作物品种审定的依据

2015年11月修订并公布、2016年1月1日起施行的《种子法》；2016年8月15日起实施的《主要农作物品种审定办法》。

二、主要农作物的范围

《种子法》规定的主要农作物是指稻、小麦、玉米、棉花、大豆。根据北京市具体情况，北京市开展审定工作的主要农作物包括小麦、玉米、大豆等作物。

三、品种审定机构

（一）两级审定制度

我国品种审定实行国家和省（直辖市、自治区）两级审定制度。《主要农作物品种审定办法》第五条规定：农业部设立国家农作物品种审定委员会，负责国家级农作物品种审定工作。省级人民政府农业行政主管部门设立省级农作物品种审定委员会，负责省级农作物品种审定工作。

（二）人员构成及数量

品种审定委员会的职责是在农业部或省级人民政府农业行政主管部门领导下，负责品种审定工作。

品种审定委员会委员由科研、教学、生产、推广、管理、使用等方面的专业人员组成。委员应当具有高级专业技术职称或处级以上职务，年龄一般在55岁以下。每届任期5年。连任不得超过两届。

品种审定委员会下设品种审定委员会办公室、专业委员会以及主任委员会。办公室设主任1名，副主任1～2名；专业委员会由9～23人的单数组成，设主任1名，副主任1～2名。主任委员会由品种审定委员会主任和副主任、各专业委员会主任、办公室主任组成。

根据北京市实际生产现状和生产种植的需求，北京市设立了玉米、大豆、小麦三个专业委员会，每个作物的专业委员会由11人组成，设主任1名，副主任2名。

（三）品种审定机构的职责

主任委员会：负责审核有关规章制度和审定标准，听取和审查各专业委员会工作计划、总结，审核各专业委员会审定通过的品种和提出撤销审定品种的建议。

专业委员会：按照农作物种类设立，负责各作物品种审定，起草品种审定标准，监督、指导农作物品种区域试验和生产试验，对品种推广应用和合理布局提出建议。

品种审定委员会办公室：负责收取报审材料、组织委员考察、召开审定会议等品种审定委员会的日常工作。

四、申请品种试验的条件

品种审定中的品种专指农作物品种，是指在一定的生态和经济条件下，经自然或人工选择形成的植物群体。具有相对的遗传稳定性和生物学及经济学上的一致性，其产量、品质和适应性等性状要符合生产的需要，并可以用普通的繁殖方法保持其恒久性。遗传的特异性、稳定性和性状的一致性是品种需要具备的特点。

依据2016年8月15日实施的《主要农作物品种审定办法》，参加品种试验的品种和申请单位需具备以下条件。

（一）申请品种试验的品种需具备的条件

（1）人工选育或发现并经过改良；

（2）与现有品种（已审定通过或本级品种审定委员会已受理的其他品种）有明显区别；

（3）形态特征和生物学特性一致；

（4）遗传性状稳定；

（5）具有符合《农业植物品种命名规定》的名称；

（6）已完成同一生态类型区 2 年以上、多点的品种比较试验。其中，申请国家级品种审定的，稻、小麦、玉米品种比较试验每年不少于 20 个点，棉花、大豆品种比较试验每年不少于 10 个点，或具备省级品种审定试验结果报告；申请省级品种审定的，稻、小麦、玉米、大豆、棉花品种比较试验每年不少于 5 个点。

（二）申请单位需具备条件

（1）申请品种审定的单位和个人（以下简称申请者），可以直接向国家农作物品种审定委员会或省级农作物品种审定委员会提出申请。

（2）在中国境内没有经常居所或者营业场所的境外机构和个人在境内申请品种审定的，应当委托具有法人资格的境内种子企业代理。

（3）申请者可以单独申请国家级审定或省级审定，也可以同时申请国家级审定和省级审定，还可以同时向几个省、自治区、直辖市申请审定。

（三）申请材料要求

（1）北京市主要农作物品种试验申请表，包括作物种类和品种名称，申请者名称、地址、邮政编码、联系人、电话号码、传真、国籍，品种选育的单位或个人等内容。

（2）品种选育报告，包括亲本组合以及杂交种的亲本血缘关系、选育方法、世代和特性描述；品种（含杂交种亲本）特征特性描述、标准图片，建议的试验区域和栽培要点；品种主要缺陷及应当注意的问题。

（3）品种比较试验报告，包括试验品种、承担单位、抗性表现、品质、产量结果及各试验点数据、汇总结果等。

（4）转基因检测报告，或者转基因品种的农业转基因生物安全证书复印件。

（5）取得新品种权的提供新品种权证书复印件，通过新品种权初审的提供受理通知书复印件。

（6）品种和申请材料真实性承诺书。

（四）申请材料的受理

品种审定委员会办公室在收到申请材料 45 日内作出受理或不予受理的决定，并书面通知申请者。

对于满足上述条件的，应当受理，并通知申请者在 30 日内提供试验种子。对于提供试验种子的，由办公室安排品种试验。逾期不提供试验种子的，视为撤回申请。

对于不满足上述条件的，不予受理。申请者可以在接到通知后 30 日内陈述意见或者对申请材料予以修正，逾期未陈述意见或者修正的，视为撤回申请；修正后仍然不符合规定的，驳回申请。

五、品种审定的程序

（一）品种试验

品种试验是品种审定的基础，为品种的综合评价提供科学、全面的依据。申报审定的品种（除参加国家级水稻、玉米品种审定绿色通道试验的品种）首先要申请参加国家或省（自治区、直辖市）级主要农作物品种试验或联合体品种试验，包括区域试验、生产试验以及 DUS 测试。转基因品种的试验应当在农业转移基因生物安全证书确定的安全种植区域内安排。北京市目前没有育种单位组织联合体品种试验。

在北京市由于申请参加玉米和小麦品种试验的品种数量较多，为了提高品种试验的效率，针对玉米和小麦品种在参加区域试验之前设定了品种比较试验，对品种进行初筛。

1. 区域试验

区域试验是指对育成或引进的新品种在不同（或相同）生态型区域布置多点、多年品种比较试验，对品种的丰产性、适应性、抗逆性和品质等农艺性状进行鉴定的过程。根据《主要农作物品种审定办法》规定：每一个品种的区域试验，试验时间不少于2个生产周期，田间试验设计采用随机区组或间比法排列。同一生态类型区试验点，国家级不少于10个，省级不少于5个。北京市主要农作物品种区域试验设置5个试验点，3次重复，2个生产周期。

（1）**区域试验的管理。**国家级品种区域试验由全国农业技术推广服务中心管理，省级区域试验由省（自治区、直辖市）种子管理部门管理。

（2）**区域试验的任务。**区域试验的任务包括对品种丰产性、稳产性、适应性、抗逆性等进行鉴定，并进行品质分析、DNA指纹检测、转基因检测等，确定新品种适宜推广区域，为品种审定和优良品种合理布局提供依据。

（3）**区域试验的原则。**区域试验工作是一项公益性事业，要体现科学性、准确性、公开性、公正性的原则。

2. 生产试验

生产试验是指在区域试验完成后，在同一生态类型区，按照当地主要生产方式，在接近大田生产条件下对品种的丰产性、稳产性、适应性、抗逆性等进一步验证。

根据《主要农作物品种审定办法》规定：每一个品种的生产试验点数量不少于区域试验点，每一个品种在一个试验点的种植面积不少于300米^2，不大于3 000米^2，试验时间不少于一个生产周期。北京市每种主要农作物品种生产试验在全市各设立5个试验点。

在北京市品种区域试验基础上，自有品种属于特殊用途品种的，申请者可自行开展生产试验。特殊用途品种的范围、试验要求由北京市品种审定委员会确定。

3. DUS测试

DUS测试是对品种的特异性（Distinctness）、一致性（Uniformity）和稳定性（Stability）的栽培鉴定试验或室内分析测试，根据特异性、一致性和稳定性的试验结果，判定测试品种是否属于新品种。

DUS测试由申请者自主或委托农业部授权的测试机构开展，接受农业部科技发展中心指导。

申请者自主测试的，应当在播种前30日内，按照审定级别将测试方案报农业部科技发展中心或省级种子管理机构。农业部科技发展中心、省级种子管理机构分别对国家级审定、省级审定DUS测试过程进行监督检查，对样品和测试报告的真实性进行抽查验证。

DUS测试所选择近似品种应当为特征特性最为相似的品种，DUS测试依据相应主要农作物DUS测试指南进行。测试报告应当由法人代表或法人代表授权签字。

4. 其他试验

参加品种试验的品种还须进行抗逆性鉴定、品质检测、DNA指纹检测、转基因检测等单项试验，抗逆性鉴定由品种审定委员会指定的鉴定机构承担，品质检测、DNA指纹检测、转基因检测由具有资质的检测机构承担。

（二）申请品种审定

完成品种试验程序，申请品种审定的品种需向品种审定委员会办公室提交以下材料：

（1）北京市主要农作物品种审定申请表，一式15份（其中原件3份）。

（2）附件1份，包括：各项鉴定（检测）报告原件；照片（注明品种名称，尺寸为6D）；种子样品。

（3）DUS测试报告。

（4）标准样品。

（5）标准样品品种真实性承诺书。

（三）组织品种审定

1. 初审

对于完成品种试验程序的品种，申请者、品种试验组织实施单位应当在2月底和9月底前将各作物在各试验点数据、汇总结果、DUS测试报告提交品种审定委员会办公室。品种审定委员会办公室在30日内提交品种审定委员会相关专业委员会初审，专业委员会应当在30日内完成初审。

初审品种时，各专业委员会应当召开全体会议，到会委员达到该专业委员会委员总数2/3以上的，会议有效。对品种的初审，根据审定标准，采用无记名投票表决，赞成票数达到该专业委员会委员总数1/2以上的品种，通过初审。

初审实行回避制度。专业委员会主任的回避，由品种审定委员会办公室决定；其他委员的回避，由专业委员会主任决定。

2. 公示

初审通过的品种，由品种审定委员会办公室在30日内将初审意见及各试点试验数据、汇总结果，在同级农业行政主管部门官方网站公示，公示期不少于30日。

3. 终审

公示期满后，品种审定委员会办公室应当将初审意见、公示结果，提交品种审定委员会主任委员会审核。主任委员会应当在30日内完成审核。审核同意的，通过审定。

4. 公告

审定通过的品种，由品种审定委员会编号、颁发证书，同级农业主管部门公告。

省级审定的农作物品种在公告前，应当由省级人民政府农业主管部门将品种名称等信息报农业部公示，公示期为15个工作日。

审定编号为审定委员会简称、作物种类简称、年号、序号，其中序号为四位数。如京审玉20170001。

审定公告内容包括：审定编号、品种名称、申请者、育种者、品种来源、形态特征、生育期、产量、品质、抗逆性、栽培技术要点、适宜种植区域及注意事项等。

省级品种审定公告，应当在发布后30日内报国家农作物品种审定委员会备案。

审定公告公布的品种名称为该品种的通用名称。禁止在生产、经营、推广过程中擅自更改该品种的通用名称。

审定证书内容包括：审定编号、品种名称、申请者、育种者、品种来源、审定意见、公告号、证书编号。

5. 审定未通过品种的告知和复审

审定未通过的品种，由品种审定委员会办公室在30日内书面通知申请者。申请者对审定结果有异议的，可以自接到通知之日起30日内，向原品种审定委员会或者国家级品种审定委员会申请复审。品种审定委员会应当在下一次审定会议期间对复审理由、原审定文件和原审定程序进行复审。对病虫害鉴定结果提出异议的，品种审定委员会认为有必要的，安排其他单位再次鉴定。

品种审定委员会办公室应当在复审后30日内将复审结果书面通知申请者。

六、品种审定工作的监督管理

（一）管理人员的监督管理

根据《主要农作物品种审定办法》的规定，对品种审定工作的监督管理包括以下几个方面：

第四十七条规定，农业部建立全国农作物品种审定数据信息系统，实现国家和省两级品种审定网上申请、受理，品种试验数据、审定通过品种、撤销审定品种、引种备案品种、标准样品等信息互联共享，审定证书网上统一打印。审定证书格式由国家农作物品种审定委员会统一制定。

省级以上人民政府农业主管部门应当在统一的政府信息发布平台上发布品种审定、撤销审定、引种备案、监督管理等信息，接受监督。

第四十八条规定，品种试验、审定单位及工作人员，对在试验、审定过程中获知的申请者的商业秘密负有保密义务，不得对外提供申请品种审定的种子或者谋取非法利益。

第四十九条规定，品种审定委员会委员和工作人员应当忠于职守，公正廉洁。品种审定委员会委员、工作人员不依法履行职责，弄虚作假、徇私舞弊的，依法给予处分；自处分决定作出之日起五年内不得从事品种审定工作。

第五十一条规定，品种测试、试验、鉴定机构伪造试验数据或出具虚假证明的，按照《种子法》第七十二条及有关法律行政法规的规定进行处罚。

（二）育种者违法行为及其法律责任

《主要农作物品种审定办法》第五十条规定，申请者在申请品种审定过程中有欺骗、贿赂等不正当行为的，三年内不受理其申请。

七、推广未审先推品种的危害

推广未经审定品种，一方面由于对品种的适应性缺少充分的了解，容易造成的种植事故，给农户造成较大的损失；另一方面属于违法行为，一旦发生生产用种事故将影响种子企业的信誉，不利于企业的长久发展。

案例 1：擅改审定区域造成玉米减产

2011 年，江苏灌云县图河乡 71 户农民集体投诉，称所种植的玉米光长棒不长粒，损失严重。经执法人员调查，原来是经营者擅自更改审定品种适宜区域，使原本不适宜在江苏种植的品种改为适宜推广所致。

案例 2：“高产大豆”不高产

2005 年 3 月，准备春耕的苏先生到一家农业技术服务部购买大豆种子。种子经销商极力推荐某大豆品种，称亩产能达到 350～450 千克，比普通大豆品种亩产将近翻了一番。于是，苏先生就以每千克 13 元的价格购了 45 千克豆种，种了 7 亩半的承包地。但秋收时节，苏先生却没有迎来期望中的收获。经测量，亩产只有 150 千克，远不如别人家种的普通大豆。经有关部门调查，苏先生购买的大豆品种根本就未通过国家审定，不允许经销。

案例 3：水稻未审定，造成 90 户农民无收成

2003 年 2 月，通河县高志双等 90 人购买了五常种子公司“五选一号”水稻种子，并按说明书育苗。刚开始，幼苗长势良好，但到生长期后出现叶红斑。到了水稻成熟期，竟然全部绝产，损失近 80 万元。

2003 年 9 月，经专家鉴定：各农户所种植的同一批购自五常种子公司的水稻种子均为“系选一号”，该品种在当地易感稻瘟病，田间发病率 100%，损失率接近 100%。“系选一号”未通过国家有关部门的审定。

2003 年 11 月 19 日，受灾农民将五常种子公司诉至通河县法院。经审理，法院判决五常市种子公司赔偿高志双等 90 人水稻损失款 75.5 万元。

通过以上案例可以看出推广未通过品种审定品种的危害，既给农户造成较大的损失，又影响了种子企业的长久发展。因此，按照国家相关规定的要求，主要农作物品种在推广之前必须先申请品种审定，规避种植风险。

第三节　同一适宜生态区主要农作物品种引种备案

根据《种子法》《主要农作物品种审定办法》有关规定，北京市农业局制定了《关于做好同一适宜生态区主要农作物品种引种备案工作的通知》（京农发〔2016〕229号），对北京市同一适宜生态区主要农作物品种引种备案工作作出了相关规定。

一、引种作物种类

引种作物种类有玉米、小麦、大豆、水稻。

二、引种区域划定

根据国家农作物品种审定委员会《关于印发国家审定品种同一适宜生态区的通知》（国品审〔2016〕1号）同一生态区的划分范围，与北京市属于同一适宜生态区的主要农作物品种均可进行引种备案。具体涉及北京市的主要农作物品种种类和适宜区域范围为：

玉米：东华北中晚熟春玉米类型区，京津冀早熟夏玉米类型区，北方鲜食甜玉米、鲜食糯玉米类型区，黄淮海鲜食甜玉米、鲜食糯玉米类型区。

小麦：北部冬麦水地品种类型区。

大豆：黄淮海夏大豆北片品种类型区。

水稻：华北中粳早熟类型区，北方中早粳晚熟类型区。

三、引种者要求

引种者应为品种选育单位或具有引种作物生产经营资质的种子企业。

四、适应性、抗病性试验要求

引种者应当在拟引区域开展不少于1年的适应性试验，试验点数不少于5个且均匀分布在引种作物主产区，玉米、小麦、大豆三类作物试验设计参照北京市同类型作物品种生产试验，水稻参照国家水稻品种生产试验。适应性试验报告应包括试验设计、承试单位及具体地点、试验人员及联系方式、试验结果（各试验点数据及汇总数据）及结论等内容。

在开展适应性试验的同年，引种者需委托有资质单位对引种品种进行不少于1年的抗病性鉴定试验并出具报告。玉米、小麦、大豆三类作物鉴定项目参照北京市对应作物品种区域试验方案执行，水稻参照国家水稻品种区域试验方案。

五、引种备案材料

引种者需提供以下备案材料：

（1）北京市主要农作物品种引种备案申请表；

（2）引种备案品种适应性试验报告；

（3）引种备案品种抗病性鉴定报告；

（4）引种备案品种审定证书复印件；

（5）引种备案品种审定公告复印件；

(6) 原审定机构出具的引种备案品种未撤销审定证明；
(7) 体现引种备案品种特征特性照片（植株、籽粒、果实各 1 张）3 张，尺寸为 6D；
(8) 引种者承诺书；
(9) 属于转基因品种的，提交转基因生物安全证书复印件；
(10) 引种备案具有植物新品种保护权的品种，需提供品种权人书面同意证明。

六、引种备案材料受理地址及时间

(一) 受理地址及单位

北京市海淀区北太平庄路 15 号北京市种子管理站品种审定管理科。

(二) 受理时间

每年 12 月 1 日至 12 月 30 日。

七、其他要求

引种者应当对引种备案品种的真实性、安全性和适应性负责。对没有如实填写信息或故意隐瞒备案品种缺陷、且在生产中因种子问题给用种者造成损失的，责任由引种者承担。

第四节　主要农作物品种撤销审定

依据《主要农作物品种审定办法》的相关规定，针对已通过国家或省级审定的主要农作物品种，发现其在使用过程中出现不可克服的严重缺陷的，或种性严重退化的，或失去生产利用价值的，或未按要求提供品种标准样品或者标准样品不真实的，或以欺骗、伪造试验数据等不正当方式通过审定的品种，进行撤销审定管理。主要农作物品种的撤销审定管理是强化品种管理的一个有效手段。

一、主要农作物品种撤销审定管理的依据

《主要农作物品种审定办法》《北京市主要农作物品种退出管理办法（试行）》。

二、主要农作物品种撤销审定的条件

主要农作物品种撤销审定条件分为三个阶段。

(一) 2010 年 5 月至 2014 后 2 月

根据《北京市主要农作物品种推出管理办法》的规定，满足下列条件之一的品种应当退出。
(1) 在使用过程中发现有不可克服的缺点，存在农业生产安全隐患或给农业生产造成重大损失的；
(2) 种性退化或品种特征特性与品种审定公告不一致的；
(3) 通过品种审（认）定或批准引种一定年限后，在生产上没有达到一定推广面积，并有替代品种的。

(二) 2014 年 2 月至 2016 年 8 月

根据《主要农作物品种审定办法》的规定，品种满足以下条件之一，应当退出。
(1) 在使用过程中发现有不可克服的缺点的；

(2) 种性严重退化的；
(3) 未按要求提供品种标准样品的。

(三) 2016年8月之后

根据新通过的《主要农作物品种审定办法》的规定，有下列情形之一的，应当撤销审定：
(1) 在使用过程中出现不可克服严重缺陷的；
(2) 种性严重退化或失去生产利用价值的；
(3) 未按要求提供品种标准样品或者标准样品不真实的；
(4) 以欺骗、伪造试验数据等不正当方式通过审定的。

三、主要农作物品种撤销审定的程序

(一) 初审与公示

拟撤销审定的品种，由品种审定委员会办公室在书面征求品种审定申请者意见后提出建议，经专业委员会初审后，在同级农业主管部门官方网站公示，公示期不少于30日。

(二) 审核

公示期满后，品种审定委员会办公室应当将初审意见、公示结果，提交品种审定委员会主任委员会审核，主任委员会应当在30日内完成审核。

(三) 公告

审核同意退出的，由同级农业行政主管部门予以公告。

公告撤销审定的品种，自撤销审定公告发布之日起停止生产、广告，自撤销审定公告发布一个生产周期后停止推广、销售。品种审定委员会认为有必要的，可以决定自撤销审定公告发布之日起停止推广、销售。

省级品种撤销审定公告，应当在发布后30日内报国家农作物品种审定委员会备案。

第五节　非主要农作物品种登记

为了规范非主要农作物品种管理，《种子法》规定对非主要农作物品种实行登记管理。列入非主要农作物登记目录的品种，在推广前应当登记。应当登记的农作物品种未经登记的，不得发布广告、推广，不得以登记品种的名义销售。

一、非主要农作物品种登记的依据

2015年11月修订并公布，2016年1月1日起施行的《种子法》；2017年5月1日起实施的《非主要农作物品种登记办法》。

二、非主要农作物的范围

非主要农作物是指稻、小麦、玉米、棉花、大豆五种主要农作物以外的其他农作物。列入非主要农作物登记目录的品种，在推广前应当登记。农业部2017年第4次常务会议审议通过，自2017年5月1日起施行的《第一批非主要农作物品种登记目录》包含粮食作物、油料作物、糖料、蔬菜、果树、茶树和热带作物共计29种，详见表2-3。

表 2-3 第一批非主要农作物登记目录

序号	种类	农作物名称		拉丁学名
1	粮食作物	马铃薯		*Solanum tuberosum* L.
2		甘薯		*Ipomoea batatas* (L.) Lam.
3		谷子		*Setaria italica* (L.) Beauv.
4		高粱		*Sorghum bicolor* (L.) Moench
5		大麦（青稞）		*Hordeum vulgare* L.
6		蚕豆		*Vicia faba* L.
7		豌豆		*Pisum sativum* L.
8	油料作物	油菜	甘蓝型	*Brassica napus* L.
			白菜型	*Brassica campestris* L.
			芥菜型	*Brassica juncea* Czern. et Coss
9		花生		*Arachis hypogaea* L.
10		亚麻（胡麻）		*Linum usitatissimum* L.
11		向日葵		*Helianthus annuus* L.
12	糖料	甘蔗		*Saccharum* spp.
13		甜菜		*Beta vulgaris* L.
14	蔬菜	大白菜		*Brassica campestris* L. ssp. *pekinensis* (Lour.) Olsson
15		结球甘蓝		*Brassica oleracea* L. var. *capitata* (L.) Alef. var. *alba* DC.
16		黄瓜		*Cucumis sativum* L.
17		番茄		*Lycopersicon esculentun* Mill.
18		辣椒		*Capsicum* L.
19		茎瘤芥		*Brassica juncea* var. *tumida* Tsen et Lee
20		西瓜		*Citrullus lanatus* (Thunb.) Matsum. et Nakai
21		甜瓜		*Cucumis melo* L.
22	果树	苹果		*Malus* Mill.
23		柑橘		*Citrus* L.
24		香蕉		*Musa acuminata* Colla
25		梨		*Pyrus* L.
26		葡萄		*Vitis* L.
27		桃		*Prunus persica* (L.) Batsch.
28	茶树	茶树		*Camellia sinensis* (L.) O. Kuntze
29	热带作物	橡胶树		*Hevea brasiliensis* (Willd. ex A. de Juss.) Muell. Arg.

三、品种登记机构及其责任

农业部主管全国非主要农作物品种登记工作，制定、调整非主要农作物登记目录和品种登记指南，建立全国非主要农作物品种登记信息平台（以下简称品种登记平台），具体工作由全国农业技术推广服务中心承担。

省级人民政府农业主管部门负责品种登记的具体实施和监督管理，受理品种登记申请，对申请者提交的申请文件进行书面审查。同时对已登记品种进行监督检查，对申请者和品种测试、试验机构进行监管。

四、品种登记的程序

（一）品种登记申请

1. 登记地点

品种登记申请实行属地管理。一个品种只需要在一个省份申请登记。两个以上申请者分别就同一个品种申请品种登记的，优先受理最先提出的申请；同时申请的，优先受理该品种育种者的申请。

2. 申请方式

申请者应当在品种登记平台上实名注册，申请者即可以通过平台在网上申请，也可以向住所地的省级人民政府农业主管部门提出书面申请。在中国境内没有经常居所或者营业场所的境外机构、个人在境内申请品种登记的，应当委托具有法人资格的境内种子企业代理。

3. 申请条件

申请登记的品种应当具备下列条件：

（1）由人工选育或发现并经过改良；

（2）具备特异性、一致性、稳定性；

（3）具有符合《农业植物品种命名规定》的品种名称。

申请登记具有植物新品种权的品种，还应当经过品种权人的书面同意。

4. 提交材料

对新培育的品种，申请者应当按照品种登记指南的要求提交以下材料：

（1）申请表；

（2）品种特性、育种过程等的说明材料；

（3）特异性、一致性、稳定性测试报告；

（4）种子、植株及果实等实物彩色照片；

（5）品种权人的书面同意材料；

（6）品种和申请材料合法性、真实性承诺书。

在登记办法实施前已审定或者已销售种植的品种，申请者可以按照品种登记指南的要求，提交申请表、品种生产销售应用情况或者品种特异性、一致性、稳定性说明材料，申请品种登记。

品种适应性、抗性鉴定以及特异性、一致性、稳定性测试，申请者可以自行开展，也可以委托其他机构开展。

（二）受理与审查

1. 不予受理与补正

申请品种不需要品种登记的，申请者将被即时告知不予受理；申请材料存在错误的，可以当场更正；申请材料不齐全或者不符合法定形式的，会在当场或者在5个工作日内一次告知申请者需要补正的全部内容。

2. 受理

申请材料齐全、符合法定形式，或者申请者按照要求提交全部补正材料的，当即予以受理。

3. 审查

自受理品种登记申请之日起20个工作日内完成申请材料的书面审查，符合要求的，将审查意见报农业部，并通知申请者提交种子样品。经审查不符合要求的，会书面告知申请者。在20个工作日内不能做出审查决定的，经本部门负责人批准可延长10个工作日，并告知申请者延长期限与理由。

4. 种子样品提交

申请材料审查符合要求的申请者在接到通知后按照品种登记指南要求提交种子样品；未按要求提供的，视为撤回申请。

（三）登记与公告

1. 复核

农业部自收到省级人民政府农业主管部门的审查意见之日起20个工作日内对申请材料进行复核。对符合规定并按规定提交种子样品的，予以登记，颁发登记证书；不予登记的，会书面通知申请者。

2. 登记证书

登记证书内容包括：登记编号、作物种类、品种名称、申请者、育种者、品种来源、适宜种植区域及季节等。登记编号格式为：GPD＋作物种类＋（年号）＋2位数字的省份代号＋4位数字顺序号。登记证书载明的品种名称为该品种的通用名称，禁止在生产、销售、推广过程中擅自更改。

3. 登记公告

农业部将品种登记信息进行公告，公告内容包括：登记编号、作物种类、品种名称、申请者、育种者、品种来源、特征特性、品质、抗性、产量、栽培技术要点、适宜种植区域及季节等。

（四）变更登记内容

已登记的品种，申请者要求变更登记内容的，可向原受理单位提出变更申请，并提交相关证明材料。原受理单位对申请者提交的材料进行书面审查，符合要求的，报农业部予以变更并公告，申请者无需再提交种子样品。

（五）撤销登记

已登记品种存在申请文件、种子样品不实，或者已登记品种出现不可克服的严重缺陷等情形的，省级人民政府农业主管部门向农业部提出撤销该品种登记的意见。农业部会对撤销登记品种进行公告，停止推广。

五、品种登记的监督管理

（一）登记平台建设

农业部推进品种登记平台建设，逐步实行网上办理登记申请与受理，在统一的政府信息发布平台上发布品种登记、变更、撤销、监督管理等信息。

（二）品种登记工作人员的法律责任

品种登记工作人员应当忠于职守，公正廉洁，对在登记过程中获知的申请者的商业秘密负有保密义务，不得擅自对外提供登记品种的种子样品或者谋取非法利益。不依法履行职责，弄虚作假、徇私舞弊的，依法给予处分；自处分决定作出之日起五年内不得从事品种登记工作。

（三）申请者的法律责任

申请者应对申请文件和种子样品的合法性、真实性负责，保证可追溯，接受监督检查。对于登记品种申请文件、种子样品不实的，申请者的违法信息将被记入社会诚信档案，向社会公布。给种子使用者和其他种子生产经营者造成损失的，依法承担赔偿责任。申请者在申请品种登记过程中有欺骗、贿赂等不正当行为的，三年内不受理其申请。

（四）品种测试、试验机构的法律责任

品种测试、试验机构伪造测试、试验数据或者出具虚假证明的，省级人民政府农业主管部门将依照《种子法》第七十二条规定，责令改正，对单位处五万元以上十万元以下罚款，对直接负责的主管人员和其他直接责任人员处一万元以上五万元以下罚款；有违法所得的，并处没收违法所得；给种子

使用者和其他种子生产经营者造成损失的，与种子生产经营者承担连带责任。情节严重的，依法取消品种测试、试验资格。

六、推广未登记品种的法律责任

对应当登记未经登记的农作物品种进行推广，或者以登记品种的名义进行销售的；对已撤销登记的农作物品种进行推广，或者以登记品种的名义进行销售的，由县级以上人民政府农业主管部门依照《种子法》第七十八条规定，责令停止违法行为，没收违法所得和种子，并处二万元以上二十万元以下罚款。

第六节　农业植物品种命名规定

一、农业植物品种命名规定的适用范围

适用于农作物品种审定、农业植物新品种权和农业转基因生物安全评价的农业植物品种及其直接应用的亲本的命名。

二、农业植物品种名称的监督管理机构

农业部负责全国农业植物品种名称的监督管理工作。

县级以上地方人民政府农业行政主管部门负责本行政区域内农业植物品种名称的监督管理工作。

三、农业植物品种命名的基本原则

（一）唯一性原则

农业植物品种只能使用一个名称。相同或者相近的农业植物属内的品种名称不得相同。

（二）一致性原则

所申请品种名称在农作物品种审定、农业植物新品种权和农业转基因生物安全评价中要保持一致。

（三）优先性原则

相同或者相近植物属内的两个以上品种，以同一名称提出相关申请的，名称授予先申请的品种，后申请的应当重新命名；同日申请的，名称授予先完成培育的品种，后完成培育的应当重新命名。

四、农业植物品种命名的方法与注意事项

（一）如何命名

品种名称应当使用规范的汉字、英文字母、阿拉伯数字、罗马数字或其组合。品种名称不得超过15个字符。

品种的中文名称译成英文时，应当逐字音译，每个汉字音译的第一个字母应当大写。如承单5号应译为Cheng Dan 5 Hao。

品种的外文名称译成中文时，应当优先采用音译；音译名称与已知品种重复的，采用意译；意译仍有重复的，应当另行命名。

目前，农业部已建立了农业植物品种名称检索系统，供品种命名、审查和查询使用。网址为http：//202.127.42.178：4000/，进行品种命名时可登录网站查询是否为重名。

（二）农业植物品种命名的注意事项

1. 不可用作农业植物品种的名称

（1）**仅以数字或者英文字母组成的。**如，9311、527、JINAN等，不得用于品种命名。

（2）**仅以一个汉字组成的。**如，“光”“虹”“美”等不得用于品种命名。

（3）**含有国家名称的全称、简称或者缩写的，但存在其他含义且不易误导公众的除外。**如，中国5号、日本3号，不得作为品种名称。CA作为加拿大的英文简称，一般也不能作为品种名称，但是中国农业科学院培育的品种，为了代表“中国农业”的特殊含义，如果不致误导公众，CA45作为中国农业科学院培育的品种命名有时是允许的。

（4）**含有县级以上行政区划的地名或者公众知晓的其他国内外地名的，但地名简称、地名具有其他含义的除外。**如绵阳市作为地级行政区划，一个小麦品种命名为绵阳43号是不合适的，但地名简称绵麦43号又是允许的。蜀麦5号也是允许的，而四川5号是不允许的。一个百合品种，以美国地名“密歇根”命名也是不允许的。

（5）**与政府间国际组织或者其他国际国内知名组织名称相同或者近似的，但经该组织同意或者不易误导公众的除外。**UPOV是国际植物新品种保护联盟的英文简称，WTO是世界贸易组织的英文简称。如以UPOV5号、WTO7号作为品种名称是不允许的，如果国际植物新品种保护联盟和国际世贸组织同意的情况下，是可以的。

（6）**容易对植物品种的特征、特性或者育种者身份等引起误解的，但惯用的杂交水稻品种命名除外。**杂交水稻命名一般结合母本和父本名称，中间加上“优”字，但“优”字容易引起对品种的特征特性的误解。如杂交稻组合T98A×蜀恢527，一般命名为T98优527，或者T优527，尽管带有“优”字，但是允许的。另外其他育种家用T98A与蜀恢337杂交配组育成的水稻杂交种，可以命名为“T98优337”，而不受T98优527命名的限制，不致引起对育种者身份的误解。

著名育种家李登海育成的玉米杂交种一般冠以“登海×号”，由于已经登记注册，另外一位玉米育种家刘登海，如果也以“登海×号”来命名，这是不允许的，容易引起对育种者身份的误解。

（7）**夸大宣传的。**如，甜王、极甜、超高产等词有夸大宣传之嫌，不得用于品种名称；在品种命名的过程中，尽量避免用“大”“优”“高”“丰”“抗”等形容词。

（8）**与他人驰名商标、同类注册商标的名称相同或者近似，未经商标权人同意的。**如茅台、奔驰为驰名商标，未经权利人许可，用于品种名称是不允许的；登海为已注册商标，他人利用登海将某品种命名为登海99号是不允许的。

（9）**含有杂交、回交、突变、芽变、花培等植物遗传育种术语的。**如，杂交9号、突变7号、花培3号、芽变1号等含有遗传育种术语不能作为品种名称。

（10）**违反国家法律法规、社会公德或者带有歧视性的。**如，鬼佬3号、红毛鬼13号不能作为品种名称。

（11）**不适宜作为品种名称的或者容易引起误解的其他情形。**如，五分钱、去买菜、打酱油不适宜作为品种名称。

2. 同名的情况

（1）**读音或者字义不同但文字相同的。**

（2）**仅以名称中数字后有无“号”字区别的。**例如：隆平206与隆平206号视为同一品种的名称，苏秀麦2号与苏秀麦2视为同一品种的名称。

（3）**其他视为品种名称相同的情形。**

3. 容易引起误解的名称

（1）**有下列情形之一的，属于容易对植物品种的特征、特性引起误解的情形。**①易使公众误认为该品种具有某种特性或特征，但该品种不具备该特性或特征的；如紫稻，除了申请品种有这种特性外，其他某些水稻品种也具有这种特征，这个品种不能用紫稻来命名而限制其他紫稻品种的命名。②易使公众误认为该品种来源于另一品种或者与另一品种有关，实际并不具有联系的如，某品种命名为扬稻 6 号选，但实际上并不来源于扬稻 6 号。如新郑单 958，但实际上与郑单 958 没有任何联系。这些品种名称是不合适的。③其他容易对植物品种的特征、特性引起误解的情形。

（2）有下列情形之一的，属于容易对育种者身份引起误解的情形。①品种名称中含有另一知名育种者名称的。例如：一个命名为隆平 206 的水稻品种而非袁隆平本人所育，一个命名为登海 25 号的玉米品种而非李登海本人所育，这类品种名称容易引起对育种者的身份的误解。②品种名称与另一已经使用的知名系列品种名称近似的。例如：北京金色农华科技玉米有限公司，用农华为其培育的品种命名，如农华 8 号、农华 16 号等，其他申请人则不能用“农华”为其品种命名，否则会引起误解。③其他容易对育种者身份引起误解的情形。

第七节　国内外品种管理现状的分析与启示

品种管理是指有关部门针对品种的管理。广义的品种管理包括植物新品种保护、农作物品种试验和审定、转基因品种管理、新品种示范推广等。狭义的品种管理是指主要农作物的品种审定与撤销审定，是一个行政许可行为。

一、国外品种管理的现状

（一）美国品种管理制度及体系

1. 管理体系

美国种子产业管理分联邦政府和州政府两级管理。联邦政府的管理机关是美国农业部，执行机构是农产品销售局、农业研究局和动植物检疫局，州政府的管理机构是各州农业厅的种子监督和质量检验机构。主要的管理内容是种子立法、品种保护、质量监督和种子认证，管理工作的重点是上市种子标签的真实性审核。农业检验站负责新品种保护和种子立法、种子质量监督检验工作。种子认证工作由官方种子认证协会负责。各州农业厅负责本州的种子管理工作，其中的种子检验室负责本州种子企业的种子质量监督抽查工作，州作物改良协会负责种子认证工作，州立大学的种子检验室承担企业委托的种子质量检验和检疫工作。

2. 种子立法

1939 年美国国会通过了第一部联邦种子法，才使种子管理工作真正纳入法制化轨道。种子法对农作物种子进口、运输和商业活动的各个环节，如种子标签及颜色、农民间种子交换、种子广告、发芽率测试、损失取证及估价、种子运输、种子处理、杂草种子含量、种子样本、保存等都做出了明确规定，对规范种子经销企业和农民的行为，加强种子市场管理起到了积极的作用。联邦种子法的核心是强调上市种子标签的真实性，并要求种子达到一定的质量标准。为增加可操作性，1956 年和 1960 年又对种子法进行修改，增加了对违法的起诉和种子处理后化学药名及危害的说明等。

联邦种子法颁布后，各州相继颁布了本州种子法或条例。州法在联邦法的基础上根据本州的实际情况增加了相应的管理内容，很多州法中强调种子要满足本州的基本质量标准。

3. 品种管理内容

美国政府在品种管理上主要是对新品种的保护，而不要求新品种注册登记。种子是否可以上市完全由种子公司自己决定，质量也完全由公司自己负责。但在品种上市之前，种子公司要对品种作严格的利用价值评价测试，即区域试验，对其产量、抗性（抗病性、抗虫性、抗除草剂性等）、品质、适应性进行全面鉴定。美国的这种制度使世界任何国家种子公司的种子无须审批都可以在美国出售，有利于加快新品种的转化步伐，从而使农场主以最快的速度接受新品种，也利于美国方便地获得国外最好的种子。

（二）欧洲的品种管理制度及体系

在欧盟各国，由于种子市场高度开放，相互间交流十分频繁，因此种子管理方面的许多政策法规和运作方式是基本相似的，但在管理体系、机构设置上有所不同。以下重点介绍荷兰和德国的品种管理制度与体系。

1. 荷兰的品种管理制度及体系

荷兰是一个农业发达国家，其种子产业历经100多年的发展，使荷兰成为世界上最重要的植物育种产品（种子等）出口国之一。

（1）**管理体系。**荷兰对种子的管理体现为三个方面，即政府机关的行政管理、种子协会的行业管理和司法机关的司法管辖。行政管理的重点是制定标准和审查资格，具体事务则授权具有相应资格的单位负责，这些单位属于政府机关的公共组织。种子协会等种子生产、经营者组织也制定许多章程和规范，约束其成员，保证种子质量和公平竞争，甚至承担政府的部分管理工作。对于品种注册、新品种权的授予、种子经营和使用过程中产生的异议或纠纷，都可以起诉到法院，通过诉讼途径解决。

根据荷兰《种子与植物法》，农业部设立品种注册处，负责品种注册工作。同时成立植物育种者权利委员会，下设中心局、农业品种局、园艺品种局、申诉局，负责植物新品种者权利的授予工作，包括对申请的受理、驳回，育种者权利的授予、颁发经营授权品种许可证、宣布育种者权利的无效等。对于委员会的决定，当事人或利害关系人可以向委员会申诉局申诉或向法院上诉。申诉局主要由律师和专家组成，在人员和业务上与其他3个局相对独立，以保证处理申诉时做到公正、独立。另外，农业部在瓦格宁根设有植物育种繁殖研究中心，负责注册品种的试验工作，同时也是荷兰遗传资源中心。

（2）**种子立法。**荷兰开展品种权保护、品种管理的主要法律依据是《种子与植物法》。

（3）**品种管理内容。**根据荷兰《种子与植物法》及有关规章的规定，农作物品种只有经过注册，列入欧盟或荷兰的品种名录才可以生产、销售，其他作物品种（如花卉）不必经过注册也可销售。注册工作由农业部的品种注册处负责。注册处根据申请者报送的材料进行书面审查，在60天内做出准予登记或不予登记的答复。品种注册和品种保护是结合在一起的，注册的品种有已授予品种权的品种和按规定必须注册但不能授予品种权的品种。

申请品种注册要经过测试，测试单位由委员会审查决定，对于蔬菜品种，要测定品种的稳定性、一致性和特异性（DUS测试）；对于大田作物品种，在测定以上三性的基础上，还要测定其农艺性状（VCU测试）。对于DUS测试的年限，无性观赏植物一般是1年，种子植物一般是2年，牧草通常是3年。测试费用由申请者根据统一规定的标准支付。

2. 德国的品种管理制度及体系

（1）**管理体系。**德国的种子管理工作由国家农业部种子管理局负责，下设15个分支机构，约有员工200名。德国的种子管理机构约有130年的历史，1934年就颁布了《种子法》，对品种和种子质量的管理与法国和其他欧盟国家相似，新品种必须经试验、登记后才能推广，种子质量要求国家认证后方可销售，这些工作均由德国农业部或其委托的机构执行。

（2）**种子立法。**德国开展品种权保护、品种管理的主要法律依据是1934年颁布的《种子法》。

（3）**品种管理内容。**在欧盟各国，品种只有经过国家一级登记（相当于我国的国家级品种审定），方可进行种子生产、经营、推广，否则将处以罚款。根据欧盟原则，在一个国家获准登记，即可在欧盟各国合法销售，但农民都愿意选择被当地推荐的品种。因此，为了获得当地最佳品种的信息，除国家级的品种试验外，各州的官方机构还组织做地方性试验。德国的种子企业还自发组织了德国玉米委员会，专门对已获欧盟其他国家登记的品种进行引种试验，以决定是否推荐这些品种。

在欧盟各国，国家级的新品种试验有DUS和VCU两种。所谓DUS试验，是根据OECD（经济合作与发展组织）规定的标准对品种特征特性上的特异性、生物形态上的相对一致性、遗传上的稳定性进行测定。它不需测定品种的产量、抗性和适应性，只是给品种以识别功能。因此，每个品种只需在两个试点连续进行两年的试验即可。如果上述三项中有一项不合格，则试验通不过。通过DUS试验的品种可申请国家品种保护，一般保护期为25～30年。所谓VCU试验，即品种的区域试验。其试验点根据不同作物种类及其生物学特性的生态区划来安排，点次的多少因作物而异，有的作物每组试验设10～15个点，而有的作物达40～50个点。VCU试验一般进行二三年，其测试的最重要指标是产量，其次是抗性（抗倒、抗病虫、抗逆等）。此外，还要进行专门的品质测定。国家品种登记委员会根据品种试验的各项结果进行综合评价，决定是否准予登记。同一品种的DUS和VCU两项试验可同时进行。

德国的国家试验站共有15个，但国家每年安排的试验点却有400多个。国家除了在官方试验站安排试验外，其余大量的试验都安排在科研单位或与地方联合的试验点上。国家品种委员会按作物分为谷物、薯类、油料、豆类、牧草、酿造作物、蔬菜、水果、观赏植物九个部门，分别负责各作物的品种试验和登记。

（三）日本的品种管理制度及体系

1. 管理体系

全国品种注册都在农林水产省，地方无权注册。

2. 种子立法

日本1947年10月2日颁布了《种苗法》，随后的50年间又经过了10多次的修正。特别是1978年修正后的《种苗法》，是由指定种苗制度和品种注册制度这两大支柱构成。任何单位和个人选育出的品种未经登记，不得推广应用，新品种权受《种苗法》保护。种苗在市场出售之前必须检查合格后才能流通。

3. 品种管理内容

在日本，通过制定种苗的标名方法以及为保护新品种而实行的品种注册等制度，使种苗流通更趋合理化，促进了新品种的培育，以利于农林水产业的发展。目前指定种苗有125种，其中谷物类5种、蔬菜类36种、果树15种、饲料作物及草坪草24种、菌类13种。

指定种苗的生产或经营没有许可条件，只要有能力、有技术、有条件，谁都可涉足此行，但种苗生产或经营必须遵循法律要求。比如，蔬菜种苗，一个制种农户只能选择一种作物；萝卜的制种隔离区至少600米；作业场地要干净，防止混杂；生产的种子纯度、发芽率都要达到一定标准，不同的作物要求不同等。政府职能部门对种苗生产和经营经常进行检查、监督。

在日本，品种注册制度是指植物新品种保护。品种注册者要按要求向注册单位提供品种审查用的有关资料。在进行品种审查时，农林水产省责成专职人员赴现场调查或进行栽培试验。如果书面材料审查通过，可以不进行调查或试验。调查或试验可委托研究单位、学校等单位执行。符合规定的应予注册。注册要将品种名称、特征特性、有效期限、注册者的姓名、住址以及有关事项记载在品种注册簿上。全国品种注册都在农林水产省，地方无权注册。品种注册以后农林水产省发布公告。

二、北京市农作物品种管理工作的现状

北京市农作物品种审定工作是伴随着国家农作物品种审定工作的发展而变化的。自1982年开展品种审（认）定、鉴定工作以来，北京市审（认）定、鉴定了一大批优良品种，为不同时期京郊农业的发展提供了技术支撑。

（一）北京市开展农作物品种管理的历史

北京市开展农作物品种管理工作的可以分为三个阶段：

第一个阶段是2001年以前，所有农作物品种均实行审（认）定制度。1982年9月，北京市成立

了北京市农作物品种审定委员会，设立了小麦、玉米、水稻、蔬菜、经作（油料、杂粮）五个专业组，并制定《北京市农作物品种审定试行办法》，由此标志着北京市品种审定工作的正式开展。

1987年，北京市品种审定委员会制定了《北京市农作物品种区域试验和生产示范细则》，对品种试验、示范做了更具体的规定。1998年，根据《中华人民共和国种子管理条例》《北京市农作物种子质量管理暂行条例》和《全国农作物品种审定委员会章程》《全国农作物品种审定办法》的规定，结合北京市具体情况，制定了《北京市品种审定委员会章程》，修订了《北京市品种审（认）定办法》及《北京市农作物品种区域试验和生产试验管理办法》，使本市品种审定的规章、制度、办法更加完善，品种审定工作更加规范。

第二个阶段是2001—2015年，对主要农作物品种实行审定制度。2000年12月1日，《种子法》颁布实施，2001年2月26日农业部颁布实施《主要农作物品种审定办法》。根据《种子法》及《主要农作物审定办法》等法规，北京市对品种审定工作进行了重大改革。第一，确定北京市主要农作物范围，审定作物种类减少。北京市的主要农作物除《种子法》规定的稻、小麦、玉米、棉花、大豆和农业部确定的油菜、马铃薯外，根据北京市实际情况，还确定了西瓜和大白菜为北京市的主要农作物。北京市审定作物由以前的所有农作物改为小麦、玉米、大豆、西瓜、大白菜和果树（2007年果树品种审定工作转由北京市园林绿化局负责），其余主要农作物推荐申报国家审定，非主要农作物不再进行审定。第二，取消认定，所有报审品种必须按照品种审定程序进行。第三，缩短了品种试验审定年限，品种试验周期由以前的3～4年缩短为2～3年，即完成两个生产周期区域试验、一个生产周期生产试验（可与区试交叉进行）的品种即可报审，加快了新品种转化速度。第四，重新制定了《主要农作物品种审定标准》，对各作物品种审定的产量、品质、抗性、生育期等各项指标作了具体规定。

在开展审定工作的同时，开展了品种退出和品种鉴定工作，逐步完善了品种管理内容。2009年北京市颁布并开始实施《北京市非审定农作物品种鉴定办法（试行）》，对非主要农作物品种开展鉴定工作。2010年，实行《北京市主要农作物品种退出管理办法（试行）》，开启有进有退的品种动态管理。

第三个阶段是2016年1月后，根据《种子法》的规定，缩减了北京市主要农作物的种类，主要农作物引种改为引种备案，对部分非主要农作物实行品种登记制度。2015年11月4日修订、2016年1月1日起施行的《种子法》及2016年8月15日起施行的《主要农作物品种审定办法》规定，主要农作物是指稻、小麦、玉米、棉花、大豆。根据北京市实际生产情况，北京市审定作物由以前的小麦、玉米、大豆、西瓜、大白菜缩减为小麦、玉米、大豆三种作物，同时对北京市同一适宜生态区主要农作物品种引种备案工作从引种区域的划定、材料的提交等方面进行了具体的规定。2017年5月1日起施行《非主要农作物品种登记办法》规定，列入非主要农作物登记目录的品种，在推广前应当登记；应当登记的农作物品种未经登记的，不得发布广告、推广，不得以登记品种的名义销售。

（二）北京市品种管理工作现状及成绩

北京市种子管理站开展品种审（认）定、鉴定的三十多年来，共审（认）定、鉴定农作物品种1 350个，其中1983—2017年，北京市共审（认）定稻、小麦、玉米、大豆四类主要农作物品种519个，审（认）定西瓜、大白菜、马铃薯三类原主要农作物品种308个，认定、鉴定各类非主要农作物品种523个，审（认）定、鉴定品种类型不断丰富，增加了鲜食玉米、青贮玉米、强筋小麦、小型西瓜、高蛋白大豆、高脂肪大豆等优质、专用、特用型品种。经过多年的努力，试验技术和试验条件都有了长足的发展。

1. 品种管理工作的发展

多年来，北京市品种管理工作取得长足进步，试验技术、试验条件、试验水平大幅度提高，审定规程、审定标准、鉴定办法不断完善，品种管理工作更加科学、公平、公正。

（1）开展试验技术研究，提升品种鉴定水平。为使品种管理工作发挥为生产严格把关的作用，确保试验的准确性，多年来，不断开展试验技术研究，品种试验技术不断完善。试验方法从不设置重复的简单对比试验，到多年、多点、多重复试验；鉴定内容从单一的产量鉴定，到产量、品质、抗性、DUS测试、DNA指纹、转基因等同步进行的多项鉴定；数据汇总从简单的平均数统计，到采用统计专用软件进行科学统计；试验组别从最初的一个组增加到多个组，例如玉米增加了春播、夏播、鲜食、青贮组，蔬菜增加了保护地、小型西瓜、小株型大白菜（娃娃菜）等组别。品种试验技术的提高，提升了品种筛选的可靠性，使品种试验审定工作真正发挥为生产严格把关的作用。

（2）**依法开展审定登记，规范品种管理工作。**按照《种子法》《主要农作物品种审定办法》等法律法规的有关规定，先后出台了《北京市主要农作物品种审定规程》《北京市主要农作物品种引种管理办法》，同时为规范品种试验，制定了北京市地方标准——《农作物品种试验操作规程》。这些文件，规范了北京市品种试验及审定工作程序，体现了公正、公开、科学和高效的原则，确保了品种审定工作的顺利进行。为了加强农作物品种管理工作，及时淘汰不适宜现在农业生产发展的品种，保证农业生产用种安全，加速新审定的优良品种的推广，开展品种撤销审定工作，实现了品种有进有退，以退促优的动态管理。2010—2017年，北京市共撤销审定主要农作物品种354个，其中包括稻41个、小麦91个、玉米82个、大豆42个、大白菜62个、西瓜34个、马铃薯2个。2017年5月1日，按照《种子法》要求，依照《非主要农作物品种登记办法》，开展纳入登记目录的农作物品种登记工作，进一步加强品种管理。

（3）**加强人才队伍建设，提高试验人员素质。**品种试验队伍素质直接关系到品种试验工作水平，为加强人才队伍建设，北京市积极开展试验人员技术培训工作，包括基础理论、试验操作技术、高产栽培技术、产业发展动态以及职业道德等多方面培训内容，采取专家授课、现场讲解、宣传材料、参观交流等多种培训形式，培养了一支力量强大的种子试验系统科技队伍。目前全市除朝阳区和石景山区外，其余12个郊区种子管理站均设有品种管理科，承担国家、市、区各级品种试验工作，大大提高了北京区试工作的公正性、科学性和权威性，为依法进行品种管理和保护育种者、经营者、使用者的利益奠定了基础。

（4）**加强试验基地建设，改善品种试验条件。**品种管理工作是以品种试验为依据的，品种试验条件直接影响试验结果的科学性和试验质量。为给品种审定提供客观的、权威的依据，多年来，不断加强试验基地建设，改善试验条件。2008年，北京已在全市建立1个市级品种试验基地和10个区级品种试验基地（以下简称“1＋10”），形成了北京市品种试验网络。试验基地具备进行国家和市级各类农作物品种区域试验、展示的能力，同时可以安排国内外引种筛选鉴定试验以及开展技术合作交流，使北京市的品种试验展示工作提升到新水平，完善了育种科技成果转化和新品种展示推广体系，搭建了种业成果转化平台。

2. 品种管理工作取得的成绩

自1982年正式开展农作物品种的审（认）定、鉴定工作以来，北京市品种管理工作取得了显著成绩，到2017年共审（认）定、鉴定农作物新品种1 350个（不包括果树品种119个），2001年以前审（认）定品种479个，其中稻（33个）、小麦（63个）、玉米（58个）、大豆（30个）、大白菜（55个）、西瓜（20个）、马铃薯（6个）七类主要农作物品种265个，其他各类非主要农作物品种214个；2001年以后审定稻（3个）、小麦（71个）、玉米（211个）、大豆（50个）、大白菜（96个）、西瓜（131个）六类主要农作物品种562个；2009—2016年鉴定各类蔬菜（233个）、杂粮（44个）、中草药（16个）、食用菌（20个）、草莓（2个）等共计44个种类的非主要农作物品种315个。不同时期审定的农作物品种，分别适应当时的生产水平和耕作制度，解决了当时生产中存在的一系列问题，为京郊农业的不断发展提供了强大的科技支撑。

（1）**实现品种更新换代，促进京郊农业持续发展。**中华人民共和国成立以来，北京市通过不断审定并推广高产、稳产、优质新品种，实现了多种作物品种的更新换代。随着全国经济的迅猛发展，北京市科研育种水平迅速提高，尤其是杂交玉米品种研究选育工作取得巨大进展，筛选出丰产、稳产的玉米单交种大面积推广，全部取代了常规品种。中华人民共和国成立后玉米单交种共实现了六次更换，全部发生在1978年以后，玉米产量水平从200千克/亩提高441千克/亩，春播玉米形成了以农华101、联科96为主栽品种，搭配京科968、辽单565、京科665等熟期中晚熟配套的品种布局；夏播玉米形成了以京农科728为主栽品种，搭配京单58、京单68、旺禾8号、京科528等早熟、耐密、适机收品种布局；小麦品种中华人民共和国成立后实现了八次更换，小麦产量水平从中华人民共和国成立初期的43千克/亩提高到358千克/亩，以中麦175、轮选987等优质高产品种为主体的第八次更换，使京郊小麦品质上升一个台阶，小麦品种实现了优质化布局；蔬菜品种实现了3～4次品种更替，品种更新换代，使北京市粮食、蔬菜产量及品质实现了多次飞跃，促进了农业生产的持续发展。目前，保护地和露地品种合理搭配，基本上实现了周年生产供应，京郊蔬菜生产已脱离品种单一、细菜粗菜区分明显、常规品种为主和价格剧烈波动的时代。

(2) **品种类型日益丰富，适应都市农业发展需求。**为适应市场需求的变化，北京市有目的地引进国外优质品种资源，筛选分别适应营养食品加工、旅游观光采摘、生态节约等新型的作物品种，为多元化都市农业发展提供科技支撑。

推广品种的类型不断丰富，率先在全国审定了一些优质、专用、特用品种。如适于加工型专用玉米（鲜食、青饲玉米）、专用小麦（强筋、特用小麦），适于采摘型小型礼品西瓜，优质功能型大豆（高蛋白、高脂肪、无豆腥味大豆即缺失脂肪氧化酶-2和胰蛋白酶抑制剂大豆），节约资源型的抗病虫品种、肥料高效（氮高效）玉米、节水小麦等。这些品种丰富了首都市场，提高了人民的生活水平，也为农业可持续性发展提供了技术保障。

(3) **品种布局日趋合理，区域优势产业快速发展。**北京市在不同作物的主产区，开展新品种试验、示范、推广，形成各区域优势产业。目前已经形成几大优势产业，如大兴的优质甘薯、西甜瓜产业，房山的小杂粮产业，昌平的草莓产业，怀柔、密云的玉米制种产业，通州、顺义的小麦籽种产业等。区域优势产业的发展，创造了产品的产地效应，提高了农产品市场竞争力和农业综合生产能力。

(4) **创建名牌系列品种，扩大优新品种推广范围。**北京市形成了玉米、小麦、大豆、瓜菜等多种作物名牌系列品种，并在全国推广普及，如中国农业大学选育的农大108玉米品种，2003年在全国推广播种面积达到4 000多万亩，仅此一个品种就占全国玉米生产面积的10%以上，现已累计推广1亿亩以上，增产60亿千克，增收60亿元；北京市种子公司选育的京411和京9428小麦品种在我国北部冬麦区种植面积累计达到2 000多万亩，增产10多亿千克，增收10亿多元。北京蔬菜研究中心和中国农科院蔬菜花卉研究所育成的甘蓝、大白菜、番茄、甜（辣）椒、黄瓜、西甜瓜、萝卜、菠菜、花椰菜等主要蔬菜优良品种，已经成为全国各主要蔬菜产区主要栽培品种，到目前累计推广面积千余万亩，创社会经济效益数十亿元。

三、国内外品种管理存在的差异与特点

由于在地理条件、种业发展程度、企业的自律能力等方面的差异，我国和国外的品种管理体系和制度的不同之处表现在以下几点。

（一）品种管理制度

国内实行的是国家和省级两级主要农作物品种审定制度和非主要农作物品种登记制度，对《种子法》中规定的主要农作物实行品种审定，只有审定通过的品种才可以推广、销售；对列入非主要农作物登记目录的品种，在推广前应当登记，应当登记的农作物品种未经登记的，不得发布广告、推广，不得以登记品种的名义销售。对非主要农作物品种的管理工作是从2016年新修订的《种子法》实施后正式开始，结束了之前由选育单位自愿进行国家级或省级鉴定（登记），但不进行鉴定（登记）也可以进行推广的自治时代，规范了种子市场。品种保护和品种审定是两个独立体系，申请品种保护也是品种权人自愿的行为。

由于美国种子企业比较成熟、规模较大，具有成熟的品种推广以及风险承担能力。美国主要实行

的是新品种保护制度，而不要求新品种注册登记。品种上市、推广完全交给种子公司负责，由种子公司对品种作严格的利用价值评价测试。

欧盟实行的是品种登记制度，获得登记的品种方可进行种子生产、经营、推广。根据欧盟原则，在一个国家获准登记，即可在欧盟各国合法销售。

日本实行种苗的标名方法以及为保护新品种而实行的品种注册等制度，指定种苗 125 种，指定种苗的生产或经营无需许可条件，只要有能力、有技术、有条件，都可以参加生产经营，由政府职能部门对种苗生产和经营经常进行检查、监督。

（二）品种试验

国内品种试验主要包括 DUS 测试以及国家和省级两级区域试验，DUS 测试由专门的测试机构承担，区域试验由两级农业行政主管部门安排。

美国 DUS 测试由相关部门承担，品种试验由企业承担。

在欧盟各国，国家级的新品种试验有 DUS 和 VCU 两种。如荷兰对于蔬菜品种，要进行 DUS 测试；对于大田作物品种，在 DUS 测试的基础上，还要进行 VCU 测试。

（三）品种管理和品种保护的结合程度

国内品种审定和植物新品种保护是两个完全分开的体系，品种审定是行政许可，植物新品种保护自愿申请。

美国重视新品种保护，品种侵权的惩处力度较大，品种创新的保护条件较好。

欧盟品种注册和品种保护是结合在一起的，注册的品种有已授予品种权的品种和按规定必须注册但不能授予品种权的品种。品种权的保护力度较大。

四、对我国品种管理工作的启示

（一）加强品种管理，严格实行品种的两级审定制度。

德国、法国的种子产业已经形成较成熟的现代化产业，市场行为也高度规范，但两国仍实行严格的品种登记制度。从我国的情况看，现阶段我国市场竞争主体及其参与者的素质较低，自我约束机制尚未形成，农户选择、鉴别品种的能力较差，需要加强这方面的管理，应实行强制性的品种审定制度。同时，我国地域辽阔，生态类型复杂，应坚持实行国家和省两级品种审定制度，以互相补充、完善。

（二）强化对非主要农作物品种的管理

严格执行非主要农作物品种登记制度，登记品种必须具备详实的选育报告，保证来源清晰，并且通过 DUS 测试，具备特异性、一致性和稳定性，在拟种植区域开展过多个生产周期的品种试验，能按要求提交标准样品，以便从根本上解决同质品种过多，市场上种子多、乱、杂的现状。

（三）加强品种审定、登记和新品种保护结合紧密程度

在申请品种审定和品种登记前进行 DUS 测试，强制申请植物新品种保护，同时加大品种权侵权的惩罚力度，为品种创新创造一个良好的环境。

第八节　农作物新品种推广体系

随着《种子法》的深入实施和市场经济的快速发展，我国种业发生了深刻的变化，种子科研能力显著增强，主体增多，投入增加，新品种数量急剧增加，丰富了品种类型，保障了市场供应，促进了

粮食产业发展。但是，众多种子企业的宣传推介，同时也增加了农民选购种子的难度；此外，还有一批优良新品种由于没有适宜的生态环境、配套栽培技术，其优良特性未能充分发挥，甚至可能因农民使用方法不当而造成减产减收。因此，以品种展示、示范为切入点，加大主导品种的宣传推广力度，指导农民合理选种、安全用种，是各级政府及种子管理部门义不容辞的职责，是充分发挥优良品种对农业生产的促进作用的重要举措，也是有效规避高风险品种给农业生产带来危害的必要保障，对加快新品种应用，促进农业产业化发展具有积极的推动作用。

一、北京市农作物新品种推广的历史沿革

农作物新品种推广工作是种子管理部门的主要工作内容之一，也是对种子管理部门业务工作的拓展和丰富，把品种管理从规范行为、受理审定，拓展为规范行为、受理审定、指导生产、科学使用。同时，作为农作物新品种推广工作关键环节的新品种展示和示范，是品种审定工作的延伸和补充，是新形势下种子管理部门实施品种主动管理的具体方式。

北京育种单位多，再加上从国外及外省市引进品种，每年都有众多新品种出现。究竟哪些新品种适于北京地区种植，而且优于现有生产上使用的同类品种呢？这就需要种子管理部门把各选育（引进）单位自己认为较好的品种汇集起来，统一安排，统一布点，统一措施，进行品种比较区域试验，优中选优，进行生产示范。中华人民共和国成立以来，新品种的推广工作一直在不断完善，不断发展，不断提高，这项公益性的工作，长期以来得到了领导的重视，经历了从无到有、不断完善的发展过程。

20 世纪 50 年代，主要是发掘推广优良地方农家品种，新选育和新引进的品种不多，也没有种子管理机构，只做少量新品种试种，未开展全市统一组织的新品种区域试验、示范工作。

20 世纪 60 年代，北京市选育和从市外及国外引进的新品种逐渐增加，由市良种推广站联合育种单位进行新品种试验、示范工作，在作物生长关键时期，组织各区县及有关人员进行观摩、选评。从作物方面看，主要是小麦、玉米、高粱等粮食作物，有的区县也做棉花、谷子、甘薯等作物品种试验，参试品种不多；从区试范围方面讲，多限于几个国营农场和育种单位，布点较少。后期受“文化大革命”影响，区试工作基本停止。

20 世纪 70 年代，北京市选育和从国内外引进品种进一步增多，由市种子站牵头与育种单位联合进行新品种区域试验、示范工作。统一区试的作物增多了，粮食作物中不仅是小麦、玉米，水稻、杂交高粱等组织统一区试，还扩大到蔬菜作物的大白菜、番茄等；区试点的范围也扩大了，不仅包括国营农场、科研单位，一些有条件的社、队也承担起区试工作；布点多了，参试品种增加了，平均每年有 55 个左右新品种参试，区试点约 60 个。观摩评选时邀请北京市各区县、市粮食局、市蔬菜公司及有关人员进行评选鉴定，对品种的要求主要是高产。

20 世纪 80 年代，统一区试的作物范围进一步扩大，粮食作物有小麦、玉米、水稻、甘薯、马铃薯等，还有油料作物的大豆、花生、胡麻等，蔬菜作物有大白菜、番茄、甜椒、黄瓜、架豆、芸豆、豇豆、西瓜等。不仅统一区试的作物多了，还根据当时生产发展的需要，增加了试验新项目，对品种的要求越来越趋于专用化。如水稻区试分为春播组、旱种组、麦茬老秧组；黄瓜品种区试分为春露地组、秋露地组、春大棚组、秋大棚组、温室组等。参试品种、试验点也显著增多，平均每年有 140 个左右新品种参试，布点 120 个左右。对品种提出了高产、优质的要求。1982 年以后区试工作由北京市品审会办公室、北京市种子站组织，品种观摩评选由品审会各作物专业组分头进行。

20 世纪 90 年代，统一区试的作物范围更广了，区试分组更细了，除安排一般粮油作物、蔬菜作物、经济作物区试外，还根据市场的要求，增加一些特用作物和反季节栽培作物的品种区试，如玉米作物，除安排春播、夏播品种区试外，还增加了饲用玉米、甜玉米、糯玉米品种区试；结球大白菜原来只有秋播贩菜（早熟品种）和窖菜（晚熟品种）区试，这一时期又增加了春播结球大白菜和夏播结球大白菜的品种区试。参试品种和试验点数也大大增加，平均每年参试新品种增加到 150 多个（参加

品种比较试验的品种未计算在内），区试点增加到125个左右。对品种优质的要求提到了更突出的位置。

21世纪以来，《种子法》实施至其修订前，北京市将小麦、玉米、大豆、大白菜、西瓜定为审定作物，每年安排统一的区域试验，共设组别22个，平均每年参试新品种增加到200多个（参加品种比较试验的品种未计算在内），区试点和生试点共计200个左右；对主要农作物以外的其他作物不再安排区试，从2009年北京市开始实施《北京市非审定农作物品种鉴定办法（试行）》，对未实行审定的农作物品种进行鉴定，每年有数十个蔬菜、杂粮、食用菌等各具特色的非主要农作品种通过鉴定，丰富了北京市非主要农作物品种类型。2016年1月1日新修订的《种子法》开始实施，北京市取消了对大白菜和西瓜的审定工作，对已经参试的品种继续完成试验后转为登记，仅保留了对小麦、玉米、大豆的品种审定工作，从2017年起，暂停了对非主要农作物品种的鉴定工作，全力开展非主要农作品种登记工作。2006年开始建立北京市"1+10"农作物新品种试验展示基地以来，开展农作物新品种的展示工作，展示作物种类涉及各类大田作物、蔬菜作物和经济作物，分多种茬口、多种设施进行展示，并结合配套的栽培技术，每年展出农作物品种数量在5 000个次左右，展示地点遍及全市10个区县。2009年启动实施的"都市农业专用品种'四百千万'展示工程"可谓新品种展示工作的里程碑；从2009—2011年，连续三年开展的农作物新品种展示工作，实现了四季周年开展农作物新品种展示，引进包括鲜食玉米、大豆、甘薯、杂粮等大田作物和茄果类、瓜类、绿叶菜类、食用菌、草莓、西甜瓜、药膳菜等蔬菜作物，共计30余类作物，上百种类型的品种，推介优质品种一千余个，示范农作物新品种面积上万亩，实现北京市重要作物新品种覆盖率的显著提高。2012—2013年实施的"蔬菜良种增效十百千万示范体系建设"课题，进一步将品种展示与示范工作深入推进，在全市蔬菜主产区建立起千个示范点，对近些年筛选出的优质品种进行示范，示范面积万亩以上，为品种推广工作建立起稳固的示范网络。

二、北京市现代农作物新品种推广体系

因地制宜是种子应用的自然法则，为了确保用种安全、种植安全，新品种在推广过程中必须坚持先试验、后示范、再推广的原则。经过多年的摸索实践，北京市逐渐建立起以区域试验、展示观摩、示范引导为流程的现代农作物新品种推广体系，让农民通过田间观摩，看禾选种，降低种植风险系数。有效的农作物新品种推广体系，推动了种子管理部门与种子科研、企业生产的结合，加快了品种的更新换代速度，提高了农业科技成果转化速率。

（一）农作物新品种试验展示基地网络

我国省级种子管理站的主要职能之一，是负责农作物品种的管理。种子管理部门开展农作物新品种推广工作应当建立固定的试验展示基地，便于试验展示的统一安排，便于工作人员水平的不断提高，便于农民、育种者和企业的观摩学习。

2006年，北京市种子管理站在北京市科学技术委员会的支持下，在京郊建立了"1+10"农作物新品种试验展示基地网络，对于确保试验展示工作的连续性具有重要的意义。北京市14个区（县）中，由于石景山、海淀、朝阳和门头沟的特殊区域条件，未建立基地，其他区均建有自己的农作物新品种试验展示基地，每年结合各自区域优势产业，开展大量的试验展示工作。

1. 农作物新品种试验展示基地的基本条件

北京市种子站系统现有基地总面积1 447亩，其中露地面积949亩，设施面积240亩。试验基地除丰台为自有土地外，其他区及市站基地均为租赁土地。北京市各基地平均面积为132亩，除丰台、市站基地为300亩以外，各区基地面积在50～200亩。北京市基地共建有库房3 166米^2，农机库1 895米^2，晾场4 400米^2。各区均对基地进行道路硬化，共计硬化道路55 770米^2，方便观摩活动开展。

北京市各试验基地除丰台、大兴为黏壤土外，其余多为沙壤土；地力多数较为均匀，肥力水平为中高水平，土地平整。各试验基地至少有一眼机井，除通州、大兴外各基地均至少具备一套喷灌设备，顺义、昌平、丰台、市基地配备了完善的滴灌设备，且昌平和市基地还具备微喷设备。

北京市各试验基地配备大、中、小型拖拉机，小型旋耕机，播种机，脱粒机，打药机，各种犁具共计 155 台（套），平均每基地 14 台（套）。配备电脑、相机、数粒仪、烘干机、发芽箱、测糖仪、不同量度称量仪器等共计 141 台，平均每基地 13 台。

2. 农作物新品种试验展示基地的人员情况

现全北京市农作物新品种展示基地共有工作人员 174 人，平均每基地 15 人，按基地面积折算，每人需管理 8.3 亩土地，工作人员较为短缺。基地工作人员中技术人员 47 人，其中硕士以上学历 1 人，本科学历 23 人，大专学历 19 人；全市基地工人 127 人。

3. 农作物新品种试验展示基地的承试能力

从基地开始建设以来，承试能力逐年增强，目前全市各试验基地平均每年完成 100 余套区域试验，试验面积 200 余亩。平均每年完成新品种展示 600 余亩，展示新品种 5 000 个次左右，涉及大田作物、蔬菜作物、经济作物共计近 30 个作物种类。

4. 农作物新品种试验展示基地的运行成效

北京市农作物新品种展示基地自建成以来，每年开展大量农作物新品种展示工作，累计展示各类粮食经济作物和蔬菜作物新品种超过 3 万个（次），筛选出适宜北京都市型现代农业的新品种一千余个。基地的新品种展示与筛选工作在全市范围内树立了良好的形象，对新品种的示范推广工作起到了较好的推动作用，有力地促进了农作物品种的更新换代。

在基地展示示范工作的不断影响下，一些农作物新品种已经逐渐被种植户认可。农大 211、中麦 175、京 9843 等丰产稳产的小麦新品种已经成为当前北京市小麦生产的主栽品种，约占北京市小麦总面积的 80%。番茄品种仙客 8 号、合作 918、春桃、京丹五号，茄子品种布利塔、硕源黑宝、京茄 6 号、京茄 20 号，黄瓜品种津优系列、津绿系列、中农 26 号、中密 12、戴多星、京研迷你 5 号、托尼，辣椒品种京甜 3 号、国福 308，萝卜品种京脆 1 号，草莓品种章姬、红颜，大白菜品种津绿 60、京翠 60、京秋黄心 70、京秋 3 号，娃娃菜品种京春娃 2 号、迷你星、金铃，西瓜品种福运来、京秀、航兴天秀 1 号、蜜童等，这些优质、高产、抗病品种经过基地的展示示范可以说已是家喻户晓，种植面积连年增长。

基地每年在新品种展示期间举办各类作物展示观摩活动数十次，接待种植者、育种者、种子经营者等各界人士参观不计其数，利用网络、电视台、广播电台等多种媒体宣传优新品种，使新品种展示工作做到了广播有声、电视有形、报刊有字、田间有人。通过观摩培训和宣传报道，提高了展示基地在科研单位、种子企业、农民甚至市民中的影响力，“找种子，到基地”成为了农民的新观念，充分体现出了基地的开放性、权威性、先进性、区域性、辐射性。

基地多年来以新品种的展示、筛选、示范相结合的推广模式搭建北京种业高新技术展示示范平台，促进科技成果转化，带动首都籽种产业的发展；以观摩、培训、宣传为主要服务手段完善新品种推广服务体系，推动新品种在生产中的应用，进一步优化全市优势特色农产品布局，引领都市农业又好又快发展。

（二）现代农作物新品种推广程序

农作物新品种推广必须坚持因地制宜、适地适种的原则，按照先试验后示范、试验示范成功后再大面积推广的科学程序进行。具体推广环节包括新品种引进、新品种鉴评、新品种展示、新品种观摩及新技术培训、新品种示范、新品种宣传共计六个部分。

1. 新品种引进

在生产上，每年通过审定、认定、登记等进入市场的农作物新品种很多，这些新品种应根据当地的生产条件（如气候、土壤、灌溉等）、新品种的特征特性和适宜种植区域等，有选择性地引进。一般而言，引进品种的主要特征特性（如株型、果型、熟性、抗病性等）应与当地栽培的主要品种相近，或是根据当地市场需求，引进一些特用或专用型新品种，如保健功能型蔬菜、观赏型蔬菜、节水小麦等。

新品种引进要注意品种的真实性和代表性，防止假冒和失真。可以通过品种的选育单位或选育者，也可以通过该品种的合法经营者及委托代理者征集。新品种引进的时间要在鉴评试验安排前1～2个月进行，以便于根据品种数量提早确定试验规模。

2. 新品种鉴评

新品种鉴评是对所有引进的新品种进行多年多点严格试验，模拟大田生产的管理方式，对品种的稳定性、一致性、差异性、丰产性等特性进行科学鉴定和评价的过程。北京市新品种鉴评试验主要安排在各区的“1＋10”农作物新品种试验展示基地。试验期间，试验员详细记录各品种生育期、商品性、产量、抗性等农艺性状，并在品种主要性状表现明显时期，组织各作物相关专家到田间考察，鉴评品种优劣，以及在本地区的推广潜力。通过新品种鉴评，能够真实、客观、公正、直观地观察新引进品种在特定地区的实际种植表现，新品种鉴评的结果是该品种能否列入新品种展示的重要依据。

3. 新品种展示

新品种展示是将鉴评试验中表现优良的新品种，在能发挥品种最大生产潜力的栽培条件下，进行小面积的集中种植，将其丰产性、抗病性、熟性及适应性等主要特性展示给品种选育者、种子经营者和种子使用者。品种展示又可称为品种擂台赛，即好比在同一平台上评比各个品种的好坏，由观众评判品种的优劣，进而择优选用品种，促进良种推广。新品种展示是一个鲜活的、立体的农作物新品种特征特性的展现，要比经营者、技术人员的口头讲解、文字资料、图片宣传更丰富、更直观、更具有说服力，使农民更容易接受。

北京市新品种展示主要安排在各区的“1＋10”农作物新品种试验展示基地。田间按照统一标准设立展示标牌，标注品种名称、供种单位、播种期、定植期等信息，便于现场观摩人员了解品种情况。新品种展示不仅展示品种的田间生长状况，还充分利用农业系统内部的管理和技术资源，把农作物新品种和配套栽培技术有机地结合起来，探索各品种最适宜的栽培技术，做到良种良法配套推广，种植者可以直接照搬展示模式用于生产，大大缩短对新品种的认识时间以及对栽培方法的摸索时间。

4. 新品种观摩与新技术培训

新品种展示和示范过程中，在各作物品种特征特性表现最明显的时期，组织农民、育种人员、种子经销商、种子管理人员等开展多种形式的现场观摩与技术培训活动，用农民喜闻乐见的方式、通俗易懂的语言讲解各品种的特征特性、栽培技术要点，客观告知品种的缺陷及应防范的生产风险，确保讲得透彻，让农民听得明白。

新品种观摩培训活动可以为品种选育者、种子经营者和种子使用者提供一个广泛的交流平台，增加相互之间交流的机会，起到连接品种选育、种子经营和种子使用三者之间的纽带作用。通过展示观摩，育种者的新品种可以更直接地展示在种子经营者及种子使用者面前，为育种者提供宣传育种成果的机会；种子经营者可以了解新品种信息，观察新品种特点，掌握相关的栽培技术要点，为新品种的宣传推广及经营提供服务；种子使用者可以直观真实地获得对新品种的感受，实现看禾选种，并可以参照展示模式，将展示中的栽培技术及生产方式直接移植应用于生产。

5. 新品种示范

新品种示范是在展示的基础上，根据当地小范围的地理气候特点、农民种植习惯，把从展示中确定的主推品种推广为较大面积种植，对品种特性和主要栽培技术措施进行示范。新品种示范田通常选择交通便利、集中连片、有区域代表性的地块，示范工作由农民自愿承担。示范过程中，在各作物品种特征特性表现最明显的时期，通常组织农民对示范田进行观摩，让更多农民看到示范田的增产增效作用，起到以一传十、以点带面的辐射带动作用，从而促进优良品种大面积推广。

6. 新品种宣传

充分利用网络、电视、广播、报刊等多种媒体宣传推介农作物新品种和配套新技术，做到广播有声、电视有形、报刊有字、田间有人，加大宣传力度，不断扩大品种展示示范影响力，吸引更多优良新品种参加展示和示范，加强与育种家、种子经营企业和农户的联合，加快优良品种推广，促进品种更新换代。

通过印发简单明了的宣传明白纸、图文并茂的优质品种推介图册、内容丰富的栽培技术合集及病虫害防治手册，加大优质品种及配套栽培技术的宣传推广力度。以优良品种为主导，以良法配套为支撑，以观摩培训为保障，实现主推品种进村入户，做到良种良法配套推广，充分发挥良种的增产增效作用。

（三）推广成效

种子是农业生产中具有生命且必不可少的生产资料，是农业科技的载体。一切农业技术措施的增产作用都要通过良种才能发挥，其增产效果主要由良种和良法的配套来体现。正因为种子在整个农业生产中占有极其重要的地位，在党和北京市政府的重视和支持下，经过几代种业人的不懈努力，北京市农作物新品种和新技术的推广成效显著，实现了一次次的品种更换和技术创新，加快了北京农业科技成果转化。

1. 农作物品种更新换代

据北京市统计局数据，2002—2011 年这十年间，北京市农作物播种面积稳定在 440 万～480 万亩，小麦、玉米、大豆、西瓜、大白菜五类农作物播种总面积在 350 万亩左右，约占全市农作物播种总面积的 75%。从 2012 年开始，随着种植业结构调整，北京市农作物播种面积开始减少。2013 年小麦、玉米、大豆、西瓜、大白菜五类主要农作物播种面积不足 250 万亩，比 2010 年减少了近 100 万亩，蔬菜播种面积仍稳定在 110 万亩左右。到 2016 年，全市农作物播种面积进一步减少至 200 万亩左右，小麦、玉米、大豆三类主要农作物播种面积仅剩 130 万亩，蔬菜播种面积降至 80 万亩。如今，北京农业正处于结构调整的转折时期，经过农业自身生产空间的不断调整，留下的 2 万亩畜禽养殖占地、5 万亩渔业养殖占地与 70 万亩菜田、80 万亩粮田组成的“2578”格局，成为未来北京农业的主战场。面对粮田面积逐年递减，菜田面积稳步增加的新形势，不断提高粮食单产、丰富蔬菜种类、拓展农业功能是未来北京农业瘦身健体的首要任务。如何在有限的土地上取得更好的经济效益，优良品种的应用尤为重要。通过多年来的农作物新品种推广工作，北京市主要农作物品种实现了多轮更新换代，优良品种覆盖率逐年提高，有效抑制了播种面积锐减导致的总产量的大幅度跌落。

（1）小麦品种更新换代。2012 年以前，小麦种植面积基本稳定在 90 万～95 万亩，随着农业结构调整的推进，2016 年，小麦播种面积下降到 20 万亩左右。虽然种植面积急剧减少，但小麦在北京市的 8 个郊区均有种植，集中在顺义、通州、大兴、房山四个小麦主产区，约占当年总面积的 90%，但在平谷、怀柔、密云、昌平种植面积较小。

中华人民共和国成立以来，根据品种的区划种植时间，北京市小麦品种更换分为八个阶段：

第一次品种更换期（1949—1957 年）：品种以大白芒、大红芒、红芒白、五花头、小红芒、定是 72、燕大 1 817 等农家品种为主。这些品种对当地的自然条件和栽培水平有很强的适应性，但秆高易倒，易感染长锈病，穗小、粒数少，粒重低、产量潜力低。此阶段平均亩产仅 43 千克。

第二次品种更换期（1958—1964 年）：品种以农大 183、华北 187、碧琼 1 号、农大 36、农大 90、早洋麦等为主，这是我国首批育成的丰产品种。在穗数、料重、抗寒、抗锈、抗倒、早熟及适应性上综合表现较好，该阶段后期，农大 183 等品种抗锈性丧失。此阶段平均单产 69.5 千克。

第三次品种更换期（1965—1971 年）：品种以农大 311、北京 8 号、农大 36、农大 90 等为主。农大 311 抗倒性强适应性广，北京 8 号早熟、抗锈、综合性状突出，二者成为本阶段主栽品种。后期这些品种不适应新的生产水平，且抗锈性逐渐丢失。此阶段平均单产 101.7 千克。

第四次品种更换期（1972—1982 年）：以农大 139、东方红 3 号为主栽品种，搭配种植北京 10 号、红良 4 号、5 号、有芒白 4 号、北京 15 号等品种。20 世纪 70 年代初，农大 139、东方红 3 号等品种综合性状表现优良，且抗寒、抗锈，抗倒，适应性强，产量高，尤其是农大 139 的大面积推广，使北京市小麦产量在1971—1976年5年内单产增加97.5千克，增产幅度达到90.8%，为北京小麦历史上增产速度最快、增产幅度最大的时期。但1976年以后，由于生产水平的提高，农大139等品种逐渐表现出不适应新的生产条件和水平的现象。由于当时没有综合性状表现优异的品种接班，致使农大139超期服役，导致1977—1982连续6年产量徘徊不前，甚至出现两次大减产，减产幅度均达30%。此阶段平均单产183.5千克。

第五次品种更换期（1983—1990年）：以丰抗2号、丰抗8号为主体，搭配种植京双9、京双10、京双12、京双16、长丰1号等品种。该品种群分别适宜当时京郊高肥地区、中至半上等肥力地和麦茬初等晚播地区等不同的生产条件，做到了因地制宜。这批品种产量高、增产潜力大，综合性状比上一阶段大有改进。20世纪80年代后期，京郊小麦生产以高投入、高产出和小麦玉米两茬平播为主要特点，加之品种本身混杂退化，丰抗号等品种明显表现出不适应，面临新的更换。此阶段平均单产283.7千克。

第六次品种更换期（1991—2002年）：该阶段小麦新品种层出不穷，育种事业出现百家争鸣的新局面。京411、京冬6号、京冬8号等品种产量高，适应性广，增产潜力大，成为该阶段京郊小麦主栽品种。另外京冬1号、北农2号、北京837、农大015等品种在20世纪90年代初曾作为主要搭配品种，后来，陆续出现京437、京核1号、轮抗6号等搭配品种。这一阶段品种的突出特点是抗病性强，抗寒、抗倒性好，在当时生产条件下产量结构搭配合理，丰产稳产。此阶段平均单产373.3千克。

第七次品种更换期（2003—2010年）：人民生活水平的不断提高，对小麦品质提出新的要求，为尽快改变北京市小麦品种加工品质长期处于较低水平的状况，北京市种子管理站开展了优质小麦品种选育、筛选、推广及开发应用工作，并承担农业部丰收计划项目“小麦优质高产品种推广”工作，筛选并推广了一批优质小麦品种。2003年，优质品种京9428、中优9507种植面积迅速上升，当年两个品种种植面积占小麦总面积的近60%，京411、京冬8号老品种种植面积迅速下降，至此形成第七次小麦品种更新换代新格局。本次更换，使京郊小麦品种自中华人民共和国成立以来首次实现了优质与高产的结合，填补了北京市强筋小麦品种的空白，整体提高了北京市小麦粮食品质。本次更换期的主栽品种是京9428，单品种种植面积连续多年占当年小麦总面积60%以上，搭配品种为老品种京411、京冬8号以及新品种农大3214、北农66、轮选987、京9843、农大3432等。优质品种中优9507由于存在穗发芽问题，种植面积迅速减少，至2004年秋播该品种基本退出生产。此阶段平均单产333千克。

第八次品种更换期（2011年至今）：随着京9428等老品种应用年限的延长，生产上逐渐出现混杂退化现象，产量下降，生产田纯度降低，“三层楼”现象严重。针对生产上出现的问题，北京市种子管理站开展小麦品种更新换代工作，筛选并推广一批综合性状优良的小麦新品种，2011年新品种种植面积占当年小麦总面积的60%，形成了以中麦175、农大211、京9843、轮选987等高产稳产品种为主栽品种，搭配中优206、京花9号、烟农19等优质品种以及农大3432、农大212、中麦12等节水品种的品种格局。新品种综合性状优良，表现丰产性好，综合抗性强，株高适中（比京9428、京冬8号等老品种平均降低10厘米左右），抗倒性强，增产潜力大，适应范围广（中麦175、轮选987等多个品种通过国家审定，适宜在北部冬麦区推广种植）；多类型品种群体接班，品种类型丰富、搭配合理。因地制宜推广丰产、节水、优质等各类型新品种，满足了不同肥力水平、不同加工用途、不同农户选种习惯等对品种的需求，也充分发挥了新品种的优良特性。

（2）玉米品种更新换代。2013年以前，玉米种植面积在220万亩左右，2013年以后，随着农业结构调整，玉米种植面积减少至100万亩左右。主要分布在除石景山和丰台以外的12个区，重点集中在大兴、顺义、通州、延庆、房山、密云、平谷7个区，共占当年玉米总面积的90%以上；怀柔和昌平的种植面积占总面积的8%左右；门头沟、海淀、朝阳3个区仅有零星种植。北京市玉米种植以普通玉米为主，种植面积占当年总面积的95%左右，春播和夏播种植比例在3∶2左右；饲用玉米与鲜食玉米较少，合计占当年总面积5%左右。

中华人民共和国成立后根据品种的区划种植时间，北京市玉米品种变化大致分为 9 个发展阶段，单交种经历了 6 次更换：

以众多农家品种为主，推广品种间杂交种阶段（1949—1959 年）：品种以狗儿乐、窝头黄、牛腿粗、灯笼红、光葫芦头、白磁、小粒红、黄金屯、把儿粗、黄火燥、一路快、二路快、海里红、金皇后、白马牙、小八趟等本地农家品种为主。品种多，小地域特色突出，某一个品种往往集中在某几个村或某一个县的小区域内习惯种植。抗病、高产、适应性强的白马牙、金皇后、小八趟等优良农家品种推广区域较广。20 世纪 50 年代中后期，春杂 1 号、春杂 2 号、夏杂 1 号、华农 2 号、荣杂 1 号、荣杂 2 号、荣杂 3 号等品种间杂交种出现。

以个别农家品种为主，推广双交种阶段（1960—1969 年）：农家品种逐渐形成春播以白马牙、金皇后、英粒子等品种为主，夏播以小八趟、墩子黄、小白磁、小把粗等品种为主的格局。利用农家品种的同时，推广了春杂 5、春杂 11、春杂 14 号和农大 3、农大 4、农大 6、农大 7 号及新疆引入的维尔 156、从罗马尼亚引进的 311、405、409 等双杂交种。1966 年，由于气候原因，双交种严重感染大、小斑病，造成大减产，使双交种的推广严重受挫。

单交种与农家品种交替阶段（1970—1977 年）：这一阶段农家品种的面积逐渐缩小，杂交种的面积由小增大。前期是农家品种为主，春播品种以白马牙为代表，还有金皇后、黄马牙、英粒子、白磁、朝鲜白、东陵白等；夏播品种以小八趟为代表，还有墩子黄、把粗、百日熟等。1970 年开始推广玉米单交种，到 1978 年，杂交种基本取代了农家品种的地位。主要品种是白单 4 号、丰收号、京早 2 号，还有白单 2 号、白单 14 号和胜利号、返修号等；中后期又出现了丹玉 6 号、黄白 1 号、京黄 113、中单 2 号等。这一代单交种的骨干自交系有唐四平头、瑞北 1、C103、野鸡红、埃及 205 等。这是京郊首批推广的玉米单交种。

单交种第一次品种更换阶段（1978—1987 年）：春播品种主要是京杂 6 号、中单 2 号、京白 10 号等，以京杂 6 号为主；夏播品种主要是京早 7 号、黄 417、京单 403、京早 8 号等，以京早 7 号为主。前期丹玉 6 号、京黄 113 等品种还有一定种植面积，后期出现掖单 2 号和掖单 4 号等品种。

单交种第二次品种更换阶段（1988—1991 年）：春播品种以京杂 6 号、农大 60、掖单 2 号、沈单 7 号等为主，仍以京杂 6 号种植面积较大；夏播品种有掖单 4 号、京早 7 号、京黄 127、京早 8 号、中单 120 等，以掖单 4 号种植面积较大。前期黄 417 仍占有相当大的种植面积。

单交种第三次品种更换阶段（1992—1995 年）：这一阶段以紧凑型掖单号品种占主导地位（掖单 52、13、4、2、12、11 号等），还有中单 120、农大 60 等。春播品种中种植面积较大的是掖单 13 号，夏播品种种植面积较大的是掖单 52 号。

单交种第四次品种更换阶段（1996—2000 年）：这一阶段以种植稀植大穗型品种为主。春播主栽品种是农大 108，搭配品种有农大 3138 等。夏播主栽品种是早熟大穗型品种唐抗 5 号，搭配品种有中玉 5 号、京垦 114 等。前期掖单 13、农大 60、京杂 6 还占有一定种植面积。

单交种第五次品种更换阶段（2001—2012 年）：这一阶段新品种的培育和推广力度加大，饲用玉米、鲜食玉米等新类型品种不断推出，品种呈现多元化特点。春播玉米稀植大穗型品种农大 108 继续维持最大播种面积。2001—2006 年搭配品种以农大 3138、京科 25 号为主。随着耐密植品种的推广，稀植型品种面积开始萎缩。2007 年以后搭配品种由纪元 1 号、富友 9 号、中金 368 等稀植大穗型品种和中单 28、郑单 958 等高产、耐密品种构成。这一阶段夏播品种竞争激烈，大多数品种更替频繁，应用时间缩短。2001—2003 年早熟大穗型品种唐抗 5 号种植面积最大，搭配京早 13（京科 8 号）、农大 80、中玉 5 号、唐玉 10 号。2004—2006 年主栽品种由京科 15 号、宽诚一号、京科 9 号等依次替代，搭配唐抗 5 号、农大 80、京科 25 号、怀研 10 号、京玉 11 号。自 2007 年开始，耐密、广适、高产品种京单 28 逐渐占据优势地位，搭配品种有纪元 1 号、郑单 958、京科 25 号、京玉 11 号、京玉 7 号、宽诚一号和京科 308 等。为了适应养殖业的需求，这一时期出现了青贮玉米是这一品种新类型。2001—2008 年主要青贮玉米品种有农大 108、科青 1 号和郑单 958 等，2009 年以后主要品种有农大 108、北农青贮 208、京科青贮 516、郑单 958、农大 86 和京科 345 等。2005 年开始有一定规模的鲜食玉米种植，2005—2007年糯玉米品种主要有中糯1号、京科糯120和京科糯2000等；甜玉米品种主要有科甜120、农大甜单8等。2008年以后京科糯2000占主导地位，其他品种有京科糯120、中糯1号、中糯302等；在甜玉米种植中，农大甜单10号、8号等甜单系列品种开始占主导地位，其他品种有京科甜2000、京科甜183、中农大甜413等。

单交种第六次品种更换阶段（2013年至今）：这一阶段随着农业机械化发展，农业生产对品种籽粒含水量、熟期等提出了新的要求，早熟、耐密、高产、抗倒伏、适合机械化收获是这一时期对玉米品种的要求。春播玉米形成了以农华101、联科96为主栽品种，搭配京科968、辽单565、京科665等熟期中晚熟配套的品种布局；夏播玉米形成了以京农科728为主栽品种，搭配京单58、京单68、旺禾8号、京科528等早熟、耐密、适机收品种布局；玉米产量水平从最初的200千克/亩提高到了441千克/亩。鲜食玉米中，糯玉米仍然是京科糯2000占主导地位，搭配京科糯928，甜玉米京科甜183占主导地位，搭配京科甜158。

（3）大豆品种更新换代。大豆种植面积逐年下降明显，已从2005年的20万亩降至不足5万亩。各区中怀柔的种植面积最大，占2016年总面积的25%左右，其次是延庆、房山、密云，分别占当年总面积的15%左右，其他区县种植面积均较少。北京市大豆以春播大豆为主，占当年总面积的70%左右；夏播大豆占当年总面积的10%左右；套播大豆占当年总面积的20%左右。

中华人民共和国成立后，根据品种的区划种植时间，北京市大豆品种变化大致分为5个发展阶段，经历了4次更换：

以本地农家品种为主的阶段（1949—1969年）：分布较广，种植面积较大的品种有大金坠、黑门黄豆、白门黄豆、平顶黄、小黄豆、小园豆等，还有兔儿蹲、白合豆、落叶大黄豆、乌豆、大青豆、小青豆等。60年代从黑龙江引入荆山璞大豆等也有一定种植面积。

第一次品种更换阶段（1970—1979年）：这一阶段以外地引进品种为主，主要是从东北引进，品种有铁丰18号、黑河3号、东农4号、东农16号、黑农4号、黑农16号、吉林4号、吉林16号、文革1号、四粒黄、金元、集体5号及本地满仓金、丰收黄、天鹅蛋、大白脐等。

第二次品种更换阶段（1980—1995年）：这一阶段，北京市科研单位选育的品种占据了生产的主要位置，大量品种通过审定，实现了春播、夏播及不同用途的品种配套。这一时期，以早熟3号、早熟14号、诱变30号和诱变31号种植面积较大。后期科丰6号、中黄4号表现较突出。

第三次品种更换阶段（1996—2004年）：进入20世纪90年代，北京市科研单位又选育出一批新品种，在抗性和品质上进一步提高。这一时期，以中黄4号、科丰6号、早熟18号等丰产品种为主栽品种，科丰35号、中品661等品种也有一定种植面积。

第四次品种更换阶段（2005年至今）：产量和品质兼顾品种开始广泛应用。春播大豆以中黄13号、铁丰31号、冀豆12、科丰14等品质优良、丰产稳产性好的品种为主栽品种，前期搭配科丰6号、中黄4号、中黄8号、中品661、京豆2号和科新3号等，后期搭配科丰6号、铁豆37号、中黄26号等。2005—2006年夏播大豆以早熟18号为主栽品种，2007年起丰产稳产品种中黄13号和高蛋白品种科丰14、冀豆12成为主栽品种，其他品种主要有科丰6号、黑河19、京黄一号等。

（4）西瓜品种更新换代。近年来，北京市西瓜播种面积已从2012年以前的10万亩以上降至了6.5万亩，分布在大兴、顺义等区。大兴区种植面积占2016年总面积的60%以上；顺义区种植面积占2016年总面积的30%以上。北京市西瓜主要以春保护地为主，占2016年西瓜总面积的85%左右；春露地西瓜占2016年西瓜总面积的10%左右；秋保护地西瓜种植面积较小，占2016年西瓜总面积的5%。

中华人民共和国成立后，根据品种的区划种植时间，北京市西瓜品种变化大致分为5个发展阶段，经历了4次更换：

农家品种为主的阶段（1949—1969年）：这一阶段西瓜种植面积不大，品种主要是农家品种，有大花铃、核桃纹、赖西瓜等。后又引进黑蹦筋、大花皮等，以黑蹦筋为主栽品种。

常规品种第一次更换（1970—1985年）：早花（旭东）显出早熟、耐旱、耐瘠、质脆沙甜的特点，代替了原有的黑蹦筋等品种，实现第一次品种更换，并且相当长的时间里占据着主栽品种的位置，一直到1985年，仍占北京市西瓜种植面积的一半以上。

杂交种替代常规种，品种第二次更换（1986—1989年）：20世纪80年代初，引进150多个西瓜品种，从中筛选出郑州3号、中育6号、苏蜜1号、丰收2号、郑杂5号、黑蜜2号等品种，其中以郑州3号最突出。1986年，郑州3号代替了早花成为主栽品种；中育6号、郑杂5号、丰收2号、黑蜜2号也有一定种植面积。这一时期，高产、优质的杂交品种迅速推广，替代了常规种，完成了品种第二次更换。

北京市选育杂交种为主，品种第三次更换（1990—2000年）：1988年京欣1号通过审定，由于其早熟、质优，且瓜型、皮色符合北京市居民消费习惯，得到迅速推广，到1990年，京欣1号的种植面积已达西瓜总面积的60%，成为主栽品种。这一时期的搭配品种有黑蜜2号、丰收2号、新红宝，实现了第三次品种更新。

类型丰富，品种第四次更换（2001年至今）：2001年京欣2号通过审定，由于其产量和耐裂性能比京欣1号有所提高，也很快得到推广，与京欣1号平分秋色，共同成为主栽品种，搭配品种为航兴一号和京欣3号。这一时期，品种类型逐渐丰富，小型西瓜种植面积增大，以新秀为主栽品种，搭配品种为航兴天秀2号、京秀、超越梦想等。

(5) 大白菜品种更新换代。近年来，北京市大白菜播种面积也从2012年以前的10万亩以上降至了不足5.5万亩，除石景山、朝阳、丰台以外的11个郊区均有种植，主要分布在通州、大兴、顺义、密云、房山等区。其中通州种植面积最大，占2016年总面积的30%左右；其次是大兴，约占2016年总面积的20%；海淀、门头沟仅有零星种植。北京市白菜种植类型以秋窖菜为主，占2016年大白菜种植面积的95%左右；春播大白菜、夏播大白菜、秋贩菜种植面积较小。

中华人民共和国成立后，根据品种的区划种植时间，北京市大白菜品种经历了4个时期，2次更换：

农家品种为主阶段（1949—1973年）：1973年以前主要是本地农家品种。早熟（贩菜）品种有翻新白、翻心黄、拧心白、小白口、抱头白等；晚熟（窖菜）品种有小青口核桃纹、大青口、抱头青、青白口、拧心青、铁皮青、老虎腿等，远郊还有少量五花头。1958年从天津引进青麻叶，后又引进山东胶州白菜等，但只有青麻叶在门头沟一带落户。

杂交种逐渐代替农家品种阶段（1973—1986年）：20世纪70年代初，北京科研单位开始大白菜杂交种优势利用的研究，陆续选育出杂交种并在生产上大面积推广应用，到1986年时，杂交种面积已占80%以上，基本代替了原有的农家品种。这一时期，晚熟（窖菜）品种主要是北京4号、北京26号、北京97号、北京88号、双青156、青槐169、碧玉、青丰、新丰、北京106、北京110号、龙丰100、绿矮桩等，种植面积较大的是北京4号、北京88号、北京97号、北京106、双青156等，其中又以北京106表现最突出，后期成为主栽品种；早熟（贩菜）品种以小杂8号、小杂55号为主。但农家品种翻心白、小白口仍有相当的面积。

杂交种第一次更换（1987—1994年）：1986年以后，农家品种逐渐被淘汰。这一时期，大量不同类型的白菜品种通过审定，晚熟（窖菜）品种以北京106为主，北京新1号也占有相当的面积；早熟（贩菜）品种以小杂56号和小杂60号种植面积最大，成为主栽品种。农家品种翻心白、小白口仍有种植。

杂交种第二次更换（1995年至今）：这一阶段早期，晚熟（窖菜）品种北京新2号种植面积迅速扩大，很快替代了北京106和北京新1号的主栽位置，但1996年北京新2号发生严重病害，北京新3号表现出抗病优质的特点，而后代替了北京新2号的主栽位置，主要搭配品种为北京新1号、京秋3号等；早熟（贩菜）以小杂系列为主，面积较大的品种是小杂60。20世纪90年代以来，为适应市场需求，又推广了一些适合春、夏季栽培的早熟品种，主要以春胜为代表，但面积不大。近些年，人们生活水平的提高对大白菜提出多样性需求，一些小株型、彩心品种逐渐进入市场，生产上常用品种有京春黄、京春娃娃菜、迷你星、京秋娃娃菜等。

2. 农业新技术推陈出新

要最大限度发挥良种优势，达到大幅增产目的，仅靠种子本身是远远不够的，必须与良法配套推广。为此，在新品种的展示示范中，应结合当地的自然环境和生产条件，根据试验结果总结、研究、制定与新品种相适应的栽培技术措施。把新品种与配套技术的展示示范结合起来，发挥展示示范集成效应，最大限度地挖掘新品种增产潜力，真正做到良种和良法配套，为下一步大面积推广奠定基础。

（1）**栽培技术创新**。农业生产中，良种是无可替代的基本生产资料，是增产增收最关键的因素，而与良种配套的栽培技术则是保证良种增产增收的先决条件。为充分发挥良种潜力，使北京市农业在有限的土地上取得更好的经济效益，北京市种子管理站近年来依托众多科技项目，开展了耐密玉米高产栽培、小麦节水栽培等一系列专用品种与配套栽培技术的研究，并在新品种展示示范工作中不断总结集成水肥一体化、电热温床育苗、病虫害综合防治等相应的高产高效栽培技术，为优良品种的大面积推广提供技术支撑。

耐密玉米高产栽培技术：玉米要想高产，必须协调好群体和个体之间的关系，在群体最大发展的前提下既要保证足够的穗数，同时又要做到穗大、粒多、粒饱。合理密植可以有效协调穗多、穗大、粒重三因素之间的矛盾。耐密玉米高产栽培技术选用耐密品种，充分发挥了群体调节增产效应；改进施肥技术，根据土壤基础肥力、产量目标和品种需肥特点实行平衡施肥；严把播种质量，提高生长整齐度；因地制宜推广雨养旱作技术，提高水分利用效率；实施土壤深松作业，建立强壮的根系，提高玉米根系吸收能力和抗倒伏能力。

小麦节水栽培技术：针对冬小麦传统栽培灌水量大、水资源浪费严重的问题，推广冬小麦节水品种及高效节水栽培技术。至2017年北京市审定了26个节水小麦新品种，在审定的节水品种中，农大3432、中麦12、农大212等品种在全生育期只浇一次冻水的条件下，试验平均产量达到352.8千克/亩，比对照京冬8号平均增产8.2%。这几个节水品种具有丰产、稳产、广适的特性，尤其在京郊水条件较差地区推广较快，2008—2016年几个节水品种累计推广面积达50万亩。

水肥一体化技术：这是一种将灌溉与施肥融为一体的农业新技术。水肥一体化是借助压力灌溉系统，将可溶性固体肥料或液体肥料配兑而成的肥液与灌溉水一起，均匀、准确地输送到作物根部土壤。采用灌溉施肥技术，可按照作物生长需求，进行全生育期需求设计，把水分和养分定量、定时、按比例直接提供给作物。压力灌溉有喷灌和微灌等形式，目前常用形式是微灌与施肥的结合，且以滴灌、微喷与施肥的结合居多。

电热温床育苗技术：指在冷床的基础上利用电热线加温，来提高苗床温度，使土壤温度可以自动控制，并且可以提高幼苗质量和缩短育苗时间。如要求温度高的茄类和瓜类等蔬菜常采用此法育苗。优点是能育成壮苗，节约用种量，争取农时，提高土地利用率，为蔬菜的早熟、高产、优质打下坚实的基础。

病虫害综合防治技术：从生物与环境的整体观点出发，本着预防为主的指导思想和安全、有效、经济、简便的原则，因地制宜，合理运用农业、生物、化学、物理的方法及其他有效的生态手段，把病虫害危害控制在经济阈值以下，以达到提高经济效益、生态效益和社会效益的目的。在农作物病虫害综合防治措施中，以农业防治措施为基础，消灭病虫害的来源，切断病虫害的传播途径，控制田间环境条件，创造一个适合作物生长、不利于病虫发生危害的生态环境；优先采用生物防治技术，加强对农用抗生素、微生物杀虫杀菌剂的开发利用，保护、利用各种天敌昆虫，充分采取其他防治措施，科学、安全地使用农药，防止农药对农产品及环境造成污染。

（2）**农业设施改造**。随着都市农业的发展，北京市设施农业面积不断增加，到2013年年底，北京市设施农业面积超过28万亩（比1995年增加20多万亩），收入在57亿元以上。围绕设施农业发展需求，北京市种子管理站依托农作物品种试验展示基地，开展了温室大棚智能监控系统、温室空间除雾电厂、土壤升温蓄热系统等一系列对设施农业配套仪器设备的探索和研究，以期用现代化科技手段为作物生长营造适宜条件，从而达到提高农作物产量和品质的目的。

温室大棚智能监控系统：该系统可以实时远程获取温室大棚内部的空气温湿度、土壤水分温度、二氧化碳浓度、光照强度及视频图像等数据，通过模型分析，可以自动控制温室湿帘风机、喷淋滴灌、内外遮阳、顶窗侧窗、加温补光等设备。同时，系统还可以通过手机、PDA（掌上电脑）、计算机等信息终端向管理者推送实时监测信息、报警信息，实现温室大棚信息化、智能化远程管理，充分发挥物联网技术在设施农业生产中的作用，保证温室大棚内环境最适宜作物生长，实现精细化的管理，为作物的高产、优质、高效、生态、安全创造条件，帮助种植者提高效率、降低成本、增加收益。

温室空间除雾电厂：通过绝缘子挂在温室棚顶的电极线为正极，植株和地面以及墙壁、棚梁等接地设施为负极，当电极线带有高电压时，空间电场就在正负极之间的空间中产生，臭氧、氮氧化物，高能带电粒子通过电极的尖端放电产生。空间电场主要有以下作用：①调控植物生长、光合作用及钙离子的输运，实现优质、高产；②进行温室空气净化、除雾、病原物起飞的抑制及空气传播渠道的切断，实现自动预防气传病害的目的；③空间电场的电极系统产生的臭氧、氮氧化物、高能带电粒子杀灭真菌病原物，实现自动预防土传病害的目的。

土壤升温蓄热系统：以空气为载热介质，土壤为蓄热介质，白天利用太阳能空气集热器加热空气，由风机把热空气抽入地下，通过地下管道与土壤的热交换，将热量传给土壤储存；夜间热量缓慢上升至地表，从而使土壤保持恒温。太阳能蓄热系统实现了太阳能日间贮夜间用、晴天贮阴天用，从而在不消耗任何二次能源的条件下，能有效提高温室内夜间土壤温度。

三、国内农作物品种推广概况

我国是一个农业大国、人口大国，依靠科技进步保障国家粮食安全一直是农业科技的首要任务。优良品种作为育种技术创新的物化成果，是提高单产、保障农产品有效供给的重要物质基础和技术载体。中华人民共和国成立以来，我国作物育种研究得到了持续发展，并取得了一系列重要成就。我国粮食产量先后有两次大的突破：一次是通过矮化育种，如矮秆水稻、矮秆小麦等品种的育成；另一次是通过杂交育种，如杂交玉米、杂交水稻的培育和推广应用。改革开放 30 多年来，我国育成主要作物新品种 6 000 多个，水稻、小麦、玉米、大豆等主要粮食作物品种在全国范围内更新了 3～4 次，每次更新都增产 10%～20%，抗性和品质也不断得到改进。目前，我国粮食作物良种覆盖率已达 95%，我国每年推广使用农作物主要品种约 5 000 个，近年来种植面积在 1 000 万亩以上的品种，分别为水稻品种空育 131，小麦品种济麦 22 号、百农 AK58、郑麦 9023、烟农 19，玉米品种郑单 958、浚单 20、先玉 335，马铃薯品种克新 1 号等。

小麦生产对我国粮食安全十分重要，近年来，小麦品种更新速度明显加快，5～8 年更换一次，搭配品种的更替尤为明显，3～5 年更换一次。20 世纪 80 年代中期以前，我国小麦品种强调产量和抗病性，对小麦加工用途的多样性重视不够，缺乏制作优质面包的强筋品种和制作饼干糕点的弱筋品种。“九五”计划以来，各地加强了小麦加工品质研究，选育推广了一些优质品种。其中优质强筋代表性品种有中优 9507（北京）、晋太 170（山西）、郑麦 9023（河南）、藁城 8901（河北）、济南 17（山东）、龙麦 26（黑龙江）等；弱筋品种有宁麦 9 号（江苏）等。2005 年优质专用小麦种植面积已达 1.4 万余亩，占小麦总面积的 44%。目前黄淮麦区生产上使用的小麦品种分为两种类型，一类是为商业加工需要而种植的强筋小麦品种，如济南 17、郑麦 9023、豫麦 34 等；另一类是适于家常面食的中强筋小麦品种，如豫麦 18、济麦 19、邯 6172 等。品质非常差的小麦品种在生产上已基本被淘汰。我国是一个严重缺水的国家，因此小麦节水高产的重大意义是不言而喻的，现阶段，推广应用节水、优质、高产的小麦新品种，是解决我国小麦种植面积下降、水资源短缺等问题的根本途径。

玉米是我国重要的粮食、饲料及工业原料作物，种植面积和总产仅次于美国，在国民经济中具有举足轻重的战略地位。我国玉米品种的推广应用经历了品种间杂交种、双交种、单交种 3 个发展阶段，整整跨越了半个世纪的时光。我国改革开放 30 多年来，杂交玉米新品种的选育和推广取得了突飞猛进的发展，先后选育推广了以中单 2 号、丹玉 13 号、掖单 13 号、农大 108 和郑单 958 等为代表的一大批优良玉米新品种，促进了玉米单交种的5次更新换代，为我国玉米生产乃至粮食安全做出了积极的贡献。我国从20世纪50年代开始玉米杂交种的推广利用，经过大约10年的时间，完成了向自主选育和推广单交种的历史性过渡。20世纪60年代中期之后，我国开始大规模开展优良单交种的选育和利用。50年来，我国玉米单产提高了2.67倍，总产提高了5.65倍，在综合增产措施中，推广优良玉米单交种的贡献占35%左右。现阶段，早熟、耐密、高产、抗倒伏、适合机械化收获的玉米品种将成为主要推广方向。

大豆是我国主要粮油兼用型作物，其年播种面积仅次于水稻、玉米、小麦，位列第四。从我国大豆生产50年发展历史看，中华人民共和国成立后，我国大豆生产获得快速发展，之后，由于人口增长过快，土地资源有限，解决人民吃饭问题压力加大，使我国大豆生产在20世纪60年代后处于徘徊甚至停滞不前的状态，种植面积波动大，单产低而不稳，总产供不应求。进入20世纪最后10年，我国大豆生产有所恢复。由于大豆消费需求增长的原动力主要在于食用油消费需求的增加和养殖业发展对豆粕需求的增加，我国近几年优质大豆特别是高油大豆品种的推广取得显著成效。2005年推广面积超过100万亩的26个大豆品种中，有7个品种是含油量超过21.5%的高油品种，2个是蛋白质含量超过45%的高蛋白大豆品种，高油、高蛋白大豆品种推广面积占26个大豆品种推广面积的44%。由于我国大豆产区相对分散，生产效益较低，现阶段，大豆品种的推广方向主要为高油、高蛋白以及无豆腥味的优质高产大豆品种，以适应市场的需求。

参考文献

崔野韩，张文．1998．荷兰的植物新品种保护［J］．世界农业，10（234）：23－24．

朱闻军．2000．日本种子管理概况［J］．新疆农业科技（5）：20．

蒋和平．2002．日本的植物新品种［J］．世界农业，6（278）：20－23．

廖琴，孙世贤．1999．借鉴欧盟种子管理经验　加快我种子产业化步伐——赴德国法国农作物种子管理考察报告［J］．种子科技（3）：22－24．

廖琴，毛从亚．2005．荷兰现代种子管理与技术［J］．种子世界（12）：47－49．

第三章　农业植物新品种保护

第一节　概　　论

一、植物新品种权概述

（一）植物新品种和品种权的概念

目前，国际上对植物新品种权的定义归纳起来有广义和狭义两类。《国际植物新品种保护公约》（简称《UPOV公约》，1991年文本）对植物新品种作出定义：“植物新品种系指已知植物最低分类单元中单一的植物群体，不论授予育种者的权利的条件是否充分满足，该植物群可以是以某一特定基因型或基因组和产生的特性表达来确定，至少表现出一种特性以区别于任何其他植物群；并作为一个分类单元，其适用性经过繁殖不发生变化。”该定义中的植物新品种实际上指的就是现有植物最低分类单位中的单独的一种植物群体，它具有特定的基因和表现性状，同时具有经过数代繁殖不发生变化的适应性。各国根据本国的实际情况在遵守了一般规定的基础上制定了相应的法律法规，对于植物新品种的定义有所不同，例如荷兰对于植物新品种的定义就完全符合《UPOV公约》的1991年文本。

我国植物新品种的定义采用的是国际上狭义的定义，我国于1997年3月颁布的《中华人民共和国植物新品种保护条例》（简称《保护条例》）中第二条对植物新品种做出了定义：植物新品种是经过人工培育的或对已发现的野生植物进行开发，具有新颖性、特异性、一致性和稳定性并有适当名称的植物品种。该定义所指的植物新品种包含了通过生物学和非生物学方法人工培育的植物新品种以及对自然物种进行开发的野生植物品种。这些植物新品种的形态特性和生物学特性相对一致，遗传性能稳定，这样就排除了不具备一致性和稳定性的一些植物品系，以及没有进行人工选育的野生物种。

品种权是植物新品种保护的核心内容，是知识产权的重要组成部分，整个植物新品种都是围绕品种权的取得和保护而展开的。品种权是由国家植物新品种保护审批机关依照法律、法规的规定，赋予品种权人对其新品种的经济权利和精神权利的总称。

（二）植物新品种权的法律特征

1. 植物新品种权是知识产权的一种，具备知识产权的法律特征

与知识产权中的专利、商标、著作权相比，植物新品种权只是在权利保护内容上有所不同，都具有知识产权共同的特征。智力成果是知识产权的权利客体，是一种无形信息，它能够同时被多个主体占有和使用，客体的无形性是知识产权的重要属性。智力成果的显示需要借助于有形的载体，这也被称为智力成果的可复制性。因此知识产权具备的区别于民事权利所有权的两个特征为：客体的无形性与载体的有形性。植物新品种权的保护客体是植物育种者的利益，也是无形的客体；同时其载体为植物繁殖材料，为有形载体。因此植物新品种权是具备知识产权的共通属性——无形性的。

2. 植物新品种权同时具有专有性、地域性和时间性

品种权的专有性表现在《种子法》第二十六条和第二十八条、《保护条例》第六条和第八条的规定，育种人对其培育的新品种具有排他独占权。任何人未经权利人许可不可将新品种的繁殖材料用作商业生产及销售，并规定，一个植物新品种只能授予一项品种权。从以上条款中我们可以看出，植物新品种权具有专有性特征。《保护条例》第二十条规定，外国个人和单位在中国申请品种权的，可以按照其所属国与我国签订的协议或者两国共同参加的国际条约来办理，或者根据我国《保护条例》按互惠原则办理。从这条规定可以看出，植物品种权具有地域性，即我国授予的品种权仅仅在我国范围内实施才有效。外国单位和个人要在我国取得品种权，必须依照相关的国际公约或者互惠原则向我国提出申请，对于符合授权条件的授予品种权。同时《保护条例》第三十条规定，植物新品种权保护期限，从授权之日起算，林木、藤本植物、果树及观赏植物的保护期限为二十年，其他植物的保护期限为十五年。由此可知植物品种权确实是具有时间性特征的。

3. 植物品种权具有其独特的知识产权法律特征

在现有的知识产权体系中，与品种权最为相似的是专利权。两者除了具备一般知识产权的基本特征外，还具有共同的特性：程序性，即都需要由申请人主动提出申请，由国家的相关主管单位审批合格之后予以授权。两者的区别主要表现在以下几个方面：第一，保护对象不同。专利权保护的对象是形成发明的设计和技术方案，而不是产品本身。而植物品种权的保护对象是品种的繁殖材料，而且仅限于繁殖材料，而不涉及由该授权的繁殖材料衍生的水果、蔬菜、粮食等。第二，授权条件不同。专利的授权条件为新颖性、创造性和实用性。而植物品种权的授予除了需要具备新颖性外还要具备特异性、一致性、稳定性和适当的名称。第三，不同的权利限制。专利权的除外情况为纯粹以科学研究为目的的使用，此时是无需经过权利人的授权的。而植物品种权除了能够进行纯粹的科学研究外，还多了对农民特许的权利，即规定了农民可以不经权利人许可对植物新品种进行自繁自用。第四，两者的保护期限不同。在我国，发明专利的保护期限为 20 年，实用新型和外观设计专利权的保护期限为 10 年。而我国品种权的保护期限，林木、藤本植物及果树、观赏性植物为 20 年，其他植物最短期限为 15 年。第五，两者权利保护的起点时间不一致。专利权的起算时间为申请日，品种权的起算日为授权日。因此品种权虽与专利权有相同的地方，却是两种不同的权利，也具有各自不同的特征。品种权应当是一种相对独立的知识产权。

（三）品种保护与品种审定

植物品种保护制度同专利制度一样，是一种知识产权保护制度。它是植物新品种权审批机关，根据品种权申请人的请求，对经过人工培育的或者对发现并加以开发的野生植物的新品种，依据品种权的授权条件，按照法定程序进行审查，决定该品种能否被授予植物新品种权。

品种审定是国家或者省级农业行政部门的品种审定委员会根据申请人的请求，对新育成的品种或者新引进的品种进行区域试验鉴定，按照规定程序进行审查，决定该品种能否推广并确定其推广范围的一种行政管理措施。

1. 品种保护与品种审定的共同点

无论是植物品种保护还是品种审定，二者的共同点在于：新品种主管部门根据申请人的请求，按照规定的条件和程序进行审查，决定是否颁发证书，其目的都是促进农业生产的发展。

2. 品种保护与品种审定的不同点

（1）**法律依据不同。**品种保护的法律依据是人民代表大会常务委员会通过的《种子法》、国务院发布的《保护条例》，以及农业部发布的各种配套规章。品种审定的法律依据是《种子法》及农业部发布的各种配套规章。

（2）**申请范围不同。**根据《种子法》第十五条规定，国家对主要农作物的新品种实行审定制度。根据《保护条例》第十三条，由品种权审批机关确定和公布植物品种保护名录，只有属于国家植物品种保护名录中列举的植物属或者种的新品种申请人才能向品种权审批机关申请品种权。国务院农业行政部门可以根据需要增加 1～2 种作物（农业部增加了马铃薯和油菜两种作物），各省、自治区、直辖市人民政府农业行政部门可以规定在本省增加 1～2 种作物进行品种审定。

（3）**制度性质不同。**品种保护同专利保护一样，是一种知识产权保护制度，属于财产权确认范畴，完全由植物新品种所有权人自愿申请，新品种所有人是否获得品种权，与新品种的生产、推广和销售无关；品种审定是一种行政许可制度，具有市场准入的强制性，属于国家和省级人民政府农业行政部门规定的审定作物范围的新品种必须经过审定后，才能进入生产、推广和销售环节，未获得品种审定证书进行生产和销售的将要承担相应的法律责任。

(4) **享受的权利不同。**国家授予的品种权，在一定期限范围内，品种权人对其授权品种享有排他的独占权，他人未经品种权人许可不得生产销售授权品种，否则属于侵权行为，将承担侵权责任。品种审定是一个行政准入制度，通过审定的品种，只表示主管部门批准该品种在一定范围内可以生产、推广和销售，申请人对审定品种不享有垄断权。

(5) **申请对象不同。**品种保护的对象既可能是新育成的品种，也可能是对发现的野生植物加以人工开发所形成的品种。而品种审定的对象是新育成的品种或者新引进的品种。

(6) **通过的条件不同。**品种保护是对在国家保护名录之内，具备新颖性、特异性、一致性和稳定性，并有适当品种名称，同时申请人缴纳了相关费用的植物新品种授予品种权。其中，新品种的新颖性，是一种商业新颖性，只要是申请品种在申请日前未销售或者经育种者许可销售未超过规定的期限，就能满足新颖性的要求；新品种的特异性主要通过田间检测申请品种的外观形态特征，对品质、抗性等生物学特性一般不检测，重点强调同现有已知品种的明显区别，不要求申请品种必须具有经济价值。品种审定是主管部门经过区域试验，对产量、品质、抗逆性等经济性状方面比对照品种突出的新品种和引进品种，颁发审定合格证书。品种审定主要强调以经济价值为主的农艺性状，即该品种的推广价值，对品种的新颖性和外观形态特征没有要求。品种保护和品种审定的品种名称及一致性和稳定性要求基本相同。

(7) **证书性质不同。**品种保护证书授予的是一种受法律保护的智力成果的财产权利证书，是授予育种者的一种财产独占权，品种权可以依法转让或继承；品种审定证书是一种在一定区域内生产推广销售许可证书，授予的是某品种可以进入市场（推广应用）的准入证，是一种行政强制管理措施。

(8) **有效期限不同。**品种权有保护期限限制。在我国，木本、藤本植物从授权之日起保护20年，草本植物15年。超过保护期限或者在保护期限内，品种权人不缴纳年费或者主动声明放弃品种权的或者经过品种权审批机关抽检该授权品种同授权时特征特性不一致的，该品种权就自动终止。对于保护期限已满或终止的品种，任何人都可以无偿使用。通过审定的品种没有严格的期限限制，只要在生产利用过程中，没有发现有不可克服的弱点，有生产推广利用价值，就可以一直推广应用。

(9) **审批层级不同。**品种权申请的受理、审查和授权集中在国家一级审批，由农业部植物新品种保护办公室负责审批，农业部颁发品种权证书，授权品种在全国范围内得到保护。品种审定则实行国家与省、自治区、直辖市两级审批，由同级品种审定委员会负责审查，同级农业行政部门颁发审定证书，通过审定的品种在审定指定的生态区域生产推广销售有效。

总之，品种保护与品种审定是两种不同的制度，品种审定不等同于品种保护，品种保护也不代表品种审定，两者之间区别大于共同，分别适用不同的法规。获得品种权的品种，要想在生产上推广应用还需要经过品种审定或认定。通过品种审定的品种，如果品种所有权人想获得该品种的法律保护，必须提出品种权申请，只要满足规定的授权条件，就可以取得品种权。只有获得品种权后，品种所有权人才能享受该品种的生产销售垄断权。

(四) 品种保护与品种登记

植物品种保护制度同专利制度一样，是一种知识产权保护制度。它是植物新品种权审批机关，根据品种权申请人的请求，对经过人工培育的或者对发现并加以开发的野生植物的新品种，依据品种权的授权条件，按照法定程序进行审查，决定该品种能否被授予植物新品种权。

品种登记是省级人民政府农业主管部门根据申请人的请求，对部分非主要农作物实行品种登记制度的行政管理措施。列入非主要农作物登记目录的品种在推广前应当登记，应当登记而未登记的，不得发布广告、推广，不得以登记品种名义销售。

1. 品种保护与品种登记的共同点

无论是植物品种保护还是品种登记，二者的共同点在于：新品种主管部门根据申请人的请求，按照规定的条件和程序进行审查，其目的都是促进农业生产的发展。

2. 品种保护与品种登记的不同点

（1）**法律依据不同。**品种保护的法律依据是《种子法》和《保护条例》，以及农业部发布的各种配套规章。品种登记的法律依据是《种子法》和《非主要农作物品种登记办法》（以下简称《登记办法》），以及农业部发布的各种配套规章。

（2）**申请范围不同。**根据《保护条例》第十三条，由品种权审批机关确定和公布植物品种保护名录，只有属于国家植物品种保护名录中列举的植物属或者种的新品种申请人才能向品种权审批机关申请品种权。根据《种子法》第二十二条与《登记办法》第四条规定，国家对部分非主要农作物实行登记制度。列入非主要农作物登记目录的品种在推广前应当登记。

（3）**制度性质不同。**品种保护同专利保护一样，是一种知识产权保护制度，属于财产权确认范畴，完全由植物新品种所有权人自愿申请，新品种所有人是否获得品种权，与新品种的生产、推广和销售无关；品种登记是一种行政许可制度，具有市场准入的强制性，属于国务院农业主管部门规定的非主要农作物登记目录的品种在推广前应当登记，未登记的品种进行推广将要承担相应的法律责任。

（4）**享受的权利不同。**国家授予的品种权，在一定期限范围内，品种权人对其授权品种享有排他的独占权，他人未经品种权人许可不得生产销售授权品种，否则属于侵权行为，将承担侵权责任。品种登记是一个行政准入制度，实行登记的品种，只表示主管部门批准该品种在一定范围内可以推广，申请人对登记品种不享有垄断权。

（5）**申请对象不同。**品种保护的对象既可能是新育成的品种，也可能是对发现的野生植物加以人工开发所形成的品种。而品种登记的对象是部分非主要农作物品种。

（6）**通过的条件不同。**品种保护是对在国家保护名录之内，具备新颖性、特异性、一致性和稳定性，并有适当品种名称，同时申请人缴纳了相关费用的植物新品种授予品种权。其中，新品种的新颖性是一种商业新颖性，只要是申请品种在申请日前未销售或者经育种者许可销售未超过规定的期限，就能满足新颖性的要求；新品种的特异性主要通过田间检测申请品种的外观形态特征，对品质、抗性等生物学特性一般不检测，重点强调同现有已知品种的明显区别，不要求申请品种必须具有经济价值。品种登记是指申请者向省、自治区、直辖市人民政府农业主管部门提交申请文件和种子样品，并对其真实性负责，保证可追溯，接受监督检查；省、自治区、直辖市人民政府农业主管部门对申请者提交的申请文件进行书面审查，符合要求的，报国务院农业主管部门予以登记公告。申请登记具有植物新品种权的品种，还应当经过品种权人的书面同意。

（7）**有效期限不同。**品种权有保护期限限制。在我国，木本、藤本植物从授权之日起保护20年，草本植物15年。超过保护期限或者在保护期限内，品种权人不缴纳年费或者主动声明放弃品种权的或者经过品种权审批机关抽检该授权品种同授权时特征特性不一致的，该品种权就自动终止。对于保护期限已满或终止的品种，任何人都可以无偿使用。登记的品种没有严格的期限限制，对已登记品种出现不可克服的严重缺陷等情形的，由国务院农业主管部门撤销登记，并发布公告，停止推广。

（8）**审批层级不同。**品种权申请的受理、审查和授权集中在国家一级审批，由农业部植物新品种保护办公室负责审批，农业部颁发品种权证书，授权品种在全国范围内得到保护。品种登记则实行省、自治区、直辖市人民政府农业主管部门受理审查，农业部复核后予以登记公告。

总之，品种保护与品种登记是两种不同的制度，品种登记不等同于品种保护，品种保护也不代表品种登记，两者之间区别大于共同，分别适用不同的法规。

（五）植物新品种权与发明专利权的区别

在我国，植物新品种不授予专利权保护。即使在美国等可以利用专利权保护的国家，植物新品种也仅能获得实用新型专利权，而不能获得发明专利权或外观设计专利权。

1. 植物新品种和发明专利之间的本质属性不同

植物新品种不属于发明创造，只是对现有植物的改造。植物新品种是对自然界原有产物的改进和利用，不是人们创造出来的一种全新的产物，因而不具备专利法意义上的创造性，故专利法规定对其不授予发明专利权。专利法上所称的发明创造，是指对产品、方法或者其改进所提出的新的技术方案。

植物新品种和发明专利比较，前者是改造，后者是创造；前者是结果，后者是程序；前者保持稳定性，后者追求发展性。

2. 植物新品种权和发明专利权的授权条件不同

授予专利权的发明要具有创造性和实用性；授予品种权的植物新品种只要求具有特异性，不要求具有创造性和实用性。

3. 植物新品种权和发明专利权的保护范围不同

《UPOV 公约》的两个文本（1978 年文本和 1991 年文本）和我国的《种子法》《保护条例》都明确规定品种权的保护范围，是授权品种的繁殖材料。

植物新品种的遗传信息通过繁殖材料实现代代相传，繁殖材料才是品种权的保护范围。品种权保护的是实物，是可以繁殖新品种的材料。

发明专利权的保护范围，是其权利要求的内容。发明专利保护的是思想，是可以制造专利产品的技术。

4. 植物新品种和专利产品的生产方式和后果不同

专利产品的生产方式是制造，通过制造再现专利产品。这种生产是把一个物品或物质改变成另一个物品或物质，发生了质的变化。

植物新品种的生产方式是繁殖，通过繁殖实现植物新品种的繁衍。这种生产只是量的变化，不发生质的变异。

二、植物新品种保护制度

（一）植物新品种保护制度的起源和发展

目前，被普遍接受和认可的植物新品种保护制度的起源是 1833 年罗马教皇发布的关于农业领域的宣言，该宣言称应当对涉及促进农业进步的可靠技术和方法成果授予专利权。19 世纪以来，随着孟德尔遗传规律的发现和应用，生物技术的迅猛发展，人们逐渐意识到植物育种工作给社会带来的潜在经济利益。同时，伴随着种子国际贸易行业的兴起，植物新品种保护的重要性日益凸显，人们亟须一种对植物新品种进行保护的制度。美国首先对植物新品种权进行了知识产权方面的保护，于 1930 年 5 月颁布了《植物专利法》，规定除块根、块茎植物外，无性繁殖的植物品种被纳入到专利保护范围，并于 1931 年 3 月对一种攀援玫瑰的植物品种授予了世界第一个植物专利。继美国《植物专利法》之后，荷兰和德国也分别制定了相关立法《植物育种者法令》和《种子材料法》。

20 世纪 50 年代，植物新品种保护制度在西方发达国家兴起。1957 年 5 月，应法国邀请德国、荷兰、奥地利等 12 个国家及 3 个政府间国际组织参加了在法国组织召开的第一次植物新品种保护外交大会，并于会议中形成决议。1961 年 11 月，同样在法国组织召开了第二次植物新品种外交大会，此次大会中由意大利、荷兰、德国、法国、比利时五个国家签署了《国际植物新品种保护公约》，于 1968 年 8 月 10 日起生效。至此国际植物新品种知识产权保护体系正式成立。

（二）我国植物新品种保护制度的建立与发展

相对于世界其他国家来说，我国植物新品种保护起步较晚。而中国是一个发展中国家，又是一个农业和人口大国，农林产品竞争力直接影响农民的生计和农林业的发展。如果能引进新品种、新技术来提高农林产品的竞争力，那么国内的农林产品也可以在国际市场上展开竞争。我国在加入《UPOV 公约》之前对农林业领域主要是靠专利加以保护，但根据我国《中华人民共和国专利法》（简称《专利法》）的规定，对动植物品种不授予专利权，只是对其非生物学培育方法授予专利权。在这个条件下，《专利法》就只能保护育种过程而不能保护品种本身，这就使植物品种本身难以得到有效的保护，导致育种者的知识产权得不到合理而有力的保护，势必影响到育种科研的积极性、创造性，而且市场竞争力也不强。在我国植物新品种保护制度不完善时期，有很多优良品种没有申请国际保护，这样就失去了很多同国际上相互交流与竞争的机会；并且造成资源的流失，也同样使国家和育种者的利益遭到了一定程度上的损失。世界上许多国家为了保护本国利益，建立了植物新品种保护制度，许多国家在出售新品种时提出限制，国内从国外引进最新品种也十分困难，新品种出口也遇到许多障碍，制约了植物新品种的对外交往和贸易，致使我国的产品也不可能进入国际市场。由此看来，我国建立植物新品种保护制度已迫在眉睫。于是 1993 年，我国开始了立法准备工作，1997 年 3 月 20 日正式颁布了《中华人民共和国植物新品种保护条例》，该条例自 1997 年 10 月 1 日起施行。该条例的颁布以法的形式设立了植物新品种权保护制度，使植物新品种权保护走上了法制轨道，也明确了植物新品种的概念、特征。立法目的是为了保护植物新品种权，鼓励培育和使用植物新品种，促进农林业的发展。这部条例为规范种子市场保持公平竞争秩序提供了法律保障。

1999 年 4 月 23 日（经 1998 年 8 月 29 日第九届全国人民代表大会常务委员会第四次会议通过）我国正式加入《UPOV 公约》，成为国际植物新品种保护联盟的第 39 个成员国。《UPOV 公约》促进了我国植物新品种的国际交流和合作，丰富了我国的植物品种资源，保障了育种者的合法权益。而我国培育出的新品种也可以到其他成员国申请保护。在我国正式加入 UPOV 的同日，国家农业部和林业局正式启动实施，开始受理来自国内外的品种权申请。为保证《保护条例》的顺利执行，两部门制定了《中华人民共和国植物新品种保护条例实施细则》（简称《实施细则》）。《实施细则》的农业部分和林业部分，于 1999 年 6 月 16 日和 8 月 10 日分别发布施行。2001 年我国加入 WTO 后，要按照《与贸易有关的知识产权协议》（简称 TRIPS 协议）的规定承担义务并分享权利。因 TRIPS 协议对植物新品种保护有专门的条款和明确要求，我国的植物新品种保护也要按照上述规定执行。UPOV 的加入和 TRIPS 协议的执行，使我国的植物新品种权保护制度与国际接轨，纳入了国际知识产权保护体系。

2015 年修订的《种子法》新增加“新品种保护”章节。植物新品种保护是维护品种权人合法权益、促进育种创新、提高创新能力的根本保障。“新品种保护”一章，对植物新品种保护与种业发展密切相关的关键性制度进行规范，对植物新品种的授权条件、授权原则、品种命名、保护范围及例外、强制许可等作了原则性规定。同时提高了对有关违法行为的处罚标准和额度，加大了处罚力度。这样规定，节约了立法资源，提高了立法效率，既有利于衔接行政保护和民事保护手段，又为将来植物新品种保护单独立法留出了空间。

自《种子法》《保护条例》实施以来，我国的植物新品种保护事业从无到有取得了长足发展，使农业新品种保护事业不断发展壮大，各方面工作迈上了一个新台阶，取得了显著成效。

（三）植物新品种保护法律体系

1. 国际公约

为了促进各国植物新品种保护制度的建立，协调各国之间在植物新品种保护方面的法律和政策，推动世界植物新品种保护的协调发展，1968 年 8 月 10 日《国际植物新品种保护公约》正式生效，并成立了国际植物新品种保护联盟。《UPOV 公约》确认和保护植物新品种育种者的权利，并由公约缔约国组成植物新品种权保护联盟，从而形成当代国际植物新品种权保护体系的基础，为国际间开展优良品种的研究，开发，技术转让，合作交流及新产品贸易提供了法律框架。《UPOV 公约》的制定是适应了时代的趋势。随着育种技术以及生物技术的迅猛发展，具有高产、高品质及其他优良遗传特性的植物新品种不断被培育出来，这些新品种的应用已成为现代农业产量提高、品质提高的重要原因，也是衡量一国农业科技实力的重要标志之一。

然而众所周知，植物新品种的培育，需要投入大量的人力、物力、财力和时间，许多植物新品种的培育一般需要十几年；而植物新品种很容易被他人繁殖应用，使育种者的投入难以回收并难以获得应得的利益。因此，为保护育种者的基本权利，鼓励人们不断培育新品种，促进农业的发展，植物新品种就被作为知识产权的一项重要内容，得到世界各国的普遍认可和重视，并建立法律制度保护新品种育种者权利。《UPOV 公约》从诞生发展到现在，进行了三次修改，现行的两个文本，即 1978 年和 1991 年文本，在许多方面都存有差异。1991 年文本扩大了育种者权利保护的范围，提高了保护的层次，主要表现在以下几方面：一是根据 1978 年文本规定，品种权人的品种权，只能排斥他人未经许可并以商业销售为目的的生产，而非商业销售目的的生产品种权人无权干涉。生产的种子如果是为了再播种，而不是为了出售种子，这种生产就是合法的。1991 年文本则作了相反的规定，即不再区分是否以商业销售还是自由播种为目的，凡是未经品种权人许可的生产都是违法的。1991 年文本体现了为保护育种者的权利和农民的利益，生产权应当扩大到“非商业目的的生产”，“农民的特权”应当作为例外规定对生产权进行限制的精神。至于是否保护繁殖材料的收获物以及最终产品，并没有明确，只是原则性的规定成员国可以给予育种者大于公约规定的品种权。1991 年文本规定，由未经授权使用受保护品种的繁殖材料而获得的收获材料，应得到育种者授权，但育种者对繁殖材料已有合理机会行使其权利的情况例外。二是由未经授权使用受保护品种的收获材料直接制作产品时，应得到育种者授权，但育种者对该收获材料已有合理机会行使其权利的情况例外。品种权保护客体的扩大，有效地制止了剽窃行为。品种权人都可以通过对收获材料或最终产品行使权利而制止剽窃行为，从而更有效地保护自己的权利。三是 1978 年文本排斥他人的销售行为。1991 年文本将排斥的商业活动拓宽了，除法律对品种权的限制及品种权用尽外，未经品种权人的授权，他人也不得从事与繁殖材料有关的生产或繁殖、销售、进出口，以及为其生产繁殖、销售、进出口的存储等活动。四是 1991 年文本延长了品种权保护的最低期限，一般品种权的保护期限从不少于十五年增加到不少于二十年；藤本植物（林木、果树和观赏树木）保护期限从不少于十八年增加到不少于二十五年。保护期限的延长，使品种权人通过更长时间的垄断来收回投资成本并获得更多的利益，进而激励育种家培育更多的新品种。五是按照 1978 年文本的规定，为培育新品种而利用受保护品种作为变异来源产生的其他品种，或这些品种的销售，不必征得育种者同意，但是为另一品种的商业生产重复使用该品种时，必须征得育种者的同意。1978 年文本禁止了受保护品种的重复使用，但育种者为培育新品种使用受保护品种可以得到豁免。在 1991 年文本中，保留了 1978 年文本的规定，而且将保护的品种扩大到“依赖性派生品种”，其中关于“依赖性派生品种”有两种情况：①从原始品种依赖性派生或从本身就是该原始品种的依赖性派生品种产生的依赖性派生的品种，同时又保留表达由原始品种基因型或基因型组合产生的基本特征；②与原始品种有明显区别，并且除派生引起的性状有所差异外，在表达由原始品种基因型或基因型组合产生的基本特征、特性方面与原始品种相同。

2. 我国的法律法规

农业部先后颁布实施了《中华人民共和国植物新品种保护条例实施细则（农业部分）》（简称《实施细则》）、《农业部植物新品种复审委员会审理规定》《农业植物新品种权侵权案件处理规定》《农业植物品种命名规定》等规章制度；最高人民法院先后于 2001 年发布了《最高法院关于审理植物新品种纠纷案件若干问题的解释》，于 2007 年又发布了《最高人民法院关于审理侵犯植物新品种权纠纷案件具体应用法律问题的若干规定》，明确了人民法院受理植物新品种权案件的种类、管辖范围、具体法律运用等细则，使新品种保护司法审判工作开展更具有可操作性；《种子法》新设“新品种保护”章节，以法律形式对植物新品种权进行保护。

目前较为完整的植物新品种保护保护法律法规体系已经初步形成，现有的法律法规基本满足品种权行政执法有法可依、有章可循、标准明确的要求。

第二节　品种权人的权利、义务及品种权的归属

一、品种权人的权利和义务

（一）品种权人的权利

植物新品种权是对符合规定的植物新品种，由国家授予植物新品种权，完成育种的单位或个人对

其授权品种享有排他的独占权。我国《种子法》第二十八条、《保护条例》第六条规定，完成育种的单位或者个人对其授权品种，享有排他的独占权。任何单位或者个人未经品种权人许可，不得为商业目的生产或者销售该品种的繁殖材料，不得为商业目的将该授权品种的繁殖材料重复使用于生产另一品种的繁殖材料。根据规定，明确了品种权人享有的品种权主要为一种排他权，即禁止他人未经许可利用其授权品种的权利。具体来讲，品种权人享有的权利主要有：

1. 对植物新品种的生产权

是指品种权人有权禁止没有经过自己许可的其他人，基于商业目的生产该授权品种的繁殖材料。品种的繁殖材料是植物新品种的生物学特征信息的载体，一个新品种的繁殖正是要通过这些材料来进行培育的。为植物新品种繁殖材料的生产提供便捷的生物学技术条件，就是培育新品种的目的之一。所以，如果一种有价值的新品种一旦培育成功后，这种品种繁殖材料的生产过程就会非常简单。为此，国家法律法规将品种繁殖材料的生产权作为品种权的重要内容予以保护。根据这种权利，品种权人不但有权自己生产获利，也可禁止他人未经其许可生产相同的繁殖材料。显然，品种权的这项权利内容，既包括品种权人有权自己生产繁殖材料，以获得合法的收益，也有权禁止其他任何未经许可的单位或个人生产该品种的繁殖材料，获得非法利益。

2. 新品种的销售权

任何人销售授权品种的繁殖材料都要经过品种权人的许可，销售授权品种的繁殖材料也是品种权人享有的一种排他的独占权利。销售授权品种的繁殖材料不同于销售普通农林产品。比如要销售普通的小麦，这样的获利与销售小麦繁殖材料的获利相差是很大的。普通的小麦是一种普通的农产品，没有再用于繁殖品种的价值，这种价格的差别正是该小麦品种权人的创造性价值的体现。因此品种权人的利益必须得到保护，其有权禁止他人未经其许可为商业目的销售该授权品种的繁殖材料。

3. 使用权

知识产权的专业性表现为独占使用，即对于相同的客体或近似的客体，不可能由多个主体同时享有完全相同的完整的权利，也就是说授权机关只能授予一个权利，即客体的不兼容性。品种的繁殖材料不仅具有自身繁殖的功能，而且具有与其他品种的繁殖材料结合，比如杂交，生产另一品种的繁殖材料的功能。如果利用这种功能而不加以制止，品种权人的利益将会受损。因此，法律赋予品种权人有权禁止他人未经许可将该授权品种的繁殖材料作为商业目的，重复用于生产另一品种的繁殖材料的行为。

4. 许可权

根据品种权人拥有的独占权，品种权人不仅自己可以实施授权品种，还有权许可他人实施。许可他人实施的，双方应订立书面合同，明确规定双方的权利和义务，如许可的方式、内容、数量、区域范围，以及利益分配等等。

5. 转让权

转让权是品种权人对自己拥有的品种申请权和品种权的处分权。转让申请权或者品种权的，当事人应当订立书面合同，并由审批机关登记和公告。

6. 名称标记权

即品种权人有权在自己的授权品种包装上标明品种权标记的权利。如注明某年某月某日某国授权品种、品种权申请号、品种权号以及品种的名称、品种权人名称等。这种权利在很大程度上是一种精神性的权利，因为品种权名称的登记注册同育种人的声誉是联系在一起的。

（二）品种权人的义务

1. 按审批机关的要求提供有关资料和新品种繁殖材料

在新品种申请、审批过程中，以及被授予品种权后，申请人或品种权人需要按照要求向审批机关提供有关资料、材料，如申请书、请求书、照片、优先权证明、修改文件以及繁殖材料等。只有按照要求提供以后，品种权审批程序才能正常进行，否则品种权申请将不予受理，或者予以驳回，或者视为撤回，或者品种权届满以前将终止。

2. 缴纳品种保护费用的义务

缴纳品种权费用是品种权申请人和品种权人的义务。我国《保护条例》第二十四条、第二十八条、第三十六条规定，品种权申请人或品种权人在向审批机关缴纳申请费、审查费和年费后，审批机关才对申请文件进行初步审查、实质审查和授权，品种权才能得以维持。

3. 实施品种权的义务

实施品种权既是品种权人的一项权利，也是品种权人的一项义务。除了涉及国家安全或者重大利益需要保密的，应该按照国家有关规定办理外，其他植物新品种应当尽可能地被充分实施。品种权只有被充分实施，一些优良品种才能得到广泛应用推广，才能促进农业生产的发展，才能实现建立植物新品种保护制度的目的。

按照《种子法》第三十条规定，为了国家利益或者社会公共利益，国务院农业、林业主管部门可以作出实施植物新品种权强制许可的决定，并予以登记和公告。取得实施强制许可的单位或者个人不享有独占的实施权，并且无权允许他人实施。

按照《实施细则》第十二条规定，“品种权人无正当理由自己不实施，又不许可他人以合理条件实施的”以及“对重要农作物品种，品种权人虽已实施，但明显不能满足国内市场需求，又不许可他人以合理条件实施的”，农业部可以作出实施品种权的强制许可决定。

4. 使用登记注册品种名称的义务

我国《种子法》第二十七条规定：“同一植物品种在申请新品种保护、品种审定、品种登记、推广、销售时只能使用同一个名称。”我国《保护条例》第十二条规定：“不论授权品种的保护期是否届满，销售该授权品种应当使用其注册登记的名称。”这是品种权人也是所有人都要长期承担的义务，否则，按照我国《保护条例》第四十二条规定：“销售授权品种未使用其注册登记的名称的，由县级以上人民政府农业、林业行政部门依据各自的职权责令限期改正，可以处一千元以下的罚款。”

二、品种权的客体和主体

（一）品种权的客体

品种权的客体即品种权保护的对象。

我国《保护条例》第一条规定：“为了保护植物新品种权，鼓励培育和使用植物新品种”。第二条进一步规定，“本条例所称植物新品种，是指经过人工培育的或者对发现的野生植物加以开发，具备新颖性、特异性、一致性和稳定性并有适当命名的植物品种。”显然，我国《保护条例》规定的保护对象为植物新品种。

上述对植物新品种的定义包括以下几层含义：

第一，植物新品种是指经过人工培育的或者对发现的野生植物加以开发的，是经过人们创造性劳动而获得的，是劳动的结晶，是智力成果。

第二，植物新品种应具备特定条件，必须在满足新颖性、特异性、一致性及稳定性，并有适当命名的条件下，才能被授予品种权，从而获得保护，成为保护的对象。

第三，植物新品种不是自动产生的，须经品种权人提出申请，并经过主管植物新品种权的国家审批机关依法审查，确认其符合授予品种权的条件，发给品种权证书方能获得品种权，成为法律所保护的对象。也就是说，再好的植物新品种要成为受到法律保护的品种，必须按规定向国家审批机关提出品种权申请。

（二）品种权的主体

品种权的主体即有权获得品种权的人。

我国《保护条例》规定，“完成育种的单位或者个人对其授权品种，享有排他的独占权。”也就是说，获得品种权的人可以是单位，也可以是个人。

1. 单位

一般而言，单位既可以是法人组织，也可以是非法人组织。我国《保护条例》所指的“单位”是依法独立享有民事权利和承担民事义务的法人。例如研究院、研究所、学校、公司、社团等。一般讲，法人应具备四个条件：一是依法成立的；二是有必要的财产和经费；三是有自己的名称、组织机构和场所；四是能够独立承担民事责任。

单位有权获得职务育种的品种权。

2. 个人

我国《保护条例》所指的个人是指自然人。个人有权获得非职务育种的品种权。

合法继受人是因非职务育种而享有品种权的个人，可以通过赠与、转让、出卖等形式将品种权转让给他人，当然必须通过一定的法律程序。例如，双方依法签订赠与、转让或者买卖合同。这种从品种权人手中依法获得品种权的人称为受让人。此外，如果品种权人因故死亡，其品种权将依法转移给其法定继承人或遗嘱继承人。受让人和继承人合称继受人。合法继受人可以成为非职务育种的品种权人。

单位变更、重组之后，品种权人也将随之发生相应变化。

品种权人的变更应当在国家审批机关登记公告。

三、品种权的归属和转移

（一）品种权的归属

获得品种权的主体可以是单位也可以是个人，但不是所有的单位和个人都有权提出品种权申请并获得品种权专利，对于什么样的人能拥有品种权的申请权和品种权应严格加以区分。

1. 职务育种品种权的归属

植物新品种选育是一个复杂的劳动，选育一个新品种需要有一定的人力、物力和财力支持。多数植物新品种不是由育种家个人能完成的，往往需要由研究院、研究所、学校、企业等组织内众多的人员在履行他们的职务时共同完成。因此这样就存在一个谁有权申请和获得品种权的问题。

我国《保护条例》第七条规定：“执行本单位的任务或者主要是利用本单位的物质条件所完成的职务育种，植物新品种的申请权属于该单位”。

关于这一规定，《实施细则》第七条有进一步具体的说明，即：《保护条例》第七条所称的执行本单位的任务所完成的植物育种是指下列情形之一：在本职工作中完成的育种；履行本单位交付的本职工作之外的任务所完成的育种；退职、退休或者调动工作后，3 年内完成的与其在原单位承担的工作或者原单位分配的任务有关的品种。

《保护条例》第七条所称本单位的物质条件是指本单位的资金、仪器设备、试验场地以及单位所有的尚未允许公开的育种材料和技术资料等。

主要是利用本单位的物质条件完成的育种，即使不属于本职工作范围，也应认定为职务育种。因此，植物育种的品种权申请人不是该品种的培育人，而是其所在单位。

我国《保护条例》第七条还明确规定：“申请被批准后，品种权属于申请人”，如果申请人是单位，则品种权也归单位所有。一般而言，全民所有制单位的品种权属于国家所有。但是为了调动单位职工的积极性，使他们能够通过获得品种权得到相应的经济利益，全民所有制单位可以拥有品种权的持有权，他们可以通过生产和销售授权品种而获得一定的经济补偿，进一步促进新品种的培育。对于集体所有制单位，由于一切条件原本就是集体所有，因此其获得的品种权当然归单位所有。

我国《保护条例》规定：“委托育种或者合作育种，品种权的归属由当事人在合同中约定；没有合同约定的，品种权属于受委托完成或者共同完成育种的单位或者个人。”

2. 非职务育种品种权归属

我国《保护条例》第七条所讲的非职务育种，是指单位的职工完成的育种不属于本职工作范围，不是单位交付的任务，也不是主要利用单位的资金、设备、实验室、材料及不对外公开的资料、资源等条件完成的。不在任何单位工作的个人完成的育种无疑也是非职务育种。

对于共同非职务的育种，品种的申请权和品种权归共同育种人所有。属于共同非职务育种的，必须由所有完成育种的人共同提出品种权申请，否则其中任何一个人单独提出品种权申请甚至获得了品种权也是无效的。在具体办理申请时，所有共同育种人作为共同申请人均需签名，但可推荐一人为代表与审批机关保持联系。

3. 同一个植物新品种的品种权归属

对同一个新品种品种权归属的处理办法，主要有两种：

第一是采用先申请原则。对于同一个新品种，不管是谁先完成的，假如他们的申请都符合《保护条例》所规定的授予品种权的条件，则品种权授予最先申请即被受理的品种权申请的申请日在先的人，后一申请人不能获得品种权。

第二是采用先完成原则。即以完成育种时间先后为标准，对最先完成育种的申请人授予品种权。

先完成原则实行起来有较大的困难，因为审批机关对育种的具体情况不甚了解，尤其是育种过程和培育人情况等，根据书面材料往往难以判断谁是最先完成育种的人，特别是对于涉外的新品种更难以调查并作出判断，以致影响授权的准确性。

在通常情况下，我国是采用先申请原则。我国《种子法》第二十六规定："一个植物新品种只能授予一项植物新品种权。两个以上的申请人分别就同一个品种申请植物新品种权的，植物新品种权授予最先申请的人。"关于用什么标准来判断谁是"最先申请"的人，由于我国幅员辽阔，交通和通讯并不十分发达，目前还难以做到以申请时刻来精确的判断申请的先后。对此，我国对植物新品种申请规定以"日"作为判断申请先与后的标准。

在极少数情况下，即对于同一个新品种在同一天提出申请的，我国也采用了先完成原则，谁先完成该品种的育种则品种权授予谁。《实施细则》第十条明确规定："一个植物新品种由两个以上申请人分别于同一日内提出品种权申请的，由申请人自行协商确定申请权的归属；协商不能达成一致意见的，品种保护办公室可以要求申请人在指定期限内提供证据，证明自己是最先完成该新品种育种的人。逾期未提供证据的，视为撤回申请；所提供证据不足以作为判定依据的，品种保护办公室驳回申请。"

（二）品种权的转移

我国《保护条例》规定："植物新品种的申请权和品种权可以依法转让。"即无论是职务育种还是非职务育种的品种申请权和品种权都可以转让，甚至向外国人转让，但应按《保护条例》第九条规定报经有关部门批准。

"中国的单位或者个人就其在国内培育的植物新品种向外国人转让申请权或者品种权的，应当经审批机关批准"。这是保守国家秘密的需要，也是保护国家珍贵植物种质资源的需要。由科技部和国家保密局联合制定的《科学技术保密规定》，有下列情形之一的科学技术属国家科学技术秘密：即技术的公开可能削弱国家的防御和治安能力；影响我国技术在国际上的先进性；失去我国技术的独有性；影响技术的国际竞争能力，损害国家声誉、权益和对外关系。植物新品种是智力劳动的结晶，是科学技术成果载体，新技术就包含在新品种的繁殖材料之中，或者说新品种的繁殖材料是一种物化了的技术。如果国内的单位或个人将某新品种申请权或者品种权未经批准擅自转让给国外的企业、组织或者个人，必将同时向对方提供该品种的繁殖材料，先进的科学技术就可能随着新品种繁殖材料的流失而转移，如果不经过保密审查很容易造成泄密。因此在转让之前必须经过国家规定的科学技术出口保密审查，以避免给国家安全和利益造成损失。

此外，有的新品种繁殖材料尽管技术含量可能不高，但是它属于我国独有的珍贵植物种质资源，也不能随意流失国外。拟向国外转让的，必须按照农业部制定的“禁止对外交换”“有条件可以对外交换”“可以对外交换”三类种质资源目录规定和一定的程序报批，经农业部同意后，方可对外转让。

“国有单位在国内转让申请权或者品种权的，应当按照国家有关规定报经有关行政主管部门批准”，以避免国有资产流失。

对于共同职务育种和共同非职务育种，其中任何权利共有人在转让其享有的品种申请权或者品种权时均应先取得其他共有人的同意，并且其他共有人有权优先受让。

第三节　品种权的取得和灭失

一、授予品种权的条件

获得品种权的植物新品种，必须同时具备以下几个条件：一是该新品种必须是国家植物新品种保护名录范围内的品种；二是该新品种必须是不违反国家法律、妨碍公共利益或者破坏生态环境的品种；三是该新品种必须具备新颖性、特异性、一致性和稳定性，还应有适当命名。

（一）授予品种权的形式条件

属于国家植物新品种保护名录范围；具备适当的品种名称；具备新颖性。

1. 保护范围

申请品种权的植物新品种应当属于国家植物新品种保护名录中列举的属或者种，植物新品种保护名录由审批机关确定和公布。截至 2016 年，农业部共公布了十批植物品种保护名录，使受保护的属、种达到 138 个。

申请的植物新品种除了是审批机关公布的保护名录范围内的品种，还必须满足我国《种子法》第二十五条的规定，即申请品种必须是经过人工选育或者发现的野生植物加以改良的植物新品种。

2. 品种名称

申请品种权的植物新品种应当具备适当的名称，应当与相同或者相近的植物属或者种中已知品种的名称相区别。该名称经授权后即为该植物新品种的通用名称。

有下列情形之一的，根据《种子法》第二十七条、《保护条例》第十八条和《实施细则》第十五条规定，不得用于授权品种的命名：

（1）仅以数字组成的，如 530，78599；

（2）违反国家法律或者社会公德或者带有民族歧视性的；

（3）以国家名称命名的，如中国 1 号，日本 3 号；

（4）以县级以上行政区划的地名或者公众知晓的外国地名命名的，如北海道小麦；

（5）同政府间国际组织或者其他国际国内知名组织及标识名称相同或者近似的，如 UPOV、FAO 等；

（6）对植物新品种的特征、特性或者育种者的身份等容易引起误解的，如大穗水稻、张氏玉米等；

（7）属于相同或者相近植物属或者种的已知名称的；

（8）夸大宣传的。

3. 新颖性

新颖性是指申请品种权的植物新品种，在申请日前该品种繁殖材料未被销售，或者经育种者许可，在中国境内销售该品种繁殖材料未超过一年；在中国境外销售藤本植物、林木、果树和观赏树木品种繁殖材料未超过六年，销售其他植物品种繁殖材料未超过四年。然而，有些国外的花卉品种上市十多年了，已经被市场广泛认可，他们希望进入中国市场，也来申请保护，这不符合我国的要求，因此不能申请。值得我国育种者注意的是，按照《植物新品种保护条例实施细则（农业部分）》的规定，自名录公布之日起两年内，申请新品种的新颖性有四年宽限期，即在申请日前四年内有公开销售行为（以发票为准）的品种都可以申请；在名录公布之日起两年以后，则只能在申请日前一年内有销售行为的品种才有权申请保护。

（二）授予品种权的实质性条件

根据我国《种子法》《保护条例》的规定，授予品种权的植物新品种，除了应当是国家植物新品种保护名录范围的品种，并有适当的名称和具备新颖性外，还应当同时具备特异性、一致性和稳定性。植物新品种的特异性、一致性、稳定性是授予品种权的实质性条件。

1. 特异性

特异性是指至提交申请日期为止，这个品种至少应具有一个可以区别于其他已知植物的特性，例如花形、花色、生长速度、对土壤条件的适应性、香味、产量等。特异性类似于专利制度中的创造性，判断特异性时应注意理解“已知品种”和“明显区别”的概念。《UPOV 公约》规定：“有别于人所共知的任何品种，育种家权利申请书备案或其他品种在任何国家法定的品种登记处登记的情况下，假如已申请获得了育种家的权利或者在法定的品种登记处对其他品种作了登记，则可认为从申请之日起，该其他品种就是人所共知的。”参照《UPOV 公约》对“已知”的理解，考虑到我国的国情，我国对“已知品种”定义为在我国或其他国家已经授权品种、公知公用品种。“明显区别”一般是指该新品种的特性或者特征与现有相关品种的特性或者特征具有明显的差异。植物品种之间的差异：其一是质量特征或者特性，对性状数没有限制。性状分为外表性状和内在性状。外表性状指茎秆的高矮、粗细、叶片的形状及大小、花瓣的多少及颜色；内在性状指淀粉、蛋白质等成分的含量、抗病虫、抗逆性等。其二是数量特征或者特性，是指在一定范围内可以测量，而且从一个极端到另一个极端表现连续变异的性状，例如植株的大小、基部芽数、株高、叶片数、叶片的长短等。在审查过程中，判断差异是否明显时，并不需要像对专利申请的创造性那样要求较高的水平，只要求有一定程度的区别，其特异性就可以被认可。

2. 一致性

一致性又被称为均一性，是指申请品种权的植物新品种经过繁殖，除可以预见的变异外，其相关的特征或者特性一致。所谓“可以预见的变异”，主要是指受外界环境因素的影响，该品种的部分特征、特性发生了一定变异，如植物的株高和生育期等。品种因繁殖方式、育种方式的不同，对一致性的要求水平也不同。如不同繁殖方式的一致性要求是不同的，无性繁殖植物的检测材料不能是该品种的有性繁殖后代材料，否则就无法适用新品种的一致性构成条件；有性繁殖还应当考虑该品种是自花授粉还是异花授粉。另外要将“可以预见的变异”与因偶然混杂、突变或其他原因所引起的变异正确区分开。如果是因偶然混杂、突变或其他原因所引起的变异，就不能简单地因为变异较大而否定植物新品种的一致性。

3. 稳定性

稳定性是指一个品种经过反复繁殖有关特性保持不变，或者是在特定繁殖周期结束时其有关特性保持不变。稳定性要求申请品种权的新品种已经完成，如果没有稳定性，品种的最终质量无法保证，该品种视为未完成的品种，不能授予品种权。稳定性与一致性粗看起来似乎是同一含义，其实存在区别。一致性是指品种经一次繁殖以后，其相关特性或者特征除可以预见的变异外，没有变化；而稳定性是指品种经几次繁殖或者在特定繁殖周期结束时，其相关特征或者特性保持不变。显然，一致性是稳定性的基础，稳定性是更高的要求。

（三）授予品种权的其他条件

我国《种子法》第二十六条明确规定：“对违反法律，危害社会公共利益、生态环境的植物新品种，不授予植物新品种权。”

植物新品种保护条例是通过授予品种权来保护品种权人的合法权益，而这样做的目的是调动育种者的积极性，从而推动我国农业和林业的发展，最终是为了国家和人民的利益。从这个目标出发，授予的品种权当然不能违背国家和人民的根本利益。所以对危害公共利益的品种，尽管从技术上看，它可能符合授予品种权的条件，但对于这类申请不能授予品种权，如罂粟、大麻或者其他危害环境的植物新品种。

二、品种权的申请与审批

（一）品种权的申请

品种权是不能自动取得的，即使是符合新颖性、特异性、一致性和稳定性的植物新品种，也必须履行《保护条例》所规定的品种权申请程序，向国家品种权审批机关提出申请，提交必要的申请条件，后者依法对该申请进行审查，并决定是否授予品种权。

我国《保护条例》第十九条规定："中国的单位和个人申请品种权的，可以直接或者委托代理机构向审批机关提出申请。中国的单位和个人申请品种权的植物新品种涉及国家安全或者重大利益需要保密的，应当按照国家有关规定办理。"

1. 申请品种权单一性的原则

我国《实施细则》规定，一份植物品种权申请包括两个以上新品种的，审批机关应当在发出实质审查的通知前，要求申请人提出分案申请。

一份申请应当限于一个品种。也就是说一个品种权只能授予一个品种。实行这个原则，无论是对品种的申请，还是对品种的审查、测试、登记、文献检索都是有利的。

2. 申请品种权前的分析和考虑

申请品种权，是为了对来之不易的品种进行法律保护。而申请品种权的每一个步骤，申请人都要支付一定的费用，同时，要花费很多的时间和精力。因此，在申请品种权之前，申请人要权衡利弊，决定是否申请品种权。一般来说，在申请品种权前，申请人需要对以下几个问题进行分析和思考：

（1）**经济利益的分析。**申请人申请品种权的目的，一般是为了获得经济上的利益。因此，在申请品种权前通常应对与经济利益相关的因素进行分析，如该品种是否有经济价值，潜在的市场需求量大小，生产的难易程度等。

（2）**申请时机和申请国的选择。**申请日是判别品种是否具备授予品种权的新颖性和特异性的标准日期。在我国实行先申请原则的情况下，正确地选择申请时机是非常重要的。如果决定申请，则应选择在育种工作基本完成，以及在进入区域试验前提出品种权申请。

一个品种可以申请国内品种权，也可以申请国外品种权。如果一个品种仅在国内推广，通常没有必要申请国外品种权。若一个品种在国外也有较大的开发空间，那么除在国内申请外，还应到国外有关国家申请品种权。

3. 选择代理人

申请人如果需要，也可以考虑选择是否通过某一专门代理机构办理。

4. 申请品种权应提交的文件

我国《保护条例》第二十一条规定："申请品种权的，应当向审批机关提交符合规定格式要求的请求书、说明书和该品种的照片。申请文件应当使用中文书写。"

（1）**请求书。**请求书是申请人向国家品种权审批机关表示请求授予品种权的愿望，也是申请人声明他希望取得品种权的文件。请求书须按照审批机关印发的表格形式提出，其中主要内容有：①品种暂定名称；②新品种所属的属或者种的中文名称和拉丁文名称；③培育人的姓名；④申请人的姓名或者名称、地址、邮政编码、联系人、电话、传真；⑤申请人的国籍；⑥申请人是外国企业或者其他组织的，其总部所在的国家；⑦新品种的培育起止日期和主要培育地；⑧请求书必须打印，不能手写。

（2）**说明书。**我国《实施细则》第二十一条规定，申请人提交的说明书应当包括下列内容：①申请品种的暂定名称，该名称应当与请求书的名称一致；②育种过程和育种方法，包括系谱、培育过程和所使用的亲本或者其他繁殖材料来源与名称的详细说明；③有关销售情况的说明；④选择的近似品种及理由；⑤申请品种特异性、一致性和稳定性的详细说明；⑥适于生长的区域或者环境以及栽培技术的说明；⑦申请品种与近似品种的性状对比表。

（3）**说明书摘要**。说明书摘要是对说明书内容的简短说明，主要供审批机关发布公告时参考。摘要应当简要说明品种的特征特性、适应范围、栽培要点和效果。摘要应短小精悍、便于阅读，字数一般控制在200～500字。

（4）**照片**。申请人提交的照片应当符合以下要求：①照片有利于说明申请品种的特异性；②申请品种与近似品种的同一种性状对比应在同一张照片上；③照片应为彩色，必要时，品种保护办公室可以要求申请人提供黑白照片；④照片规格为8.5厘米×12.5厘米或者10厘米×15厘米。

（5）**技术问卷**。技术问卷是一种问答式表格，它针对所申请的植物属或者种提问，不同的植物有不同的表格。技术问卷可在提出实质审查请求时提交，也可在审查员要求时提交。

（二）品种权申请的受理与审批

我国《保护条例》规定，对品种权申请采用审查制。一份品种权申请大体要经过以下一些审查程序：

1. 受理

根据《保护条例》规定，植物新品种所有权人在申请品种权时，应当向审批机关提交书面申请文件。可采取面交和通过邮局寄交两种方式，寄交的邮件必须是挂号邮件。“审批机关收到品种权申请文件之日为申请日；申请文件是邮寄的，以寄出的邮戳日为申请日。”以口头、电话、实物等非书面形式办理的各种手续均视为无效。

植物新品种的审批机关是农业部和国家林业局，农业部负责受理部门是农业部植物新品种保护办公室，申请咨询电话：010－59199396　59199388，地址：北京市朝阳区东三环南路96号，邮编：100122。

根据《实施细则》第二十三条规定，品种权申请文件有下列情形之一的，品种保护办公室不予受理：①未使用中文的；②缺少请求书、说明书或者照片之一的；③请求书、说明书和照片不符合本细则规定格式的；④文件未打印的；⑤字迹不清或者有涂改的；⑥缺少申请人和联系人姓名（名称）、地址、邮政编码的或者不详的；⑦委托代理但缺少代理委托书的。

2. 初步审查

我国《保护条例》第二十七条规定：申请人缴纳申请费后，审批机关对品种权申请的下列内容进行初步审查：是否属于植物品种保护名录列举的植物属或者种的范围；是否符合本条例第二十条的规定；是否符合新颖性的规定；植物新品种的命名是否适当。这里所指的初步审查，是指审批机关在受理品种权申请后对其所作的形式审查。

品种保护办公室应当将审查意见通知申请人。品种保护办公室有疑问的，可要求申请人在指定期限内陈述意见或者补正；申请人期满未答复的，视为撤回申请。申请人陈述意见或者补正后，品种保护办公室认为仍然不符合规定的，应当驳回其申请。

3. 申请公告

我国《保护条例》第二十八条规定：审批机关应当自受理品种权申请之日起6个月内完成初步审查。对经初步审查合格的品种权申请，审批机关予以公告，并通知申请人在3个月内缴纳审查费。对经初步审查不合格的品种权申请，审批机关应当通知申请人在3个月内陈述意见或者予以修正；逾期未答复或者修正后仍然不合格的，驳回申请。

符合《保护条例》有关规定的，自申请日起6个月内初审结束，审批机关将就该品种的特征特性、适应范围等信息，以及申请人、申请日、申请号等发布公告。

4. 实质审查

品种权申请初步审查合格后，审批机关将通知申请人在3个月内缴纳审查费，对缴纳了审查费和办理有关手续后的品种权申请，审批机关将对申请品种的特异性、一致性和稳定性进行实质审查。申请人未按照规定缴纳审查费的，品种权申请被视为撤回。

审批机关收到申请人的审查费后，即按品种类别，分别送交有关测试机构做特异性、一致性和稳定性田间测试，提出测试结果。审查手段主要是依据文献检索和田间测试结果。审批机关对品种权申请经实质审查后，没有发现驳回理由的，将按照《保护条例》的规定，授予品种权。对不符合《保护条例》规定的，将通知申请人或者其代理人，要求其在指定的期限内陈述意见，或者对其申请进行修改。逾期未答复的视为撤回。修改后仍不符合的，审批机关将予以驳回，并通知申请人或者其代理人。

申请人在接到审批机关驳回申请的通知后，如对此决定不服，可以在收到通知之日起 3 个月内，向植物新品种复审委员会请求复审。

5. 授权公告

对经实质审查符合本条例规定的品种权申请，审批机关应当作出授予品种权的决定，颁发品种权证书，并予以登记和公告。对经实质审查不符合本条例规定的品种权申请，审批机关予以驳回，并通知申请人。

公告是一项重要的法律程序，其主要内容有：品种权的授予、品种权的转让和继承、品种权的无效、品种权的终止、品种权的恢复、品种权的强制许可和品种权人的姓名名称、国籍、地址及有关变更事项。

三、复审与无效、期限与终止

（一）驳回品种权申请的复审

复审是指品种权申请人对审批机关驳回其品种权申请决定不服，在收到驳回品种权申请通知后一定时间内，依法请求植物新品种保护复审委员会对其品种权申请进行再审查的程序。复审程序独立于审批程序的各个阶段，是基于品种权申请人请求而启动，但又不是所有品种权申请都必经的一个具有特殊地位的程序。

品种权申请经审批机关审查，如果被认为不符合我国《种子法》《保护条例》及《实施细则》的规定，审批机关将驳回品种权申请，并将驳回品种权申请的决定及时通知申请人。品种权申请被驳回，可能是申请品种不符合授权条件造成的，也可能是由于申请文件撰写上存有缺陷。我国植物新品种保护条例设置复审程序，给品种权申请人提供了申诉的机会，可以避免因审批机关审查失误而造成申请人不能获得品种权，有利于维护品种权申请人的合法权益。

复审请求的请求人，必须在收到审批机关驳回申请的通知之日起 3 个月内，向新品种复审委员会提出复审要求。否则，审批机关作出驳回品种权申请的决定即发生效力。

（二）品种权的无效宣告

品种权无效宣告，是指任何单位或者个人认为审批机关授予的某项品种权，不符合《保护条例》的有关规定，依法向新品种复审委员会提出宣告该品种权无效的请求。无效宣告是独立于审查复审之外的一种法律程序。设置无效宣告程序，是 UPOV 成员国的普遍做法。根据我国《保护条例》和《实施细则》有关规定，请求宣告无效的理由可以是：①被授予品种权的新品种不属于国家植物新品种保护名录范围内的植物；②被授予品种权的新品种可能危害公共利益、生态环境的品种；③被授予品种权的新品种属于重复授权的；④被授予品种权的新品种不符合授予条件新颖性的要求；⑤被授予品种权的新品种不符合授予条件特异性的要求；⑥被授予品种权的新品种不符合授予条件一致性的要求；⑦被授予品种权的新品种不符合授予条件稳定性的要求。

除上述规定外，以其他任何理由提出无效宣告请求的，新品种复审委员会都将不予受理。

（三）品种权的期限

与其他知识产权一样，品种权也具有时间性，超过法律规定的保护期限，品种就进入公共领域，任何人可自由使用。我国法律给予的保护期是：自授权之日起，藤本植物、林木、果树和观赏树木为20年，其他植物为15年，满足《UPOV公约》1978文本的要求，但短于1991年文本规定的保护期。

应指出的是，我国《保护条例》第三十三条规定了有关临时性保护："品种权被授予后，在自初步审查合格公告之日起至被授予品种权之日止的期间，对未经申请人许可，为商业目的生产或者销售该授权品种的繁殖材料的单位和个人，品种权人享有追偿的权利。"同时，在统一的品种权保护期限内，品种权人可以根据该新品种的周期以及品种权的实施情况，通过不缴纳年费或声明放弃品种权的办法，自行决定其保护期的长短。

（四）品种权的终止

品种权终止是指品种权保护期届满或因其他原因而自动失去法律效力。一旦品种权终止，品种权人的财产权便成为社会的公共财富，任何人都可为商业目的无偿生产、销售该品种的繁殖材料，或者将其重复使用用于生产另一种的繁殖材料。依照我国《保护条例》第三十六条规定，品种权终止的原因有以下几种：①因保护期届满而终止；②由于品种权人的自动放弃而终止；③因没有按期缴纳年费而终止；④由于不按规定提供检测所需繁殖材料而终止；⑤由于已不再符合授予的特征和特性而终止。

第四节　品种权的行使

一、品种权的实施

（一）品种权实施的含义

品种权实施是指将已获得品种权的植物新品种应用于农业生产之中，无论是品种权人自己应用，还是许可他人应用，只要是把已获得授权的植物新品种真正应用于农业生产之中，即为品种权的实施。品种权人实施品种权，不仅关系到自己的切身利益，而且也关系到社会公众的合法权益。

（二）品种权实施的形式

1. 自己实施

根据我国《保护条例》的规定，品种权人对授权品种享有生产、销售授权品种繁殖材料和重复使用该授权品种繁殖材料生产另一种繁殖材料的权利。品种权人自己实施授权品种，就是品种权人自行生产、销售授权品种繁殖材料。

2. 许可他人实施

品种权人除可以自己实施品种权外，还可以允许他人实施其品种权。品种权人主要是通过签订实施许可合同等办法，允许他人有条件地为商业目的生产、销售或利用其授权品种繁殖材料，并应按照合同规定履行相应义务。许可他人实施其授权品种，只是使用权的有偿转让，而不是所有权的转让，所有权仍归品种权人所有。

3. 强制实施许可

根据我国《种子法》《保护条例》和《实施细则》有关规定，有下列情形之一的，植物新品种保护审批机关可以作出强制许可的决定：为了国家利益或者公共利益的需要；品种权人无正当理由自己不实施，又不许可他人以合理条件实施的；对重要农作物品种，品种权人虽已实施，但明显不能满足国内市场需求，又不许可他人以合理条件实施的。

二、品种权的实施许可

品种权人自己有权许可他人生产、销售或利用其授权品种繁殖材料，并从中取得经济上的回报。许可他人实施品种权，是品种权人一项十分重要的权利。品种权实施许可通常采用签订品种权实施许可合同的形式进行。实施许可大体分为以下三种：

1. 独占许可

独占许可是指被许可人在一定的地域范围和一定的时间期限内对许可方的授权品种拥有独占使用权的一种许可。也就是说，被许可方是该授权品种的唯一许可使用者，许可人和任何第三方均不得在该地域和期间内使用该授权品种。实质上，这类许可合同与品种权买卖或转让合同相类似。

2. 独家许可

独家许可是指许可人授予被许可人在一定的条件下的独家实施授权品种的权利，同时保证不再向第三方授予在上述合同规定的条件内实施该授权品种，但许可人自己仍保留实施该授权品种的权利。

3. 普通许可

普通许可是一种允许多方的许可。也就是说除了允许被许可人在规定的地域或时间内生产、销售或使用其授权品种外，还可以继续许可其他第三者生产、销售或使用其授权品种，并且许可人仍保留着自己对其授权品种的生产、销售或使用权。按照这种许可合同的规定，品种权人可以在同一地域内，将其授权品种的生产、销售或使用权同时许可多人使用。这样做的好处是有利于新品种的推广应用。但是另一方面，若管理不当，盲目地、没有限制地过多签订这种许可合同，也会导致被许可人生产的授权品种过剩、滞销，这显然对被许可人是不利的，品种权人也将蒙受损失。

三、品种权的转让

品种权的转让是指品种权人将其所有权转让给受让人的行为。品种权转让，品种权的主体发生了变更，这种变更可以是因为自愿转让而发生，例如买卖、交换或者赠予；也可以由于法定的原因而发生，例如品种权人死亡或失去存在。品种权人是自然人时，一旦死亡，其品种权就依《中华人民共和国继承法》（简称《继承法》）的规定转移给继承人。品种权人如果是法人的，一旦发生改组、合并或者解散，其品种权也依法转移给有权继承该权利的法人或自然人。

品种权的转让应注意的问题：所说的转让是所有权的转移；可以是自愿转让，也可以依《继承法》规定转移给继承人；所转让的品种权必须是受让方所在国颁发的；应当以书面合同方式实现品种权的转让；应当履行相应的登记手续。

第五节　品种权的保护

所谓对品种权的法律保护，主要是指国家通过行政与司法程序保障品种权人在法律许可范围内，独立自主地对其所获得的品种权行使生产和销售。这种法律保护，是国家用强制力来实现的。

一、侵犯品种权的行为

（一）侵犯品种权的行为

《种子法》第二十八条规定：“任何单位或者个人未经植物新品种权所有人许可，不得生产、繁殖或者销售该授权品种的繁殖材料，不得为商业目的将该授权品种的繁殖材料重复使用于生产另一品种的繁殖材料；但是本法、有关法律、行政法规另有规定的除外。”未经品种权人许可，以商业目的生产、繁殖或者销售授权品种的繁殖材料的行为，就是侵犯品种权的行为，可以分为非法利用授权品种和非法妨碍利用授权品种两种。第一种是未经品种权人许可，为商业目的生产、繁殖和销售授权品种。这种侵权案件，当事人可以向该地区的省级以上农业行政管理部门请求处理，从而获得保护。第二种是假冒他人品种，即违背品种权人的意愿，以欺骗他人获取高额利润为目的而冒充获得品种权的品种。这种侵权案件，当事人可以向该地区的县级以上农业行政管理部门请求处理，获得保护。

（二）植物新品种权的侵权认定

侵权行为的存在是承担侵权责任的根据。让侵权者付出侵权代价，保护品种权人合法权益，必须准确认定侵犯植物新品种权行为。根据《保护条例》和《最高人民法院关于审理侵犯植物新品种权纠纷案件具体应用法律问题的若干规定》（以下简称《最高法院若干规定》），侵犯植物新品种权行为应同时具备下列四个条件。

1. 植物新品种已获授权保护

《种子法》和《条例》规定，完成育种的单位或个人对其授权品种享有排他的独占权。可见，植物新品种有无获授权保护是认定侵权行为的前提。这意味着，如果某植物新品种未获授权保护，则其所有人就不享有排他的独占权，其他人使用该品种也不构成侵犯植物新品种权行为。需要注意的是，授予植物新品种权的审批机关为国务院农业、林业行政主管部门。品种权保护期限自授权之日起，藤本植物、林木、果树和观赏树木为 20 年，其他植物为 15 年。

2. 未经品种权人许可

品种权人许可是除品种权人外，他人以商业目的使用授权品种繁殖材料的主要合法根据。实践中，获授权许可使用的种业公司，往往通过委托代理方式，再允许他人生产、销售本公司获授权许可使用的授权品种繁殖材料，甚至更长的代理销售链条。此种情况，只要这些授权品种繁殖材料为本公司包装装潢、有合法来源凭证、不违背品种权人许可合同，均应认定为已经品种权人许可，不构成侵犯植物新品种权行为。

3. 为商业目的而使用

根据《种子法》第二十八条、第二十九条，《保护条例》第六条、第十条和《最高法院若干规定》第二条规定可以得知：以商业目的使用授权品种繁殖材料是认定侵犯植物新品种权行为的关键，该“使用”包括生产、销售授权品种繁殖材料以及以授权品种繁殖材料为亲本另行繁殖其他品种繁殖材料的三种行为；非商业目的的合理使用，如利用授权品种为育种等科研活动、农民自繁自用授权品种繁殖材料，只要不侵犯品种权人署名权、许可权、转让权及其他权利，则不构成侵犯植物新品种权行为。

4. 非强制许可使用

除品种权人外，他人以商业目的使用授权品种繁殖材料的合法根据有三个：一是品种权人许可；二是非商业目的的合理使用；三是国家强制许可。强制许可使用是国家主管机关不经品种权人同意，通过行政程序允许他人使用授权品种繁殖材料，取得实施强制许可的人应当付给品种权人合理的使用费。根据《种子法》《保护条例》及其《实施细则》，植物新品种强制许可的决定须由国家农业、林业行政主管部门作出，且只有法定的两种植物新品种强制许可：一是公共利益强制许可，即为了国家利益或公共利益的需要，国家农业、林业行政主管部门作出的强制许可；二是他人申请强制许可，即因为品种权人无正当理由自己不实施，又不许可他人以合理条件实施，或者因为重要植物品种，品种权人虽已实施，但明显不能满足国内市场需要，又不许可他人以合理条件实施，国家农业、林业行政主管部门根据该人申请作出的强制许可。

二、侵犯植物新品种权的法律责任

保护植物新品种权的力度主要体现在国家对侵权者的法律责任追究上。侵犯植物新品种权的法律责任有三种，即民事责任、行政责任和刑事责任。

（一）民事责任

根据《民法通则》《种子法》《最高法院若干规定》以及相关行政法规规章，侵权者承担的民事责任方式有停止侵害、赔礼道歉、赔偿损失等。赔偿损失是侵犯植物新品种权案件中常用的一种责任方式。损失赔偿额的确定有五种办法：一是按照被侵权人因侵权所受损失确定；二是按照侵权人侵权所得利益确定；三是按照植物新品种实施许可费确定（可参照品种权许可费的1倍以上5倍以下酌情确定）；四是由法院在300万元以下确定；五是以侵权物折价抵扣被侵权人损失，但须以被侵权人和侵权人同意为前提。需要注意的是：被侵权人对前三种办法有选择请求权，并且只有穷尽前三种办法仍难以确定赔偿数额时才能由法院在300万元以下确定；第五种办法中，被侵权人或侵权人不同意以侵权物折价抵扣被侵权人损失时，法院可依当事人请求，责令侵权人采取措施使侵权物丧失活性不能再用作繁殖材料。另外需要强调的是《最高法院若干规定》第八条规定："以农业或林业种植为业的个人、农村承包经营户接受他人委托代为繁殖侵犯授权品种的繁殖材料，不知道代繁物是侵犯授权品种的繁殖材料并说明委托人的，不承担赔偿责任。"该条首先体现了国家对农民弱势群体的特殊保护，其次说明了以农业或林业种植为业的个人、农村承包经营户代为繁殖侵犯授权品种繁殖材料的也同样构成侵权行为，只是承担赔偿责任的条件比较特殊，即明知道为侵权物而仍然代为繁殖的或接受他人委托代繁侵权物而不说明委托人的就要承担侵权赔偿责任；同时说明，这些特殊群体如果既不知道代繁物为侵权物又说明委托人的，即使其代繁行为构成侵权，也不承担赔偿责任，但并不排除承担其他侵权责任。

（二）行政责任

植物新品种权的民事侵权行为往往同时违反行政管理法律法规规章，同样要承担相应的行政责任。侵犯植物新品种权行为一般有两类：一是直接性侵权，即直接以他人授权品种为使用的侵权行为；二是假冒性侵权，即以其他品种假冒他人授权品种或用非种子假冒他人授权品种或用授权品种假冒其他品种的侵权行为。这两类侵权行为承担行政责任的轻重有很大不同。按照《种子法》第四十九条规定，"以非种子冒充种子或以此种品种种子冒充他种品种种子"属于假种子范畴。可见，假冒性侵权实质是生产、经营假种子行为，为此要承担更严重的行政责任。根据《种子法》《保护条例》《农业植物新品种权侵权案件处理规定》，直接性侵权的行政处罚有：县级以上人民政府农业、林业行政部门依据各自的职权处理品种权侵权案件时，为维护社会公共利益，可以责令侵权人停止侵权行为，没收违法所得和种子；货值金额不足五万元的，并处一万元以上二十五万元以下罚款；货值金额五万元以上的，并处货值金额五倍以上十倍以下罚款。假冒性侵权的行政处罚有：假冒授权品种的，由县级以上人民政府农业、林业主管部门责令停止假冒行为，没收违法所得和种子；货值金额不足五万元的，并处一万元以上二十五万元以下罚款；货值金额五万元以上的，并处货值金额五倍以上十倍以下罚款。

（三）刑事责任

刑事责任是侵犯植物新品种权所要承担的最为严厉的法律责任。按照我国现行植物新品种法律保护制度，该责任形式仅存在于假冒性侵权当中。《种子法》第九十一条规定："违反本法规定，构成犯罪的，依法追究刑事责任。"植物新品种权是我国知识产权的重要组成部分，但在《中华人民共和国刑法》（简称《刑法》）知识产权犯罪中并没有侵犯植物新品种权犯罪规定，这是我国植物新品种权法律制度有待完善的地方之一。目前只能按生产、销售伪劣产品罪或生产、销售伪劣种子罪打击严重侵犯植物新品种权的犯罪行为。按照《刑法》第一百四十条和第一百四十七规定，构成生产、销售伪劣种子罪的按该罪追究刑事责任，不构成该罪但销售金额在5万元以上的按生产、销售伪劣产品罪追究刑事责任；这两种犯罪的刑事责任最低刑罚为拘役，最高刑罚为无期徒刑。按照《最高人民法院、最高人民检察院关于办理生产、销售伪劣商品刑事案件具体应用法律若干问题的解释》，生产、销售伪劣种子罪的犯罪起点为使生产遭受2万元损失。

需要指出的是，侵权人被依法追究行政责任和刑事责任的，并不妨碍被侵权人依法追究侵权人的民事赔偿责任。

第六节 国外新品种保护制度及对我国的启示

对于品种权的保护，国际上分为植物新品种的保护及植物专利保护两种。多数国家的国际组织采用植物新品种权的单一形式，包括中国、欧盟、澳大利亚等；少数国家以植物专利形式，例如法国、丹麦；极少数国家采用植物专利和植物新品种共存的双轨机制，例如美国、日本等。

一、欧洲的新品种保护制度

（一）欧洲的植物新品种法律保护体系

欧洲尊重专利法的传统理论，始终认为传统专利法保护植物新品种的障碍无法克服，因此走上了以专利法之外的特别法保护植物新品种的道路。欧盟关于植物新品种的知识产权保护框架主要由三个部分构成：欧盟植物品种保护规则（2100/94号规则）、欧洲专利公约（European Patent Convention，EPC）、欧盟生物技术发明保护指令（98/44号指令）。欧盟植物新品种保护规则保护的对象是植物新品种，是依照UPOV公约制定的一项制度；EPC第五十三条则明确排除了植物新品种和生产动植物的主要生物学方法的可专利性；98/44号指令对生物技术发明的专利保护做了总结，除强调植物新品种不受专利保护外，并说明了植物（区别于植物品种）专利保护的问题。这三项制度互为补充，基本涵盖了植物及植物新品种保护的全部问题。

（二）欧洲的植物新品种保护现状

欧盟的植物新品种保护体系与其25个成员国的国家植物新品种保护体系同时存在。申请人可选择国家授予的权利，或欧盟授予的权利。欧盟的植物新品种保护不能与国家的植物新品种保护或专利保护合并。欧盟所有成员国拥有同样的申请、同样的程序、同样的检测技术、同样的决策，授予的权利在欧盟25个成员国范围内均有法律效力。该体系与《UPOV公约》1991年文本一致。欧洲共同市场以政府间组织的身份成为UPOV的成员，主要为使所有植物属和种均能受到保护（保护品种分属800多个种）；新颖性、特异性、一致性和稳定性的定义及其规定能够得到统一；加强拥有者权利的界定；能够得到实质性派生品种和育种者豁免权等。

欧洲植物新品种保护体系是根据欧洲共同市场1994年章程成立的，旨在保护植物新品种体系，由这一系统在授予知识产权的欧盟25个成员国范围内，均有法律效力。这个系统由欧盟植物品种局（Community Plant Variety Office，以下简称CPVO）运作，现位于法国的昂热（Angers）。CPVO的成立并不是为了取代或统一各成员国的植物品种保护机构，而是与各国的植物品种保护机构平等共存。CPVO的员工是来自欧盟11个不同国家的35位代理人，管理委员会负责监督CPVO的工作，该委员会由来自欧盟（25个成员国）各国的代表组成。任何在欧盟有经常居所或营业所的人都可以用欧共体11种工作语言的任何一种直接向CPVO递交申请，也可以向某个成员国的品种保护局提出申请，受理申请的成员国的植物品种保护局将采取必要措施将申请转至CPVO。在欧盟没有经常居所或营业所但是却来自UPOV成员国的申请人可以指定欧盟境内的代理人进行申请。如果申请保护的新品种符合新颖性的要求，CPVO将委托得到成员国认可的测试机构对品种进行技术审查，即特异性、一致性、稳定性（DUS）测试。符合条件并通过技术测试的品种将被授予品种权，对蔬菜新品种的保护期限为25年（采用UPOV的1991年文本）。CPVO授予的品种权的效力优先于国家品种权或专利权。

在欧盟各国，由于种子市场的高度开放，各国之间相互交流十分频繁。因此，种子管理方面的许多政策和运作方式基本相似，只是在机构设置上有些不同而已。英国是欧盟中较早开展蔬菜新品种保护的国家，基本可以代表欧盟的蔬菜新品种保护现状。

英国对植物新品种的保护体现了英国的知识产权保护的完整性。植物新品种在英国主要指农作物、蔬菜、果树、观赏植物等。英国育种者培育的品种若要得到保护，必须首先对品种进行测试，通过测试达到新品种所具备条件的，再履行有关的法律程序，如命名、提供新颖性的证明等，被确认为新品种，获得植物新品种权利并受到保护，才能进入市场。采取测试的目的是为了确认品种的特异性、一致性和稳定性，特别是特异性，证明区别于已知的其他品种，了解品种的农艺性状、抗性和品质特性。测试种类包括属于法律要求的 DUS 测试以及分为法律要求和用户要求两个阶段的 VCU 测试，这两种测试包含了较高的科技含量。

二、美国的新品种保护制度

（一）美国的新品种法律保护体系

美国 1983 年加入国际植物新品种保护联盟（UPOV），1994 年国会通过植物新品种保护法修订案，并于 1999 年 2 月 22 日加入《UPOV 公约》1991 年文本。

目前美国植物新品种保护制度有两种方式：一种是通过植物专利保护无性繁殖的新品种，但不包括块根、块茎植物；另一种是通过植物新品种保护法保护有性繁殖和其他植物新品种。两者审批机关不同，前者在美国专利与商标局，后者在农业部植物新品种保护办公室。美国保护品种权的法律法规有《植物品种保护法》《植物专利法》及《实用专利法》。

美国在 1930 年制订了《植物专利法》，其中第二章第十五节规定，植物专利为任何人发明或发现和利用无性繁殖培植出任何独特而新颖的植物品种，包括培植出的芽体、突变、杂交及新发现的种苗者，可以按照规定的条件和要求取得对该植物的专利权。而农民自留的受保护的品种种子，是不允许在市场上出售的。由于当时无性繁殖被认为是育种者能够确保其繁殖的植物在各个方面与其亲本一致的唯一方式，因此由植物专利法来保护无性繁殖的植物新品种。美国《植物专利法》对于申请的植物品种有二十年的保护期限，而且申请的专利品种必须具备与现有品种有区别的特征，只有一项申请专利范围，申请品种必须是以无性繁殖所得，若是由某人“发现”，则发现地必须为人工栽培场所。美国《实用专利法》的保障期限也为二十年，而且技术中立，植物的组织细胞培养物、新品种的育成方法、植物种子、由该种子长出的植物、该植物的花粉、含有由该组织培养出的植物、该植物与其他植物杂交所产生的植物等都可申请实用专利。

（二）美国的植物新品种保护现状

美国植物新品种保护技术准则的与众不同之外在于其对特异性、一致性和稳定性的审查是所有 UPOV 成员国中唯一通过书面材料进行实质审查的国家。植物新品种保护办公室自己没有建立 DUS 测试中心，一般不组织 DUS 测试，也不进行田间实地考察，只是要求申请人提交对申请的品种的详细客观描述和对特异性的详细说明（必要的时候还要对特异性状进行数量说明，给出具体数值和统计分析结果），以证明申请品种权的新品种是明显区别于在递交申请以前任何公众知晓或已知的其他品种。这里的明显区别指基于一个或多个可鉴别的性状，且在系谱图上有差异可以为此提供证据。审查员就依据这些书面信息做出是否符合授权条件的判断。在审查过程中，审查员可以要求申请人确认或补充数据，这将要求申请人进行额外试验。办公室认为有三种防止提供假数据的办法：一是申请人必须在申请书上签字，这样做就等于申请人签定了法律文本，如果日后发现申请人提供的信息不实，审批机关可以宣告其品种权无效。二是如果客户发现新品种名不符实，则可以对品种权人提起诉讼，并停止购买该品种，品种权人将失去市场份额。三是许多大学对一些主要作物进行独立田间试验，并公布这些品种性状。办公室随时收集并将这些性状录入到审查数据库中，如果独立试验数据与申请人提供的不一致，办公室在审查时可以向申请人提出质疑。通过以上办法，办公室认为可以成功地采用申请人的数据用于授权条件的判定。

三、日本的新品种保护制度

（一）日本的植物新品种法律保护体系

日本对植物新品种的保护采取不同植物使用不同的法律体系来对待的方式。对于非主要农作物，日本于1947年颁布了《种子种苗法》，对优良的新品种（品系）提供保护，当已注册登记的植物品种的繁殖材料被用作商业销售或者第三者使用时，必须得到品种所有者的授权或许可。保护的期限通常限定在3～10年。对于主要的粮食作物，如水稻、小麦、大麦和大豆，日本1952年颁布实施了《主要农作物种子法》，并于1999年进行了修订，该法共有八条。

1975年，日本发布了《关于植物品种的审查标准》，承认如果所培育的植物新品种可以得到反复验证且与其亲代植物的特点不同，若有创造性可视为与一般专利相同，对育种的植物品种自身的发明也承认其专利性。日本参照《UPOV公约》的内容，于1978年7月10日公布了《种苗法》，对新植物品种予以保护。因此同一植物新品种在日本既可以是专利法的保护对象又可以是种苗法的保护对象。1978年，日本议会通过了建立植物新品种保护制度的议案。1982年，日本加入了《UPOV公约》1978年文本，1998年日本加入了《UPOV公约》1991年文本，并对种子《种苗法》进行了相应的修改，颁布了政令、省令（规则）和细则，从而形成了较完善的政策法规体系。

2003年和2005年日本对《种苗法》又进行了两次修改，使之更能适应本国农业发展的要求。这两次修改，进一步扩大了品种保护的范围，2003年的修改将保护范围扩大至收获物，规定对流到海外的日本品种，其收获物又出口到日本销售的现象，品种权人可以向其要求合理赔偿，使品种权的保护更完善。2005年的修改更是将保护范围扩大到加工物。

（二）日本植物新品种保护现状

自实施《农业种子和种苗法》以来，日本植物新品种申请和授权的数量稳定增加。1980年植物新品种的申请数量仅为168件；到了1997年，增加到1 043件。到2000年为止，植物新品种的申请数量总计为13 644件。在同一时期，授权的植物新品种的数量也在增加，从1980年的51件增加到2000年的905件，到2000年为止，授权总量达到9 026件。受《农业种子和种苗法》保护的植物包括种子植物、蕨类植物、苔藓类植物、多细胞藻类和其他植物。此外，日本还把食用菌也列入受保护品种的范围，这一规定几乎涵盖了所有在日本农业中种植的食用菌品种。品种保护的要求包括：培育了新品种的育种者或其继承人都有资格被授予品种权，如果两个或更多的人合作培育了一个新品种，他们应当共同提出申请。授予品种权的技术条件包括特异性、一致性、稳定性及新颖性。另外还规定，申请品种权的植物应当有一个适当的名称，名称必须符合以下规定：首先，该名称不能与新品种的种子或种苗已注册的商标、新品种的种子或种苗相似的商品的已注册商标相同或相近；其次，该名称应当区别于与新品种的种子或种苗相关或与相似于该种子或种苗的商品相关的服务的已注册商标；最后，名称应当清楚明了，不会导致对该植物产生误解，或者在品种特征、特性、价值或类别及育种者身份方面造成混淆。

此外，在审查方面，还包括提出申请的审查程序；对新品种进行审查，审查品种的名称是否符合规定要求，品种是否具有新颖性，并进行DUS测试，通过试验来确定品种是否具有特异性、一致性和稳定性（简称为“三性”）。授权经审查，如果申请保护的植物新品种符合授权条件，农林水产省将对其授予品种权，并将授权品种的所有信息在国家植物品种保护公报上公开。日本还规定了品种权人自品种被保护之日起三十日内应付清新品种第一年的保护费。第一年期满之前，付清第二年的保护费，以后依此类推。如果品种权人不能在期满之前付费，可以在自期满之日起的六个月内偿付，但是必须缴纳一定数额的滞纳金。

四、国外新品种保护的制度对我国的启示

以上选取了欧盟特别是英国，美国，日本等国家的植物新品种权保护制度做了简要介绍，主要是因为这些国家的制度涵盖了当前品种权保护的基本方面，比较有代表性。而通过对这三个国家保护制度的介绍，我们也可以看出：第一，无论是美国，还是英国、日本，都先后加入了《UPOV公约》，在针对品种权保护的探索阶段都经历了各种问题，最终各国都制定了适合本国基本情况的相关法律。可见，虽然有《UPOV公约》的统一规定，但各国的国情是有区别的，在完善品种权保护的法律方面更应该考虑不同的具体情况。第二，对于国外的保护制度，可以结合我国的形式加以借鉴。比如在审查方式上，日本采取书面审查和DUS测试相结合的方法，灵活地选用两种方法，提高了审查效率。在育种的策略方面制定优惠政策，鼓励私人育种者强化育种创新，从不断开发优良的植物新品种中获取收益，而不是从提高种子价格上获利。这一做法保护了农民的利益，从一定程度上保证了农业发展的后劲。另外，将国有育种科研单位的研究重点做了调整，主要从事基础研究，为私人育种部门培育新品种提供科技储备和技术支撑。这种调整，使公共部门的研究更符合农业发展和育种科技创新的需要，也可以成为我国在改进植物品种权保护方面的借鉴。我国实施植物新品种保护制度已有多年的时间，但是申请保护的主体大部分都是国家育种单位，也就是说育种活动以公共部门为主。从发达国家农业发展的经验来看，植物育种向私人部门转移是农业发展的必然趋势，我国也应当为此做好准备。第三，我国的植物新品种保护和植物专利保护同属知识产权，及易混淆。美国就分别制定了品种法和植物专利法。从申请到保护、时间性、力度、侧重点、材料制作等植物专利以审查书面材料为主，一般两年左右可完成实际性操作，而新品种保护多数要进行田间种植测定，可能要十几年时间，所以专利申请时间少于新品种申请时间；在权利人能获得权利的范围上，新品种没有专利在判定侵害时的均等原则（DOE原则）。一般而言，对是否构成专利权侵害，除公开范围的文字解释之外，如果被告的主品不符合说明书公开内容的文字侵害，但其可能本质上与专利产品相同，仍构成侵害，这就是均等原则。所以对描述不同而本质相同的侵权行为，就植物专利而言，权利人可以通过均等原则得到保护，而相当一部分国家的植物新品种权对这种情况无能为力。另外，植物新品种保护法有以下两个权利限制，一为农民免责，二为研究免责。这些限制都不会在专利法的内容中出现。

第四章　农作物种子质量管理

第一节　农作物种子质量的含义

一、种子含义及农作物种子范围

（一）种子的含义

1. 植物学中种子的含义

种子是指由胚珠发育而成的繁育器官，从受精后种子的形成开始，到成熟后的休眠、萌发，是植物个体发育的一个阶段，是一个微妙的独特的生命历程，它既是上一代的结束，又是下一代的开始。此外它可以单独地完成自己的生物生活史，即从种子形成后经过活力的逐步下降、衰老以致死亡的过程。种子一般由种皮、胚和胚乳三个主要部分组成。

2. 农业中种子的含义

是指一切可以被用作播种材料的植物器官。

3. 《种子法》中种子的含义

《种子法》所称种子是指农作物和林木的种植材料或者繁殖材料，包括籽粒、果实、根、茎、苗、芽、叶、花等。种植材料是指直接用于农业生产的各种材料；繁殖材料是指不是直接用于农业生产，而是用于生产或繁殖农业生产所用材料的材料，如杂交亲本或原种。

（二）农作物种子范围

按照《种子法》规定：主要农作物是指稻、小麦、玉米、棉花、大豆。草种、烟草种、中药材种及食用菌菌种的种质资源管理和选育、生产经营、管理等活动，参照本法执行。

二、农作物种子质量的含义

农作物种子质量是指种子这种特殊商品所要满足人们使用种子所要求的特征特性的总和，内容量应是较多的，应包括品种属性、播种品质、包装标签、售后服务等等。但一般是仅包括品种属性、播种品质两个方面，品种属性指品种纯度、丰产性、抗逆性、早熟性、产品的优质性及良好的加工工艺品质等内容；播种品质是指种子千粒重、净度、发芽率、水分、活力及健康等内容。

第二节　农作物种子质量判定依据

对于判断种子质量，应该是递进判断的，不是直接去判定某批种子是否为假劣种子，应首先判定其是否有资质，例如如果一个企业未取得相关资质，其任何有关种子的行为都是非法的，其他的审定、包装、标签、计量、档案就不用再去判别了。判定种子质量的指标和依据在法律法规中规定的非常明确，很少产生歧义，现把判定标准按顺序明确如下：

种子质量判定的顺序：首先进行资质判定（企业资质、品种资质、转基因资质），其次进行包装判定、标签判定，再次进行假种子的判定，之后再进行劣种子的判定，而后进行计量判定，最后进行生产经营档案判定。

一、资质判定标准

（一）企业资质的判定标准

1. 种子法及农作物种子生产经营许可管理办法的规定

《种子法》第三十一条规定，从事种子进出口业务的种子生产经营许可证，由省、自治区、直辖市人民政府农业、林业主管部门审核，国务院农业、林业主管部门核发。

从事主要农作物杂交种子及其亲本种子、林木良种种子的生产经营以及实行选育生产经营相结合，符合国务院农业、林业主管部门规定条件的种子企业的种子生产经营许可证，由生产经营者所在地县级人民政府农业、林业主管部门审核，省、自治区、直辖市人民政府农业、林业主管部门核发。

前两款规定以外的其他种子的生产经营许可证，由生产经营者所在地县级以上地方人民政府农业、林业主管部门核发。

只从事非主要农作物种子和非主要林木种子生产的，不需要办理种子生产经营许可证。

农作物种子生产经营类型分为七种，一是实行选育生产经营相结合；二是主要农作物杂交种子及其亲本种子；三是其他主要农作物种子；四是非主要农作物种子；五是种子进出口；六是外商投资企业；七是转基因棉花种子。种子生产经营许可证有效期为五年。

2. 无证生产经营的处罚规定

《种子法》第七十七条规定，违反本法第三十二条、第三十三条规定，有下列行为之一的，由县级以上人民政府农业、林业主管部门责令改正，没收违法所得和种子；违法生产经营的货值金额不足一万元的，并处三千元以上三万元以下罚款；货值金额一万元以上的，并处货值金额三倍以上五倍以下罚款；可以吊销种子生产经营许可证：未取得种子生产经营许可证生产经营种子的；以欺骗、贿赂等不正当手段取得种子生产经营许可证的；未按照种子生产经营许可证的规定生产经营种子的；伪造、变造、买卖、租借种子生产经营许可证的。

《刑法》第二百二十五条规定，非法经营罪，违反国家规定，有下列非法经营行为之一，扰乱市场秩序，情节严重的，处五年以下有期徒刑或者拘役，并处或者单处违法所得一倍以上五倍以下罚金；情节特别严重的，处五年以上有期徒刑，并处违法所得一倍以上五倍以下罚金或者没收财产：①未经许可经营法律、行政法规规定的专营、专卖物品或者其他限制买卖的物品的，②买卖进出口许可证、进出口原产地证明以及其他法律、行政法规规定的经营许可证或者批准文件的。

个人非法经营数额在五万元以上，或者违法所得数额在一万元以上。单位非法经营数额在五十万元以上，或者违法所得数额在十万元以上的。虽未达到上述数额标准，但两年内因同种非法经营行为受过二次以上行政处罚，又进行同种非法经营行为的。“虽未达到上述数额标准”，是指接近上述数额标准且已达到该数额的百分之八十以上的。上述情节属于情节严重。

（二）品种资质判定标准

1. 种子法及主要农作物品种审定办法的规定

《种子法》第十五条规定，国家对主要农作物和主要林木实行品种审定制度。主要农作物品种和主要林木品种在推广前应当通过国家级或者省级审定。由省、自治区、直辖市人民政府林业主管部门确定的主要林木品种实行省级审定。第十九条规定，通过国家级审定的农作物品种和林木良种由国务院农业、林业主管部门公告，可以在全国适宜的生态区域推广。通过省级审定的农作物品种和林木良种由省、自治区、直辖市人民政府农业、林业主管部门公告，可以在本行政区域内适宜的生态区域推广；其他省、自治区、直辖市属于同一适宜生态区的地域引种农作物品种、林木良种的，引种者应当将引种的品种和区域报所在省、自治区、直辖市人民政府农业、林业主管部门备案。

2. 非主要农作物登记目录

《第一批非主要农作物登记目录》中，粮食作物有马铃薯、甘薯、谷子、高粱、大麦（青稞）、蚕豆、豌豆。油料作物有油菜、亚麻（胡麻）、花生、向日葵。糖料有甘蔗与甜菜。蔬菜有大白菜、结球甘蓝、黄瓜、番茄、辣椒、茎瘤芥、西瓜、甜瓜。

3. 对未审先推的处罚

《种子法》第七十八条规定，违反本法规定，对应当审定未经审定的农作物品种进行推广、销售的，由县级以上人民政府农业、林业主管部门责令停止违法行为，没收违法所得和种子，并处二万元以上二十万元以下罚款。《非主要农作物品种登记办法》第四条规定，列入非主要农作物登记目录的品种，在推广前应当登记。第二十八条规定，对应当登记未经登记的农作物品种进行推广，或者以登记品种的名义进行销售的，由县级以上人民政府农业主管部门依照《种子法》第七十八条规定，责令停止违法行为，没收违法所得和种子，并处二万元以上二十万元以下罚款；应当登记的农作物品种未经登记的，不得发布广告、推广，不得以登记品种的名义销售。

（三）转基因安全评价和审定资质

1. 对转基因种子进行安全评价的规定

《农业转基因生物安全管理条例》（2001 年 5 月 9 日国务院第 38 次常务会议通过，2001 年 5 月 23 日中华人民共和国国务院令第 304 号公布，自公布之日起施行）第十七条规定，转基因植物种子、种畜禽、水产苗种，利用农业转基因生物生产的或者含有农业转基因生物成分的种子、种畜禽、水产苗种、农药、兽药、肥料和添加剂等，在依照有关法律、行政法规的规定进行审定、登记或者评价、审批前，应当取得农业转基因生物安全证书。

该条例第二十八条规定，在中华人民共和国境内销售列入农业转基因生物目录的农业转基因生物，应当有明显的标识。

2. 对转基因种子进行审定的规定

《农业转基因生物进口安全管理办法》（2002 年 1 月 5 日农业部令第 9 号，2004 年 7 月 1 日农业部令 38 号修订）第十一条规定，引进的农业转基因生物在生产应用前，应取得农业转基因生物安全证书，方可依照有关种子、种畜禽、水产苗种、农药、兽药、肥料和添加剂等法律、行政法规的规定办理相应的审定、登记或者评价、审批手续。

3. 对无安全评价证书、未经审定的处罚

《农业转基因生物安全管理条例》第四十七条规定，未经批准生产、加工农业转基因生物或者未按照批准的品种、范围、安全管理要求和技术标准生产、加工的，由国务院农业行政主管部门或者省、自治区、直辖市人民政府农业行政主管部门依据职权，责令停止生产或者加工，没收违法生产或者加工的产品及违法所得；违法所得 10 万元以上的，并处违法所得 1 倍以上 5 倍以下的罚款；没有违法所得或者违法所得不足 10 万元的，并处 10 万元以上 20 万元以下的罚款。

二、包装的判定标准

（一）应当包装的农作物种子

《农作物商品种子加工包装规定》（农业部令第 50 号）第二条规定，下列农作物种子应当加工、包装后销售：①有性繁殖作物的籽粒、果实，包括颖果、荚果、蒴果、核果等；②马铃薯微型脱毒种薯。

（二）对应包装而未包装的处罚

《农作物商品种子加工包装规定》第八十条规定，违反本法规定，经销售的种子应当包装而没有包装的，由县级以上人民政府农业、林业主管部门责令改正，处二千元以上二万元以下罚款。

三、标签和使用说明的判定标准

（一）标签和使用说明的含义

《农作物种子标签和使用说明管理办法》第五条规定，种子标签是指印制、粘贴、固定或者附着在种子、种子包装物表面的特定图案及文字说明。

该办法第十八条规定，使用说明是指对种子的主要性状、主要栽培措施、适应性等使用条件的说明以及风险提示、技术服务等信息。

（二）对标签和使用说明标注内容的要求

《农作物种子标签和使用说明管理办法》第六条规定，种子标签应当标注下列内容：①作物种类、种子类别、品种名称；②种子生产经营者信息，包括种子生产经营者名称、种子生产经营许可证编号、注册地地址和联系方式；③质量指标、净含量；④检测日期和质量保证期；⑤品种适宜种植区域、种植季节；⑥检疫证明编号；⑦信息代码。

该办法第七条规定，属于下列情形之一的，种子标签除标注本办法第六条规定内容外，应当分别加注以下内容：①主要农作物品种，标注品种审定编号；通过两个以上省级审定的，至少标注种子销售所在地省级品种审定编号；引种的主要农作物品种，标注引种备案公告文号。②授权品种，标注品种权号。③已登记的农作物品种，标注品种登记编号。④进口种子，标注进口审批文号及进口商名称、注册地址和联系方式。⑤药剂处理种子，标注药剂名称、有效成分、含量及人畜误食后解决方案；依据药剂毒性大小，分别注明“高毒”并附骷髅标志、“中等毒”并附十字骨标志、“低毒”字样。⑥转基因种子，标注“转基因”字样、农业转基因生物安全证书编号。

该办法第十九条规定，使用说明应当包括下列内容：品种主要性状、主要栽培措施、适应性、风险提示、咨询服务信息。除前款规定内容外，有下列情形之一的，还应当增加相应内容：①属于转基因种子的，应当提示使用时的安全控制措施；②使用说明与标签分别印制的，应当包括品种名称和种子生产经营者信息。

（三）对制作的要求

1. 形式

种子标签可以与使用说明合并印制。种子标签包括使用说明全部内容的，可不另行印制使用说明。应当包装的种子，标签应当直接印制在种子包装物表面。

作物种类和种子类别、品种名称、品种审定或者登记编号、净含量、种子生产经营者名称、种子生产经营许可证编号、注册地地址和联系方式、“转基因”字样、警示标志等信息，应当在同一版面标注。进口种子应当在原标签外附加符合本办法规定的中文标签和使用说明，使用进（出）口审批表批准的品种中文名称和英文名称、生产经营者。

2. 可以不经包装销售的农作物种子

可以不包装销售的种子，标签可印制成印刷品粘贴、固定或者附着在种子上，也可以制成印刷品，在销售种子时提供给种子使用者。

3. 作为标签的印刷品的制作要求

（1）**颜色。**印刷内容应当清晰、醒目、持久，易于辨认和识读。标注字体、背景和底色应当与基底形成明显的反差，易于识别；警示标志和说明应当醒目，其中“高毒”以红色字体印制。

（2）**印刷要求。**标注文字除注册商标外，应当使用国家语言工作委员会公布的现行规范化汉字。标注的文字、符号、数字的字体高度不得小于 1.8 毫米。同时标注的汉语拼音或者外文的，字体应当小于或者等于相应的汉字字体。信息代码不得小于 2 厘米^2。品种名称应放在显著位置，字号不得小于标签标注的其他文字。

（四）对不合格标签和使用说明的处罚

《种子法》第八十条规定，销售的种子没有使用说明或者标签内容不符合规定的，涂改标签的，由县级以上人民政府农业、林业主管部门责令改正，处二千元以上二万元以下罚款。

四、假种子的判定标准

（一）《种子法》对假种子的判定

《种子法》第四十九条规定，有下列情行之一的，属于假种子：一是以非种子冒充种子或者以此种品种种子冒充其他品种种子；二是种子种类、品种与标签标注的内容不符或者没有标签的。

（二）《玉米品种鉴定技术规程　SSR 标记法》中对真实性鉴定结果判定

1. 20 对核心引物比较

先用 20 对核心引物对待测样品和标准样品进行检测及成对比较，待测样品和标准样品间差异位点数≥2，判定待测样品为与标准样品不同。

2. 40 对核心引物比较

对待测样品和标准样品在 20 对核心引物中差异位点数＜2 的情况，继续用剩余 20 对核心引物进行检测。对利用 40 对引物仍未检测到≥2 个差异位点数的样品，如果相关品种存在特定标记，必要时增加其特定标记进行检测。

利用所有标记位点的 DNA 指纹数据进行成对比较：

（1）差异位点数≥2，判定待测样品与标准样品“不同”；

（2）差异位点数为 1，判定待测样品与标准样品“近似”；

（3）差异位点数为 0，判定为“极近似或相同”。

五、劣种子的判定标准

（一）对劣种子的判定标准

《种子法》第四十九条规定，①质量低于国家规定标准的；②质量低于标签标注指标的；③带有国家规定的检疫性有害生物的。

种用标准就是质量指标，也称质量特性，由标注项目（如发芽率、纯度、净度等指标）和标注值组成，标注值是商品种子标签上所标注的种子某一质量指标的最低值（如发芽率、纯度、净度等指标）或最高值（如水分指标）。

质量指标：已制定技术规范强制性要求的农作物种子已发布种子质量国家或行业技术规范强制性要求的农作物种子，其质量指标的标注项目应按规定的进行标注。如果已发布种子质量地方性技术规范强制性要求的农作物种子，并在该地方辖区内进行种子经营的，可按该技术规范的规定进行标注。

质量指标的标注值按生产商或进口商或分装单位承诺的进行标注，但不应低于技术规范强制性要求已明确的规定值。未制定技术规范强制性要求的农作物种子质量指标的标注项目应执行下列规定：粮食作物种子、经济作物种子、瓜菜种子、饲料和绿肥种子的质量指标的标注项目应标注品种纯度、净度、发芽率和水分。

（二）部分农作物种子质量强制性国家标准

近些年我国先后出台了一些种子质量国家标准和行业标准，种子生产商、进口商、分装单位承诺保证种子质量指标时，也应保证种子质量符合相应标准的规定。这些标准目前有的正在进行修订，请及时关注其发布情况。部分种子规范标准如下：

1. 粮食作物种子

如《粮食作物种子第 1 部分：禾谷类》(GB 4404.1—2008)、《粮食作物种子 第 2 部分：豆类》(GB 4404.2—2010)、《粮食作物种子 第 3 部分：荞麦》(GB 4404.3—2010)、《粮食作物种子 第 4 部分：燕麦》(GB 4404.4—2010)、《种薯》(GB 4406—1984)、《马铃薯脱毒种薯》(GB 18133—2000) 等。

2. 经济作物种子

如《经济作物种子第 1 部分：纤维类》(GB 4407.1—2008)、《经济作物种子第 2 部分：油菜类》(GB 4407.2—2008)、《硫酸脱绒与包衣棉花种子》(NY 400—2000)、《低芥酸低硫苷油菜种子》(NY 414—2000)、《糖用甜菜种子》(GB 19176—2010)、《茶树种苗》(GB 11767—2003)、《人参种子》(GB 6941—1986)、《人参种苗》(GB 6942—1986) 等。

3. 蔬菜作物种子

如《中国哈密瓜种子》(GB 4862—1984)、《GB 16715.1—2010 瓜菜作物种子 第 1 部分：瓜类》(GB 16715.1—2010)、《瓜菜作物种子 第 2 部分：白菜类》(GB 16715.2—2010)、《瓜菜作物种子 第 3 部分：茄果类》(GB 16715.3—2010)、《瓜菜作物种子 第 4 部分：甘蓝类》(GB 16715.4—2010)、《瓜菜作物种子 第 5 部分：绿叶菜类》(GB 16715.5—2010) 等。

附：部分农作物种子质量强制性国家标准

GB 4404.1—2008 粮食作物种子 第 1 部分：禾谷类

(国家质量监督检验检疫总局国家标准化管理委员会 2008 年 4 月 14 日发布 2008 年 9 月 1 日实施)

1 范围

GB 4404 的本部分规定了稻 (*Oryza sativa*)、玉米 (*Zea mays*)、小麦 (*Triticum aestivum*)、大麦 (*Hordeum vulgare*)、高粱 (*Sorghum bicolor*)、粟 (*Setarisitalica*) 和黍 (*Panicum miliaceum*) 种子的质量要求、检验方法和检验规则。

本部分适用于中华人民共和国境内生产、销售的上述禾谷类作物种子，种子涵盖包衣种子和非包衣种子。

2 规范性引用文件

下列文件中的条款通过 GB 4404 的本部分的引用而成为本部分的条款。凡是注日期的引用文件，其随后所有的修改单 (不包括勘误的内容) 或修订版均不适用于本部分，然而，鼓励根据本部分达成协议的各方研究是否可使用这些文件的最新版本。凡是不注日期的引用文件，其最新版本适用于本部分。

GB/T 3543 (所有部分) 农作物种子检验规程

GB 20464 农作物种子标签通则

3 术语和定义

下列术语和定义适用于 GB 4404 的本部分。

3.1 原种 basic seed

用育种家种子繁殖的第一代至第三代，经确认达到规定质量要求的种子。

3.2 大田用种 qualified seed

用原种繁殖的第一代至第三代或杂交种，经确认达到规定质量要求的种子。

3.3 单交种 single cross

两个自交系的杂交一代种子。

3.4 双交种 double cross

两个单交种的杂交一代种子。

3.5 三交种 three-way cross

一个自交系和一个单交种的杂交一代种子。

4 质量要求

4.1 总则

种子质量要求由质量指标和质量标注值组成。质量指标包括品种纯度、净度、发芽率、水分；质量标注值应真实，并符合本部分质量要求规定（见4.2）。

4.2 质量标准

4.2.1 稻

稻种子质量应符合表1的要求。

表1 %

作物名称	种子类别		纯度不低于	净度不低于	发芽率不低于	水分[a]不高于
稻	常规种	原种	99.9	98.0	85	13.0（籼）
		大田用种	99.0			14.5（粳）
	不育系、恢复系、保持系	原种	99.9	98.0	80	13.0
		大田用种	99.5			
	杂交种[b]	大田用种	96.0	98.0	80	13.0（籼） 14.5（粳）

a. 长城以北和高寒地区的种子水分允许高于13.0%，但不能高于16.0%，若在长城以南（高寒地区除外）销售，水分不能高于13.0%。

b. 稻杂交种质量指标适用于三系和两系稻杂交种子。

4.2.2 玉米

玉米种子质量应符合表2的要求。

表2 %

作物名称	种子类别		纯度不低于	净度不低于	发芽率不低于	水分不高于
玉米	常规种	原种	99.9	99.0	85	13.0
		大田用种	97.0			
	自交系	原种	99.9	99.0	80	13.0
		大田用种	99.0			
	单交种	大田用种	96.0	99.0	85	13.0
	双交种	大田用种	95.0			
	三交种	大田用种	95.0			

长城以北和高寒地区的种子水分允许高于13.0%，但不能高于16.0%，若在长城以南（高寒地区除外）销售，水分不能高于13.0%。

4.2.3 小麦和大麦

小麦和大麦种子质量应符合表3的要求。

表3 %

作物名称	种子类别		纯度不低于	净度不低于	发芽率不低于	水分不高于
小麦	常规种	原种	99.9	99.0	85	13.0
		大田用种	99.0			
大麦	常规种	原种	99.9	99.0	85	13.0
		大田用种	99.0			

4.2.4 高粱

高粱种子质量应符合表4的要求。

表 4

%

作物名称	种子类别		纯度不低于	净度不低于	发芽率不低于	水分不高于
高粱	常规种	原种	99.9	98.0	75	13.0
		大田用种	98.0			
	不育系、保持系、恢复系	原种	99.9	98.0	75	13.0
		大田用种	99.0			
	杂交种	大田用种	93.0	98.0	80	13.0
长城以北和高寒地区的种子水分允许高于13.0%，但不能高于16.0%，若在长城以南（高寒地区除外）销售，水分不能高于13.0%。						

4.2.5 粟和黍

粟和黍种子质量应符合表 5 的要求。

表 5

%

作物名称	种子类别		纯度不低于	净度不低于	发芽率不低于	水分不高于
粟、黍	常规种	原种	99.8	98.0	85	13.0
		大田用种	98.0	98.0	85	13.0
注：在农业生产中，粟俗称谷子，黍俗称糜子。						

5 检验方法

净度分析、发芽试验、水分测定、真实性和品种纯度检测应执行 GB/T 3543 的规定。

6 检验规则

6.1 扦样

扦样方法和种子批的确定应执行 GB/T 3543 的规定。

6.2 质量判定规则

质量判定规则应执行 GB 20464 的规定。

GB 4407.1—2008 经济作物种子 第 1 部分：纤维类

（国家质量监督检验检疫总局国家标准化管理委员会 2008 年 4 月 14 日发布 2008 年 9 月 1 日实施）

1 范围

GB 4407 的本部分规定了陆地棉（*Gossypium hirsutum*）、海岛棉（*Gossypium barbadense*）、圆果黄麻（*Corchorus capsularis*）、长果黄麻（*Corchorus olitorius*）、红麻（*Hibiscus cannabinus*）和亚麻（*Linum usitatissimum*）种子的质量要求、检验方法和检验规则。

本部分适用于中华人民共和国境内生产、销售的上述纤维类种子。

2 规范性引用文件

下列文件中的条款通过 GB 4407 的本部分的引用而成为本部分的条款。凡是注日期的引用文件，其随后所有的修改单（不包括勘误的内容）或修订版均不适用于本部分，然而，鼓励根据本部分达成协议的各方研究是否可使用这些文件的最新版本。凡是不注日期的引用文件，其最新版本适用于本部分。

GB/T 3543（所有部分）农作物种子检验规程

GB 20464 农作物种子标签通则

3　术语和定义

下列术语和定义适用于 GB 4407 的本部分。

3.1　原种　basic seed

用育种家种子繁殖的第一代至第三代，经确认达到规定质量要求的种子。

3.2　大田用种　qualified seed

用常规原种繁殖的第一代至第三代或杂交种，经确认达到规定质量要求的种子。

3.3　毛籽　undelinted seed

籽棉经轧花或剥绒，其表面附着短绒的棉籽。

3.4　光籽　delinted seed

脱绒后的棉籽。

3.5　薄膜包衣籽　encrusted seed

形状类似于原来的种子单位，可能含有杀虫剂、杀菌剂、染料或其他添加剂的种子。

4　质量要求

4.1　总则

种子质量要求由质量指标和质量标注值组成。质量指标包括品种纯度、净度、发芽率、水分；质量标注值应真实，并符合本部分质量要求（见 4.2）。

4.2　质量标准

4.2.1　棉花

棉花种子（包括转基因种子）质量应符合表 1 的最低要求。

表 1　　%

作物种类	种子类型	种子类别	品种纯度不低于	净度（净种子）不低于	发芽率不低于	水分不高于
棉花常规种	棉花毛籽	原种	99.0	97.0	70	12.0
		大田用种	95.0			
	棉花光籽	原种	99.0	99.0	80	12.0
		大田用种	95.0			
	棉花薄膜包衣籽	原种	99.0	99.0	80	12.0
		大田用种	95.0			
棉花杂交种亲本	棉花毛籽		99.0	97.0	70	12.0
	棉花光籽		99.0	99.0	80	12.0
	棉花薄膜包衣籽		99.0	99.0	80	12.0
棉花杂交一代种	棉花毛籽		95.0	97.0	70	12.0
	棉花光籽		95.0	99.0	80	12.0
	棉花薄膜包衣籽		95.0	99.0	80	12.0

4.2.2　黄麻、红麻和亚麻

黄麻、红麻和亚麻种子质量应符合表 2 的最低要求。

表 2　　%

作物种类	种子类型	品种纯度不低于	净度（净种子）不低于	发芽率不低于	水分不高于
圆果黄麻	原种	99.0	98.0	80	12.0
	大田用种	96.0			

（续）

作物种类	种子类型	品种纯度不低于	净度（净种子）不低于	发芽率不低于	水分不高于
长果黄麻	原种	99.0	98.0	85	12.0
	大田用种	96.0			
红麻	原种	99.0	98.0	75	12.0
	大田用种	97.0			
亚麻	原种	99.0	98.0	85	9.0
	大田用种	97.0			

5 检验方法

净度分析、发芽试验、水分测定、真实性和品种纯度检测应执行 GB/T 3543 的规定。

6 检验规则

6.1 扦样

扦样方法和种子批的确定应执行 GB/T 3543 的规定。

6.2 质量判定规则

质量判定规则应执行 GB 20464 的规定。

GB 4407.2—2008 经济作物种子 第2部分：油料类

（国家质量监督检验检疫总局国家标准化管理委员会 2008 年 6 月 28 日发布 2008 年 12 月 1 日实施）

1 范围

GB 4407 的本部分规定了油菜（*Brassica napus* L.）、向日葵（*Helianthus annuus* L.）、花生（*Arachi shypogaea* L.）和芝麻（*Sesamum indicum* L.）种子的质量要求、检验方法和检验规则。

本部分适用于中华人民共和国境内生产和销售的上述所提及的油料类种子。

2 规范性引用文件

下列文件中的条款通过 GB 4407 的本部分的引用而成为本部分的条款。凡是注日期的引用文件，其随后所有的修改单（不包括勘误的内容）或修订版均不适用于本部分，然而，鼓励根据本部分达成协议的各方研究是否可使用这些文件的最新版本。凡是不注日期的引用文件，其最新版本适用于本部分。

GB/T 3543（所有部分）农作物种子检验规程

3 术语和定义

下列术语和定义适用于 GB 4407 的本部分。

3.1 原种 basic seed

用育种家种子繁殖的第一代至第三代，经确认达到规定质量要求的种子。

3.2 大田用种 qualified seed

用常规原种繁殖的第一代至第三代或杂交种，经确认达到规定质量要求的种子。

4 质量要求

4.1 总则

种子质量要求由质量指标和质量标注值组成。质量指标包括品种纯度、净度、发芽率、水分；质量标注值应真实，并符合本部分质量要求（见 4.2）。

4.2 质量标准

4.2.1 油菜

油菜种子质量要求见表1。

表1 %

作物名称	种子类别	品种纯度不低于	净度不低于	发芽率不低于	水分不高于
油菜常规种	原种	99.0	98.0	85	9.0
油菜常规种	大田用种	95.0	98.0	85	9.0
油菜亲本	原种	99.0	98.0	80	9.0
油菜亲本	大田用种	98.0	98.0	80	9.0
油菜杂交种	大田用种	85.0	98.0	80	9.0

4.2.2 向日葵

向日葵种子质量要求见表2。

表2 %

作物名称	种子类别	品种纯度不低于	净度不低于	发芽率不低于	水分不高于
向日葵常规种	原种	99.0	98.0	85	9.0
向日葵常规种	大田用种	96.0	98.0	85	9.0
向日葵亲本	原种	99.0	98.0	90	9.0
向日葵亲本	大田用种	98.0	98.0	90	9.0
向日葵杂交种	大田用种	96.0	98.0	90	9.0

4.2.3 花生、芝麻

花生、芝麻种子质量要求见表3。

表3 %

作物名称	种子类别	品种纯度不低于	净度不低于	发芽率不低于	水分不高于
花生	原种	99.0	99.0	80	10.0
花生	大田用种	96.0	99.0	80	10.0
芝麻	原种	99.0	97.0	85	9.0
芝麻	大田用种	97.0	97.0	85	9.0

5 检验方法

净度分析、发芽试验、水分测定、真实性和品种纯度检测应执行GB/T 3543的规定。

6 检验规则

6.1 扦样

扦样方法和种子批的确定应执行GB/T 3543的规定。

6.2 判定规则

对种子质量进行判定时，应同时符合下列规则：

a）作物种类、品种名称、产地与种子标签标注内容不符的，判为假种子；

b）品种纯度、净度、发芽率和水分检测值任一项达不到标注值的，判为劣种子；

c）种子标签的质量标注值任一项不符合本部分规定值的（见4.2），判为劣种子；

d）带有国家规定检疫性有害生物的，判为劣种子。

对于质量符合性检验，使用6.2b规则进行判定时，检测值与标注值允许执行GB/T 3543规定的容许差距。

（三）种子检验规程介绍

种子质量状况是通过一定的方法检测，即依据有关种子质量检验的方法、步骤计算出来的。一般说来，无论种子质量检测机构或是企业内部质量控制的检测种子质量检测主要依据《国际种子检验规程》和《农作物种子检验规程》中提及的方法，下面对这两个规程做简单介绍。

1. 国际种子检验规程介绍

国际规程文本由规程、附件、附录三大部分构成。规程规定了每项测定项目的目的和总则，适用的定义，以及概括规定了所用的程序和方法。现行国际规程总体结构分为四大部分，引言、扦样、试验方法、结果报告。引言简述了种子检验的目的、检验方法的特点、编制特点、属性、适用范围以及有关建议和说明。扦样部分主要对扦样的条件（种子批）、方法（扦样频次、送验样品重量）和样品保存等三方面作了详细的规定。试验方法遵循这样的原则：尽最大可能符合国际标准化组织（International Organization for Standardization，ISO）关于编写和表述规定的要求，又适当照顾种子检验员便于操作的习惯。试验方法的标准编辑模式分为目的、定义、总则、仪器、程序、结果计算与表示、结果报告，并依据具体试验方法作一些小调整。结果报告由容许差距和国际种子检验证书组成。由于种子检验是抽样检验，种子检测结果存在不确定性，为此规定了适用于不同情况的容许差距表。国际种子检验协会（International Seed Testing Association，ISTA）国际证书是从1931年起应国际种子贸易协会（International Seed Federation，ISF）的要求而开始签发的，这种证书已为全世界种子贸易所接受，经济合作发展组织（Organization for Economic Co-operation and Development，OECD）认证方案明确规定种子批的检验室质量检测报告（即检测净度、发芽率、健康和水分等项目，一般不包括品种纯度）采用ISTA国际种子检验证书。国际种子检验规程，被经济合作和发展组织的国际种子质量认证制度所引用，成为举世公认的国际种子贸易流通所必须遵循的准则，为世界各国普遍采用。

2. 农作物种子检验规程介绍

规程规定了农作物种子扦样程序，种子质量检测项目的操作程序，检测基本要求和结果报告。我国农作物种子检验规程由GB/T 3543.1总则、GB/T 3543.2扦样、GB/T 3543.3净度分析、GB/T 3543.4发芽试验、GB/T 3543.5真实性和品种纯度鉴定、GB/T 3543.6水分测定、GB/T 3543.7其他项目检验，七个系列标准构成，就其内容可分扦样、检测和结果报告三部分。扦样部分：种子批的扦样程序、实验室分样程序、样品保存；检测部分：净度分析（包括其他植物种子的数目测定）、发芽试验、真实性和品种纯度鉴定、水分测定、生活力的生化测定、重量测定、种子健康测定、包衣种子检验；结果报告：容许误差、签发结果报告单的条件、结果报告单。

检验时应遵循的操作程序如图4-1所示。

（四）对假劣种子处罚的规定

《种子法》第七十五条规定，违反本法第四十九条规定，生产经营假种子的，由县级以上人民政府农业、林业主管部门责令停止生产经营，没收违法所得和种子，吊销种子生产经营许可证；违法生产经营的货值金额不足一万元的，并处一万元以上十万元以下罚款；货值金额一万元以上的，并处货值金额十倍以上二十倍以下罚款。

因生产经营假种子犯罪被判处有期徒刑以上刑罚的，种子企业或者其他单位的法定代表人、直接负责的主管人员自刑罚执行完毕之日起五年内不得担任种子企业的法定代表人、高级管理人员。

《种子法》第七十六条规定，违反本法第四十九条规定，生产经营劣种子的，由县级以上人民政府农业、林业主管部门责令停止生产经营，没收违法所得和种子；违法生产经营的货值金额不足一万元的，并处五千元以上五万元以下罚款；货值金额一万元以上的，并处货值金额五倍以上十倍以下罚款；情节严重的，吊销种子生产经营许可证。

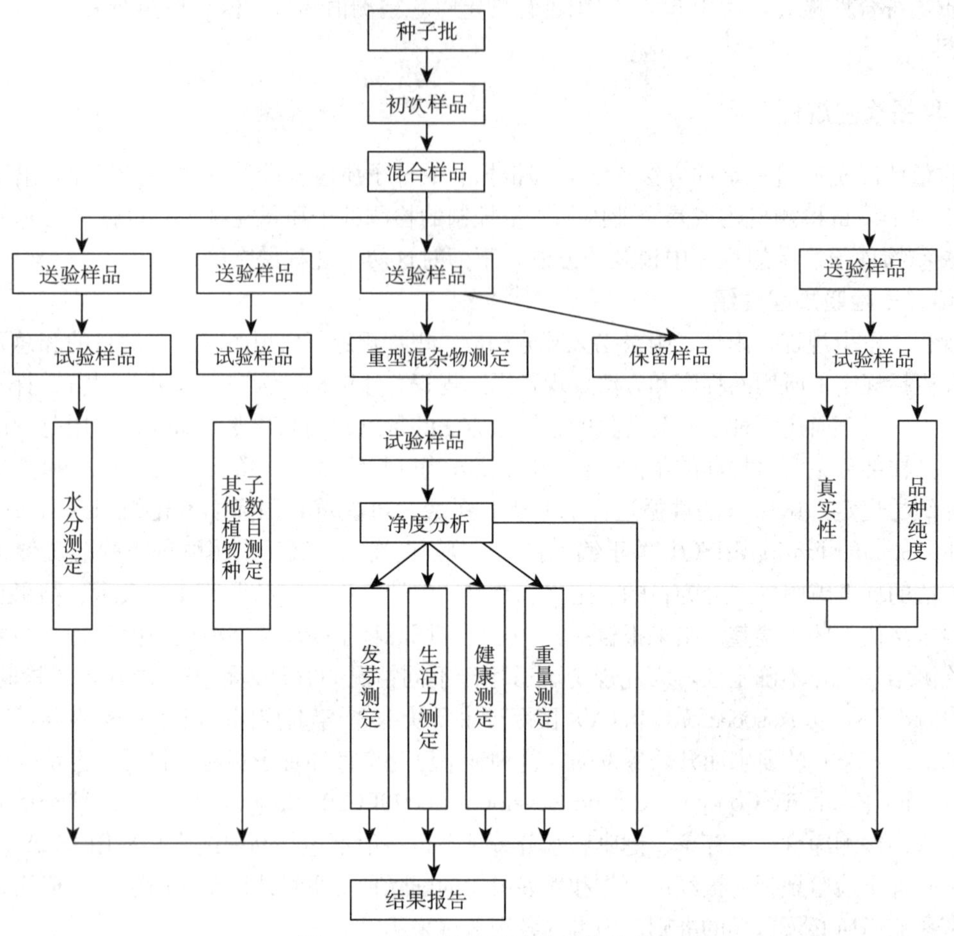

图 4-1 农作物种子检验操作程序

因生产经营劣种子犯罪被判处有期徒刑以上刑罚的，种子企业或者其他单位的法定代表人、直接负责的主管人员自刑罚执行完毕之日起五年内不得担任种子企业的法定代表人、高级管理人员。

（五）对假劣种子处罚的规定

《刑法》第一百四十七条规定，生产假农药、假兽药、假化肥，销售明知是假的或者失去使用效能的农药、兽药、化肥、种子，或者生产者、销售者以不合格的农药、兽药、化肥、种子冒充合格的农药、兽药、化肥、种子，使生产遭受较大损失的，处三年以下有期徒刑或者拘役，并处或者单处销售金额百分之五十以上二倍以下罚金；使生产遭受重大损失的，处三年以上七年以下有期徒刑，并处销售金额百分之五十以上二倍以下罚金；使生产遭受特别重大损失的，处七年以上有期徒刑或者无期徒刑，并处销售金额百分之五十以上二倍以下罚金或者没收财产。

《最高人民法院、最高人民检察院关于办理生产、销售伪劣商品刑事案件具体应用法律若干问题的解释》中第二条，《刑法》第一百四十条、第一百四十九条规定的“销售金额”，是指生产者、销售者出售伪劣产品后所得和应得的全部违法收入。第七条，《刑法》第一百四十七条规定的生产、销售伪劣农药、兽药、化肥、种子罪中“使生产遭受较大损失”，一般以二万元为起点；“重大损失”，一般以十万元为起点；“特别重大损失”，一般以五十万元为起点。

六、计量的判定标准

（一）净含量的定义

净含量是指除去包装容器和其他包装材料后内装商品的量。

实际含量是指由质量技术监督部门授权的计量检定机构按照《定量包装商品净含量计量检验规则》通过计量检验确定的定量包装商品实际所包含的量。标注净含量是指由生产者或者销售者在定量包装商品的包装上明示的商品的净含量。

（二）净含量的规定：

《定量包装商品计量监督管理办法》第五条规定：净含量的标注由“净含量”（中文）、数字和法定计量单位（或者用中文表示的计数单位）三个部分组成；第八条规定：单件定量包装商品的实际含量应当准确反映其标注净含量，标注净含量与实际含量之差不得大于允许短缺量。第九条规定：批量定量包装商品的平均实际含量应当大于或者等于其标注净含量。允许短缺量参看表4－1。

表4－1　单件定量商品实际含量允许短缺量

质量或体积定量包装商品的标注净含量（Q_n）（克或毫升）	允许短缺量（T）*	
	Q_n 的百分比	克或毫升
0～50	9	—
50～100	—	4.5
100～200	4.5	—
200～300	—	9
300～500	3	—
500～1 000	—	15
1 000～10 000	1.5	—
10 000～15 000	—	150
15 000～50 000	1	—
长度定量包装商品的标注净含量（Q_n）	允许短缺量（T）（米）	
Q_n≤5米	不允许出现短缺量	
Q_n>5米	Q_n×2%	
面积定量包装商品的标注净含量（Q_n）	允许短缺量（T）	
全部Q_n	Q_n×3%	
计数定量包装商品的标注净含量（Q_n）	允许短缺量（T）	
Q_n≤50	不允许出现短缺量	
Q_n>50	Q_n×1% **	

注：*对于允许短缺量（T），当Q_n≤1千克（升）时，T值的0.01克（毫升）位修约至0.1克（毫升）；当Q_n>1千克（升）时，T值的0.1克（毫升）位修约至克（毫升）。

**以标注净含量乘以1%，如果出现小数，就把该数进位到下一个紧邻的整数。这个值可能大于1%，但这是可以接受的，因为商品的个数为整数，不能带有小数。

（三）对净含量不符合规定的处罚

《定量包装商品计量监督管理办法》第十八条规定，生产、销售的定量包装商品，经检验违反本办法第九条规定的，责令改正，可处检验批货值金额三倍以下，最高不超过三万元的罚款。行政处罚由县级以上地方质量技术监督部门决定。

七、生产经营档案的判定标准

（一）《种子法》对生产经营档案的要求

《种子法》第三十六条规定，种子生产经营者应当建立和保存包括种子来源、产地、数量、质量、销售去向、销售日期和有关责任人员等内容的生产经营档案，保证可追溯。

《农作物种子生产经营许可管理办法》第二十五条规定，种子生产经营者应当建立包括种子田间生产、加工包装、销售流通等环节形成的原始记载或凭证的种子生产经营档案。具体内容如下：

（1）田间生产方面：技术负责人、作物类别、品种名称、亲本（原种）名称、亲本（原种）来源、生产地点、生产面积、播种日期、隔离措施、产地检疫、收获日期、种子产量等。委托种子生产的、还应当包括种子委托生产合同。

（2）加工包装方面：技术负责人、品种名称、生产地点、加工时间、加工地点、包装规格、种子批次、标签标注、入库时间、种子数量、质量检验报告等。

（3）流通销售方面：经办人、种子销售对象姓名及地址、品种名称、包装规格、销售数量、销售时间、销售票据。批量购销的，还应包括种子购销合同。

种子生产经营者应当至少保存种子生产经营档案五年，确保档案记载信息连续、完整、真实，保证可追溯。档案材料含有复印件的，应当注明复印时间并经相关责任签章。

（二）对违反生产经营档案要求的处罚

《种子法》第八十条规定未按规定建立、保存种子生产经营档案的由县级以上人民政府农业、林业主管部门责令改正，处以二千元以上二万元以下罚款。

第三节　农作物种子质量管理主体及相关责任

种子质量是使用者、生产者、销售者和行政主管部门非常关注的焦点，围绕种子质量的七个方面，在法律规定和法律实践中有不同的法律责任，而且是非常明确的。下面围绕各自承担的责任详细阐述。

（一）种子生产经营企业的责任

（1）除《种子法》规定外，禁止任何单位和个人无种子生产经营许可证或者违反种子生产经营许可证的规定生产、经营种子。

（2）禁止伪造、变造、买卖、租借种子生产经营许可证。

（3）禁止生产经营假、劣种子。

（4）种子生产应当执行种子生产技术规程和种子检验、检疫规程（种子田中不允许存在检疫性病虫害）。

（5）种子生产经营者应当建立包括种子田间生产、加工包装、销售流通等环节形成的原始记载或凭证的种子生产经营档案。因此保证所生产的品种真实、达标和按照规程生产并保留证据是生产经营企业必须做到的。

（6）销售的种子应当加工、分级、包装。不能加工、包装的除外。大包装或者进口种子可以分装；实行分装的，应当标注分装单位，并对种子质量负责。

（7）销售的种子应该符合国家或者行业标准，附有标签和使用说明。标签和使用说明标注的内容应当与销售的种子相符。种子生产经营者对标注内容的真实性和种子质量负责。

（8）种子生产经营者应当遵守有关法律、法规的规定，诚实守信，向种子使用者提供种子生产者的信息、种子的主要性状、主要栽培措施、适用性等使用条件的说明、风险提示与有关咨询服务，不得作虚假或者引人误解的宣传。

（9）种子广告的内容应当符合本法和有关广告的法律、法规的规定，主要性状描述等应当与审定、登记广告一致。

（10）运输或者邮寄种子应当依照有关法律、行政法规的规定进行检疫。

（11）先行赔付。种子使用者因种子质量问题或者因种子标签和使用说明标注的内容不真实，遭受损失的，种子使用者可以向出售种子的经营者要求赔偿，也可以向种子生产者或者其他经营者要求赔偿。属于种子生产者或者其他经营者责任的，出售种子的经营者赔偿后，有权向种子生产者或者其他经营者追偿；属于出售种子的经营者责任的，种子生产者或者其他经营者赔偿后，有权向出售种子的经营者追偿。

（二）销售企业及零售商的责任

（1）除了上述种子经营者的质量责任，销售企业及零售商应该承担起“先试验后推广”种子的责任。《中华人民共和国农业技术推广法》第二十一条规定，向农业劳动者和农业生产经营组织推广的农业技术，必须在推广地区经过试验证明具有先进性、适用性和安全性。这一点是根据种子是特殊的商品资料决定的。

（2）负责检查包装标签是否符合法律规范要求。

（3）负责种子质量指标特别是发芽率和水分是否符合检查。在日常销售中要经常进行此项工作。

（三）监督管理部门的责任

所谓监督管理主要是种子质量的监督检查，法律依据主要是《种子法》第三条：“国务院农业、林业主管部门分别主管全国农作物种子和林木种子工作；县级以上地方人民政府农业、林业主管部门分别主管本行政区域内农作物种子和林木种子工作。”各级人民政府及其有关部门应当采取措施，加强种子执法和监督，依法惩处侵害农民权益的种子违法行为。

《种子法》第四十七条：农业、林业主管部门应当加强对种子质量的监督检查。

《种子法》第四十八条：农业、林业主管部门可以委托种子质量检验机构对种子质量进行检验。

《北京市实施〈中华人民共和国种子法〉办法》对相关部门的责任和实现责任的途径做了规定，第四十三条：“市和区、县种子管理机构应当加强种子质量监督，组织开展种子质量监督检验，检验结果由农业、林业行政主管部门向社会公布。”同时把有关部门的责任也进行了明确，第四十六条：“农业、林业行政主管部门及其所属的种子管理机构和工商行政管理、质量技术监督、公安等其他有关部门，应当加强对种子市场的监督管理，维护种子市场秩序，依法查处违法的种子生产、经营活动。”

由此可以看出，农业主管部门、工商管理部门、质量技术监督部门、公安部门都对种子质量监管负有责任，但主要和重要的监管部门是农业主管部门，其实就是农业主管部门负总责，其他部门进行配合来保证种子市场秩序和推进种子产业健康发展。这就要求种子管理部门要依法履职，全面履职，履职到位。承担而且必须承担的责任。只有把法律赋予的管理的职责做全、做到位，才能把种了管理的水平和产业水平逐步提高。

第四节 农作物种子质量监督抽查

一、农作物种子质量监督抽查的含义

监督抽查是指由县级以上人民政府农业行政主管部门组织有关种子管理机构和种子质量检验机构对生产、销售的农作物种子进行扦样、检验，并按规定对抽查结果公布和处理的活动。监督抽查检验是由第三方机构在验收合格基础上的一种复检，既是对产品质量的监督，也是对企业整个质量管理工作的监督。

二、农作物种子质量监督抽查的意义

监督抽查是国家依法对种子质量进行监督并宏观管理的有效手段之一和主要方式，是国家对种子

企业质量管理工作的考核，是对企业能否稳定、持续地生产合格种子的检查，同时也是代表种子使用者对种子质量的一次验证。种子质量监督抽查的意义在于以下几点：

（1）种子质量关系到广大农民的利益和广泛的社会公共利益。

（2）种子的生产者、销售者有自己的利益，并且管理水平高低不一，国家实施的监督是必不可少的，而且应当是强有力的。

（3）种子质量问题是政治问题，关系到国家的整体利益和长远利益。可维护种子市场的正常秩序，促进种子企业加强质量管理，向社会提供可靠的质量信息，推动种子质量监督事业的发展。因此，实施由国家强制力保障的种子质量监督制度很有必要。

三、农作物种子质量监督抽查的特点

1. 权威性

依法开展监督抽查，依法查处违纪违法企业，监督抽查检验主要目的不在于评估产品总体的质量水平，而在于发现不合格的产品总体。它主要关心否定结论的正确性，而不保证肯定结论的准确性。没能通过监督扦样检验的产品总体可视为不合格的产品总体，而能通过监督扦样检验并不等于“确认”产品总体合格。

2. 科学性

有资质的检验机构的检验员依据技术标准开展检验工作，保证结果的科学性和正确性。

3. 随机性

对于企业一视同仁，事先不告知，使企业有均等的被抽查机会。

4. 突击性

主管部门根据情况开展抽查。

5. 公开性

结果向社会通报。

6. 保密性

保护企业商业秘密。

四、农作物种子质量监督抽查的原则

1. 依法行政原则

行政机关权力的取得必须由法律规定；行政权力的行使必须依据法律，既不得违反实体法律规范，也不得违反法律程序；违法行政必须承担法律责任。

2. 客观、公正、科学原则

监督抽查是对企业种子质量合格与否进行判定的一项技术性、专业性很强的工作，只有严格地站在第三方的立场上，依据标准科学公正地对种子质量进行检验和评价，才能秉公执法，否则就会失去监督的权威性，起不到应有的作用。

3. 突出监管重点原则

（1）突出重点监督当地重要农作物种子，以及种子使用者、有关组织反映有质量问题的农作物种子。

（2）重点监督的对象为小企业、个体、私营企业；大、中、小企业有一定的比例；跟踪监督抽查的企业；考虑区域性种子的质量问题。

（3）突出检验的项目可以是单项指标，也可以多项指标检验或全项指标检验。

（4）不收费原则。不得向被抽查企业收取费用，监督抽查所需经费列入农业行政主管部门的预算。

（5）不重复原则。农业部制定全国规划，各级农业行政主管部门根据规划制定计划，农业行政主管部门已经实施监督抽查的企业，自扦样之日起六个月内，本级或下级农业行政部门对企业的同一作物种子不得重复进行监督抽查。检验机构在承担监督抽查任务期间不得接受被抽查企业种子样品的委托检验。

（6）扶优与治劣并重的原则。对抽查中反映的生产、销售假冒伪劣种子的违法行为，发现一个查处一个；而对一贯重视种子质量并持续稳定可靠的企业，要进行大力宣传和表扬，树立典型，以扩大其声誉和提高市场占有率。

五、企业的权利义务

（一）企业的权利

1. 知情权

企业有权知道扦样方法、检验项目、检验依据、判定依据、扦样人员的身份、种子质量监督抽样通知书、抽样情况、检验结果、处罚依据和结论等。

2. 拒绝权

有下列情形之一的，被抽查企业可以拒绝接受扦样：扦样人员少于两人的；扦样人员中没有持证扦样员的；扦样人员姓名、单位与种子质量监督抽查通知书不符的；扦样人员应当携带的种子质量监督抽查通知书和有效身份证件等不齐全的；被抽查企业、作物种类与种子质量监督抽查通知书不一致的；上级或本级农业行政主管部门六个月内对该企业的同一作物种子进行过监督抽查的。

3. 申诉投诉权

企业对结果有异议的，向下达任务的农业主管部门提出异议。

（二）企业的义务

（1）接受依法检查的义务。

（2）无偿提供样品的义务。

（3）接受对不合格种子依法处罚的义务。

六、农作物种子质量监督抽查的主要程序

（1）农业行政主管部门下达监督抽查任务。

（2）承检机构制定监督抽查方案，并报农业行政主管部门审查。

（3）农业行政主管审查监督抽查方案，通过后向承检机构开具种子质量监督抽查通知书。

（4）承检机构依法开展样品抽查工作。

（5）承检机构对经销单位与标签标注的生产商不一致的扦取的样品，及时通知种子生产商进行确认。

（6）检验机构开展种子质量检测工作。

（7）检验机构对种子质量进行判定。

（8）检验机构及时向被抽查企业和生产商送达种子质量监督抽查结果通知单。

（9）被抽查企业或者生产商对检验结果有异议的，向下达任务的农业行政主管部门提出书面报告。

（10）下达任务的农业行政主管部门对企业提出的异议进行审查，并将处理意见告知企业。

（11）检验机构完成检验任务后，及时出具检验报告，送达被抽查企业和生产商。

（12）承检机构完成抽查任务后，将监督抽查结果报送下达任务的农业行政主管部门。

（13）下达任务的农业行政主管部门对监督抽查结果进行处理。

第五节　农作物种子质量纠纷田间现场鉴定

一、农作物种子质量纠纷田间现场鉴定的定义

现场鉴定是指农作物种子在大田种植后，因种子质量或者栽培、气候等原因，导致田间出苗、植株生长、作物产量、产品品质等受到影响，双方当事人对造成事故的原因或者损失程度存在分歧，为确定事故原因或（和）损失程度而进行的田间现场技术鉴定活动。现场鉴定是鉴定专家组向申请人提供鉴定结论的一种技术性服务工作。这种服务不是行政行为。权威性由鉴定人的技术水平决定，现场鉴定工作受法律保护。

田间现场鉴定的程序和技术操作比较重要，在进行田间现场时要特别注意。

二、农作物种子质量纠纷田间现场鉴定的主要程序

（一）受理

现场鉴定由田间现场所在地县级以上地方人民政府农业行政主管部门所属的种子管理机构组织实施。种子管理机构对申请人的申请进行审查，符合条件的，应当及时组织鉴定。有下列情形之一的，种子管理机构对现场鉴定申请不予受理：针对所反映的质量问题，申请人提出鉴定申请时，需鉴定地块的作物生长期已错过该作物典型性状表现期，从技术上已无法鉴别所涉及质量纠纷起因的；司法机构、仲裁机构、行政主管部门已对质量纠纷做出生效判决和处理决定的；受当前技术水平的限制，无法通过田间现场鉴定的方式来判定所提及质量问题起因的；纠纷涉及的种子没有质量判定标准、规定或者合同约定要求的；有确凿的理由判定纠纷不是由种子质量所引起的；不按规定缴纳鉴定费的。

（二）组成鉴定专家组

现场鉴定由种子管理机构组织专家鉴定组进行。专家鉴定组由鉴定所涉及作物的育种、栽培、种子管理等方面的专家组成，必要时可邀请植物保护、气象、土壤肥料等方面的专家参加。专家鉴定组名单应当征求申请人和当事人的意见，可以不受行政区域的限制。参加鉴定的专家应当具有高级专业技术职称、具有相应的专门知识和实际工作经验、从事相关专业领域的工作 5 年以上。纠纷所涉品种的选育人为鉴定组成员的，其资格不受前款条件的限制。专家鉴定组人数应为 3 人以上的单数，由一名组长和若干成员组成。专家鉴定组成员有下列情形之一的，应当回避，申请人也可以口头或者书面申请其回避：是种子质量纠纷当事人或者当事人的近亲属的；与种子质量纠纷有利害关系的；与种子质量纠纷当事人有其他关系，可能影响公正鉴定的。组长由组织机构指定。

（三）田间现场鉴定终止和无效的情况

有下列情况之一的，要终止现场鉴定：有申请人不到场的；需鉴定的地块已不具备鉴定条件的；因人为因素使鉴定无法开展的终止现场鉴定。

有下列情形之一的，现场鉴定无效：专家鉴定组组成不符合本办法规定的；专家鉴定组成员收受当事人财物或者其他利益，弄虚作假的；其他违反鉴定程序，可能影响现场鉴定客观、公正的。

现场鉴定无效的，应当重新组织鉴定。

专家鉴定组对鉴定地块中种植作物的生长情况进行鉴定时，应当充分考虑以下因素：作物生长期间的气候环境状况；当事人对种子处理及田间管理情况；该批种子室内鉴定结果；同批次种子在其他地块生长情况；同品种其他批次种子生长情况；同类作物其他品种种子生长情况；鉴定地块地力水平；影响作物生长的其他因素。

(四) 制作现场鉴定书

专家鉴定组应当在事实清楚、证据确凿的基础上，根据有关种子法规、标准，依据相关的专业知识，本着科学、公正、公平的原则，及时作出鉴定结论。专家鉴定组现场鉴定实行合议制。鉴定结论以专家鉴定组成员半数以上通过有效。专家鉴定组成员在鉴定结论上签名。专家鉴定组成员对鉴定结论的不同意见，应当予以注明。

(五) 送达现场鉴定书

现场鉴定书制作完成后，专家鉴定组应当及时交给组织鉴定的种子管理机构。种子管理机构应当在 5 日内将现场鉴定书交付申请人。

(六) 异议处理

对现场鉴定书有异议的，应当在收到现场鉴定书 15 日内向原受理单位上一级种子管理机构提出再次鉴定申请，并说明理由。上一级种子管理机构对原鉴定的依据、方法、过程等进行审查，认为有必要和可能重新鉴定的，应当按本办法规定重新组织专家鉴定。再次鉴定申请只能提起一次。当事人双方共同提出鉴定申请的，再次鉴定申请由双方共同提出。当事人一方单独提出鉴定申请的，另一方当事人不得提出再次鉴定申请。

第六节　农作物种子质量认证

《种子法》第五十二条：种子生产经营者自愿向具有资质的认证机构申请种子质量认证。经认证合格的，可以在包装上使用认证标识。

一、种子质量认证的含义

原意是一种出具证明文件的行动，质量认证在正式场合成为合格评定。即“直接或间接确定相关要求被满足的任何有关的活动”，认证是由第三方对产品、过程或服务满足规定要求给出书面保证的程序，对象是产品、过程或服务，标准是认证的基础，鉴定方法包括质量抽检，质量体系的审核和评定。认证的证明方式有认证证书和认证标识，分为质量认证和产品认证。

二、种子认证内容

种子认证主要通过 3 的方面的一系列活动来确认种子质量：

(1) 通过对品种、种子田、种子来源、田间检验、等一系列活动过程控制，确认遗传质量。

(2) 监控种子扦样、标识和封缄行为符合认证方案的要求。

(3) 通过种子检验室的检测，确认种子的物理质量符合国家标准或合同规定的要求。

种子遗传质量监控实行生产全过程的管理，种子物理质量监控实行：100%批验！

三、《农作物种子质量认证管理办法》即将出台

根据《种子法》的规定，参照 OECD 和国外种子认证成功做法，借鉴其他产品认证管理法规，广泛吸收种子管理系统、业内专家、种子企业的意见建议，以需求为导向，根据产业发展需要、技术成熟状况等因素研究确定种子认证重点。充分借鉴 OECD 和欧美等发达国家成功经验，并按照优先顺序分批次制定不同作物的种子认证指南或方案。

第七节　国内外种子质量监管的现状及提高途径探讨

一、国内种子质量监管现状

（一）企业及生产用种现状

截至2015年底，我国持有效经营许可证的企业数量为4 660家，与2014年相比减少404家。其中持部级颁证企业229家，同比增加46家；持省级颁证企业1 770家，同比减少136家；持市县两级颁证企业2 661家，同比减少314家。自2010年以来，种子企业数量减少4 040家，合计减幅达到46.44%。

2015年全国杂交玉米制种面积342万亩，比2014年增加48万亩。甘肃和新疆制种面积合计253万亩，占全国玉米制种面积73.96%，比2014年提高8.8个百分点，产量8.52亿千克，占到全国总产的77.74%。全国杂交玉米种子总产10.96亿千克，比2014年增加0.6亿千克；平均亩产320千克，比2014年减少32千克/亩。

2015年全国杂交水稻制种面积145万亩，制种面积比2014年增加4.37万亩。杂交水稻种子生产进一步向优势区域集中，四川、湖南、江苏、江西、福建和海南六省制种面积共计118万亩，占81%，比2014年提高4个百分点。

全国玉米、水稻、小麦、大豆、马铃薯、棉花、油菜7种主要农作物用种面积17.72亿亩，比2014年增加0.01亿亩。其中玉米用种面积6.38亿亩，水稻4.49亿亩（杂交稻2.29亿亩，常规水稻2.20亿亩），小麦3.62亿亩，油菜0.95亿亩（杂交油菜0.72亿亩，常规油菜0.23亿亩），大豆0.88亿亩，马铃薯0.85亿亩，棉花0.55亿亩（杂交棉花0.13亿亩，常规棉花0.42亿亩）。

（二）质量现状

在各级种子管理部门20年来的不懈努力下，特别是在《种子法》颁布以后，种子质量有了长足的进步，仅从杂交玉米种子抽样结果看，样品合格率从最初的8.6%到现在基本稳定到96%。

但我们应清醒地看到，还存许多严重的问题.

1. 从近几年监督抽查和市场检查结果看

品种多乱杂问题严重，自《种子法》实施以来，国家和省两级审定了上万个主要农作物品种，有的没有交标准样品，有的没有生产；套牌侵权行为较为普遍，在市场大量存在套用其他品种名称的现象，严重地扰乱了市场秩序；种子标签不规范，标签标注不合法、标签标注不完整；少数企业不切实际提高标签标注值或虚假标注；蔬菜种子合格率低。

2. 从质量投诉情况看

由过去大量投诉玉米种子质量，到投诉作物种类多样化；种子质量存在问题，主要表现在纯度、真实性上；栽培问题：播种过早，使植株不能正常生长；一些品种适应性不广，遇见特殊气候时导致品种的劣性性状出现；气候问题：低温寡照等原因使植株不能正常结实。其中由品种适应性导致的纠纷呈现越来越多的趋势。

3. 从企业情况看

企业小而规模不大，从业人员学历水平普遍偏低，科研投入少，研发能力低，抗风险能力低。

4. 从检验技术看

检验技术落后，现在的检验手段和检验标准大大落后于现代质量控制的要求、监管的要求和使用者的要求。

（三）管理现状

中国种子管理体系根据《种子法》的规定，各级农业、林业主管部门分别主管农作物和林木种子工作，农作物种子的主管部门是各级农业主管部门。2011 年 9 月 4 日，为贯彻落实国家种业发展战略，农业部种子管理局正式挂牌成立，种子管理局承接了原种子处的所有职能，另外，农业部科技教育司将转基因管理权力移交给种子管理局，种子管理局全权负责种子质量和种子安全的监管工作，标志着中国种子管理体系上了一个新的台阶。新修订《种子法》于 2016 年 1 月 1 日，相关的部门规章及地方性法规已修订或正在修订。中国种子管理机构体系如图 4－2。

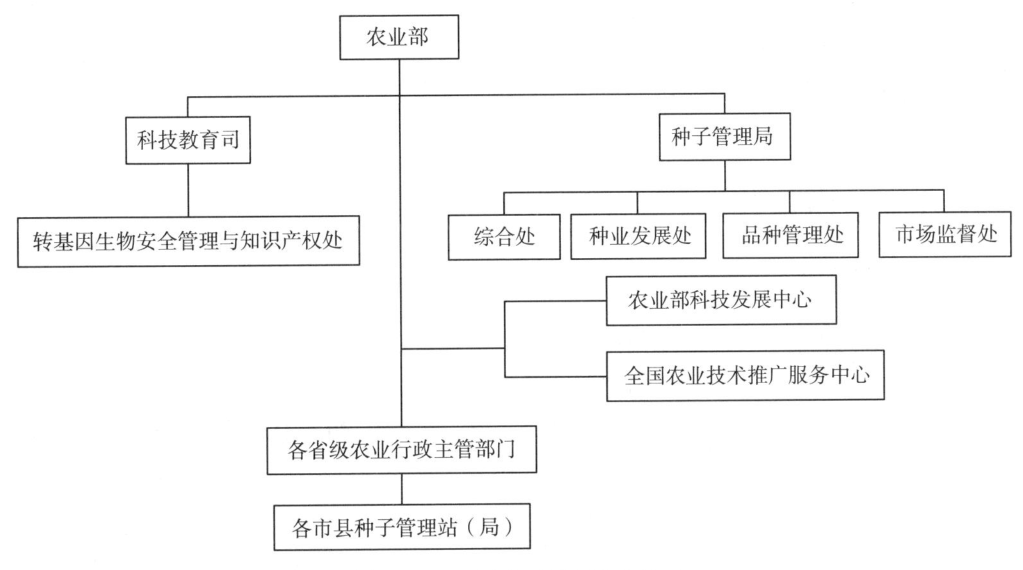

图 4－2　中国种子管理机构体系

（四）政策现状：

1. 国务院在 2011 年 4 月下发的《关于加快推进现代农作物种业发展的意见》（国发〔2011〕8 号）

（1）强化农作物种业基础性公益性研究，重点开展分子生物技术、品种检测技术、种子质量检验技术等基础性、前沿性和应用技术性研究。

（2）严格执行品种审定和保护制度，完善植物新品种保护制度，强化品种权执法，加强新品种保护和信息服务。

（3）强化市场监督管理，严厉打击抢购套购、套牌侵权、生产经营假劣种子等行为，切实维护公平竞争的市场秩序。

2. 2012 年 2 月北京市人民政府下发的《北京市人民政府关于促进现代种业发展的意见》（京政发〔2012〕5 号）

以科学发展观为指导，推进体制改革和机制创新，整合优势资源，加大政策扶持，增加资金投入，提升本市种业的科技创新能力、企业竞争能力和市场监管能力，提升种业监管和服务能力，努力打造“种业之都”。

3. 北京市人民政府《关于贯彻国务院质量发展纲要（2011—2012 年）**的实施意见》**

围绕打造“北京服务”“北京创造”品牌，发展一批拥有自主知识产权的国际知名品牌和核心竞争力的优势企业，形成一批品牌形象突出企业。主要任务是强化企业质量主体责任。加强企业质量责任制度建设，严格执行重大质量事故报告和应急处理制度。健全产品质量追溯体系，提高企业质量管理水平，企业要建立健全质量管理体系，大力推行先进的质量管理理念和科学的管理方法。加强质量监督管理、强化产品质量监管，增加产品质量溯源能力，健全质量安全监管长效机制。加强宏观质量统计分析，建立和完善质量状况分析报告制度。创新质量发展机制，完善质量工作体制机制加大政府质量综合管理和质量安全保障能力的投入，合理配置行政资源，强化质量基础建设，提升质量监管部门的履职能力。优化质量发展环境夯实质量发展基础，加快检验检测技术保障体系建设，提高检验机构的检测能力和服务水平。

4.《国务院办公厅关于深化种业体制改革提高创新能力的意见》（国发〔2013〕109号）

深化种业体制改革，充分发挥市场在种业资源配置中的决定性作用，突出以种子企业为主体，推动育种人才、技术、资源依法向企业流动，充分调动科研人员积极性，保护科研人员发明创造的合法权益，促进产学研结合，提高企业自主创新能力，构建商业化育种体系，加快推进现代种业发展，建设种业强国，为国家粮食安全、生态安全和农林业持续稳定发展提供根本性保障。

加强种子市场监管。继续严厉打击侵犯品种权和制售假劣种子等违法犯罪行为，涉嫌犯罪的。要打破地方封锁，废除任何可能阻碍外地种子进入本地市场的行政规定。建立种子市场秩序行业评价机制，督促企业建立种子可追溯信息系统，完善全程可追溯管理。推行种子企业委托经营制度，规范种子营销网络。

二、国外种子质量监管

（一）美国种子管理现状

美国的种子管理体系主要有国家和州两级，在国家级，联邦政府的管理机关是美国农业部，执行机构是农产品销售局、农业研究局和动植物检疫局；此外还设有国家种子检测中心（检验机构）和官方种子认证机构等，负责种子质量监督检验和认证。在州一级，州政府的管理机构是各州农业厅的种子监督和质量检验机构。美国种子管理机构体系如图4-3。

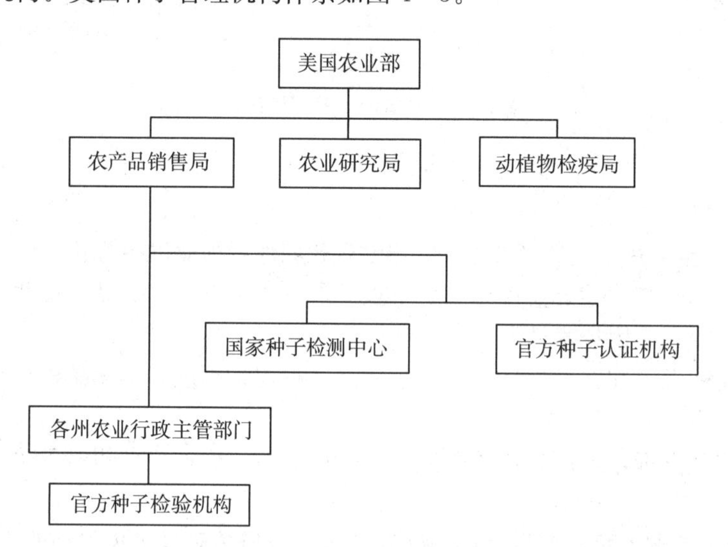

图4-3　美国种子管理机构体系

种子管理的主要内容是种子立法、品种保护、质量监督和种子认证，管理工作的重点是上市种子标签的真实性。农业部农产品销售局的植物新品种保护办公室和种子管理与检验站分别负责新品种保护和种子立法、种子质量监督检验工作，种子认证工作由官方种子认证协会负责。各州农业厅负责本州的种子管理工作，其中的种子检验实验室负责本州种子企业的种子质量监督抽查工作，州作物改良协会负责种子认证工作，州立大学的种子检验实验室承担企业委托的种子质量检验和检疫工作，国家或州的种子检查员被授权对市场销售的种子进行抽样供官方检测，如发现种子质量与标签不符，有权要求停止销售。联邦和州种子相关法律规定，法院是种子法实施的仲裁机构，消费者受到损失，应当通过民事法庭裁决。“种子标签制度”是根据联邦种子法案中的规定对种子进行了标签，则该种子可用于州际交易，但还需要遵守其运送目的地所在州关于种子标签的规定。总体来说，各州所制定的关于种子质量的规定不得低于联邦种子法案中的规定，因此，联邦种子法案可保持各州种子法的统一性。联邦种子法案对州际贸易中种子的质量有规定，但各州内部种植或交易的种子质量没有规定标准，因此，美国各州可为低于联邦种子法案规定标准的种子制定其在各州内部范围内销售的标准，但它也是真实标签法。美国对种子市场的管理是通过对标签的真实性管理实现的。如发现种子与标签信息不符，将被严厉制裁，同时这类种子的生产者和销售者会被广大民众所知，从而退出竞争市场。另外，美国大部分企业在生产种子时会申请种子认证，但美国对种子认证要求不是强制性的，完全由需要者自愿进行。农业部官方种子认证协会（Association of Official Seed Certifying Agencies，AOSCA）负责全国的种子认证工作，制定种子认证标准。各州的种子认证工作由本州的农作物改良协会负责，农作物改良协会的隶属关系因州而异，有的隶属农业厅，有的隶属州立大学，有的是独立机构。目前，美国有45家种子认证机构。美国的种子认证机构可以为种业提供的服务有：田间监测、种子测试、品种区种子设施检验与审计、第三方检验（公正）等。从历史上看，大部分农民一直都在种植认证种子，这除了增加来自种子生产的收入之外，还能够获得识别，及早启用新品种的内在优势，这也促进了种子生产商的认证积极性。

（二）欧洲种子管理现状

在欧盟各国，大多数有关种子的法律都是基于政府对农民最佳利益的了解而制定的，作为UPOV、OECD和ISTA的主要成员国，在种子质量监控中，从品种管理、释放，到种子的法规法律均遵从上述3大国际组织的相关规定，任何一个品种必须经过DUS测试和VCU测试才可以列入官方品种名录，只有进入官方品种名录的品种才可以进行认证和生产，品种经过强制性认证后符合相关标准的就可以在市场上销售。欧共体制定了《种子营销法令》，它明确规定将种子认证实行强制性管理，欧盟各成员国都有自己指定的认证机构，种子管理方面的许多政策法规和运作方式是基本相似的，但在机构设置上有所不同。欧盟每个成员国必须保持一个国家品种名录，各个成员国的国家品种目录由欧盟委员会（European Commission）整理汇集成所谓的欧盟共同体品种名录，进入共同体品种名录的品种可以在欧盟领土上自由销售。

以德国、荷兰为例，对其种子管理情况进行介绍。

1. 德国种子管理及认证体系

（1）德国种子管理体系。德国的种子管理工作由德国联邦食品、农业及消费者保护部（Federal Ministry of Food，Agriculture and Consumer Protection）监管下的联邦植物新品种局负责，新品种必须经过试验、登记后才能推广，种子质量要求国家认证后方可销售。德国种子管理机构体系见图4－4。

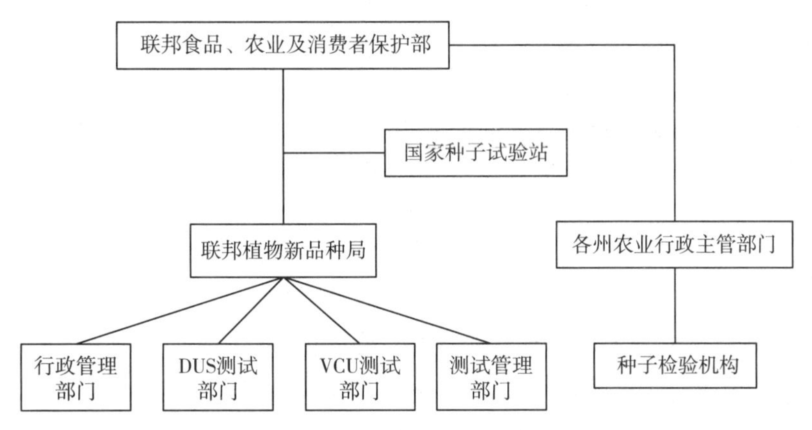

图4－4 德国种子管理机构体系

德国联邦植物新品种局（FederalOffice of Plant Varieties，德语为Bundessortenamt，BSA），它是一个独立的且由德国联邦食品、农业和消费者保护部监管的联邦高级行政机构，主要职能包括：植物新品种保护权的授权，品种进入市场前的管理和进入国家名录的登记，已授权品种和登记品种的保护和管理工作，共同体植物品种保护办公室（the Community Plant Variety Office，CPVO）授权的权威测试机构与联邦种子认证机构、种子贸易控制机构的合作。联邦植物新品种局在整个德国有12个品种测试试验站。联邦植物新品种局内部设有4个部门：行政管理部门，主要负责行政中的任务和人员管理；DUS测试部门，负责授予品种权方面的工作；VCU测试部门，负责品种进入国家名录的工作；测试管理部门，负责各个试验站新品种的诊断工作。

（2）**德国的种子认证制度。**种子认证有3个主要目标：系统的增加独特品种与新品种；识别新品种并监督其增长；通过认真养护，向公众持续提供可对比材料。在德国，品种进入市场的条件是通过品种许可和种子认证。品种许可的条件是经过DUS测试和VCU测试。通过DUS测试的可以授予品种权，能否授予品种权是由联邦植物新品种局的测试委员会（ExaminationBoards）负责，它由不同方面的专家组成，目前有11种不同植物品种的测试委员会。其次是通过种子认证，种子认证是强制性的，任何品种要进入市场，必须经过种子认证，否则不允许进入市场，种子认证是为了更好地保护种子使用者权益。目前，德国有15家农作物种子认证机构。种子认证由各联邦州的官方认证机构负责，主要是审查技术和质量要求，包括作物检查和特性检测。

①作物检查：它主要是检查与相邻田地的最小距离、检测不同类型的杂质（品种纯度）、检测外来植物物种的杂质（异物杂质）、检查植物病的明显症状等。

②特性检测：特性检测室根据国际通用的方法即ISTA规定的方法，在实验室中对种子进行检测，包括种子纯度、发芽能力、健康状况、含水量、疾病等。对种子和栽种材料的品种质量、品种纯度和特性等都规定了要求，它由各联邦州的官方认证机构负责。提交的种子样品用于实验室检测并通过官方种子识别后，对相应的种子进行标签标注、包装并加盖官方印章即可以经销。德国的种子类别有：预基础种子（使用带有紫色斜线条的白色标签）、基础种子（使用白色标签）、认证种子（使用蓝色标签）。德国各联邦州自己负责种子市场的监督，从市场销售的种子中抽样检查是否满足标签、封闭包装、特性等要求，不满足的要对其进行相应惩罚。各联邦州的农业局和农业协会还继续跟踪登入品种目录的新品种在各地的种植情况，并向农户发布有关信息。

2. 荷兰种子管理及认证体系

（1）**荷兰种子管理制度。**荷兰品种管理的主要法律依据是《种子和植物繁殖材料法》，主要包括育种家权利（《UPOV公约》，1991年文本）、品种登记和种子质量管理三个主题。品种保护、品种登记和种子认证是荷兰种子管理的基本制度。在荷兰，所有植物都可以申请品种保护，品种授权的条件是通过DUS测试；在品种登记方面，所有大田作物、蔬菜和部分林木植物，只有通过登记的品种才可以进入市场销售，花卉等观赏植物则不需进行登。大田作物品种登记须同时符合DUS测试和VCU测试，蔬菜品种登记只需通过DUS测试。

（2）**荷兰种子管理机构。**荷兰政府在种子管理中的主要角色是立法、监督、支持科研和开展国际合作等几个方面。荷兰经济、农业与创新部农业司有两人负责对植物品种管理委员会和荷兰园艺作物检验总署等官方检测机构进行法律层面的监督，并负责协调制订相关标准。种子转基因监管和检疫监管由荷兰经济、农业与创新部其他部门单独管理。荷兰植物品种管理委员会负责品种登记和品种权保护的审批。该委员会由7名来自育种、栽培等不同领域的专家组成，这7名专家主要来自大学、研究所、检测机构和协会的退休人员，不能从事育种工作，不能与种子企业有任何利益关系。委员会受荷兰经济、农业与创新部直接领导，设秘书长1人，具体负责日常事务。荷兰园艺作物检测总署（Naktuinbouw）负责品种保护和品种登记申请的受理。荷兰种子管理机构体系如图4-5。

（3）**种子检验检测机构。**荷兰官方种子检验检测机构包括荷兰园艺作物检测总署、荷兰农作物种子和马铃薯检验局（NAK）和荷兰花卉球茎检验局（BKD）。其中，荷兰园艺作物检测总署负责荷兰所有作物新品种DUS测试和蔬菜园艺作物的质量检测工作，该测试机构共有275名员工，通过了ISO9001、ISO1702认证和ISTA实验室认可。荷兰农作物种子和马铃薯检验局（NAK）负责大田作物种子和马铃薯种薯的检测，并是大田作物种子认证唯一指定官方检测机构。荷兰花卉球茎检验局（BKD）主要负责花卉球茎的检测。此外还有荷兰园艺作物检测总署认可的320多家种子企业检验室（NAL），也可进行蔬菜种子认证检测。

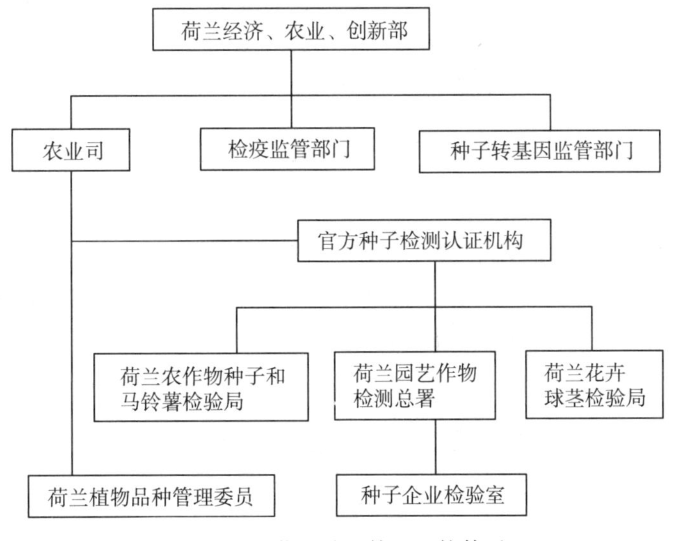

图 4-5 荷兰种子管理机构体系

三、种子质量提高途径的探讨

提高种子质量是行政部门和企业不懈追求的目标和发展的动力。我们从种子质量的内容和现在种业现状和发展结果来看，会得出以下结论：①种子质量是管理出来的；②种子质量是生产出来的；③种子质量是检验出来的；④种子质量是控制出来的。因此要提高种子质量必须从这四个方面入手并全面开展工作。

（一）进一步完善种子法律法规体系和建立高素质的执法队伍

种子立法是规范种子市场行为、建立公平的市场竞争环境、促进种业健康发展的法律保障，无论美国还是加拿大均十分重视种子立法工作，并根据种业发展的实际需要对种子法律法规进行及时地修改、完善和补充，美国先后对《联邦种子法》进行了 5 次修订，加拿大的《种子法》进行了 9 次修订。《中华人民共和国种子法》及其配套法规从颁布实施至今已有十多年的时间，也经历了两次修正和一次修订。在这期间，我国政治、经济、社会各个方面取得了巨大进步，种子产业得到快速发展，新型种业体系已见雏形，种业发展的内、外部环境发生了巨大变化。当前仍需对《中华人民共和国种子法》的配套法规进行修改、完善和补充，为种子产业长期、快速、稳定、协调发展服务。

（二）多管齐下促进企业提高生产水平

以企业为抓手，通过管理、指导、服务等多种手段，促进企业提高生产水平。激烈的市场竞争促使诚信体系得以形成，企业只有诚实守信才有生存发展空间，种子企业有严格的质量保障体系，以确保种子质量，维护企业形象，树立企业品牌，提升企业市场竞争力。目前，我国的诚信种业远未建立，我们应针对我国情况借鉴国外经验，严格把好企业许可的关口，同时要积极引进国外企业先进的管理机制，靠规范管理来自我约束，靠产品质量和企业信誉来提高自身实力；对信用良好、信用等级较高的企业在资金、政策上予以支持，把信用差、信用等级不高的企业列入“黑名单”，提高其违法经营成本。通过正面扶持和反面惩治的办法推动诚信种业建设，营造公平、有序的竞争环境，引导企业和个人不断提高自身的信用水平。

进一步引导企业开展种子认证，种子认证制度是目前国际上种业质量管理制度的成功典范，已成为种子质量控制和营销的主要手段。发达国家凭借种子认证，促进种业的科技进步，保持了对外贸易的优势。我国是种子生产和使用大国，随着全球经济的一体化和种子市场国际化趋势的发展，我国种业质量水平必将全面提高，并参与国际竞争，发挥我国种子生产优势提高种业竞争力。建立种业强国迫切需要种子认证，种子认证采取企业自愿和政府引导与支持相结合原则。重点基地大力推行，尽快与国际接轨，使我国种子质量水平迈上新台阶。

（三）建立有中国特色种子质量检测体系，全面提高检验水平

我国无论是检测技术水平、检验规程、检验项目和检验技术攻关还存在很多缺陷，严重地制约着政府的监管水平和企业的内部质量控制水平的提高。必须下大力气建立国家、省（直辖市、自治区）、市、县布局合理的质量检测机构和检测项目配套、互相补充的体系，形成运行有效、科研高效的检验技术攻关的技术体系，快速、准确保障和稳定检验员队伍。同时指导企业的内部质量控制水平不断提高。

（四）推进现代种子企业的建设，提高种子质量控制水平

引导企业制定符合自身实际、切实可行的发展战略；构建和优化产权结构；建立和完善现代企业制度，管理系统（财务、内部）；建立诚信、遵法的企业文化；开展品牌建设；培育适合机械化与设施培养、高产、优质、多抗、拥有自主产权的品种；购进先进的种子加工、贮藏设备；建立营销、配送、培训和服务网络体系；关注公益事业；培养建功立业的人才队伍，控制影响种子质量的各个因素和各个环节，来保证种子质量。

总之，种子质量是相对时间、地点和使用者的变化而变化的，总体是劣变的趋势；种子质量是生产的产物，是检验的结果，是控制出来的成果；而种子质量管理贯穿始终，种子质量是通过包装、标签来体现出来的，最终是通过使用人在农业生产中验证出来的；对种子质量的追求和提高是永恒的。

第八节　种子质量检测机构

据统计我国通过资质认定的检验机构达两万多个，可以开展产品检测，出具报告。下面我们通过检验机构的考核、类型、资质要求、运行要求和能力范围来了解种子质量检测机构。

一、检验机构的类型及考核形式

（一）考核的来源和依据

《中华人民共和国产品质量法》第十九条规定："产品质量检验机构必须具备相应的检测条件和能力，经省级以上人民政府产品质量监督部门或者其授权的部门考核合格后，方可承担产品质量检验工作。法律、行政法规对产品质量检验机构另有规定的，依照有关法律、行政法规的规定执行。"第二十条："从事产品质量检验、认证的社会中介机构必须依法设立，不得与行政机关和其他国家机关存在隶属关系或者其他利益关系。"第二十一条："产品质量检验机构、认证机构必须依法按照有关标准，客观、公正地出具检验结果或者认证证明。"

（二）检验机构的分类依据

1. 资质认定检验检测机构

《检验检测机构资质认定管理办法》中规定：在中华人民共和国境内从事向社会出具具有证明作用的数据、结果的检验检测活动以及对检验检测机构实施资质认定和监督管理，应当遵守本办法。检验检测机构资质认定（China Inspection Body and Laboratory Mandatory　Approval，CMA），是指省级以上质量技术监督部门依据有关法律法规和标准、技术规范的规定，对检验检测机构的基本条件和技术能力是否符合法定要求实施的评价许可。这是作为第三方产品质量检验机构最基本的要求。资质认定包括检验检测机构计量认证。

《中华人民共和国计量法实施细则》中规定：为社会提供公证数据的产品质量检验机构，必须经省级以上人民政府计量行政部门计量认证。计量认证是我国通过计量立法，对为社会出具公证数据的检验机构（实验室）进行强制考核的一种手段，也可以说是具有中国特点的政府对实验室的强制认可。经计量认证合格的产品质量检验机构所提供的数据，用于贸易出证、产品质量评价、成果鉴定作为公证数据，具有法律效力。相关法律、行政法规规定，资质认定既包括《计量法》及其实施细则等一般法律法规规定的计量认证，也包括《食品安全法》《医疗器械管理条例》等特殊法律法规规定的食品检验机构资质认定、医疗器械检验机构资质认定等。因此，计量认证是资质认定的形式之一，资质认定和计量认证是包含关系。

资质认定是一项经过技术评价后的许可制度，该制度是国家的一项行政许可制度，分两级实施（即“国家级”和“省级”两级），实施主体是省级以上质量技术监督部门，分别是国家认监委、省级资质认定部门。国务院有关部门以及相关行业主管部门依法成立的检验检测机构，其资质认定由国家认监委负责组织实施；其他检验检测机构的资质认定，由其所在行政区域的省级资质认定部门负责组织实施。无论是国家认监委实施的，还是省级资质认定部门实施的，其许可的效力在全国范围内是相同的。资质认定的监管部门主要分为三个层级：一是国家认监委；二是省级资质认定部门；三是地（市）、县级质量技术监督部门。三级监管部门依据各自职责分工实施检验检测机构监督管理工作。

2. 实验室认可检验机构

国家实验室认可是指由政府授权或法律规定的权威机构——中国国家合格评定委员会（China National Accreditation Service for Conformity Assessment，CNAS）对从事检测和校准的实验室和检查机构，有能力完成特定任务所作出的正式认证的程序。是对检测和校准实验室进行类似于应用在生产和服务上的ISO9001评审，但要求更为严格，属于自愿性认证体系，它由中国实验室国家认可委员会组织进行。通过认可的实验室出具的检测报告可以加盖CNAS和国际实验室认可合作组织（In-ernational Laboratory Accreditation cooperation，ILAC）的印章，所出具的数据国际互认。

按照设立机构或是主管部门来分，我国的产品质量检验机构主要分为六类，它们是：①各级质量技术监督部门依法设置的检验机构，主要包括省、市（地）、县（市、区）产品质量监督检验所；②各级质量技术监督部门依法授权的检验机构，包括国家质检总局授权的国家产品质量监督检验中心和地方质量技术监督部门授权的产品质量监督检验站；③其他监督执法部门依法设立或授权的专业检验机构，如药品检验机构、船舶检验机构等；④国务院有关行政主管部门根据需要和国家有关规定设立的负责本行业、本部门产品质量检验的机构；⑤依据企业法、公司法建立的独立为社会开展检验中介服务的产品质量检验机构；另外，企业为验货把关、产品出厂检验也设有自用的质量检验机构；⑥大专院校、科研单位中既为内部教学、科研服务，乂为社会提供检验服务的产品质量检验机构。

通常为了较好区分检测机构，按照检测产品类别区分检验机构，如农作物种子质量检测机构、肥料检测机构、建材检测机构、电子产品检测机构、食品检测机构、饲料检测机构等等。

二、农作物种子质量检验机构资质及要求

对于农作物种子——这个特殊的农业生产资料，不同于一般的产品，对于其种子质量进行检测的机构也是比较独立的，种子法和配套的也有比较特殊的要求。农作物种子质量检验机构的考核是自成系统的考核，与上述考核有相同点，又有很大区别。现介绍如下。

（一）法律依据

1. 《种子法》第四十八条

农业、林业主管部门可以委托种子质量检验机构对种子质量进行检验。承担种子质量检验的机构应当具备相应的检测条件、能力，并经省级以上人民政府有关主管部门考核合格。

2. 农作物种子质量检验机构考核管理办法（自 2008 年 7 月 1 日起施行）

第二条：对外开展农作物种子检验服务，出具有证明作用的检验数据和结果的农作物种子质量检验机构（以下简称检验机构），应当经省级以上人民政府农业行政主管部门考核合格。

第三条：检验机构考核采取文件审查、现场评审和能力验证相结合的方式，实行考核要求、考核程序、证书标志、监督管理统一的制度。

第九条：考评小组依据《考核准则》（准则规定了农作物种子质量检验机构获得省级以上人民政府农业行政主管部门颁发合格证书所必须满足的条件和要求。适用于从事对外开展农作物种子检验服务，出具具有证明作用数据和结果的检验机构资格考核的能力考评共计 111 条要求。）的要求进行文件审查。

第十条：考评小组依据《考核准则》的要求开展现场评审，主要对检验机构的技术能力、仪器设备和质量管理等情况进行符合性审核。

第二十二条：考核合格的检验机构可以从事下列种子检验服务：

（1）承担农业行政主管部门委托的监督抽查检验任务；

（2）向行政机关、司法机构、仲裁机构以及有关单位和个人提供具有证明作用的数据和结果的检验服务；

（3）其他委托检验。

第十六条：合格证书有效期为 5 年。合格证书写明机构名称、证书编号、检验范围、有效期限、考核机关。标志为 CASL。

第三十三条：农业部部级农作物种子质量检验机构的考核管理，还应当遵守农业部部级产品质量检测机构管理的有关规定。

（二）考核主体

农作物种子质量检验机构考核原为“部级”和“省级”两级考核。《农作物种子质量检验机构考核管理办法》第二条规定：“农业部和省、自治区、直辖市人民政府农业行政主管部门是检验机构的考核机关。省级以上人民政府有关部门依法设置的检验机构由农业部考核；其他检验机构由所在地省级人民政府农业行政主管部门考核。”

《农业部办公厅关于做好种子检验相关行政审批下放和取消后续衔接工作的通知》（农办种〔2014〕31 号，2014 年 12 月 16 日）中规定：“农作物种子质量检验机构资格认定考核主体，对于原属于我部考核的省级以上人民政府有关主体部门依法设置的检验机构，由检验机构所在地省级农业行政主管部门组织开展，具体工作可委托省级种子管理机构承担。”因此目前我国农作物种子质量检验机构考核是为辖区管理，由检验机构所在地省级农业行政主管部门组织开展。

三、农业部部级质检机构资质及要求

（一）通过资质认定

即根据《检验检测机构资质认定管理办法》的规定（2015 年 8 月 1 日起施行），通过《检验检测机构资质认定评审准则》（2016 年 5 月 31 日起施行）的评审。经资质认定部门准予许可后，颁发资质认定证书。资质认定证书有效期为 6 年。检验检测机构在资质认定证书确定的能力范围内，向社会出具具有证明作用的检验检测报告上，必须标注资质认定标志（CMA），并加盖检验检测专用章，表明其具有相应的检验检测能力。

1.《检验检测机构资质认定管理办法》的主要内容

第一条：“为了规范检验检测机构资质认定工作，加强对检验检测机构的监督管理，根据《中华人民共和国计量法》及其实施细则、《中华人民共和国认证认可条例》等法律、行政法规的规定，制定本办法”。

第二条："本办法所称检验检测机构，是指依法成立，依据相关标准或者技术规范，利用仪器设备、环境设施等技术条件和专业技能，对产品或者法律法规规定的特定对象进行检验检测的专业技术组织"。

本办法所称资质认定，是指省级以上质量技术监督部门依据有关法律法规和标准、技术规范的规定，对检验检测机构的基本条件和技术能力是否符合法定要求实施的评价许可。

资质认定包括检验检测机构计量认证。

第二十二条："检验检测机构及其人员从事检验检测活动，应当遵守国家相关法律法规的规定，遵循客观独立、公平公正、诚实信用原则，恪守职业道德，承担社会责任"。

第二十三条："检验检测机构及其人员应当独立于其出具的检验检测数据、结果所涉及的利益相关各方，不受任何可能干扰其技术判断因素的影响，确保检验检测数据、结果的真实、客观、准确"。

第二十四条："检验检测机构应当定期审查和完善管理体系，保证其基本条件和技术能力能够持续符合资质认定条件和要求，并确保管理体系有效运行"。

2.《检验检测机构资质认定评审准则》主要内容共6个要求、54个条款

（1）为实施《检验检测机构资质认定管理办法》相关要求，开展检验检测机构资质认定评审，制定本准则。

（2）在中华人民共和国境内，向社会出具具有证明作用的数据、结果的检验检测机构的资质认定评审应遵守本准则。

（3）国家认证认可监督管理委员会在本评审准则基础上，针对不同行业和领域检验检测机构的特殊性，制定和发布评审补充要求，评审补充要求与本评审准则一并作为评审依据。

（二）通过审查认可

即依据《农业部产品质量监督检验测试机构管理办法》（农市发〔2007〕23号，2007年8月8日）的规定，符合《农业部产品质量监督检验测试机构基本条件》的要求，按照《农业部产品质量监督检验测试机构审查认可评审规范》程序进行申请、评审，最后通过《农业部产品质量监督检验测试机构审查认可评审细则》评审。经农业部审批后办法授权认可证书，准许刻制（或继续使用）部级质检机构印章。部级质检机构可凭农业部批准公告刻制印章，建立文书制度，发布带有部级质检机构名称的公文、检验报告等。审查认可证书有效期为3年。

1.《农业部产品质量监督检验测试机构管理办法》主要内容

第三条："本办法所称农业部产品质量监督检验测试机构，是指经农业部机构审查认可，并通过国家计量认证的法定检验机构，是社会公益性技术机构"。

第四条："部级质检机构规划立项、审查认可和监督管理，由农业部质量标准主管司（局）统一组织，各相关司（局）负责本系统部级质检机构的推荐、初审和参与机构的审查认可（或复审）工作"。

第六条："部级质检机构在机构与人员、质量体系、仪器设备、检测工作、记录与报告和设施与环境等方面，应符合《农业部产品质量监督检验测试机构基本条件》的要求"。

第七条："部级质检机构应坚持科学、公正、高效、廉洁、服务的宗旨，在授权范围内开展检验工作"。

2.《农业部产品质量监督检验测试机构基本条件》主要内容

规定了农业部产品质量监督检验测试机构在机构与人员、质量体系、仪器设备、检测工作、记录与报告和设施与环境六个方面应达到的基本要求。

3.《农业部产品质量监督检验测试机构审查认可评审细则》主要内容

《农业部产品质量监督检验测试机构审查认可评审细则》是《农业部产品质量监督检验测试机构基本条件》的细化，有对机构与人员、质量体系、仪器设备、检测工作、记录与报告、设施与环境共计100条的要求。

4.《农业部产品质量监督检验测试机构审查认可评审规范》主要内容

第一条："为保证农业部产品质量监督检验测试机构审查认可评审工作的科学、客观、公正，根据《农业部产品质量监督检验测试机构管理办法》制定本规范”。

第二条：“农业部质量标准主管司（局）统一组织部级质检机构审查认可评审，评审工作应遵照本规范执行”。

四、转基因成分检测机构资质及要求

开展转基因成分检测机构首先要通过国家计量认证和农业部审查认可，还要按照《农产品质量安全检测机构考核办法》（2008年1月12日实施）的要求，通过《农产品质量安全检测机构考核评审细则》评审。

（一）法律依据为《中华人民共和国农产品质量安全法》（2006年11月1日起施行）

第三十五条：“从事农产品质量安全检测的机构，必须具备相应的检测条件和能力，由省级以上人民政府农业行政主管部门或者其授权的部门考核合格。农产品质量安全检测机构应当依法经计量认证合格”。

（二）考核依据为《农产品质量安全检测机构考核办法》（2008年1月12日）

第三条：“农产品质量安全检测机构经考核和计量认证合格后，方可对外从事农产品、农业投入品和产地环境检测工作”。

第七条：“农产品质量安全检测机构应当具有与其从事的农产品质量安全检测活动相适应的管理和技术人员”。

第八条：“农产品质量安全检测机构的技术人员应当不少于5人，其中中级职称以上人员比例不低于40%”。

第九条：“农产品质量安全检测机构应当具有与其从事的农产品质量安全检测活动相适应的检测仪器设备，仪器设备配备率达到98%，在用仪器设备完好率达到100%”。

第十条：“农产品质量安全检测机构应当具有与检测活动相适应的固定工作场所，并具备保证检测数据准确的环境条件。从事农业转基因生物及其产品检测的，还应当具备防范对人体、动植物和环境产生危害的条件”。

第十一条：“农产品质量安全检测机构应当建立质量管理与质量保证体系”。

第十三条：“申请考核的农产品质量安全检测机构（以下简称申请人），应当向农业部或者省级人民政府农业行政主管部门（以下简称考核机关）提出书面申请”。

国务院有关部门依法设立或者授权的农产品质量安全检测机构，经有关部门审核同意后向农业部提出申请。

其他农产品质量安全检测机构，向所在地省级人民政府农业行政主管部门提出申请。

第二十条：“通过考核的，颁发《中华人民共和国农产品质量安全检测机构考核合格证书》（以下简称《考核合格证书》），准许使用农产品质量安全检测考核标志（CATL），并予以公告”。

第二十三条：“《考核合格证书》有效期为6年”。

（三）具体标准为《农产品质量安全检测机构考核评审细则》

《农产品质量安全检测机构考核评审细则》分为机构与人员、质量体系、仪器设备、检测工作、记录与报告、设施与环境六个方面共计100条。

所有检验检测机构通过考核后，考核部门不仅发给证书，同时发给该检验机构检测能力一览表或是检测项目范围，批准了该检测机构产品范围和产品质量参数，即检测检测机构的检测能力。检测机构只能在授权的产品和参数范围内进行检验和出具检验报告。

五、检验机构的发展趋势

检验检测认证是现代服务业的重要组成部分，对于加强质量安全、促进产业发展、维护群众利益等具有重要作用。随着社会主义市场经济的不断发展，对检验检测认证的需求日益增长，检验检测认证服务呈现出良好发展势头。但我国检验检测认证机构尚处于发展初期，缺乏政府统一有效的监管，规模普遍偏小，布局结构分散，重复建设严重，体制机制僵化，行业壁垒较多，条块分割明显，服务品牌匮乏，国际化程度不高，难以适应完善现代市场体系和转变政府职能的要求，迫切需要通过整合做强做大，提升核心竞争力，激发市场活力。各地区、各有关部门要充分认识整合检验检测认证机构的重要性和紧迫性，把这项工作放在突出位置，加大工作力度，推动检验检测认证高技术服务业快速发展，为加快转变经济发展方式、促进提质增效升级提供有力支撑。

2014 年 2 月 26 日，《国务院办公厅转发中央编办质检总局关于整合检验检测认证机构实施意见的通知》（国办发〔2014〕8 号，以下简称《通知》）。《通知》明确了检验检测认证机构整合工作的重要性和紧迫性，要求各地区、各部门要把这项工作放在突出位置，加大工作力度，推动检验检测认证高技术服务业快速发展，为加快经济发展方式、促进提质增效升级提供有力支撑。文件明确了整合的指导思想、基本原则和总体目标，充分发挥市场在资源配置中的决定性作用，坚持政事分开、事企分开和管办分离，大力推进整合，优化布局结构，创新体制机制，不断提升市场竞争力和国际影响力。坚持统筹规划、合理布局，政府引导、市场驱动，积极稳妥、分步实施，分业推进、分级负责四项原则，到 2015 年基本完成事业单位性质的机构整合，转企改制工作基本到位，市场竞争格局初步形成，相关政策法规比较完善；到 2020 年建立起定位明晰、治理完善、监管有力的管理体制和运行机制，形成布局合理、实力雄厚、公正可信的检验检测认证服务体系，培育一批技术能力强、服务水平高、规模效益好、具有一定国际影响力的检验检测认证集团。

《通知》还明确了整合检验检测认证机构的重点任务，要求在摸清底数，对职能萎缩、规模较小、不符合经济社会发展需要的机构予以撤销的基础上，从三个方面推进整合工作。一是结合分类推进事业单位改革，明确检验检测认证机构功能定位，推进部门或行业内部整合；二是推进具备条件的检验检测认证机构与行政部门脱钩、转企改制；三是推进跨部门、跨行业、跨层级整合，支持、鼓励并购重组，做强做大。

2015 年 3 月 6 日，为深入贯彻落实《国务院办公厅转发中央编办质检总局关于整合检验检测认证机构实施意见的通知》精神，结合质检系统，国家质量监督检验检疫总局印发《全国质检系统检验检测认证机构整合指导意见》（国质检科〔2015〕86 号）的通知。

（一）基本原则

坚持科学规划、做大做强。结合全国质检技术体系规划建设，通过检验检测认证机构区域整合及跨层级、跨区域、跨领域整合，壮大规模，提升实力，减少数量。今后，质检部门原则上不再直接设立一般性检验检测认证机构。

坚持法治引领，市场驱动。加快推进检验检测认证有关政策法规清理工作，进一步完善相关法规制度。统一检验检测认证机构资质管理，有序放开检验检测认证市场，营造各类主体公平竞争的市场环境。

坚持分类整合、分步实施。结合事业单位分类改革，按照职能定位，把检验检测认证机构分为公益类检验检测认证机构和经营类检验检测认证机构两类，进行分类整合。在此基础上，推进经营类检验检测认证机构转企改制，检验检测认证机构转企改制后逐步与政府主管部门脱钩。

坚持因地制宜、试点先行。各地结合实际，制定实施具有可操作性的检验检测认证机构整合方案。鼓励各地积极开展跨部门、跨行业、跨地区整合试点，积极探索包含混合所有制在内的多种方式，以点带面推进检验检测认证机构多种模式的整合。

坚持以人为本，统筹兼顾。紧紧依靠广大干部职工推进检验检测认证机构整合，保持人员队伍稳定，切实维护好群众切身利益，实现国家、集体和个人利益相统一。注重检验检测认证机构整合与质检部门管理体制改革和职能转变有效衔接，协同推进。

（二）整合途径

1. 机构类别

公益类检验检测认证机构是指由政府举办、经费由财政予以保障或补助，以公益服务为目的的检验检测认证机构。公益类检验检测认证机构主要为政府制定政策法规和风险管理提供技术支撑、为政府监管提供技术支持、为重大国计民生项目提供技术服务，以及提供其他不宜由市场机制提供的检验检测认证服务。公益类检验检测认证机构不得从事营利性的检验检测认证业务。

经营类检验检测认证机构是指由市场配置资源，以独立企业法人形式存在，自主经营、独立核算、自负盈亏的检验检测认证机构。条件成熟的情况下，经营类检验检测认证机构也可选择社会组织的形式。经营类检验检测认证机构面向社会提供社会化、商业险检验检测认证服务，同时可承接政府购买的检验检测认证服务。

2. 整合模式

在政府主导下，各地科根据实际情况，选择或参照以下模式实施整合。

（1）**行政划拨方式整合。**采取行政划拨方式，将所属检验检测认证机构人员、资产等进行整合。

（2）**授权经营方式整合。**由财政部门批准，将检验检测认证机构财政资产变为经营性资产，按照资本运作方式进行整合。

（3）**拆分归并方式整合。**将现有检验检测认证机构分为两部分，一部分化为公益类检验检测认证机构，由政府主导实施整合；一部分通过改制，整合为经营类检验检测认证机构。

（4）**公共平台方式整合。**地方政府整合不同部门所属检验检测认证机构，组建公共检验检测平台，作为独立的检验检测机构开展检测工作。

（5）**整体改制方式整合。**将现有检验检测认证机构整体改制，然后采取资本方式整合为经营类检验检测认证机构。

第五章　农作物种子生产经营管理

《种子法》中规定“本法所称种子，是指农作物和林木的种植材料或者繁殖材料，包括籽粒、果实、根、茎、苗、芽、叶、花等。”农作物种子作为粮食生产的基本原料，直接关系农业的稳定发展和国家的粮食安全。党的十八大以来，不断加大改革力度，推进行政审批改革。行政审批改革的目的，不仅是取消下放许可事项、减轻企业办证负担，更重要的是做到放管结合，强化事中事后监管，为规范种子生产、经营、使用行为，国家设立了种子生产经营许可制度，对维护种子市场稳定、促进种业健康发展起到了积极作用。

第一节　农作物种子生产经营管理

一、农作物种子生产经营管理概述

（一）种子生产经营的概念

2000 年的《种子法》将种子的生产和经营分设两个章节，分别作为两个相对独立的概念，生产和经营分别有不同的管理规定。2015 年修订的《种子法》将种子的生产和经营合并为生产经营，《农作物种子生产经营许可管理办法》（2016 年修订）中规定“种子生产经营，是指种植、采收、干燥、清选、分级、包衣、包装、标识、贮藏、销售及进出口种子的活动”。

（二）种子生产经营管理制度

1. 生产经营许可管理

种子生产经营许可管理制度是指种子作为重要的农业生产资料，为保证质量，国家把种子生产经营作为一般禁止活动，企业单位需经过国家有关行政主管部门审查批准，发给相应许可证解除这种禁止才能够进行种子生产经营活动的制度。2015 年修订的《种子法》将种子生产许可和经营许可合并为生产经营许可。

这“两证”合一是种子生产许可和经营许可的实质合并。种子生产经营许可证由种子企业注册所在地农业主管部门按权限核发，其余种子生产地、种子销售地无需重复核发同类型许可证。同时，由于我国种子生产尤其是杂交种子生产，普遍存在异地制种的情形，生产的品种往往也会逐年更新，致使生产品种、地点极易频繁变更。如果这些变更事项按原有许可程序进行变更登记，不仅会给种子企业带来大量负担，也会消耗许可机关大量行政资源。为此，《农作物种子生产经营许可管理办法》将许可证分为主证和副证，主证注明基本事项；副证注明生产事项。主证、副证是一个有机整体，副证载明的作物种类和品种不得超越主证规定的生产经营范围。

2. 生产经营品种管理

《农作物种子生产经营许可管理办法》中，按照生产经营作物种类的不同提出了不同的品种数量要求，对有品种权的品种的生产经营，需要得到品种权人的书面同意才能生产经营。

3. 生产经营档案管理

种子生产经营档案是对种子生产、加工、贮藏、经营各环节活动的真实记录，完善档案管理制度是提升企业管理水平、提高种子质量的重要内容。规范生产经营档案管理，有利于实现种子可追溯管理，有利于加强许可事后监管。新《种子法》在生产经营档案管理方面，突出强调了两方面，一是要求保证可追溯，二是要求保存种子样品。种子企业应当建立包括种子田间生产、加工包装、销售流通等环节形成的原始记载或凭证的种子生产经营档案。种子生产经营档案应当至少保存五年，确保档案记载信息连续、完整、真实，保证可追溯，档案材料含有复印件的，应当注明复印时间并经相关责任人签章。种子生产经营者应当按批次保存所生产经营的种子样品，样品至少保存该类作物两个生产周期。种子生产经营要进行档案管理，主要是通过对种子生产经营中的各个环节，包括种子来源、产地、数量、质量、销售去向等进行记录，一方面有利于规范自身的生产经营行为，切实保障种子质量，另一方面详实的生产经营记录也便于实现种子追溯，对后期开展种子监管工作提供了重要的信息支持。

4. 生产经营有效区域管理

《种子法》规定种子的生产经营许可证上应标明有效区域。这里的有效区域是由发证机关在其管辖范围内确定，是指设立分支机构的区域，而不是生产经营的区域，《农作物种子生产经营许可管理办法》特别规定种子生产地点不受种子生产经营许可证载明的有效区域限制，由发证机关根据申请人提交的种子生产合同复印件及无检疫性有害生物证明确定。种子销售活动不受种子生产经营许可证载明的有效区域限制，但种子的终端销售地应当在品种审定、品种登记或标签标注的适宜区域内。

5. 生产经营加工、包装管理

《种子法》规定销售的种子应当加工、包装和分级（不能加工包装的除外）。有性繁殖作物的籽粒、果实以及马铃薯微型脱毒种薯应当进行包装。针对加工包装，农业部于 2001 年出台的《农作物商品种子加工包装规定》，是《种子法》的一项配套规章，但其实质内容只涉及加工包装种子的作物范围的界定，因此，将其有关内容纳入 2016 年修订的《农作物种子生产经营许可管理办法》第三十三条，不再单独进行规定。

6. 生产经营备案管理

国家对农作物种子生产经营的管理除许可外，还有备案管理。新《种子法》第三十八条规定，种子生产经营者在种子生产经营许可证载明的有效区域设立分支机构的，专门经营不再分装的包装种子的，或者受具有种子生产经营许可证的种子生产经营者以书面委托生产、代销其种子的，应当向当地农业、林业主管部门备案。备案管理涉及 4 类常见的种子生产经营主体，这 4 类主体不是持证种子企业，分别包括 4 类种情形：委托生产种子、委托代销种子、经营不分装种子和设立分支机构。新《种子法》建立的种子生产经营备案制度，是贯彻由事前许可向事中事后监管重心转移的具体措施，可有力打击制售假劣种子的不法行为，保护农民利益和品种权权益。

二、种子生产经营许可管理

（一）种子生产经营许可的类型和核发机关

1. 生产经营许可类型

依照《种子法》的相关规定，种子的生产经营许可，一是按照申请单位生产经营作物的种类不同而制定相关的申请条件，具体可以分为：从事主要农作物杂交种子及其亲本种子的生产经营和从事主要农作物常规种子或非主要农作物种子的生产经营。二是按照申请单位生产经营方式的不同而制定相关的条件，具体可以分为：实行选育生产经营相结合、有效区域为全国的种子生产经营（育繁推一体化）和从事种子进出口业务的生产经营（进出口）。

2. 种子生产经营许可核发机关

《种子法》第三十一条规定："从事种子进出口业务的种子生产经营许可证，由省、自治区、直辖市人民政府农业、林业主管部门审核，国务院农业、林业主管部门核发；从事主要农作物杂交种子及其亲本种子、林木良种种子的生产经营以及实行选育生产经营相结合，符合国务院农业、林业主管部门规定条件的种子企业的种子生产经营许可证，由生产经营者所在地县级人民政府农业、林业主管部门审核，省、自治区、直辖市人民政府农业、林业主管部门核发。前两款规定以外的其他种子的生产经营许可证，由生产经营者所在地县级以上地方人民政府农业、林业主管部门核发。”

《农作物种子生产经营许可管理办法》第十三条规定：“从事主要农作物常规种子生产经营及非主要农作物种子经营的，其种子生产经营许可证由企业所在地县级以上地方农业主管部门核发；从事主要农作物杂交种子及其亲本种子生产经营以及实行选育生产经营相结合、有效区域为全国的种子企业，其种子生产经营许可证由企业所在地县级农业主管部门审核，省、自治区、直辖市农业主管部门核发；从事农作物种子进出口业务的，其种子生产经营许可证由企业所在地省、自治区、直辖市农业主管部门审核，农业部核发。”

以北京市为例，凡在北京行政区域内注册的种子生产经营企业，其生产经营许可证的核发按其申请的生产经营范围及生产经营方式的不同由市区两级种子管理机构核发。

（二）种子生产经营许可证办理的程序（以北京市为例，如图 5－1）

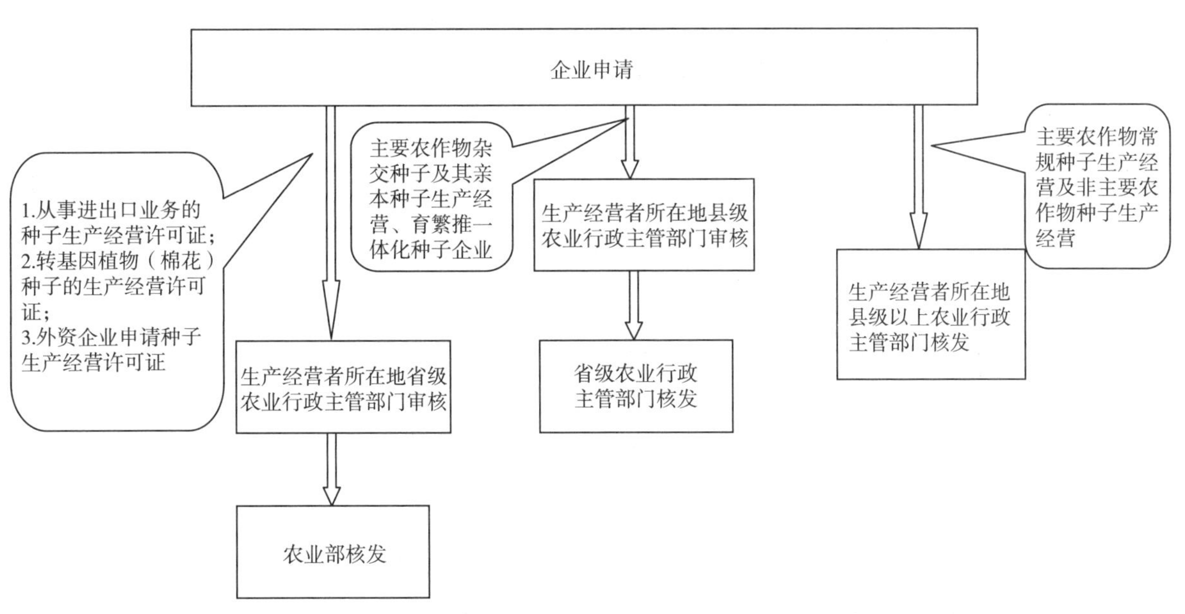

图 5－1 种子生产经营许可证办理的程序

1. 申请

需提交以下申请材料：

（1）种子生产经营许可证申请表（市种子管理站领取）。

（2）企业基本情况：单位性质、股权结构等基本情况说明，公司章程、营业执照复印件，公司股东资料（如股东为自然人需提供身份证复印件，如股东为公司需提供该公司章程及营业执照复印件）；到期重新申请的还需提交原经营许可证的复印件；设立分支机构、委托生产种子、委托代销种子以及以购销方式销售种子等情况详细说明。

（3）种子生产、加工贮藏、检验专业技术人员的相关学历证明复印件和培训证明复印件及其企业缴纳的社保证明复印件，企业法定代表人和高级管理人员名单及其种业从业简历（其中高级管理人员是指企业法定代表人、董事长、董事、总经理、副总经理、或相应职位管理人员）。

（4）种子检验室、加工厂房、仓库和其他设施的情况说明及自有产权或自有资产的证明材料；办公场所情况说明及自有产权证明复印件或租赁合同；种子检验、加工等设备清单和购置发票复印件；相关设施设备的情况说明及实景彩色照片。

（5）品种审定证书复印件；购买或授权生产经营协议等材料，生产经营授权品种种子的，提交植物新品种权证书复印件及品种权人的书面同意证明。

（6）委托种子生产合同复印件或自行组织种子生产的情况说明和证明材料（包含制种合同复印件）。

（7）种子生产地点检疫证明。

（8）农业部规定的其他材料。

除上面材料外，申请实行选育生产经营相结合、有效区域为全国的种子生产经营许可的单位还应提交以下材料：

（9）自有科研育种基地证明或租用科研育种基地的合同复印件，租赁的要求租赁协议且剩余租赁期5年以上。

（10）品种试验测试网络和测试点情况说明，以及相应的播种、收获、烘干等设备设施的自有产权证明复印件及实景彩色照片。

（11）育种机构、科研投入及育种材料、科研活动等情况说明和证明材料，育种人员基本情况及其企业缴纳的社保证明复印件。

（12）近三年种子生产地点、面积和基地联系人等情况说明和详细证明材料。

（13）种子经营量、经营额及其市场份额的情况说明和证明材料。

（14）销售网络和售后服务体系的建设情况。

（15）农业部规定的其他材料。

2. 受理

审查申请材料是否齐全，是否符合法定形式。对于符合受理标准的，即时受理；审查发现申请材料不齐全或不符合法定形式的，可以当场补正的，申请人当场补正后即时受理；申请事项不须经过许可的，或者不属于种子管理机构管辖范围的，应当即时告知。

3. 承办人员审查

按照法定程序和标准进行审查，填写农作物种子经营许可申请文件审查表，提交专家评审。

4. 专家评审（文件审查）

组织专家审查申报单位基本情况及检验、仓储、人员等条件是否符合法律要求或相关标准，并提出许可或不许可的书面建议并说明理由。

5. 专家评审（现场核查）

实地考察申请单位的办公场所、加工仓储设施设备、检验设施设备是否正常使用、是否与申报材料一致；实地查验申请单位种子检验、加工、仓储等设施设备的购置发票、种子检验室、仓库的产权证明等文件材料原件是否与申报材料一致；提出许可或不予许可的书面建议并说明理由。

6. 承办科室审查

对承办人员及专家评审意见进行审定，在行政许可事项呈批表上填写同意许可的审查意见，呈送主管站长。

7. 决定

站长审阅审查意见，作出批示；发放生产经营许可证。

（三）种子生产经营许可证的使用

1. 使用人

种子生产经营单位必须先取得种子经营许可证后，方可开展种子生产经营活动，但《种子法》也规定了4类可以不办理种子生产经营许可证的情况，分别为：农民个人自繁、自用的常规种子有剩余的，可以在集贸市场上出售、串换；种子生产经营者专门经营不再分装的包装种子的；受具有种子生产经营许可证的种子生产经营者以书面委托生产、代销其种子的；种子生产经营者按照经营许可证规定的有效区域设立分支机构的。

2. 许可证内容

《农作物种子生产经营许可管理办法》第十七条规定，种子生产经营许可证设主证、副证。主证注明许可证编号、企业名称、统一社会信用代码、住所、法定代表人、生产经营范围、生产经营方式、有效区域、有效期至、发证机关、发证日期；副证注明生产种子的作物种类、种子类别、品种名称及审定（登记）编号、种子生产地点等内容。

3. 有效期限

《农作物种子生产经营许可管理办法》第十九条规定："种子生产经营许可证有效期为5年。"

三、外商投资农作物种子生产经营管理

（一）关于外商投资农作物种子经营管理相关法律法规

关于外商投资农作物种子的相关法律有《中华人民共和国种子法》，其中第六十二条规定："国家建立种业国家安全审查机制。境外机构、个人投资、并购境内种子企业，或者与境内科研院所、种子企业开展技术合作，从事品种研发、种子生产经营的审批管理依照有关法律、行政法规的规定执行。"相关部门规章有《外商投资产业指导目录》（2016年修订），其中规定农作物新品种选育和种子生产、转基因生物研发和转基因农作物种子生产等属于国家限制投资产业，需要按照行业主管部门的相应规定来申请和审批。针对外商投资农作物种子企业，农业部、国家计委、外经贸部、国家工商局于1997年联合出台了《关于设立外商投资农作物种子企业审批和登记管理的规定》（农农发〔1997〕9号），目前关于外商投资农作物种子生产经营管理基本参照此规定。

（二）外商投资农作物种子企业的类型

依据《关于设立外商投资农作物种子企业审批和登记管理的规定》，"外商投资农作物种子企业，是指中外合资、合作开发生产经营农作物种子的企业。暂不允许设立外商投资经营销售型农作物种子企业和外商独资农作物种子企业。"根据这项规定，目前国家仅允许外资企业在国内办理合资企业开展农作物种子的生产经营，1997年以前申请了营业执照的外商独资企业，其有效期满后需按照规定从新申请办理。

（三）设立外商投资农作物种子企业的原则和条件

1. 原则

根据《关于设立外商投资农作物种子企业审批和登记管理的规定》及当前国家产业政策，目前农业部原则上不批准以销售为主的合资企业开展农作物种子经营立项，同时要求合资的外方企业为国际知名种业企业，且合资公司需开展种业研发工作，并且在合资合同中约定每年的研发投入、研发设施建设、研发技术人员及研发成果的品种权归属等，旨在希望通过合资公司的建立能够引入外方科研、生产、加工包装等先进技术，以提升我国种业发展水平。

2. 条件

外方设立外商投资农作物种子企业，除符合有关法律、法规规定的条件和我国种子产业政策外，应具备以下条件：

（1）申请设立外商投资农作物种子企业的中方应是具备农作物种子生产经营资格并经其主管部门审核同意的企业；外方应是具有较高的科研育种、种子生产技术和企业管理水平，有良好信誉的企业。

（2）能够引进或采用国（境）外优良品种（种质资源）、先进种子技术和设备。

（3）合资公司必须由中方控股。

（4）符合《中华人民共和国种子法》规定的生产经营相应种子的条件。

（四）申请设立外商投资农作物种子企业的程序及审核审批机关

1. 立项申请

中方投资者需编写项目建议书、可行性研究报告及合资合同，并将这三份材料及中外双方公司简介及中方农作物种子生产经营许可证复印件上报到省级农业行政主管部门，如果申请的是蔬菜类非主要农作物种子由省级农业行政主管部门审核并发放是否同意立项文件；如果是申请设立粮、棉、油作物种子经营，则由省级农业行政主管部门初审后，报农业部出具审查意见，农业部按照现有国家政策及法规审核并发放是否同意立项文件。未经农业行政主管部门审查同意的，不予批准立项。审批部门在批准立项前，应征求省级以上农业行政主管部门的审查意见。批准立项的，按有关规定向工商行政管理机关申请企业名称预先核准。

2. 审批

中方投资者将合同、章程及有关文件按现行审批权限和审批程序报送省级以上审批部门审批。以北京市为例，申请设立蔬菜等非主要农作物种子经营的企业在取得北京市农业局同意立项文件后报北京市政府，由审批部门（北京市政府）颁发外商投资企业批准证书。

3. 生产经营许可证核发

中方投资者取得外商投资企业批准证书后，向省级农业行政主管部门（北京市为北京市种子管理站）报送许可材料，经初审合格后再报送到农业部，农业部按有关规定确定是否核发农作物种子生产经营许可证。申请“育繁推一体化”的外资企业，需在取得农业部发放的许可证后再到省级种子管理机构办理A证。

4. 工商登记

中方投资者持项目建议书和可行性研究报告的批准文件、外商投资企业批准证书、农作物种子经营许可证及有关文件，向国家工商行政管理局或其授权的地方工商行政管理机关申请办理企业法人登记手续。

（五）申请设立外商投资农作物种子企业应当提交的材料

1. 申请立项审批应提交的材料

（1）省级农业行政主管部门审核报告（报送到农业部时需提交的）；

（2）设立外商投资农作物种子企业申请书；

（3）合资意向书及合资合同；

（4）合资公司章程（草案）；

（5）项目建议书及可行性研究报告；

（6）合资双方介绍材料及有关证明。

2. 申请办理农作物种子生产经营许可证应提交的材料

（1）项目建议书和可行性研究报告的批准文件；

（2）设立外商投资种子企业的合同、章程；

（3）合同、章程的批准文件及审批部门颁发的外商投资企业批准证书；

（4）外商投资农作物种子企业董事会成员名单及各方董事委派书；

（5）其他应提交的证件、文件；

（6）申请相应生产经营作物所需提交的许可资质文件，包括单位基本情况、检验加工贮藏设施设备证明材料及技术人员证明材料等。

（六）对外商投资农作物种子企业的管理

外商投资农作物种子企业在中华人民共和国境内从事品种选育和种子生产、经营等活动，均应遵守《中华人民共和国种子法》及各类部门规章，同时还应遵守有关外商投资和种子管理的法律、法规规定。

农业部及省级种子管理部门应做好种子质量监督检查、许可资质检查、生产经营档案检查及行业基础信息数据采集等工作。《关于设立外商投资农作物种子企业审批和登记管理的规定》还做了如下规定：

(1) 外商投资农作物种子企业变更合资、合作方或开发范围时，按设立外商投资农作物种子企业的程序，申请办理审批和变更登记。

(2) 台湾、香港、澳门地区的投资者设立农作物种子企业，也参照《关于设立外商投资农作物种子企业审批和登记管理的规定》执行。

(七) 我国外商投资农作物种子企业基本现状

从90年代开始，外商投资逐步进入我国农作物种子行业，经过多年经营，对丰富我国农作物品种、引进先进理念和技术、推动我国农业整体水平提高发挥了积极作用。截至2017年第一季度，全国外商投资设立的农作物种子经营许可在有效期内的企业共有26家，其中经营玉米种子的5个、蔬菜花卉种子21个。北京市作为全国经济文化中心，同时也是种业信息交易交流中心，因此吸引了多家国际种业巨头，国际种业前十强中有8家在京设立了办事处，先正达、杜邦先锋在京设立了研发中心；外商投资种子生产经营企业有8家（占全国1/3），主要从事蔬菜种子经营。

从近几年的发展趋势看，外商投资农作物种子企业呈现出四个特点：一是投资重点由园艺作物向粮食作物拓展；二是投资环节由生产经营向科研育种延伸；三是投资形式由合资向并购发展；四是投资布局由城市向主产区推进。

第二节 种子加工包装管理

一、种子加工包装的概念

所谓种子加工包装，是从种子收获后到播种前对种子干燥、清选、分级和必要时加以包衣、消毒、包装等工序处理过程的统称。《种子法》明确规定“销售的种子应当加工、分级、包装。”种子加工是提高种子质量的重要手段，是种子商品化的关键环节。通过加工，促进良种和良法有机结合，不仅使种子优异的生物学、遗传学特性得到充分的保留和发挥，而且可大大提高良种的科技含量和商品价值，并为实现机械化精播奠定基础，达到保苗、壮苗，增产、增收的目的。种子经过加工处理，单产可提高5%～10%。

二、种子加工包装的重要性

种子加工包装的目的，归根结底就是为了提高种子质量。对经过干燥、精选分级、包衣的种子实施精量播种，不仅提高种子的商品性和科技附加值，而且种子本身净度可提高2%～5%，通常可达到国家1、2级标准要求，千粒重提高5克左右，用种量减少10%～20%，一般发芽率提高2%～3%。种子包衣后，可防治病毒和苗期病虫害，使苗齐苗壮，而且施药隐蔽，与喷洒农药相比，有效成分散失少，节省农药，有利于生态环境和农业的可持续发展。

实践证明，实现种子加工机械化，除有上述的颗粒均匀、净度和千粒重提高、病虫害减少、发芽整齐健壮，增产优产外，还有以下优点：一是减轻劳动强度，提高劳动效率。人工选种不仅劳动强度大，而且效率低，而机械化加工处理种子，不但比人工效率提高几十倍，而且加工质量稳定。二是有利于种子的储存与运输。种子经机械加工后，可以更好地减少病粒和有生命的杂质，更多地提高质量，加大储存期限。而且净度高、包装封闭好，减少了长途运输量及品种混杂、变质引起的损耗。三是增加了后继工作的方便性。有利于种子包衣、丸粒化与精密点播等。四是增加了种子在市场上的销售竞争力，因质量好而更加受到农民的欢迎。五是种子机械包衣处理，不仅保苗壮苗，而且减少人工接触农药的机会，提高安全性，有利于环保和农业可持续发展。

三、种子加工包装的规定

农业部《农作物商品种子加工包装规定》对是否进行加工、包装后销售的种子类别进行了明确的规定。

应当加工、包装后销售的种子包括：有性繁殖作物的籽粒、果实，包括颖果、荚果、蒴果、核果等和马铃薯微型脱毒种薯。

可以不经加工、包装进行销售的种子包括：无性繁殖的器官和组织，包括根（块根）、茎（块茎、鳞茎、球茎、根茎）、枝、叶、芽、细胞等；苗和苗木，包括蔬菜苗、水稻苗、果树苗木、茶树苗木、桑树苗木、花卉苗木等；其他不宜包装的种子。

种子加工、包装应当符合有关国家标准或者行业标准。

第三节　种子标签和使用说明管理

一、种子标签和使用说明的概念

作为商品进行销售，种子也具有相应的标签以示分别。《种子法》规定："标签是指印制、粘贴、固定或者附着在种子、种子包装物表面的特定图案及文字说明。"

《农作物种子标签和使用说明管理办法》规定："使用说明是指对种子的主要性状、主要栽培措施、适应性等使用条件的说明以及风险提示、技术服务等信息。"

二、种子标签和使用说明的重要性

标签和使用说明作为经营者对商品特性的说明以及承诺，为消费者挑选商品提供参考和指导，同时也便于监管部门进行监督。与其他商品类似，种子标签总体来说具有以下作用：一是引导农户选购。农户只能通过标签上的文字、图形、符号了解预包装内种子的品种类别、水分、发芽率、净度、检疫情况等，从而决定购买或不购买。二是促进销售。标签犹如一幅广告，种子经营者可以在标签上展示产品的优越性，宣传产品的独特风格，吸引消费者购买。三是向农户承诺。通过食品标签，种子经营者向农户承诺所售种子的质量水平、达到的标准、保质期限等。标签上标明的产地、生产商、地址及许可证相关信息，便于消费者投诉。四是向监督机构提供监督检查依据。标签上标示的种子质量指标和审定编号、许可证号等内容是监督机构监督检查的依据。五是维护种子生产经营者的合法权益。标签和使用说明同样便于企业维护自身权益。

三、种子标签和使用说明的内容

农作物种子标签应当标注种子类别、品种名称、品种审定或者登记编号、品种适宜种植区域及季节、生产经营者及注册地、质量指标、检疫证明编号、种子生产经营许可证编号和信息代码，以及国务院农业、林业主管部门规定的其他事项。

属于下列情形之一的，还应当分别加注以下内容：

(1) 主要农作物品种，标注品种审定编号；通过两个以上省级审定的，至少标注种子销售所在地省级品种审定编号；引种的主要农作物品种，标注引种备案公告文号。

(2) 授权品种，标注品种权号。

(3) 已登记的农作物品种，标注品种登记编号。

(4) 进口种子，标注进口审批文号及进口商名称、注册地址和联系方式。

(5) 药剂处理种子，标注药剂名称、有效成分、含量及人畜误食后解决方案；依据药剂毒性大小，分别注明“高毒”并附骷髅标志、“中等毒”并附十字骨标志、“低毒”字样。

(6) 转基因种子，标注“转基因”字样、农业转基因生物安全证书编号。

使用说明应当包括下列内容：

(1) 品种主要性状；

(2) 主要栽培措施；

(3) 适应性；

(4) 风险提示；

(5) 咨询服务信息。

有下列情形之一的，还应当增加相应内容：

(1) 属于转基因种子的，应当提示使用时的安全控制措施；

(2) 使用说明与标签分别印制的，应当包括品种名称和种子生产经营者信息。

第四节　种子运输和检疫规定

一、种子检疫的概念

植物检疫是指为了防止植物危险性有害生物传播蔓延，保护农、林、牧业的安全生产和生态环境，维护对外贸易信誉，履行国际义务，由国家制定法令，对进出境和国内地区间调运植物、植物产品及其应检物进行检疫的法律规范的总称。

种子检疫是植物检疫中的一个分项，是以法规为依据，先进技术为后盾，现代化的管理体系为手段，坚持预防为主，防御与铲除相结合，实施强制性的检疫措施，目的是防止危害植物的危险性病、虫、杂草传播蔓延，保护农业生产安全。

二、种子检疫的重要性

一是种子作为一个生命体，可以传播病虫害，进行种子检验和处理可以杜绝种传病毒和虫害的传播，从而避免造成农业生产中的严重减产，防止危险性病虫害的发生；二是种子检疫工作的有效开展，可以带来经济效益、社会效益和生态效益；三是在对外贸易和发展创汇农业方面，种子检疫作为植物检疫的一部分也起着重要的作用；四是种子检疫作为强制性制度，是国家主权的体现，反映了一个国家的经济实力和科技水平。

三、种子检疫的内容

植物检疫程序基本环节：检疫许可、检疫申报、现场检疫、实验室检疫、检疫处理与出证以及检疫监管。国外引种检疫主要包括三个环节：

(一) 审批

(1) 引种者在签订合同30日前，向所在省（自治区、直辖市）检疫部门提出申请审批，按规定格式和要求填写引进种子、苗木检疫审批单，量大的由省（自治区、直辖市）检疫部门提出审核意见，进一步报农业部审批。

(2) 引种者将审批单中的检疫要求列入引种的合同或协议。

(3) 安排好隔离试种计划。

(4) 入境时提出检疫申请。

（二）口岸检疫

（1）报检：引种者向口岸检疫机关申报检疫，交验引进种子、苗木检疫审批单。
（2）按要求检验：口岸检疫机关根据审批单的检疫要求和审批意见，进行检验。
（3）出具检验结果：无检疫对象时，放行；有检疫对象时，签发检疫处理通知单，通知做除害、退回、销毁处理。

（三）隔离试种

引种检疫的最后防线，是防止危险性病虫杂草传入的重要措施。

第五节　国外种子生产经营管理

一、国外农作物种子生产经营管理概况

（一）种子登记制度

在欧盟各国，品种只有国家一级登记（相当于我国的国家级品种审定），获得登记的品种方可进行种子生产、经营、推广，否则将处以10倍的罚款。根据欧盟原则，在一个国家获准登记，即可在欧盟各国合法销售，但农民都愿意选择被当地推荐的品种。因此，为了获得当地最佳品种的信息，除国家级的品种试验外，各州的官方机构还组织做地方性试验。德国的种子企业还自发组织了德国玉米委员会，专门对已获欧盟其他国家登记的品种进行引种试验，以决定是否推荐这些品种。

（二）重视生产管理和品种权保护

德、法等国的大型种子公司安排种子生产一般采取以下形式：种子公司（品种权人）→制种所在地的代理公司→农户。大公司一般不直接与农户签订合同，而是通过其分布在种子基地的下属公司或当地的其他种子公司作代理与农民发生关系。种子公司对种子生产实行严格的监管，农户生产的种子必须全部交给公司，不允许自留或出售，代理公司也不得私自截留、出售所生产的种子。每年生产种子所需原种（亲本）均由总公司提供，代理公司不允许私繁亲本，除非品种权人放弃品种权。种子公司对农户实行分期付款，即花期付一次，收获时付一次，检验合格并交售种子时再付剩余种子款。通过这种合同制，可以使双方都受到保护和约束。

（三）关注种子标签监管

美国种子管理体系分政府管理和行业管理两类。政府管理由联邦政府和州政府两级管理。政府管理特别强调标签真实性，标签注明质量必须与实际质量相符，但并不强制执行种子质量国家标准，倡导种子质量认证，对商业化推广的品种不要求审定或注册。各州农业部门设立种子管理机构，代表州政府依法行使种子管理职责，负责监督本州生产和销售种子的质量，检查质量认证证书，规范企业生产销售行为，查验种子及标签真实性，行使违法处罚权力，并对有关种子纠纷进行仲裁等。州种子管理工作重点是执法监督。美国种子行业管理组织化程度很高，大多数品种选育、种子生产和销售企业都有自己的协会，协会主要职能是提供技术和信息服务，强化行业自律。

二、我国种子生产经营管理展望

（一）管理部门更加侧重市场监管

从欧美等发达国家的市场管理经验来看，良好的市场环境是企业快速成长的重要保障。自《国务院关于加快推进现代农作物种业发展的意见》（国发〔2011〕8号）出台后，国家变得越来越关注自

主知识产权的培育和保护。种子管理机构在市场监管中的投入将不断加大，知识产权保护力度会持续增强，有利于企业获取合理的利益回报，调动企业研发创新的积极性，从而促进种子市场更加健康地发展。

（二）行业协会作用明显增强

美国有着很多组织化程度较高的协会组织，主要职能是提供技术和信息服务。强化行业自律是市场高度发达的表现。良好的市场环境要依靠管理部门通过加大执法监管力度维护稳定，更离不开市场的主体——企业组织自律来保持秩序。国内的种子行业协会组织应当进一步明确自身职责，逐步摆脱“官方”背景，真正做好企业的“代言人”，成为管理机构联系企业的桥梁纽带，努力引导企业树立良好的商业信誉，为种业的又好又快发展发挥积极作用。

参考文献

廖琴，孙世贤，裴淑华，侯世宇. 1999. 借鉴欧盟种子管理经验，加快我种子产业化步伐——赴德国法国农作物种子管理考察报告 [J]. 种子科技 (3)：22-24.

中国种子协会赴美考察团. 2012. 关于美国农作物种业的考察报告 [J]. 中国种业 (2)：3-8.

第六章 农作物种子（苗）进出口管理和对外合作

第一节 概 述

一、农作物种子（苗）进出口概述

农作物种子（苗）进出口是指从国（境）外引进和向国（境）外提供研究用种质资源（以下简称进出口种质资源）、进出口生产用种子的行为。

依据《进出口农作物种子（苗）管理暂行办法》，从事进出口生产用种子业务和向国（境）外提供种质资源的单位应当具备中国法人资格，禁止个人从事相应业务。进出口大田用商品种子的单位，应当具有与其进出口种子类别相符的种子生产、经营权及进出口权。

国家鼓励单位和个人从境外引进农作物种质资源，但针对于我国自身的种质资源，国家对其享有主权，任何单位和个人向境外提供种质资源，应当经所在地省、自治区、直辖市农业行政主管部门审核，报农业部审批。

国外种子进入我国，需要经过品种试验、植物检疫、报检、报关等关口。经过的管理部门依次是进口单位所在地省级种子管理部门、农业部种子管理局、种子种植地省级植保部门、全国农技推广中心，之后，在出入境检验检疫局报检，在海关报关。按照法律规定，只有大田用商品种子能够在国内市场上销售。

二、农作物种子进出口的意义

近年来，随着中国种业市场的不断开放，我国对外贸易交流合作日益频繁，进出口种子数量日益增加。种质资源引进对作物类型的增加、优异特异种质的积累以及对农业科研和生产都起到了巨大的促进作用。进口种子对调整种植结构、提高农民收入、丰富人民群众生活起到了积极作用。为了促进质量好、科技含量高的种子的国际交流，将国外的种子引进来，让我国的种子走出去，国家允许农作物种子（苗）的进出口。

三、农作物种子进出口现状

我国种子产业起步较晚，国内种子企业无论在品种选育还是市场经营能力方面都还难以同具有上百年市场经验的国外大型种子公司竞争。中国进口较多的是蔬菜种子、饲料用植物种子、油料作物种子、豆类作物种子以及西甜瓜种子，除实施配额管理的稻谷、小麦、玉米、大豆、油菜等种子外，我国种子进口基本上实施零关税管理。加入 WTO 后，中国不再对种子出口给予补贴。但中国对种子的进出口的检验、检疫以及许可制度在完善和加强。

据统计，自 2009 年下半年以来，中国种子对外贸易逆差呈现扩大趋势。水稻、草本花卉种子是我国最主要的出口作物，蔬菜、甜菜、向日葵、牧草种子是我国主要的进口作物。2010 年全国进出口总额5亿美元，其中进口总额3亿美元，出口总额为2亿美元。北京市近年进出口总额接近五六千万美元，在全国各省市排名中居前列。

第二节　农作物种子进口

一、进口农作物种子的类型及流程

依据《进出口农作物种子（苗）管理暂行办法》，进口的农作物种子（苗）包括研究用种质资源和生产用种子两类。生产用种子分为试验用种子、大田用商品种子和对外制种用种子。

农作物种子（苗）进口实行行政许可制度，分级审批，由进口单位所在地省、自治区、直辖市农业行政主管部门审核，农业部审批。北京市种子管理站主要负责北京市辖区内生产用种子的进口审核工作。研究用种质资源进口参照试验用种子流程进口（图6-1）。

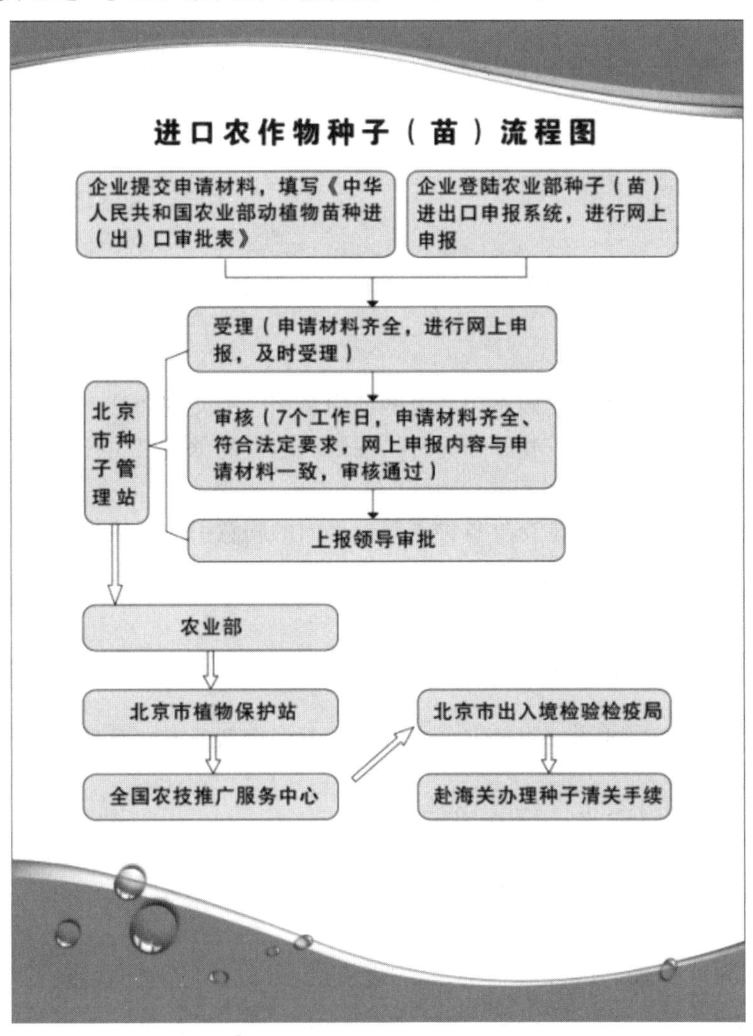

图6-1　进口农作物种子（苗）流程图

二、进口农作物种子的审批

（一）申请

进口单位向审核单位提出申请，按规定的格式及要求填写中华人民共和国农业部动植物苗种进（出）口审批表（以下简称进出口审批表），提交有关证明文件，同时完成网上申报。审核单位同意后，报审批机关审批。

（二）审核

审核单位审核企业申报材料，核查材料的完整性、准确性及真实性。审核通过后，在进出口审批表上签字盖章，之后返还企业，由企业报农业部审批。不通过的，退回企业并说明理由。

（三）审批

经审批机关审批同意，加盖“中华人民共和国农业部进出口农作物种子审批专用章”。种子进出口单位，持有效进出口审批表批件到种子种植地的省级植物检疫机构办理检疫审批手续。

三、进口试验用种子（苗）的管理

（一）试验用种子（苗）的界定

试验用种子（苗）是指在大田用商品种子进口之前，进行试种、研究所需要的少量的种子（苗）。进口的试验用种子（苗）的种子量，每个品种不高于10亩播量，苗木不高于100株。

（二）试验用种子（苗）进口的条件

1. 申请单位资质要求

申请进口试验用种子的单位，应当具备法人资格。

2. 申请试验用种子需提交材料

（1）进（出）口审批表。

（2）由出口单位出具的种子不含转基因成分的证明及相应中文翻译件。

（3）承诺试验用种及其试验收获物不作为种子在国内销售的承诺书。

（4）试验用种的种植计划安排。

（5）种植地在北京市之外的，提交外省种子管理部门的同意引进函原件。

（6）首次办理需提交营业执照或者事业单位法人证书复印件、办事人员委托信及身份证复印件进行备案。复印件需加盖公章。

（三）试验用种子（苗）进口的管理

进口试验用种子应在国家或省（自治区、直辖市）农作物品种审定委员会的统一安排指导下进行种植试验。

试验用种及其试验收获物不作为种子在国内销售。

四、进口大田商品种子（苗）的管理

（一）大田商品种子（苗）的界定

大田商品种子（苗）指经过对外贸易，可在国内销售和种植的种子。

大田用商品种子是唯一一种可以在国内销售的进口种子类型，进口的数量没有限制。

（二）大田商品种子（苗）进口的条件

1. 申请单位资质要求

申请进口大田用商品种子的单位，应当取得农业部核发的从事种子进出口业务的种子生产经营许可证和外经贸部门核发的从事种子进出口贸易许可证。

2. 申请进口大田用商品种子，种子质量应当达到国家标准或者行业标准；对没有国家标准或行业标准的，可以在合同中约定或参考有关国际标准。

3. 申请进口大田用商品种子需提交材料

（1）进（出）口审批表。

（2）由出口单位出具的种子不含转基因成分的证明及相应中文翻译件。

（3）国内外双方签订的交易合同复印件。

（4）种植地在北京市之外的，提交外省种子管理部门的同意引进函原件或者前期经农业部审批过的种植地点和出口商一致的审批表复印件。

（5）进口种子为种植地的主要农作物，需提交适于当地种植的品种审定证书复印件和授权证书复印件。

（6）国内暂时没有开展审定的，首次以大田用商品种子进口的，需提交2个生育周期的引种试验报告；已经进口过的，提交前期经农业部审批过的种植地点和出口商一致的审批表复印件。

（7）首次办理进出口农作物种子申请，需提交营业执照、农业部核发的农作物种子生产经营许可证（经营方式含进出口）、对外贸易经营者备案登记表和办事人员委托信和身份证的复印件。

（三）北京市大田商品种子（苗）进口的管理

1. 品种要求

申请进口主要农作物种子，应当经国家或省级农作物品种审定委员会审定通过。

国内暂时没有开展审定的，首次以大田用商品种子进口的，应当提交至少2个生育周期的引种试验报告。引种试验报告包括准入性指标和评价指标，准入性指标指有无毁灭性病害，评价指标指品种的性状。

北京市范围内的大田用商品种子的引种试验由企业自主进行，并于试验开展前15个工作日将试验时间安排告知北京市种子管理站，同时提交企业与试验地点土地所有者的土地租赁合同复印件。试验期间，北京市种子管理站负责组织专家进行田间鉴定，并出具专家鉴定意见。依据鉴定意见确定该品种种子是否可以引进。

2. 样品留存

进口大田用商品种子应当向北京市种子管理站提供适量种子样品备案留存，便于试验和后期监管。每年每个品种只留一次样。

（1）主要农作物种子样品量，以每次0.2亩用种量为准。

（2）非主要农作物种子样品量，以每次0.1亩用种量为准。

五、进口对外制种用种子的管理

（一）对外制种用种子（苗）的界定

对外制种是指国内企业受国外企业的委托，在中国境内生产种子，并将生产的种子出口到国外。对外制种用种子（苗）指的是对外制种中所涉及的种子。

（二）对外制种用种子（苗）进口的条件

1. 申请单位资质要求

申请进口对外制种用种子（苗）的单位，应具备法人资格。

2. 申请进口对外制种用种子（苗）需提交材料

（1）进（出）口审批表。

（2）由出口单位出具的种子不含转基因成分的证明及相应中文翻译件。

（3）国内外双方签订的对外制种合同（或协议书）。

（4）种植地在北京市之外的，提交外省种子管理部门的同意引进函。

（5）承诺进口种子只用于制种，其产品不在国内销售的承诺书。
（6）首次办理需提交营业执照和办事人员身份证复印件。

（三）对外制种用种子（苗）进口的管理

进口的种子只能用于制种，其产品不得在国内销售，生产完成后，按出口流程，办理出口手续。

第三节　农作物种子出口

一、出口农作物种子的类型及流程

出口的农作物种子（苗）包括研究用种质资源和生产用种子两类。生产用种子分为试验用种子、大田用商品种子和对外制种用种子。

农作物种子（苗）出口实行行政许可制度，分级审批，由申请单位所在地省、自治区、直辖市农业行政主管部门审核，农业部审批。北京市种子管理站主要负责北京市辖区内生产用种子的出口审核工作。研究用种质资源出口直接报农业部审批（图6－2）。

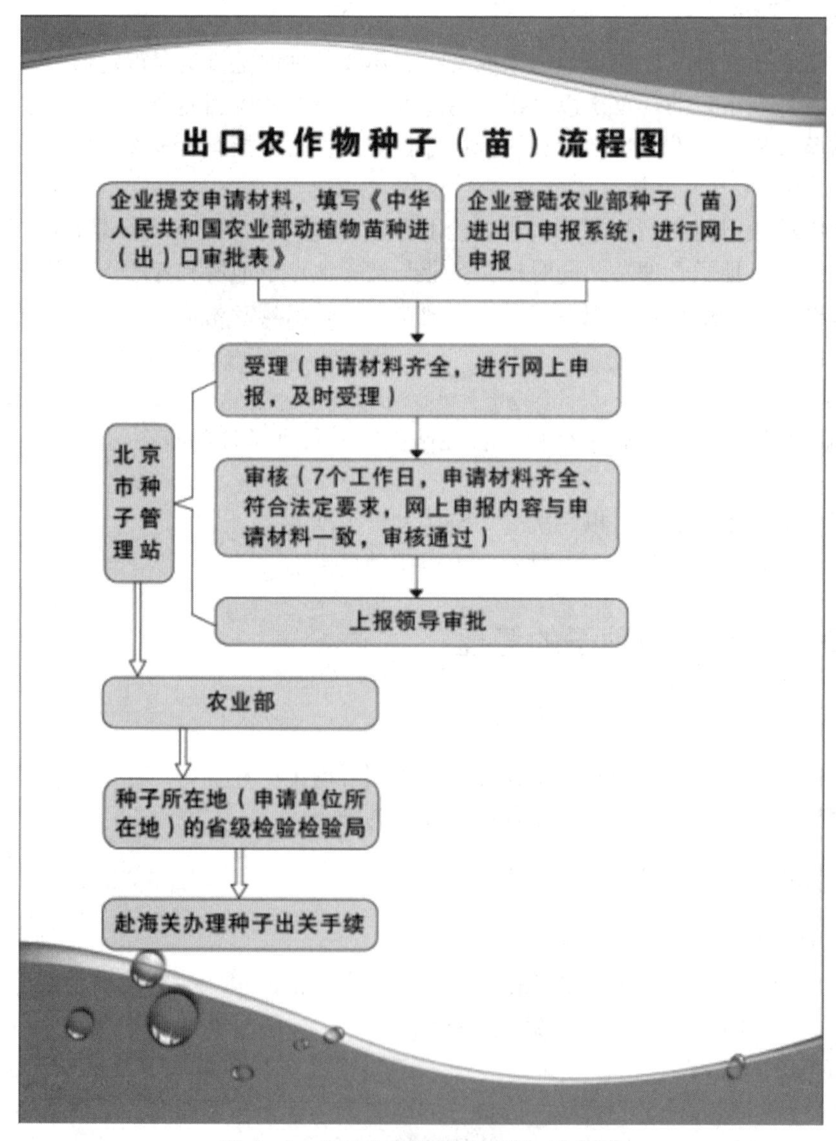

图6－2　出口农作物种子（苗）流程图

二、出口农作物种子的审批

1. 申请

出口单位向审核单位提出申请，按规定的格式及要求填写进出口审批表，提交有关证明文件，同时完成网上申报。审核单位同意后，报审批机关审批。

2. 审核

审核单位审核企业申报材料，核查材料的完整性、准确性及真实性。审核通过后在进出口审批表上签字盖章，之后返还企业，由企业报农业部审批。不通过的，退回企业并说明理由。

3. 审批

经审批机关审批同意，加盖“中华人民共和国农业部进出口农作物种子审批专用章”。种子出口单位，持有效进出口审批表批件到出入境检疫局办理报检手续。

三、出口农作物种子的管理

1. 申请单位资质要求

申请出口农作物商品种子（试验用和大田用商品种子）的企业，应当取得农业部核发的从事种子进出口业务的种子经营许可证和外经贸部门核发的从事种子进出口贸易许可证。

2. 申请出口的农作物商品种子，应属国家允许出口的品种，并经品种权人或品种选育人（单位）同意。

3. 申请出口农作物种子需提交材料

（1）进（出）口审批表。

（2）品种审定证书复印件。

（3）出口种子的品种说明。

（4）品种权人或品种选育人（单位）同意的证明。

（5）国内外双方签订的商品种子出口合同。

（6）首次办理需提交营业执照、农业部核发的农作物种子生产经营许可证（经营方式含进出口）、对外贸易经营者备案登记表和办事人员委托信和身份证的复印件。

第四节 国内外种子进出口贸易状况及分析

一、我国种子进出口贸易现状

（一）种子进出口贸易总额持续增长

2000—2010年，中国种子进出口贸易总额从2000年的13 358.92万美元增加到2010年的50 425.45万美元。11年间种子贸易额增加2.77倍，年平均增长率为114.21%，中国种子进出口贸易额快速增长。

（二）种子进出口呈贸易逆差态势

2000—2010年，我国种子进口总额、出口总额稳定增加，进口总额大于出口总额。中国种子进口贸易额从7 740.87万美元增加到30 122.98万美元（图6-3），其中2006年进口总额达到32 837.51万美元；种子出口贸易额从5 618.05万美元增加到20 302.48万美元。从图中可以看出，中国种子进出口贸易一直处于贸易逆差态势，进出口贸易额差幅很大，其中以2006年差幅最大，为23 302.64万美元。

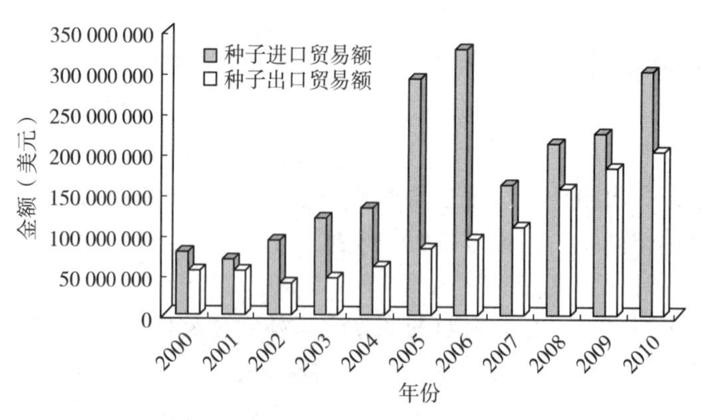

图 6-3　2000—2010 年中国种子进口贸易额和出口贸易额

（三）种子进出口国家和地区稳步增多

2000—2010 年，中国种子进出口贸易的国家和地区数量由 2000 年的 107 个增加到 2010 年的 146 个，可见中国种子进出口市场更加多元化，贸易对象更加广泛。与中国建立种子进出口贸易的国家和地区中，以亚洲国家居多，非洲、欧洲次之，中国与这 3 个洲建立种子进出口贸易的国家占全部进出口国家和地区的 82.19%。

二、我国各类农作物种子进出口贸易状况

根据中国向世界种子年会所提交的种子进出口报告（Planting Seed Annual）2004—2011 年的相关数据［该报告以 MY（Market Year）为统计周期，即上年的 7 月至当年 6 月］，自 2009 年下半年以来，中国种子对外贸易逆差呈现扩大趋势，MY2010/2011 年，达到 6 419 万美元。其中，玉米、水稻、大豆、花生、油菜、向日葵、棉花、甜菜、牧草作物、草本花卉植物、蔬菜、瓜果是中国主要进出口种子品种。

1. 水稻种子

在满足国内全部用种需求的基础上，由于水稻育种技术的世界领先性，特别是杂交水稻所具有的高产、稳定的生产特点，水稻种子已经成为中国出口量最大的种子品种。MY2004/2005—MY2010/2011 年，种用水稻的出口量与出口额的平均增幅分别达到了 15.2%和 29.9%。MY2010/2011 年，杂交水稻种子的出口数量达到 21 384 吨，金额为 5 414 万美元；常规水稻种子出口数量为 2 625 吨，金额为 6 610.7 万美元，主要出口面向越南、印度尼西亚、孟加拉国、巴基斯坦和菲律宾五国，出口数量占总量的 99.4%。

2. 玉米种子

MY2010/2011 年，中国的杂交玉米育种面积 25.9 万公顷，种子产量 115 万吨，年初库存量 43 万吨，国内全年用种需求 113 万吨。中国的玉米种子实现完全自给，并伴随少量的进出口。MY2010/2011 年，中国玉米种子进口 257 吨，进口额为 444.7 万美元；出口总数为 161 吨，出口金额为 49.8 万美元。虽然中国的玉米种子出口与进口数量都不大，但值得关注的是，进口玉米种子的价格在每吨 1.7 万美元，而出口玉米种子价格仅为每吨 0.3 万美元，出口价格不足进口价格的 1/5，价格上的巨大差距，是造成玉米种子对外贸易逆差扩大的主要原因。

3. 向日葵

中国具有世界领先的油菜、大豆与花生育种技术，但仍然是一个油料作物种子净进口国家，进口大量的向日葵种子，是逆差发生的主要原因。MY2010/2011 年，中国进口向日葵种子 3 824 吨，较上年同期增长了 17%。向日葵种子进口的快速增长受到两方面因素影响，一方面由于中国国内食用油、食用瓜子行业对油葵和食葵的强劲需求；另一方面，则是由于向日葵相比其他油料作物占地面积

更小，需要投入也较少，特别是进口的向日葵种子，其作物的产油量相比常规向日葵高于 50%～60%。中国的内蒙古、新疆、吉林和辽宁，是中国向日葵的主要产区，占全国向日葵种植面积的 80%。美国是中国向日葵种子的主要进口国，MY2010/2011 年在中国进口的 3 824 吨向日葵种子中，有 3 463 吨来自美国，占总进口量的 90.6%。

4. 甜菜

制糖行业整体处于低迷状态，对于甜菜种子培育和研发的投入极少，国产种子满足不了企业和农民的需求，中国甜菜种子主要依靠进口。MY2010/2011 年，中国进口甜菜种子 978 吨，进口总额为 1 203.4 万美元。德国是中国主要的甜菜种子进口国，垄断了 90%以上的进口种子。

5. 棉花

MY2007/2008 年之前，棉花种子以出口为主，进口很少，大多数年份的进口量都只在 1～2 吨之间。但是，MY2007/2008—MY2009/2010 年间，棉花种子的进出口贸易出现较大波动，具体表现为：进口大量增加，出口明显下降。直到 MY2010/2011 年，贸易状况才大致恢复到 MY2006/2007 年之前的状态。棉花种子对外贸易出现波动，主要与 2006 年以来，转基因棉种植比重快速上升有关。2006—2009 年，转基因棉花占中国棉花种植总面积的比重由 59.3%快速上升至 69.0%，面积增加 79.5 万公顷。转基因棉种供需形成缺口，是这一时期中国进口棉种大量增加的最主要原因。但是，相比进口棉种，中国国产转基因抗虫棉种具有更强的地区适应性，价格也更低。随着供应量的提高，2009 年以后中国国产抗虫棉又重新占有 95%的市场份额（2006—2009 年，中国有 15%的棉种需要进口），MY2010/2011 年中国棉花种子产量为 11 万吨，在供给增加和种植面积下降的情况下，中国棉花种子再次实现完全自给。

6. 蔬菜作物种子

中国是全球重要的蔬菜生产和消费大国，蔬菜种子也是中国最早完全放开的种子市场。目前，蔬菜种子是中国种子进出口贸易额最高的种子品种。MY2010/2011 年，其进出口总额达到 1.9 亿美元，占种子进出口贸易总额的 44.1%。其中，蔬菜种子进口 8 072 吨，进口额 1.1 亿美元；出口 3 600 吨，出口额 0.8 亿美元。虽然国外优良品种的引进，有利于中国的蔬菜产业产品结构的调整与优化，但是不断扩大的贸易逆差也加速了进口蔬菜种子对于中国高端蔬菜种子市场的占领。进口的蔬菜种子主要在温室种植，生产绿色和有机食品，因此可以获得更多价格溢价（Price Pre-Mium），这些进口蔬菜种子的价格往往达到普通国产种子的 10 倍以上。受开放程度与全球消费需求的影响，中国蔬菜种子进出口分布较广，年均贸易数额在 10 吨以上的国家和地区多达 30 个。印度尼西亚、泰国、意大利和新西兰是中国蔬菜种子的主要进口国，占 MY2010/2011 年进口总量的 70%以上；荷兰、美国、韩国、法国、俄罗斯以及我国香港、台湾地区为中国蔬菜种子净出口国家与地区；中国对日本和越南的蔬菜种子贸易基本保持平衡。

7. 瓜果种子

自 2004 年至今，中国一直保持着瓜果种子的进出口顺差地位。但是，瓜果种子的进口量增长速度很快，已经由 MY2004/2005 年的 945 吨上升至 MY2010/2011 年的 4 432 吨，上涨了 3.69 倍，与此同时，出口量却略有下降。美国、加拿大、丹麦、阿根廷、澳大利亚等是中国瓜果种子的主要进口国家与地区；中国的瓜果种子则主要出口韩国、日本、荷兰、美国、法国和巴基斯坦。

8. 草本花卉种子

在草本花卉植物种子对外贸易中，中国出口量一直处于绝对优势的地位，MY2010/2011 年，草本花卉植物种子出口达到 972 吨，而进口仅为 48 吨，贸易顺差为 555.5 万美元。欧盟是中国最主要草本花卉植物种子出口地区，出口比重一般维持在 50%左右。

9. 牧草作物种子

牧草作物种子是中国进口量最大的种子品种。MY2010/2011 年，包括紫花苜蓿、三叶草、羊茅、六月禾、黑麦在内的所有牧草作物种子共进口 33 380 吨，进口金额为 4 573 万美元。MY2004/2005—MY2010/2011 年，牧草作物种子进口呈现快速增长，MY2004/2005 年，全部饲料作物种子的进口数量为 13 054 吨，到了 MY2010/2011 年，这一数量上升至 33 380 吨，增长了 155.71%，平均增幅为 20.1%；而饲料种子的出口则由 MY2004/2005 年的 5 316 吨，下降至 MY2010/2011 年的 2 162 吨，降幅为 59.33%。

牧草种子进口快速增长，同中国政府于 2011 年出台的若干促进草原建设与发展的政策相关。受此政策影响，在很长一段时期内中国牧草种子进口都将保持增长的态势。其中，黑麦是家禽、水产与畜牧养殖的主要饲料原料，黑麦种子的需求占总需求的 80%左右。美国、加拿大、丹麦、澳大利亚、阿根廷与新西兰是中国饲料作物种子的主要进口国。其中，三叶草种子主要来自美国、丹麦、澳大利亚、阿根廷、加拿大和新西兰；羊茅与六月禾种子主要来自美国、加拿大与丹麦；黑麦种子主要来自美国、加拿大、丹麦、新西兰。

三、国际种子进出口贸易状况

据国际种子联盟（ISF）2013 年公布的数据，2012 年全球各国国内商品种子价值估算值约 450 亿美元，其中国内种子市场最大的是美国，为 120 亿美元，占全球种子市场份额的 26.71%；第二是中国，为 99.5 亿美元，占全球份额的 22.15%。资料显示，全球种子市场中，60%是商业种，40%是自留种；发达国家的种子商品率在 60%以上，主要由私人种子公司来提供商品种子，而发展中国家的农作物种子商品率不到 20%，也是由私人种子企业提供生产上使用的商品种子。

据国际种子联盟提供的全球商品种子贸易额变化数据，1970—1985 年全球种子贸易额增长不大，仅从 8 亿美元增长到 13.5 亿美元。从 1985 年开始，全球种子贸易量迅速增加，其中从 2004 年到 2011 年贸易额上升的趋势更加明显，2006 年达到 1985 年的近 5 倍，增加 40 亿美元，2012 年全球种子贸易量为 477.78 万吨，贸易总额为 180.85 亿美元，为 1970 年的近 23 倍，占全球商品种子价值的 40.26%。

从 2011 年全球农作物种子主要输出国的出口额来看，法国居第一位，为 16.16 亿美元，第二位荷兰 14.76 亿美元，中国是第 12 位，为 1.95 亿美元；从出口数量看，第一位还是法国，为 54.37 万吨，第二位美国为 37.29 万吨表（6-1）。从进口贸易额看，美国第一位，为 9.08 亿美元；而进口种子数量最大的是德国，为 20.16 万吨。从进口和出口的数量和贸易额来看，中国都没进入前 10 名，表明我国农作物种子以自给自足为主。

表 6-1　2011 年全球农作物种子主要输出国的出口量和商品价值

序号	国家	商品种子出口量（吨）				价值（百万美元）
		大田作物	蔬菜种子	花卉种子	总计	
1	法国	534 826	8 700	170	543 696	1 616
2	荷兰	119 862	10 426	2 911	133 199	1 476
3	美国	354 040	17 853	1 032	372 925	1 394
4	德国	100 752	1 691	359	102 802	745
5	匈牙利	128 168	2 200	—	130 368	392
6	智利	50 125	1 847	28	52 000	380
7	意大利	94 722	10 827	127	105 676	319
8	丹麦	130 044	6 985	324	137 353	280
9	加拿大	182 950	148	—	183 098	259
10	罗马尼亚	93 400	—	—	93 400	214
11	比利时	18 299	935	100	19 334	209
12	中国	24 958	4 621	897	30 476	195
13	墨西哥	93 767	792	—	94 559	194

（续）

序号	国家	商品种子出口量（吨）				价值（百万美元）
		大田作物	蔬菜种子	花卉种子	总计	
14	阿根廷	—	530	—	530	187
15	巴西	56 672	129	—	56 801	172
16	西班牙	83 233	3 108	—	86 341	163
17	日本	4 500	1 285	21	5 806	157
18	英国	8 523	1 191	127	9 841	143
19	奥地利	39 804	102	—	39 906	138
20	以色列	—	—	—	—	138

资料来源：国际种子联盟（ISF）。

参考文献

杜志雄，詹琳．2012．中国主要农产品种子进出口贸易状况及分析［J］．国际贸易（6）：9-17．

王磊，宋敏．2012．中国种子进出口贸易现状分析及对策建议［J］．种子，3（31）：72-76．

王命义．2013．基于中外比较的我国种业产业化发展研究［D］．福州：福建农林大学，10-11．

第七章　种子储备和南繁管理

第一节　种子储备管理

一、储备制度的概念及定义

（一）概念、分类及作用

种子储备制度是指各级政府根据自然灾害发生规律和种子市场供需特点，为保障粮食生产安全、确保救灾需要和种子市场应急供种，有计划地储存一定数量的重要农作物种子。按照管理主体的不同可分为国家级救灾备荒种子储备和省级救灾备荒种子储备。

（二）制度建立的法律依据

《中华人民共和国种子法》第六条提出省级以上人民政府建立种子贮备制度，主要用于发生灾害时的生产需要，保障农业生产安全。对贮备的种子应当定期检验和更新。种子贮备的具体办法由国务院规定。按照种子法的这项规定，农业部及各省农业主管部门都开展了种子储备工作。

（三）制度建立及管理的实施主体

农业部负责组织落实国家救灾备荒种子储备任务，组织调用储备种子。财政部负责对承担国家救灾备荒种子储备任务的单位给予适当补助。国家救灾备荒种子是指为保障农业生产用种安全，国家专门储备用于市场调剂及灾后恢复生产所需的农作物种子。

各省农业主管部门负责本省（自治区、直辖市）的救灾备荒种子储备任务。北京市市级储备工作是由北京市农业局负责，北京市种子管理站具体落实。

二、储备计划

（一）储备种子确定的原则和数量

1. 储备原则

国家救灾备荒种子的储备原则是以备荒为主，兼顾救灾。具体储备作物及品种类型包括：市场调剂余地小的杂交早稻和早熟杂交玉米品种及其亲本；制种和繁殖易受气候影响的两系杂交水稻品种及其亲本；玉米和水稻主产区域市场调剂所需要的杂交玉米和杂交水稻品种及其替代品种；适宜灾后恢复生产改种补种的杂交玉米、杂交水稻、杂粮、杂豆等短生育期作物品种；适宜救灾、备荒的其他农作物品种。

省级储备原则根据各省（自治区、直辖市）农业生产、需种情况及灾害发生规律及特点等各有不同，但总体来说主要是以调剂、稳定种子市场（备荒）和保障灾后生产（救灾）为主。在储备作物种类及品种的选择上主要依据本省（自治区、直辖市）区域内种植面积较大，市场占有率高，抗逆性强、适应性广的作物品种，用于救灾的则选择生育期较短的作物品种。就北京地区而言，依据这几项原则，主要选择玉米、大豆、大白菜、萝卜等作为储备品种。

2. 储备数量

国家救灾备荒种子每年储备总量为 5 000 万千克，其中备荒种子（含亲本）3 000 万千克，救灾种子 2 000 万千克。农业部根据市场调剂、救灾用种年度间变化等需要，可适当调整救灾和备荒种子储备比例。

省级储备则根据各省（自治区、直辖市）具体情况来确定，如湖南省是按照 7 000 万亩粮食作物播种面积总用种量的 10%确定全省种子储备规模，并分级储备。省级储备主要用于区域性的救灾备荒种子调剂和应急补缺，按水稻不育系种子不低于 20 万千克、水稻杂交种子不低于 240 万千克的规模进行储备；市州、县市区根据当地自然灾害频率及历年救灾、应急补缺等情况确定合适的种子储备规模。北京市则设立专项资金，列入市财政预算。近几年每年的专项预算为 47 万元，根据储备资金确立储备种子数量。

（二）承储企业确定

1. 承储企业必须具备的条件

（1）承储单位必须具有种子生产经营许可证，近三年内未发生过种子质量事件。

（2）在储备行政区域内具备能够保障储备任务和种子质量的仓储设施（包括种子专用库房、检测设施等），有条件实行分品种专仓存储，储备库交通便利。

（3）具有专业的技术人员（种子检验、生产、储藏保管技术人员各 2 人以上）。

（4）在储备行政区域内具备销售网络，能够保障在动用储备种子时快速有效地将储备种子调运到受灾农户手中。

2. 确立方式

国家储备承储企业的确立程序和要求由农业部制定，目前农业部没有明确的要求，只是提出杂交玉米和杂交水稻种子原则上由“育繁推一体化”或中国种业信用骨干企业承储并通过招标形式确定国家救灾备荒种子承储单位。《国家救灾备荒种子储备经费管理办法（草案）》中提出应当在储备年度前 1 年的 1 月 25 日前，发布国家救灾备荒种子承储单位招标公告。招标公告应当明确以下事项：项目名称、招标内容、储备要求、储备补贴标准、投标人资质要求、投标书格式及内容要求、投标须知、评标规则和标准，以及其他需要明确的事项。投标单位应当于 2 月 10 日前将投标文书送达农业部指定单位。投标单位应当持有省级以上农业行政主管部门核发的农作物种子生产、经营许可证，具有拟储备品种的生产、经营权，具有相应的种子仓储能力，储备库交通便利。有良好信誉，无制售假冒伪劣种子的记录，近 5 年内未出现过种子质量重大事故。农业部发证的“育繁推一体化”种子企业，以及较好地完成上一年度储备任务的单位，在竞标中享有同等条件下的优先权。农业部成立评标委员会，于储备年度前 1 年的 2 月 20 日前，对投标文件进行评审，择优选择承储单位。投标单位不足 3 家的，可采取议标方式进行确定。农业部应当于 2 月底前，发布中标公告。

省级储备承储企业确立程序各有不同，北京市储备承储企业的确立方式是种子企业自愿申报、区（县）种子管理站审查推荐的方式确定。承储单位应达到以下条件：在京注册，取得市级以上种子经营许可证，仓库位于北京市行政区划内（储备种子需在京贮藏），经营能力、仓储条件、检验水平、社会信用、资产状态一贯良好，在全市范围内有能力完成救灾种子销售任务。

（三）储备合同签订

在储备计划和承储企业都确定后，农业主管部门应及时与承储企业签订储备合同。国家储备需要签订两级储备合同，一级储备合同由农业部与各省级农业主管部门签订，二级储备合同由省级农业主管部门与承储企业签订，储备合同中明确约定储备作物种类、品种、数量、质量、地点、储存时间，以及双方的责任和义务。省级储备则直接由省级农业主管部门与承储企业签订。

三、储备种子管理

任何单位和个人不得随意动用储备种子，对擅自动用储备种子的承储单位，停拨本年度储备补贴，取消承储单位的承储资格，并追究有关人员责任。对无故不能完成储备任务、调拨任务或种子质量不合格的承储单位，停拨本年度储备补贴，取消其下一年度承储资格。各有关单位要切实加强救灾备荒种子储备资金的监管，防止资金被骗取、挤占、截留和挪用，确保专款专用。如有违反，一经查实，将严格按国家有关规定处理。

（一）承储企业对储备种子的管理

种子在储备期间，承储企业有义务和责任管理好储备种子，依照储备合同约定的品种和数量，确保储备种子按时入库，并做好以下管理工作：建立储备种子保管制度，对储备种子实行专仓储存、专人保管、专账记载、专案归档，并制定针对突发事件的应急预案。对储备种子定期检验，保证种子质量。做到储备种子账账相符、账实相符，保证种子数量。

（二）管理部门对承储企业的监督管理

在储备期间，农业主管部门及种子管理部门应对储备种子及承储企业做好监督管理工作，确保储备任务落实到位、储备种子质量合格，做到储得住，用得上。储备期间应定期组织监督检查，对储备现场、档案管理、财务管理等情况进行检查，同时应抽取储备种子样品，进行种子各项质量指标的检测。在自然灾害发生频率较高的月份，管理部门应及时督促承储企业做好防范措施或及应急预案，并开展实地检查，确保储备种子保质保量。如北京地区在每年6～7月易发生暴雨，因此在防汛措施方面，要求储备种子存放库房均建有距离地面50厘米左右的高台，可防止水进入库房；库房周边备有沙袋等隔水设施；种子垛均单独码放，且铺有木质隔板及油毡等隔水防潮设备。库房院区内建有排水沟渠等设施及抽水泵等防护设备。这些设施设备能够有效预防出现汛情时储备种子不被水淹或受潮而影响种子质量。

（三）储备管理期限

储备种子的储存周期为1年。起止时间从当年10月1日至第二年9月30日。在确保数量不减、种子质量符合国家标准的前提下，储备种子每年储新换旧。

四、储备种子调用

（一）调用条件及原则

关于储备种子的调用条件及原则，国家储备目前农业部没有相关规定，北京市储备种子调用原则是尽快恢复农业生产，做好受灾地块的补改种工作，确保灾后农业生产不减产、农民收入不降低为基本原则，调用条件是乡级行政区划内成灾面积累计100亩以上，或者县级行政区划内成灾面积累计500亩以上，且补种面积50%以上，可动用储备种子。

（二）调用程序

国家救灾备荒储备种子的使用权归农业部。省级救灾备荒储备种子使用权归省级农业主管部门，未经农业部或省级农业主管部门批准，任何单位和个人不得动用。基本动用程序是：

（1）因自然灾害或者调剂市场供需矛盾，需调用国家救灾备荒储备种子的，由调用储备种子的省级农业行政主管部门向农业部提出书面申请。农业部接到申请后，应根据实际情况及时予以批复。农业部根据市场调剂的需要，可以直接动用国家救灾备荒储备种子。

（2）承储单位接到国家救灾备荒种子调用通知书后，应当及时安排储备种子的调运，并出具种子质量检验报告书。

（3）救灾备荒种子调运具体事项由调入方和调出方协商办理调运费用由申请调用单位承担。

（4）调用救灾备荒种子用于救灾的，其价格按成本价结算。成本价主要包括直接生产成本、加工包装、运输以及仓储保管等费用。调用救灾备荒种子用于调剂市场的，其价格应当低于市场价的10%以上。

(5) 调运结束后，承储单位应当及时将调出储备种子的时间、地点、品种、数量、价格等情况书面报告农业部。救灾备荒结束后，调入地省级农业行政主管部门应当及时将救灾备荒种子调用及使用情况报告农业部。

救灾备荒种子实行定期更换，推陈出新，确保质量和数量。储备期满后，种子由承储单位自行处置。

(三) 种子调用案例介绍

近几年内北京市在6～7月多发生暴雨、冰雹、大风等自然灾害，使农业生产受到损失，因此动用了北京市市级储备种子。下面以2012年“7·21”特大自然灾害后动用储备种子为例，详细介绍北京市储备种子调用程序。

“7·21”特大自然灾害发生后，北京市房山区、大兴区、密云县等多个区县都发生了非常严重的受灾情况。各区县农业主管部门（区种植中心或区农业局）立即请示市农业局，申请动用储备种子，市农业局在接到请示后即刻做出动用储备种子的决定，并书面通知市种子管理站安排动用事宜。市种子管理站在接到农业局关于动用救灾备荒种子的指示后，立刻召集相关人员研究救灾方案，同时召集区县人员统计实际受灾数据，根据当前的种植条件及茬口，确定救灾作物种类及品种；根据区县上报的实际受灾面积确定了动用数量，同时为了指导灾区农户科学种植，提出了灾区种植指导意见。方案确定的同时通知承储企业决定动用储备种子，要求承储企业做好包装及运送的准备工作，最后组织承储企业及区县指定销售企业签署储备种子销售合同，协调双方完成储备种子销售任务。

五、储备补贴资金管理

1. 国家储备补贴资金

国家储备补贴资金分成两部分，一部分是贮藏保管费用补贴，另一部分是因储备种子而向银行贷款利息的补贴。

2. 市级储备补贴资金

省级储备补贴由各省（自治区、直辖市）自行制定，大体上是建立省级救灾备荒种子储备设立专项资金，列入省财政预算。根据各省（自治区、直辖市）情况每年维持一定的资金规模，专项用于储备种子的资金补贴，如湖北省每年200万的资金规模，北京市近几年则保持每年47万元的资金规模，如发生灾情动用储备种子后，再按照实际发生申请市财政追加补贴资金。

第二节　种子南繁管理

一、南繁的概念

南繁，是指每年10月至翌年4月，利用海南岛独特的地理、气候资源，从事农作物品种选育、种子生产和种质鉴定等活动的统称，包括种质创新、材料加代、组配育种、品种纯度鉴定、育制种等。通过在海南南繁基地进行农业科研生产活动，每年至少可以增加一季农作物生长繁殖，大大缩短作物科研与生产周期，是种子科技创新的重要手段，是种子企业品种推广的重要途径，是种子管理工作的重要内容。

二、南繁管理

(一) 机构变迁

1992年，经北京市机构编制委员会批准建立了北京市南繁指挥部和北京市南繁植物开发中心，二者为两块牌子，一班人员，隶属于北京市种子管理站，其主要任务是制定南繁工作计划，统一南繁工作的领导。

2014年，经北京市市政府同意，北京市南繁工作领导小组成立。北京市副秘书长赵根武任组长，市农委主任王孝东、市农业局局长吴宝新任副组长。领导小组下设办公室，办公室设在北京市农业局粮经作物管理处，日常工作由北京市种子管理站负责，北京市农业局副局长郑渝任主任。

2017年，北京市种子管理站依据相关政策法规，经北京市编委批准成立南繁管理科，负责北京市南繁日常工作。

（二）法律依据

为了加强农作物种子南繁工作的管理，促进南繁事业持续、健康、有序发展，保障农业生产安全，根据《中华人民共和国种子法》《植物检疫条例》《农业转基因生物安全管理条例》等有关规定，由农业部与海南省人民政府联合印发了《农作物种子南繁工作管理办法》（农农发〔2006〕3号），具体指导南繁工作的开展。

（三）南繁登记备案

依据《农作物种子南繁工作管理办法》（农农发〔2006〕3号）第十一条，“从事南繁活动的单位和个人，应当到国家南繁办或本省（区、市）南繁管理机构办理南繁登记备案。国家南繁办与各省（区、市）南繁管理机构应当及时交流有关信息。”

申请人条件：

（1）具备南繁种子生产科研需求的企业及科研机构或个人；

（2）具备种子生产经营许可资格的种子生产企业；

（3）在三亚、乐东、陵水、昌江、东方、临高等市县南繁种子繁育基地。

申请备案流程见图7-1。

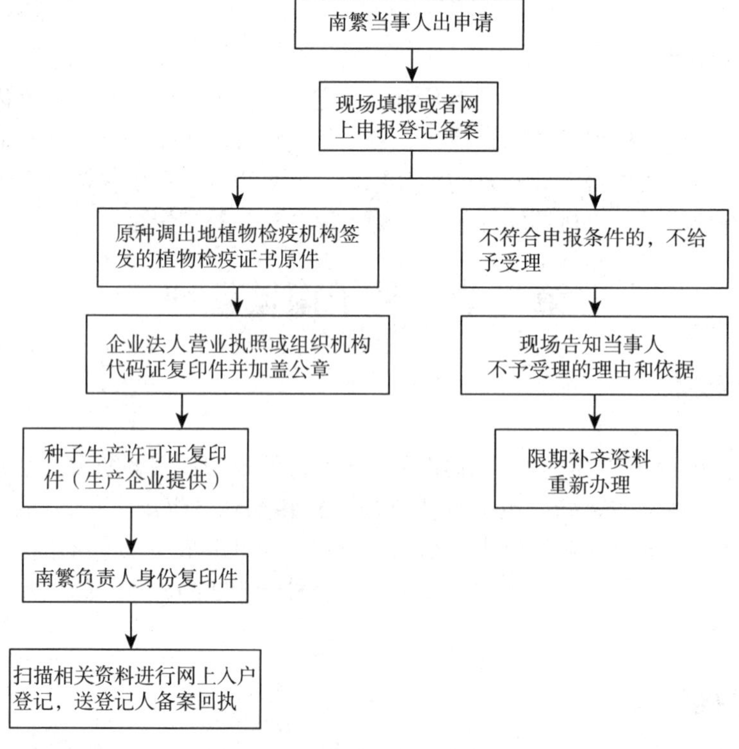

图7-1　南繁登记备案申请流程

三、北京市南繁概况

从20世纪50年代起，我国农业科学家就开始探索缩短农作物育种年限、加速良种选育的方法，提出了异地培育理论。1956年辽宁省农业科学院率先到海南崖县开展水稻和玉米育种工作，拉开了我国南繁工作序幕。异地培育理论的提出和实践为北京南繁工作的开展奠定了基础。北京南繁开始于1966年，至今已有50多年历史，分为五大阶段：

（一）南繁实践探索阶段（1966—1969年）

1966年，北京市接受农业部委托，与河北、山西两省市种子部门、中国农业科学院作物育种栽培研究所以及北京农业大学，在海南岛陵水县良种场对从国外引进的95份玉米自交系种植0.13公顷进行鉴定和观察。北京市南繁工作由此开始。

1966年9月，玉米亲本繁殖会议在海南召开，会议决定在当时的崖县、陵水、乐东3个县21个公社和6个国营农场兴建良种繁育场。北京市南繁地点被排在广东省海南岛崖县保港公社和湛江农所，主要开展玉米育种和自交系加代工作。1966—1967年，北京市在南繁地点繁种146亩，总产量达5 800千克。

这一时期，北京农业正处在恢复发展阶段。为了丰富农作物品种、促进京郊农业增产，北京市一方面开展品种普查、发掘优良农家品种，一方面开展新品种选育工作。在南繁地点对科研院所选育的新品种进行加代、扩繁，加速京郊良种的推广。1969—1970年，北京市农业服务站在海南繁殖75亩玉米单交种，品种有白单4号、反帝101、反帝103等，这些品种是北京市第一代玉米单交种示范推广阶段的主要品种。

这一阶段北京南繁的试验地点基本固定，加代、组配、鉴定、评价等南繁工作内容已经确立，繁育作物以玉米单交种为主。由于南繁工作刚刚兴起，到海南进行科研育种的单位不多，人数较少，繁种面积也有限。

（二）南繁兴起繁荣阶段（1970—1982年）

1971年，北京市积极响应玉米杂交育种会议精神，继续“采用异地育种的方法加快品种选育，缩短育种周期，力争早出、快出品种”。1971—1972年，北京市有13个区（县）、7个国营农场、市农科所、市农业服务站共22个单位、239人参加南繁工作；种植面积3 809.23亩（玉米2 739.23亩，高粱1 054亩，其他作物19亩），其中制种1 220亩，分布在崖城公社、天涯公社、田独公社、6848部队农场、马岭公社等多个大队；实际收获种子33.14万千克，达到整个70年代的最高峰。1972—1973年，北京南繁仍然延续上一年的热潮，20家单位参加南繁，种植面积2 753亩，实际收获种子21.54万千克。

随着南繁用地面积逐渐扩大、繁育种单位和人员逐年增多，开始出现争地、隔离纠纷、物资供应以及南繁种子运输等问题。针对这些问题，北京市制定了《关于南繁工作的几项规定》（1971年），提出南繁原则：应以繁殖亲本为主，制种为辅；以玉米为主，其他作物为辅；加速繁殖少、好、新品种。该规定的提出，为此后的南繁工作划定了范围，指明了方向。

1972年，根据《关于当前种子工作的报告》要求，北京市“建立、健全种子机构，加强领导”，北京市和各区（县）种子站陆续恢复或建立起来。根据“南繁种子原则上只限于科研项目”“需要到海南岛繁育少量贵重种子，应由省统一办理”的要求，北京市对参加南繁的各单位采取了“统一规划、分别管理、自负经费，适当调剂”的办法。在组织领导上，由北京市农业局、市农科所、市农业服务站及各区（县）领队的同志联合组成南繁领导小组，统一领导南繁工作；为加强南繁人员政治思想工作，把参加南繁工作的党员同志组织起来，成立临时党支部、党小组。还对参加南繁人员的政治思想、身体素质、业务水平及医疗、生活补贴等方面都做了具体规定。为了防止入岛的种子带来检疫性病虫害，北京市还在《关于“南繁”工作的几项规定》(1972年)中要求“发运种子，应根据广东省的要求，经检疫、签证后方可发运”，凡是进入海南岛的农作物种子，都进行检疫。

1978年，北京市在原北京市种子站的基础上成立了北京市种子公司，实行行政、事业、经营三位一体的体制。这一年北京南繁单位共13个203人，包括市种子公司，8个县(区)种子公司以及3个农场和1个科研机构(北京市农科院)。按照全国“三杂”制种推广会议要求，南繁单位固定在崖县、陵水、乐东3个县指定的公社，市科研单位安排在国营农场，便于集中管理，保持稳定。

这一阶段，北京市大力推广、普及杂交用种，用种需求大。除进行科研项目外，加上杂交玉米、杂交高粱的亲本繁殖和制种，南繁工作任务大幅增加，是北京市南繁的高峰期。北京市南繁单位较多，主要以市、区(县)两级种子公司为主。南繁定位为科研育种，管理开始逐步规范。

(三)南繁稳定发展阶段(1983—1994年)

随着《南繁工作试行条例》(1983年)的颁布，南繁接待服务站、种子仓库、晒场和旱涝保收农田的建立以及海南省农业厅的成立，南繁在组织领导机构、管理政策以及财政资金上都获得了有力支撑。北京南繁从种子入岛开始，到用地安排、物资供应、产地检疫、治安管理、种子出岛等一系列工作有序开展。

这一时期，北京市提出，南繁的主要任务是解决京郊玉米品种老化和生育期过长的问题，通过南繁加快繁育和示范推广速度，在二三年内实现京郊玉米品种更新换代的目标。根据这一目标，1987年，北京市制定《关于夏播玉米新品种南繁计划和示范计划》，通过南繁配新组合21个，繁玉米自交系5个，运回京4 757千克种子，其中杂交种4 017千克，自交系6 555千克，东北旺科技站自留种子84千克。1988年，在《关于加快京郊玉米品种更换进程的报告》中提出，已通过南繁发现可代替京杂六号、京早七号的组合，为加快组合的繁殖，建议北京市政府同意安排南繁，继续试验。1988—1989年，北京市南繁种植面积417.5亩，其中玉米单繁和制种357亩，育种材料41.5亩，纯度鉴定19亩。

随着市场经济的发展和种子经营主体的增多，为规范种子市场和经营主体，1987年1月，北京市人大常委会颁发了《北京市农作物种子质量管理暂行条例》；1989年3月，《中华人民共和国种子管理条例》颁布，把新品种选育、试验、示范、审定、推广及种子生产、经营、质量检验等方面的管理制度，以法规的形式规定下来，北京市种业走上了依法治种的新阶段。为加强执法管理，市、县(区)种子站改为种子管理站。为了确保合格种子进入市场，又在南繁工作中增加了种子田间纯度鉴定的任务。自1988年起，每年冬季将第二年要上市的品种带到海南种植，进行纯度鉴定，将不合格种子淘汰，筛选出合格种子，第二年进行大范围安全推广和生产。1988年北京市在南繁开展纯度鉴定的种植规模就达到19亩。

为进一步搞好南繁工作，改善南繁人员的住宿、生活条件，1989年北京市政府专门拨款40万元，在三亚警备区师部农场院内投资兴建了北京市南繁指挥部办公楼，1991年正式竣工，投入使用。南繁基地的建立，结束了北京南繁长期处于散兵游勇的状态，为北京市种子部门及科研育种单位南繁工作提供了固定的场所和必要的条件，也为南繁工作统一集中管理提供了保证。

这一阶段，由于南繁制种成本太高，北京市政府提出：应以育种材料加代和“少、好、新”的有苗头品种扩繁为主，不搞大田生产用种。因此，北京市参与南繁的单位、人数减少，主要以市农科院、农场局的科研所和市种子站为主。种植面积规模也相对缩小，每年繁殖200亩左右。南繁作物以玉米为主，水稻、瓜类为辅。南繁工作逐渐制度化，管理机构职能更加明确，发展趋于稳定，管理趋于常态。

(四)南繁成熟规范阶段(1995—2009年)

1995年，中国农业科学院等单位在海南岛进行了转基因棉花田间抗虫试验，转基因番茄、转基因玉米、转基因水稻等试验开始进入南繁领域，自此南繁进入转基因试验时代。随着南繁从政府计划管理逐步向南繁单位市场化自主经营转变，南繁无序化呈加重趋势，出现损坏南繁材料、伤害南繁人员事件。

为进一步加强对南繁工作的领导，1998年12月，按照《农作物种子南繁工作管理办法（试行）》（1997年）的要求，成立了北京市南繁领导小组，并设立南繁指挥部，由北京市种子管理站安排专门人员负责落实市南繁领导小组的相关决策，开展北京市对南繁范围、繁育计划、组织领导、具体职责、用地安排、隔离设置、地租价格、收费项目、政策法规、治安管理、奖惩制度等的具体管理与服务工作。

由于北京市在海南没有固定基地，各单位均是每年临时租用农民或农场用地，不但耽误时间，而且无法保证土地及其他基础设施条件满足南繁需要。因此建立稳定的种子生产基地和种子质量鉴定基地提上日程。

同时，随着种植结构调整，蔬菜、草类、杂粮以及其他专用、特用优质品种需求大幅增加。1998年，北京市提出将部分蔬菜品种、专用优质品种与杂交玉米种子的南繁工作同等看待，重点加强特用、优质品种亲本的（原种）的扩大繁殖。2002年，北京市将当时全国种植面积大、种子需求量大的农大108、农大68、超甜1号、甜单21玉米，红小玉、黄小玉西瓜等，以及全国新品种区试中表现有苗头的，筛选出15个左右表现优异的粮、菜新品种，在海南繁殖亲本200亩用于2003年内地制种推广。

在扩大繁、制种种类的同时，北京市还十分关注品种提纯工作。提出品种纯度是决定种子能否应用的关键因素，延长优质品种服务年限，有利于种植结构调整和农民增收。因此，2002年筛选了5个“确实符合需要的、有广大推广前景的，而纯度又不够高的品种”，进行南繁套袋提纯，获得了非常好的效果。

根据基地建设需要，北京市于2003—2004年，对南繁指挥部进行改、扩建，形成了占地6亩、建筑面积780米^{2}的局部四层办公楼。2004年配置了电脑、复印机、传真机、电视机、电冰箱等办公、生活设施。2006年采购了玉米脱粒机、烘干机等种子加工检验设备。2007年建平房仓库5间，共135米^2。院区还装备有电子监控系统，确保了办公与居住的安全。

这一时期，北京南繁的作物范围进一步扩大，粮食供应作物中主要是玉米；蔬菜作物中主要是甜椒、辣椒，还有番茄等；经济作物中主要是西瓜等。南繁面积最大的是玉米亲本南繁，其次是以玉米为主的育种加代，再次是杂交种子纯度鉴定。此外，北京市每年由市种子管理站承担市级杂交玉米种子质量监督种植鉴定以及公益性亲本提纯、展示品种制种等南繁工作。南繁总面积每年300～400亩，内地制种缺口较大或推广重大新品种的年份，亲本扩繁量大，南繁总面积超过1 000亩。南繁的单位也有了新发展，不仅是国营的科研单位和市、县（区）种子公司，还有私人企业、个体种子经营者也加入了南繁的行列。据统计，每年约有20多家。

这一阶段，北京市南繁管理制度与南繁服务设施均已初具规模。2006年，北京市种子管理站向全市种子单位发出了《关于加强北京市农作物种子南繁管理与服务的通知》，进一步明确了管理机构与职责。将北京市南繁指挥部办事机构设在北京市种子管理站行业管理科，南繁季节安排人员在海南三亚警备区农场内北京市南繁基地负责现场联络。要求各单位和个人填写北京市农作物种子南繁登记表，及时办理植物检疫、种子生产许可证、流动人口登记等，加强规范、安全管理。同时，以北京市南繁基地为载体，向全市南繁单位提供生产用地、种子检验仪器、种子烘干设备以及日常办公、餐饮住宿等服务，以及代繁、代鉴定等业务性服务。

（五）南繁全面提升阶段（2010年至今）

随着南繁在我国种业发展中的作用和地位日益凸显，南繁基地建设逐渐上升为国家战略。北京市委市政府高度重视，制定了《北京种业发展规划（2010—2015年）》，出台了《北京市人民政府关于促进现代种业发展的意见》，提出按照“一个核心、两大区域、三类基地、四级网络”的空间结构对北京种业进行总体布局，其中“三类基地”就是指海南基地与本市及外埠基地。并提出加大北京市在海南省制种基地建设，将基地建设成为支撑北京市种业创新发展的重要基地。

自 2010 年以来，北京市不断加强南繁管理力度，提升服务质量，确保南繁工作顺利开展。2010 年 10 月中旬，正是南繁工作开始的时间，各南繁单位都在进行翻地和种植之前的准备工作。由于三亚至海口的高速列车轨道在建设时占用了师部农场南繁用地的排水沟，致使北京金色农华种业的玉米种植用地面临无法排水的困境，一旦发生强降雨，将会对种植的作物造成损害，甚至出现绝收的可能。得知此情况后，北京市南繁指挥部及时与国家南繁办、师部农场联系，并会同相关部门负责人到现场勘察，共同商讨解决办法，最终该问题得以有效解决，保证了金色农华种业南繁任务的完成。

这一阶段，北京市南繁单位的数量逐年增多，2011—2012 年，北京市共有 34 家科研院所、企（事）业单位的 488 人来琼进行南繁工作，南繁总面积达 3 868.4 亩，至 2015 年底，南繁科研院所、企（事）业单位已达 50 家，相关工作人员 700 多人，南繁总面积达 6 724 亩，规模进一步加大。这段时期，北京市南繁单位主要分布在三亚、陵水、乐东等地，作物类型有玉米、大豆、西甜瓜、蔬菜、向日葵、水稻和棉花等。北京市农委、农业局领导对北京市南繁工作非常重视，2012 年 3 月，北京市农业局局长赵根武相关领导对南繁基地进行了实地考察，要求把北京市南繁指挥部建成“管理站、服务站、接待站”。2013—2014 年，北京市南繁指挥部进行改造提升，改造了老化的水、电线路，重新配备了办公家具与床上用品，提升了工作、生活质量，改善了院区绿化环境，加装了柴油发电机组与院区视频监控系统，确保了院区安全，并抵御了超强台风“海燕”。

为进一步加强组织领导，2014 年，经北京市市政府同意，北京市南繁工作领导小组成立。北京市副秘书长赵根武任组长，市农委主任王孝东、市农业局局长吴宝新任副组长。领导小组下设办公室，办公室设在北京市农业局粮经作物管理处，日常工作由北京市种子管理站负责，北京市农业局副局长郑渝任主任。

2015 年 10 月 28 日，经国务院同意，农业部、国家发展改革委、财政部、国土资源部和海南省政府联合印发《国家南繁科研育种基地（海南）建设规划（2015—2025 年）》，对南繁基地建设与管理做出全面部署。北京市高度重视，立即召开了全市南繁科研育种单位和企业需求的摸底大会，研究部署北京市南繁基地建设的重点任务，积极制定《北京市南繁科研育种基地（海南）建设规划》与《北京市贯彻落实南繁规划实施方案》。

这一阶段的特征是南繁提升为国家战略，北京南繁发展处于一个新起点，南繁科学体系基本形成，南繁育制种开始进入融合生物工程、计算机与网络信息、管理制度、立法保障等完整体系创新与创建阶段。

四、南繁规划

南繁 50 年，为北京市农作物种业创新和现代农业发展做出了巨大贡献，但基础设施薄弱、科研用地不稳、生物安全风险等问题制约了北京南繁的进一步发展。为进一步深化各方面建设，努力提升管理服务水平，切实规划好、保护好、建设好、管理好南繁基地，打造南繁工作的“管理站、服务站、接待站”，依据《国家南繁科研育种基地（海南）建设规划（2015—2025 年）》和《推进南繁基地建设实施方案》，北京市农委、市农业局联合市财政局在广泛调查研究、征求科研单位和南繁种业企业的意见的基础上，共同组织编制了《北京市南繁科研育种基地建设实施方案》，2017 年 2 月得到市领导的先后批示。该方案主要内容包括：一是新建 5 000 亩南繁科研育种基地，二是建设南繁生产生活配套设施，三是购置改造北京市南繁指挥部及实验培训楼，由北京市种子管理站负责具体落实工作。争取到 2025 年，全面完成北京市南繁基地建设任务，将北京南繁基地打造成为集科研、生产、管理和服务于一体，生产发展、生态安全、环境友好的现代化种业基地，为北京市建设“种子硅谷”、打造国家现代种业创新试验示范区和发展都市型现代种业提供有力支撑，为引领现代种业发展和保障国家粮食安全做出新贡献。

第八章 种子市场监管和纠纷调解

第一节 概 述

一、种子市场概念

种子市场分为传统意义上的种子市场和现代意义上的种子市场。

传统意义上的种子市场是指经营者集中销售商品种子的场所，具有固定的经营地点，经营时间也相对稳定。类似于菜市场、海鲜市场。

现代意义上的种子市场有了很大扩展，不但包含种子交易的固定场所，还包括种子网络交易、种子邮购、种子经纪人直销等。交易的内容除了商品种子，还有原种、品种权、苗木等。具体来说，现代种子市场是指种子研发、生产、销售、农民、经销商、企业、管理者等种业构成因素共同存在的空间。

二、种子市场监管

（一）概念

种子市场监管是指种子管理部门依照法定职责和程序，贯彻实施相关法律法规，对种质资源、品种选育、种子生产经营和使用等行为进行规范和调节，对管理相对人实施行政执法行为，并对违法行为予以纠正的活动。目的是为了保护合理利用种质资源、维护品种选育者和种子生产者、经营者、使用者的合法权益，推动种子产业化发展。

（二）必要性

种子产业是国家战略性、基础性核心产业，对农业生产起到决定性作用，是促进农业长期稳定发展、保障国家粮食安全的根本。

目前我国各业发展仍处于初级阶段，商业化的农作物种业科研体制机制尚未建立，科研与生产脱节，育种方法、技术和模式落后，创新能力不强；种子市场准入门槛低，企业数量多、规模小、研发能力弱，育种资源和人才不足，竞争力不强；供种保障政策不健全，良种繁育基础设施薄弱，抗灾能力较低；种子市场监管技术和手段落后，监管不到位，法律法规不能完全适应农作物种业发展新形势的需要，违法生产经营及不公平竞争现象较为普遍。为此，国家利用行政权力指导种子活动非常必要。

（三）监管主体

行政主体是依法拥有职权，能够以自己的名义并对产生的效果承担法律责任的国家机关或社会组织。行政主体能够以自己的名义作出处理决定、参加行政复议或行政诉讼，并且能够自行承担裁判结果。

《种子法》明确规定农业主管部门是种子行政执法机关，国务院农业主管部门主管全国农作物种子工作，县级以上地方人民政府农业主管部门主管本行政区域中内农作物种子工作。《种子法》还规定农业主管部门所属的综合执法机构或者受其委托的种子管理机构，可以开展种子执法相关工作。由此可见，种子监管主体分为三类：一类是农业主管部门；一类是农业主管部门所属的综合执法机构；一类是受农业主管部门委托的种子管理机构。农业主管部门是法律规定的行政主体，农业主管部门所属的综合执法机构是法律授权的行政主体，二者都可以在法定范围内，以自己的名义开展行政管理工作。受农业主管部门委托的种子管理机构虽然行使管理职权，但不是行政主体，工作不能以自己名义开展行政管理工作，而必须以农业行政主管部门的名义开展工作，所做的执法决定由农业行政主管部门承担。

《种子法》没有授权给各级种子管理机构种子管理职能，但是行政法规可以授权种子管理机构行使种子管理职能，被授权的种子管理机构即为行政主体，在法定授权范围内，以自己的名义开展执法活动，承担执法责任。

（四）监管对象

种子生产企业、种子经营企业、种子经销店。

（五）监管内容及依据

1. 市场检查

市场检查，是指种子管理部门依据职权，对一定范围内的行政相对人是否遵守法律、法规和规章以及是否执行有关行政决定、命令等情况，进行核查了解的行为。

2. 行政处罚

行政处罚是行政主体依法对违反行政法律规范的法人或者其他组织实施的法律制裁。

《种子法》第七十条至九十一条规定了违反法律规范应当受到的制裁，涉及的行政处罚种类主要有：罚款，没收种子和违法所得，吊销种子生产许可经营许可证，责令停止经营等。

3. 纠纷调解

种子纠纷，是指种子使用者在购买种子和使用种子过程中，与种子经营者就其双方权益和责任问题发生的争执。一般指农作物种子在大田种植后，因种子质量或者栽培、气候等原因，导致田间出苗、植株生长、作物产量、产品品质等受到影响，双方当事人对造成事故的原因或损失程度存在分歧而发生的争执。

种子纠纷是由于形成损失而发生，争执的焦点是种子经营者是否应当承担赔偿责任。

《种子法》没有明确规定种子纠纷调解的主体，只在第七十三条中规定了“县级以上人民政府农业、林业主管部门，根据当事人自愿的原则，对侵犯植物新品种权所造成的损害赔偿可以进行调解”。在实际中普遍做法是，种子使用者往往会投诉到种子管理机构，由种子管理机构进行调解。

（六）北京种子市场监管体系

1. 法律规定

《种子法》第三条规定：“国务院农业、林业主管部门分别主管全国农作物种子和林木种子工作；县级以上地方人民政府农业、林业主管部门分别主管本行政区域内农作物种子和林木种子工作。各级人民政府及其有关部门应当采取措施，加强种子执法和监督，依法惩处侵害农民权益的种子违法行为。”

《种子法》第五十条规定：“农业、林业主管部门是种子行政执法机关。”“农业、林业主管部门所属的综合执法机构或者受其委托的种子管理机构，可以开展种子执法相关工作。”

《北京市实施〈中华人民共和国种子法〉办法》第六十二条规定：“《种子法》和本办法规定的对种子违法行为的行政处罚，由市和区、县农业、林业种子管理机构实施。”

2. 运行方式

市和区种子管理机构具体负责辖区种子管理和监督工作。市种子管理机构对区县种子管理机构进行指导和监督。北京市14个郊区中，除石景山外，13个区均设有种子管理站，依法实施种子行政处罚。其中，实行综合执法的有平谷、门头沟和朝阳，朝阳、门头沟未单独设立种子管理站，将种子管理职能并入执法大队。

北京市种子管理机构对种子企业监管原则上实行属地管理。区种子管理站负责种子企业的日常监督检查，市站进行督察和抽查。各区对于情节较轻且属于初次违法的企业，明文责令改正，对于一年内再次违法或者故意制假售假的企业，必须立案查处。对于农业部督办的案件和“12316”举报为红色和橙色的案件、案值金额超过100万元的案件、案情复杂，区查处确有困难的案件以及区查处不力，市站认为需要由市站管辖的案件由市站直接查处。

第二节 种子市场检查

一、种子市场检查概念及目的

种子市场检查，是指种子管理部门、机构依据职权，对一定范围内的行政相对人是否遵守法律、法规和规章，以及是否执行有关行政决定、命令等情况，进行核查了解的行为。

二、种子市场检查主体与权限

《种子法》第五十条规定：“农业、林业主管部门是种子行政执法机关。种子执法人员依法执行公务时应当出示行政执法证件。农业、林业主管部门依法履行种子监督检查职责时，有权采取下列措施：

（一）进入生产经营场所进行现场检查；

（二）对种子进行取样测试、试验或者检验；

（三）查阅、复制有关合同、票据、账簿、生产经营档案及其他有关资料；

（四）查封、扣押有证据证明违法生产经营的种子，以及用于违法生产经营的工具、设备及运输工具等；

（五）查封违法从事种子生产经营活动的场所。

农业、林业主管部门依照本法规定行使职权，当事人应当协助、配合，不得拒绝、阻挠。

农业、林业主管部门所属的综合执法机构或者受其委托的种子管理机构，可以开展种子执法相关工作。”

也就是说，种子管理部门、机构在执行本法的监管任务时，随时可以进行现场检查，不以提前通知当事人或得到当事人的允许为条件；且只要是与种子生产、加工、检验、仓储、经营等有关的场所都可以进行检查。种子行政检查，体现着国家意志，具有强制力和执行力，种子经营者和生产者不得拒绝、阻挠、妨碍种子执法人员依法进行监督检查。

三、种子市场检查方法

（一）常规检查

种子管理部门定期或者不定期对种子生产者、经营者进行检查。

1. 对生产者的检查

一是查资质。看生产者是否取得种子生产经营许可证，生产的品种是否通过审定，生产具有植物新品种权的品种是否征得品种权人书面同意；检验设备、加工贮藏设施设备是否符合要求；专职种子生产技术人员、贮藏人员、种子检验人员是否合格；隔离和生产条件是否符合种子生产规程。二是查档案。看生产地点、地块环境、前茬作物、亲本种子来源和质量、技术负责人、田间检验记录、产地气象记录、种子流向是否记录完全，是否合法。三是查生产地块。在种子生产田现场核查种子生产是否符合生产规程。四是查质量。在种子生产关键期进行抽样，检测品种真实性。

2. 对经营者的检查

一是查资质。看是否取得种子生产经营许可证或营业执照，检验、贮藏、加工技术人员是否合格，加工、包装、贮藏设施和种子质量检验设备是否符合要求。对于专门经营不再分装的包装种子的，或者受具有种子生产经营许可证的经营者以书面委托代销其种子的，不需要办理经营许可证。二是查种子包装标签二维码，看种子标签是否标注种子类别、品种名称、产地、质量指标、检疫证明编号、种子生产经营许可证编号、进口审批文号等事项，以及标注内容是否符合相关规定，是否存在超范围经营种子、侵权经营、未审先推等行为；看种子是否有二维码，扫描二维码是否出现正确的种子信息。三是查档案。看经营档案是否载明种子来源、加工、包装、运输、贮藏、质量检测各环节简要说明及责任人、销售去向，记录内容是否合法，原始进、出货发票、单据是否真实、齐全。四是查库房。看库房贮藏种子是否符合档案记录，是否存有违法种子。五是查质量。对经营的商品种子进行抽样，检测种子质量 4 项指标和品种真实性。

（二）联合检查

种子管理部门与工商、公安、质检、植保等部门联合进行检查。一是减轻管理相对人负担。经营者不需要多次接待检查活动。二是检查全面彻底。三是加大检查影响力。

（三）专项检查

种子管理部门针对某个问题集中进行整治。如开展包装标签规范活动，打击侵权经营行为等。

四、种子市场检查手段

（一）督、查结合

在春秋两季种子销售旺季开展市场大检查，检查方式主要是区县自查、分组互查、市站组织督察。

（二）分级监管

针对种子经营者数量多，执法人员数量少的现状，北京市采取“企业分级、量化监管”管理方式，专门制定了《北京市种子企业执法管理分级标准》和《北京市种子经营门店管理分级标准》，各级种子管理机构动态地对辖区内所有种子经营单位进行分类，评定出 A 级、B 级、C 级、D 级 4 类企业。根据不同级别的监管对象，实现量化监督管理。监管频次为：A 级，每 2 年 1～2 次；B 级，每年 1～2 次；C 级，每年 2～4 次；对于 D 级，要进行公示两年以上。根据评级结果划分监管类别，以激励、教育、惩戒等方式，对种子经营单位进行动态监管，并且将有限的执法力量集中在重点地区、重点单位上，提高监管效率。

（三）一企一档

北京市种子管理站统一制作执法档案盒，并制定了《北京市种子执法档案管理与评查办法》，要求执法档案应当包括企业基本情况介绍和相关资质证书复印件、行政处罚记录、种子纠纷处理记录、现场检查记录、质量抽检材料、培训宣传材料以及其他有关种子行政执法的材料，并对依法进行现场检查、质量抽检、处理种子纠纷、实施行政处罚和进行培训宣传等活动中形成的文字、图片和影音等记录模式进行了统一，为全市种子执法档案管理工作提供了规范和标准，进一步提高了执法人员依法行政意识。

（四）一店一档

北京市种子管理站统一制作监管档案盒，发放给全市所有种子经营单位，包括持证种子企业和种子经销门店。全市种子管理机构使用统一制作的北京市农作物种子市场检查表，将执法工作中产生的各种文书，包括品种、行政许可、质量监督、市场检查等，全部放入档案中进行管理。确保保存好执法痕迹，并督促企业按要求进行整改。

（五）双随机检查

北京市农业局建立双随机管理系统，北京市种子管理站建立市种子执法人员名录库和种子企业库，每月在双随机系统里随机抽取执法人员和种子企业，随机进行市场检查，加强事中事后监管。

（六）执法公示

北京市种子管理站以种子执法监管系统为后台基础，在北京种业信息网首页专门开辟执法公开栏目，对全市执法结果进行公示。执法信息公开分为四类：责令改正违法行为信息（所有下发责令改正通知书的）；提示性信息（拒绝检查的、地址不详的、改变营业地址未做变更或未备案的、被投诉举报的、检查门市处于关闭状态的、停业的、注销许可证的、有其他违法行为的）；行政处罚信息（所有的行政处罚）；严重违法信息（骗取许可证、涉嫌违法调查中逃逸、依法被列入黑名单的企业）。

目前，全市通过该系统公示行政处罚信息25个，公布提示性信息36个，一方面极大提高了北京市种子执法透明度和公信力，另一方面对企业的信用会产生警示作用，从而促使企业加强自律并守法经营。

五、种子市场检查技巧

（一）要制定检查方案，人员、车辆、时间安排好，准备好设备、工具、文书、证件等。

（二）要文明执法。执法中遇到的问题都属于人民内部矛盾，应当以教育为主。执法人员应以人为本，依照法律规定的职权和程序，开展执法工作。这是社会文明程度的表现，也反映出执法人员的基本素质高低。

（三）要平等心态待人。作为执法者，并不意味着比当事人高人一等。从实践情况看，大多数违章违法者是通情达理的，只要执法者晓之以理，动之以情，执法工作还是能够顺利进行的。

（四）要耐心细心办事。执法对象往往在文化层次、社会背景、个人性格等方面存在差异，所以执法人员应当耐心听取当事人的陈述、说明，根据不同情况做出不同处理。

六、注意事项

（一）实施检查行为时，应当出示执法证件，否则管理相对人有权拒绝。

（二）检查时涉及实物、场所的，应当通知管理相对人到场，实行公开检查。

（三）检查过程中，需要采取强制措施的，应当事先向管理相对人说明理由。

（四）执法人员实施检查行为后，尤其对管理相对人的账目、书证、技术等，应当保守秘密。

第三节　种子案件查处

一、概述

案件查处是指管理部门为对违反种子相关行政法律规范的单位和个人实施法律制裁而采取必要手段进行调查取证并实施行政处罚的过程。

二、执法机构和案件管辖

《种子法》规定，农业、林业主管部门是种子行政执法机关。农业、林业主管部门所属的综合执法机构或者受其委托的种子管理机构，可以开展种子执法相关工作。没有被授权的种子管理机构，接受上级农业行政主管部门委托可以进行案件查处，以上级主管部门的名义进行行政处罚；被授权的种子管理机构即为行政主体，在法定授权范围内，以自己的名义进行案件查处、实施行政处罚。

案件查处遵循的是“属地管理”原则，即种子管理部门主要对辖区内的案件进行查处。对于跨越行政区域的案件，管理部门可以报请上一级农业行政主管部门决定，或者由上级主管部门指定管辖。

三、案件来源和常见类型

种子案件的来源主要为：投诉举报、检查发现、上级交办、媒体曝光、违法行为人交代、有关部门移送等。

常见类型为生产、经营假劣种子，无证生产种子或者未按照生产许可证规定生产种子，无证经营种子或者未按照种子经营许可证规定经营种子，经营的种子标签内容不符合规定，经营应当审定而未经审定通过的种子等。

由于首都种业的特殊性，目前在北京，传统意义上制售假劣种子坑农害农的现象基本消灭，一些不法企业采取隐蔽性更强的违法经营形式。如，有的不法企业通过网络、报刊宣传，公布真实银行账号和虚假地址，引诱农民汇款邮购种子，却查不到企业所在；有的企业不申领种子经营许可证，以经营不分装种子的名义领取营业执照，以其他公司的名义开展种子经营，以便推卸责任；有的不法企业套牌经营种子，将一个品种更换成另一个名称销售，种子假而不劣，非专业人员无法鉴别。这导致取证、查处难度不断增大。

四、种子案件查处程序

1. 初步调查

即对受理案件反映的问题进行初步核实，了解所反映的主要问题是否存在，为是否立案提供依据。

2. 立案

经过初步调查，发现管理相对人涉嫌有违法行为的，应当给予行政处罚，应当填写立案审批表，报行政处罚机关负责人批准。案件一经批准，即为正式立案。

3. 调查取证

即收集、固定证据，并运用证据定案的过程。

4. 案件审查和处理意见

案件调查结束以后，调查组要进行讨论，对案件进行全面的分析、研究，对调取的证据进行审核、判断，并根据有关法律规定提出处理意见。

5. 作出行政处罚决定

制作行政处罚通知书，告知当事人违法事实、处罚依据和理由。对于符合听证条件的，告知当事人要求听证的权利。

6. 执行和结案

行政处罚决定书交付当事人后，当事人应当在规定期限内履行。当事人逾期不履行处罚决定的，可以申请人民法院强制执行。执行完毕后，全部案件材料归档。经行政处罚机关负责人批准后结案。

五、查处技巧

（一）前期调查

1. 调查人数

必须两人以上进行调查。

2. 内部讨论

对案情进行分析梳理，确定工作方向。制订调查方案，明确需要查清的问题，需要调查的人员，需要调取、固定的证据，分清调查的主次顺序。

3. 调取固定关键证据

发现关键性证据要立即调取或固定，以免当事人转移、销毁。票据、会议记录等书证，由提供单位、提供人签字盖章（此件与原件一致）。如有多页书证，可逐页盖章，也可以盖骑缝章。

4. 制作笔录

首先，要明确调查任务。谈话时需要查清哪些问题，在做笔录前要心中有数。其次，熟悉并分析已知证据。谈话中做到有的放矢，突出重点，让证据之间能相互印证。第三，列出谈话提纲。把需要问的问题列出来。第四，要准备好笔录纸、印泥等。

（二）获取尽可能多的证据

证据是指能够证明案件真实情况的一切事实。证据是定案的基础，证据必须符合客观性、关联性、合法性标准。调查过程中，要把能够收集到证据全部收齐。物证、书证应当尽量收取原物、原件，不能收取原物、原件的，也可拍照、复制，书证还应由原件的保存单位或个人签字、盖章；对于有关机关移送的调查材料，必须认真审核，经调查人员认定后才可作为证据使用。

要依法取证。调查取证人员不得少于 2 人，须当面出示身份证件或有关证明文件，并告知被调查人权利和义务。场所宜选择到被调查人员所在单位进行，必要时可通知被调查人员到指定地点接受调查询问。

调查取证关系到违法事实的认定、案件的处理，直接决定着案件的成败。执法人员应当掌握调查取证的艺术，避免主观臆断。

（三）做好询问

调查问话需要一定的艺术性。在没有其他物证、书证的情况下，证人证言就成了定案的唯一证据。

一要明确问话目的。询问过程中，要始终以查清案件真相、查找关键证据为中心，将当事人违法事实全面展现出来。

二是采取合适的问话方式。要抓住案情的实质，根据当事人心理素质、性格等，来决定问话方式，或单刀直入，或曲折迂回等。

三是坚持自己的问话逻辑。询问人应当提前设计好询问逻辑，要分清主次，先问什么，后问什么，从什么地方问起。要让当事人进入自己的逻辑，不要陷入当事人的逻辑之中，被其叙述带乱思维。

四是要言简意赅。应当少说事实性语言，不能在无意中暴露自己的实际意图。要让当事人多说，在其叙述中仔细查找线索及证据。

（四）做好笔录

调查笔录要力求具有完整性、真实性和准确性，除了要把与案件关联的问题记清楚外，也要把询问的时间和地点、被调查人的基本情况记录下来。

调查笔录应当场制作。必要时，可以录音、录像。

制作询问笔录，要条理清晰、结构严谨、内容翔实、文字规范。不能缺乏逻辑、前后矛盾，或者语言不通，出现错字、漏字等。

（五）联合办案

一些非法经营种子的企业，对待管理部门经常采取不开门、不接电话、不予理睬、不提供任何证据、不给予任何实质性答复、销毁证据、提供虚假证据等不配合态度，执法人员缺乏有效制裁手段。可以会同其他部门，如工商部门、公安部门等，进行职合调查取证。尤其公安人员介入后，往往会比较容易获取关键性证据。

第四节　种子纠纷处理

一、纠纷处理概念和重要性

种子纠纷是指种子购买者和种子使用者在购买种子、使用种子过程中，与种子经营者之间就其双方的权益和责任问题而发生的争议。比较常见的纠纷是由于产生种植事故，农民和种子经营者对造成事故的原因和损失程度存在争议。

种子纠纷处理是一项非常重要的工作。由于种子往往是大面积种植的，种植事故的出现往往具有类似性。种子纠纷调解不到位，往往会引发上访、群访事件的发生，严重威胁农村的社会稳定。

现行《北京市实施〈中华人民共和国种子法〉办法》第六十三条规定，“在品种选育、种子生产和经营活动中发生民事纠纷的，当事人可以协商解决，也可以向当地农业、林业行政主管部门或者其所属的种子管理机构申请调解，”为种子管理机构开展种子纠纷调解工作提供了法律依据。

二、投诉举报受理

1. 来源

来源主要为：投诉举报、上级交办、媒体曝光、有关部门移送等。

2. 分工

纠纷处理遵循的是“属地管理”原则，即种子管理部门主要对辖区内的纠纷进行处理。对于跨越行政区域的案件，管理部门可以报请上一级农业行政主管部门决定，或者由上级主管部门指定管辖。

三、种子纠纷处理程序

1. 调查情况

受理纠纷后，要在第一时间开始调查，和投诉举报人保持沟通，以免发生多部门投诉同一事件的情况。同时，将投诉内容通知被投诉人，了解被投诉人的说法。

2. 现场勘验

初步了解情况后，到进行现场勘验，核查投诉人描述情况的真实性。对于明显是田间管理等个人因素导致的纠纷，应当尽力解释。

3. 田间鉴定

对于一时难以确定原因的种植事故，符合现场鉴定条件的，告知投诉人依据《农作物种子质量纠纷田间现场鉴定办法》的规定，向田间现场所在地种子管理机构申请现场鉴定。

4. 组织调解

本着切实解决问题的态度，对双方当事人进行调解。

5. 签订协议

对于当事人双方达成解决意向的，以种子管理机构作为见证人，签订解决协议书。协议书虽然没有强制力，但是当事人也应当积极履行。

四、常见种子纠纷原因

1. 非正常气候

光照不足、高温、高湿、冰雹、干旱、霜冻、雨涝等非正常自然因素引起植株发育异常，发生病害加重、早衰、不结实，表现为减产、品质差等现象。北京市的突出问题是玉米抽雄开花期连续阴雨、高温，授粉不好，造成秃顶、结实率严重降低，或者多穗、小穗等。

2. 未按品种使用条件说明进行操作

如播期不当，种植密度过大，底肥不适宜等。

3. 生育期管理不当

栽培技术如茬口、施肥、整地质量、浸种、催芽、播种质量、种植密度、追肥、浇水、化学除草、杀虫、营养元素缺乏等因素都有可能造成生长畸形、缺苗断垄、减产或品质下降，关键期水肥灌施不当，容易倒伏、减产。

4. 盲目引种

农作物种子在适宜环境下才能正常发育，超出适宜区域往往不能正常生长。农民受到广告鼓动，跨生态区引种种植，容易减产、绝收，产生品种适应性纠纷。

5. 作物病虫害，导致减产

6. 使用假劣农药和肥料，容易减产

7. 不明原因引起的纠纷

有时出现种植事故的原因不明，自然因素、人为因素以及作物自身因素综合作用，可能造成作物不出苗或者出苗较差、生长缓慢、徒长、成熟偏晚或者提早成熟，或者品质低劣、产量下降，或者典型生育期已过，无法确定明确的原因。

五、纠纷处理技巧及注意事项

1. 用语适当

纠纷中被判定有责任一方，往往具有抵触心态。执法人员应当用语文明、尊重，努力消除其抵触情绪，要尽量使用规范的法律语言，向当事人介绍相关的法律规定。对于纠纷中的农民，要尽量将法律语言转变成容易接受的通俗用语。

2. 反应及时

受理举报投诉后，应当及时和双方当事人取得联系，尤其要和投诉人保持联系。

3. 公平公正

执法人员必须摆正位置，坚持公平公正处理纠纷。要分清产生纠纷双方的责任、权利和义务，不要偏袒任何一方。

4. 田间现场鉴定

对于难以确定原因的种植事故，当事双方无法达成一致意见的可以进行田间现场鉴定。但是以下几种情况种子管理机构不能受理：

（1）针对所反映的质量问题，申请人提出鉴定申请时，需鉴定地块的作物生长期已错过该作物典型性状表现期，从技术上已无法鉴别所涉及质量纠纷起因的；

（2）司法机构、仲裁机构、行政主管部门已对质量纠纷作出生效判决和处理决定的；

（3）受当前技术水平限制，无法通过田间现场鉴定的方式来判定所涉及质量问题起因的；

（4）该纠纷涉及的种子没有质量判定标准、规定或合同约定要求的；
（5）有确凿的理由判定质量纠纷不是由种子质量所引起的；
（6）不按规定缴纳鉴定费的。

5. 分开协商

在调解现场，要尽量避免让双方当事人直接讨价还价。执法人员要做好中间人的角色，将当事人一方的意愿传递给另一方，并择机劝慰当事人双方，引导在双方都能够接受的尺度上达成一致意见。

六、其他处理途径

1. 自行和解

是指在争议发生后，双方在平等自愿的基础上，自愿接触磋商，互相交换意见，互相谅解，通过友好协商，自行解决争议。协商是解决争议的重要方法，具有灵活、简单、速度快、效率高等特点。缺点是缺少强制力，容易发生推诿现象。

2. 仲裁

是指争议双方当事人根据已达成的仲裁协议，将案件提交有关仲裁机构进行裁决。我国仲裁法规定，当事人采用仲裁方式解决纠纷，应当双方自愿。没有签订仲裁协议，一方申请仲裁的，仲裁委员会不予受理。达成仲裁协议后，一方向人民法院起诉的，人民法院不予受理，但仲裁协议无效的除外。仲裁结果一般不公开，有利于保护双方秘密。

3. 诉讼

诉讼是通过司法程序解决，由人民法院按照法律程序对争议进行审理后，做出判决。审判机关的判决具有法律强制力，当事人必须履行义务。但是，诉讼程序复杂、时间长、费用高、举证要求高。协商和解、调解不是处理种子纠纷的必经程序，当事人可直接向人民法院起诉。

第五节　国内外种子管理情况

一、国内种子执法机构情况

（一）各省执法机构设置情况

全国农业执法类型分为3种：

1. 有8个省成立综合执法总队

全国共有8个省、直辖市（福建、浙江、江苏、湖北、湖南、贵州、重庆、甘肃），成立省级农业综合执法总队（局）。这8个省（直辖市）的种子管理站（局）同时存在，依然承担着品种管理、质量管理、行业管理等职能。

全国农业综合执法覆盖率，地市级达80%，县级达90%以上。

2. 有2个省成立综合执法办公室

新疆、河北2个省（自治区）成立综合执法办公室，与政法处合署办公。

3. 有23个省为专业执法

其余23个省（自治区、直辖市）均为专业执法，由省种子管理站受农业厅委托开展执法。

（二）直辖市执法机构设置情况

北京市：未设立市级农业综合执法总队，由北京市种子管理站承担市级种子管理工作。有11个区成立区级种子管理站；2个区成立农业综合执法大队；有1个区既有种子管理站，又成立了农业综合执法大队。

重庆市：设立了农业综合执法总队，各区县均成立执法大队。市种子管理站与植保站合并，成立了重庆市种子管理和植保植检总站。

天津市：未设立市级农业综合执法总队。曾经有 5 个区县成立执法大队，但目前都在机构改革中。天津市种子管理站依然存在。

上海市：未设立市级农业综合执法总队，所有农业区县均设立综合执法大队。2011 年，上海市恢复设立了上海市种子管理站。

二、美国种业基本情况

1. 美国种子企业发展情况

进入 20 世纪 90 年代以来，美国种业市场不断增值，私营种子公司育种投入持续增加，并超过公共科研机构研发投入。特别是一些农化、制药跨国企业涉足种业，展开了新一轮整合并购，先后形成了杜邦先锋、孟山都、先正达等一批跨国种业集团，在运作资本、经营规模、研发能力、市场营销等方面积累了雄厚的实力，加速了美国种业市场向几大跨国企业聚集。全美种子市场价值 120 亿美元，占全球种子市场价值（420 亿美元）29%以上，位居世界第一。

目前全美涉及种子业务的企业有 700 多家，其中种子公司 500 多家。孟山都、杜邦先锋、先正达、陶氏等跨国公司，在美国的种子市场份额基本稳定在 75%左右，许多中小企业利用大公司授权自交系或将授权基因转入自有品种，以其专业化、个性化、差异化优势，为一些农民客户提供长期服务，也占有 25%的市场份额。

2. 美国种子管理情况

美国种子管理体系分政府管理和行业管理两类。

政府管理由联邦政府和州政府两级管理。农业部代表联邦政府依法行使种子管理权力，执行机构有农产品市场服务局（AMS）、动植物检验局（APHIS）。AMS 负责种子出口和州际贸易质量检验（自愿收费）、种子认证（自愿收费）、新品种保护及品种名录、种质基因保存等；APHIS 负责种子进出口及州际贸易检疫。政府管理特别强调标签真实性，标签注明质量必须与实际质量相符，但并不强制执行种子质量国家标准，倡导种子质量认证，对商业化推广的品种不要求审定或注册。

各州农业部门设立种子管理机构，代表州政府依法行使种子管理职责，负责监督本州生产和销售种子的质量，检查质量认证证书，规范企业生产销售行为，查验种子及标签真实性，行使违法处罚权力，并对有关种子纠纷进行仲裁等。州种子管理工作重点是执法监督。无论是联邦政府还是州政府，不仅有管理职责，还有服务和投资等职能。政府投资仅限于基础性、公共性、非营利性建设和种质资源保护项目等，不投资具体企业，也不资助品种选育，政府与企业无隶属、产权及经济利益关系。

美国种子行业管理组织化程度很高。大多数品种选育、种子生产和销售企业都有自己的协会，协会主要职能是提供技术和信息服务，强化行业自律。最重要的行业组织是美国种子贸易协会（ASTA）和官方种子认证机构协会（AOSCA）。ASTA 成立于 1883 年，目前有 700 多个企业会员，主要为会员提供品种选育、种子生产销售等方面技术和信息服务，游说国会议员完善种子立法，促进国际贸易。AOSCA 由各州种子认证机构组成，也吸收了加拿大、澳大利亚、新西兰、智利等国外官方认证机构，目前有 50 多个成员，主要制定质量最低标准和认证程序，实施种子质量认证，宣传推广高质量认证种子。

3. 美国主要种子法律制度

美国种子立法最初源于 1912 年《联邦种子进口法》；1939 年《联邦种子法》（FSA）正式颁布，这是美国种业史上一部重要的综合性法律。该法对农作物和蔬菜两类种子进口、州际运输和商业活动以及种子标签、种子广告、发芽测试、劣质种子损失测定及估价、杂草种子含量、质量描述和样本保存等作出规定，确立了标签真实性制度。该法历经 1956 年和 1960 年两次修订，又增加了对违法起诉和种子处理化学药名及危害说明等规定。除《联邦种子法》外，美国绝大多数州都结合本地实际颁布了州种子法，对本地有关种子事务增加了管理规定。联邦种子法和州种子法都突出强调标签真实制度，保证农户正确选种。

此外，1930年美国颁布植物专利法案（PPA），对无性繁殖植物品种提供了专利保护，保护期为17年。1952年普通专利法案将专利权扩展到农业领域，将其定义为实用新型专利。1970年颁布植物品种保护法案（PVPA），对植物新品种实行品种权保护，授予育种者以品种权并给予18年保护期。上述三部法律为美国种业构建了完备的知识产权保护制度，保护了育种者和企业合法权益，调动了投资育种研发的积极性。

三、国际种业发展状况

经济发达国家，经过几十年的快速发展，种子产业已经成为成熟的现代产业。种子行业不断进行并购，完成种子产业内部资产规模的迅速扩张和增值，推动了产业的升级和资产结构在全社会范围内的优化配置，影响着全世界种业经济发展。其特点为：

（一）种子企业规模不断扩大

通过行业内和行业间的并购和快速发展，孟山都、杜邦、先正达、利马格兰等发展成为大型跨国种子公司，业务范围遍及全球。四家公司2004年销售额分别为：26.24亿、22.77亿、12.39亿、10.44亿美元。如孟山都公司的生物技术始终世界领先，但因常规育种薄弱，曾一度成为其发展瓶颈，后收购了迪卡、岱字棉、侯顿等公司，成为世界第一大种子公司。2011年，其年销售额达到85.8亿美元，控制了全球40%蔬菜种子市场份额。

（二）种子市场集中度不断提高

全球十大种子公司1985年总销售额为23.85亿美元，市场的集中度水平约为10%；2000年全球十大种子公司销售额达到72.5亿美元，约为全球商业种子市场总价值的24%；2004年，全球十大种子公司销售额为120.87亿美元，集中度达到了约49%；到2009年，全球十大种子公司销售额为200.62亿美元，集中度达到64%。

（三）研发投入不断增加

种子科学技术，研发经费投入是种子产业发展水平的重要标志。20世纪90年代以来，跨国种业公司实现了商业化育种，投入科研的经费迅速增长。一般都把销售收入的8%～10%用于研发投入。孟山都公司2009—2011年研发投入分别为9%、11%、12%；先正达公司将其收入的12%用于研发；法国利马格兰公司研发投入占销售总收入的13%；德国KWS种业集团公司科研投入甚至占年销售额的15%。跨国种业公司投入更多资金进行研发活动，保证了核心技术的垄断地位。

（四）“育繁销一体化”程度不断增强

企业是国家种业发展的主要载体，培植大型公司是强大国家种业的必由之路。世界大型种子公司的发展模式均为育繁销一体化，集研究、开发、生产、加工、销售等环节于一体，形成“从上游技术研发、中游产品物化到下游价值实现”一条功能完整、衔接紧密、运转高效的产业链条。通过上游品种研发为下游推广服务提供源源不断的创新性技术产品，同时下游推广服务与生产实际结合紧密，可将生产实际需求直接反馈到育种研发，及时优化调整育种目标和方向，研发符合要求的新品种、新技术，进而实现利润最大化。

第九章　农业转基因生物安全管理

第一节　转基因生物基础知识

一、转基因基本概念

“基因”为英语gene的音译，是DNA（脱氧核糖核酸）分子中含有特定遗传信息的一段核苷酸序列的总称，是具有遗传效应的DNA片段，是控制生物性状的基本遗传单位，是生命的密码，记录和传递着遗传信息。所有的基因都是由四种碱基组成。Gene是1909年由丹麦遗传学家约翰逊创造的一个名词，用以取代孟德尔所说的支配生物性状的遗传因子。“基因”这一中译名不仅与原文音韵相同，而且蕴涵着基因是生命的基本动因的科学内涵。

地球上的生物包括动物、植物、微生物，数量巨大，种类繁多，形态各异，生存环境和生活习性各不相同，这都是由基因控制的。“种瓜得瓜、种豆得豆”是人们对这种现象的高度概括，即物种的生物学特征和特性是由基因决定的，是可以遗传的。转基因技术是利用现代生物技术，将人们期望的目标基因，经过人工分离、重组后，导入并整合到生物体的基因组中，从而改善生物原有的性状或赋予其新的优良性状。除了转入新的外源基因外，还可以通过转基因技术对生物体基因进行加工、敲除、屏蔽等从而改变生物体的遗传特性，获得人们希望得到的性状。这一技术的主要过程包括外源基因的克隆、表达载体的构建、遗传转化体系的建立、遗传转化体的筛选、遗传稳定性分析和回交转育等。

转基因生物是指通过转基因技术改变基因组构成的生物。转基因生物又称为“基因修饰生物”，英文是genetically modified organism，通常用英文缩写GMO来表示。转基因生物还被称为基因工程生物、现代生物技术生物、遗传改良生物体、遗传工程生物体、具有新性状的生物体、改性活生物体等。

转基因食品是指以转基因生物为原料制作加工而成或鲜食的食品，按原料的来源可分为植物源转基因食品、动物源转基因食品和微生物源转基因食品。例如用转基因大豆制成的大豆油、豆腐、酱油等豆制品，鲜食的转基因番木瓜，及利用转基因微生物所生产的奶酪等都是转基因食品。

二、转基因生物技术发展概况

生物学经历了一个漫长的研究历程，最早人们从研究动物和植物的形态、解剖和分类开始，以后进一步研究细胞学、遗传学、微生物学、生理学、生物化学，进入细胞水平的研究。到20世纪中叶以来，生物学以生物大分子为研究目标，分子生物学开始形成了独立的学科。

分子生物学是针对所有生物学现象的分子基础进行研究。这一术语由Willian Astbury于1945年首次使用，主要指针对生物大分子的化学和物理结构的研究。

1871年，Miescher从死的白细胞核中分离出DNA。1928年，Griffith发现肺炎链球菌的无毒菌株与其被杀死的有毒菌株混合，即变成致病菌株。1944年Avery等发现从强致病力的S型肺炎链球菌中提取的DNA能使致病力弱的R型肺炎链球菌转化成S型肺炎链球菌。如果加入少量DNA酶，这种转化立即消失，但加入各种蛋白水解酶则不能改变这种变化。这一著名的实验证明了引起细菌遗传改变的物质为DNA。

随着核酸化学研究的不断发展，1949年Chargaff从不同来源的DNA测定出4种核酸碱基（胸腺嘧啶T、胞嘧啶C、腺嘌呤A和鸟嘌呤G）中（A+T）/（G+C）的比值随不同来源的DNA而有所不同，但鸟嘌呤的量与胞嘧啶的量总是相等，腺嘌呤与胸腺嘧啶的量相等，即G=C，A=T，这个规律称为Chargaff规律。与此同时，Willkins及Franklin用X射线衍射技术测定了DNA纤维的结构，表明了DNA具有典型的螺旋结构，并由两条以上的多核苷酸链组成。

1953年，Watson和Crick提出了DNA双螺旋模型。该模型表明，DNA具有自身互补的结构，根据碱基配对原则，DNA中贮存的遗传信息可以精确地进行复制。这一理论奠定了现代分子生物学的基础。

Smith于1970年从大肠杆菌中分离出第一个能切割DNA的酶，它可以在DNA核苷酸序列的专一性位点上切割DNA分子，这种酶被称为限制性内切酶，以后很多种限制性酶陆续被分离出来，目前已有数百种。

限制性内切酶的分离成功使得重组DNA成为可能。因为DNA是一个长链的生物高分子，在研究DNA重组、表达质粒的构造即它的碱基序列分析之前需要将DNA切割成为较短的片段，限制性内切酶这把“分子剪刀”正好可以实现这一功能。

而在此以前，科学家已经发现了细菌中存在的DNA连接酶。1972年Berg首次将不同的DNA片段连接起来，并且将这个重组的DNA分子有效地插入到细菌细胞之中，重组的DNA进行繁殖，产生了重组DNA的克隆。Berg是重组DNA或基因工程技术的创始人，并于1980年获得了诺贝尔奖。

重组DNA技术的出现奠定了现代转基因技术的基础。转基因技术的基本原理就是在生物体中插入新的遗传物质。1973年，科学家在大肠杆菌中表达了一个来自沙门氏菌的基因，从而首次在科学界引发了关于转基因安全性的深入思考。1975年的阿西拉玛大会（Asilomar Conference）上，科学家建议政府对重组DNA相关研究进行监管。

之后不久，Herbert Boyer创建全球第一个重组DNA技术公司——Genetech，并于1978年宣布利用重组DNA技术创建了一个新的大肠杆菌菌系，用于生产人胰岛素。

1986年，美国加利福尼亚州奥克兰市一个叫做领先遗传科学（Advanced Genetic Sciences）的小型生物技术公司准备对一种保护植物免受冻害的基因工程防霜负型细菌进行田间试验，但该试验由于反生物技术人士的阻扰而一再延期。同年，孟山都公司取消了一项表达杀虫蛋白的基因工程微生物的田间试验。

20世纪80年代后期到90年代初期，包括粮农组织（FAO）、世界卫生组织（WHO）在内的一些国际组织开始制定关于转基因植物及其产品的安全评价规范。

80年代后期，在加拿大、美国开始出现小规模的转基因植物田间试验。90年代中期，美国首次批准转基因植物大面积种植，从而揭开了转基因植物商业化应用飞速发展的序幕。

第二节　转基因生物研发及应用现状

一、国内外转基因生物研发及产业化情况

转基因生物一般指插入了来源于不同物种的一段特定功能基因的生物。转基因生物包括转基因微生物、转基因动物和转基因植物，广泛应用于药物生产、医学试验和农业生产。

（一）转基因微生物

细菌由于遗传结构简单，是最先在实验室里进行转基因操作的生物。转基因细菌被用于生产药物、生产食品工业用酶制剂、降解环境中有机污染物、富集环境中重金属以及燃料生产等，其中最主

要的用途是大量生产用于医药的人类蛋白。如利用转基因细菌生产用于治疗糖尿病的人胰岛素、治疗血友病的凝血因子、治疗侏儒症的人生长激素等。

（二）转基因动物

转基因动物，用途广泛，种类繁多，研究进展十分迅猛。转基因动物可以用作实验模型以进行表型研究、药物测试等，在许多重要疾病治疗手段发掘方面发挥了至关重要的作用。同时，通过改变动物基因组构成，或插入特定DNA，可以开发用于医药治疗的蛋白。羊、猪、鼠等许多动物都被用来表达人类蛋白，如利用绵羊表达人 α1 抗胰蛋白酶，以及用具有人组织相容性的转基因猪进行人类器官移植等。

利用转基因家畜作为生物反应器的研究始于20世纪90年代，目前发展十分迅猛，并不断开发出新的医药用途，包括人胰岛素、多种疫苗等许多药物都可以利用转基因动物进行生产。2011年3月，在转基因牛的乳汁中表达有生物活性的重组人溶菌酶研究获得成功。

除了用于生产医药的转基因动物之外，转基因生物还被用作多种生物学研究的模型。由于果蝇生命周期短，基因组相对简单，生物学家常利用转基因果蝇开展发育遗传学研究。转基因小鼠常被用于研究疾病的细胞、组织特异性反应。2010年，科学家在实验室研究出抗疟疾蚊子。为防止登革热的传播，科学家将一种致死基因导入雄蚊子中，在开曼群岛上的实验表明，利用这种转基因蚊子，可以使登革热的最重要的携带者——埃及伊蚊的群体数量降低80%。

1999年，加拿大圭尔夫大学的科学家培育出转基因环保猪，这种转基因猪的粪便中排放的磷要比普通猪低30%～70%。此外，科学家还研究出快速生长的转基因鱼，包括快速生长转基因大马哈鱼、鲤鱼、罗非鱼等。

（三）转基因植物

目前，应用最为广泛也饱受争议的转基因生物则是转基因作物（GMC）。通过转基因技术，可以赋予转基因作物多种有利性状，如抗虫、耐除草剂、抗逆、改良营养成分、增加营养价值等。目前应用最为广泛的转基因性状是除草剂抗性和抗虫性，应用最多的转基因作物则是大豆、玉米、棉花和油菜。

目前应用的转基因作物改良目标主要是“输入性状”，但“输出性状”转基因作物正逐渐增加，如转基因油菜可以产生出更健康、加工品质更好的高月桂酸菜籽油，利用转基因大豆可以生产出更健康的高油酸大豆油等。根据国际农业生物技术应用服务（International Service for the Acquisition of Agri-Biotech Applications，ISAAA）的报告，2011年，全球29个国家约有16 700万农户种植了1.6亿公顷转基因作物，其中90%的农户是发展中国家那些资源匮乏的农户，其中中国的700万农户和印度的700万农户种植了转基因作物，其中绝大部分为转基因抗虫棉。此外，还有约1 000万资源短缺的小农从转基因抗虫棉种植中间接受益。

全球占有转基因市场份额最大的跨国公司是美国的孟山都公司。2007年，孟山都公司研发的转基因作物在全球推广了14.93亿亩。另一方面，孟山都公司最先上市产品的专利，将于2014年到期。而欧洲联合研究中心在2007年发布的一项报告则预测，到2015年，全球上市的转基因植物中，将有40%是在亚洲研发的。

二、中国农业转基因作物研究及应用概况

我国一直高度重视转基因技术研究与应用。20世纪80年代，我国就开始进行转基因作物的研究，是国际上农业生物工程应用最早的国家之一，转基因作物育种的整体发展水平在发展中国家处于领先地位，某些项目已进入国际先进行列。

经过20多年的努力，我国在重要基因发掘、转基因新品种培育及产业化应用等方面都取得了重大成就，初步形成了从基础研究、应用研究到产品开发等较为完整的技术体系，并取得了一系列重大

突破和创新成果。

20世纪90年代初，我国发生大面积棉铃虫灾害，一些棉花种植区的棉花亩产降幅达80%。在国家“863”计划和转基因专项的支持下，我国科学家通过不懈努力，经过人工合成Bt基因、植物表达载体的构建、植物遗传转化、转基因棉花品种选育、安全评价和品种审定等步骤研制出拥有自主知识产权的国产转基因抗虫棉。2005年以来，我国年种植国产转基因抗虫棉面积约占棉花总面积的70%。转基因抗虫棉的应用不仅有效控制了棉铃虫对棉花种植、玉米、大豆等作物的危害，还减少了70%～80%的农药使用，减少了农药中毒事故，保护了农田生态环境。

目前，我国已有转基因抗虫棉、耐贮藏番茄、改变花色矮牵牛花、抗病毒甜椒、抗病毒番木瓜、抗虫水稻、植酸酶玉米等转基因植物，防治禽流感等基因工程疫苗获得安全证书。

2008年7月，我国启动了转基因生物新品种培育重大专项，极大地提高了我国转基因技术研发能力。“十一五”期间，我国转基因技术研发取得重要进展，培育出了36个转基因抗虫棉花品种，转基因抗虫水稻和转植酸酶基因玉米获得安全证书，培育出高品质转基因奶牛，获得优质抗旱等重要基因339个，筛选出具有自主知识产权和重大育种价值功能基因37个。

在转基因抗虫棉花方面，培育的高产抗虫三系杂交棉与常规杂交棉相比较，制种效率提高40%、产量提高20%、成本降低60%、纯度可达100%，且适宜大规模制种。该项研究已获优良种质材料300多份，国家审定的银棉2号、银棉8号等三系抗虫杂交棉品种4个，累计推广面积超过400万亩，每亩减支增收380元人民币，共产生社会经济效益超过15亿元人民币。

在转基因水稻研发方面，我国研究的转基因抗虫水稻华恢1号、转基因抗虫水稻Bt汕优63能够节省投入成本，降低劳动强度；大幅减少杀虫剂使用量，降低农药对田间益虫的影响，维持稻田生物种群动态平衡；降低农药残留，提高农产品的安全性。当前，利用华恢1号共培育出育性稳定的抗虫不育系5个、抗虫恢复系40多个，配制优良抗虫杂交组合50多个，几乎包含了目前生产上最优良水稻杂交组合，还育成一批兼抗白叶枯病和稻瘟病的抗虫品系。

在转基因奶牛方面，培育出的转基因奶牛其牛奶中含有具有提高免疫力、促进铁吸收、改善睡眠等特殊功能的重组人乳铁蛋白。已建立具有自主知识产权和国际先进水平的转基因奶牛生产和扩繁技术平台，获得原代转基因奶牛60多头，第二代转基因公牛24头，第三代转基因奶牛200多头。这些高品质转基因奶牛已进入转基因生物安全评价生产性试验。经中国疾病预防控制中心食品研究所等机构检测，转基因奶牛具有正常生长、繁殖及生产性能。

2012年中央1号文件提出，继续实施转基因生物新品种培育科技重大专项，“十二五”期间，我国还将针对保障食物安全和发展生物育种产业的战略需要，围绕主要农作物和家畜生产，突破基因克隆与功能验证、规模化转基因、生物安全等关键技术，完善转基因生物培育和安全评价体系，获得一批具有重要应用价值和自主知识产权的功能基因，培育一批抗病虫、抗逆、优质、高产、高效的重大转基因新品种，实现新型转基因棉花、优质玉米等新品种产业化，整体提升我国生物育种水平，增强农业科技自主创新能力，促进农业增效、农民增收。

随着以分子生物学为基础的基因工程技术的兴起，转基因作物的研发及产业化发展迅猛。目前已有24种转基因作物批准进行商业化种植，包括大豆、棉花、油菜、玉米、烟草、马铃薯、番茄、水稻、南瓜、杨树、亚麻、小扁豆、甜瓜、甜菜、甜椒、苜蓿、番木瓜、菊苣、李子、矮牵牛、玫瑰花、康乃馨及匍匐剪股颖。

三、农业转基因作物的主要目标性状及目标基因

目前商业化种植的转基因作物中涉及的性状包括耐除草剂、抗虫、品质改良、抗病毒、延迟成熟等。耐除草剂性状和抗虫性状是目前商业化种植的转基因作物的主要目标性状，涉及的基因包括5-烯醇式丙酮莽草酸-3-磷酸合酶基因、草甘膦乙酰转移酶基因、草甘膦氧化酶基因、乙酰乳酸合酶基因、草铵磷乙酰转移酶基因、腈水解酶基因、麦草畏O-脱甲基酶基因、Bt基因8类，下面对这

两个主要性状中涉及的基因进行阐述。其他关于品质改良、抗病毒、延熟等性状相关基因在后面的植物各论中涉及时再详细说明。

（一）耐除草剂

杂草是农作物生产的大害，将耐除草剂基因转入栽培作物，能有效地防治田间杂草，保护作物免除药害。从1996年转基因作物首次大规模商业化种植以来，耐除草剂性状始终是转基因作物的主要性状。2010年，耐除草剂性状被运用在了大豆、玉米、油菜、棉花、甜菜以及苜蓿中，种植面积为8 930万公顷，占全球1.48亿公顷的转基因作物面积的61%。

目前从植物和微生物中已克隆出多种耐不同类型除草剂的基因。已商业化种植的转基因耐除草剂作物中应用的基因主要包括以下7种：

1. 5-烯醇式丙酮莽草酸-3-磷酸合酶基因

5-烯醇式丙酮莽草酸-3-磷酸合酶（EPSPS）存在于微生物及高等植物体内，是莽草酸途径中的关键酶，同时也是草甘膦的作用靶酶。草甘膦（GlyphoSate，商品名Dupounc）是一种非选择性、广谱高效、低毒的有机膦除草剂。草甘膦对植物产生毒性的机理主要是竞争性抑制莽草酸途径中催化磷酸烯醇式丙酮酸（PEP）和3-磷酸莽草酸（S3P）合成EPSP。草甘膦是PEP的结构类似物，它能与PEP竞争EPSPS的活性位点，形成EPSPS+S3P+草甘膦的复合物，从而抑制EPSP合酶的活性，导致分枝酸合成受阻，阻断芳香族氨基酸和一些芳香化合物的生物合成，从而扰乱了生物体正常的氮代谢而使其死亡。

研究表明，编码EPSPS的基因*epsps*突变或过量表达，能抑制草甘膦与EPSP的结合，从而使植物产生草甘膦抗性。美国孟山都公司从根癌农杆菌CP4中克隆了编码EPSPS的基因*Cp4-epsps*，此基因表现出对草甘膦的高抗性和对底物（PEP）的高亲和力，能赋予植物耐草甘膦的特性。目前商业化应用的耐除草剂大豆、玉米、棉花中都用到了*cp4-epsps*。

2. 草甘膦乙酰转移酶基因

草甘膦乙酰转移酶能够使草甘膦乙酰化，从而解除其除草剂活性。Castle等首先筛选并人工进化了草甘膦N-乙酰转移酶基因，并证明乙酰化的草甘膦不是EPSPS的有效抑制剂。他们从筛选收集到的分离菌中，发现了一些表现草甘膦N-乙酰转移酶活性的酶。通过对这些酶的动力学特性分析，发现这些酶不足以使转基因的生物表现草甘膦抗性。通过对这些酶反复进行11次基因改组DNA shuffling，使酶的活性从0.87升/（摩·分）提高到了8 320升/（摩·分）。近四位数的数量级变化，而且从第5次及以后的反复处理中，这些GAT酶在大肠杆菌、拟南芥、烟草和玉米中表现出了明显增强的草甘膦抗性。将*gat*基因导入大豆、棉花、油菜等中获得了抗草甘膦的转基因大豆、棉花、油菜等。

3. 草甘膦氧化酶基因

草甘膦氧化酶（Glyphosate oxidase，GOX）可使草甘膦加速降解成为对植物无毒的氨甲基膦酸（Aminomethylphosphonic acid，AMPA）和乙醛酸（Glyoxylate）。将*gox*在植物中单独表达，或*gox*和*cp4-epsps*在转基因植物中过量表达，二者协同作用，赋予了转基因植物草甘膦耐性。

4. 乙酰乳酸合酶基因

乙酰乳酸合成酶（Acetolactate SynthaSe，ALS）在植物中广泛存在，是植物和微生物支链氨基酸（缬氨酸、亮氨酸、异亮氨酸）合成途径中的第一个关键酶，催化丙酮酸转化为乙酰乳酸。磺酰脲类和咪唑酮类除草剂是ALS的抑制剂，这类除草剂的使用抑制了ALS的活性，导致ALS的毒性底物2-酮丁酸及其衍生物积累，最终引起植物体内氨基酸的失衡，植株死亡。研究者们从不同植物中分离了*ALS*基因，并通过在植物体内过量表达*ALS*基因而赋予转基因植物抗磺酰脲类和咪唑酮类除草剂的特性。

5. 草铵磷乙酰转移酶基因

草铵膦是一种广谱接触式除草剂，用来控制作物生长后的大范围杂草生长。草铵膦的活性成分是

L-草丁膦，是谷氨酰胺合酶的抑制剂。谷氨酰胺合酶能催化谷氨酸和氨合成谷氨酰胺，它的活性被抑制后将导致氨的积累和谷氨酸水平降低，从而抑制光合作用，使植物在几天内死亡。草铵膦乙酰转移酶能通过乙酰化使草铵膦脱毒成一种无活性的化合物，从而避免对植物造成伤害。

bar 和 *pat* 基因都编码草丁膦乙酰 CoA 转移酶（PAT），其中 *bar* 来源于吸水链霉菌，*pat* 基因来源于产绿色链霉菌，两种基因产物有相似的催化能力，氨基酸序列同源性为 86%。*pat* 表达量占总可溶性蛋白的 0.000 1%时足以使植物产生抗草丁膦抗性。

6. 腈水解酶基因

苯腈类除草剂（主要是溴苯腈，商品名为 Buctril）作用于双子叶植物，通过阻断光合作用中光反应的电子流而发生作用。编码细菌腈水解酶的 *bxn* 基因，能将苯腈类除草剂中的活性成分水解为无毒的化合物，如将溴苯腈分解为 3,5-二溴-4-羟基苯甲酸（DBHA），从而赋予植物对苯腈类除草剂的耐受性。

7. 麦草畏 O-脱甲基酶基因

麦草畏属安息香酸系除草剂，具有内吸传导作用，对一年生和多年生阔叶杂草有显著防除效果。麦草畏用于苗前或苗后喷雾，药剂能很快被杂草的叶、茎、根吸收，通过韧皮部向上、下传导，多集中在分生组织及代谢活动旺盛的部位，阻碍植物激素的正常活动，从而使其死亡。禾本科植物吸收药剂后能很快地进行代谢分解使之失效，故表现较强的抗药性，因此对小麦、玉米、谷子、水稻、芦笋、高粱、甘蔗等作物比较安全，也可用于防除耕作区的木本灌木丛。麦草畏在土壤中经微生物较快分解后消失，用后一般 24 小时阔叶杂草即会出现畸形卷曲症状，15～20 天死亡。麦草畏 O-脱甲基酶能将麦草畏转化成对植物无害的化合物。植物体内表达麦草畏 O-脱甲基酶基因能使植物对麦草畏产生抗性。

（二）Bt 杀虫蛋白基因

苏云金芽胞杆菌（Bacillus thuringiensis，简称 Bt）是一种革兰氏阳性菌，广泛存在于土壤、尘埃、水域、沙漠、植物、昆虫尸体中。1901 年，日本学者石渡从染病的家蚕体液中首次分离出 Bt 菌，并证明部分 Bt 对鳞翅目昆虫有杀虫活性。1915 年，Berliner 注意到 Bt 在芽胞形成过程中，其一端出现小的包含物，但不知杀虫活性与此有关。20 世纪 50 年代，人们才发现 Bt 菌的杀虫活性与伴胞晶体有关，并证实这种伴胞晶体由蛋白质组成，这种蛋白通常被称作 δ-内毒素（δ-endotoxins）或杀虫晶体蛋白（insecticidal crystal protein，ICP）。Bt 毒素是较早被利用的生物杀虫剂，在 1992 年，全世界应用的生物杀虫剂中，有 90%为 Bt 毒素，占杀虫剂市场的 2%。

Bt 蛋白的分子量一般为 130～140 千道尔顿，其基因一般位于苏云金芽胞杆菌的质粒上，但也有报道，在苏云金芽胞杆菌的染色体上存在 Bt 蛋白基因。苏云金芽胞杆菌菌株通常含有不止一种 Bt 蛋白基因；而同种 Bt 蛋白基因可以在多种不同的菌株中存在。

目前人们已分离出近 180 个对不同昆虫（如鳞翅目、鞘翅目、双翅目、螨类等）和无脊椎动物（如寄生线虫、原生动物等）有特异毒杀作用的 Bt 蛋白。根据寄主范围，Bt 杀虫蛋白可以分为 4 类：CryⅠ（鳞翅目昆虫专一性），CryⅡ（鳞翅目和双翅目昆虫专一性），CryⅢ（鞘翅目昆虫专一性）及 CryⅣ（双翅目昆虫专一性）。

人们根据作物害虫的类型，将不同的 Bt 基因导入受体作物中，获得了转基因抗虫作物，如目前商业化种植的转基因抗虫棉、转基因抗虫玉米等。

四、转基因事件剖析

（一）2005 年美国转基因玉米 MON863 事件

2005 年 5 月 22 日，英国《独立报》披露了转基因研发巨头孟山都公司的一份秘密报告。据报告显示，吃了转基因玉米的老鼠，血液和肾脏中会出现异常。最后迫于压力，应欧盟要求，公布了完整的 1 139 页的试验报告。欧盟对安全评价的材料及补充试验报告进行分析后，认为将 MON863 投放市场不会对人和动物健康造成负面影响，于 2005 年 8 月 8 日决定授权进口该玉米用于动物饲料，但不允许用于人类食用和田间种植。

（二）2007 年发生于奥地利的孟山都转基因玉米事件

2007 年，奥地利维也纳大学兽医学教授 Juergen Zentek 领导的研究小组，对孟山都公司研发的抗除草剂转基因玉米 NK 603 和转基因抗虫玉米 MON 810 的杂交品种进行了动物实验。在经过长达 20 周的观察之后，Zentek 教授发现转基因玉米对老鼠的生殖能力有潜在危险。

事实上，关于转基因玉米是否影响老鼠生殖的问题，共进行了三项研究，而仅有 Zentek 负责的其中一项发现了问题。该研究结论发布时，尚未经过同行科学家的评审，其与其他两项研究结果很不一致，实验报告和分析存在瑕疵。Zentek 在报告时自己都表示，三项研究获得了互相矛盾的结果，且仅得出初步结果。

欧洲食品安全局转基因生物小组对 Zentek 的研究发表了同行评议报告，认为根据其提供的数据不能得出科学的结论。同时，两位被国际同行认可的专家（Drs. John DeSesso 和 James Lamb）事后专门审查及评议了 Zentek 的研究，并独立地发表申明，认定其中存在严重错误和缺陷，该研究并不能支持任何关于食用转基因玉米 MON 810 和 NK 603 可能对生殖产生不良影响的结论。多个科学研究机构已有证据表明这些产品不会对繁殖能力产生影响，之前已有多个繁殖毒性实验证明了这些产品的安全性。全球 20 多个法规审批机构认为，含有 MON810 和 NK603 性状的玉米以及复合性状的玉米与常规玉米一样安全。

2009 年 10 月，按照转基因植物及相关食品和饲料风险评估指导办法及复合性状转基因植物风险评估指导办法提出的原则，欧洲食品安全局转基因生物小组对转基因抗虫和耐除草剂玉米 MON89034×NK603 用于食品和饲料的进口和加工申请给出了科学意见。欧洲食品安全局在总结报告中说，目前有关 MON89034×NK603 玉米的信息代表了各成员国对该品种玉米的科学观点，在对人类和动物健康及环境的影响方面，这种玉米与其非转基因亲本一样安全。因此，欧洲食品安全局转基因小组认为这种玉米品种不大可能在应用中对人类和动物健康或环境造成任何不良影响。

（三）2010 年俄罗斯之声转基因食品事件

与其说是一个事例，倒不如说是一则虚假新闻。2010 年 4 月 16 日，俄罗斯广播电台俄罗斯之声以《俄罗斯宣称转基因食品是有害的》为题报道了一则新闻。新闻称，由全国基因安全协会和生态与环境问题研究所联合进行的试验证明，转基因生物对哺乳动物是有害的；负责该试验的 Alexei Surov 博士介绍说，用转基因大豆喂养的仓鼠第二代成长和性成熟缓慢，第三代失去生育能力。俄罗斯之声还称，俄罗斯科学家的结果与法国、澳大利亚的科学家结果一致。当科学家证明转基因玉米是有害的之后，法国立即禁止了其生产和销售。

实际情形是怎样的呢？通过目前掌握的资料了解到，Alexei Surov 博士所在的 Severtsov 生态与进化研究所并没有任何研究简报或新闻表明 Alexei Surov 博士曾写过这样的报道，俄罗斯之声报道的新闻事件也没有在任何学术期刊上发表过研究论文。此外，俄罗斯之声用的标题是《俄罗斯宣称转基因食品是有害的》，而其他新闻报纸则用的是“一个俄罗斯人宣称”。显然“俄罗斯宣称”与“一个俄罗斯人宣称”是有显著区别的。至于新闻中提到法国禁止了转基因玉米的生产和销售，这与事实不符。法国政府并没有对转基因食品的生产和销售下禁令，而是恰好相反。欧盟已经于 2004 年 5 月 19 日决定允许进口转基因玉米在欧盟境内销售。

（四）2010 年中国“湖北国家粮库疑被违法转基因稻米污染”的虚假报道

2010 年 7 月 20 日，经济观察网发表题的为《绿色和平：违法转基因稻米疑已污染湖北国家粮库》消息称，怀疑湖北省个别大米加工企业有转基因稻米，并指责“湖北省一直没有采取切实有效措施，将违法转基因水稻污染及时阻截。”

对此，湖北省农业厅发表关于转基因水稻监管的声明：“我们认为绿色和平组织的言论是严重失实的新闻炒作。湖北省农业厅一直严格按照《农业转基因生物安全管理条例》《种子法》等法律法规的相关规定，认真履行监管职责，严格农业转基因生物试验室研究和安全评价试验监管，加强种子市场执法检查，开展稻米市场抽样检测监控，严厉查处非法生产销售转基因水稻案件。到目前为止，湖北省没有发现商业化种植和销售转基因水稻及其制品的事件。目前，我国还没有一个转基因水稻品种获得商业化生产经营许可。在现阶段，任何种子经营企业不得生产经销转基因抗虫稻种，农民不得种植转基因抗虫水稻，大米加工企业不得收购转基因稻谷。根据农业部和省政府的统一部署，今年以来，湖北省农业厅组织了多次执法检查，并将持续依法开展执法监管，对于发现的非法生产、销售、种植转基因水稻的违法案件，始终坚持发现一起、查处一起。”

（五）2010年中国先玉335玉米使老鼠减少、母猪流产的虚假报道

2010年9月21日，《国际先驱导报》发表调查文章称，山西、吉林等地老鼠变少，母猪流产等种种异常与这些动物吃过的食物——先玉335玉米有关，记者同时调查称，先玉335与转基因技术之间有着种种联系。这一不实报道经媒体转载并引发网络社区讨论，在网络上引起较大反响。

对此，杜邦公司郑重声明：“先玉335不是转基因玉米。先玉335的父本是PH4CV，母本是PH6WC。其父本PH4CV获得了美国专利（美国专利号：6897363 B1）。该专利文件的内容完全没有涉及PH4CV与转基因有任何相关性，而是说明PH4CV属于自交系。自交系本身不属于转基因材料。”该专利在“权利要求”（Claims）中提及转基因，其目的是为了明确该专利的相关应用和保护范围可以应用于转基因的研究，而该专利本身——先玉335的父本PH4CV并不属于转基因材料。在中国，有关转基因玉米的进口、试验与销售是需要经过国家农业转基因生物安全委员会专家们的严格评审和农业部的审批来进行的。杜邦先锋公司一贯严格执行国务院颁发的《农业转基因生物安全管理条例》和农业部颁发的《农业转基因生物安全评价管理办法》与《农业转基因生物进口安全管理办法》等政策，未经农业部批准，绝不会把任何转基因材料释放到田间。前述报道的作者有必要真正了解PH4CV专利中所描述的专利、权利要求和保护，以及自交系育种及产品研发等基本科学概念。其在文章中对先玉335的描述是错误的。

山西省农业厅对《山西、吉林动物异常现象调查》一文所反映情况的调查说明为：先玉335玉米品种是通过国家品种鉴定的杂交品种，不是转基因品种。该报道中所反映的有关猪、羊、老鼠等动物异常现象与事实不符。该报道中所称“当地另外的怪事：母猪产仔少了，不育假育、流产的情况比较多”，这与本地实际严重不符。调查组对乡、村防疫员和养猪户进行了询问，杨村、演武村乃至张庆乡近年来都未发现有普遍的母猪产仔少、死亡率高的现象。少数养殖户出现这种现象，其成因复杂，涉及管理、疾病、气候、营养等多方面因素。该报道中所提的老鼠变少、变小的现象，乡、村干部和农民普遍认为是由于猫的饲养量增加产生生物抑制作用，以及农村基础设施和村民住房由砖瓦结构改善为水泥结构，老鼠不易打洞做窝而造成的。总之，通过调查，认为该报道所述的因果关系缺乏科学依据。

第三节　我国农业转基因生物安全管理

一、我国农业转基因生物安全管理基本情况

我国作为人口大国和农业大国，必须抓住新兴生物技术的发展机遇，但我国又是发展中国家，转基因技术研究起步稍晚，同发达国家仍有一定差距。因此，在转基因生物安全管理上我国过去一直持稳妥的态度。在管理上综合借鉴了外国的一些做法，既针对产品又针对过程，力求在科学评价、依法管理，确保转基因生物安全的前提下加快研究、推进应用；在制度设计上则强调适合我国国情、符合

国际惯例、维护国家利益。

根据国际相关组织和世界多数国家的普遍做法，针对转基因生物安全管理特点，按照农业转基因生物研究、试验、生产、加工、经营和进口、出口等工作的需要，在与国内相关法规充分衔接的基础上，国务院颁布了《农业转基因生物安全管理条例》，并于2001年5月23日施行，规定对农业转基因生物安全管理实行安全评价制度、生产许可制度、经营许可制度、产品标识制度和进口审批制度。农业部于2002年1月5日，以第8、第9、第10号令发布了《农业转基因生物安全评价管理办法》《农业转基因生物进口安全管理办法》和《农业转基因生物标识管理办法》三个配套规章；2004年国家质检总局发布了《进出境转基因产品检验检疫管理办法》。目前，我国已基本建成了转基因生物安全法规、技术规程和管理体系，积累了很多管理经验，为转基因育种的持续发展提供了切实保障。

我国转基因生物安全管理有三大特点：

第一，制度设计严格规范。根据《农业转基因生物安全管理条例》，建立了研究、试验、生产、加工、经营、进口的许可审批和标识管理制度，实现了转基因技术研发与应用的全过程管理。国务院批准建立了部际联席会议制度，由农业部召集，发改、教育、科技、财政、商务、卫生、环保、工商、质检、林业10个部门参加，负责研究、协调农业转基因生物安全管理工作中的重大政策和法规问题。

第二，评价体系科学健全。国家农业转基因生物安全委员会由从事农业转基因生物研究、生产、加工、检验检疫、卫生、环境保护等方面的专家组成，每届任期五年，涵盖农业、医学、卫生、食品、环境、检测检验等领域，具有广泛的代表性。评价中遵循科学、个案、熟悉、逐步的原则，对农业转基因生物实行分级、分阶段安全评价。

第三，技术支撑保障有力。在积极发展转基因技术的同时注重安全评价和检测技术研究。经多年建设，已有37个转基因生物安全评价和检测机构经过国家计量认证和农业部审查认可，制定研究了涵盖产品成分检测类、环境安全检测类、食用安全检测类等标准，共计160余项。开展了转基因生物长期生态检测，部分成果获得国际科学界的高度评价，为我国转基因生物安全监管提供了有力的技术支撑。

二、安全评价制度

根据《农业转基因生物安全管理条例》及配套规章规定，我国对农业转基因生物实行分级分阶段安全评价制度，国家农业转基因生物安全委员会负责农业转基因生物安全评价工作。安全评价按照实验研究、中间试验、环境释放、生产性试验和申请安全证书5个阶段进行。

（一）安全评价和安全等级的确定步骤

《农业转基因生物安全评价管理办法》评价的是农业转基因生物对人类、动植物、微生物和生态环境构成的危险或者潜在的风险。安全评价工作按照植物、动物、微生物三个类别，以科学为依据，以个案审查为原则，实行分级分阶段管理。国家农业转基因生物安全委员会负责农业转基因生物的安全评价工作。农业部设立农业转基因生物安全管理办公室，负责农业转基因生物安全评价管理工作。农业部根据农业转基因生物安全评价工作的需要，委托具备检测条件和能力的技术检测机构对农业转基因生物进行检测，为安全评价和管理提供依据。

农业转基因生物安全实行分级评价管理，按照对人类、动植物、微生物和生态环境的危险程度，将农业转基因生物分为以下四个等级：

安全等级Ⅰ：尚不存在危险；

安全等级Ⅱ：具有低度危险；

安全等级Ⅲ：具有中度危险；

安全等级Ⅳ：具有高度危险。

农业转基因生物安全评价和安全等级的确定按以下步骤进行：
（1）确定受体生物的安全等级；
（2）确定基因操作对受体生物安全等级影响的类型；
（3）确定转基因生物的安全等级；
（4）确定生产、加工活动对转基因生物安全性的影响；
（5）确定转基因产品的安全等级。

（二）受体生物安全等级的确定

受体生物分为四个安全等级：
1. 符合下列条件之一的受体生物应当确定为安全等级Ⅰ：
（1）对人类健康和生态环境未曾发生过不利影响；
（2）演化成有害生物的可能性极小；
（3）用于特殊研究的短存活期受体生物，实验结束后在自然环境中存活的可能性极小。
2. 对人类健康和生态环境可能产生低度危险，但是通过采取安全控制措施完全可以避免其危险的受体生物，应当确定为安全等级Ⅱ。
3. 对人类健康和生态环境可能产生中度危险，但是通过采取安全控制措施，基本上可以避免其危险的受体生物，应当确定为安全等级Ⅲ。
4. 对人类健康和生态环境可能产生高度危险，而且在封闭设施之外尚无适当的安全控制措施避免其发生危险的受体生物，应当确定为安全等级Ⅳ。包括：
（1）可能与其他生物发生高频率遗传物质交换的有害生物；
（2）尚无有效技术防止其本身或其产物逃逸、扩散的有害生物；
（3）尚无有效技术保证其逃逸后，在对人类健康和生态环境产生不利影响之前，将其捕获或消灭的有害生物。

（三）转基因操作对受体生物安全等级影响类型的确定

基因操作对受体生物安全等级的影响分为三种类型，即：增加受体生物的安全性；不影响受体生物的安全性；降低受体生物的安全性。
类型1：增加受体生物安全性的基因操作
包括去除某个（些）已知具有危险的基因或抑制某个（些）已知具有危险的基因表达的基因操作。
类型2：不影响受体生物安全性的基因操作
包括：①改变受体生物的表型或基因型而对人类健康和生态环境没有影响的基因操作；②改变受体生物的表型或基因型而对人类健康和生态环境没有不利影响的基因操作。
类型3：降低受体生物安全性的基因操作
包括：①改变受体生物的表型或基因型，并可能对人类健康或生态环境产生不利影响的基因操作；②改变受体生物的表型或基因型，但不能确定对人类健康或生态环境影响的基因操作。

（四）转基因生物安全等级的确定

根据受体生物的安全等级和基因操作对其安全等级的影响类型及影响程度，确定转基因生物的安全等级。

1. 受体生物安全等级为Ⅰ的转基因生物

（1）安全等级为Ⅰ的受体生物，经类型1或类型2的基因操作而得到的转基因生物，其安全等级仍为Ⅰ。
（2）安全等级为Ⅰ的受体生物，经类型3的基因操作而得到的转基因生物，如果安全性降低很小，且不需要采取任何安全控制措施的，则其安全等级仍为Ⅰ；如果安全性有一定程度的降低，但是可以通过适当的安全控制措施完全避免其潜在危险的，则其安全等级为Ⅱ；如果安全性严重降低，但是可以通过严格的安全控制措施避免其潜在危险的，则其安全等级为Ⅲ；如果安全性严重降低，而且无法通过安全控制措施完全避免其危险的，则其安全等级为Ⅳ。

2. 受体生物安全等级为Ⅱ的转基因生物

（1）安全等级为Ⅱ的受体生物，经类型1的基因操作而得到的转基因生物，如果安全性增加到对人类健康和生态环境不再产生不利影响的，则其安全等级为Ⅰ；如果安全性虽有增加，但对人类健康和生态环境仍有低度危险的，则其安全等级仍为Ⅱ。

（2）安全等级为Ⅱ的受体生物，经类型2的基因操作而得到的转基因生物，其安全等级仍为Ⅱ。

（3）安全等级为Ⅱ的受体生物，经类型3的基因操作而得到的转基因生物，根据安全性降低的程度不同，其安全等级可为Ⅱ、Ⅲ或Ⅳ，分级标准与受体生物的分级标准相同。

3. 受体生物安全等级为Ⅲ的转基因生物

（1）安全等级为Ⅲ的受体生物，经类型1的基因操作而得到的转基因生物，根据安全性增加的程度不同，其安全等级可为Ⅰ、Ⅱ或Ⅲ，分级标准与受体生物的分级标准相同。

（2）安全等级为Ⅲ的受体生物，经类型2的基因操作而得到的转基因生物，其安全等级仍为Ⅲ。

（3）安全等级为Ⅲ的受体生物，经类型3的基因操作得到的转基因生物，根据安全性降低的程度不同，其安全等级可为Ⅲ或Ⅳ，分级标准与受体生物的分级标准相同。

4. 受体生物安全等级为Ⅳ的转基因生物

（1）安全等级为Ⅳ的受体生物，经类型1的基因操作而得到的转基因生物，根据安全性增加的程度不同，其安全等级可为Ⅰ、Ⅱ、Ⅲ或Ⅳ，分级标准与受体生物的分级标准相同。

（2）安全等级为Ⅳ的受体生物，经类型2或类型3的基因操作而得到的转基因生物，其安全等级仍为Ⅳ。

（五）农业转基因产品安全等级的确定

根据农业转基因生物的安全等级和产品的生产、加工活动对其安全等级的影响类型和影响程度，确定转基因产品的安全等级。

1. 农业转基因产品的生产、加工活动对转基因生物安全等级的影响分为三种类型

类型1：增加转基因生物的安全性；

类型2：不影响转基因生物的安全性；

类型3：降低转基因生物的安全性。

2. 转基因生物安全等级为Ⅰ的转基因产品

（1）安全等级为Ⅰ的转基因生物，经类型1或类型2的生产、加工活动而形成的转基因产品，其安全等级仍为Ⅰ。

（2）安全等级为Ⅰ的转基因生物，经类型3的生产、加工活动而形成的转基因产品，根据安全性降低的程度不同，其安全等级可为Ⅰ、Ⅱ、Ⅲ或Ⅳ，分级标准与受体生物的分级标准相同。

3. 转基因生物安全等级为Ⅱ的转基因产品

（1）安全等级为Ⅱ的转基因生物，经类型Ⅰ的生产、加工活动而形成的转基因产品，如果安全性增加到对人类健康和生态环境不再产生不利影响的，其安全等级为Ⅰ；如果安全性虽然有增加，但是对人类健康或生态环境仍有低度危险的，其安全等级仍为Ⅱ。

（2）安全等级为Ⅱ的转基因生物，经类型2的生产、加工活动而形成的转基因产品，其安全等级仍为Ⅱ。

（3）安全等级为Ⅱ的转基因生物，经类型3的生产、加工活动而形成的转基因产品，根据安全性降低的程度不同，其安全等级可为Ⅱ、Ⅲ或Ⅳ，分级标准与受体生物的分级标准相同。

4. 转基因生物安全等级为Ⅲ的转基因产品

(1) 安全等级为Ⅲ的转基因生物，经类型1的生产、加工活动而形成的转基因产品，根据安全性增加的程度不同，其安全等级可为Ⅰ、Ⅱ或Ⅲ，分级标准与受体生物的分级标准相同。

(2) 安全等级为Ⅲ的转基因生物，经类型2的生产、加工活动而形成的转基因产品，其安全等级仍为Ⅲ。

(3) 安全等级为Ⅲ的转基因生物，经类型3的生产、加工活动而形成转基因产品，根据安全性降低的程度不同，其安全等级可为Ⅲ或Ⅳ，分级标准与受体生物的分级标准相同。

5. 转基因生物安全等级为Ⅳ的转基因产品

(1) 安全等级为Ⅳ的转基因生物，经类型1的生产、加工活动而得到的转基因产品，根据安全性增加的程度不同，具安全等级可为Ⅰ、Ⅱ、Ⅲ或Ⅳ，分级标准与受体生物的分级标准相同。

(2) 安全等级为Ⅳ的转基因生物，经类型2或类型3的生产、加工活动而得到的转基因产品，其安全等级仍为Ⅳ。

(六) 管理措施

1. 从事农业转基因生物研究与试验的资格审查

在中华人民共和国从事农业转基因生物实验研究与试验的，应当具备下列条件：①在中华人民共和国境内有专门的机构；②有从事农业转基因生物实验研究与试验的专职技术人员；③具备与实验研究和试验相适应的仪器设备和设施条件；④成立农业转基因生物安全管理小组。

2. 农业转基因生物研究与试验的申报和审批

凡在中华人民共和国境内从事农业转基因生物安全等级为Ⅲ和Ⅳ的研究以及所有安全等级的试验和进口的单位以及生产和加工的单位和个人，应当根据农业转基因生物的类别和安全等级，分阶段向农业转基因生物安全管理办公室报告或者提出申请。农业部每年组织两次农业转基因生物安全评审。第一次受理申请的截止日期为每年的3月31日，第二次受理申请的截止日期为每年的9月30日。农业部自收到申请之日起两个月内，作出受理或者不予受理的答复；在受理截止日期后三个月内作出批复。

从事农业转基因生物试验和进口的单位以及从事农业转基因生物生产和加工的单位和个人，在向农业转基因生物安全管理办公室提出安全评价报告或申请前应当完成下列手续：①报告或申请单位和报告或申请人对所从事的转基因生物工作进行安全性评价，并填写报告书或申报书；②组织本单位转基因生物安全小组对申报材料进行技术审查；③取得开展试验和安全证书使用所在省（自治区、直辖市）农业行政主管部门的审核意见；④提供有关技术资料。

报告农业转基因生物实验研究和中间试验以及申请环境释放、生产性试验和安全证书的单位应当按照农业部制定的农业转基因植物、动物和微生物安全评价各阶段的报告或申报要求、安全评价的标准和技术规范，办理报告或申请手续。

从事安全等级为Ⅰ和Ⅱ的农业转基因生物实验研究，由本单位农业转基因生物安全小组批准；从事安全等级为Ⅲ和Ⅳ的农业转基因生物实验研究，应当在研究开始前向农业转基因生物安全管理办公室报告。研究单位向农业转基因生物安全管理办公室报告时应当提供以下材料：①实验研究报告书；②农业转基因生物的安全等级和确定安全等级的依据；③相应的实验室安全设施、安全管理和防范措施。

在农业转基因生物（安全等级Ⅰ、Ⅱ、Ⅲ、Ⅳ）实验研究结束后拟转入中间试验的，试验单位应当向农业转基因生物安全管理办公室报告。试验单位向农业转基因生物安全管理办公室报告时应当提供下列材料：①中间试验报告书；②实验研究总结报告；③农业转基因生物的安全等级和确定安全等级的依据；④相应的安全研究内容、安全管理和防范措施。

在农业转基因生物中间试验结束后拟转入环境释放的，或者在环境释放结束后拟转入生产性试验的，试验单位应当向农业转基因生物安全管理办公室提出申请，经农业转基因生物安全委员会安全评价合格并由农业部批准后，方可根据农业转基因生物安全审批书的要求进行相应的试验。试验单位提出前款申请时，应当提供下列材料：①安全评价申报书；②农业转基因生物的安全等级和确定安全等级的依据；③农业部委托的技术检测机构出具的检测报告；④相应的安全研究内容、安全管理和防范措施；⑤上一试验阶段的试验总结报告。

在农业转基因生物生产性试验结束后拟申请安全证书的，试验单位应当向农业转基因生物安全管理办公室提出申请，经农业转基因生物安全委员会安全评价合格并由农业部批准后，方可颁发农业转基因生物安全证书。试验单位提出前款申请时，应当提供下列材料：①安全评价申报书；②农业转基因生物的安全等级和确定安全等级的依据；③农业部委托的农业转基因生物技术检测机构出具的检测报告；④中间试验、环境释放和生产性试验阶段的试验总结报告；⑤其他有关材料。

农业转基因生物安全证书应当明确转基因生物名称（编号）、规模、范围、时限及有关责任人、安全控制措施等内容。从事农业转基因生物生产和加工的单位和个人以及进口的单位，应当按照农业转基因生物安全证书的要求开展工作并履行安全证书规定的相关义务。申请农业转基因生物安全评价应当按照财政部、国家发改委的有关规定交纳审查费和必要的检测费。农业转基因生物安全评价受理审批机构的工作人员和参与审查的专家，应当为申报者保守技术秘密和商业秘密，与本人及其近亲属有利害关系的应当回避。

3. 技术检测机构管理

农业部根据农业转基因生物安全评价及其管理工作的需要，委托具备检测条件和能力的技术检测机构进行检测。技术检测机构应当具备下列基本条件：①具有公正性和权威性，设有相对独立的机构和专职人员；②具备与检测任务相适应的、符合国家标准（或行业标准）的仪器设备和检测手段；③严格执行检测技术规范，出具的检测数据准确可靠；④有相应的安全控制措施。

技术检测机构的职责任务：①为农业转基因生物安全管理和评价提供技术服务；②承担农业部或申请人委托的农业转基因生物定性定量检验、鉴定和复查任务；③出具检测报告，作出科学判断；④研究检测技术与方法，承担或参与评价标准和技术法规的制修订工作；⑤检测结束后，对用于检测的样品应当安全销毁，不得保留；⑥为委托人和申请人保守技术秘密和商业秘密。

4. 监督管理和安全监控

农业部负责农业转基因生物安全的监督管理，指导不同生态类型区域的农业转基因生物安全监控和监测工作，建立全国农业转基因生物安全监管和监测体系。县级以上地方各级人民政府农业行政主管部门按照《农业转基因生物安全管理条例》（以下简称《管理条例》）第三十九条和第四十条的规定负责本行政区域内的农业转基因生物安全的监督管理工作。

有关单位和个人应当按照《管理条例》第四十一条的规定，配合农业行政主管部门做好监督检查工作。

从事农业转基因生物试验与生产的单位，在工作进行期间和工作结束后，应当定期向农业部和农业转基因生物试验与生产应用所在的行政区域内省级农业行政主管部门提交试验总结和生产计划与执行情况总结报告。每年 3 月 31 日以前提交农业转基因生物生产应用的年度生产计划，每年 12 月 31 日以前提交年度实际执行情况总结报告；每年 12 月 31 日以前提交中间试验、环境释放和生产性试验的年度试验总结报告。从事农业转基因生物试验和生产的单位，应当根据《管理条例》的规定确定安全控制措施和预防事故的紧急措施，做好安全监督记录，以备核查。安全控制措施包括物理控制、化学控制、生物控制、环境控制和规模控制等。

安全等级Ⅱ、Ⅲ、Ⅳ的转基因生物，在废弃物处理和排放之前应当采取可靠措施将其销毁、灭活，以防止扩散和污染环境。发现转基因生物扩散、残留或者造成危害的，必须立即采取有效措施加以控制、消除，并向当地农业行政主管部门报告。

农业转基因生物在贮存、转移、运输和销毁、灭活时，应当采取相应的安全管理和防范措施，具备特定的设备或场所，指定专人管理并记录。发现农业转基因生物对人类、动植物和生态环境存在危险时，农业部有权宣布禁止生产、加工、经营和进口，收回农业转基因生物安全证书，由货主销毁有关存在危险的农业转基因生物。

5. 执法过程中注意事项

农业行政主管部门履行监督检查职责时，有权采取下列措施：

①询问被检查的研究、试验、生产、加工、经营或者进口、出口的单位和个人、利害关系人、证明人，并要求其提供与农业转基因生物安全有关的证明材料或者其他资料；②查阅或者复制农业转基因生物研究、试验、生产、加工、经营或者进口、出口的有关档案、账册和资料等；③要求有关单位和个人就有关农业转基因生物安全的问题作出说明；④责令违反农业转基因生物安全管理的单位和个人停止违法行为；⑤在紧急情况下，对非法研究、试验、生产、加工、经营或者进口、出口的农业转基因生物实施封存或者扣押。

农业行政主管部门工作人员在监督检查时，应当出示执法证件。

（七）法律责任

1. 研究单位或个人的罚与责

《管理条例》第四十三条规定，违反本条例规定，从事Ⅲ、Ⅳ级农业转基因生物研究或者进行中间试验，未向国务院农业行政主管部门报告的，由国务院农业行政主管部门责令暂停研究或者中间试验，限期改正。

《管理条例》第四十四条规定，违反本条例规定，未经批准擅自从事环境释放、生产性试验的，已获批准但未按照规定采取安全管理、防范措施的，或者超过批准范围进行试验的，由国务院农业行政主管部门或者省、自治区、直辖市人民政府农业行政主管部门依据职权，责令停止试验，并处 1 万元以上 5 万元以下的罚款。

《管理条例》第四十五条规定，违反本条例规定，在生产性试验结束后，未取得农业转基因生物安全证书，擅自将农业转基因生物投入生产和应用的，由国务院农业行政主管部门责令停止生产和应用，并处 2 万元以上 10 万元以下的罚款。

《管理条例》第四十六条规定，违反本条例第十八条规定，未经国务院农业行政主管部门批准，从事农业转基因生物研究与试验的，由国务院农业行政主管部门责令立即停止研究与试验，限期补办审批手续。

《管理条例》第五十三条规定，假冒、伪造、转让或者买卖农业转基因生物有关证明文书的，由县级以上人民政府农业行政主管部门依据职权，收缴相应的证明文书，并处 2 万元以上 10 万元以下的罚款；构成犯罪的，依法追究刑事责任。

《管理条例》第五十四条规定，违反本条例规定，在研究、试验、生产、加工、贮存、运输、销售或者进口、出口农业转基因生物过程中发生基因安全事故，造成损害的，依法承担赔偿责任。

2. 管理单位或管理者的罚与责

《管理条例》第五十五条规定，国务院农业行政主管部门或者省、自治区、直辖市人民政府农业行政主管部门违反本条例规定核发许可证、农业转基因生物安全证书以及其他批准文件的，或者核发许可证、农业转基因生物安全证书以及其他批准文件后不履行监督管理职责的，对直接负责的主管人员和其他直接责任人员依法给予行政处分；构成犯罪的，依法追究刑事责任。

三、进口管理制度

（一）用于研究和试验的农业转基因生物的进口管理

从中华人民共和国境外引进安全等级Ⅰ、Ⅱ的农业转基因生物进行实验研究的，引进单位应当向农业转基因生物安全管理办公室提出申请，并提供下列材料：①农业部规定的申请资格文件；②进口安全管理登记表；③引进农业转基因生物在国（境）外已经进行了相应的研究的证明文件；④引进单位在引进过程中拟采取的安全防范措施。

经审查合格后，由农业部颁发农业转基因生物进口批准文件。引进单位应当凭此批准文件依法向有关部门办理相关手续。

从中华人民共和国境外引进安全等级Ⅲ、Ⅳ的农业转基因生物进行实验研究的和所有安全等级的农业转基因生物进行中间试验的，引进单件应当向农业转基因生物安全管理办公室提出申请，并提供下列材料：①农业部规定的申请资格文件；②进口安全管理登记表；③引进农业转基因生物在国（境）外已经进行了相应研究或试验的证明文件；④引进单位在引进过程中拟采取的安全防范措施；⑤《农业转基因生物安全评价管理办法》规定的相应阶段所需的材料。

经审查合格后，由农业部颁发农业转基因生物进口批准文件。引进单位应当凭此批准文件依法向有关部门办理相关手续。

从中华人民共和国境外引进农业转基因生物进行环境释放和生产性试验的，引进单位应当向农业转基因生物安全管理办公室提出申请，并提供下列材料：①农业部规定的申请资格文件；②进口安全管理登记表；③引进农业转基因生物在国（境）外已经进行了相应的研究的证明文件；④引进单位在引进过程中拟采取的安全防范措施；⑤《农业转基因生物安全评价管理办法》规定的相应阶段所需的材料。

经审查合格后，由农业部颁发农业转基因生物安全审批书。引进单位应当凭此审批书依法向有关部门办理相关手续。

从中华人民共和国境外引进农业转基因生物用于试验的，引进单位应当从中间试验阶段开始逐阶段向农业部申请。

（二）用于生产的农业转基因生物的进口管理

境外公司向中华人民共和国出口转基因植物种子、种畜禽、水产苗种和利用农业转基因生物生产的或者含有农业转基因生物成分的植物种子、种畜禽、水产苗种、农药、兽药、肥料和添加剂等拟用于生产应用的，应当向农业转基因生物安全管理办公室提出申请，并提供下列材料：①进口安全管理登记表；②输出国家或者地区已经允许作为相应用途并投放市场的证明文件；③输出国家或者地区经过科学试验证明对人类、动植物、微生物和生态环境无害的资料；④境外公司在向中华人民共和国出口过程中拟采取的安全防范措施；⑤《农业转基因生物安全评价管理办法》规定的相应阶段所需的材料。

境外公司在提出上述申请时，应当在中间试验开始前申请，经审批同意，试验材料方可入境，并依次经过中间试验、环境释放、生产性试验三个试验阶段以及农业转基因生物安全证书申领阶段。

中间试验阶段的申请，经审查合格后，由农业部颁发农业转基因生物进口批准文件，境外公司凭此批准文件依法向有关部门办理相关手续。环境释放和生产性试验阶段的申请，经安全评价合格后，由农业部颁发农业转基因生物安全审批书，境外公司凭此审批书依法向有关部门办理相关手续。安全证书的申请，经安全评价合格后，由农业部颁发农业转基因生物安全证书，境外公司凭此证书依法向有关部门办理相关手续。

引进的农业转基因生物在生产应用前，应取得农业转基因生物安全证书，方可依照有关种子、种畜禽、水产苗种、农药、兽药、肥料和添加剂等法律、行政法规的规定办理相应的审定、登记或者评价、审批手续。

（三）用于加工原料的农业转基因生物的进口管理

境外公司向中华人民共和国出口农业转基因生物用作加工原料的，应当向农业转基因生物安全管理办公室申请领取农业转基因生物安全证书。境外公司提出上述申请时，应当提供下列材料：①进口安全管理登记表；②安全评价申报书；③输出国家或者地区已经允许作为相应用途并投放市场的证明文件；④输出国家或者地区经过科学试验证明对人类、动植物、微生物和生态环境无害的资料；⑤农业部委托的技术检测机构出具的对人类、动植物、微生物和生态环境安全性的检测报告；⑥境外公司在向中华人民共和国出口过程中拟采取的安全防范措施；⑦经安全评价合格后，由农业部颁发农业转基因生物安全证书。

在申请获得批准后，再次向中华人民共和国提出申请时，符合同一公司、同一农业转基因生物条件的，可简化安全评价申请手续，并提供以下材料：①进口安全管理登记表；②农业部首次颁发的农业转基因生物安全证书复印件；③境外公司在向中华人民共和国出口过程中拟采取的安全防范措施。

经审查合格后，由农业部颁发农业转基因生物安全证书。

境外公司应当凭农业部颁发的农业转基因生物安全证书，依法向有关部门办理相关手续。

进口用作加工原料的农业转基因生物如果具有生命活力，应当建立进口档案，载明其来源、贮存、运输等内容，并采取与农业转基因生物相适应的安全控制措施，确保农业转基因生物不进入环境。

（四）法律责任

1. 生产单位或个人的罚与责

《管理条例》第五十条规定，违反本条例规定，未经国务院农业行政主管部门批准，擅自进口农业转基因生物的，由国务院农业行政主管部门责令停止进口，没收已进口的产品和违法所得；违法所得10万元以上的，并处违法所得1倍以上5倍以下的罚款；没有违法所得或者违法所得不足10万元的，并处10万元以上20万元以下的罚款。

《管理条例》第五十一条规定，违反本条例规定，进口、携带、邮寄农业转基因生物未向口岸出入境检验检疫机构报检的，或者未经国家出入境检验检疫部门批准过境转移农业转基因生物的，由口岸出入境检验检疫机构或者国家出入境检验检疫部门比照进出境动植物检疫法的有关规定处罚。

《管理条例》第五十三条规定，假冒、伪造、转让或者买卖农业转基因生物有关证明文书的，由县级以上人民政府农业行政主管部门依据职权，收缴相应的证明文书，并处2万元以上10万元以下的罚款；构成犯罪的，依法追究刑事责任。

《管理条例》第五十四条规定，违反本条例规定，在研究、试验、生产、加工、贮存、运输、销售或者进口、出口农业转基因生物过程中发生基因安全事故，造成损害的，依法承担赔偿责任。

2. 管理单位或管理者的罚与责

《管理条例》第五十五条规定，国务院农业行政主管部门或者省、自治区、直辖市人民政府农业行政主管部门违反本条例规定核发许可证、农业转基因生物安全证书以及其他批准文件的，或者核发许可证、农业转基因生物安全证书以及其他批准文件后不履行监督管理职责的，对直接负责的主管人员和其他直接责任人员依法给予行政处分；构成犯罪的，依法追究刑事责任。

四、标识管理制度

（一）标识的对象

根据《农业转基因生物标识管理办法》（以下简称《标识管理办法》）第二条、第三条的规定，在中华人民共和国境内销售列入农业转基因生物标识目录的农业转基因生物，必须遵守本办法。目前实施的农业转基因生物目录为《标识管理办法》附件规定的五大类十七种生物：①大豆种子、大豆、大豆粉、大豆油、豆粕；②玉米种子、玉米、玉米油、玉米粉（含税号为11022000、11031300、11042300的玉米粉）；③油菜种子、油菜籽、油菜籽油、油菜籽粕；④棉花种子；⑤番茄种子、鲜番茄、番茄酱。

（二）标识的标注方法

根据《标识管理办法》第六条规定：

（1）转基因动植物（含种子、种畜禽、水产苗种）和微生物，转基因动植物、微生物产品，含有转基因动植物、微生物或者其产品成分的种子、种畜禽、水产苗种、农药、兽药、肥料和添加剂等产品，直接标注“转基因××”。

（2）转基因农产品的直接加工品，标注为“转基因××加工品（制成品）”或者“加工原料为转基因××”。

（3）用农业转基因生物或用含有农业转基因生物成分的产品加工制成的产品，但最终销售产品中已不再含有或检测不出转基因成分的产品，标注为“本产品为转基因××加工制成，但本产品中已不再含有转基因成分”或者标注为“本产品加工原料中有转基因××，但本产品中已不再含有转基因成分”。

（三）标识的方式和位置

根据《标识管理办法》第七条、第八条规定，农业转基因生物标识应当醒目，并和产品的包装、标签同时设计和印制；需要增加附加标识时，附加标识应当牢固、持久。难以用包装物或标签对农业转基因生物进行标识时，可以在产品展销（示）柜（台）上进行标识、在价签上进行标识、设立标识板（牌）进行标识、在容器上进行标识、销售者以适当的方式声明进行标识、在报检（关）单上注明进行标识等几种。

（四）对标识的规范性要求

根据《标识管理办法》第七条、第九条、第十条规定，农业转基因生物标识应当醒目；有特殊销售范围要求的农业转基因生物，还应当明确标注销售的范围，可标注为“仅限于××销售（生产、加工、使用）”；标识应当使用规范的中文汉字进行标注。

（五）标识目录的制定、调整和发布

国家对农业转基因生物实行标识制度。实施标识管理的农业转基因生物目录，由国务院农业行政主管部门同国务院有关部门制定、调整和公布。

（六）管理措施

《管理条例》中规定，在中华人民共和国境内销售列入农业转基因生物目录的农业转基因生物，应当有明显的标识。列入农业转基因生物目录的农业转基因生物，由生产、分装单位和个人负责标识；未标识的，不得销售。经营单位和个人在进货时，应当对货物和标识进行核对。经营单位和个人拆开原包装进行销售的，应当重新标识。农业转基因生物标识应当载明产品中含有转基因成分的主要原料名称；有特殊销售范围要求的，还应当载明销售范围，并在指定范围内销售。农业转基因生物的广告，应当经国务院农业行政主管部门审查批准后，方可刊登、播放、设置和张贴。

《标识管理办法》中规定，农业部负责全国农业转基因生物标识的审定和监督管理工作。县级以上地方人民政府农业行政主管部门负责本行政区域内的农业转基因生物标识的监督管理工作。

五、生产、加工、经营许可制度

（一）生产、加工、经营条件

生产与加工过程是控制农业转基因生物安全的关键环节，农业部对转基因生物的生产、加工、经营单位和个人实行准入制。相关企业必须具备相应的条件方可从事农业转基因生物生产、加工、经营。

1. 生产条件

《管理条例》规定，生产转基因植物种子、种畜禽、水产苗种，应当取得国务院农业行政主管部门颁发的种子、种畜禽、水产苗种生产许可证。

生产单位和个人申请转基因植物种子、种畜禽、水产苗种生产许可证，除应当符合有关法律（如

《种子法》)、行政法规规定的条件外，还应当符合下列条件：①取得农业转基因生物安全证书并通过品种审定；②在指定的区域种植或者养殖；③有相应的安全管理、防范措施；④国务院农业行政主管部门规定的其他条件。

2. 加工条件

农业转基因生物加工，是指以具有活性的农业转基因生物为原料，生产农业转基因生物产品的活动。

在中华人民共和国境内从事农业转基因生物加工的单位和个人，应当取得加工所在地省级人民政府农业行政主管部门颁发的农业转基因生物加工许可证（以下简称“加工许可证”）。

从事农业转基因生物加工的单位和个人，除应当符合有关法律、法规规定的设立条件外，还应当具备下列条件：

（1）与加工农业转基因生物相适应的专用生产线和封闭式仓储设施。

（2）加工废弃物及灭活处理的设备和设施。

（3）农业转基因生物与非转基因生物原料加工转换污染处理控制措施。

（4）完善的农业转基因生物加工安全管理制度。包括：①原料采购、运输、贮藏、加工、销售管理档案；②岗位责任制度；③农业转基因生物扩散等突发事件应急预案；④农业转基因生物安全管理小组，具备农业转基因生物安全知识的管理人员、技术人员。

3. 经营条件

经营转基因植物种子、种畜禽、水产苗种的单位和个人，应当取得国务院农业行政主管部门颁发的种子、种畜禽、水产苗种经营许可证。

经营单位和个人申请转基因植物种子、种畜禽、水产苗种经营许可证，除应当符合有关法律、行政法规规定的条件外，还应当符合下列条件：①有专门的管理人员和经营档案；②有相应的安全管理、防范措施；③国务院农业行政主管部门规定的其他条件。

（二）管理措施

1. 档案要求

生产转基因植物种子、种畜禽、水产苗种的单位和个人，应当建立生产档案，载明生产地点、基因及其来源、转基因的方法以及种子、种畜禽、水产苗种流向等内容。

同时经营转基因植物种子、种畜禽、水产苗种的单位和个人，应当建立经营档案，载明种子、种畜禽、水产苗种的来源、贮存，运输和销售去向等内容。

申请“加工许可证”应当向省级人民政府农业行政主管部门提出，并提供下列材料：①农业转基因生物加工许可证申请表；②农业转基因生物加工安全管理制度文本；③农业转基因生物安全管理小组人员名单和专业知识、学历证明；④农业转基因生物安全法规和加工安全知识培训记录；⑤农业转基因生物产品标识样本；⑥加工原料的农业转基因生物安全证书复印件。

2. 报告

（1）从事农业转基因生物生产、加工的单位和个人，应当按照批准的品种、范围、安全管理要求和相应的技术标准组织生产、加工，并定期向所在地县级人民政府农业行政主管部门提供生产、加工、安全管理情况和产品流向的报告。

（2）农业转基因生物在生产、加工过程中发生基因安全事故时，生产、加工单位和个人应当立即采取安全补救措施，并向所在地县级人民政府农业行政主管部门报告。

3. 其他

（1）从事农业转基因生物运输、贮存的单位和个人，应当采取与农业转基因生物安全等级相适应的安全控制措施，确保农业转基因生物运输、贮存的安全。

（2）农业转基因生物的广告，应当经国务院农业行政主管部门审查批准后，方可刊登、播放、设置和张贴。

（三）法律责任

1. 生产与加工单位或个人的罚与责

（1）依据《管理条例》第四十七条规定，未经批准生产、加工农业转基因生物或者未按照批准的品种、范围、安全管理要求和技术标准生产、加工的，由国务院农业行政主管部门或者省、自治区、直辖市人民政府农业行政主管部门依据职权，责令停止生产或者加工，没收违法生产或者加工的产品及违法所得；违法所得10万元以上的，并处违法所得1倍以上5倍以下的罚款；没有违法所得或者违法所得不足10万元的，并处10万元以上20万元以下的罚款。

（2）依据该条例第四十八条规定，转基因植物种子、种畜禽、水产苗种的生产、经营单位和个人，未按照规定制作、保存生产、经营档案的，由县级以上人民政府农业行政主管部门依据职权，责令改正，处1 000元以上1万元以下的罚款。

（3）依据该条例第五十三条规定，假冒、伪造、转让或者买卖农业转基因生物有关证明文书的，由县级以上人民政府农业行政主管部门依据职权，收缴相应的证明文书，并处2万元以上10万元以下的罚款；构成犯罪的，依法追究刑事责任。

（4）依据该条例第五十四条规定，在研究、试验、生产、加工、贮存、运输、销售或者进口、出口农业转基因生物过程中发生基因安全事故，造成损害的，依法承担赔偿责任。

2. 管理单位或管理者的罚与责

依据《管理条例》第五十五条，国务院农业行政主管部门或者省、自治区、直辖市人民政府农业行政主管部门违反本条例规定核发许可证、农业转基因生物安全证书以及其他批准文件的，或者核发许可证、农业转基因生物安全证书以及其他批准文件后不履行监督管理职责的，对直接负责的主管人员和其他直接责任人员依法给予行政处分；构成犯罪的，依法追究刑事责任。

第四节　北京市农业转基因生物安全管理

一、北京市农业转基因生物安全管理基本情况

自2001年5月23日国务院以第304号令颁布实施《管理条例》以来，北京市农业局重点从执法队伍建设、标识审批管理和市场检查、试验审核监管和试验安全监管、品种审定环节农业转基因成分抽检以及市场销售产品的农业转基因成分抽检等方面全面加强农业转基因生物安全监督管理工作。

2002—2010年，北京市农业转基因生物安全监管工作大致可划分为三个阶段：

（一）第一个阶段：准备阶段（2002—2003年）

2002年4月12日，北京市农业局向各区县农业主管部门印发了《关于尽快开展农业转基因生物安全管理工作的通知》。4月19日，北京市农业局召开农业转基因生物安全监督管理工作会议，并于4月29日在《北京日报》发布了《关于北京市农业转基因生物安全监督管理工作的通告》，标志着北京市农业转基因生物安全监督管理工作正式启动。

2002年6月，北京市农业局成立了由局长任组长、主管科教和法制工作的副局长分别任副组长、局机关相关处室负责人组成的农业转基因生物安全管理领导小组。

（二）第二个阶段：标识执法监管阶段（2003—2004年）

从2003年开始，北京市农业局率先在国内开展了农业转基因生物产品标识审批和市场检查工作，规范了市场上销售的农业转基因生物标识，对于维护消费者的知情权与选择权起到了积极的推动作用。从2004年开始，北京市的农业转基因生物标识监管工作逐步转为常规工作。

（三）第三个阶段：以源头为重点的全面监管阶段（2005年至今）

从2005年开始，在继续做好农业转基因生物标识监管的基础上，北京市重点加强了对源头——农业转基因生物研究与试验的监管，北京市农业转基因生物安全监管开始进入以源头监管为重点的全面监管阶段。

二、国际农业转基因生物安全监管现状分析

（一）美国转基因生物安全管理

美国有5个机构负责对转基因生物进行协调管理。其中，国立卫生研究院（NIH）早在1976年即制定了《重组DNA分子研究准则》，对实验室研究进行安全管理。职业安全与卫生管理局（OSHA）负责生物技术从业人员劳动保护方面的安全管理。而真正对农业转基因生物及其产品从研发到应用实施生物安全管理的政府部门主要是农业部（USDA）、环境保护局（EPA）和食品药物管理局（FDA）。这3个部门的管辖范围是按照转基因产品的用途来分工的，其中农业部负责植物、兽用生物制品以及一切涉及植物病虫害等有害生物的产品的管理；环境保护局负责植物性农药、微生物农药、农药新用途及新型重组微生物的管理；食品药物局负责食品及食品添加剂、饲料、兽药、人药及医用设备的管理。因此，根据产品性质和用途的不同，一个产品可能受一个部门管理，也可能受2个甚至3个部门管理。

在转基因植物的管理上，农业部负责作物种植生产的安全性，食品药物局负责食品和药物的安全性，环保局负责涉及农药应用的环境安全性，三个部门相互协调工作。

（二）欧盟转基因生物安全管理

欧盟对转基因生物及其产品的安全管理经历了一个比较复杂的变化过程。其安全管理法规、执法管理机构和技术支撑体系都先后发生了较大的变化。但是，其实施转基因生物安全管理的根本思想没有发生变化，即基于研发过程中是否采用了转基因技术。

欧盟与农业转基因生物安全相关的主要法规包括两大类：一类是横向系列的法规；另一类是与产品相关的法规。前者包括：基因修饰微生物的封闭使用指令（90/219/EEC，98/81/EC），基因修饰生物（GMO）的目的释放指令（90/220/EEC，97/35/EC），基因工程工作人员劳动保护指令（90/679/EEC，93/88/EEC）；后者包括：基因修饰生物及其产品进入市场的指令，基因修饰生物与病原生物体运输的指令，饲料添加剂指令，医药用品指令和新食品指令。

从1990年开始，欧盟负责转基因生物安全横向系列法规管理的机构是第十一总司（环境、核安全以及公民保护）。而与产品相关法规的管理机构分别为工业总司、农业总司、运输总司。此外，科学、研究与发展总司，欧盟联合生物技术联合研究中心以及环境系统、信息、安全联合研究中心，为研究开发工作提供服务；消费者政策与消费者健康保护—植物科学委员会负责用于人类、动物及植物的相关科技问题，以及可能影响人类、动物健康或环境的非食品包括杀虫剂的生产方面的管理。

2004年开始，欧盟实行集中管理，主要由新成立的食品安全总署（EFSA）负责农业转基因生物安全管理。现行的转基因生物安全管理法规依然有水平系列和产品系列两类法规，主要包括：《关于转基因生物有意环境释放的指令》（2001/18/EC）和《关于转基因微生物封闭使用的指令》（98/81/EC）；《关于转基因食品和饲料条例》（1829/2003）及其实施细则条例（641/2004）和《关于转基因生物的可追踪性和标识及由转基因生物制成的食品和饲料产品的可追踪性条例》（1830/2003）。此外，欧盟各国还有本国的农业转基因生物安全管理法规体系。欧盟各国的国内法，不仅随着欧盟法规的变化而做相应的修订和调整，而且出于自身国情和利益的考虑，也制定了适用于本国的转基因生物安全管理法规、程序和要求。因此，比较而言，欧盟及其成员国转基因生物安全管理法规体系比较复杂，意见难以统一，决策时间长。

（三）国际组织农业转基因生物安全管理

联合国相应机构及其他有关国际组织长期致力于转基因生物安全的国际协调管理。联合国工业发展组织（UNIDO）、联合国粮农组织（FAO）、世界卫生组织（WHO）、联合国环境规划署（UNEP）以及经济合作与发展组织（OECD）制定了一系列有关农业转基因生物安全管理的法规和准则。在1992年以来的《21世纪议程》《生物多样性公约》《关于环境与发展的里约宣言》和2000年通过的《卡塔赫纳生物安全议定书》中，分别对转基因生物及其产品安全管理的原则和程序进行了规定。国际食品法典委员会（CAC）针对转基因食品安全管理制定了一系列指导原则和规范。世界贸易组织（WTO）也在考虑是否需要在《卫生与植物卫生条约》（SPS）和《贸易技术壁垒条约》（TBT）的基础上，制定有关转基因产品（特别是转基因农产品）安全管理和标识制度的规定。

三、国内外农业转基因生物安全管理趋势分析

尽管各国农业转基因生物安全管理的制度不同，但是，美国、欧盟、加拿大、澳大利亚、日本等均已形成了稳定和比较完善的转基因生物安全管理法律法规体系。在这些发达国家和地区之间存在一些共同的特点，了解这些特点对于我国加强转基因生物安全管理具有重要的参考意义。

（一）法律法规体系不断完善，与保障安全、维护国家权益相适应

自20世纪80年代中期以来，各国政府和国际组织纷纷立法，从最大限度地维护本国利益出发，制定了一系列明确、具体的法规、程序和规范，对转基因生物从研发、应用到上市后监管及进出口活动实施全面的安全管理。随着转基因技术研究及其产业化的不断发展，随着转基因生物安全知识和管理经验的不断积累，各国有关转基因生物安全管理的法规也不断修订、补充和完善，经过近20年的发展，现已形成一套比较完善的转基因生物安全管理法律法规体系。

美国没有制定新的专门法律，而是在原有法律的基础上增加有关转基因生物安全管理的条款和内容。现行的法规管理框架主要是：《植物保护法》《病毒—血清—毒素法》《联邦杀虫剂、杀菌剂、杀鼠剂药物法》和《联邦食品、药物与化妆品法》。在这些法律之下，美国农业部、国家环境保护局和食品药物监督管理局按照各自的职能分工，制定有关转基因植物、动物、微生物和食品、饲料、添加剂的管理程序和管理办法。

欧盟则针对转基因技术单独立法。欧盟转基因生物安全管理法规主要包括横向系列的法规和与产品相关的法规两大类。

澳大利亚、新西兰、日本、韩国、俄罗斯、印度等国也对转基因产品的研究和应用进行严格管理，并（拟）对转基因食品实行标识制度。澳大利亚发布了《基因技术法2000》和《基因技术管理条例》。

各国（地区）农业转基因生物安全管理法规制度和管理体系虽然有所不同，但根本目的都是为了最大限度地维护本国（地区）利益。在基本法律和管理制度保持相对稳定的基础上，根据转基因技术发展和安全管理的客观需要，不断、及时地修订、补充、完善配套的法规、程序和要求，这是近20年来各国普遍的做法。这其中既有科学方面的考虑，也有经济利益和社会政治方面的因素。其结果既有利于使安全管理与转基因生物研究和应用相关的科技进步、经济增长和贸易发展需要相适应，也有利于安全管理与维护国家权益要求相适应。

（二）行政监督管理有效，与生物产业发展相适应

依法加强行政监管是世界各国推进转基因生物安全管理的共识。为适应21世纪生物技术和生物产业成为国民经济关键支柱产业发展的需要，有效地保护本国生物安全和经济发展，美国、加拿大、欧盟等发达国家（地区）以完善的法律为武器、以有效的管理为手段，大力加强农业转基因生物安全

管理机构建设，已经逐渐建立了一套机构健全、队伍稳定、职责分明、全程监管、应变迅速、高效可靠的转基因生物安全监管管理体系。

美国农业转基因生物的行政监管体系主要由农业部、国家环境保护局、食品药品监督管理局及其分布于各州的直属机构、州政府以及第三方组成。其中，农业部的监管工作主要由动植物检疫局及其在各州的植保检疫办公室和州农业局负责。监管机制包括检查和报告。批准田间试验后，动植物检疫局生物技术服务局通知其所在州的植保检疫办公室，由该办公室会同州农业局一起检查田间试验点，并向生物技术处报告检查情况，及时向生物技术服务局报告并备案。一般情况下，州农业局每年对试验点检查5～6次，包括播种前、生长期、花期、收获期以及收获后自生苗的检查。国家环境保护局的检查主要委托第三方执行，检查结果反馈给国家环境保护局和申请人。调查结果同时保存于各州政府和国家环境保护局的分支机构。

日本对转基因产品的监督主要是由农林水产省下设的独立法人单位——农林水产消费技术中心负责。该中心在全国设有7个分中心，分别负责不同地区产品标识情况的调查和监督。

（三）技术支撑体系健全，与风险分析要求相适应

为了确保生物安全风险分析的高水平和高质量，世界各发达国家纷纷投巨资加强农业转基因生物安全研究和安全评价与技术检测监测机构能力建设，已经形成了与风险分析相适应、实力强、水平高、中立、权威的转基因生物安全技术支撑体系。近年来，欧盟、美国、日本等组织与发达国家（地区）在已有良好基础的条件下，继续加大对农业转基因生物安全性科学研究的力度，持续增加有关生物安全评价、检测、监测和监控机构建设等相关基础设施的投入和政策支持。这些国家的生物安全技术支撑体系较为健全，无论是国家级安全研究、安全评价、安全检测机构，还是地方级安全监控单位与生态环境监测点，都拥有专职的技术人员、先进的实验设施条件、现代化的信息服务网络，以及安全、配套的转基因生物测试、示范和监测基地（基点）。

转基因生物安全研究投入力度大，学科发展快，与生物技术研发相适应。国外发达国家和国际组织十分重视农业转基因生物安全研究，将获得尽可能充分的生物安全知识和发展有效的安全使用技术放在比转基因生物产品研发更加重要的优先位置。以往研究的重点集中在转基因生物与常规品种的比较性安全试验研究方面，主要内容包括转基因生物的生存竞争能力、外源基因漂移的规律及其生态效应、转基因植物对非靶标生物的影响、转基因生物对生态环境和生物多样性的影响、毒性、致敏性和非预期效应等。这些研究既促进了转基因生物安全作为一个新兴边缘学科的迅速发展，又为增加人类对转基因生物安全性的认识、促进转基因产品的安全应用提供了至关重要的科技支撑。

发达国家农业转基因生物安全研究和评价技术体系的及时建立和不断完善，为其生物产业发展、国民健康和环境与经济安全提供了重要技术保障。在对病原生物和有害生物长期进行系统研究的基础上，美国政府从1983年起相继设立数项专项基金，对重组DNA分子和转基因产品的生物安全技术研究给予持续、重点支持。从2000年起，研究的重点更深入到科学设计研究型转基因生物材料（不是计划用于农业生产的材料，是纯属从生物安全研究的需要出发，人为设计可能产生高风险的基因和转基因材料作为科学试验的对象），采取基因组学、蛋白质组学、代谢物组学和种群生态学相结合的方法，系统研究转基因生物对生态环境和人体健康发生危害的特点、传播途径、预测模型和治理技术。这项高度保密研究如果成功，将使美国在转基因生物安全技术领域具有更大的的科技主动权。

全面建设生物安全技术支撑体系，与生物安全的全程管理相适应。美国农业部、食品药品监督管理局在转基因生物安全管理领域设置7个中心，即安全评价与研究中心、动植物检疫中心、兽药中心、食品安全与营养中心、药物评价与研究中心、辐射保健研究中心和毒理学研究中心，承担相应的转基因生物安全研究、检测、鉴定、评价、监控和监管工作。这些机构配备有国际先进的仪器设备及相关设施，工作人员为列入公务员编制的技术专家，中心运转费等开支列入国家财政预算。

德国在中立的罗伯特·科赫研究院（Robert koch institute）设立基因技术中心，负责转基因生物安全评价和分析的具体工作，包括农业转基因生物安全评价的受理审查、组织评审和承担农业转基

因生物安全研究、检测、评价、鉴定和监控等工作。该机构本身不从事农业转基因生物技术研究，是政府的技术与政策咨询机构，为联邦食品与农业部和卫生部提供技术咨询和政策性建议。该基因技术中心配备有转基因检测、鉴定、评价和监控专门的仪器和设备，工作人员及机构运转费列入国家财政预算。

此外，加拿大、英国、日本等国家也设有类似机构，负责农业转基因生物安全的具体评价、检测和监测等工作。

（四）公众广泛参与，与社会发展相适应

国外十分重视转基因生物管理过程中的科学性和透明度，本着公开透明、尊重民意、以人为本的思想，采取多种有效形式方便公众参与，有的国家甚至在转基因生物安全管理的全过程都有社会公众的参与。

美国主要采取以下形式吸收公众的广泛参与：一是各联邦机构制定有关转基因生物安全管理的法规时，均要在联邦注册公告中发布，在固定时间内寻求公众评议；二是召开转基因生物安全技术问题研讨会时，通常都对公众开放；三是不定期地举办听证会，寻求公众在某一问题上的态度；四是联邦咨询委员会每年定期举办面向公众的关于农业生物技术的会议。

近年来，日本十分重视公众对转基因生物安全管理的态度，针对消费者对转基因产品的认识、担心、信赖等问题，开展广泛的社会调查。农林水产省设立了消费者接待室，用图、文、实物展示生物技术的原理、过程，以消除消费者的疑虑。据报道，农林水产省仅 1996 年投入的科普宣传费就达 2 240 万日元。厚生省则由专家、生产者和消费者代表组成常任机构对转基因生物的安全评价结果进行审议。

参考文献

农业部农业转基因生物安全管理办公室，中国科学技术协会科普部. 2011. 农业转基因生物知识 100 问 [M]. 北京：中国农业出版社.

宋贵文，沈平. 2016. 农业转基因生物安全标准（2015 版）[M]. 北京：中国农业出版社.

曾危北. 2004. 转基因生物安全 [M]. 北京：化学工业出版社.

周云龙，李宁. 2013. 转基因：给世界多一种选择 [M]. 北京：中国农业出版社.

第十章　农作物种子行政处罚

第一节　行政处罚概述

一、行政处罚概述

（一）行政处罚的概念和特征

行政处罚是指行政主体依照法定程序对公民、法人或者其他组织违反行政管理秩序、尚未构成犯罪的行为进行制裁的活动。

《中华人民共和国行政处罚法》（以下简称《行政处罚法》）所规定的行政处罚具有以下特征：

行政处罚权只能由行政主体行使，任何其他机关、组织和个人不能行使行政处罚权。行政主体必须在法定权限范围内行使行政处罚权，根据法律规定的处罚种类、法定处罚幅度，并遵循法定程序，作出具体的行政处罚决定。《种子法》规定县级以上农业、林业行政主管部门作为种子行政处罚的主体。

行政处罚适用于违反行政管理秩序但尚未构成犯罪的行为。这与刑罚针对违反刑法构成犯罪的行为作出处罚形成区别。

行政处罚是外部行政行为，适用对象是行政相对人。这区别于行政处分（内部行政行为）。

行政处罚的内容具有制裁性。行政处罚在性质上属不利行政行为，通过对行政违法人的人身权、财产权、资格进行限制或剥夺，或者为其增设新义务，对违法人进行制裁，阻止违法行为的继续发生，恢复被损坏的行政管理秩序，并保护受害人的利益。例如吊销种子生产经营许可证即是对资格的限制和剥夺，没收违法所得和罚款即是对财产权的限制。

行政处罚的根本目的在于维护行政管理秩序。制裁只是手段，要防止以罚代管。

（二）行政处罚的基本原则

1. 处罚法定原则

行政处罚会给被处罚人带来不利影响，所以设定和实施必须严格遵循合法原则。

（1）**处罚设定权法定。**每一层级法律文件的处罚设定权由《行政处罚法》明确规定，设定行政处罚必须符合《行政处罚法》关于处罚设定权的规定。如涉及人身自由的行政处罚只能由法律规定，其他任何法律文件都无权设定。

（2）**实施主体法定。**行政处罚由哪一行政机关来实施，由法律、法规、规章明确规定，限制人身自由的行政处罚权只能由公安机关行使。法律、法规授权的具有管理公共事务职能的组织可以在法定授权范围内实施行政处罚。

（3）**被处罚行为法定。**何种行为应当受到行政处罚由法律、法规、规章明确规定。对于行政相对人，法无明文规定不受罚。没有法定依据作出的行政处罚无效。

（4）**处罚权限法定。**处罚的种类、处罚的幅度由法律明确规定，处罚机关必须在法定权限内行使处罚权。处罚机关在法定权限内行使自由裁量权应当符合法定目的，正当行使。

（5）**处罚程序法定。**实施行政处罚，必须按照法定程序进行。行政处罚违反法定程序，行政处罚无效。

2. 处罚公正、公开原则

（1）处罚公正原则的基本要求是行政处罚的设定和实施必须以事实为依据，与违法行为的事实、性质、情节以及社会危害程度相当。具体规则：①立法机关设定行政处罚时，制裁的轻重程度应当与违法行为的性质、情节和社会危害程度相当。②工作人员与行政违法案件存在利害关系时，应当回避。③行政机关在作出行政处罚时，应当平等对待行政相对人，不得因性别、民族、宗教、社会地位等非法因素区别对待。④行政处罚自由裁量权的行使应当符合法律目的，采取的措施和手段应当必要、适当。

（2）处罚公开原则包括处罚依据公开（未经公布的法律规定不得作为行政处罚的依据）、处罚过程公开（是指在作出处罚决定之前，处罚机关应当告知被处罚人作出处罚决定的事实、依据和理由）和处罚结果的公开（处罚决定应当送达被处罚人，说明事实、证据和适用的法律）。

3. 一事不再罚原则

一事不再罚原则是指对违法当事人的同一个违法行为，不得以同一事实和同一理由给予两次以上的行政处罚。同一事实和同一理由是一事不再罚原则的共同要件，二者缺一不可。同一事实是指同一个违法行为，即从其构成要件上只符合一个违法行为的特征。同一理由是指同一法律依据。

4. 处罚与教育相结合原则

《行政处罚法》第五条规定："实施行政处罚，纠正违法行为，应当坚持处罚与教育相结合，教育公民、法人或者其他组织自觉守法。"规定明确了行政机关在制裁违法人的同时，还应当对其进行教育，教育公民、法人或者其他组织自觉守法。处罚与教育相结合意味着处罚与教育二者不可偏废，不是以教育代替处罚，也不能仅处罚了事。

5. 保障当事人权利原则

保障人权是行政处罚立法和适用都必须严格遵循的一条基本原则。《行政处罚法》第六条规定了公民、法人或其他组织在行政处罚中享有的基本权利：陈述权、申辩权、申请行政复议权利、提起行政诉讼权利、获得国家赔偿权利。陈述权、申辩权是相对人在行政处罚过程中享有的为自己辩解的权利，属于事前的程序权利。后三项是相对人享有的针对行政处罚决定获得救济的权利，属于事后救济权。

二、行政处罚的种类与设定

（一）行政处罚的种类

1. 学理分类

学理上，从处罚涉及被处罚人权利角度将行政处罚分为四大类：

（1）**人身罚。**限制或剥夺被罚人人身自由。行政拘留（劳动教养尚有争议）。人身罚涉及公民最基本的权利，只能由法律设定，实施机关只能是公安机关。

（2）**财产罚。**限制或剥夺被处罚人的财产权，包括罚款、没收违法所得、没收非法财务。《行政处罚法》第五十三条：除依法应当予以销毁的物品外，依法没收的非法财物必须按照国家规定公开拍卖或者按照国家有关规定处理。罚款、没收违法所得或者没收非法财物拍卖的款项，必须全部上缴国库，任何行政机关或者个人不得以任何形式截留、私分或者变相私分；财政部门不得以任何形式向作出行政处罚决定的行政机关返还罚款、没收的违法所得或者返还没收非法财物的拍卖款项。

（3）**行为罚（也叫能力罚）。**限制或剥夺被罚人从事某项活动的资格或行为能力的处罚。包括责令停产停业、暂扣或吊销许可证、执照。

（4）**申诫罚。**也称精神罚或者影响声誉罚，是指对被处罚人进行精神上的惩戒。

2. 法定种类

针对《行政处罚法》制定前各层级法律文件乱设行政处罚、行政处罚种类繁多的现象，《行政处罚法》规定了6种行政处罚，对行政各类作了相对统一。

（1）**警告**。这是对违法人予以口头告诫的形式，一般适用于违法情节较轻的情形。

（2）**罚款**。这是指违法行为人在一定期限内缴纳一定数额金钱的处罚方式。罚款数额由法律规定，一般规定最高额和最低额，由处罚机关根据具体情形在法定幅度内确定具体数额。

（3）**没收违法所得、没收非法财物**。这是指处罚机关将违法行为人的违法所得或者非法财物收归国家所有的处罚形式。违法所得是指行为人从事违法行为所获得的收益。非法财物是指用于从事违法活动的工具、物品和涉案财物等。

（4）**责令停产停业**。这是指责令经济组织停止生产、停止营业的处罚形式。此种处罚不是直接剥夺被处罚人的财产权，而是让其暂时停止经营活动。如果被处罚人在一定期限内纠正了违法行为，仍然可以继续生产经营活动，不需要重新申请许可证。

（5）**暂扣或者吊销许可证、暂扣或者吊销执照**。这是指限制或者剥夺违法行为人从事某项活动的权利或者资格的处罚形式。暂扣带有临时性，是暂时中止被处罚人从事某项活动的资格；吊销则意味着终止被处罚人从事某项活动的资格。许可证或者执照被吊销，应当办理行政许可的注销手续。

（6）**行政拘留**。也称治安拘留，是指短期限制违法行为人人身自由的处罚形式。行政拘留的期限一般为15日以下。行政拘留决定只能由县级以上公安机关作出，其他行政机关、组织无权作出。

（7）**法律、行政法规规定的其他行政处罚**。除上述6种行政处罚种类外，《行政处罚法》第八条第（七）项做出兜底规定，法律、行政法规可以规定其他种类的行政处罚。

（二）行政处罚的设定

针对低层级法律文件滥设行政处罚的现象，为从源头上防止处罚过多、过滥，《行政处罚法》确立了“行政处罚设定以权力机关立法为主、行政机关立法为辅；以中央机关立法为主、以地方立法为辅”的原则。

1. 法律的设定权

法律是指由全国人大及其常委会制定的法律文件，例如《中华人民共和国种子法》就是由全国人大制定的，属于法律。

法律可以设定各种行政处罚，除《行政处罚法》规定的6种处罚外，还可设其他种类的行政处罚。

限制人身自由的行政处罚，只能由法律设定，其他任何层级的法律文件都不能设定。

2. 行政法规的设定权

行政法规由国务院制定。国务院是最高国家行政机关，可设定除限制人身自由以外的行政处罚。

法律对违法行为已做出行政处罚规定，行政法规需要做出具体规定的，必须在法律规定的给予行政处罚的行为、种类和幅度的范围内规定。

3. 地方性法规的设定权

地方性法规是由地方人大制定的法律文件，如2006年9月15日北京市第十二届人民代表大会常务委员会第三十次会议通过的《北京市实施〈中华人民共和国种子法〉办法》，就是地方性法规。地方性法规可以设定除限制人身自由、吊销企业营业执照以外的行政处罚。

法律、行政法规对违法行为已经作出行政处罚规定，地方性法规需要作出具体规定的，必须在法律、行政法规规定的给予行政处罚的行为、种类和幅度的范围内作出具体规定。

4. 部门规章的设定权

国务院部、委员会制定的部门规章主要是执行性立法（对法律、行政法规规定的行政处罚在种类和幅度范围内作具体规定）。

尚未制定法律、行政法规的，部门规章可以设定警告或者一定数量罚款的行政处罚。罚款的限额由国务院定。

5. 地方性规章的设定权

地方性规章由省、自治区、直辖市人民政府和省、自治区人民政府所在地的市人民政府以及经国务院批准的较大的市人民政府制定。主要是执行性立法（在法律、法规规定的给予行政处罚的行为、种类和幅度的范围内作出具体规定）。

尚未制定法律、行政法规的，地方性规章可以设定警告和一定数量罚款的行政处罚的。罚款的限额由省、自治区、直辖市人民代表大会常务委员会规定。

6. 其他规范性文件不得设定行政处罚

其他规范性文件即红头文件，不是国家立法的形式。

三、行政处罚的实施、管辖与适用

（一）行政处罚的实施主体

行政处罚的实施机关是指作出行政处罚决定的机关。包括：

1. 行政机关

《行政处罚法》第十五条规定：行政处罚由具有行政处罚权的行政机关在法定职权范围内实施。

（1）行政处罚权只能由行政机关行使，其他国家机关无权行使。各级人民代表大会、检察机关、人民法院不能实施行政处罚。

（2）由具有行政处罚权的行政机关实施。并非所有行政机关都能实施行政处罚，只有法律规定有行政处罚权的行政机关才能实施行政处罚。

（3）实施行政处罚的机关应当在法定职权范围内实施行政处罚。

2. 行政机关相对集中行政处罚权

将原本由数个行政机关行使的行政处罚权集中至一个行政机关行使，其他行政机关不再行使行政处罚权。目的是为了解决多头执法的问题。如《行政处罚法》第十六条规定："国务院或者经国务院授权的省、自治区、直辖市人民政府可以决定一个行政机关行使有关行政机关的行政处罚权，但限制人身自由的行政处罚权只能由公安机关行使。"

对于综合执法大队，行政处罚权相对集中后，原有行政执法部门不得再行使已由综合执法机关集中行使的行政处罚权。

3. 法律、法规授权的组织

《行政处罚法》第十七条规定："法律、法规授权的具有管理公共事务职能的组织可以在法定授权范围内实施行政处罚。"

（1）必须由法律、法规授权（即只能由法律、行政法规、地方性法规授权，其他无效）。

（2）授权组织应当是具有管理公共事务职能的组织。

（3）授权组织以自己的名义做出行政处罚决定，对外承担法律责任，以自己的名义参加行政复议和行政诉讼。

（4）授权组织行使行政处罚权只能在特定授权范围内。

4. 受委托组织

《行政处罚法》第十八条规定："行政机关依照法律、法规或者规章的规定，可以在其法定权限内委托符合本法第十九条规定条件的组织实施行政处罚。行政机关不得委托其他组织或者个人实施行政处罚。"

（1）委托必须有法律、法规、规章依据。

（2）受委托组织必须符合法定条件：依法成立的管理公共事务的事业组织；具有熟悉有关法律、法规、规章和业务的工作人员；对违法行为需要进行技术检查或者技术鉴定的，应当有条件组织进行相应的技术检查或者技术鉴定。

（3）受委托组织以委托行政机关名义实施行政处罚，并对该行为的后果承担法律责任。

（4）受委托组织不得再委托其他任何组织或者个人实施行政处罚。

（二）行政处罚的管辖

行政处罚管辖是指行政处罚机关之间行政处罚权限的划分，分为级别管辖、职能管辖和地域管辖三大类。

1. 级别管辖

级别管辖是指行政处罚权在上下级行政机关之间权限的划分。《行政处罚法》第二十条规定："行政处罚由违法行为发生地的县级以上地方人民政府具有行政处罚的行政机关管辖。法律、行政法规另有规定的除外。"此规定明确了行政处罚权的最低级别行政机关——县级以上地方人民政府具有行政处罚权的行政机关。至于县级地方人民政府及其职能部门以上行政机关之间行政处罚权如何分配，《行政处罚法》没有规定，在一些单行法中有具体规定。

级别管辖的确定一般根据违反行政管理秩序行为的轻重程度来确定。行政违法行为越严重，处罚机关的级别越高，反之，越低。

2. 职能管辖

职能管辖是指行政处罚权在不同职能行政机关之间的权限分工。职能管辖一般由行业性行政管理法律明确规定。

3. 地域管辖

地域管辖是指行政处罚权在同一级别不同地域行政机关之间权限的划分。由违法行为发生地行政机关管辖。

4. 移送管辖

移送管辖是指无行政处罚权的行政机关将案件移送至有行政处罚权的行政机关的制度。受移送管辖的行政机关如果认为自己也没有管辖权的，不能再自行移送，应当报送共同上一级行政机关指定管辖。

5. 指定管辖

指定管辖是指两个以上行政机关发生行政处罚管辖权争议时，由有权机关指定某一机关管辖的制度。

（三）行政处罚的追责时效

《行政处罚法》第二十九条规定，违法行为在二年内未被发现的，不再给予行政处罚。法律另有规定的除外。期限自违法行为发生之日起计算。违法行为有连续或者继续状态的，从行为终了之日起计算。《种子法》对追责时效没有具体的规定，所以按照《行政处罚法》的二年追责时效计算。

（四）行政处罚的适用规则

1. 一事不再罚原则

《行政处罚法》第二十四条规定：对当事人的同一个违法行为，不得给予两次以上罚款的行政处罚。这并不是严格意义上的一事不再罚，可以一机关罚款，另一机关给予其他行政处罚，因此，这项规定可以控制罚款的滥用，但并未能规范多头执法。

2. 从轻、减轻处罚的情形

具备下列情形的，应当从轻或者减轻行政处罚：

（1）被处罚人为限制行政责任能力人。

（2）主动消除或者减轻违法行为危害后果的。

（3）受他人胁迫有违法行为的。

（4）配合行政机关查处违法行为有立功表现的。

（5）其他依法从轻或者减轻行政处罚的。

3. 不予行政处罚的情形

（1）无行政处罚责任能力。一是实施行政违法行为时不满十四周岁。二是精神病人在不能辨认或者不能控制自己行为时有违法行为的。（间歇性精神病人在精神正常时有违法行为的，具备行政处罚责任能力，应当给予行政处罚。）

（2）违法行为轻微并及时纠正，没有造成危害后果的，不予行政处罚。

四、行政处罚的程序

行政处罚的程序，是一个从行政主体开始调查、认定当事人的违法事实，到作出行政处罚决定及行政处罚决定生效等各项具体步骤的综合构成。行政处罚的程序主要由查明违法事实、作出决定以及行政处罚决定的实现等几个部分构成。《行政处罚法》第五章分三节规定了简易程序、一般程序和听证程序。但听证程序严格来讲并非是一个独立程序类型，它只是行政机关在适用一般程序时听取意见的一种正式形式，其他规则仍然适用一般程序。

（一）简易程序

1. 含义

又称当场处罚程序。是指处罚机关对符合法定情形的处罚事项当场作出行政处罚决定的程序。

2. 意义

可以迅速、及时处理轻微违法行为，有助于提高行政效率。

3. 适用条件

（1）违法事实确凿。是指能够证明当事人具有违法行为的证据确实清楚、充分。

（2）有法定依据。是指有法律、行政法规、地方性法规或规章作为行政处罚的依据。

（3）作出警告和较小数额罚款（公民处 50 元以下，法人或其他组织处以 1 000 元以下）的行政处罚。

4. 程序

执法人员当场作出行政处罚决定的，应当向当事人出示行政执法证件表明身份，不出示的，当事人有权拒绝执法。应当口头告知当事人作出行政处罚决定的事实、理由及依据和当事人依法享有的权利，听取被处罚人的陈述和申辩。当场制作当场行政处罚决定书，并且必须报所属行政机关备案。当场作出的行政处罚决定书应当载明当事人的违法行为、行政处罚依据、罚款数额、时间、地点以及行政机关名称，并由执法人员签名或者盖章。行政处罚决定书应当当场交付当事人。如果当事人拒绝接收，应当注明。当事人对当场作出的行政处罚决定不服的，可以依法申请行政复议或者提起行政诉讼。

（二）一般程序

一般程序是行政处罚的基本程序，分为以下几个阶段：立案、调查、说明理由和告知权利、听取意见、决定和处罚决定书的交付和送达等。

1. 立案

《行政处罚法》没有规定立案条件，有的部门规章和地方性立法中对立案的条件作出明确规定。一般包括：有证据证明公民、法人或其他组织有行政违法行为发生；行为应当受到行政处罚；属于本行政机关管辖；不属于适用简易程序的条件。

决定立案的，填写行政处罚立案审批表，报行政机关负责人批准，并指派专门承办人员。

2. 调查取证

（1）**全面、客观、公正调查的原则。**行政机关发现公民、法人或者其他组织有依法应当给予行政处罚的行为的，必须全面、客观、公正地调查，收集有关证据。处罚机关在收集证据时，应当全面，不能仅收集不利于被处罚人的证据，也应收集有利于被处罚人的证据。

（2）**执法人员不少于两人。**执法人员不少于两人，并要出示证件，表明身份。

（3）**行政相对人负有协助调查的义务**（如实回答、协助调查、不得阻挠）。调查措施往往涉及相对人的人身权、财产权等基本权利，因此，法律在规定行政相对人负有协助调查的义务的同时，对实施调查措施的程序做出严格规定，以防侵犯相对人的权利。

（4）**调查事项。**需要处罚机关调查的事项主要有：违法嫌疑人的基本情况；违法行为是否存在；违法行为是否为违法嫌疑人实施；实施违法行为的时间、地点、手段、后果以及其他情节；违法嫌疑人有无法定从重、从轻、减轻以及不予处理的情形；与案件有关的其他事实。

（5）**调查措施。**调查措施的规定需要平衡两方面的因素：一是赋予行政机关必要的调查手段查清事实；二是调查不能侵犯公民、法人或者其他组织的权利，应当遵循正当程序。

《行政处罚法》规定了抽样取证、证据保全和回避三项制度。《行政处罚法》第三十七条第二款规定，行政机关在收集证据时，可以采取抽样取证的方法。在证据可能毁损灭失或者以后难以取得的情况下，经行政机关负责人批准，可以先行登记保存，并应当在7日内及时做出处理决定，在此期间，当事人或者有关人员不得销毁或者转移证据。

有的立法结合部门行政管理的特点，规定了具体的调查措施。如《公安机关办理行政案件程序》规定公安机关办理行政案件采取的调查措施有：讯问和询问，勘验和检查，鉴定、检测，抽样取证，先行登记保存证据与扣押证据，并对每类调查措施应当遵循的程序规则做出规定。再如《税收征收管理办法》第五十八条规定："税务机关调查税务违法案件时，对与案件有关的情况和资料，可以记录、录音、录像、照相和复制。"

回避制度：执法人员与当事人有直接利害关系的，应当回避。

（6）**调查终结。**行政机关负责人应当进行审查，根据不同情况，分别作出如下决定：①确有应受行政处罚的违法行为的，根据情节轻重及具体情况，作出行政处罚决定；②违法行为轻微，依法可以不予行政处罚的，不予行政处罚；③违约法事实不能成立的，不得给予行政处罚；④违法行为已经构成犯罪的，移送司法机关。

3. 行政机关在做出行政处罚决定之前，说明理由和告知权利

（1）行政机关在做出行政处罚决定之前，应当告知当事人做出行政处罚决定的事实、理由和依据并告知当事人权利，否则行政处罚决定不能成立。

（2）告知当事人权利包括：当事人的陈述意见权、申辩权、申请回避权、提交证据权、获得救济权。

4. 听证

（1）**听取意见陈述。**《行政处罚法》第三十二条规定，当事人有权进行陈述和申辩。行政机关必须充分听取当事人的意见，对当事人提出的事实、理由和证据，应当进行复核；当事人提出的事实、理由或者证据成立的，行政机关应当采纳。这一规定明确了行政机关在做出行政处罚时负有听取意见的程序义务，相应地被处罚人享有陈述意见的程序权利。如果行政机关来听取当事人的陈述、申辩，行政处罚决定不能成立，当事人放弃陈述或者申辩权利的除外。

听取意见制度是现代行政程序法的核心制度，《行政处罚法》的这一规定对于彰显正当程序理念、规范行政权正当行使具有重要意义。

听取意见的形式可以有很多种，如在美国，行政机关可以采取从审判型听证到非正式会谈等20多种听取意见的形式。韩国将行政机关听取当事人意见的形式分为三种："听证""公听会"和"提出意见"，分别适用于不同情况。我国《行政处罚法》规定了处罚机关听证意见的义务，并对其中的听证程序做出规定，但对以听证之外的方式听取意见的规则《行政处罚法》没有规定。

所谓行政处罚的听证是指行政机关在做出行政处罚决定之前，以类似法庭审判的正式程序听取当事人及相关人员意见的制度，其程序构造为：调查人员与相对人两方对抗，听证主持人居中主持，呈现出极强的司法色彩。

（2）**听证的适用范围。**行政处罚听证只适用于三种行政处罚决定：责令停产停业、吊销许可证或者执照、较大数额罚款。地方性法规、地方政府规章和部门规章对较大数额罚款做出具体规定，比如北京市规定较大数额的罚款是指公民超过 1 000 元、法人超过 30 000 元。

（3）**听证的申请与决定。**是否启动听证程序，由当事人选择决定。对于属于听证范围的事项，行政机关应当告知当事人有要求举行听证的权利。当事人要求听证的，行政机关应当组织听证。当事人没有提出申请的，行政机关不用举行听证。当事人不承担行政机关组织听证的费用。当事人要求听证的，应当在行政机关告知后 3 日内提出。

（4）**通知当事人。**行政机关应当在听证的 7 日前，通知当事人举行听证的时间、地点、方式，告知当事人有权申请回避，告知当事人准备证据、通知等事项。

（5）**听证的进行。**听证主持人由行政机关内部的非本案调查人员担任，一般由本机关法制机构人员或者从事法制工作的人员担任，以尽可能保证主持人的公正性。听证实行公开、言词原则。公开原则是指除涉及国家秘密、商业秘密或者个人隐私外，听证会公开进行。言词原则是指举行听证时，对调查人员提出的当事人违法的事实、证据和行政处罚建议，当事人有权进行申辩和质证。

（6）**中止听证、终止听证、延期听证。**中止听证是指出现法定情形暂时停止听证。中止听证的情形消除后，听证主持人应当恢复听证。终止听证是指出现法定情形终结听证。终止听证后不再恢复。延期听证是指出现法定情形另行确定听证日期。

5. 作出决定

调查终结，行政机关负责人应当进行审查，根据不同情况，分别作出如下决定：①确有应受行政处罚的违法行为的，根据情节轻重及具体情况，作出行政处罚决定；对情节复杂或者重大违法行为给予较重的行政处罚，行政机关的负责人应当集体讨论决定。行政机关不得因为当事人申辩加重处罚。②违法行为轻微，依法可以不予行政处罚的，不予行政处罚。③违约法事实不能成立的，不得给予行政处罚。④违法行为已经构成犯罪的，移送司法机关。

6. 制作行政处罚决定书

行政处罚决定书要载明：①当事人的姓名或者名称、地址。②违反法律、法规或者规章的事实和证据。③行政处罚的种类和依据。④行政处罚的发行方式和期限。⑤不服行政处罚决定，申请行政复议或者提起行政诉讼的途径和期限。⑥作出行政处罚决定的行政机关名称和做出决定的日期。

行政处罚决定书必须盖有做出行政处罚决定的行政机关的印章，否则，行政处罚决定不成立。

行政处罚决定书应当在宣告后当场交付当事人。当事人不在场的，行政机关应当在 7 日内送达当事人。

五、行政处罚的执行

（一）当事人应当近期履行行政处罚决定

行政处罚决定一经依法作出，即发生法律效力，当事人应当自觉履行行政处罚决定。当事人履行行政处罚的期限，是指行政处罚决定书中所载明的履行期限。一般情况下，当事人应当在规定的履行期限内及时履行行政处罚决定，这是行政管理的效率原则所要求的。但是，当事人如果按期履行行政罚款决定确有困难，可以向作出罚款决定的行政机关申请延期或者分期履行，经行政机关同意后，当事人可以延期或者分期履行。当事人在法定期限内既不履行行政处罚决定，也未提出延期或分期履行的申请或者提出的申请未被批准的，行政机关可以依法采取执行措施。

当事人申请行政复议或者提起行政诉讼后，行政处罚原则上不停止执行。行政处罚决定一经作出，就具有了法律效力，即公定力、拘束力、执行力。

如果按期履行罚款决定确有困难，当事人可以向作出罚款决定的行政机关提出延期或者分期缴纳的申请，经行政机关批准后，当事人可以暂缓或者分期缴纳罚款。

（二）罚款实行罚执分离制度

为了解决《行政处罚法》立法时实践中存在的乱罚款的问题，《行政处罚法》对罚款决定的执行规定了决定机关与执行机关相分离的制度，即实行罚执分离制度。根据该法第四十六条规定，做出罚款决定的行政机关应当与收缴机构分离。除了当场收缴罚款的法定情形外，做出行政处罚决定的行政机关及其执法人员不得自行收缴罚款，由当事人自收到行政处罚决定书之日起 15 日内，到指定的银行缴纳罚款。

银行收受罚款后，应当将罚款直接上缴国库。任何行政机关或者个人不得以任何形式截留、私分或者变相私分。财政部门不得以任何形式向做出行政处罚决定的行政机关返还罚款。

（三）罚执分离的例外情形和程序

1. 当场收缴

处罚机关当场收缴罚款的情形有两种：一是适用简易程序做出处罚决定，依法给予 20 元以下的罚款的，或是不当场收缴事后难以执行的；二是在边远、水上、交通不便地区，当事人向指定的银行缴纳罚款确有困难，经当事人提出，行政机关及其执法人员当场收缴罚款。

2. 当场收缴罚款的程序

行政机关及其执法人员当场收缴罚款的，必须向当事人出具省、自治区、直辖市财政部门统一制发的罚款收据。不出具财政部门统一制发的罚款收据的，当事人有权拒绝缴纳罚款。执法人员当场收缴的罚款，应当自收缴之日起 2 日内，交到行政机关。在水上当场收缴的罚款，应当自抵岸之日起 2 日内交到行政机关。行政机关应当在 2 日内将罚款交付指定的银行。

（四）强制执行

如果被处罚人逾期不履行行政处罚决定，产生强制执行的问题。

1. 强制执行机关

强制执行机关包括行政机关和人民法院。行政机关没有强制执行权的，应当向人民法院提出强制执行申请，由人民法院审查后确定是否强制执行。

2. 强制执行措施

《行政处罚法》第五十一条规定，当事人逾期不履行行政处罚决定的，做出行政处罚决定的行政机关可以采取下列措施：

（1）到期不缴纳罚款的，每日按罚款数额的 3％加处罚款。

（2）根据法律规定，将查封、扣押的财物拍卖或者将冻结的存款划拨抵缴罚款。

其他法律也规定了强制执行措施，如《治安管理处罚法》规定的强制拘留。人民法院的强制执行措施参照《民事诉讼法》的规定。

3. 强制执行的例外

当事人确有经济困难，需要延期或分期缴纳罚款的，经当事人申请和行政机关批准，可以暂缓或者分期缴纳。

第二节　种子行政处罚

《种子法》中所称“种子”，是指农作物和林木的种植材料或者繁殖材料，包括籽粒、果实、根、茎、苗、芽、叶、花等。种子行政处罚是指种子管理部门对违反种子相关行政法律法规的单位和个人实施法律制裁的过程。

一、生产经营假、劣种子的处罚

1. 生产经营假种子

依据《种子法》第四十九条第二款的规定：

“下列种子为假种子：

（一）以非种子冒充种子或者以此种品种种子冒充其他品种种子的；

（二）种子种类、品种与标签标注的内容不符或者没有标签的。”

依据《农作物种子标签和使用说明管理办法》第三十二条第一款“标签缺少品种名称，视为没有种子标签”的规定，标签缺少品种名称的种子也是假种子。

《种子法》第七十五条规定：“违反本法第四十九条规定，生产经营假种子的，由县级以上人民政府农业、林业主管部门责令停止生产经营，没收违法所得和种子，吊销种子生产经营许可证；违法生产经营的货值金额不足一万元的，并处一万元以上十万元以下罚款；货值金额一万元以上的，并处货值金额十倍以上二十倍以下罚款。

因生产经营假种子犯罪被判处有期徒刑以上刑罚的，种子企业或者其他单位的法定代表人、直接负责的主管人员自刑罚执行完毕之日起五年内不得担任种子企业的法定代表人、高级管理人员。”

2. 生产经营劣种子

依据《种子法》第四十九条第三款的规定：

“下列种子为劣种子：

（一）质量低于国家规定标准的；

（二）质量低于标签标注指标的；

（三）带有国家规定的检疫性有害生物的。”

《种子法》第七十六条规定：“违反本法第四十九条规定，生产经营劣种子的，由县级以上人民政府农业、林业主管部门责令停止生产经营，没收违法所得和种子；违法生产经营的货值金额不足一万元的，并处五千元以上五万元以下罚款；货值金额一万元以上的，并处货值金额五倍以上十倍以下罚款；情节严重的，吊销种子生产经营许可证。

因生产经营劣种子犯罪被判处有期徒刑以上刑罚的，种子企业或者其他单位的法定代表人、直接负责的主管人员自刑罚执行完毕之日起五年内不得担任种子企业的法定代表人、高级管理人员。”

二、违反品种权管理规定的处罚

1. 侵犯植物新品种权

《种子法》第七十三条规定，县级以上人民政府农业、林业主管部门处理侵犯植物新品种权案件时，为了维护社会公共利益，责令侵权人停止侵权行为，没收违法所得和种子；货值金额不足五万元的，并处一万元以上二十五万元以下罚款；货值金额五万元以上的，并处货值金额五倍以上十倍以下罚款。

2. 假冒授权品种的

《种子法》第七十三条规定，假冒授权品种的，由县级以上人民政府农业、林业主管部门责令停止假冒行为，没收违法所得和种子；货值金额不足五万元的，并处一万元以上二十五万元以下罚款；货值金额五万元以上的，并处货值金额五倍以上十倍以下罚款。

三、违反生产经营许可证使用规定的处罚

《种子法》第七十七条规定，有下列行为之一的：①未取得种子生产经营许可证生产经营种子的；

②以欺骗、贿赂等不正当手段取得种子生产经营许可证的；③未按照种子生产经营许可证的规定生产经营种子的；④伪造、变造、买卖、租借种子生产经营许可证的。由县级以上人民政府农业、林业主管部门责令改正，没收违法所得和种子；违法生产经营的货值金额不足一万元的，并处三千元以上三万元以下罚款；货值金额一万元以上的，并处货值金额三倍以上五倍以下罚款；可以吊销种子生产经营许可证。

被吊销种子生产经营许可证的单位，其法定代表人、直接负责的主管人员自处罚决定作出之日起五年内不得担任种子企业的法定代表人、高级管理人员。

四、违反种子进出口相关规定

《种子法》第七十九条规定，有下列行为之一的，①未经许可进出口种子的；②为境外制种的种子在境内销售的；③从境外引进农作物或者林木种子进行引种试验的收获物作为种子在境内销售的；④进出口假、劣种子或者属于国家规定不得进出口的种子的。

由县级以上人民政府农业、林业主管部门责令改正，没收违法所得和种子；违法生产经营的货值金额不足一万元的，并处三千元以上三万元以下罚款；货值金额一万元以上的，并处货值金额三倍以上五倍以下罚款；情节严重的，吊销种子生产经营许可证。

五、违反“绿色通道”规定，造假的

《种子法》第十七条规定，实行选育生产经营相结合，符合国务院农业、林业主管部门规定条件的种子企业，对其自主研发的主要农作物品种、主要林木品种可以按照审定办法自行完成试验，达到审定标准的，品种审定委员会应当颁发审定证书。种子企业对试验数据的真实性负责，保证可追溯，接受省级以上人民政府农业、林业主管部门和社会的监督。

种子企业违反上述规定，有造假行为的，根据《种子法》第八十五条规定，“由省级以上人民政府农业、林业主管部门处一百万元以上五百万元以下罚款；不得再依照本法第十七条的规定申请品种审定；给种子使用者和其他种子生产经营者造成损失的，依法承担赔偿责任。”

六、违反种质资源管理规定的处罚

《种子法》第九十二条规定，“种质资源是指选育植物新品种的基础材料，包括各种植物的栽培种、野生种的繁殖材料以及利用上述繁殖材料人工创造的各种植物的遗传材料。”

1. 违反种质资源进出境及合作研究规定

《种子法》第十一条规定：“国家对种质资源享有主权，任何单位和个人向境外提供种质资源，或者与境外机构、个人开展合作研究利用种质资源的，应当向省、自治区、直辖市人民政府农业、林业主管部门提出申请，并提交国家共享惠益的方案；受理申请的农业、林业主管部门经审核，报国务院农业、林业主管部门批准。”

从境外引进种质资源的，依照国务院农业、林业主管部门的有关规定办理。

《种子法》第八十二条规定：“违反本法第十一条规定，向境外提供或者从境外引进种质资源，或者与境外机构、个人开展合作研究利用种质资源的，由国务院或者省、自治区、直辖市人民政府的农业、林业主管部门没收种质资源和违法所得，并处二万元以上二十万元以下罚款。未取得农业、林业主管部门的批准文件携带、运输种质资源出境的，海关应当将该种质资源扣留，并移送省、自治区、直辖市人民政府农业、林业主管部门处理。”

2. 侵占、破坏种质资源

《种子法》第八条规定：“国家依法保护种质资源，任何单位和个人不得侵占和破坏种质资源。禁止采集或者采伐国家重点保护的天然种质资源。因科研等特殊情况需要采集或者采伐的，应当经国务院或者省、自治区、直辖市人民政府的农业、林业主管部门批准。”

《种子法》第八十一条规定：“违反本法第八条规定，侵占、破坏种质资源，私自采集或者采伐国家重点保护的天然种质资源的，由县级以上人民政府农业、林业主管部门责令停止违法行为，没收种质资源和违法所得，并处五千元以上五万元以下罚款；造成损失的，依法承担赔偿责任。”

七、违反审定、登记规定的处罚

《种子法》第七十八条规定，违反本法第二十一条、第二十二条、第二十三条规定，有下列行为之一的，由县级以上人民政府农业、林业主管部门责令停止违法行为，没收违法所得和种子，并处二万元以上二十万元以下罚款：①对应当审定未经审定的农作物品种进行推广、销售的；②作为良种推广、销售应当审定未经审定的林木品种的；③推广、销售应当停止推广、销售的农作物品种或者林木良种的；④对应当登记未经登记的农作物品种进行推广，或者以登记品种的名义进行销售的；⑤对已撤销登记的农作物品种进行推广，或者以登记品种的名义进行销售的。

八、违反包装、标签、档案以及备案规定的处罚

《种子法》第八十条规定，违反本法第三十六条、第三十八条、第四十条、第四十一条规定，有下列行为之一的，由县级以上人民政府农业、林业主管部门责令改正，处二千元以上二万元以下罚款：①销售的种子应当包装而没有包装的；②销售的种子没有使用说明或者标签内容不符合规定的；③涂改标签的；④未按规定建立、保存种子生产经营档案的；⑤同种子生产经营者在异地设立分支机构、专门经营不再分装的包装种子或者受委托生产、代销种子，未按规定备案的。

九、对在生产基地进行检疫性有害生物接种试验的处罚

《种子法》第八十七条规定，违反本法第五十四条规定，在种子生产基地进行检疫性有害生物接种试验的，由县级以上人民政府农业、林业主管部门责令停止试验，处五千元以上五万元以下罚款。

十、对拒绝、阻挠主管部门依法实施监督检查行为的处罚

《种子法》第八十八条规定，违反本法第五十条规定，拒绝、阻挠农业、林业主管部门依法实施监督检查的，处二千元以上五万元以下罚款，可以责令停产停业整顿；构成违反治安管理行为的，由公安机关依法给予治安管理处罚。

第十一章　农作物种子行政处罚文书及案卷制作

第一节　概　　述

农作物种子行政处罚程序是种子行政处罚主体在开展种子行政处罚活动时必须遵守的方法、步骤、顺序和时限的总称，种子行政处罚作为一种严格依照法定程序开展的活动，违反法定程序作出的处罚决定可能无效或被撤销。在处罚活动中，及时规范地制作、使用相应的法律文书是法定处罚程序的组成部分，这些文书在行政复议和行政诉讼中对证明处罚行为的合法性、合理性起到重要作用。规范种子行政处罚程序及文书的制作、使用对改进种业执法工作，保护相对人权益至关重要。

一、农作物种子行政执法文书的概念和特点

农作物种子行政执法文书是指种业行政执法主体在种业行政执法活动中制作、适用的具有法律效力或者法律意义的法律文书的总称。

农作物种子行政执法文书具有以下特点：

(1) 农作物种子行政执法文书的制作主体是特定的，必须具备农作物种子行政处罚的主体资格。第一，享有一定的农作物种子行政处罚权。第二，有权以自己的名义实施农作物种子行政处罚行为。第三，能够独立承担由农作物种子行政处罚行为所产生的法律后果。第四，以自己的名义参加行政复议或行政诉讼活动。

(2) 农作物种子行政执法文书的适用范围是特定的，仅限于农作物种子行政执法主体实施的农作物种子行政执法活动。如农作物种子行政处罚案件的立案、调查、听证、处罚决定、执行等。

(3) 农作物种子行政执法文书必须依法制作和适用。第一，制作农作物种子行政执法文书必须遵循法定程序并且符合法定条件。第二，农作物种子行政执法文书的内容、格式必须合法。

(4) 农作物种子行政执法文书是针对具体人或个别事项制作的法律文书。只对特定的对象有效，而不是要求人人都遵守的行为规范。

(5) 农作物种子行政执法文书具有法律效力或法律意义。法律效力，是指农作物种子行政执法文书具有法律上的拘束力和强制力，它是农作物种子行政处罚机关运用法律规范对特定的社会关系进行个别调整的结果，是法律的普遍约束力的具体反映，它以国家强制力为实施保障，如果不履行要承担法律责任。法律意义是指某些法律文书虽不产生直接效力，但对法律的正确实施能起到有力的保证作用或产生一定的法律效果。法律效力和法律意义是两个不同的概念。具有法律效力，一定具有法律意义；反之，具有法律意义，却并不一定具有法律效力。如《行政处罚决定书》既具有法律效力，又具有法律意义；《送达回证》则只具有农业行政执法机关完成了送达程序的法律意义，而不具有法律效力。

二、农作物种子行政执法文书的作用

（1）农作物种子行政执法文书是农作物种子行政处罚机关履行行政执法职能，实施法律的必要手段。农作物种子行政处罚机关在具体的执法活动中，必须依法制作相应的执法文书，以执法文书作载体来体现执法机关的具体执法活动。

（2）农作物种子行政执法文书是农作物种子行政处罚机关开展执法活动的记录和凭证。农作物种子行政处罚机关开展执法活动的每一个具体步骤和环节都要制作相应的执法文书，如实地记录执法活动真实情况。这不仅是农作物种子行政处罚机关开展执法活动的一个基本要求，而且是农作物种子行政处罚机关执法活动正当与否、合法与否的凭证。一旦当事人提起行政复议或行政诉讼，执法机关就应当提供开展执法活动的法律文书以证实自己的执法活动是合法有效的。如没有相应的法律文书，执法机关的执法活动就得不到相应的法律支持，行政执法行为会被依法确认为无效或被撤销。

（3）农作物种子行政执法文书是行政执法监督的重要依据。农作物种子行政执法文书如实反映了农作物种子行政处罚机关执法活动的全貌，执法行为是否合法、适当，以及执法文书的制作、适用是否规范、准确等，都要通过相应的农作物种子行政执法文书来体现。上级农业行政执法机关对下级农作物种子行政执法机关、农作物种子行政执法机关对农作物种子执法人员、司法机关及有关部门对农作物种子行政执法机关的监督，都可以通过对农作物种子行政执法文书的检查来实现。

（4）农作物种子行政执法文书是衡量农作物种子行政执法人员执法能力和水平的重要尺度。农作物种子行政执法文书可以综合反映执法人员法律知识、专业知识、道德品质、文化修养等方面的素质。

三、农作物种子行政执法文书的分类

农作物种子行政执法文书的分类，是指根据一定的标准将农作物种子行政执法文书划分成不同的种类。对农作物种子行政执法文书按照不同的标准进行科学分类，有利于更好地从整体上把握、制作和适用农作物种子行政执法文书。通常农作物种子行政执法文书可以作如下分类：

（一）内部文书与外部文书

以农作物种子行政执法文书适用范围为标准，可以将农作物种子行政执法文书分为内部文书和外部文书。内部文书是指为了解决农作物种子行政执法活动中请示、报告等问题，而制作的在农作物种子行政执法机关内部运转的农作物种子行政执法文书，如《行政处罚立案审批表》《案件处理意见书》《行政处罚结案报告》等文书。外部文书是指农作物种子行政执法机关在具体执法活动中制作的涉及当事人或与案件有关的其他人的农作物种子行政执法文书。有的外部文书需要在当事人或者与案件有关的其他人的配合参与下才能制作，如《询问笔录》《现场检查（勘验）笔录》等；有的外部文书需要按照法定程序和方式送达给当事人或其他人，如《产品确认通知书》《行政处罚事先告知书》《行政处罚决定书》等。

（二）填写式、笔录式和书写式文书

以农作物种子行政执法文书的制作方式为标准，可以将农作物种子行政执法文书分为填写式文书、笔录式文书和书写式文书。填写式文书即表格式文书，是事先印制好，使用时执法人员在空白处根据实际情况填写相应内容的格式文书，如《抽样取证凭证》《证据登记保存清单》《送达回证》等文书。笔录式文书是事先只印制笔录头，使用时由执法人员记录问答内容或现场实际情况的文书，如《询问笔录》《现场（勘验）检查笔录》等文书。书写式文书主要是规定必须具备的要素及形式，而具体内容由执法人员根据执法实际需要拟制的执法文书，如《行政处罚决定书》。

第二节　北京市农业行政处罚案卷标准

一、总则

（一）范围

本标准规定了北京市农业行政处罚案卷的内容和文书要素。

本标准适用于本市各级农业行政执法主体按照一般程序实施的行政处罚案卷。

（二）依据

本标准依据《中华人民共和国行政处罚法》《中华人民共和国档案法》《农业行政处罚程序规定》《北京市行政处罚案卷标准（2016 版）》以及市政府的有关规定制定。

（三）基本术语

1. 主体

处罚主体是指依法享有行政处罚权的农业处罚机关和法律、法规授权实施农业行政处罚的具有管理公共事务职能的组织。

被处罚主体是指作出违反法律、法规、规章的行为依法应当受到行政处罚的公民、法人或者其他组织。公民包括自然人、个体工商户、农村承包经营户、个人合伙等。法人包括企业法人、机关法人、事业单位法人和社会团体法人。其他组织是指合法成立（登记取得营业证照）、有一定的组织机构和财产，但又不具备法人资格的组织，包括：①依法登记领取营业执照的个人独资企业。②依法登记领取营业执照的合伙企业。③依法登记领取我国营业执照的中外合作经营企业、外资企业。④依法成立的社会团体的分支机构、代表机构。⑤依法设立并领取营业执照的法人的分支机构。⑥依法设立并领取营业执照的商业银行、政策性银行和非银行金融机构的分支机构。⑦经依法登记领取营业执照的乡镇企业、街道企业。⑧其他符合本条规定条件的组织。

2. 农业行政执法人员

农业处罚机关中取得农业行政执法资格，并在特定权限内行使农业行政执法权力的人员。

3. 农业处罚机关负责人

农业处罚机关法定代表人或者主管负责人；相对集中农业行政处罚权的行政机关所属执法机构负责人和受委托执法组织的负责人也可视为“农业处罚机关负责人”，但应在农业行政机关内部执法程序或者执法委托书中明确规定，并向市、区政府法制办备案。

4. 法律依据

指法律、行政法规、地方性法规、部门规章、政府规章。

违法行为依据主要是农业处罚机关认定被处罚主体行为违法所适用的法律、法规、规章的条、款、项、目。

处罚依据主要是农业处罚机关作出行政处罚决定所依据的法律、法规、规章的条、款、项、目。

5. 当事人基本情况

公民的基本情况包括姓名、性别、出生日期、有效证件类型及号码、住址、联系电话等。当事人为公民的，姓名应填写当事人有效身份证件上的姓名；住址应填写常住地址或居住地址。个体工商户以营业执照上登记的经营者为当事人。有字号的，以营业执照上登记的字号为当事人，但应同时注明该字号经营者的基本信息。如某某经销店（张××），同时应注明该字号经营者的个人基本情况。

法人或者其他组织的基本情况包括名称、法定代表人（负责人）姓名、证照类型及编号、地址、联系电话等。文书中单位名称、法定代表人（负责人）、地址等事项应与收集的证照注册信息一致。

6. 日期和时间

日期应具体到年、月、日。时间应具体到年、月、日、时、分。

7. 地址和地点

地址主要用于确认身份信息和送达文书，应具体到省、自治区、直辖市、区、街道（乡镇）、小区（胡同、村）、楼门牌号。（涉外的还应包含国家）例如：北京市西城区槐柏树街2号。

地点主要用于调查取证文书。例如：××执法大队××会议室；××大厦××房间；××大街南侧××公交站往东××米；××国道××公里××米处。

8. 案件来源

指检查发现、监督抽检、投诉、举报、上级交办、媒体曝光、有关部门移送、违法行为人交待等。

9. 签名

指手写签名或已备案的电子签名。

10. 文书技术处理

在案卷文书涂改处压指印或者加盖印章。不需要当事人签字确认的内部审批文书一般由承办案件的执法人员做技术处理；需要当事人签字确认的执法文书一般由当事人做技术处理。文书空格处，统一采取划“\”反斜杠处理；文书结尾空白处注“（以下空白）”或者另起一行顶格划“\”反斜杠处理。

11. 案件审批表的合并处理

本标准中有关案件办理过程中的审批表格，除立案、作出处罚决定环节需要使用单独格式的立案审批表、案件处理意见书、案件处理呈批表外，其他环节的审批可根据需要合并为通用审批表格，采取不同审批事项前加“□”进行勾选的方式明确需要审批的事项，并按照本标准中不同审批表的要素要求进行填制和签发。

12. 内部文书和外部文书

农业行政处罚文书分为内部文书和外部文书。内部文书是指在农业处罚机关、相对集中行使农业行政处罚权、法律法规授权的执法机构和受委托的执法组织（以下统称“农业执法机关”）内部使用，记录内部工作流程，规范执法工作运转程序的文书。外部文书是指农业执法机关对外使用，对执法机关和行政相对人均具有法律效力的文书。

13. 案由

文书中“案由”填写为“违法行为定性＋案”，例如：经营假农药案。在立案和调查取证阶段文书中“案由”应当填写为：“涉嫌＋违法行为定性＋案”。

（四）文书基本要求

1. 文书内容

农业行政处罚文书的内容必须符合有关法律、法规和规章的规定，做到格式统一、内容完整、表述清楚、用语规范。具体要求：①文书应当使用公文语体，语言规范、简练、严谨、平实。②文书应当正确使用标点符号，避免产生歧义。③文书中的编号、时间、价格、数量等应当使用阿拉伯数字。④文书中执法机构、业务处室、法制机构、执法机关的审核或审批意见应表述明确，没有歧义。⑤文书中告知当事人事实、理由、依据应一致，确需变动的，应有相关说明。

2. 填写制作

农业行政处罚文书应当按照规定的格式填写或打印制作。具体要求：①填写制作文书不得使用铅笔（除页码外）、圆珠笔。应当使用蓝黑色或黑色笔，可打印，确保字迹清晰，页面整洁。②文书设定的栏目，应当逐项填写，不得遗漏和随意修改。涂改处、空格处、空白处应做技术处理。③行政处罚听证会报告书、案件处理呈批表、行政处罚决定书、缴款书和结案报告禁止涂改。④行政处罚决定书应当打印制作。⑤执法文书首页不够记录时，可以附纸记录，但应当注明页码，并按照相应文书制作要求确认签字。

3. 案号编注

当场处罚决定书、行政处罚立案审批表、行政处罚事先告知书、行政处罚决定书、案件移送函应当编注案号。

“案号”为“行政区划简称＋执法机关简称＋执法类别＋行为种类简称（如立、告、罚等）＋年份＋序号”。如北京市昌平区农业局制作的文书，行政处罚立案审批表“案号”可编写为“昌农（渔政）立〔2016〕1号”。特殊情况下，“执法类别”可以省略。

4. 文书签收

需要交付当事人的外部文书中设有签收栏的，由当事人或其授权委托人直接签收；也可以由符合《中华人民共和国民事诉讼法》及其解释相关要求的人员代签收，但需注明其情况，包括姓名、性别、身份、身份证号、联系方式、与当事人的关系等。

文书中没有设签收栏的，应当使用送达回证。

二、基本标准

（一）主体资格

1. 处罚主体

实施农业行政处罚的主体具有法定资格；实施农业行政处罚符合法定权限；印章使用符合法律规定。加盖印章应当清晰、端正，并“骑年盖月”。

农业处罚机关印章可在执法文书套印，也可在电脑中预置与农业处罚机关印章一致的电子印章并打印至文书。行政处罚决定书、送达回证文书、证据先行登记保存通知书等外部文书中需加盖印章的应当加盖执法机关印章。

2. 被处罚主体

被处罚主体确认清楚；被处罚主体是依法能够独立行使权利、承担法律责任的公民、法人或者其他组织；被处罚主体是违法行为的当事人。

3. 执法人员

已取得行政执法资格；已取得行政执法证件；已在北京市行政执法信息服务平台注册。

（二）事实证据

认定的违法事实是法律、法规、规章规定应当给予行政处罚的事实；法律文书能够准确记载违法行为的时间、地点、情节、程度和后果；证据应当具备合法性和有效性；证据能够形成完整的证据链，证明违法行为的性质、情节、程度和危害后果。

（三）适用法律

违法行为依据和处罚依据是现行有效的法律、法规、规章；引用法律、法规、规章的名称及其条、款、项、目表述规范，准确无误；行政处罚的种类和幅度符合法定要求，还应同时符合《北京市农业行政处罚裁量基准》和北京市农业行业违法行为处罚裁量基准表的要求。

（四）程序规则

实施行政处罚按照立案、调查取证、审查决定、送达、执行、结案的步骤进行；实施行政处罚符合法定程序和规则；履行行政处罚程序的每一环节有相应法律文书记载，并符合法定形式要件和要素；农业处罚机关在适用行政处罚程序时，可在法律允许的范围内，适当简化文书种类、合并工作环节。

三、一般标准

（一）立案

农业处罚机关对获取的涉嫌违法线索进行初步甄别或者审查后，批准生成行政处罚案件并启动调查处理程序的活动。主要文书为立案审批文书。文书要素包括：①为立案审批表。②案件来源、案由、受案日期。③涉嫌违法行为的基本情况（包括案发时间、地点、初步查明的事实等），涉嫌违反的法律依据的名称、条、款、项、目等。④当事人情况（已初步核实情况的填写）。⑤承办人员建议或申请立案的具体意见、姓名和时间。⑥农业处罚机关负责人的审批意见、签名和时间。

检查发现的案件可以先行启动调查程序，48 小时内补办立案手续；举报、投诉、监督抽检、上级交办、有关部门移送、媒体曝光、违法行为人交待的案件必须在批准立案后方可启动调查程序。不同意立案的，应将相关线索材料及立案审批表单独存档。批准立案的，经调查认为违法事实不存在或者违法主体不正确等需要撤销立案的，应当填写撤销立案审批表销案，并单独存档。

（二）调查取证

农业处罚机关对已立案案件，依照法定程序向相关单位或人员进行调查、收集证据的活动。

主要文书包括：调查笔录、证据先行登记保存文书、抽样取证文书、其他证明和证据材料、案件处理意见书、事先告知文书、听证文书等。为调查取证而采取行政强制措施的，文书标准详见《北京市行政强制案卷标准（试行）》。

1. 调查笔录包括：现场检查（勘验）笔录、询问笔录

（1）现场检查（勘验）笔录。行政执法人员对涉嫌违法行为现场情况进行检查（或对涉嫌违法行为现场或者有关物证进行分析、检验、勘查）而制作的文书。文书要素包括：①现场检查（勘验）笔录。②基本情况记载：检查（勘验）的起止时间和地点；被检查（勘验）人的姓名（名称）；现场人员的姓名和身份。③检查（勘验）情况及确认：检查（勘验）事项及内容清楚，记录准确、客观、全面；有两名执法人员出示证件、表明身份的记载；照片和摄像、录音等资料应当注明时间、地点、证明的内容、拍摄（录制）人员姓名和身份等；现场绘制的勘验图应当注明绘制时间、方位、绘制人姓名等信息。被检查（勘验）人核对后，应逐页签署姓名，并在最后一页签署确认笔录内容属实的意思表示及姓名和日期；被检查（勘验）人拒绝签名或者盖章的，由执法人员在笔录中予以注明，并可以邀请在场的其他人员签字；两名执法人员的签名；执法人员签署日期。

一份笔录只能记录一个涉嫌违法的现场；同一时间相同的执法人员只能检查（勘验）一个涉嫌违法现场；签名必须为手签。

（2）询问笔录。记录执法人员围绕违法事实向当事人或其他相关人员进行询问的过程及内容的文书。文书要素包括：①询问笔录。②基本情况记载：询问的起止时间和地点；被询问人的姓名、性别、出生日期及其他与案件有关的信息。③询问前告知事项：两名执法人员出示证件、表明身份的记载；告知被询问人陈述、申辩权利和配合执法义务的记载。④询问及确认：询问应围绕违法事实展开，内容记录详实；涉及违法事实及情节的要素完整，包括与案件有关的全部情况，包括案件发生的时间、地点、情形、事实经过、因果关系、后果及被处罚主体是否依法能够独立行使权利、承担法律责任等；被询问人核对后，应逐页签署姓名，并在最后一页签署确认笔录内容属实的意思表示及姓名和日期；被询问人拒绝签字的，由执法人员在笔录中予以注明；两名执法人员的签名；执法人员签署日期。

一份笔录只能询问一个人；同一时间相同执法人员只能询问一个人；签名必须为手签；询问人提出的问题，如被询问人不回答或者拒绝回答的，应当写明被询问人的态度，如“不回答”或者“沉默”等，并用括号标记。

2. 证据先行登记保存文书

先行登记保存是农业处罚机关为防止证据灭失或者事后难以取得，依法对相关证据先行进行登记并予以保存的措施。主要文书包括：证据先行登记保存审批文书、证据先行登记保存通知书（含登记保存物品清单）、物品处理通知书等。

（1）**证据先行登记保存审批文书。**农业处罚机关负责人批准采取证据先行登记保存措施的文书。文书要素包括：①证据先行登记保存审批表。②案由、当事人姓名或名称。③拟先行登记保存物品的名称、数量、规格及其他相关信息。采取抽样取证方法的，还应注明抽样方法、抽样数量或抽样比例。④承办人申请先行登记保存的理由、依据和采取证据先行登记保存措施的具体意见、姓名和时间。⑤负责人的审批意见、签名和时间。

执法人员可以现场对可能灭失的证据或者事后难以取得的证据先行登记保存，但应在24小时内补办审批手续。

（2）**证据先行登记保存通知文书。**农业处罚机关依法对相关证据采取先行登记保存措施时通知当事人的文书。文书要素包括：①证据先行登记保存通知书。②当事人的姓名（名称）。③采取证据先行登记保存的理由和依据。④先行登记保存的方式（原地保存或者异地保存）。采取抽样取证方法的，还应注明抽样方法、抽样数量或抽样比例。⑤载明农业处罚机关将在七日内对先行登记保存的证据依法作出处理决定，逾期未作出处理决定的，先行登记保存措施自动解除的意思表示。⑥采取证据先行登记保存措施的日期和地点。⑦物品的名称、规格、数量、生产日期、生产单位等与物品相关的信息。⑧当事人核对后，应逐页签署姓名，并在最后一页签署确认清单内容属实的意思表示及姓名和日期。⑨当事人拒绝签名的，由执法人员在清单上予以注明。⑩两名执法人员签名、签署日期。⑪农业处罚机关名称、印章和落款日期。

农业处罚机关可以在证据登记保存的相关物品和场所加贴封条，封条应当标明日期，并加盖执法机关印章。

（3）**先行登记保存物品处理通知文书。**农业处罚机关告知当事人先行登记保存物品处理意见的文书。文书要素包括：①登记保存物品处理通知书。②当事人姓名（名称）。③物品处理决定及法律依据。依法不需要没收的物品，退还当事人；需要进行技术检验或者鉴定的，送交检验或者鉴定；依法查封或者扣押；依法予以没收；法律、法规、规章规定的其他处理方式。④处理物品的名称、规格及数量等信息，须与先行登记保存物品一致。如抽样物品做破坏性检测或鉴定，须注明送检物品数量及无法返还的原因。⑤退还当事人物品，需注明退还时间、退还地点。当事人签署确认清单内容属实并已接收的意思表示和姓名。

3. 抽样取证文书

农业处罚机关采取随机抽样的方法调取检验鉴定的样本或留存证据过程中使用的文书。主要文书包括：抽样取证通知书、物品处理通知书等。

（1）**抽样取证通知文书。**农业处罚机关采取抽样取证措施时通知当事人的文书。文书要素包括：①抽样取证通知书。②抽样的单位和抽样执法人员的姓名。③抽样取证的日期和地点。④当事人姓名（名称）。⑤抽样取证依据。⑥物品的名称和数量，抽样方法、比例或数量。⑦农业处罚机关名称、印章和落款日期。

抽取样品应当按照有关技术规范要求进行；抽样取证通知书中各栏目信息应当按照物品（产品）包装、标签上标注的内容填写；抽样送检的样品应当在现场封样，由当事人核对后逐页签署姓名，并在最后一页签署确认清单内容属实的意思表示及姓名和日期；两名抽样执法人员签署姓名和日期并加盖执法机关印章。

（2）**抽样取证物品处理通知文书。**农业处罚机关告知当事人抽样物品处理意见的文书。文书要素包括：①抽样取证物品处理通知书；②基本情况记载：（要素同登记保存物品处理通知书）。

（3）**产品确认文书。**农业处罚机关从非生产单位取得样品后，为确认样品的真实生产单位，向标签标注的生产单位发出的文书。文书要素包括：①产品确认通知书。②生产单位名称、当事人姓名

（名称）。③基本情况记载：产品样品相关信息（可附照片），以及要求有关单位确认的期限。④联系人的姓名、联系电话。⑤农业处罚机关名称、印章和落款日期。

4. 其他证明和证据材料

（1）**其他证明材料**。其他相关证明材料是指用以证明某种身份或者资格的材料。包括身份证明、相关说明、授权委托书等材料。

身份证明。用以证明相关人员、单位的身份或资格情况的材料。基本要求包括：①大陆公民应当提供身份证复印件（影印件）；港澳台居民应提供中华人民共和国往来港澳通行证复印件（影印件）、台湾居民来往大陆通行证复印件（影印件）；外国人应提供护照或者外国人永久居留证复印件（影印件）。如涉及经营行为且属于个体工商户，还应同时提供个体工商户营业执照及与之相关的证件复印件（影印件）。②法人或其他组织应当提供工商营业执照、社会团体法人登记证书、民办非企业单位法人登记证书、基金会法人登记证书、事业单位法人登记证书、组织机构代码证的复印件（影印件）。如违法行为对应的是取得相关许可后的具体行为规范（即不属于未经许可擅自经营行为），还应提供相关许可证复印件（影印件）。③若当事人同时提供身份证明原件和复印件（影印件）的，或者当事人只提供身份证明原件，执法人员进行复印（影印）的，由执法人员与原件核对后，在复印件（影印件）不遮挡重要信息处手写或加盖与原件核对无误的意思表示，并签署姓名和日期。

若当事人仅提供身份证明复印件（影印件）的，由当事人在复印件（影印件）不遮挡重要信息处手写或加盖此件为复印件（影印件）与原件核对无误的意思表示，并签署姓名和日期。

特殊情况下，由农业处罚机关调取的主体证明材料需经当事人核对，由当事人在不遮挡重要信息处手写经核对此件信息与本人（本单位）身份信息无误的意思表示，并签署姓名和日期后，方可作为主体证明材料。

其他复印件（影印件）参照上述方式进行确认说明。

相关说明。相关单位或者个人对专门事项进行解释、说明、证明所出具的材料。基本要求包括：①载明说明单位名称或者个人姓名。②说明内容与说明事项相对应且具体、明确。③说明单位名称和印章、个人签名、日期。④提供报表、图纸、会计账册、专业技术资料、科技文献等书证的，应当附有说明材料，并由提供人或者制作人、制作单位签名或者盖章，并签署日期。

授权委托书。当事人（单位或个人）委托他人代为行使自己的合法权益，受托人在行使权利时须出具的材料。基本要求包括：①记载委托人、受托人的基本情况。②具体委托的事项、权限和期限。③委托人签名（盖章），并签署日期。

以法人或者其他组织名义委托的，应当由法定代表人或者其他组织负责人签名，并加盖单位印章。受托人应提供身份证明材料。

（2）**其他证据材料**。其他证据材料是指用以证明或者确认特定违法事实的相关材料。包括：鉴定意见或者检验（检测）报告、视听资料、域外证据等材料。

鉴定意见或者检验（检测）报告。农业处罚机关出于调查取证需要，自行或者委托专业机构对案件涉及的证据、物品及其他事项进行分析、检验（检测）、鉴别、鉴定后，由专业机构向农业处罚机关出具的意见。基本要求包括：①鉴定或者检验（检测）机构的名称、鉴定或者检验（检测）人员的姓名。②送交鉴定或者检验（检测）的时间、事项、物品及规格数量。③鉴定或者检验（检测）的时间、地点、物品信息、鉴定或者检验（检测）方法、鉴定或者检验（检测）结果。④鉴定或者检验（检测）人员的签名，鉴定或者检验（检测）机构的印章和日期。⑤鉴定机构（检验或者检测机构）的资质证明。

委托第三方鉴定的，农业处罚机关应有委托书及送检交接回证（送检交接回证要素同送达回证；鉴定机构资质证明确无法提供的，应附鉴定人员相关技术等级能力证明。

视听资料。指用录音、录像或电子计算机储存等方法记录下来的有关案件事实的证据材料。基本要求包括：①应提供有关资料的原始载体。提供原始载体确有困难的，可以提供复制件，提供复制件的须记载提供人确认复制件内容与原始内容一致的意思表示。②注明制作方法、制作时间、制作人和证明对象等。③声音资料应当附有该声音内容的文字记录。

域外证据。执法人员依法定程序收集或者由当事人提供在我国境外所形成的证据材料。基本要求包括：①证据来源的说明。②经所在国公证机关证明，并经中华人民共和国驻该国使领馆认证，或者履行中华人民共和国与证据所在国订立的有关条约中规定的证明手续。③当事人提供的在中华人民共和国香港特别行政区、澳门特别行政区和台湾地区形成的证据，应当具有按照有关规定办理的证明手续。

5. 案件处理意见书

指案件调查完成后，案件承办人向农业处罚机关负责人报告案件调查经过和相应证据，违法事实的初步判定及建议下达事先告知书的文书。文书要素包括：①案件处理意见书。②案由。③当事人基本情况。④案件调查经过。⑤证据材料。⑥承办人意见，姓名和日期。承办人意见中应写明包括违法事实的初步判定及依据、处罚依据及幅度、建议下达事先告知书的意思表示。⑦农业处罚机关负责人的审批意见，签名和日期。

6. 事先告知文书

事先告知是农业处罚机关为确保违法事实认定准确，处罚依据适用正确，处罚裁量客观公正，在完成主动收集证据、即将调查终结前，一次性书面告知当事人法定事项的程序。主要文书为行政处罚事先告知文书。

农业处罚机关一次性告知当事人涉嫌违法的事实和证据、拟实施行政处罚的理由和依据以及当事人享有的相关权利的文书。文书要素包括：①行政处罚事先告知书。②当事人姓名（名称）。③查明的涉嫌违法的事实、情节及证据。对违法事实的描述应当完整、明确、客观，不得使用结论性语言。④违法行为依据的名称、条、款、项、目。⑤处罚依据的名称、条、款、项、目和与裁量基准对应的处罚种类和幅度。⑥拟作出行政处罚的意思表示。⑦告知当事人如无进一步陈述、申辩的意见，农业处罚机关将调查终结并依法作出行政处罚决定。如有进一步陈述、申辩的意见请于××日内（应不少于3日）提出。⑧农业处罚机关的名称、地址、联系人、电话、印章及落款日期。当事人可以书面形式向农业处罚机关提出陈述、申辩意见。当事人以口头形式提出陈述、申辩意见的，农业处罚机关应当如实记录，由当事人核对后，签署确认记录内容属实的意思表示，并逐页签署姓名和日期。当事人明确表示放弃陈述、申辩或者没有陈述、申辩意见的，由当事人签署自愿放弃陈述、申辩权利或者没有陈述、申辩意见的意思表示，并签署姓名和日期。当事人逾期既未提出陈述、申辩意见，又未明示自愿放弃陈述、申辩权利的，农业处罚机关可以调查终结并依法作出行政处罚决定。但农业处罚机关调查终结前，当事人仍可向农业处罚机关提出陈述、申辩意见，农业处罚机关不得拒绝。以上三种当事人履行陈述、申辩权利的情况，农业处罚机关应当在案件调查终结报告中予以记载。

除处罚依据中规定的罚款为固定金额且不分情节裁量之外，不得在文书中告知当事人具体处罚金额；可以依据行政处罚裁量基准告知当事人处罚种类和幅度。

7. 听证文书

听证是农业处罚机关在主要证据收集完毕，调查终结之前，对符合听证条件的案件，告知当事人听证权利并应当事人要求组织进行听证的程序。主要文书包括：听证告知书、听证通知书、听证公告、听证记录、听证报告等。

（1）听证告知书。农业处罚机关告知当事人有关听证事项的文书。文书要素包括：①听证告知书。②当事人姓名（名称）。③查明的涉嫌违法的事实、情节及证据。对违法事实的描述应当完整、明确、客观，不得使用结论性语言。④违法行为依据的名称、条、款、项、目。⑤处罚依据的名称、条、款、项、目和与裁量基准对应的处罚种类和幅度。⑥告知当事人要求听证的权利、期限和方式。⑦农业处罚机关的名称、地址、联系人、电话、印章及落款日期。

（2）听证通知书。当事人要求听证的，农业处罚机关在听证举行7日前告知当事人听证有关事项的文书。文书要素包括：①听证通知书。②当事人姓名（名称）。③举行听证的时间、地点和方式（公开或不公开）④听证主持人姓名、工作单位及职务。⑤告知当事人可以委托代理人参加听证。

⑥告知当事人可以要求听证主持人回避的权利。⑦告知当事人未按期参加听证且未事先说明理由的，视为放弃听证权利。⑧农业处罚机关名称、印章和落款日期。

（3）**听证公告。**农业处罚机关公告举行听证有关事项的文书。文书要素包括：①听证公告。②当事人姓名（名称）。③听证事由。④举行听证的时间和地点。⑤农业处罚机关名称、印章和落款日期。

（4）**听证笔录。**农业处罚机关记载举行听证内容的文书。文书要素包括：

①听证笔录。②举行听证的时间和地点。③听证主持人、记录人、案件调查人员的姓名、工作单位及部门。④当事人、委托代理人姓名、性别、工作单位及其他与案件有关的信息。⑤宣布听证会场纪律、当事人权利和义务的记载。⑥案件调查人员介绍案情，包括违法事实、情节、证据、依据，拟实施行政处罚的法定依据、种类、幅度。⑦当事人或委托代理人对案件的事实、证据、相关依据陈述、申辩、质证的内容。⑧听证主持人、记录人签署姓名和日期。⑨当事人或其委托代理人核对后，应逐页签署姓名，并在最后一页签署确认笔录内容属实的意思表示及姓名和日期。⑩当事人或其委托代理人拒绝签名的，由记录人在笔录中予以注明。

（5）**听证报告。**听证结束后，听证主持人依据听证情况向农业处罚机关负责人提出的书面意见。文书要素包括：①行政处罚听证会报告书。②案件来源、案由。③案件调查认定的基本情况。④举行听证的时间、地点和参加人情况。⑤当事人对农业处罚机关认定的违法事实、情节、适用法律依据等情况的陈述、申辩，以及从轻、减轻或者不予行政处罚的要求。⑥听证主持人的意见或建议。听证主持人根据听证情况，对拟作出的行政处罚决定的事实、理由、依据做出评判并提出倾向性处理意见或建议。⑦听证主持人签署姓名和日期。

（三）审查决定

案件调查终结后，案件承办人报请农业处罚机关负责人对案件进行全面审查并申报农业处罚机关负责人批准作出行政处罚决定的程序。主要文书包括：案件处理审批文书、集体讨论记录、行政处罚决定书。

1. 案件处理审批文书

案件调查终结后，承办人员承报农业处罚机关负责人批准作出行政处罚决定的文书。文书要素包括：①案件处理呈批表。②案件来源、案由和立案日期。③当事人的基本情况。④案件调查过程。⑤查明的违法事实、情节、后果。⑥认定违法事实的证据名称及数量。⑦当事人履行陈述、申辩权利情况及陈述、申辩意见采纳情况、补充调查的情况（符合听证条件的应包含听证相关事项）。⑧违法行为依据。⑨案件调查终结的意思表示。⑩处罚依据。⑪是否有从轻、减轻或者从重的情形及依据。⑫承办人员的处理具体建议，签名和日期。不需要集体讨论的案件，罚款应明确具体金额和计算过程或者具体幅度；没收违法所得的应明确具体金额；没收违法物品应明确名称、规格和数量等物品信息；行政拘留、暂扣执照或许可证应明确时限。需要集体讨论的案件，除包含上述内容外，有建议提交集体讨论的意思表示。⑬农业处罚机关负责人的审批意见，签名和日期。不需要集体讨论的，签署同意或不同意承办人处理意见的意思表示。承办人员没有明确罚款具体金额的，负责人还应当进一步写明具体金额。需要集体讨论的，签署同意或不同意提交集体讨论决定的意思表示。

2. 集体讨论记录

记载农业处罚机关负责人对行政处罚案件进行集体讨论的过程及讨论结果的文书。文书要素包括：①重大案件集体讨论记录。②案由、集体讨论的起止时间和地点。③主持人、记录人、出席人员、缺席人员、列席人员的姓名和职务。④案件承办人介绍案情和处罚建议的记录。（包括当事人基本情况、案件调查过程、查明的违法事实、情节、后果、相关证据、法律依据；当事人履行陈述、申辩权利情况及陈述、申辩意见采纳情况，符合听证条件的应包含听证相关事项、建议处罚的内容）。⑤法制机构负责人介绍审核意见的记录。⑥全部出席人员发表意见的记录。⑦集体讨论结束后，主要领导最终确定的结论性意见。⑧主要领导、记录人签署签名和日期，其他参加集体讨论人员签名。出席人员为参加讨论人员，应以部门行政主要领导和分管执法的领导为主，参加集体讨论的领导不少于部门领导职数的3/4。部门内已实施相对集中处罚权并设置执法机构的，可授权相对集中处罚权的执法机构行政主要负责人和分管执法的负责人实施集体讨论，参加人数不得少于负责人职数的3/4。列席人员应为案件承办人、法制机构负责人和其他相关人员。集体讨论应由专人负责会议记录，入卷应为集体讨论记录的原件，不得使用复印件替代。以会议纪要替代集体讨论记录的，应当有相应的会议记录，参加会议的主要领导和记录人应当在会议记录上签署姓名和日期。会议纪要应当符合农业处罚机关公文要求，可一事一议，也可作为会议其中的一个议题；一事一议的，应当单独出具会议纪要；作为议题之一的，可就处罚事项单独制作会议纪要，也可就整个会议制作会议纪要并将与本案无关部分涂黑。

3. 行政处罚决定书

农业处罚机关根据违法事实、情节和证据作出行政处罚决定后，向当事人告知行政处罚决定及相关权利、义务的文书。文书要素包括：①行政处罚决定书。②决定书编号。③当事人基本情况。④案件来源。⑤违法事实及证据名称。违法事实的描述应当全面、客观，阐明违法行为的基本事实，即时间、地点、当事人具体违法行为及后果；列举证据应当注意证据的证明力，对证据的作用和证据之间的关系进行说明。⑥违法行为依据。⑦对当事人陈述申辩意见的采纳情况及理由予以说明；经过听证程序的，文书中应当载明。⑧处罚依据。作出处罚决定所依据的法律、法规、规章应当写明全称，列明适用的条、款、项、目并引用法条原文。有从重、从轻或者减轻情节，依法予以从重、从轻或者减轻处罚的，应当写明理由，还应同时符合《北京市农业行政处罚裁量基准》和《北京市农业行业违法行为处罚裁量基准表》的要求。⑨农业处罚机关作出行政处罚决定的日期。⑩行政处罚决定。⑪告知当事人履行行政处罚决定的方式和期限。⑫告知当事人不服行政处罚决定，申请行政复议或者提起行政诉讼的途径和期限。告知复议机关、诉讼法院名称应当使用单位的规范全称。⑬农业处罚机关名称、印章和落款日期。农业处罚机关作出行政处罚决定的日期与落款日期不一致的，应当在决定书中注明作出行政处罚决定的日期。非集体讨论的案件，农业处罚机关作出行政处罚决定的日期以案件处理呈批表中农业处罚机关负责人审批日期为准。集体讨论的案件，农业处罚机关作出行政处罚决定的日期以集体讨论日期为准。

4. 责令改正文书

农业处罚机关责成、命令违法当事人自行停止或者自行纠正、改正违法行为的程序。该行政行为虽不属于行政处罚，但属于实施行政处罚中的特定程序。主要文书为责令改正通知文书。文书要素包括：①责令改正通知书。②当事人姓名（名称）。③违法事实和情节。④责令改正的法律依据。⑤改正的方式和内容。⑥改正的期限。⑦农业处罚机关名称、印章、日期。限期责令改正的应当有复核记录。

（四）送达

送达是指将农业处罚机关签发的有关法律文书送交当事人的程序。主要文书包括：送达信息确认书、送达回证或送达证明材料。

1. 送达信息确认文书（选择性使用文书）

当事人提供并确认自己送达信息的文书。文书要素包括：①送达信息确认书。②告知事项。③受送达人信息：公民姓名/法人或其他组织全称、送达地址、邮政编码、联系电话、其他联系方式、电子邮件地址等。④代收人信息：公民姓名/法人或其他组织全称、送达地址、邮政编码、联系电话、其他联系方式、电子邮件地址等。⑤受送达人签署“我已经了解填写送达信息确认书的告知事项及相关法律规定，并愿意承担农业处罚机关根据本人填写的上述信息进行送达所引发的法律后果。”⑥受送达人签字（盖章）和日期。

2. 送达文书

用于确认农业处罚机关已完整履行送达义务、当事人已经收到或者应当收到农业处罚机关签发的相关法律文书的证明文书。分为农业处罚机关制作的用于直接送达、留置送达和转交送达的专用送达回证文书和其他方式送达的证明材料。文书要素包括：①送达回证（或送达证明材料）。②案由。③送达的文书名称和文书编号。④送达机关名称和印章。⑤送达时间。⑥送达地点。⑦送达人姓名（两名行政执法人员）。⑧送达方式：包括直接送达、留置送达、转交送达、邮寄送达、公告送达。⑨受送达人姓名（名称），即案件当事人的姓名或名称。⑩收件人签名和签收时间。收件人非受送达人（当事人）本人的应当注明其情况（姓名、性别、身份、身份证号、联系方式、与当事人的关系等）。送达方式的选择，适用《中华人民共和国民事诉讼法》的有关规定。留置送达，应在送达回证上记载拒收事由和日期，并采用拍照、录像等方式记录送达过程。邮寄送达，应通过国家邮政机构采取挂号信或者 EMS 的方式邮寄，优先按照受送达人填写的送达信息确认书选择受送达人和地址，以相关邮寄及签收单据或证明材料作为送达回证附件。公告送达，以公告正式文本和媒体刊登公告文本作为送达回证。公告文本需要显示媒体名称、刊登时间及所在版面等要素。

（五）执行

执行是农业处罚机关依法保障行政处罚决定得以履行的程序。行政处罚执行的主要文书包括：行政处罚缴款书、延期（分期）缴纳罚款审批文书、终止（中止）执行审批文书、没收物品处置审批文书、违法物品监销文书等。

1. 缴款书

由财政部门统一监制、农业处罚机关签发的用于当事人缴纳罚款、银行收取罚款以及确认缴纳国库的专用文书。文书要素包括：①农业处罚机关名称。②填制日期。③行政处罚决定书编号。④缴款金额。⑤被处罚人姓名（名称）。⑥缴款期限（付款期）。⑦农业处罚机关印章。

罚款金额大小写均应填写，大写空位用⊗标注，小写用阿拉伯数字表示且开头以￥符号封头；使用行政处罚缴款书（五联单）的，缴款期限为当事人收到处罚决定书的次日起后延 15 日；使用北京市非税收入一般缴款书的，付款期为“15”天；缴款书内容应统一手写或统一机打，不许混用；缴款书为财政部门统一出具，一式多联，应分别由缴款人、银行和农业处罚机关（执收单位）留存。当事人履行完毕后，农业处罚机关应将对应的缴款书（回执）原件入卷，禁止使用存根联、被处罚人回执联或者复印件（影印件）入卷。

2. 分期（延期）缴纳罚款审批文书

被处罚人在收到缴款书后 15 日内提出分期（延期）缴纳罚款的书面申请后，承办人报请农业处罚机关负责人审批的文书。文书要素包括：①分期（延期）缴纳罚款审批表。②当事人姓名（名称）。③行政处罚书编号及处罚决定的内容。④被处罚人的申请理由、事项和日期。⑤承办人的意见、签名和日期。⑥农业处罚机关负责人的审批意见、签名和日期。⑦被处罚人分期（延期）缴纳罚款的申请。被处罚人的分期（延期）缴纳申请可以在收到缴款书后 15 日内提出书面申请。农业处罚机关履行审批手续并同意被处罚人分期、延期缴纳罚款的，应当依据已作出的处罚决定书向当事人制作延期、分期执行的决定书和分期（延期）缴款书。被处罚人的分期（延期）缴纳罚款申请应一并入卷归档。

3. 终止（中止）执行审批文书

文书要素包括：①终止（中止）执行审批表。②当事人姓名（名称）。③行政处罚决定书编号、行政处罚决定内容。④申请终止（中止）执行的理由。⑤承办人的意见、签名和日期。⑥农业处罚机关负责人的审批意见、签名和日期。有被处罚人无法继续履行的申请或者情况说明应一并入卷归档。

4. 没收物品处置审批文书

案件承办人依法对案件中被罚没物品提出处理意见，并经农业处罚机关负责人批准的记录文书。文书要素包括：①没收物品处理审批表。②当事人姓名或名称。③行政处罚决定书编号。④没收物品的名称、规格、数量等与物品相关的信息。⑤处置没收物品的理由和依据。⑥承办人处置没收物品的意见（建议物品销毁、移交、上交、拍卖、捐赠、放生或其他处理方式）、签名和日期。⑦负责人审批意见、签名和日期。

5. 违法物品处理文书

文书要素包括：①没收物品处理记录。②处理方式。③实施处理措施单位名称、地点和时间。④监督（实施）处理人员（农业处罚机关执法人员）姓名和职务。⑤处理物品名称、规格、数量等与物品相关的信息。⑥监督（实施）处理人员对处理结果的核验结论。⑦监督（实施）处理人员的签名和日期。

处理方式为销毁的（自行或者委托第三方），应将物品销毁前、后拍摄的相关照片或视频资料一并入卷归档。销毁后没收物品灭失而无法拍摄照片的，附物品销毁前、销毁过程照片或视频资料。委托第三方销毁（放生），确无法现场监督的，应将物品交接文书、第三方出具加盖公章的销毁（放生）记录附卷。

6. 暂扣、吊销执照（许可证）要求

公告注销执照（许可证）应将公告正式文本附卷。吊销执照（许可证）应将执照（许可证）原件附卷。需提请其他处罚机关实施的，应以函的形式通知其他机关，将当事人基本情况、案情、处罚决定情况注明，并将其他处罚机关的回函入卷归档留存。

7. 行政处罚逾期不履行的主要文书

加处罚款、申请法院强制执行文书等。（文书要素详见《北京市行政强制案卷标准（试行）》。）

（六）结案

结案是农业处罚机关作出不予行政处罚的决定，或者行政处罚决定已经执行完毕，或者因法定事由无法继续履行需要终结案件时，提出终结案件办理的意见或建议并报农业处罚机关负责人批准的程序。主要文书为结案审批文书。农业处罚机关对不予行政处罚、行政处罚已经执行完毕或因法定事由终止执行的案件，由承办人报告行政处罚决定执行过程、确认执行结果并提出终结案件的办理意见或建议的文书。文书要素包括：①行政处罚结案报告。②当事人姓名（名称）。③案由。④立案时间。⑤案件办理过程及结果（进行调查取证、作出处罚或不予处罚决定的过程及结果，不予行政处罚和予以撤销案件的写明理由）。⑥行政处罚决定书文号和送达日期，处罚决定执行过程及结果。⑦行政处罚已经执行完毕或者无法继续，案件承办人申请结案的意思表示。⑧案件承办人的姓名和日期。⑨农业处罚机关负责人审批意见、签名和日期。

对当事人处以罚款或者没收违法所得的，缴款书回执尚未返回农业处罚机关前，农业处罚机关能够通过其他方式证明当事人已经履行缴款义务的，可以先行结案，待收到缴款书回执后，再将回执原件入卷归档。

（七）案件移送

农业处罚机关将案件移送至其他处罚机关继续办理的程序。主要文书包括：案件移送审批文书、案件移送书、移送证据材料（物品）清单等。

1. 案件移送审批文书

文书要素包括：①案件移送审批表。②案由、当事人基本情况。③基本案情、涉案证据材料和物品。④案件移送理由。⑤拟移送机关名称。⑥承办人员意见、签名和日期。⑦农业处罚机关负责人意见、签名和日期。

2. 案件移送书

文书要素包括：①案件移送书。②移送机关、名称及印章。③案件来源及当事人基本情况。④案件调查及处理情况（调查处理的时间及结果）。⑤案件移送理由。⑥移送机关意见、移送人签名和日期。⑦附件：证据材料（物品）清单。

（八）当场处罚

主要文书为当场处罚决定文书。农业执法机关适用简易程序，现场作出处罚决定的文书。文书要素包括：①当场处罚决定书。②决定书编号。③当事人基本情况。④违法事实及依据。“违法事实”栏应当写明违法行为发生的时间、地点、情节及违法行为的定性等情况。⑤处罚依据及内容。⑥告知当事人履行行政处罚决定的方式和期限。⑦告知当事人不服行政处罚决定，申请行政复议或者提起行政诉讼的途径和期限。告知复议机关、诉讼法院名称应当使用单位的规范全称。⑧执法人员姓名，执法证件号。⑨农业处罚机关名称及印章，时间。⑩当事人签名。⑪是否当场执行的意思表示。

四、立卷归档

立卷归档应当符合档案法和档案管理的有关规定。

行政处罚案件原则上实行一案一卷、一卷一号；涉及多个被处罚主体共同违法的案件也应一案一卷、一卷一号。涉及国家机密、商业秘密、个人隐私的案件，可以一案一号正副卷，正卷装可公开的外部文件，副卷装不公开的内部文件。

案卷封皮、卷内文件目录和备考表填写规范，涂改处、空格处、空白处应做技术处理。案卷应使用档案部门统一规格的封皮。封面应当包括执法机关名称、题名、办案起止时间、保管期限、卷内件（页）数等。封面题名应当由当事人和违法行为定性两部分组成，如关于×××未经批准出售国家重点保护动物案。卷内文件目录项目包括：序号、文号、责任者、题名、日期、页号、备注。农业处罚机关制作的文书责任者为该农业处罚机关，其他文书的责任者为提供该文书的单位或者个人。④备考表应当填写卷中需要说明的情况，并由立卷人、检查人签名。

证据保存。不能随文书装订立卷的证据，应放入证据袋中，随卷归档，并在证据袋上注明证据的名称、数量、拍摄时间、地点等内容；不能随文书立卷装订的录音、录像或实物证据，需在备考表中注明录制的内容、数量、时间、地点、责任人及其存放地点等内容。

文书装订顺序。卷内文书可选择下列两种顺序排列：第一种顺序是行政处罚决定书和送达回证在前，其余文书按照办案时间顺序排列；第二种顺序是行政处罚决定书和送达回证在前，其余文书按照法律文书、证据文书、其他文书设置分类按序排列。涉及多个被处罚主体共同违法的案件，可采用共同证据集中排列、个性证据按被处罚主体分散排列的方式装订文书。

卷内文书页码。采用阿拉伯数字从“1”开始逐页编写页码，正页在右上角、反页在左上角。大张材料折叠后应当在有字迹页面的右上角编写页号；A4 横印材料应当字头朝装订线摆放好再编写页号。

案卷装订前应当做好文书材料的检查。文书材料上的订书钉等金属物应当去掉。破损文书应修补或者复制。文书过小的应用 A4 衬纸粘贴，文书过大的应当按卷宗大小先对折再向外折叠。对字迹难以辨认的材料，应当附上抄件。

案卷应当整齐美观固定，不松散、不压字迹、不掉页、便于翻阅。

办案人员完成立卷后，应当及时向档案室移交，进行归档。归档后不得私自增加或者抽取案卷材料。不得修改案卷内容。

第三节　北京市农业行政处罚基本文书格式

北京市农业行政处罚基本文书格式一：

当场处罚决定书

_______简罚〔　　〕_______号

<table>
<tr><td rowspan="6">当事人</td><td rowspan="3">个人</td><td>姓名/名称</td><td></td><td>性别</td><td></td><td>出生日期</td><td></td></tr>
<tr><td>证件类型</td><td></td><td>证件号码</td><td colspan="3"></td></tr>
<tr><td>联系电话</td><td></td><td>住址</td><td colspan="3"></td></tr>
<tr><td rowspan="3">单位</td><td>名　称</td><td></td><td>法定代表人
（负责人）</td><td colspan="3"></td></tr>
<tr><td>证照类型</td><td></td><td>证照编号</td><td colspan="3"></td></tr>
<tr><td>联系电话</td><td></td><td>地址</td><td colspan="3"></td></tr>
<tr><td>违法事实</td><td colspan="7"></td></tr>
<tr><td>处罚依据
及内容</td><td colspan="7"></td></tr>
<tr><td>告知事项</td><td colspan="7">1. 当事人应当对违法行为立即或在_______日内予以纠正；
2. 当事人必须在收到处罚决定书之日起 15 日内持本决定书到______________缴纳罚款。逾期不缴纳的，每日按罚款数额的 3%加处罚款；
3. 当事人对本处罚决定不服的，可以在收到本处罚决定书之日起 60 日内向______________人民政府或______________申请行政复议；或者 6 个月内向______________人民法院提起行政诉讼。</td></tr>
<tr><td rowspan="2">执法人员</td><td colspan="2">姓　名</td><td></td><td colspan="2"></td><td colspan="2" rowspan="2">处罚机关（印章）
_______年___月___日</td></tr>
<tr><td colspan="2">执法证件号</td><td></td><td colspan="2"></td></tr>
<tr><td>当事人
签收栏</td><td colspan="5">□本决定书
□缴款书（编号：　　　　　　　　）
签名：　　　　　　签收日期：</td><td>是否
当场执行</td><td></td></tr>
</table>

北京市农业行政处罚基本文书格式二：

立 案 审 批 表

________立〔　　〕________号

<table>
<tr><td colspan="2">案件来源</td><td colspan="3"></td><td>受案日期</td><td colspan="2"></td></tr>
<tr><td colspan="2">案　由</td><td colspan="3"></td><td></td><td colspan="2"></td></tr>
<tr><td rowspan="6">当事人</td><td rowspan="3">个人</td><td>姓名/名称</td><td></td><td>性　别</td><td></td><td>出生日期</td><td></td></tr>
<tr><td>证件类型</td><td></td><td>证件号码</td><td></td><td></td><td></td></tr>
<tr><td>联系电话</td><td></td><td>住　址</td><td></td><td></td><td></td></tr>
<tr><td rowspan="3">单位</td><td>名　称</td><td></td><td>法定代表人
（负责人）</td><td></td><td></td><td></td></tr>
<tr><td>证照类型</td><td></td><td>证照编号</td><td></td><td></td><td></td></tr>
<tr><td>联系电话</td><td></td><td>地　址</td><td></td><td></td><td></td></tr>
<tr><td colspan="2">涉嫌违法行为
基本情况及
承办人意见</td><td colspan="6">签名：
________年____月____日____时____分</td></tr>
<tr><td colspan="2">执法单位意见</td><td colspan="6">签名：
________年____月____日____时____分</td></tr>
<tr><td colspan="2">业务部门意见</td><td colspan="6">签名：
________年____月____日____时____分</td></tr>
<tr><td colspan="2">法制部门意见</td><td colspan="6">签名：
________年____月____日____时____分</td></tr>
<tr><td colspan="2">农业处罚
机关意见</td><td colspan="6">签名：
________年____月____日____时____分</td></tr>
<tr><td colspan="2">备　注</td><td colspan="6"></td></tr>
</table>

（注：各处罚机关根据本单位的实际情况选择适用审核栏。）

北京市农业行政处罚基本文书格式三：

现场检查（勘验）笔录

时间：______年______月______日______时______分至______月______日______时______分

检查（勘验）地点：______________________________

被检查（勘验）人：______________________________

现场人员姓名：______________________　　身份：______________________

检查（勘验）机关：______________________________

记录人：______________________________

现场检查（勘验）情况：×××处罚机关执法人员　　　　　　）、（执法证件号　　　　）现场向（现场人员×××）出示了证件、表明了身份　　　　（执法证件号　　　　　　），经现场检查（××勘验方式）发现

____

____

____

____

____

____

现场人员意见及签名：　　　　　　　　　　　　________年____月____日

执法人员：____________________　　　执法证件号：____________________

　　　　　____________________　　　　　　　　　　____________________

（第1页共　页）

笔　录　纸

现场人员意见及签名：　　　　　　　　　　　　　　　　　　　　________年____月____日

执法人员：______________________　　　执法证件号：______________________

　　　　　______________________　　　　　　　　　______________________

（第　页共　页）

北京市农业行政处罚基本文书格式四：

现场勘验图

1. 绘制时间：________年____月____日____时____分

北

2. 绘制地点：
3. 绘制内容：
4. 绘制人员姓名及身份：（张××、执法人员）

（画图位置）

当事人签字：________年____月____日

取证人员签字：

（可根据实际需要改变纸张方向）

北京市农业行政处罚基本文书格式五：

现 场 照 片

<table>
<tr><td colspan="2">（照片）</td></tr>
<tr><td>制作说明：
1. 拍摄时间：
2. 拍摄地点：
3. 证明内容：
4. 拍摄人员姓名及身份：
5. 当事人签字：
6. 执法人员签字：</td><td>
________年____月____日____时____分

________年____月____日____时____分
</td></tr>
</table>

北京市农业行政处罚基本文书格式六：

××××情况的说明

（处罚机关全称）：____________________

（说明单位/人与当事人或要求其说明的事项的关系。）

（说明处罚机关要求其说明的相关情况，说明请具体明确。）

说明单位/人：（签章）

________年____月____日

（说明：报表、图纸、会记账册、专业技术资料、科技文献等书证应当附有说明材料，并由提供人或者制作人、制作单位签名或者盖章，并签署日期。）

北京市农业行政处罚基本文书格式七：

询　问　笔　录

询问时间：________年____月____日____时____分至____时____分

询问地点：____

询问机关：____

询问人：____________________　　执法证件号：____________________

　　　　____________________　　　　　　　　____________________

记录人：____

被询问人：姓名：____________　性别：____________　出生日期：____________

　　　　　证件类型：____________________　证件号码：____________________

　　　　　工作单位________________　职务________________　联系电话________________

　　　　　住址____

问：我们是______________________________执法人员（出示执法证件），现依法向你进行询问调查。你有陈述、申辩的的权利和配合调查的法律义务，请你如实回答我们的询问，作伪证要承担法律责任，你听清楚了吗？

答：____

问：____

被询问人签名：　　　　　　　　　　　　　　________年____月____日

执法人员签名：____________________、____________________

（第 1 页共　页）

笔　录　纸

____
____
____
____
____
____
____
____
____
____
____

被询问人意见及签名（最后一页）：　　　　　　　　________年____月____日

执法人员签名：____________________、____________________

（第　　页共　　页）

北京市农业行政处罚基本文书格式八：

抽样取证通知书

(当事人姓名/名称)：____________________

因你（单位）涉嫌______________________________，本机关依照《中华人民共和国行政处罚法》第三十七条第二款之规定对你（单位）下列物品抽样取证。

抽样日期：________年____月____日

抽样地点：______________________________

抽样方法：______________________________

抽样取证物品清单：______________________________

物品名称	商　标	生产单位	相关证号	生产日期（批号）	样品规格	抽样数量	样本基数

当事人意见及签名：(以上物品情况属实的意思表示)

________年____月____日

执法人员：____________________　　证件号：____________________

____________________　　____________________

处罚机关（印章）

________年____月____日

北京市农业行政处罚基本文书格式九：

抽样取证物品处理通知书

（当事人姓名/名称）：____________________

根据《中华人民共和国行政处罚法》第三十七条第二款规定，本机关现就________年____月____日抽样取证的物品，作出如下处理决定：______________________________。

物品名称	商　标	生产单位	相关证号	生产日期（批号）	样品规格	抽样数量	处理方式

当事人：（以上物品情况属实的意思表示）

（签名）

________年____月____日

执法人员（签名）：____________________　执法证件号码：____________________

执法人员（签名）：____________________　执法证件号码：____________________

（处罚机关落款和印章）

________年____月____日

备注：1. 退还当事人的，需注明退还时间、退换地点。

2. 本通知书一式两份，一份交当事人，一份由处罚机关留存。

北京市农业行政处罚基本文书格式十：

产品确认通知书

____________________：

本机关________年____月____日在____________________发现标称为你单位生产的产品，基本情况如下：

产品名称	商　标	生产单位	许可号	生产日期（批号）	规　格

请你单位于________年____月____日前确认上述产品是否为你单位生产。若非你单位生产，请书面说明理由并提供相关证明材料。逾期未回复的，视上述产品为你单位生产。

联系人：____________________　　联系电话：____________________

处罚机关（印章）

________年____月____日

北京市农业行政处罚基本文书格式十一：

证据先行登记保存审批表

<table>
<tr><td>案由</td><td colspan="7"></td></tr>
<tr><td>当事人</td><td colspan="7"></td></tr>
<tr><td rowspan="4">拟先行登记
保存物品</td><td>名称</td><td>规格</td><td>数量</td><td>生产日期
（批号）</td><td>生产单位</td><td>单价</td><td>备注</td></tr>
<tr><td></td><td></td><td></td><td></td><td></td><td></td><td></td></tr>
<tr><td></td><td></td><td></td><td></td><td></td><td></td><td></td></tr>
<tr><td></td><td></td><td></td><td></td><td></td><td></td><td></td></tr>
<tr><td>承办人意见</td><td colspan="7">（填写先行登记的理由、依据、具体意见。）
签名：
________年____月____日____时____分</td></tr>
<tr><td>执法单位
意见</td><td colspan="7">签名：
________年____月____日</td></tr>
<tr><td>业务部门
意见</td><td colspan="7">签名：
________年____月____日</td></tr>
<tr><td>法制部门
审核
意见</td><td colspan="7">签名：
________年____月____日</td></tr>
<tr><td>处罚机关
意见</td><td colspan="7">签名：
________年____月____日____时____分</td></tr>
<tr><td>备注</td><td colspan="7"></td></tr>
</table>

北京市农业行政处罚基本文书格式十二：

证据先行登记保存通知书

当事人：______

时　间：______年____月____日____时____分

地　点：______

因你（单位）涉嫌______，本机关依照《中华人民共和国行政处罚法》第三十七条第二款之规定对你（单位）在______的下列物品：

□就地保存，登记保存期间，你（单位）不得使用、销售、转移、损毁、隐匿；

□异地保存于______。

序号	物品名称	规格	数量	生产日期（批号）	生产单位	单价	备注

本机关将在七日内对先行登记保存的证据依法作出处理决定，逾期未作出处理决定的，先行登记保存措施自动解除。

当事人意见及签名：　　　　______年____月____日

执法人员：______　　执法证件号：______

______　　______

处罚机关（印章）

______年____月____日

共　页第　页

北京市农业行政处罚基本文书格式十三：

登记保存物品处理通知书

（当事人）：____________________

本机关依照《中华人民共和国行政处罚法》第三十七条第二款之规定，对________年________月________日登记保存你（单位）的下列物品作出如下处理决定：

序号	物品名称	规格	数量	生产日期（批号）	生产单位	单价	处理方式
							退还
							送鉴定
							查封
							扣押
							……
							法律、法规、规章规定的其他处理方式

（上述物品退还时间：×××，退还地点：×××）

当事人意见：（有返还的，应表述为，经清点核对，以上物品情况属实，返还物品已接收；无返还的，应表述为以上物品情况属实。）

签名或盖章：

________年____月____日

处罚机关（印章）

________年____月____日

北京市农业行政处罚基本文书格式十四：

授权委托书

处罚机关：____________________

你单位在对______________________________案件的调查处理中，我是当事人（法定代表人/单位负责人），现委托____________________为代理人（被委托人），委托时间为自________________至____________________。

委托人基本情况：

代理人（被委托人）基本情况：

姓名____________________ 性别____________________ 出生日期____________________

证件类型________________ 证件号码________________

工作单位________________ 职务____________________ 联系电话____________________

委托权限：□接受调查取证

□陈述事实

□签收法律文书

□行使陈述申辩权、听证权等法律赋予的有关权利。

被委托人（签字）： 委托人（签字）：

单位印章：

北京市农业行政处罚基本文书格式十五：

案件处理意见书

<table>
<tr><td>案由</td><td colspan="7"></td></tr>
<tr><td rowspan="6">当事人</td><td rowspan="3">个人</td><td>姓名/名称</td><td></td><td>性　别</td><td></td><td>出生日期</td><td></td></tr>
<tr><td>证件类型</td><td></td><td>证件号码</td><td colspan="3"></td></tr>
<tr><td>联系电话</td><td></td><td>住　址</td><td colspan="3"></td></tr>
<tr><td rowspan="3">单位</td><td>名　称</td><td></td><td>法定代表人（负责人）</td><td colspan="3"></td></tr>
<tr><td>证照类型</td><td></td><td>证照编号</td><td colspan="3"></td></tr>
<tr><td>联系电话</td><td></td><td>地　址</td><td colspan="3"></td></tr>
<tr><td>案件调查经过</td><td colspan="7">（办案经过、已查清的违法行为。）</td></tr>
<tr><td>证据材料</td><td colspan="7"></td></tr>
<tr><td>承办人意见</td><td colspan="7">（违法事实的初步判定、处罚理由、依据，建议下达事先告知书。）
执法人员签名：
______年___月___日</td></tr>
<tr><td>执法单位意见</td><td colspan="7">签名：
______年___月___日</td></tr>
<tr><td>业务部门意见</td><td colspan="7">签名：
______年___月___日</td></tr>
<tr><td>法制部门意见</td><td colspan="7">签名：
______年___月___日</td></tr>
<tr><td>处罚机关意见</td><td colspan="7">签名：
______年___月___日</td></tr>
</table>

（注：各处罚机关根据本单位的实际情况选择适用审核栏）。

北京市农业行政处罚基本文书格式十六：

行政处罚事先告知书

________告〔　　〕________号

________________________________：

经调查，你（单位）(查明的涉嫌违法事实、情节及证据)________________________。该行为涉嫌违反了______________________________的规定。依据______________________________的规定，本机关拟对你（单位）作出(种类和幅度) 的行政处罚。

根据《中华人民共和国行政处罚法》第六条、第三十一条、第三十二条，《农业行政处罚程序规定》第三十八条的规定，你（单位）享有陈述、申辩的权利。如你（单位）无进一步陈述、申辩的意见，本机关将调查终结并依法作出行政处罚决定。如你（单位）有进一步陈述、申辩意见请于三日内提出。

处罚机关（印章）

________年____月____日

处罚机关地址：____________________　　邮政编码：____________________

联系人：____________________　　电话：____________________

北京市农业行政处罚基本文书格式十七：

听 证 告 知 书

________听证告〔　　〕________号

________________________________：

经调查，你（单位）（填写查明的涉嫌违法的事实、情节及证据）________________________。该行为涉嫌违反了____________________________的规定，依据______________________________的规定，本机关拟对你（单位）作出（种类和幅度）的行政处罚。

根据《中华人民共和国行政处罚法》第四十二条之规定，你（单位）享有要求举行听证的权利。

如要求举行听证，你（单位）可在收到本告知书之日起三日内向本机关提出听证要求。如果你（单位）逾期未提出听证要求，视为放弃听证权利。

处罚机关（印章）

________年____月____日

处罚机关地址：____________________　邮政编码：____________________

联系人：__________________________　电话：________________________

北京市农业行政处罚基本文书格式十八：

听 证 通 知 书

______________________________：

本机关定于________年____月____日____时____分在______________________________对你（单位）______________________________一案（公开/不公开）举行听证会。本次听证会由姓名（工作单位及职务）担任主持人。

申请延期的，应在接到听证会举行的三日前，向本机关书面提出，由本机关决定是否延期。

你（单位）可以委托一至二名代理人参加听证，并在听证前向本机关提交委托书，写明委托代理人的姓名、性别、年龄以及委托的具体权限。你（单位）法定代表人或委托代理人应准时出席，逾期不出席的且未事先说明理由的，视同放弃听证权利。

根据《中华人民共和国行政处罚法》第四十二条之规定，你（单位）有权申请听证主持人回避。如申请回避的，请于听证举行日前向本机关提出书面申请并说明理由，由本机关决定是否变更。

特此通知。

处罚机关（印章）

________年____月____日

处罚机关地址：____________________　　邮政编码：____________________

联系人：__________________________　　电话：________________________

北京市农业行政处罚基本文书格式十九：

听 证 公 告

本机关定于________年___月____日____时____分，在______________________________公开举行(当事人、听证事由）听证会。

特此公告。

（处罚机关名称和印章）

________年____月____日

北京市农业行政处罚基本文书格式二十：

听　证　笔　录

时　　间：________年____月____日____时____分至____时____分
地　　点：____
听证主持人：____________________　　工作单位及部门：____________________
听证员：____
书记员（记录人）：____________________　　工作单位及部门：____________________
当事人：____
法定代表人（负责人）：____
性　别：____________________　　出　生　日　期：____________________　　联　系　电话：____________________
委托代理人：____________________　　工作单位及职务：____________________
　　　　　　____________________　　工作单位及职务：____________________
案件调查人员：____________________　　工作单位及部门：____________________
　　　　　　____________________　　工作单位及部门：____________________
听证记录：____
____
____
____
____
____
____

当事人或委托代理人：（签名）
________年____月____日
案件调查人员：（签名）
________年____月____日

（第 1 页共　页）

____
____
____
____
____
____
____
____
____
____
____

当事人或委托代理人：（以上记录属实）（签名）________年____月____日
案件调查人员：（签名）________年____月____日
主持人：（签名）________年____月____日　　书记员：（签名）________年____月____日

（第　页共　页）

北京市农业行政处罚基本文书格式二十一：

行政处罚听证会报告书

<table>
<tr><td>案　　由</td><td colspan="3"></td></tr>
<tr><td>听证主持人</td><td></td><td>案件来源</td><td></td></tr>
<tr><td>听　证　员</td><td colspan="3"></td></tr>
<tr><td>书　记　员</td><td colspan="3"></td></tr>
<tr><td colspan="4">听证基本情况摘要（详见听证笔录）
（案件调查认定的基本情况；举行听证的时间、地点和参加人情况；当事人对处罚机关认定的违法事实、情节、适用法律依据等情况的陈述、申辩，以及从轻、减轻或者不予行政处罚的要求。）</td></tr>
<tr><td colspan="4">听证结论及处理意见：

________年____月____日
听证主持人：</td></tr>
<tr><td colspan="4">备注：</td></tr>
</table>

北京市农业行政处罚基本文书格式二十二：

案件处理呈批表

<table>
<tr><td colspan="2">案　由</td><td colspan="6"></td></tr>
<tr><td colspan="2">案件来源</td><td colspan="3"></td><td>立案日期</td><td colspan="2"></td></tr>
<tr><td rowspan="6">当事人</td><td rowspan="3">个人</td><td>姓名/名称</td><td></td><td>性　别</td><td></td><td>出生日期</td><td></td></tr>
<tr><td>证件类型</td><td></td><td>证件号码</td><td></td><td></td><td></td></tr>
<tr><td>联系电话</td><td></td><td>住　址</td><td></td><td></td><td></td></tr>
<tr><td rowspan="3">单位</td><td>名　称</td><td></td><td>法定代表人
（负责人）</td><td></td><td></td><td></td></tr>
<tr><td>证照类型</td><td></td><td>证照编号</td><td></td><td></td><td></td></tr>
<tr><td>联系电话</td><td></td><td>地　址</td><td></td><td></td><td></td></tr>
<tr><td colspan="2">案件调
查经过</td><td colspan="6">（案件调查过程、查明的违法事实、情节及后果，当事人履行陈述、申辩权利情况及陈述、申辩意见采纳情况、补充调查的情况，需有案件调查终结表述，违法行为依据。）</td></tr>
<tr><td colspan="2">证据材料</td><td colspan="6"></td></tr>
<tr><td colspan="2">承办人意见</td><td colspan="6">（处罚依据、裁量标准、具体处理建议；需要集体讨论的，有建议提交集体讨论的意思表示。）
签名：
______年___月___日</td></tr>
<tr><td colspan="2">执法单位
意见</td><td colspan="6">签名：
______年___月___日</td></tr>
<tr><td colspan="2">业务部门
意见</td><td colspan="6">签名：
______年___月___日</td></tr>
<tr><td colspan="2">法制部门
审核意见</td><td colspan="6">签名：
______年___月___日</td></tr>
<tr><td colspan="2">处罚机关
意见</td><td colspan="6">签名：
______年___月___日</td></tr>
</table>

（注：各处罚机关根据本单位的实际情况选择适用审核栏。）

北京市农业行政处罚基本文书格式二十三：

重大案件集体讨论记录

案由：______________________________

主持人：__________ 职务：__________

记录人：__________ 职务：__________

出席人员及职务：______________________________

缺席人员及职务：______________________________

列席人员及职务：______________________________

讨论时间：______年______月______日______时______分至______时______分

讨论地点：______________________________

讨论记录：

案件承办人×××汇报：（案件来源、当事人基本情况、案件调查过程、违法事实、情节后果、相关证据、法律依据、当事人意见及采纳情况、处罚建议等）______________________________

法制机构负责人介绍审核意见：______________________________

×××发言：______________________________

×××发言：______________________________

×××发言：______________________________

主要领导×××结论意见：______________________________

主要领导：（签名）______年____月____日　　记录人：（签名）______年____月____日

参加人：（签名）

（共　页第　页）

北京市农业行政处罚基本文书格式二十四：

责令改正通知书

______________________________：

你（单位），____________________________的行为违反了______________________________，依照________________________________之规定，本机关责令你（单位）（□立即/□于________年____月____日之前）按下列要求改正违法行为：

____

____

____

____

____

[逾期不改正的，本机关将依照____________________之规定依法处理。(责令改正前置时适用)]

处罚机关（印章）

________年____月____日

北京市农业行政处罚基本文书格式二十五：

行政处罚决定书

________罚〔　　　〕________号

当事人：（姓名、性别、年龄、出生日期、住址或单位名称、地址、法定代表人等）

××××××（案件来源；立案情况；违法事实；证据列举及说明）。

××××××（违法行为和案件处罚理由与依据；事先告知情况；当事人陈述申辩或听证情况；自由裁量说明）。

依照××××××（法条原文）之规定，本机关于________年________月________日（责令______________________________，并）作出如下处罚决定：

____

____

____

当事人必须在收到本处罚决定书之日起15日内持本决定书到××××××缴纳罚（没）款。逾期不按规定缴纳罚款的，每日按罚款数额的3%加处罚款。

当事人对本处罚决定不服的，可以在收到本处罚决定书之日起60日内向×××人民政府或×××××申请行政复议；或者六个月内向××××××人民法院提起行政诉讼。行政复议和行政诉讼期间，本处罚决定不停止执行。

当事人逾期不申请行政复议或提起行政诉讼，也不履行本行政处罚决定的，本机关将依法申请人民法院强制执行。

处罚机关（印章）

________年____月____日

北京市农业行政处罚基本文书格式二十六：

送 达 回 证

处罚机关印章：

<table>
<tr><td>案　　由</td><td colspan="5"></td></tr>
<tr><td>受送达人</td><td colspan="5"></td></tr>
<tr><td>送达单位</td><td colspan="5"></td></tr>
<tr><td>送达方式</td><td colspan="5"></td></tr>
<tr><td>送达文书
名称及编号</td><td>送达地点</td><td>送达人</td><td>送达时间</td><td>收件人</td><td>收件时间</td></tr>
<tr><td></td><td></td><td></td><td></td><td></td><td></td></tr>
<tr><td></td><td></td><td></td><td></td><td></td><td></td></tr>
<tr><td></td><td></td><td></td><td></td><td></td><td></td></tr>
<tr><td></td><td></td><td></td><td></td><td></td><td></td></tr>
<tr><td>备注</td><td colspan="5">（收件人为非受送达人本人或其授权委托人，也非受送达人单位法定代表人负责人或授权委托人，应对收件人情况进行记载，包括姓名、性别、身份、身份证号、联系方式、与当事人的关系等。）</td></tr>
</table>

北京市农业行政处罚基本文书格式二十七：

没收物品处理审批表

<table>
<tr><td>当事人</td><td colspan="3"></td><td colspan="2">行政处罚
决定书编号</td><td colspan="2"></td></tr>
<tr><td rowspan="3">没收物品</td><td>名称</td><td>规格</td><td>数量</td><td>*</td><td>*</td><td>*</td><td>备注</td></tr>
<tr><td></td><td></td><td></td><td></td><td></td><td></td><td></td></tr>
<tr><td></td><td></td><td></td><td></td><td></td><td></td><td></td></tr>
<tr><td>承办人意见</td><td colspan="7">（处置没收物品的理由、依据，具体处理意见如销毁、移交、上交等。）
签名：
________年____月____日</td></tr>
<tr><td>执法单位意见</td><td colspan="7">签名：
________年____月____日</td></tr>
<tr><td>业务部门意见</td><td colspan="7">签名：
________年____月____日</td></tr>
<tr><td>法制部门意见</td><td colspan="7">签名：
________年____月____日</td></tr>
<tr><td>处罚机关意见</td><td colspan="7">签名：
________年____月____日</td></tr>
<tr><td>备注</td><td colspan="7"></td></tr>
</table>

北京市农业行政处罚基本文书格式二十八：

没收物品处理记录

实施时间：____

实施地点：____

处理方式：____

实施单位：____

监督（实施）处理人员：______________　　职务______________

______________职务　　______________

处理没收物品相关信息：

名称	规格	数量	*	*	*	备注

处理结果：

监督（实施）处理人员（签名）：

______年____月____日

（需附照片的，照片附卷方式可仿照文书格式五。）

北京市农业行政处罚基本文书格式二十九：

行政处罚结案报告

案　　由			
当事人		立案时间	
行政处罚 决定书文号		处罚决定 送达时间	
案件办理过程 及结果			
处罚决定执行 过程及结果			
承办人意见	（执行完毕或无法继续，申请结案的意思表示。） 签名： ________年____月____日		
执法单位意见	签名： ________年____月____日		
业务部门意见	签名： ________年____月____日		
法制部门 审核意见	签名： ________年____月____日		
处罚机关 意见	签名： ________年____月____日		

（注：各处罚机关根据本单位的实际情况选择适用审核栏。）

北京市农业行政处罚基本文书格式三十：

案件移送审批表

<table>
<tr><td colspan="2">案　　由</td><td colspan="7"></td></tr>
<tr><td colspan="2">拟移送机关</td><td colspan="7"></td></tr>
<tr><td rowspan="6">当事人</td><td rowspan="3">个人</td><td>姓名/名称</td><td></td><td>性　　别</td><td></td><td>出生日期</td><td colspan="2"></td></tr>
<tr><td>证件类型</td><td></td><td>证件号码</td><td></td><td></td><td colspan="2"></td></tr>
<tr><td>联系电话</td><td></td><td>住　　址</td><td></td><td></td><td colspan="2"></td></tr>
<tr><td rowspan="3">单位</td><td>名　　称</td><td></td><td>法定代表人
（负责人）</td><td></td><td></td><td colspan="2"></td></tr>
<tr><td>证照类型</td><td></td><td>证照编号</td><td></td><td></td><td colspan="2"></td></tr>
<tr><td>联系电话</td><td></td><td>地　　址</td><td></td><td></td><td colspan="2"></td></tr>
<tr><td colspan="2">基本案情</td><td colspan="7"></td></tr>
<tr><td colspan="2">涉案证据材料</td><td colspan="7"></td></tr>
<tr><td colspan="2" rowspan="2">涉案物品</td><td>名称</td><td>规格</td><td>数量</td><td>×</td><td>×</td><td>×</td><td>备注</td></tr>
<tr><td></td><td></td><td></td><td></td><td></td><td></td><td></td></tr>
<tr><td colspan="2">移送理由及
承办人意见</td><td colspan="7">签名：
________年____月____日</td></tr>
<tr><td colspan="2">执法单位意见</td><td colspan="7">签名：
________年____月____日</td></tr>
<tr><td colspan="2">业务部门意见</td><td colspan="7">签名：
________年____月____日</td></tr>
<tr><td colspan="2">法制部门
审核意见</td><td colspan="7">（具体审核意见）
签名：
________年____月____日</td></tr>
<tr><td colspan="2">处罚机关意见</td><td colspan="7">签名：
________年____月____日</td></tr>
</table>

（注：各处罚机关根据本单位的实际情况选择适用审核栏。）

北京市农业行政处罚基本文书格式三十一：

案件移送书

________移〔　　　〕________号

（受移送单位）：____________________

（案件来源）一起____________案件，（当事人基本情况），本机关（案件调查处理情况），发现（移送理由），根据____________的规定，应由你单位处理，现将此案移送你单位，请审查决定是否予以接受，并将决定函告本机关。

可附移送证据材料（物品）清单。

处罚机关（印章）

________年____月____日

联系人：______________________

联系电话：____________________

北京市农业行政处罚基本文书格式三十二：

送达信息确认书

<table>
<tr><td>案　　由</td><td colspan="3"></td></tr>
<tr><td>告知事项</td><td colspan="3">1. 为便于当事人及时收到本处罚机关的文书，保证行政处罚顺利进行，当事人应当如实提供确切的送达信息。
2. 案件调查期间如果送达信息有变更，应当及时告知本处罚机关变更后的送达信息。
3. 处罚机关将按照当事人确认的信息送达相关法律文书。如果当事人提供的信息不确切，或者未及时告知处罚机关变更后的信息，致使法律文书无法送达或者未及时送达，当事人将自行承担由此可能产生的法律后果。</td></tr>
<tr><td rowspan="4">受送达人信息</td><td colspan="3">当事人：（姓名/名称）</td></tr>
<tr><td>送达地址：</td><td></td><td>邮政编码：</td></tr>
<tr><td>联系电话</td><td>（固话）</td><td>（手机）</td></tr>
<tr><td>其他联系方式</td><td></td><td></td></tr>
<tr><td rowspan="4">代收人信息</td><td colspan="3">代收人：（姓名/名称）</td></tr>
<tr><td>送达地址：</td><td></td><td>邮政编码：</td></tr>
<tr><td>联系电话</td><td>（固话）</td><td>（手机）</td></tr>
<tr><td>其他联系方式</td><td></td><td></td></tr>
<tr><td>当事人确认</td><td colspan="3">（我已经了解填写送达信息确认书的告知事项及相关法律规定，并愿意承担处罚机关根据本人填写的上述信息进行送达所引发的法律后果。）

受送达人（签章）：__________
________年____月____日</td></tr>
<tr><td>备　　注</td><td colspan="3"></td></tr>
</table>

（说明：可以选用。）

北京市农业行政处罚基本文书格式三十三：

责令限期改正复查笔录

时间：________年________月________日________时________分至________时________分

检查地点：____

当事人：____

现场人员姓名：____________________　身份：____________________

检查机关：____

记录人：____

现场检查情况：（×××处罚机关执法人员__________执法证件号__________、__________执法证件号____________________现场向现场人员×××出示了证件、表明了身份），经现场检查发现____

____

____

____

____

____

____

____

现场人员意见：　签名或盖章：　________年____月____日

执法人员：____________________　执法证件号：____________________

____________________　____________________

（第1页共　页）

北京市农业行政处罚基本文书格式三十四：

分期（延期）缴纳罚款审批表

行政处罚决定书编号	
当事人	
行政处罚决定内容	
被处罚人的申请理由及事项和日期	（当事人于________年________月________日提出________申请，理由是________）
承办人意见	签名： ________年____月____日
执法单位意见	签名： ________年____月____日
处罚机关意见	签名： ________年____月____日

（注：各处罚机关根据本单位的实际情况选择适用审核栏。）

北京市农业行政处罚基本文书格式三十五：

终止（中止）执行审批表

行政处罚决定书编号	
当事人	
行政处罚决定内容	
申请终止（中止）理由	
承办人意见	签名： ________年____月____日
执法单位意见	签名： ________年____月____日
业务部门意见	签名： ________年____月____日
法制部门审核意见	签名： ________年____月____日
处罚机关意见	签名： ________年____月____日

（注：各处罚机关根据本单位的实际情况选择适用审核栏。）

技术篇

第十二章　农作物种子质量常规检验技术

第一节　种子检验概论

一、种子检验的含义

种子是一种有生命力的特殊的农业生产资料，其质量的优劣直接关系到农业增产和农民增收。种子质量是由不同特性综合而成的，《农作物种子检验员考核大纲》将其分为四大类：一是物理质量，采用净度、其他植物种子计数、水分、重量等项目的检测结果来衡量；二是生理质量，采用发芽率、生活力和活力等项目的检测结果来衡量；三是遗传质量，采用品种真实性、品种纯度、特定特性检测；四是卫生质量，采用种子健康等项目的检测结果来衡量。目前我国开展最普遍的主要还是净度、水分、发芽率和品种纯度等特性的检测。

种子质量检验是对种子或相关服务的一种或多种特性（水分、净度、发芽率、纯度等种子质量参数）进行测量、检查、试验、计量，并将这些特性（参数）与规定的要求进行比较以确定其符合性（是否符合要求）的活动。

二、种子检验的内容

种子检验就其内容而言，可分为扦样、检测和结果报告三部分。扦样是种子检验的第一步，由于种子检验是破坏性检验，不可能将整批种子全部进行检验，只能从种子批中随机抽取一小部分相当数量的有代表性的供检验用的样品。检测就是从具有代表性的供检样品中分取试样，按照规定的程序对包括水分、净度、发芽率、品种纯度等种子质量特性进行测定。种子检验必须按部就班根据种子检验规定的程序图进行操作，不能随意改变。种子检验程序可详见图 12－1。

三、扦样与分样

扦样是种子检验的重要环节，扦取的样品有无代表性，决定着种子检验结果是否有效。种子检验的结果能否最大限度地反映种子批或田块的真实质量状况，首先取决于扦样或取样的技术运用得是否正确，扦取样品的质量状况在大多程度上代表了种子批或田块的真实状况。因此在扦样或取样时必须严格遵守操作规程和技术要领。

（一）扦样概述

扦样是种子取样或抽样的名称，由于抽取种子样品通常采用扦样器取样，因而在种子检验上俗称为扦样。扦样是从大量的种子中，随机取得一个重量适当、有代表性的供检样品。此供检样品重量适当，与种子批有相同的组分，组分的比例与种子批组分比例相同。GB/T 3543.2—1995《农作物种子检验规程扦样》规定了扦样的具体方法。

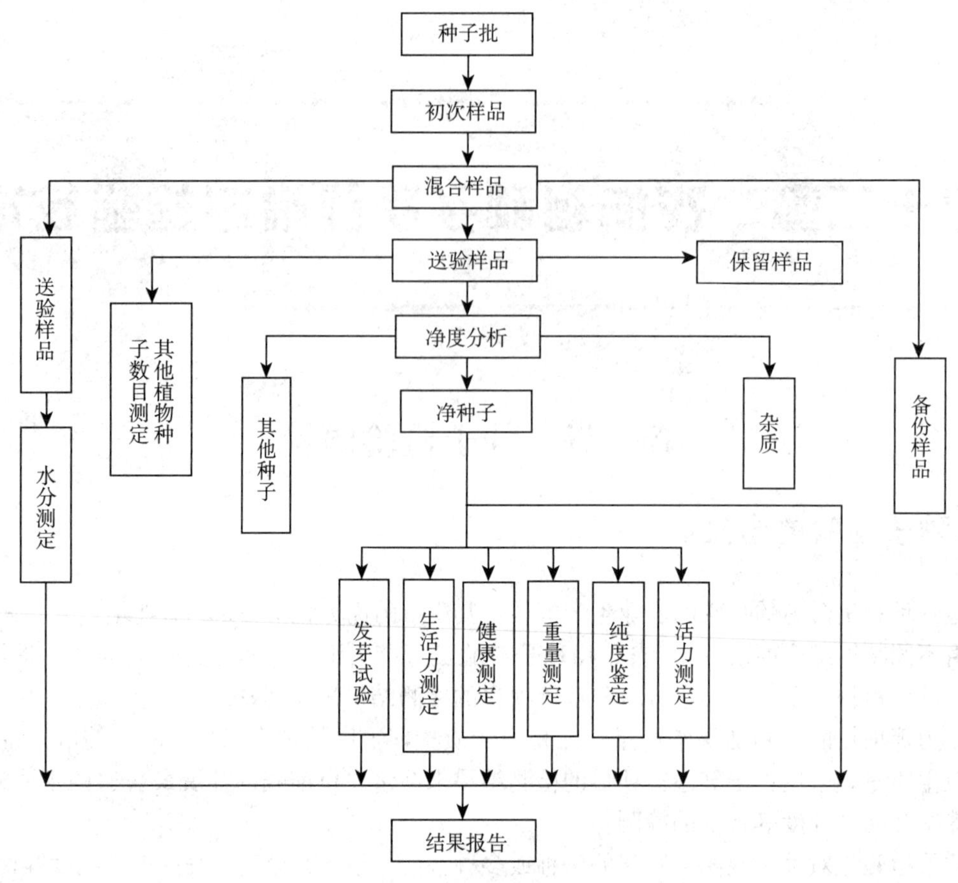

图 12-1　种子检验程序图

种子扦样是一个过程，由一系列步骤组成。首先从种子批中取得若干个初次样品，然后将全部初次样品混合成为混合样品，再从混合样品中分取送验样品，最后从送验样品中分取供某一检验项目测定的试验样品。

扦样过程涉及的有关样品的定义及相互关系如下：

初次样品是指对种子批的一次扦取操作中所获得的一部分种子。

混合样品是指由种子批内所扦取的全部初次样品合并混合而成的样品。

次级样品是指通过分样所获得的部分样品。

送验样品是指送达检验室的样品，该样品可以是整个混合样品或是从其中分取的一个次级样品。送验样品可再分成由不同材料包装以满足特定检验（如水分或发芽率）需要的次级样品。

备份样品是指从相同的混合样品中获得的用于送验的另外一个样品。

试验样品是指不低于检验规程中所规定重量的、供某一检验项目之用的样品，它可以是整个送验样品或是从其中分取的一个次级样品。

（二）扦样原则

1. 被扦种子批均匀一致

这是扦样的前提，只有当种子批中的种子质量足够均匀时，才有可能从中扦到有代表性的样品。

2. 按照预定的扦样方案采取适宜的扦样器和扦样技术扦取样品

检验规程对扦样方案所涉及的关键三要素即扦样频率、扦样点分布以及各个扦样点扦取相等种子数量作了明确规定。扦样时必须符合这些规定的要求，并选择适宜的扦样器具和扦样技术进行扦取。

3. 按照对分递减或随机抽取原则分取样品

分样时必须符合检验规程中规定的对分递减或随机抽取的原则和程序，并选择适宜的分样器具和分样技术分取样品。

4. 保证样品的可塑性和原始性

样品必须封缄与标识，能溯源到种子批，并在包装、运输、贮藏等过程中采取措施尽量保持其原有特性。

5. 扦样员应当经过培训

扦样应由受过专门培训与训练的扦样人员担任。

（三）扦样步骤

1. 准备器具

根据被扦作物种类、大小，准备扦样器、样品盛放容器、送验样品袋、供水分测定的样品容器、扦样单、标签、封签、粗天平、胶带等。

2. 检查种子批

在扦样前，扦样员应向被扦单位了解种子批的基本情况，并对被扦的种子批进行检查，确定是否符合规程的规定。

（1）**种子批大小。**检查种子批的袋数和每袋的重量，从而确定其总重量，再与表 12-1 所规定的重量（其容许差距为 5%）进行比较。如果种子批重量超过规定要求，应分批扦样。

表 12-1 农作物种子批的最大重量和样品最小重量

种（变种）名	学 名	种子批的最大重量，千克	样品最小重量，克		
			送验样品	净度分析试样	其他植物种子计数试样
1. 洋葱	*Allium cepa* L.	10 000	80	8	80
2. 葱	*Allium fistulosum* L.	10 000	50	5	50
3. 韭葱	*Allium porrum* L.	10 000	70	7	70
4. 细香葱	*Allium schoenoprasum* L.	10 000	30	3	30
5. 韭菜	*Allium tuberosum* Rottl. ex Spreng.	10 000	100	10	100
6. 苋菜	*Amaranthus tricolor* L.	5 000	10	2	10
7. 芹菜	*Apium graveolens* L.	10 000	25	1	10
8. 根芹菜	*Apium graveolens* L. var. *rapaceum* DC.	10 000	25	1	10
9. 花生	*Arachis hypogaea* L.	25 000	1 000	1 000	1 000
10. 牛蒡	*Arctium lappa* L.	10 000	50	5	50
11. 石刁柏	*Asparagus officinalis* L.	20 000	1 000	100	1 000
12. 紫云英	*Astragalus sinicus* L.	10 000	70	7	70
13. 裸燕麦（莜麦）	*Avena nuda* L.	25 000	1 000	120	1 000
14. 普通燕麦	*Avena sativa* L.	25 000	1 000	120	1 000
15. 落葵	*Basella* spp. L.	10 000	200	60	200
16. 冬瓜	*Benincasa hispida* （Thunb.） Cogn.	10 000	200	100	200
17. 节瓜	*Benincasa hispida* Cogn. var. *chieh-qua* How.	10 000	200	100	200
18. 甜菜	*Beta vulgaris* L.	20 000	500	50	500
19. 叶甜菜	*Beta vulgaris* var. *cicla*	20 000	500	50	500
20. 根甜菜	*Beta vulgaris* var. *rapacea*	20 000	500	50	500
21. 白菜型油菜	*Brassica campestris* L.	10 000	100	10	100
22. 不结球白菜（包括白菜、乌塌菜、紫菜薹、薹菜、菜薹）	*Brassica campestris L.* ssp. *chinensis* （L.）	10 000	100	10	100

（续）

种（变种）名	学名	种子批的最大重量，千克	样品最小重量，克		
			送验样品	净度分析试样	其他植物种子计数试样
23. 芥菜型油菜	*Brassica juncea* Czern. et Coss.	10 000	40	4	40
24. 根用芥菜	*Brassica juncea* Coss. *var. megarrhiza Tsen* et Lee	10 000	100	10	100
25. 叶用芥菜	*Brassica juncea* Coss. var. *foliosa* Bailey	10 000	40	4	40
26. 茎用芥菜	*Brassica juncea* Coss. var. *tsatsai* Mao	10 000	40	4	40
27. 甘蓝型油菜	*Brassica napus* L. ssp. *pekinensis*（Lour.）Olsson	10 000	100	10	100
28. 芥蓝	*Brassica oleracea* L. var. *alboglabra* Bailey	10 000	100	10	100
29. 结球甘蓝	*Brassica oleracea* L. var. *capitata* L.	10 000	100	10	100
30. 球茎甘蓝（苤蓝）	*Brassica oleracea* L. var. *caulorapa* DC.	10 000	100	10	100
31. 花椰菜	*Brassica oleracea* L. var. *bortytis* L.	10 000	100	10	100
32. 抱子甘蓝	*Brassica oleracea* L. var. *gemmifera* Zenk.	10 000	100	10	100
33. 青花菜	*Brassica oleracea* L. var. *italica* Plench	10 000	100	10	100
34. 结球白菜	*Brassica campestris* L. ssp. *pekinensis*（Lour.）Olsson	10 000	100	4	40
35. 芜菁	*Brassica rapa* L.	10 000	70	7	70
36. 芜菁甘蓝	*Brassica napobrassica* Mill.	10 000	70	7	70
37. 木豆	*Cajanus cajan*（L.）Mill sp.	20 000	1 000	300	1 000
38. 大刀豆	*Canavalia gladiata*（Jacq.）DC.	20 000	1 000	1 000	1 000
39. 大麻	*Cannabis sativa* L.	10 000	600	60	600
40. 辣椒	*Capsicum frutescens* L.	10 000	150	15	150
41. 甜椒	*Capsicum frutescens* var. *grossum*	10 000	150	15	150
42. 红花	*Carthamus tinctorius* L.	25 000	900	90	900
43. 茼蒿	*Chrysanthemum coronarium* var. *spatisum*	5 000	30	8	30
44. 西瓜	*Citrullus lanatus*（Thunb.）Matsum. et Nakai	20 000	1 000	250	1 000
45. 薏苡	*Coix lacryna-jobi* L.	5 000	600	150	600
46. 圆果黄麻	*Corchorus capsularis* L.	10 000	150	15	150
47. 长果黄麻	*Corchorus olitorius* L.	10 000	150	15	150
48. 芫荽	*Coriandrum sativum* L.	10 000	400	40	400
49. 柽麻	*Crotalaria juncea* L.	10 000	700	70	700
50. 甜瓜	*Cucumis melo* L.	10 000	150	70	150
51. 越瓜	*Cucumis melo* L. var. *conomon* Makino	10 000	150	70	150
52. 菜瓜	*Cucumis melo* L. var. *flexuosus* Naud.	10 000	150	70	150
53. 黄瓜	*Cucumis sativus* L.	10 000	150	70	150
54. 笋瓜（印度南瓜）	*Cucurbita maxima* Duch. ex Lam	20 000	1 000	700	1 000

（续）

种（变种）名	学　　名	种子批的最大重量，千克	样品最小重量，克		
			送验样品	净度分析试样	其他植物种子计数试样
55. 南瓜（中国南瓜）	*Cucurbita moschata* (Duchesne) Duchesne ex Poiret	10 000	350	180	350
56. 西葫芦（美洲南瓜）	*Cucurbita pepo* L.	20 000	1 000	700	1 000
57. 瓜尔豆	*Cyamopsis tetragonoloba*（L.）Taubert	20 000	1 000	100	1 000
58. 胡萝卜	*Daucus carota* L.	10 000	30	3	30
59. 扁豆	*Dolichos lablab* L.	20 000	1 000	600	1 000
60. 龙爪稷	*Eleusine coracana*（L.）Gaertn.	10 000	60	6	60
61. 甜荞	*Fagopyrum esculentum* Moench	10 000	600	60	600
62. 苦荞	*Fagopyrum tataricum*（L.）Gaertn.	10 000	500	50	500
63. 茴香	*Foeniculum vulgare* Miller	10 000	180	18	180
64. 大豆	*Glycine max*（L.）Merr.	25 000	1 000	500	1 000
65. 棉花	*Gossypium* spp.	25 000	1 000	350	1 000
66. 向日葵	*Helianthus annuus* L.	25 000	1 000	200	1 000
67. 红麻	*Hibiscus cannabinus* L.	10 000	700	70	700
68. 黄秋葵	*Hibiscus esculentus* L.	20 000	1 000	140	1 000
69. 大麦	*Hordeum vulgare* L.	25 000	1 000	120	1 000
70. 蕹菜	*Ipomoea aquatica* Forsskal	20 000	1 000	100	1 000
71. 莴苣	*Lactuca sativa* L.	10 000	30	3	30
72. 瓠瓜	*Lagenaria siceraria*（Molina）Standley	20 000	1 000	500	1 000
73. 兵豆（小扁豆）	*Lens culinaris* Medikus	10 000	600	60	600
74. 亚麻	*Linum usitatissimum* L.	10 000	150	15	150
75. 棱角丝瓜	*Luffa acutangula*（L）. Roxb.	20 000	1 000	400	1 000
76. 普通丝瓜	*Luffa cylindrica*（L.）Roem.	20 000	1 000	250	1 000
77. 番茄	*Lycopersicon lycopersicum*（L.）Karsten	10 000	15	7	15
78. 金花菜	*Medicago polymorpha* L.	10 000	70	7	70
79. 紫花苜蓿	*Medicago sativa* L.	10 000	50	5	50
80. 白香草木樨	*Melilotus albus* Desr.	10 000	50	5	50
81. 黄香草木樨	*Melilotus officinalis*（L.）Pallas	10 000	50	5	50
82. 苦瓜	*Momordica charantia* L.	20 000	1 000	450	1 000
83. 豆瓣菜	*Nasturtium officinale* R. Br.	10 000	25	0.5	5
84. 烟草	*Nicotiana tabacum* L.	10 000	25	0.5	5
85. 罗勒	*Ocimum basilicum* L.	10 000	40	4	40
86. 稻	*Oryza sativa* L.	25 000	400	40	400
87. 豆薯	*Pachyrhizus erosus*（L.）Urban	20 000	1 000	250	1 000
88. 黍（糜子）	*Panicum miliaceum* L.	10 000	150	15	150
89. 美洲防风	*Pastinaca sativa* L.	10 000	100	10	100
90. 香芹	*Petroselinum crispum* (Miller) Nyman ex A. W. Hill	10 000	40	4	40

（续）

种（变种）名	学　名	种子批的最大重量，千克	样品最小重量，克		
			送验样品	净度分析试样	其他植物种子计数试样
91. 多花菜豆	*Phaseolus multiflorus* Willd.	20 000	1 000	1 000	1 000
92. 利马豆（莱豆）	*Phaseolus lunatus* L.	20 000	1 000	1 000	1 000
93. 菜豆	*Phaseolus vulgaris* L.	25 000	1 000	700	1 000
94. 酸浆	*Physalis pubescens* L.	10 000	25	2	20
95. 茴芹	*Pimpinella anisum* L.	10 000	70	7	70
96. 豌豆	*Pisum sativum* L.	25 000	1 000	900	1 000
97. 马齿苋	*Portulaca oleracea* L.	10 000	25	0.5	5
98. 四棱豆	*Psophocarpus tetragonolobus*（L.）DC.	25 000	1 000	1 000	1 000
99. 萝卜	*Raphanus sativus* L.	10 000	300	30	300
100. 食用大黄	*Rheum rhaponticum* L.	10 000	450	45	450
101. 蓖麻	*Ricinus communis* L.	20 000	1 000	500	1 000
102. 鸦葱	*Scorzonera hispanica* L.	10 000	300	30	300
103. 黑麦	*Secale cereale* L.	25 000	1 000	120	1 000
104. 佛手瓜	*Sechium edule*（Jacp.）Swartz	20 000	1 000	1 000	1 000
105. 芝麻	*Sesamum indicum* L.	10 000	70	7	70
106. 田菁	*Sesbania cannabina*（Retz.）Pers.	10 000	90	9	90
107. 粟	*Setaria italica*（L.）Beauv.	10 000	90	9	90
108. 茄子	*Solanum melongena* L.	10 000	150	15	150
109. 高粱	*Sorghum bicolor*（L.）Moench	10 000	900	90	900
110. 菠菜	*Spinacia oleracea* L.	10 000	250	25	250
111. 黎豆	*Stizolobium* ssp.	20 000	1 000	250	1 000
112. 番杏	*Tetragonia tetragonioides*（Pallas）Kuntze	20 000	1 000	200	1 000
113. 婆罗门参	*Tragopogon porrifolius* L.	10 000	400	40	400
114. 小黑麦	*X Triticosecale* Wittm.	25 000	1 000	120	1 000
115. 小麦	*Triticum aestivum* L.	25 000	1 000	120	1 000
116. 蚕豆	*Vicia faba* L.	25 000	1 000	1 000	1 000
117. 箭舌豌豆	*Vicia sativa* L.	25 000	1 000	140	1 000
118. 毛叶苕子	*Vicia villosa* Roth	20 000	1 080	140	1 080
119. 赤豆	*Vigna angularis*（Willd）Ohwi & Ohashi	20 000	1 000	250	1 000
120. 绿豆	*Vigna radiata*（L.）Wilczek	20 000	1 000	120	1 000
121. 饭豆	*Vigna umbellata*（Thunb.）Ohwi & Ohashi	20 000	1 000	250	1 000
122. 长豇豆	*Vigna unguiculata* W. ssp. *sesquipedalis*（L.）Verd.	20 000	1 000	400	1 000
123. 矮豇豆	*Vigna unguiculata* W. ssp. *unguiculata*（L.）Verd.	20 000	1 000	400	1 000
124. 玉米	*Zea mays* L.	40 000	1 000	900	1 000

（2）**种子批处于便于扦样状况。**被扦的种子批的堆放应便于扦样，扦样人员至少能靠近种子批堆放的两个面进行扦样。如果达不到这一要求，必须要求移动种子袋。

（3）**检查种子袋的封口和标识。**所有盛装的种子袋必须封口，并有一个相同的批号或编码的标签，此标识必须记录在扦样单或样品袋上。

（4）**检查种子批均匀度。**确信种子批已进行适当混合、掺匀和加工，尽可能达到均匀一致。不能有异质性的文件记录或其他迹象。如发生怀疑，可按规定的异质性测定方法进行测定。如果种子批的异质性明显到扦样时能看出袋间或初次样品的差异时，则应拒绝扦样。

3. 确定扦样频率

扦取初次样品的频率（通常称为点数）要根据扦样容器（袋）的大小和类型而定，主要有以下几种情况：

（1）**袋装种子。**《农作物种子检验规程》所述的袋装种子是指在一定量值范围内的定量包装，其质量的量值范围规定在15～100千克（含100千克），超过这个量值范围不是《农作物种子检验规程》所述的袋装种子，这一点必须引起注意，不是指凡是用袋进行包装就是袋装。对于袋装种子，可依据种子批袋数的多少确定扦样袋数，表12－2规定的扦样频率应作为最低要求。在实践中，通常扦样前先了解被扦种子批的总袋数，然后按表12－2规定确定至少应扦取的袋数。

表12－2　袋装种子的最低扦样频率

种子批的袋（容器）数	扦样的最低袋（容器）数
1～5	每袋都扦取，至少扦取5个初次样品
6～14	不少于5袋
15～30	每3袋至少扦取1袋
31～49	不少于10袋
50～400	每5袋至少扦取1袋
401～560	不少于80袋
561以上	每7袋至少扦取1袋

（2）**小包装种子。**《农作物种子检验规程》所述的小包装种子是指在一定量值范围内装在小容器（金属罐、纸盒或小包装）中的定量包装，其质量的量值范围规定等于或小于15千克。

对于小包装种子扦样应以100千克种子作为扦样的基本单位。小容器合并组成基本单位，如小容器为5千克，则20个小容器为一个基本单位；小容器为3千克，则33个小容器为一基本单位；并按表12－1规定进行扦样。

对于具有密封的小包装（如瓜菜种子），这些小包装种子重量只有200克、100克和50克或更小的，则可直接取一小包装袋作为初次样品，并根据表12－1规定所需的送验样品数量来确定袋数，随机从种子批中抽取。

（3）**散装种子或种子流。**《农作物种子检验规程》所述的散装种子，是指大于100千克容器的种子批（如集装箱）或正在装入容器的种子流，与日常生活中所述的散装种子是有所不同的，因为这里的散装必须满足前面扦样条件所述的种子批和容器的封缄与标识的要求。

对于散装种子，应根据散装种子数量，确定扦样点数，表12－3规定的散装种子扦样点数应作为最低要求。散装种子扦样应随机从各部位及深度扦取初次样品。各个部位扦取的数量应大致相同。

表12－3　散装种子的扦样点数

种子批大小，千克	扦样点数
50以下	不少于3点
51～1 500	不少于5点
1 501～3 000	每300千克至少扦取1点

（续）

种子批大小，千克	扦样点数
3 001～5 000	不少于 10 点
5 001～20 000	每 500 千克至少扦取 1 点
20 001～28 000	不少于 40 点
28 001～40 000	每 700 千克至少扦取 1 点

4. 选择扦样方法和扦样工具扦取初次样品

根据种子种类、包装的容器选择适宜的方法和扦样器扦取初次样品。

（1）**配置混合样品。**将扦取的初次样品放入样品盛放器中（不能把样品袋套在扦样器上让种子自流），组成混合样品。

（2）**送验样品的制备和处理。**送验样品是在混合样品的基础上配置的。当混合样品的数量与送验样品规定的数量相等时，即可将混合样品作为送验样品。当混合样品数量较多时，即可从中分取出规定数量的送验样品。

（3）**送验样品的重量。**送验样品的数量因检验项目需要数量不同而异，在 GB/T 3543.2—1995《农作物种子检验规程扦样》中，将其分为下列三类：①水分测定，需磨碎的种类为 100 克，不需磨碎的为 50 克。②品种纯度鉴定，按 GB/T 3543.5—1995《农作物种子检验规程真实性与品种纯度鉴定》的规定。③其他项目测定，包括净度分析、其他植物种子数、及采用净度分析后净种子作为试样的发芽试验、生活力测定、重量测定、种子健康测定等，其送验样品数量按表 12－1 第 4 纵栏规定。当送验样品小于规定重量时，通知扦样员按照程序补扦后，再进行分析。对某些较为昂贵或稀有品种、杂交种可以例外，允许较少数量的送验样品，但至少达到表 12－1 第 5 纵栏净度分析试验样品的规定重量，并在检验报告上加以说明。

（4）**送验样品的分取。**通常在仓库或现场分取送验样品，当仓库或现场没有分样器具或条件不具备时，也可将混合样品带入种子检验室进行分样。常用的分样方法有机械分取法及徒手减半分取法。

机械分取法：试验样品的分取采用多次对分法从充分混合的送验样品中分取。分取备份样品时，须独立分取。先将送验样品一分为二，先取其中一半进行数次对分，知道所需的半试样的重量；然后将另一半继续用上法进行分样，取得第二份半试样。

徒手减半分取法：机械分样器不适宜于有稃壳的种子的分样，相反，用徒手减半分取法却能获得满意的结果。首先将种子均匀地倒在一个光滑清洁的平面上；其次用平边刮板将种子充分混匀形成一堆；然后将整堆种子分成两半，每半再对分一次，这样得到四个部分，把其中每一部分再减半分成八份，排成两行，每行四个部分；合并和保留交错部分（图 12－2）；最后将保留的部分，按上述步骤重复分样，直至分得所需的样品重量为止；

图 12－2　徒手减半分取法示意

（5）**送验样品的处理。**供净度分析等检测项目的送验样品应装入纸袋或布袋，贴好标签，封口。对于供水分测定的样品，应将其装入防湿密封容器中（如密封的塑料袋中）。送验样品应由扦样员尽快送往种子检验室进行检测，不得延误。

（6）**填写扦样单。**扦样单的内容应包括：扦样员签名、扦样员证号；被扦单位的名称和地址；扦样日期；批号或标签号；种和品种名称；种子批重量；容器（袋）数量和种类；检测项目及依据标准；有关影响检测结果的扦样环境条件的说明；被扦样单位提供的其他信息。

第二节 室内检验

一、净度分析

(一) 概述

种子净度是指种子清洁、干净的程度，是指测定供检样品中净种子、其他植物种子和杂质的比例及特性。

净度分析是测定供检种子样品中净种子、其他植物种子、杂质三种成分重量百分率，并鉴定样品混合物的特性。

净种子是指被检样品所指明的种，(包括该种的全部植物学变种或栽培种) 符合 GB/T 3543.3—1995 中附录 A 要求的种子单位或构造。下列构造凡能明确地鉴别出他们是属于所分析的种，即使是未成熟的、瘦小的、皱缩的、带病的或发过芽的种子单位都应作为净种子。

1. 完整的种子单位

(1) 大麻属 (*Cannabis*)、茼蒿属 (*Chrysanthemum*)、菠菜属 (*Spinacia*)。瘦果，但明显没有种子的除外。超过原来大小一半的破损瘦果，但明显没有种子的除外。果皮或种皮部分或全部脱落的种子。超过原来大小一半，果皮或种皮部分或全部脱落的破损种子。

(2) 荞麦属 (*Fagopyrum*)、大黄属 (*Rheum*)。有或无花被的瘦果，但明显没有种子的除外。超过原来大小一半的破损瘦果，但明显没有种子的除外。果皮或种皮部分或全部脱落的种子。超过原来大小一半，果皮或种皮部分或全部脱落的破损种子。

(3) 红花属 (*Carthamus*)、向日葵属 (*Helianthus*)、莴苣属 (*Lactuca*)、雅葱属 (*Scorzonera*)、婆罗门参属 (*Tragopogon*)。有或无喙 (冠毛或喙和冠毛) 的瘦果 (向日葵属仅指有或无冠毛)，但明显没有种子的除外。超过原来大小一半的破损瘦果，但明显没有种子的除外。果皮或种皮部分或全部脱落的种子。超过原来大小一半，果皮或种皮部分或全部脱落的破损种子。

(4) 葱属 (*Allium*)、苋属 (*Amaranthus*)、花生属 (*Arachis*)、石刁柏属 (*Asparagus*)、黄芪属 (紫云英属) (*Astragalus*)、冬瓜属 (*Benincasa*)、芸苔属 (*Brassica*)、木豆属 (*Cajanus*)、刀豆属 (*Canavalia*)、辣椒属 (*Capsicum*)、西瓜属 (*Citrullus*)、黄麻属 (*Corchorus*)、猪屎豆属 (*Crotalaria*)、甜瓜属 (*Cucumis*)、南瓜属 (*Cucubita*)、扁豆属 (*Dolichos*)、大豆属 (*Glycine*)、木槿属 (*Hibiscus*)、甘薯属 (*Ipomoea*)、葫芦属 (*Lagenaria*)、亚麻属 (*Linum*)、丝瓜属 (*Luffa*)、番茄属 (*Lycopersicon*)、苜蓿属 (*Medicago*)、草木樨属 (*Melilotus*)、苦瓜属 (*Momordica*)、豆瓣菜属 (*Nastartium*)、烟草属 (*Nicotiana*)、菜豆属 (*Phaseolus*)、酸浆属 (*Physalis*)、豌豆属 (*Pisum*)、马齿苋属 (*Portulaca*)、萝卜属 (*Raphanus*)、芝麻属 (*Sesamum*)、田菁属 (*Sesbania*)、茄属 (*Solanum*)、巢菜属 (*Vicia*)、豇豆属 (*Vigna*)。有或无种皮的种子。超过原来大小一半，有或无种皮的破损种子。豆科、十字花科，其种皮完全脱落的种子单位应列为杂质。即使有胚中轴、超过原来大小一半以上的附属种皮，豆科种子单位的分离子叶也列为杂质。

(5) 棉属 (*Gossypium*)。有或无种皮、有或无绒毛的种子。超过原来大小一半，有或无种皮的破损种子。

(6) 蓖麻属 (*Ricimus*)。有或无种皮、有或无种阜的种子。超过原来大小一半，有或无种皮的破损种子。

(7) 芹属 (*Apium*)、芫荽属 (*Coriandrum*)、胡萝卜属 (*Daucus*)、茴香属 (*Foeniculum*)、欧防风属 (*Pastinaca*)、欧芹属 (*Petroselinum*)、茴芹属 (*Pimpinella*)。有或无花梗的分果或分果片，但明显没有种子的除外。超过原来大小一半的破损分果片，但明显没有种子的除外。果皮部分或全部脱落的种子。超过原来大小一半，果皮部分或全部脱落的破损种子。

(8) 大麦属 (*Hordeum*)。有内外稃包着颖果的小花，当芒长超过小花长度时，须将芒除去。超过原来大小一半，含有颖果的破损小花。颖果。超过原来大小一半的破损颖果。

(9) 黍属 (*Panicum*)、狗尾草属 (*Setaria*)。有颖片、内外稃包着颖果的小穗，并附有不孕外稃。有内外稃包着颖果的小花。颖果。超过原来大小一半的破损颖果。

(10) 稻属 (*Oryza*)。有颖片、内外稃包着颖果的小穗，当芒长超过小花长度时，须将芒除去。有或无不孕外稃、有内外稃包着颖果的小花，当芒长超过小花长度时，须将芒除去。有内外稃包着颖果的小花，当芒长超过小花长度时，须将芒除去。颖果。超过原来大小一半的破损颖果。

(11) 黑麦属 (*Secale*)、小麦属 (*Triticum*)、小黑麦属 (*Triticosecale*)、玉米属 (*Zea*)。颖果。超过原来大小一半的破损颖果。

(12) 燕麦属 (*Avena*)。有内外稃包着颖果的小穗，有或无芒，可附有不育小花。有内外稃包着颖果的小花，有或无芒。颖果。超过原来大小一半的破损颖果。(注：①由两个可育小花构成的小穗，要把它们分开。②当外部不育小花的外稃部分地包着内部可育小花时，这样的单位不必分开。③从着生点除去小柄。④把仅含有子房的单个小花列为杂质。)

(13) 高粱属 (*Sorghum*)。有颖片、透明状的外稃或内稃 (内外稃也可缺乏) 包着颖果的小穗，有穗轴节片、花梗、芒，附有不育或可育小花。有内外稃的小花，有或无芒。颖果。超过原来大小一半的破损颖果。

(14) 甜菜属 (*Beta*)。复胚种子：用筛孔为1.5毫米×20毫米的200毫米×300毫米的长方形筛子筛理1分钟后留在筛上的种球或破损种球 (包括从种球突出程度不超过种球宽度的附着断柄)，不管其中有无种子。遗传单胚：种球或破损种球 (包括从种球突出程度不超过种球宽度的附着断柄)，但明显没有种子的除外。果皮或种皮部分或全部脱落的种子。超过原来大小一半，果皮或种皮部分或全部脱落的破损种子。

(注：当断柄突出长度超过种球的宽度时，须将整个断柄除去。)

(15) 薏苡属 (*Coix*)。包在珠状小总苞中的小穗 (一个可育，两个不育)。颖果。超过原来大小一半的破损颖果。

(注：可育小穗由颖片、内外稃包着的颖果、并附有不孕外稃所组成。)

(16) 罗勒属 (*Ocimum*)。小坚果，但明显无种子的除外。超过原来大小一半的破损小坚果，但明显无种子的除外。果皮或种皮部分或完全脱落的种子。超过原来大小一半，果皮或种皮部分或完全脱落的破损种子。

(17) 番杏属 (*Tetragonia*)。包有花被的类似坚果的果实，但明显无种子的除外。超过原来大小一半的破损果实，但明显无种子的除外。果皮或种皮部分或完全脱落的种子。超过原来大小一半，果皮或种皮部分或完全脱落的破损种子。

2. 大于原来大小一半的破损种子单位

其他植物种子是指净种子以外的任何其他植物种类的种子单位 (包括杂草种子和异作物种子)。

杂质是指除净种子和其他作物种子以外的所有种子单位、其他物质及构造，如泥沙、空小花等。

净度分析主要涉及感量为0.1克、0.01克、0.001克、0.000 1克的天平、放大镜。

(二) 净度分析步骤

1. 重型混杂物检查

在送验样品 (或至少是净度分析试验重量的10倍) 中，若有与供检种子在大小或重量上明显不同且严重影响结果的混杂物，如土块、小石或小粒子种子中混有大粒子种子等，应先挑出这些重型混杂物并称重，再将重型混杂物分为其他植物种子和杂质。

2. 试验样品的分取

净度分析所用的试样应按规定方法 (分样器或徒手) 从送验样品中独立分取。试样应至少含有2 500个种子单位的重量或不少于表12-1规定的重量。净度分析可用规定重量的一份试样 (全试样)，或两份半试样 (试样重量的一半) 进行分析。试样必须称重，以克表示，精确至表12-4所规定的小数位数，以满足计算各种组分百分率达到一位小数的要求。

表 12-4 称重与小数位数

试样或半试样及其组分重量，克	称重至下列小数位数
1.000 以下	4
1.000～9.999	3
10.00～99.99	2
100.0～999.9	1
1 000 或 1 000 以上	0

注：此表适于试样各组分的称重。

3. 试样的分离、鉴定和称量

试样称重后，通常是采用人工分析进行分离和鉴定。对样品仔细分析，将净种子、其他植物种子、杂质分别放入相应的容器。分离时可借助于放大镜、筛子、吹风机等器具或用镊子施压，在不损伤发芽力的基础上进行检查，必须根据种子的明显特征，对样品中的各个种子单位进行仔细检查分析，并依据形态学特征、种子标本等加以鉴定。对于瘦果、分果、分过爿等果实和种子（禾本科除外），只从表面加以检查，不用压力、放大镜、透视仪或其他特殊的仪器。从表面发现其中明显无种子的，则把它列入杂质。

对于种皮或果皮没有明显损伤的种子单位，不管是空瘪或充实，均作为净种子或其他植物种子；若种皮或果皮有一个裂口，检验员必须判断留下的种子单位部分是否超过原来大小的一半，如不能迅速地作出这种决定，则将种子单位列为净种子或其他植物种子。

4. 结果计算和数据处理

分离后各成分分别称重，以克表示，称量精确度与试样称重时相同。将各组分重量之和与原试样重量进行比较，核对分析期间物质有无增失，如果增失超过原试样重量的 5%，必须重做；如增失小于原试样重量的 5%，则计算各组分百分率。各组分百分率的计算应以分析后各种组分的重量之和为分母，而不用试样原来的重量。若分析的是全试样，各组分重量百分率应计算到一位小数；若分析的是半试样，各组分的重量百分率应计算到二位小数。

送验样品有重型混杂物时，最后净度分析结果应按如下公式计算：

净种子： $P_2(\%) = P_1 \times [(M-m)/M] \times 100\%$

其他植物种子： $OS_2(\%) = OS_1 \times [(M-m)/M] + (m_1/M) \times 100\%$

杂质： $I_2(\%) = I_1 \times [(M-m)/M] + (m_2/M) \times 100\%$

式中：M——送验样品的重量(克)；

m——重型混杂物的重量(克)；

m_1——重型混杂物中的其他植物种子重量(克)；

m_2——重型混杂物中的杂质重量(克)；

P_1——除去重型混杂物后的净种子重量百分率；

I_1——除去重型混杂物后的杂质重量百分率；

OS_1——除去重型混杂物后的其他植物种子重量百分率。

最后应检查：$(P_2 + I_2 + OS_2)\% = 100.0\%$。

5. 容许误差分析

如果分析两份半试样，分析后任一成分的相差不得超过表 12-5 所示的重复分析间的容许差距。若所有成分的实际差距都在容许范围内，则计算每一成分的平均值。如实际差距超过容许范围，则下列程序进行：①再重新分析成对样品，直到一对数值在容许范围内为止（但全部分析不必超过四对）；②凡一对间的相差超过容许差距两倍时，均略去不计；③各种成分百分率的最后记录，应从全部保留的几对加权平均数计算。

如果在某种情况下有必要分析第二份试样时，那么两份试样各成分实际的差距不得超过表 12－5 中所示的容许差距。若所有成分都在容许范围内，则取其平均值；若超过，则再分析一份试样；若分析后的最高值和最低值差异没有大于容许误差两倍时，则填报三者的平均值。如果其中的一次或几次显然是由于差错造成的，那么该结果须去除。

表 12－5　净度分析中同一实验室内同一送验样品净度分析的容许差距

（5％显著水平的两尾测定）

两次分析结果平均		不同测定之间的容许差距			
		半试样		试样	
50％以上	50％以下	无稃壳种子	有稃壳种子	无稃壳种子	有稃壳种子
99.95～100.00	0.00～0.04	0.20	0.23	0.1	0.2
99.90～99.94	0.05～0.09	0.33	0.34	0.2	0.2
99.85～99.89	0.10～0.14	0.40	0.42	0.3	0.3
99.80～99.84	0.15～0.19	0.47	0.49	0.3	0.4
99.75～99.79	0.20～0.24	0.51	0.55	0.4	0.4
99.70～99.74	0.25～0.29	0.55	0.59	0.4	0.4
99.65～99.69	0.30～0.34	0.61	0.65	0.4	0.5
99.60～99.64	0.35～0.39	0.65	0.69	0.5	0.5
99.55～99.59	0.40～0.44	0.68	0.74	0.5	0.5
99.50～99.54	0.45～0.49	0.72	0.76	0.5	0.5
99.40～99.49	0.50～0.59	0.76	0.80	0.5	0.6
99.30～99.39	0.60～0.69	0.83	0.89	0.6	0.6
99.20～99.29	0.70～0.79	0.89	0.95	0.6	0.7
99.10～99.19	0.80～0.89	0.95	1.00	0.7	0.7
99.00～99.09	0.90～0.99	1.00	1.06	0.7	0.8
98.75～98.99	1.00～1.24	1.07	1.15	0.8	0.8
98.50～98.74	1.25～1.49	1.19	1.26	0.8	0.9
99.25～98.49	1.50～1.74	1.29	1.37	0.9	1.0
98.00～98.24	1.75～1.99	1.37	1.47	1.0	1.0
97.75～97.99	2.00～2.24	1.44	1.54	1.0	1.1
97.50～97.74	2.25～2.49	1.53	1.63	1.1	1.2
97.25～97.49	2.50～2.74	1.60	1.70	1.1	1.2
97.00～97.24	2.75～2.99	1.67	1.78	1.2	1.3
96.50～96.99	3.00～3.49	1.77	1.88	1.3	1.3
96.00～96.49	3.50～3.99	1.88	1.99	1.3	1.4
95.50～95.99	4.00～4.49	1.99	2.12	1.4	1.5
95.00～95.49	4.50～4.99	2.09	2.22	1.5	1.6
94.00～94.99	5.00～5.99	2.25	2.38	1.6	1.7
93.00～93.99	6.00～6.99	2.43	2.56	1.7	1.8
92.00～92.99	7.00～7.99	2.59	2.73	1.8	1.9
91.00～91.99	8.00～8.99	2.74	2.90	1.9	2.1
90.00～90.99	9.00～9.99	2.88	3.04	2.0	2.2
88.00～89.99	10.00～11.99	3.08	3.25	2.2	2.3
86.00～87.99	12.00～13.99	3.31	4.49	2.3	2.5
84.00～85.99	14.00～15.99	3.52	3.71	2.5	2.6

（续）

两次分析结果平均		不同测定之间的容许差距			
		半试样		试样	
50%以上	50%以下	无稃壳种子	有稃壳种子	无稃壳种子	有稃壳种子
82.00～83.99	16.00～17.99	3.69	3.90	2.6	2.8
80.00～81.99	18.00～19.99	3.86	4.07	2.7	2.9
78.00～79.99	20.00～21.99	4.00	4.23	2.8	3.0
76.00～77.99	22.00～23.99	4.14	4.37	2.9	3.1
74.00～75.99	24.00～25.99	4.26	4.50	3.0	3.2
72.00～73.99	26.00～27.99	4.37	4.61	3.1	3.3
70.00～71.99	28.00～29.99	4.47	4.71	3.2	3.3
65.00～69.99	30.00～34.99	4.61	4.86	3.3	3.4
60.00～64.99	35.00～39.99	4.77	5.02	3.4	3.6
50.00～59.99	40.00～49.99	4.89	5.16	3.5	3.7

6. 修约与报告

3种成分的最终结果保留一位小数，其和为100.0%，小于0.05%的用“微量”表示，结果为零的用“—0.0—”表示。如果3种成分的和是99.9%或100.1%，从成分最大值即净种子部分增减0.1%。如果修约值大于0.1%，检查计算有无差错。净度分析的检测结果包括净种子、其他植物种子和杂质的3种成分的重量百分率。当测定某一类杂质或某一种其他植物种子的重量百分率达到或超过1.0%时，该种类应在结果报告中注明。

（三）其他植物种子测定

1. 概述

其他植物种子数目测定时测定样品中其他植物种子的数目或找出制定的其他植物种子。在国际贸易中主要用于测定有毒有害种子存在情况。

根据送验者的不同要求，其他植物种子数目的测定可采用完全检验、有限检验和简化检验。

完全检验：试验样品不得小于25 000个种子单位的重量或GB/T 3543.2表1所规定的重量。借助于放大镜、筛子和吹风机等器具，按GB/T 3543.2附录A（补充件）的规定逐粒进行分析鉴定，取出试样中所有的其他植物种子，并数出每个种的种子数。当发现有的种子不能准确确定所属种时，允许鉴定到属。

有限检验的检验方法同完全检验，但只限于从整个试验样品中找出送验者指定的其他植物种的种子。如送验者只要求检验是否存在指定的某些种，则发现一粒或数粒种子即可。

简化检验：如果送验者所指定的种难以鉴定时，可采用简化检验。简化检验是用规定试验样品重量的五分之一（最少量）对该种进行鉴定。简化检验的检验方法同完全检验。

2. 结果计算与表示

结果用实际测定试样中所发现的种子数表示。但通常折算为样品单位重量（每千克）所含的其他植物种子数，以便比较。

其他植物种子含量（粒/千克）=其他植物种子数/试验样品重量（克）×1 000

将测定种子的实际重量、学名和该重量中找到的各个种的种子数填写在结果报告单上，并注明完全检验、有限检验或简化检验。

二、水分测定

（一）概述

种子水分是指种子内自由水和束缚水的重量占种子原始重量的百分率。种子水分的高低，直接影响到种子的运输、安全贮藏和种子的寿命，是衡量种子质量的一项重要指标。各国在种子质量控制上都明确规定了各种正常型种子安全贮藏水分的最高限度。我国明确规定了禾谷类种子安全水分一般为12%～14%，油料类作物种子一般为9%～10%。种子水分测定就是对种子内的自由水和束缚水含量进行测定。

种子中的水分按其特性可分为自由水和束缚水两种。

自由水是生物化学的介质，存在于种子表面和细胞间隙内，具有一般水的特性，可作为溶剂，100℃沸点，0℃结冰，故很容易受外界环境条件的影响，容易蒸发。因此在种子水分测定前，往往采取一些措施尽量防止这种水分的丧失。如送检样品必须装在防湿容器中，并尽可能排除其中空气；样品接收后立即测定（如果样品接收当天不能测定，应将样品贮藏在4～5℃的冰箱中，不能在低于0℃的冰箱中贮存）；测定过程中的取样、磨碎、称重须操作迅速；避免蒸发（磨碎转速不能过快，磨碎种子这一过程所费的时间不得超过2分钟）；高水分种子的自由水含量更高，更易蒸发，需磨碎的高水分种子须用高水分预先烘干法烘干。

束缚水与种子内的亲水胶体如淀粉、蛋白质等物质中的化学基团牢固结合，水分子与这些胶体物质中的化学基团，如羧基、氨基与肽基等以氢键或氧桥等相连接。不能在细胞间隙中自由流动，不易受外界环境条件影响。种子烘干时，水分开始较快蒸发，这是由于自由水容易蒸发，随着烘干的进程，蒸发速度逐渐缓慢，这是由于束缚水被种子内胶体牢固结合，因此用烘干法设计水分测定程序时，应通过适当提高温度（如130℃）或延长烘干时间才能把这种水分蒸发出来。

种子中有些化合物，如糖类含有一定比例能形成水分的H和O元素。通常将种子有机物分解产生的水分称之为化合水或分解水。这不是真正意义上的水分。如果失掉这种水分，糖类就会分解变质。如用较高温度（130℃）烘干时间过长，或更高的温度（超过130℃），有可能使样品烘成焦，放出分解水，而使水分测定百分率偏高。

测定种子水分必须保证使种子中自由水和束缚水全部除去，同时要尽最大可能减少氧化、分解或其他挥发性物质的损失，尤其要注意烘干温度、种子磨碎和种子原始水分等因素的影响。

（二）种子水分测定方法

目前最常用的种子水分测定法是烘干减重法（包括烘箱法、红外线烘干法等）和电子水分仪速测法（包括电阻式、电容式和微波式水分速测仪）。一般正式报告需采用烘箱标准法进行种子水分测定，而在种子收购、调运、干燥加工等过程则采用电子水分仪速测法测定。

烘干减重法主要涉及电热干燥箱（最高工作温度≥150℃，温度偏差±2℃），粉碎机，干燥器，电子天平（感量0.001克）和样品盒（铝盒）。烘干减重法测定步骤如下：

1. 低恒温烘干法

低恒温烘干法是将样品放置在（103±2）℃的烘箱内烘干8小时，适用于芸薹属、辣椒属、棉属、大豆、向日葵、萝卜、亚麻、花生、葱、茄子等作物。该法必须在相对湿度70%以下的室内进行。

（1）**铝盒恒重**。在水分测定前，将铝盒（含盒盖）洗净后放置在130℃条件下烘干1小时，取出冷却后称重，再继续烘干30分钟，取出后冷却称重。如果两次烘干结果误差≤0.002克，取两次称量的平均值；否则继续烘干至恒重。

（2）**预热烘箱**。调好所需温度，使其稳定在（103±2）℃，如果环境温度较低时，也可适当预置稍高的温度。

（3）**样品制备**。水分送验样品必须装在一个完整的防湿容器中，并且尽可能排除其中空气。测定应尽可能在样品接收后立即开始，防止样品水分变化。将密封容器内的样品混匀，分别取出两个独立的试验样品15～25克于磨口瓶内，需要磨碎的样品按GB/T 3543.6—1995表1规定进行磨碎，磨碎后立即装入磨口瓶中备用。

（4）**称样烘干**。取2份样品（分别来自两个独立的试验样品），分别放入预先烘至恒重的烘盒内，在感量0.001克的天平上称取4.500～5.000克样品，盒盖套于盒底下，分别记录盒号、盒重和样品的重量，摊平样品，立即将烘盒放入预先已调好温度的烘箱内，关闭箱门。当箱内温度回升至（103±2)℃时开始计时，烘干 8 小时，取出铝盒，盖好盒盖，放在干燥器中冷却至室温，30～45 分钟后称重。

2. 高恒温烘干法

高恒温烘干法是将样品放置在 130～133℃的烘箱内烘干 1 小时，适用于玉米、芹菜、石刁柏、燕麦属、甜菜、西瓜、甜瓜属、南瓜属、胡萝卜、甜荞、苦荞、大麦、莴苣、番茄、苜蓿属、草木樨属、烟草、水稻、黍属、菜豆属、豌豆属、黑麦、狗尾草属、高粱属、菠菜、小麦属和巢菜属。其程序与低恒温烘干法相同。必须磨碎的种子种类及磨碎细度见表 12-1。此法是在较高的温度下，加速样品内的水分蒸发，在短时间内测得样品水分，因此使用时必须严格控制烘干的温度和时间。

3. 高水分预先烘干法

需要磨碎的种子，如果禾谷类种子水分超过 18%，豆类和油料作物水分超过 16%时，必须采用预先烘干法。具体步骤如下：

（1）称取两份样品各（25.00±0.02）克，置于直径大于 8 厘米的样品盒中，在（103±2)℃烘箱中预烘 30 分钟（油料种子在 70℃预烘 1 小时）。取出后放在室温冷却后称重。

（2）立即将这两个半干样品分别磨碎，并将磨碎物各取一份样品按低恒温烘干法或高恒温烘干法所规定的方法进行测定。

（三）结果计算与表示

根据烘后失去的重量计算种子水分百分率，按下述公式计算到小数点后一位：

$$种子水分(\%)=\frac{M_2-M_3}{M_2-M_1}\times 100\%$$

式中：M_1——样品盒和盖的重量（克）；

M_2——样品盒和盖及样品的烘前重量（克）；

M_3——样品盒和盖及样品的烘后重量（克）。

若用预先烘干法，可从第一次（预先烘干）和第二次烘干所得的水分结果换算样品的原始水分，按下述公式计算：

$$种子水分(\%)=S_1+S_2\frac{S_1\times S_2}{100}$$

式中：S_1——第一次整粒种子烘后失去的水分；

S_2——第二次磨碎种子烘后失去的水分。

若一个样品的两次测定之间的差距不超过 0.2%，其结果可用两次测定值的算术平均数表示。否则，重做两次测定。结果填报在检验结果报告单的规定空格中，精确度为 0.1%。

（四）水分快速测定方法

种子水分快速测定主要采用电子仪器，可分为三类，即电阻式、电容式和微波式。各种类型都有多种型号仪器，使用方法也各不相同。使用电子仪器法测定种子水分具有快速、简便的特点，尤其适于种子收购入库及贮藏期的一般性检查，可以减少大量的工作。但这类仪器的使用也有其局限性，应注意以下两点：第一，使用电子仪器测定水分前，必须和烘干减重法进行校对，以保证测定结果的正确性，并注意仪器性能的变化，及时校验。第二，样品中的各类杂质应先除去，样品水分不可超出仪器量程范围，测定时所用样品量需符合仪器说明要求。

三、发芽试验

（一）方法概述

发芽是指在实验室内幼苗出现和生长达到一定阶段，其主要构造表明在田间的适宜条件下能进一步生长成为正常的植株。发芽试验目前采用的方法主要有 GB/T 3543.4—1995《农作物种子检验规程发芽试验》。该方法采用幼苗鉴定，根据种的不同，分别从根系（13 种缺陷）、胚轴（11 种缺陷）、子叶（14 种缺陷）、初生叶（7 种缺陷）、顶芽及周围组织（4 种缺陷）、芽鞘和第一片叶（14 种缺陷）、整株幼苗（8 种缺陷）进行鉴定，只要被鉴定的幼苗存在着一种缺陷就归于不正常幼苗，全面考虑幼苗的主要构造，规定明确全面；同时该方法适用种类广，包括农作物、园艺作物、热带、亚热带花卉和药材等种子；并且该法与田间出苗率相关性较好。

发芽试验一是测定种子样品的最大发芽潜力，从而估测种子批田间播种价值。因而，要获得最大发芽潜力，必须了解种子特性（双子叶还是单子叶，有无休眠现象）和幼苗特性（出土型还是留土型），并给予最适宜的条件（最适宜的发芽床与培养温度等）进行培养，并据此检测结果来估测种子批的田间播种价值。二是比较不同种子批的种用价值。不同的种子批在同一条件下进行发芽试验，一般来说，发芽率高的种子批则具有较高的种用价值。

（二）发芽床

发芽床是供发芽测定的容器，由供给种子发芽水分和支撑幼苗生长的介质和盛放介质的发芽器皿构成。种子检验规程规定的发芽床主要有纸床、砂床和土壤发芽床等种类。各种发芽床都应具备保水、通气性好，无毒质，无病菌和具一定强度的基本要求。

1. 纸床

采用纸作为发芽介质是种子发芽试验中应用最多的一类发芽床。供作发芽床用的纸有专用发芽纸、滤纸等。一般来说，发芽纸应满足以下要求：持水力强、无毒质、无病菌、纸质韧性好。纸张的 pH 应在 6.0～7.5 范围内。纸床有如下使用方法：

（1）**纸上**（简称 TP）。纸上是指种子放在一层或多层纸上发芽，可以采用下列三种方法：在培养皿里垫上两层滤纸，发芽纸要充分吸湿，滤去多余水分，并用培养皿盖好或塑料袋罩好，然后放在发芽箱或发芽室内进行发芽试验；直接放在发芽箱的盘上，盘上有湿润的滤纸或脱脂棉，种子播在上面，发芽箱内的相对湿度尽可能接近饱和，以防干燥；放在雅克勃逊发芽器上，这种发芽器配有放置种子滤纸床的发芽盘。

（2）**纸间**（简称 BP）。纸间是指种子放在两层纸中间发芽，可采用下列两种方法：在培养皿里把种子均匀放置在湿润的发芽纸上，另外用一层发芽纸松松地盖在种子上；采用纸卷，把种子均匀置放在湿润的发芽纸上，再用一张同样大小的发芽纸覆盖在种子上，底部褶起 2 厘米，然后卷成纸卷，两端用橡皮筋扎住，竖放在培养皿或塑料筒里，套上透明塑料袋保湿，放在规定条件下发芽。有些种子可用短纸卷，直接放在塑料袋内包好放在发芽箱内发芽。

（3）**褶裥纸**（简称 PP）。把种子放在类似手风琴的具有 50 个褶裥的纸条内，通常每个褶裥放两粒种子，或者具有 10 个褶裥，每褶裥放 5 粒种子。将褶裥纸条放在盒内或直接放在湿型发芽箱内，并可用一张纸条盖在褶裥纸上面。规程规定使用 TP 或 BP 进行发芽的，可用这种方法代替。

2. 砂床

采用砂作为发芽介质是种子发芽试验中较为常用的一类发芽床。一般来说，用作发芽试验的沙粒应选用无任何化学药物污染的细砂，并在使用前作如下处理：洗涤，消毒，过筛，加水拌匀，调配适宜含水量。砂床的 pH 值应在 6.0～7.5 范围内。一般情况下，砂可重复使用。砂床使用方法有两种：

（1）**砂上**（简称 TS）。适用于小、中粒种子。将拌好的湿砂装入培养盒中至 2～3 厘米厚，再将种子压入砂表层，即砂上发芽；

（2）**砂中**（简称 S）。适用于中、大粒种子。将拌好的湿砂装入培养盒中至 2 ～4 厘米厚，播上种子，覆盖 1～2 厘米厚度（厚度取决于种子的大小）的松散湿砂，以防翘根。

当由于纸床污染，对已有病菌的种子样品鉴定困难时，可用砂床替代纸床。有时为了研究目的和证实有疑问的幼苗鉴定，也可采用砂床。

3. 土壤床

除了规程规定的使用土壤床外，当纸床或砂床上的幼苗出现中毒症状或是对幼苗鉴定发生怀疑时，或为了比较研究目的，可采用土壤床。

选用符合要求的土壤，经高温消毒后，加水调配适宜水分，然后再播种，并覆上疏松土层。

（三）主要仪器

1. 发芽箱和发芽室

发芽箱和发芽室是指为种子发芽提供适宜条件（即温、湿、光）的设备。发芽箱可分为两类：一类是干型，只控制温度不控制湿度，我国目前常用的发芽箱多数属于干型，可分为恒温和变温两种；另一类是湿型，既控制温度又控制湿度。在选用发芽箱时，应考虑以下因素：控温可靠、准确、稳定，箱内上、下各部位温度均匀一致；制冷、制热能力强，规程要求对于休眠种子要在 1 小时内实现变温转换；光照度至少达到 750～1 250 勒克斯；装配有风扇，通气良好，满足种子发芽对氧气的需要；操作简便等。

发芽室可以认为是一种改进的大型发芽箱，其构造原理与发芽箱相似，只不过是容器扩大，检验人员可以推着小车进出，两边置有发芽架。发芽室跟发芽箱一样，也有干型和湿型，干型发芽室放置的培养皿必须加盖保湿。

2. 发芽器皿

在发芽试验时，发芽床的介质还需用一定的培养皿来安放。培养皿要易清洗和易消毒，一般还需配有盖。可采用高度为 5～10 厘米的透明乙烯盒，其容积可因种子大小而异。如供禾谷类中粒种子发芽的容积为 10 厘米×10 厘米×5 厘米，大豆、玉米等大粒种子发芽则可用 15 厘米×20 厘米×8.5 厘米的容积。

（四）发芽条件

种子良好发芽需要有水分、温度、氧气和光照等条件。不同种类的种子由于起源和进化的生态环境不同，对发芽所要求的条件也有所差异。只有根据不同种类种子的发芽生理特性，满足最适宜的发芽条件，才能促进种子发芽和幼苗良好生长发育，获得准确可靠的发芽试验结果。

1. 水分和氧气

不同种类种子对水分的需求、氧气的需要量和敏感性有差异。有些种子，如烟草、西瓜、大豆、小麦、棉花、菠菜等种子对水分较敏感，水分多，则发芽差，甚至不发芽；而水稻、玉米种子对水分不太敏感；旱生的大粒种子，如大豆、玉米、棉花、花生等种子对氧气的要求较多；而水生的小、中粒种子则对氧气的要求较少。

发芽床上的水分和通气是一对矛盾，水分多就会在种子周围形成水膜，阻隔氧气进入种胚而影响发芽；种子发芽时，胚根伸长比胚芽伸长对氧气更为敏感。如果发芽床上水分多、氧气少，则长芽；反之，水少氧多则宜于长根。因此，应特别注意发芽床的水分适宜，防止水分过多或过少导致幼苗的不均衡生长，同时，在整个发芽试验过程中应注意保持各重复之间的水分和湿度的一致性，及时检查，喷水，否则会造成重复间有较大的差异，致使其结果超过容许差距的范围。

2. 温度

种子发芽通常有最低、最适和最高三种温度，并且随种、来源、品种而有所不同。在最低发芽温度条件下，种子能开始发芽，但十分缓慢，所需时间很长；在最高发芽温度条件下，由于酶活性等受到抑制，种子还能发芽，但产生畸形苗。因此，只有在最适宜温度下，种子才能有正常良好的发芽。表 12－6 中所列的发芽温度是经过世界上许多科学家的研究和实践证明的最适宜发芽温度。为使种子良好发芽，必须装备合适的发芽箱或发芽室，以满足各种种子发芽对温度的要求，发芽箱的温度在发芽期间应尽可能一致，温度变幅不应超过±2℃。变温是模拟种子发芽的自然环境。一般来说，变温有利于种子渗入氧气，促进酶活化，加速发芽。对于要求变温发芽的种子或新收获的休眠种子必须选用变温发芽。新收获的休眠种子对发芽温度要求特别严格，必须选用表 12－6 中几种恒温中的较低温度种类或变温。如洋葱种子发芽温度有 20℃、15℃，则应选用 15℃发芽。又如西瓜种子，规定温度有 20～30℃、30℃、25℃，应选用 20～30℃变温或 25℃恒温。陈种子，也以选用其中的变温或较低恒温发芽。

当规定用变温时，通常应保持低温 16 小时及高温 8 小时。

3. 光照

光照因种子种类不同而异，按种子发芽对光反应的不同可分为三类；一是需光型种子。发芽时必须有红光或白炽光，促使光敏色素转变为活化型，如茼蒿等。特别是这类新收获的休眠种子发芽时，必须给予光照。二是厌光型种子。发芽时必须黑暗，其光敏色素才能达到发芽水平，如黑种草种子。三是对光不敏感型种子。有光或无光下均能良好发芽，这类种子包括大多数大田作物和蔬菜种子。

大多数种子可在光照或黑暗条件下发芽，但最好采用光照。光照条件下培养发芽，利于抑制发芽过程中霉菌生长繁殖，并有利于正常幼苗的鉴定，区分黄化和白化的不正常幼苗。

光照度为 750～1 250 勒克斯，如在变温条件下发芽，光照应在 8 小时高温时进行。

表 12－6 农作物种子的发芽技术规定

种（变种）名	学　名	发芽床	温度，℃	初次计数，天	末次计数，天	附加说明，包括破除休眠的建议
1. 洋葱	*Allium cepa* L.	TP；BP；S	20；15	6	12	预先冷冻
2. 葱	*Allium fistulosum* L.	TP；BP；S	20；15	6	12	预先冷冻
3. 韭葱	*Alium porrum* L.	TP；BP；S	20；15	6	14	预先冷冻
4. 细香葱	*Allium schoenoprasum* L.	TP；BP；S	20；15	6	14	预先冷冻
5. 韭菜	*Allium tuberosum* Rottl. ex Spreng.	TP	20～30；20	6	14	预先冷冻
6. 苋菜	*Amaranthus tricolor* L.	TP	20～30；20	4～5	14	预先冷冻；KNO_3
7. 芹菜	*Apium graveolens* L.	TP	15～25；20；15	10	21	预先冷冻；
8. 根芹菜	*Apium graveolens* L. var. *rapaceum DC*	TP	15～25；20；15	10	21	预先冷冻；
9. 花生	*Arachis hypogaea* L.	BP；S	20～30；25	5	10	去壳； 预先加温（40℃）
10. 牛蒡	*Arctium lappa* L.	TP；BP	20～30；20	14	35	预先冷冻； 四唑染色
11. 石刁柏	*Asparagus officinalis* L.	TP；BP；S	20～30；25	10	28	
12. 紫去英	*Astragalus sinicus* L.	TP；BP	20	6	12	机械去皮
13. 裸燕麦（莜麦）	*Avena nuda* L.	BP；S	20	5	10	
14. 普通燕麦	*Avena satiiva* L.	BP；S	20	5	10	预先加温（30～35℃）
15. 落葵	*Basella* spp. L.	TP；BP	30	10	28	预先冷冻；GA3
16. 冬瓜	*Benincasa hispida* (Thub.) Cogn. *Benincasa hispida* Cogn. var. *chich-qua* How.	TP；BP	20～30；30	7	14	
17. 节瓜	*Beta vulgaris* L.	TP；BP	20～30；30	7	14	
18. 甜菜	*Beta vulgaris* var. *cicla*	TP；BP；S	20～30；15～15～20	4	14	预先洗涤

（续）

种（变种）名	学　名	发芽床	温度，℃	初次计数，天	末次计数，天	附加说明，包括破除休眠的建议
19. 叶甜菜	*Beta vulgaris* var. *rapacea*	TP；BP；S	20～30；15～15～20	4	14	
20. 根甜菜	*Beta vulgaris* var. *rapacea*	TP；BP；S	20～30；15～25；30	4	14	
21. 白菜型油菜	*Brassica campestris* L.	TP	15～25；20	5	7	
22. 不结球白菜（包括白菜、乌塌菜、紫菜薹、薹菜、菜薹）	*Brassicacampestris* L. ssp. *chinensis* (L.) *Makino.*	TP	15～25；20	5	7	预先冷冻
23. 芥菜型油菜	*Brassica juncea* Czern. et Coss.	TP	15～25；20	5	7	预先冷冻；KNO_3
24. 根用芥菜	*Brassica juncea* Coss. var. *megarrhiza* Tsen et Lee	TP	15～25；20	5	7	
25. 叶用芥菜	*Brassica juncea* coss. var. *Foliosa* Bailey	TP	15～25；20	5	7	
26. 茎用芥菜	*Brassica juncea* coss. var. *tsatsai* Mao	TP	15～25；20	5	7	
27. 甘蓝型油菜	*Brassica napus* L. ssp. *pekinensis* (Lour.) 01sson	TP	15～25；20	5	7	
28. 芥蓝	*Brassica oleracea* L. var. *alboglabra* Bailey	TP	15～25；20	5	7	
29. 结球甘蓝	*Brassica oleracea* L. var. *capitata* L.	TP	15～25；20	5	10	
30. 球茎甘蓝（苤蓝）	*Brassica oleracea* L. var. *caulorapa* DC.	TP	15～25；20	5	10	
31. 花椰菜	*Brassica oleracea* L. var. *bortytis* L.	TP	15～25；20	5	10	
32. 抱子甘蓝	*Brassica oleracea* L. var. *gemmifera* Zenk.	TP	15～25；20	5	10	
33. 青花菜	*Brassica oleracea* L. var. *italica* Plench	TP	15～25；20	5	10	
34. 结球白菜	*Brassica campestris* L. ssp. *pekinensis* (Lour). Olsson	TP	15～25；20	5	7	
35. 芜菁	*Brassica rapa* L.	TP	15～25；20	5	7	
36. 芜菁甘蓝	*Brassica napobrassica* Mill.	TP	15～25；20	5	14	
37. 木豆	*Cajanus cajan* (L.) Mill sp.	BP；S	20～30；25	4	10	
38. 大刀豆	*Canavalia gladiata* (Jacq.) *DC*	BP；S	20	5	8	
39. 大麻	*Cannabis sativa* L.	TP；BP	20～30；20	3	7	
40. 辣椒	*Capsicum frutescens* L.	TP；BP；S	20～30；30	7	14	
41. 甜椒	*Capsicum frutescens* var. *grossum*	TP；BP；S	20～30；30	7	14	
42. 红花	*Carthamus tinctorius* L.	TP；BP；S	20～30；25	4	14	
43. 茼蒿	*Chrysanthemum coronarium* var. *spatisum*	TP；BP	20～30；15	4～7	21	
44. 西瓜	*Citrullus lanatus* (Thunb.) Matsum. et Nakai	BP；S	20～30；30；25	5	14	

（续）

种（变种）名	学　名	发芽床	温度，℃	初次计数，天	末次计数，天	附加说明，包括破除休眠的建议
45. 薏苡	*Coix lacryna-jobi* L.	BP	20～30	7～10	21	
46. 圆果黄麻	*Corchorus capsularis* L.	TP；BP	30	3	5	
47. 长果黄麻	*Corchorus olitorius* L.	TP；BP	30	3	5	
48. 芫荽	*Coriandrum sativum* L.	TP；BP	20～30；20	7	21	
49. 柽麻	*Crotalaria juncea* L.	BP；S	20～30	4	10	
50. 甜瓜	*Cucumis melo* L.	BP；S	20～30；25	4	8	
51. 越瓜	*Cucumis melo* L. var. *conomon* Makino	BP；S	20～30；25	4	8	
52. 菜瓜	*Cucumis melo* L. var. *flexuosus* Naud.	BP；S	20～30；25	4	8	
53. 黄瓜	*Cucumis sativus* L.	TP；BP；S	20～30；25	4	8	
54. 笋瓜（印度南瓜）	*Cucurbita maxima Duch. ex Lam*	BP；S	20～30；25	4	8	
55. 南瓜（中国南瓜）	*Cucurbita moschata*（Duchesne）Duchesne ex Poiret	BP；S	20～30；25	4	8	
56. 西葫芦（美洲南瓜）	*Cucurbita pepo* L.	BP；S	20～30；25	4	8	
57. 瓜尔豆	*Cyamopsis tetragonoloba*（L.）Taubert	BP	20～30	5	14	
58. 胡萝卜	*Daucus carota* L.	TP；BP	20～30；20	7	14	
59. 扁豆	*Dolichos lablab* L.	BP；S	20～30；20；25	4	10	
60. 龙爪稷	*Eleusine coracana*（L.）Gaertn.	TP	20—；30	4	8	
61. 甜荞	*Fagopyrum esculentum* Moench	TP；BP	20～30；20	4	7	
62. 苦荞	*Fagopyrum tataricum*（L.）Gaertn.	TP；BP	20～30；20	4	7	
63. 茴香	*Foeniculum vulgare* Miller	TP；BP；TS	220～30；20	7	14	
64. 大豆	*Glycine max*（L.）Merr.	BP；S	20～30；20	5	8	
65. 棉花	*Gossypium* spp.	BP；S	20～30；30；25	4	12	
66. 向日葵	*Helianthus annuus* L.	BP；S	20～30；25；20	4	10	
67. 红麻	*Hibiscus cannabinus* L.	BP；S	20～30；25	4	8	
68. 黄秋葵	*Hibiscus esculentus* L.	TP；BP；S	20～30	4	21	
69. 大麦	*Hordeum vulgare* L.	BP；S	20	4	7	
70. 蕹菜	*Ipomoea aquatica* Forsskal	BP；S	30	4	10	
71. 莴苣	*Lactuca sativa* L.	TP；BP	20	4	7	
72. 瓠瓜	*Lagenaria siceraria*（Molina）Standley	BP；S	20～30	4	14	
73. 兵豆（小扁豆）	*Lens culinars* Medikus	BP；S	20	5	10	
74. 亚麻	*Linum usitatissimum* L.	TP；BP	20～30；20	3	7	
75. 棱角丝瓜	*Luffa acutangula*（L.）Roxb.	BP；S	30	4	14	
76. 普通丝瓜	*Luffa cylindrica*（L.）Roem.	BP；S	20～30；30	4	14	
77. 番茄	*Lycopersicon lycopersicum*（L.）Karsten	TP；BP；S	20～30；25	5	14	

（续）

种（变种）名	学　　名	发芽床	温度，℃	初次计数，天	末次计数，天	附加说明，包括破除休眠的建议
78. 金花菜	*Medicago polymorpha* L.	TP；BP	20	4	14	
79. 紫花苜蓿	*Medicago sativa* L.	TP；BP	20	4	10	
80. 白香草木樨	*Melilotus albus* Desr.	TP；BP	20	4	7	
81. 黄香草木樨	*Melilotus officinalis*（L.）Pallas	TP；BP	20	4	7	
82. 苦瓜	*Momordica charantia* L.	BP；S	20～30；30	4	14	
83. 豆瓣菜	*Nasturtium officinale* R. Br.	TP；BP	20～30	4	14	
84. 烟草	*Nicotiana tabacum* L.	TP	20～30	7	16	
85. 罗勒	*Ocimum basilicum* L.	TP；BP	20～30；20	4	14	
86. 稻	*Oryza sativa* L.	TP；BP；S	20～30；30	5	14	
87. 豆薯	*Pachyrhizus erous*（L.）Urban	BP；S	20～30；30	7	14	
88. 黍（糜子）	*Panicum muliaceum* L.	TP；BP	20～30；25	3	7	
89. 美洲防风	*Pastinaca sativa* L.	TP；BP	20～30	6	28	
90. 香芹	*Petroselinum crispum*（Miller）Nyman ex A. W. Hill	TP；BP	20～30	10	28	
91. 多花菜豆	*Phaseolus multiflorus* Willd.	BP；S	20～30；20	5	9	
92. 利马豆（莱豆）	*Phaseolus lunatus* L.	BP；S	20～30；25；20	5	9	
93. 菜豆	*Phaseolus vulgaris* L.	BP；S	20～30；25；20	5	9	
94. 酸浆	*Physalis pubescens* L.	TP	20～30	7	28	
95. 茴芹	*Pimpinella anisum* L.	TP；BP	20～30	7	21	
96. 豌豆	*Pisum sativum* L.	BP；S	20	5	8	
97. 马齿苋	*Portulaca oleracea* L.	TP；BP	20～30	5	14	
98. 四棱豆	*Psophocarpus tetragonolobus*（L.）DC.	BP；S	20～30；30	4	14	
99. 萝卜	*Raphanus sativus* L.	TP；BP；S	20～30；20	4	10	
100. 食用大豆	*Rheum rhaponticum* L.	TP；	20～30	7	21	
101. 蓖麻	*Ricinus communis* L.	BP；S	20～30	7	14	
102. 鸦葱	*Scorzonerahis panica* L.	TP；BP；S	20～30；20	4	8	
103. 黑麦	*Secale cereale* L.	TP；BP；S	20	4	7	
104. 佛手瓜	*Sechium edule*（Jacp.）Swartz	BP；S	20～30；20	5	10	
105. 芝麻	*Sesamum indicum* L.	TP	20～30	3	6	
106. 田菁	*Sesbania cannabina*（Retz.）Pers.	TP；BP	20～30；25	5	7	
107. 粟	*Setaria italica*（L.）Beauv.	TP；BP	320～30	4	10	
108. 茄子	*Solanum melongena* L.	TP；BP；S	20～30；30	7	14	
109. 高粱	*Sorghum bicolor*（L.）Moench	TP；BP	20～30；25	4	10	
110. 菠菜	*Spinacia oleracea* L.	TP；BP	15；10	7	21	
111. 黎豆	*Stizolobium* ssp.	BP；S	20～30；20	5	7	

（续）

种（变种）名	学　名	发芽床	温度，℃	初次计数，天	末次计数，天	附加说明，包括破除休眠的建议
112. 香杏	*Tetragonia tetragonioides* (Pallas) Kuntze	BP；S	20～30；20	7	35	
113. 婆罗门参	*Tragopogon porrifolius* L.	TP；BP	20	5	10	
114. 小黑麦	*X Triticosecale Wittm.*	TP；BP；S	20	4	8	
115. 小麦	*Triticum aestivum* L.	TP；BP；S	20	4	8	
116. 蚕豆	*Vicia faba* L.	BP；S	20	4	14	
117. 箭筈豌豆	*Vicia sativa* L.	BP；S	20	5	14	
118. 毛叶苕子	*Vicia villosa* Roth	BP；S	20	5	14	
119. 赤豆	*Vigna angularis* (Willd) Ohwi & Ohashi	BP；S	20～30	4	10	
120. 绿豆	*Vigna radiata* (L.) Wilczek	BP；S	20～30；25	5	7	
121. 饭豆	*Vigna umbellata* (Thunb.) Ohwi & Ohashi	BP；S	20～30；25	5	7	
122. 长豇豆	*Vignaunguiculata* W. ssp. *sesquipedalis* (L.) Verd.	BP；S	20～30；25	5	8	
123. 矮豇豆	*Vigna unguiculata* W. ssp. *unguiculata* (L.) Verd.	BP；S	20～30；25	5	8	
124. 玉米	*Zea mays* L.	BP；S	20～30；25；20	4	7	

（五）发芽试验步骤

1. 选用和准备发芽床

在表12-6中，每一作物种通常列出2～3种发芽床。一般来说，小、中粒种子可用纸上发芽床；中粒种子也可用纸间（卷纸）发芽床；大粒种子或对水分敏感的小、中粒种子宜用砂床发芽。陈种子，砂床效果为好。发芽床初次加水量应根据发芽床的性质和大小而定。选好发芽床后，依据不同作物种的种子和发芽床的特性决定发芽床的加水量。如纸床，吸足水分后，沥去多余水即可；砂床，加水量应为其饱和含水量的60%～80%；用土壤作发芽床，加水至手握土黏成团，手指轻轻一压就碎为宜。

2. 数种置床和贴（放）标签

除委托检验外，试验样品必须是从经充分混合的净种子中随机数取，一般数量是400粒。为了使幼苗生长有足够的空间，一般小、中粒种子（如油菜、结球白菜、小麦、水稻等）以100粒为一重复，试验为4个重复；大粒种子（如玉米、大豆、棉花等）以50粒为一副重复，试验为8个副重复；特大粒的种子（如花生和蚕豆等）可以25粒为一副重复，试验为16个副重复。复胚种子单位可视为单粒种子进行试验，不需弄破（分开），但芫荽例外。

种子要均匀分布在发芽床上，种子之间保持其1～5倍的间距，以保持足够的生长空间和防止发霉的种子相互感染。每粒种子应良好接触水分，使其发芽条件一致。

数种置床后，为了识别，应有标签，注明种子种类、编号、重复等要素。贴（放）应在明显处，如纸床，标签弄湿后附着在培养皿下盒内侧，字朝外可见。

3. 破除休眠处理

在表 12-6 第 7 栏“附加说明”中已列入许多农作物种子破除休眠处理的方法。很多种类种子由于存在休眠，直接置床发芽，往往不能整齐、良好、快速的发芽。为此，在规定的发芽条件下进行培养前，应经过破除休眠处理。处理方式按置床时间可分为三类：种子置床前先进行破除休眠处理，如去壳、加温、机械破皮、预先洗涤、硝酸钾（KNO_3）浸渍、双氧水处理、开水烫种等处理，然后置床发芽；种子置床后进行破除休眠处理，如预先冷冻处理，先将种子置入湿润的发芽床，然后放入规定条件进行预先冷冻处理一定时间，再移到规定的发芽条件下发芽；湿润发芽床处理，如使用硝酸钾（KNO_3）、赤霉酸（GA_3）处理时，可使用 0.2%硝酸钾溶液或 0.05%～0.10% GA_3 溶液湿润发芽床。

4. 培养

依据表 12-6 规定的发芽条件，选择适宜的温度、光照要求设置发芽箱，将种子放入其中进行培养。

选好规定温度后，种子所处的位置温度与表 12-6 规定温度的容许差距应不超过±1℃。

5. 检查管理

在种子发芽期间，一般要求一定时期（一般间隔 2～3 天）检查发芽试验的状况，以保持适宜的发芽条件。发芽床应始终保持湿润，切忌断水，也不能水分过多或过干。温度应保持在所需温度的±1℃范围内，防止因控温部件失灵、断电、电器损坏等意外事故造成温度失控。如作变温发芽，则应按规定变换温度。如发现霉菌滋生，应及时取出发霉种子洗涤去霉。当发霉种子超过 5%时，就调换发芽床，以免霉菌传染。如发现腐烂死亡种子，则应将其除去并记载。还应注意氧气的供应情况，避免因缺氧而使正常发芽受影响。

6. 试验持续时间和计数

在表 12-6 的第 5、第 6 栏中规定了初次计数和末次计数时间。试验前或试验期间用于破除休眠处理时间不计入发芽试验时间。

如果在规定的试验时间内只有几颗种子开始发芽，则试验时间可延迟 7 天或规定时间的一半；反之，如果在试验规定末次计数之前，可以确定能发芽种子均已发芽，则可提早结束。

在初次计数时，应把发育良好的正常幼苗从发芽床中拣出，对可疑的或损伤、畸形或不均衡的幼苗，通常留到末次计数。严重腐烂的幼苗或发霉的死种子应及时从发芽床中除去，并随时增加计数。

末次计数时，依据幼苗鉴定标准进行鉴定，按正常幼苗、不正常幼苗、硬实、新鲜不发芽种子和死种子分类计数和记录。

7. 重新试验

为了确保试验结果的可靠性和正确性，当试验出现下列情况时，应采取相应处理措施进行重新试验：怀疑种子有休眠（即有较多的新鲜不发芽种子）现象；由于真菌或细菌的蔓延而导致试验结果不一定可靠；难以正确鉴定幼苗；试验条件、幼苗鉴定或计数有差错；100 粒种子重复间差距超过表 12-7最大容许差距。

重新试验的方法要按试验出现的情况，有针对性地进行。如果由于休眠，应进行破除休眠处理，重新进行试验。如果由植物毒素、病菌等因素引起的情况，应采用砂床或土壤床重新试验。如果计数差错或试验误差超过容许范围，则应用同一方法进行重新试验等。

8. 结果计算和容许误差

试验结果用正常幼苗数的百分率表示。计数时，以 100 粒种子为一重复。如采用 50 粒或 25 粒的副重复，则应将相邻副重复合并成 100 粒的重复。计算四次重复的正常幼苗平均百分率，对照表 12-7 检查其是否在容许差距范围内。如果超过容许差距，要进行重新试验，并要进行试验一致性比较。

表 12-7 同一或不同实验室来自相同或不同送验样品间发芽试验的容许差距

（2.5%显著水平的两尾测定）

平均发芽率		最大容许差距
50%以上	50%以下	
98～99	2～3	2
95～97	4～6	3
91～94	7～10	4
85～90	11～16	5
77～84	17～24	6
60～76	25～41	7
51～59	42～50	8

发芽试验中，修约按照如下规则进行：正常幼苗百分率修约至最接近的整数，0.5 进位；在不正常幼苗、新鲜不发芽种子、硬实和死种子中，找出百分率中小数部分最大值者，进位；小数部分最小值者，舍弃小数；小数部分相同者，进位优先次序为不正常幼苗、硬实、新鲜不发芽种子和死种子。填报发芽结果时，须填报正常幼苗、不正常幼苗、新鲜不发芽种子、硬实和死种子的百分率，假如其中任何一项结果为零，则填写“-0-”。

四、种子活力的原理及测定方法

（一）概述

1. 种子活力的概念和定义

种子活力是种子质量的重要指标，也是种用价值的主要组成部分，与种子田间出苗密切相关。种子活力是种子生命过程中十分重要的特性之一，与种子发育、成熟、萌发及种子贮藏寿命和劣变等生理过程有着紧密的联系。

种子活力是指在广泛的环境条件下，决定高发芽率种子批出苗表现和性能的各种特性的综合。种子活力是描述种子批出苗多个特性的一个概念，不是单一的测定特性。高活力种子批即使对该批种子不是最适宜的环境条件，仍具有表现良好性能的潜力。种子活力特性至少包括以下内容：种子发芽和幼苗生长的速率和均匀度；种子在不利环境条件下的出苗能力；种子经贮藏后的性能，尤其是保持发芽的能力。

2. 种子活力与发芽率的关系

种子活力简单地说就是指高发芽率种子批间在田间表现的差异。种子活力是比发芽率更敏感的指标，在高发芽率的种子批中，仍然表现出活力的差异。通常高发芽率的种子具有较高活力，但两者不存在正相关（图 12-3）。

3. 种子活力的重要意义

高活力种子在农业生产上的重要作用表现在高活力的种子能提高田间出苗率；抵御不良环境条件；增强与病虫杂草竞争的能力；抗寒力强，适于早播；节约播种费用；增加作物产量；提高种子耐藏性。

（二）种子活力测定方法概述和意义

种子活力测定方法不下数十种，归纳起来不外直接法和间接法两类。直接法是在实验室模拟逆境或田间不良条件，观察种子出苗能力或幼苗生长速度和健壮度。间接法是测定某些与种子活力有关的生理生化指标，如酶的活性、浸泡液的电导率、种子呼吸强度等。

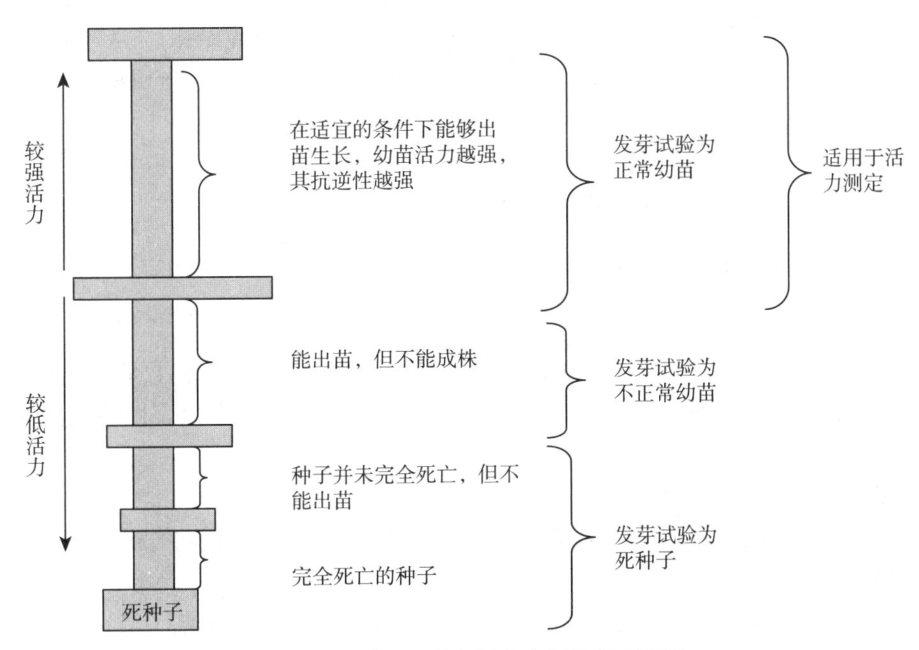

图 12－3 种子发芽与活力之间的关系图解

国际种子检验协会（ISTA）推荐了两种种子活力测定方法：电导率测定、加速老化测定，并建议了七种种子活力测定方法：抗冷测定、低温发芽测定、控制劣变测定、复合逆境活力测定、希尔特纳测定、幼苗生长测、四唑测定。

官方种子分析家协会（AOSA）活力委员会编写的《活力测定手册》中介绍的测定方法：

幼苗生长和评价测定：幼苗活力分类、幼苗生长率；

逆境测定：加速老化、抗冷测定、低温发芽测定；

生化测定：四唑测定、电导率测定；

AOSA 所列方法较多，其中有六种测定方法与 ISTA 规定的方法基本相同。

活力测定方法因作物种类而异，呈现一定的专一性。活力测定方法正在发展中，随着技术的发展和标准化工作的进步，会越来越完善。

活力测定是依据种子生理和物理特性的表现，利用直接或间接测定方法，决定在广泛的环境条件下高发芽率种子批的出苗状况和贮藏性能表现。活力测定能提供比标准发芽试验更为敏感的质量指标，能提供依据生理和物理质量对高发芽率不同种子批的一致性排序，并能为种子销售市场提供种子出苗和贮藏性能的信息。

（三）选用活力测定方法的原则和要求

1. 选用原则

根据当地土壤气候条件选用适宜的方法，如低温试验适合早春播种季节低温气候条件，不适合于早春温暖地区，再如砖砂试验适用于黏土地区或雨后土壤板结情况，不适用于土壤较为疏松地区。在欧洲土壤黏重，因此应用砖砂试验较多。根据作物的特性选用适宜的方法，如低温试验和冷发芽法适用发芽期间耐寒性较差的喜温作物，如玉米、大豆等，不适用于耐寒性较强的作物，如大麦、小麦、油菜等。又如电导率测定是豌豆种子的典型测定方法，其测定结果与田间出苗率高度相关，但对其他作物种子，其测定结果与田间出苗相关性还得试验。

2. 选用要求

一个较为实用的、为生产者和用户欢迎的活力测定方法应具备以下几种特点。

（1）节约费用，即活力测定的仪器不能太昂贵。

（2）简单易行，测定技术不应太复杂，不必进行特别的训练就能掌握其测定方法。

（3）快速省时，最好采用较为快速的方法，在短期内获得活力测定结果。

（4）结果准确，活力测定结果能真正表明该批种子的活力水平，且与田间出苗率有良好的相关性。

（5）重演性好，一个可靠的活力测定方法必须具有重演性，即在同一实验室和不同实验室的测定结果比较接近或一致，否则难以比较各实验室结果。

（四）活力测定方法的基本要求

1. 试样种子

试验样品来源必须是净种子。净种子可以从净度分析后的净种子中随机数取，也可以从送检样品中直接数取。除委托检验外，所需种子数和重复必须随机从种子批的有代表性样品的净种子部分中数取。

2. 方法和试验条件

活力测定方法各不相同，具体的方法和使用仪器及试验条件将在以后各部分中加以说明。

3. 对照样品

活力测定需要比标准发芽试验更加严格的试验条件控制，因此，种子活力测定时需要制备对照样品。设置对照样品的目的是为活力测定结果提供一致性的内在质量控制。对照样品的结果差异反映了试验条件（如温度、种子水分或其他因素）的微小变异而会影响结果的可靠性。

每一作物的对照样品一般符合下列要求：

（1）每年应经过发芽率测定和活力筛选。被选择的种子批必须没有物理损伤和病虫害感染，具有较高的发芽率和中等的活力。监控对照种子批的每一次活力测定结果，以核查结果间的主要变幅。如玉米种子的对照样品，发芽率为90%～95%，用低温法测定的活力为70%～80%，不宜采用太高活力水平的对照样品，否则很难测定微小差异；

（2）对照样品的原始水分必须达到被检种的安全贮藏水分，一般为10%～12%，并在防湿的容器中贮存。在贮藏期间应经常测定，确信种子水分在贮藏期间没有降低和升高。

（3）对照样品的数量应足够多，能满足一年或一个生产季节的种子检验测定所需。最好将对照样品分成约250粒种子的次级样品，在检测前放在低温－20～－10℃下贮存。使用的对照样品须提前拿出，并在室温下平衡4～6小时。

4. 结果计算与表示

将在以后各具体方法中加以叙述给出其详细程序。

5. 结果报告

将活力测定结果，填报在检验报告"其他测定"栏内。同时结果还须附有检测方法的说明，包括必要的测定方法及条件，包括时间、温度和种子水分等信息。

（五）具体方法

下面简单介绍几种常见活力测定方法

1. 伸长胚根计数测定

（1）**适用范围。**适用于玉米种子的田间出苗测定。

（2）**原理。**活力降低的种子，早期生理表现为种子发芽速率迟缓。发芽初期玉米种子的胚根伸长数量能准确反映出其发芽速率，并与发芽速率的其他表现指标密切相关。伸长胚根的种子数量多，则表明种子活力高；伸长胚根的种子数量少，则表明种子活力低。

（3）**仪器设备。**温度能保持在（20±1）℃或（13±1）℃的培养箱；纸巾和塑料袋，纸巾用于发芽试验，塑料袋防止试验期间纸巾干燥。

（4）**测定程序。**试验设置8个重复，每一重复25粒种子，把种子放进纸巾卷进行正常发芽试验。

每一重复的种子摆成两排，一排 12 粒，另一排 13 粒，种子的胚根部位朝向纸巾底部。将纸巾卷好垂直向上置于塑料袋中，在规定温度下培养。每次测定应设置对照。

胚根伸长测定在（20±1）℃或（13±1）℃下进行。温度是试验中最关键的潜在变异因素，监控培养箱中纸巾卷的放置范围，每 24 小时监测一次温度并翻转纸巾卷。

胚根伸长计数时间取决于试验温度。在 20℃下，培养（66±0.25）小时后计数。在 13℃下，培养（144±1）小时后计数。

（注：在 20℃培养条件下由于胚根生长迅速，掌握好计数时间十分重要。计数需要一定时间，在 20℃培养条件下，建议下午 3 点开始试验，第三天上午 9 点开始计数；在 13℃培养条件下，也要设置好试验开始时间。）

（5）结果计算与表达。出现清晰和明显的伸长胚根作为评定的依据，用肉眼判定长度达到 2 毫米以上的种子进行计数，并换算成每一重复的百分率。按照发芽试验的方法，合并 4 个重复 25 粒种子为一个 100 粒的重复。如果两个 100 粒的重复间的胚根计数百分率的差异超过表 12-8 中的容许差距，应重新试验。如果重新试验结果与第一次试验结果比较，未超过表 12-9 中的容许差距，则填报两次试验的平均值。

（6）结果填报。结果填报为最接近的整数。结果为零，则填报为“0”。同时应填报试验中的培养温度和培养时间（单位为小时）。例如：在 20℃下经 66 小时后，伸长的胚根数目为 90%。

表 12-8　两个 100 粒重复间的胚根计数的容许差距

（2.5%显著水平的两尾测定）

胚根生长试验平均值（%）		容许差距
51～100	0～50	
99	2	4
98	3	5
96～97	4～5	6
95	6	7
93～94	7～8	8
90～92	9～11	9
88～89	12～13	10
84～87	14～17	11
81～83	18～20	12
76～80	21～25	13
69～75	26～32	14
55～68	33～46	15
51～54	47～50	16

表 12-9　同一实验室相同或不同送验样品两次 200 粒种子胚根计数的容许差距

（2.5%显著水平的两尾测定）

胚根生长试验平均值（%）		容许差距
51～100	0～50	
99	2	2
98	3	3
96～97	4～5	4

（续）

胚根生长试验平均值（%）		容许差距
51～100	0～50	
94～95	6～7	5
91～93	8～10	6
87～90	11～14	7
82～86	15～19	8
75～81	20～26	9
64～74	27～37	10
51～63	38～50	11

2. 加速老化测定

（1）适用范围。加速老化测定适用于大豆种子的田间出苗和贮藏潜力的测定。加速老化测定宜采用未经杀菌处理的种子。种子若已进行了杀菌处理，也可适于测定。

（2）原理。加速老化属于逆境试验，是将种子短期置于高温高湿条件下，种子因吸湿而水分增加，同时伴随高温的作用，导致其加速老化。

高活力种子批能忍受这种逆境条件处理，加速老化后仍能保持较高发芽率，而低活力种子批劣变较快，长成较多的不正常幼苗，发芽率明显降低。

（3）仪器、试剂。老化箱。能保持（41±0.3)℃恒温的箱子。推荐应用水套培养箱，如果没有水套培养箱，其他有加水的加热培养箱也行。当外箱有大量凝结水时，当心保护内箱在老化期间的小水滴积累。以防提高种子水分，降低发芽率，增加发霉。

塑料老化盒。带盖老化盒，长宽高规格大小分别为11.0厘米×11.0厘米×3.5厘米。内有长宽高规格大小分别为10.0厘米×10.0厘米×3.0厘米的塑料或金属网架，网孔大小为（1.16 ±0.01)毫米×(1.63±0.01)毫米。每次测定开始前，为防止菌类污染，应将老化箱内部、塑料老化盒和网架用15%氢氯化钠溶液清毒并烘干备用。

带刻度的容量杯。标有从0～100毫升刻度的容量杯。

感量为0.001克的天平。

去离子水或蒸馏水。

（4）试验程序。准备样品：按照GB/T 3543.6的方法测定送验样品水分。水分低于10%或高于14%的，则应调节至10%～14%。

调节种子水分时，应将一部分净种子充分混合，并随机分取一个至少有200粒种子的次级样品，称重。如果种子水分低于10%，则将该次级样品的种子置于湿润纸巾间，让种子吸湿，直至水分达到10%～14%。如果种子水分高于14%，则将次级样品的种子置于30℃烘箱中，烘至水分达到10%～14%。水分调节通过称重法确定，重量可通过如下公式计算：

$$10\%\text{或}14\%\text{水分的次级样品重量}=\text{初始重量}\times\frac{100-\text{种子初始水分数值}}{100-10\text{或}14}$$

水分符合要求后，充分混合净种子，随机取得一个至少42克的次级样品。应将次级样品密封在一个防水容器内，于5～10℃下放置12～18小时，使全部种子水分均衡。

用经检定的温度计准确校准老化箱温度为（41±0.3)℃。只有当温度在（41±0.3)℃至少能保持2天时，才能进行老化测定。

在每个老化盒中加入40毫升去离子水或蒸馏水，然后放入干燥的网架，小心不能让水溅到网架上。称取（42±0.5）克大豆种子，在网架上摊成一层，盖上盒盖（不要密封边缘）。将老化盒排成一排放在架子上，盒之间应保持约2.5厘米的间隔。每次测定应设一个或更多的对照老化样品。

将放有塑料盒的架子放入老化箱内，注意不能让水溅到网面上。记录放入日期和时间，在（41±

0.3)℃下老化72小时。老化期间不能开启箱门，并连续监控老化温度维持在（41±0.3)℃。老化完成后，将放有塑料盒的架子从老化箱中取出来。在老化结束时进行发芽试验前，应立即称重对照样品。如果重量小于52克或大于55克，则表明测定结果不准确，应重新测定。

从老化箱中取出种子后，应在1小时内进行发芽试验。每样品设4个重复，每一重复50粒种子，按GB/T 3543.4的方法进行发芽。如果需要用400粒种子进行发芽试验，则应使用两份42克的次级样品进行老化。

（5）**结果计算与表示**。将每50粒的两个重复合并为一个100粒的重复，按照GB/T 3543.4的方法计算老化种子的发芽率。如果100粒的两个重复间发芽率差距超过了表12-10规定的容许差距，则应重新测定。

同一样品在同一实验室进行两次老化测定时，两次测定结果的容许差距见表12-11。不同样品在不同实验室进行老化测定时，两次测定结果的容许差距见表12-12。

表12-10 加速老化100粒2次重复间种子发芽率的容许差距

（2.5%显著水平的两尾测定）

平均发芽率（%）		容许差距	平均发芽率（%）		容许差距
99	2	-*	84~87	14~17	11
98	3	-*	80~83	18~21	12
96~97	4~5	6	76~79	22~25	13
95	6	7	69~75	26~32	14
93~94	7~8	8	55~68	33~46	15
90~92	9~11	9	51~54	47~50	16
88~89	12~13	10			

-*：不能测定

表12-11 同一实验室同一样品两次测定的容许差距

（5%显著水平的两尾测定）

平均发芽率（%）		容许差距	平均发芽率（%）		容许差距
99	2	-*	86~88	13~15	12
98	3	-*	83~85	16~18	13
97	4	6	79~82	19~22	14
96	5	7	74~78	23~27	15
95	6	8	68~73	28~33	16
93~94	7~8	9	55~67	34~46	17
91~92	9~10	10	51~54	47~50	18
89~90	11~12	11			

-*：不能测定

表12-12 不同实验室不同样品两次测定的容许差距

（5%显著水平的两尾测定）

平均发芽率（%）		容许差距	平均发芽率（%）		容许差距
99	2	-*	85~87	14~16	13
98	3	-*	82~84	17~19	14
97	4	-*	79~81	20~22	15
95~96	5~6	8	74~78	23~27	16
94	7	9	68~73	28~33	17

（续）

平均发芽率（%）		容许差距	平均发芽率（%）		容许差距
92～93	8～9	10	57～67	34～44	18
90～91	10～11	11	51～56	45～50	19
88～89	12～13	12			

-*：不能测定

(6) **结果填报。**加速老化测定种子活力的结果应填报下列内容：正常幼苗、不正常幼苗、硬实、新鲜种子、死种子的百分率，修约至最近似的整数，结果为零的，填报为“0”；测定前的种子水分，测定前对种子水分进行了调节，则应填报调节前和调节后的水分；测定相关信息，如老化前后种子重量、老化时间和温度。

3. 电导率测定

(1) **适用范围。**适用于菜豆、豌豆种子。

(2) **原理。**将一定数量的种子样品浸泡在水中，高活力种子批的电解质渗透程度低，电导率较低，而低活力种子批的电解质渗透程度高，电导率高。通过测定不同批的种子组织渗透溶液的电导率，来估测种子活力水平。

(3) **仪器、试剂。**电导仪。可用直流或交流电直接读数的电导仪，电极常数达到 1.0，刻度范围 0～1 999 微西/厘米，分辨率至少 0.1 微西/厘米，精确度±1%，温度范围 20～25℃。

烧杯。基部直径为（80±5）毫米，容量为 400～500 毫升。

去离子水或蒸馏水。电导率不超过 5 微西/厘米。

发芽箱。能保持（20±2）℃的恒温。

GB/T 3543.6 要求的水分测定仪器。

(4) **试验程序。**准备样品。按照 GB/T 3543.6 的方法测定样品水分。如果水分低于 10%或高于 14%，则应将次级样品水分调节至 10%～14%。调节种子水分时，应将一部分净种子充分混合，并随机分取一个至少有 200 粒种子的次级样品，称重。如果种子水分低于 10%，则将该次级样品的种子置于湿润纸巾间，让种子吸湿，直至水分达到 10%～14%。一般情况下，初始水分为 7%的豌豆种子大致经 3 小时或 7 小时吸湿后，种子水分分别达到 10%或 14%，实际吸湿时间的长短取决于纸巾的湿润程度。

如果种子水分高于 14%，则将次级样品的种子置于 30℃烘箱中，烘至水分达到 10%～14%。一般情况下，初始水分为 15%的种子，烘 1 小时后水分达到 14%，烘 5～6 小时后水分达到 10%。初始水分为 16%左右的种子，烘 1～2 小时后水分达到 14%，烘 8～10 小时后水分达到 10%。

次级样品的重量可通过如下公式计算：

$$10\%\text{或}14\%\text{水分的次级样品重量}=\text{初始重量}\times\frac{100-\text{种子初始水分数值}}{100-10\text{ 或 }14}$$

当次级样品水分达到 10%～14%后，应将其密封在一个防水容器如铝盒或聚乙烯袋内，于 5～10℃下放置 12～18 小时，使全部种子水分均衡。

校准电极。未经校准的电导仪不能用于电导率测定。电导仪使用之前，应采用两种方法之一对电极进行校准：一是采用标定液进行校准。应至少使用两种标定液校准，一种电导率为 100 微西/厘米，另一种电导率为 1 000～1 500 微西/厘米。记录 25℃下电导仪的校准值。如果读数不正确，则应重新校正，必要时应调整或维修电导仪。二是采用配制的氯化钾溶液来进行校准。称取分析纯 0.745 克 KCl（称重前在 150℃下干燥 1 小时并在干燥器内冷却），溶解在 1 升去离子水中，配成 0.01 摩尔/升 KCl 溶液。该溶液在 20℃下电导仪的读数应介于 1 273 微西/厘米和 1 278 微西/厘米之间。如果超出此范围，则应重复校准，必要时调整或维修电导仪。

检查烧杯清洁度。测定时，应随机从待使用的每 10 个烧杯中选取 2 个，加入 250 毫升已知电导率的去离子水或蒸馏水，在（20±2）℃下测定电导率。如果电导率测定值大于 5 微西/厘米，则应重新用去离子水或蒸馏水冲洗电极和所有烧杯，并再从每 10 个烧杯中随机选取 2 个，加入 250 毫升去离子水或蒸馏水进行重新测定。重复此过程直到读数不大于 5 微西/厘米时为止。

检查温度。检查发芽箱、培养箱或发芽室以及水的温度。只有当记录温度均达到测定所需的（20±2)℃时，才能进行电导率测定。

测定电导率。随机数取水分符合要求的净种子 4 个重复，每重复 50 粒，称重至 0.01 克。

将容器彻底冲洗并用去离子水或蒸馏水冲洗两次。每一样品应准备 4 个容器，每个容器中加入（250±5）毫升去离子水或蒸馏水，盖好所有容器以防止污染，在放入种子前在（20±2)℃下放置 18～24 小时。每一次测定应设两个对照，对照杯只加入去离子水或蒸馏水。

浸泡种子。将每一重复的种子放入已盛有水的容器中，轻轻晃动容器，确保所有种子完全浸没。用铝箔或薄膜盖好每个容器，在（20±2)℃下放置（24±0.25）小时。开始测定时应给每个容器贴上标签，同一时间内测定的容器数通常为 10～12 个。

准备电导仪。测定前启动电导仪，按照电导仪预热最低规定时间进行预热。准备两个容器，每个容器中加入 400～600 毫升去离子水或蒸馏水，用于每次测定后洗涤电极。

测定浸泡液电导率。经 24 小时浸泡结束后，应立即测定浸泡液电导率。用下列方法之一混匀浸泡液：①轻轻晃动盛有种子的容器 10～15 秒，移去铝箔或薄膜盖，将电极浸没在未经过滤的浸泡液中，小心电极不要直接接触种子。②按照 B.4.3.5a 测定电导率之前，使用塑料勺轻轻搅动种子和浸泡液。每次测定前，用水冲洗塑料勺两次并用干净的纸巾抹干。③利用尼龙筛将容器中的种子和浸泡液倒往另一洁净容器，再将浸泡液倒回原来容器，将电极浸没在浸泡液中。每次测定前，用水冲洗电极和尼龙筛两次，并用干净的纸巾抹干。

浸泡液混匀后，测定几次直至得到一个稳定数值为止。测定时发现有硬实种子，则应在测定完成后将其取出，记录并干燥表面，称重，并从 50 粒种子重复的重量中扣减去硬实种子重量。

扣减对照的电导率。测定一个对照容器的电导率，读数大于 5 微西/厘米的表明电极尚未冲洗干净。这时应重新冲洗电极，测定另一对照容器的电导率。测定后仍电导率仍上升的，则表明电极存在问题，在清洁未解决之前不能进行测定。如果第二个对照容器的电导率不大于 5 微西/厘米，或者两个对照杯的电导率平均值不大于 5 微西/厘米，则选第二个对照容器的电导率或两个对照容器的读数平均值作为背景电导率。B.4.3.5 测得的每一重复的电导率读数应扣减背景电导率，作为该重复的电导率。

(5) 结果计算与表示。每重复每克种子的电导率为该重复的电导率除以该重复的种子重量，以微西/(厘米·克）为单位表示。如果 4 个重复间电导率最高与最低值之差没有超过表 12-13 的容许差距，则该样品的电导率为 4 个重复的电导率平均值；如果超过表 12-13 的容许差距，则应重做 4 个重复。如果第二次结果与第一次结果的差异没有超过表 12-13 的容许差距，则填报两次结果的平均值。

表 12-13 电导率测定四次重复间的最大容许差距（5%显著水平）

平均电导率 微西/(厘米·克)	最大容许差距 微西/(厘米·克)	平均电导率 微西/(厘米·克)	最大容许差距 微西/(厘米·克)
10.0～10.9	3.1	32.0～32.9	8.5
11.0～11.9	3.3	33.0～33.9	8.8
12.0～12.9	3.6	34.0～34.9	9.0
13.0～13.9	3.8	35.0～35.9	9.3
14.0～14.9	4.1	36.0～36.9	9.5
15.0～15.9	4.3	37.0～37.9	9.8
16.0～16.9	4.6	38.0～38.9	10.0
17.0～17.9	4.8	39.0～39.9	10.3

（续）

平均电导率 微西/(厘米・克)	最大容许差距 微西/(厘米・克)	平均电导率 微西/(厘米・克)	最大容许差距 微西/(厘米・克)
18.0～18.9	5.1	40.0～40.9	10.5
19.0～19.9	5.3	41.0～41.9	10.8
20.0～20.9	5.5	42.0～42.9	11.0
21.0～21.9	5.8	43.0～43.9	11.3
22.0～22.9	6.0	44.0～44.9	11.5
23.0～23.9	6.3	45.0～45.9	11.8
24.0～24.9	6.5	46.0～46.9	12.0
25.0～25.9	6.8	47.0～47.9	12.3
26.0～26.9	7.0	48.0～48.9	12.5
27.0～27.9	7.3	49.0～49.9	12.8
28.0～28.9	7.5	50.0～50.9	13.0
29.0～29.9	7.8	51.0～51.9	13.3
30.0～30.9	8.0	52.0～52.9	13.5
31.0～31.9	8.3	53.0～53.9	13.8

同一样品在同一实验室进行两次测定时，两次测定的容许差距见表 12－14。不同样品在不同实验室进行测定时，两次测定的容许差距见表 12－15。

（6）**结果填报**。用电导率测定方法测定种子活力的结果填报下列结果：①用微西/(厘米・克)表示，修约至一位小数。②试验前的种子水分。试验前对种子水分进行了调节，则应填报调节前和调节后的水分。③填报测定相关信息，如浸泡时间和温度。

表 12－14　同一实验室同一样品电导率两次测定的容许差距（5%显著水平的两尾测定）

平均电导率 微西/(厘米・克)	容许差距 微西/(厘米・克)	平均电导率 微西/(厘米・克)	容许差距 微西/(厘米・克)
10.0～10.9	2.0	32.0～32.9	5.1
11.0～11.9	2.1	33.0～33.9	5.2
12.0～12.9	2.3	34.0～34.9	5.4
13.0～13.9	2.4	35.0～35.9	5.5
14.0～14.9	2.5	36.0～36.9	5.6
15.0～15.9	2.7	37.0～37.9	5.8
16.0～16.9	2.8	38.0～38.9	5.9
17.0～17.9	3.0	39.0～39.9	6.1
18.0～18.9	3.1	40.0～40.9	6.2
19.0～19.9	3.2	41.0～41.9	6.4
20.0～20.9	3.4	42.0～42.9	6.5
21.0～21.9	3.5	43.0～43.9	6.6
22.0～22.9	3.7	44.0～44.9	6.8
23.0～23.9	3.8	45.0～45.9	6.9
24.0～24.9	4.0	46.0～46.9	7.1
25.0～25.9	4.1	47.0～47.9	7.2

（续）

平均电导率 微西/（厘米·克）	容许差距 微西/（厘米·克）	平均电导率 微西/（厘米·克）	容许差距 微西/（厘米·克）
26.0～26.9	4.2	48.0～48.9	7.3
27.0～27.9	4.4	49.0～49.9	7.5
28.0～28.9	45	50.0～50.9	7.6
29.0～29.9	4.7	51.0～51.9	7.8
30.0～30.9	4.8	52.0～52.9	7.9
31.0～31.9	4.9	53.0～53.9	8.0

表 12-15　不同实验室不同样品电导率两次测定的容许差距（5%显著水平的两尾测定）

平均电导率 微西/（厘米·克）	容许差距 微西/（厘米·克）	平均电导率 微西/（厘米·克）	容许差距 微西/（厘米·克）
10.0～10.9	3.6	32.0～32.9	8.1
11.0～11.9	3.8	33.0～33.9	8.3
12.0～12.9	4.0	34.0～34.9	8.5
13.0～13.9	4.2	35.0～35.9	8.7
14.0～14.9	4.4	36.0～36.9	8.9
15.0～15.9	4.6	37.0～37.9	9.1
16.0～16.9	4.8	38.0～38.9	9.3
17.0～17.9	5.0	39.0～39.9	9.5
18.0～18.9	5.2	40.0～40.9	9.7
19.0～19.9	5.4	41.0～41.9	9.9
20.0～20.9	5.6	42.0～42.9	10.1
21.0～21.9	5.8	43.0～43.9	10.3
22.0～22.9	6.0	44.0～44.9	10.5
23.0～23.9	6.2	45.0～45.9	10.7
24.0～24.9	6.4	46.0～46.9	10.9
25.0～25.9	6.6	47.0～47.9	11.1
26.0～26.9	6.8	48.0～48.9	11.3
27.0～27.9	7.0	49.0～49.9	11.5
28.0～28.9	7.2	50.0～50.9	11.8
29.0～29.9	7.4	51.0～51.9	12.0
30.0～30.9	7.7	52.0～52.9	12.2
31.0～31.9	7.9	53.0～53.9	12.4

4. 控制劣变测定

(1) **适用范围。**适用于芸薹属种子的田间出苗和贮藏性能的测定。

测定宜采用未经杀菌处理的种子。种子若已进行了杀菌处理，处理可能会影响测定效果。

(2) **原理。**控制劣变属于逆境试验，与加速老化有所不同，是预先将种子水分提高到规定的统一水平，然后置于高温下，这样保证了所有样品忍受同样程度的劣变处理。高活力种子批能忍受这种逆境条件处理，控制劣变后仍能保持较高发芽率，而低活力种子批劣变较快，发芽率明显降低。

(3) **仪器、试剂。**水浴箱。能保持（45±0.5)℃的温度。

分析天平。感量为 0.000 1 克。

铝箔袋。大小规格以长 7～10 厘米、宽 5～6 厘米为宜，单层能放置 100 粒种子，放置种子后上方至少还能留有 3 厘米空间。已放入种子的铝箔袋经密封后应不渗水。

密封机。对铝箔袋进行防水密封。

滤纸或发芽纸。同 GB/T 3543.4。

容器。直径为 9 厘米的培养皿或发芽盒。

冰箱或低温培养箱。能保持（7±2)℃的温度。

水分测定仪器。同 GB/T 3543.6。

(4) **试验程序。**调整和平衡种子水分。先按 GB/T 3543.6 测定种子初始水分，然后将种子水分调整至 20%。一般情况下，在 9 厘米的发芽纸加 3～4 毫升水即可，纸上应无多余的水，此时纸是湿润而不是湿透，每一重复的加水量应一致。随机数取 4 个重复、每重复 100 粒种子，称重至 4 位小数。然后将每一重复种子置于容器内的湿润滤纸或发芽纸上吸胀。

通过定时对种子称重，称重至 4 位小数，以确定种子何时达到设定水分。达到水分 20%的种子按下列公式计算，计算至 4 位小数，修约至 3 位小数：

$$10\%\text{或}14\%\text{水分的次级样品重量}=\text{初始重量}\times\frac{100-\text{种子初始水分数值}}{100-10\text{或}14}$$

一般在置床后 1.25～1.5 小时达到设定水分，具体取决于种子批、实验室温度和相对湿度。

种子达到设定水分后，迅速放入铝盒。用密封机将铝盒密封，种子上方应有 3 厘米空间。将密封后的铝盒在（7±2)℃冰箱或培养箱中置 24 小时。

种子劣变。将 4 个重复的铝盒放入 45℃水浴中，(24±0.25）小时后取出，置流动的冷水中 5 分钟。

发芽试验。将 4 个重复的劣变种子按 GB/T 3543.4 进行发芽试验

(5) **结果计算与表示。**发芽种子总数（Total germinated seeds)，在控制劣变下发芽试验末期的正常幼苗和不正常幼苗数量之和。

记载每一重复总的发芽百分率（正常幼苗与不正常幼苗之和）和正常幼苗百分率。结果计算方法同 GB，采用 4 个重复的平均值，最后报告总的发芽百分率和正常幼苗百分率。

(6) **结果填报。**控制劣变测定种子活力结果应填报下列内容：

“发芽种子总数百分率”和“正常幼苗百分率”，结果修约至最近似的整数。两者均为零的，填报为“0”。

测定的相关信息，增加的种子水分、劣变时间和温度。

第三节　田间检验

一、田间检验

(一) 概述

田间检验是指在种子生产过程中，在田间对品种真实性进行验证，对品种纯度进行评估，同时对作物的生长状况、异作物、杂草进行调查，并确定其与特定要求符合性的活动。

田间检验含义中所述的品种真实性是指供检验的品种与文件记录（如标签、品种描述等）是否相符。品种纯度是指在品种特征特性方面典型一致的程度。杂草是指在种子收获过程中难以分离的或有害的检疫性植物。

在田间检验中，经常会遇到以下概念：

杂株率，是指检验样区内所有杂株（穗）占检验样区本作物总株（穗）数的百分率。

散粉株率，是指检验样区内花药伸出颖壳并正在散粉的植株占供检样区内本作物总株数的百分率。

淘汰值，在充分考虑种子生产者利益和较少可能判定失误的基础上，将样区内观察到的杂株与标准规定值进行比较，作出有风险接受或淘汰种子田决定的数值。

原种，用育种家种子繁殖的第一代至第三代，经确认达到规定质量要求的种子。大田用种，由常规原种繁殖的第一代至第三代或杂交种，经确定达到规定质量要求的种子。

田间检验目的是核查种子田的品种特征特性是否名副其实，以及影响收获种子质量的各种情况，从而根据这些检查的质量信息，采取相应的措施，减少剩余遗传分离、自然变异、外来花粉、机械混杂和其他不可预见的因素对种子质量产生的影响，以确保收获时符合规定的要求。

田间检验的有以下作用：一是检查制种田的隔离情况，防止因外来花粉污染而造成的纯度降低。二是检查种子生产技术的落实情况，特别是去杂、去雄情况。严格去杂，防止变异株及杂株（包括剩余遗传分离和自然变异产生的变异株）对生产种子纯度的影响。在种子生产过程中，通过田间检验，提出去杂去雄的建议，保证严格按照种子生产的技术标准生产种子。三是检查田间生长情况，特别是花期相遇情况。通过田间检验，及时提出花期调整的措施，防止因花期不育造成的产量和质量降低。同时及时除去有害杂草和异作物。四是检查品种的真实性和鉴定品种纯度，判断种子生产田生产的种子是否符合种子质量要求，报废不合格的种子生产田，防止低纯度的种子对农业生产的影响。五是通过田间检验，为种子质量认证提供依据。

（二）田间检验项目与检验时期

1. 田间检验项目

田间检验项目因作物种子生产田的种类不同而不同，一般把种子生产田分为常规种子生产田和杂交种子生产田。

常规种的种子田主要检查以下项目的内容：前作（上茬作物）、隔离条件；品种真实性；杂株百分率；其他植物植株百分率；种子田的总体状况（倒伏、健康等情况）。

生产杂交种的种子田主要检查以下项目的内容：隔离条件；花粉扩散的适宜条件；雄性不育程度；串粉程度（散粉株率）；父母本的真实性、品种纯度；适时先收获父本（或母本）。

2. 田间检验时期

种子田在生长季节期间可以检查多次，但至少应在品种特征特性表现最充分、最明显的时期检查一次，以评价品种真实性和品种纯度。常规种至少在成熟期检查一次，杂交种花期必须检验 2～3 次，蔬菜作物在商品器官成熟期必须增加一次检验。

（三）田间检验程序

1. 基本情况调查

（1）**了解情况。**田间检验前检验员必须掌握检验品种的特征、特性，同时通过面谈和检查档案，全面了解以下情况：被检单位及地址；作物、品种、类别（等级）；种子田的位置、种子田的编号、面积、农户姓名和电话；前茬作物情况；播种的种子批号、种子来源、种子世代；栽培管理情况，并检验品种证明书。

（2）**检查隔离情况。**种植者应向检验员提供种子田及其周边田块的地图。检验员应围绕种子田绕行一圈，检查隔离情况。若种子田与花粉污染源的隔离距离达不到要求，检验员必须建议部分或全部消灭污染源，以使种子田达到合适的隔离距离，或淘汰达不到隔离条件的部分田块。

（3）**检查品种真实性。**为进一步核实品种的真实性，有必要核查标签。检验员还必须了解种子田前茬作物情况，以避免来自前几年杂交种的母本自生植株的生长。

（4）**检查种子生产田的生长状况。**对于严重倒伏、杂草危害或另外一些原因引起生长不良的种子田，不能进行品种纯度评价，而应该被淘汰。当种子田处于中间状态时，检验员可以使用小区预控制（前控）的证据作为田间检验的补充信息，对种子田进行总体评价确定是否有必要进行品种纯度的详细检查。

2. 取样

（1）**确定样区的频率。**一般来说，总样本大小（包括样区频率和样区大小）应与种子田作物生产类别的要求联系起来，并符合4N原则。如果规定的杂株标准为1/N，总样本大小至少应为4N，这样对于杂株率最低标准为0.1%（即1/1 000），其样本大小至少应为4 000株（穗）。

（2）**确认样区大。**样区的大小和模式取决于被检作物、田块大小、行播或撒播，自交或异交以及种子生长的地理位置等因素。对于面积较小（小于10公顷）的常规种，每样区至少含500（株）；对于面积大于10公顷常规种子的种子田，可采用大小为1米宽、20米长，面积20米^{2}与播种方向成直角的样区；对于生产杂交种的种子田检验，可将父母行视为不同的“田块”。

（3）**决定样区分布。**取样样区的位置应覆盖整个种子田。这要考虑种子田的形状和大小，每一种作物特定的特征。取样样区分布应是随机和广泛的，不能故意选择比一般水平好或坏的样区。在实际过程中，为了做到这一点，先确定两个样区的距离，还要考虑播种的方向，这样每一样区能尽量保证通过不同条播种子。

3. 检验

田间检验员应缓慢地沿着样区的预定方向前进，通常是边设点边检验，直接在田间进行分析鉴定，在熟悉供检品种特征特性的基础上逐株观察。应借助于已建立的品种间相互区别的特征特性进行检查，以鉴别被测品种与已知品种特征特性一致性；宜采用主要性状来评定品种真实性和品种纯度。当仅采用主要性状难以得出结论时，可使用次要性状。检验时沿行前进，以背光行走为宜，尽量避免在阳光强烈、刮风、大雨的天气下进行检查。

（四）结果计算与表示

检验完毕，将各点检验结果汇总，计算各项成分的百分率。

1. 品种纯度

品种纯度有两种表示方式：淘汰值以及杂株（穗）率。

（1）**淘汰值。**对于品种纯度高于99.0%或每公顷低于1百万株或穗的种子田，需要采用淘汰值。对于育种家种子、原种是否符合要求，可利用淘汰值确定。

要查出淘汰值，应计算群体株（穗）数。对于行播作物（禾谷类等作物，通常采取数穗而不数株），可应用以下公式计算每公顷植株（穗）数：

$$P = 1\ 000\ 000M/W$$

式中：P——每公顷植株（穗）总数；

M——每一样区内1米行长的株（穗）数的平均值；

W——行宽（厘米）。

对于撒播作物，则计数0.5米^{2}面积中的株数。撒播每公顷群体可应用以下公式计算：

$$P = 20\ 000 \times N$$

式中：P——每公顷植株数；

N——每样区内0.5米^{2}面积的株(穗)数的平均值。

根据群体数，从表12－16中查出相应的淘汰值，如果变异株大于或等于规定的淘汰值，就应淘汰该种子批。

表 12-16　总样区面积为 200 米^2 在不同品种纯度标准下的淘汰值

估计群体（每公顷植株/穗）	品种纯度标准				
	99.9%	99.8%	99.7%	99.5%	99.0%
	200 米^2 样区的淘汰值				
60 000	4	6	8	11	19
80 000	5	7	10	14	24
600 000	19	33	47	74	138
900 000	26	47	67	107	204
1 200 000	33	60	87	138	—
1 500 000	40	73	107	171	—
1 800 000	47	87	126	204	—
2 100 000	54	100	144	235	—
2 400 000	61	113	164	268	—
2 700 000	67	126	183	298	—
3 000 000	74	139	203	330	—
3 300 000	81	152	223	361	—
3 600 000	87	165	243	393	—
3 900 000	94	178	261	424	—

(2) 杂株（穗）率。对于品种纯度低于 99.0%或每公顷超过 1 000 000 株或穗。

2. 其他指标

杂交制种田，应计算父母本杂株散粉株及母本散粉株。

（五）报告

田间检验员应根据检验结果，签署下列意见：

①如果田间检验的所有要求如隔离条件、品种纯度等都符合生产要求，建议被检种子田符合要求。

②如果田间检验的所有要求如隔离条件、品种纯度等有一部分未符合生产要求，而且通过整改措施（如去杂）可以达到生产要求，应签署整改建议。整改后，还要通过复查，确认符合要求后才可建议被检种子田符合要求。

③如果田间检验的所有要求如隔离条件、品种纯度等有一部分或全部不符合生产要求，而且通过整改措施仍不能达到生产要求，如隔离条件不符合要求、严重倒伏等，应建议淘汰被检种子田。

二、小区种植鉴定

1. 概述

小区种植鉴定主要目的：确定样品与品种描述是否名副其实，即通过对田间小区内种植的有代表性样品的植株与标准样品生长植株进行比较，来判断其品种真实性是否相符；确定样品检测值是否符合国家发布的品种纯度标准要求。即田间小区种植鉴定中的非典型株（即变异株）的数量是否超过国家规定的最低标准要求。

2. 鉴定过程步骤

(1) 选择田块。在选定小区鉴定的田块时，必须确保小区种植田块的前作符合 GB/T 3543.5—1995 的要求。这可通过检查该田块的前作档案，确认该田块已经过精心策划的轮作，种子收获时散落在田块的作物种子和杂草种子已得到清除。

在考虑前作状况时，应特别注意土壤中的休眠种子或未发芽的种子。现已证实，许多作物种的种子，在条件适宜时可在土壤中存活许多年。如那些含油量较高的种子（欧洲油菜和芜菁）；籽粒较小的禾谷类种子在条件适宜时也能存活几年。

为了使小区出苗快速而整齐，除考虑前作要求外，应选择土壤均匀、良好的田块。

（2）设计小区。为了使小区种植鉴定的设计便于观察，应考虑以下几个方面：①最简单的布局是将同一品种、类似品种的所有样品连同提供比较的标准样品种在一起，以突出它们之间的任何细微差异。②在同一品种内，把同一生产单位生产、同期收获的有相同生产历史的相关种子批播在一起，便于记载。这样，搞清了一个小区内的变异株情况后，就便于检验其他小区的情况。③当要对数量性状进行量化时，如测量叶长、叶宽和株高等，小区设计要采用符合田间统计要求的随机小区设计。④如果资源充分允许，小区种植鉴定可设重复。⑤小区鉴定种植株数，究竟种植多少株是很难统一规定的，因为这涉及权衡观察大样品的费用与时间以及应得出错误结论的风险。必须牢记，要根据检测的目的确定株数，如果是要测定品种纯度并与发布的质量标准进行比较，必须种植较多的株数。为此，OECD（国际经合组织）规定了一条基本的原则：一般来说，若品种纯度标准为 $X\%=(N-1)\times 100\%/N$，种植株数 $4N$ 即可获得满意结果。如纯度要求 99%，即 1/100，N 为 100，种植 400 株即可达到要求。⑥小区种植的行、株间应有足够的距离。《国际种子检验规程》推荐：禾谷类及亚麻的行距为 20～30 厘米，其他作物为 40～50 厘米；每行长中的最适种植株数为：禾谷类 60 株，亚麻 100 株，蚕豆 10 株，大豆和豌豆 30 株，芸薹属 30 株。其实，在实际操作中，行株距都是依实际情况而定，只要有足够的行株距就行，所以 GB/T 3543.5 与 OECD 规定一致，没有作出具体的规定。

（3）小区管理。小区的管理要求通常如同大田生产粮食的管理，不同的是，不管什么时候都要保持品种的差异和品种的特征特性，做到在整个生长阶段都能允许检查小区的植株状况。

小区种植鉴定只要求观察其特征特性，不要求高产，土壤肥力应中等。对于易倒伏作物（特别是禾谷类）的小区鉴定，尽量少施化肥，有必要把肥料水平减到最低程度。

使用除草剂和植物生长调节剂必须小心，因为它们会影响植株的特征特性。

（4）鉴定和记录。小区种植鉴定在整个生长季节都可观察，有些种在幼苗期就有可能鉴别出品种，但成熟期（常规种）、花期（杂交种）和食用器官成熟期（蔬菜种）是品种特征特性表现最明显的时期，必须进行鉴定。记载的数据用于结果判别时，原则上要求花期和成熟期相结合，并通常以花期为主。小区鉴定记载也包括种纯度和种传病害的存在情况。

（5）结果计算与容许差距。品种纯度结果表示有以变异株数目表示和以百分率表示两种方法。

以变异株数目表示：

GB/T 3543.5 所规定的淘汰值就是以变异株数表示，如纯度 99.9%，种植 4 000 株，其变异株或杂株不应超过 9 株（称为淘汰值）；如果不考虑容许差距，其变异不超过 4 株。淘汰数值是在考虑种子生产者利益和有较少可能判定失误的基础上，把一个样本内观察到的变异株数与发布的质量标准进行比较，在充分考虑作出有风险接受或淘汰种子批的决定。不同标准的淘汰值不同，可采用下列公式进行计算：

$$R = X + 1.65\sqrt{X + 0.8} + 1 \text{（结果舍去所有小数位数）}$$

式中：R——淘汰值；

X——标准所换算成的变异株数，如纯度 99.0%，在 2 000 株中的变异株数为 $2\,000\times(100\%-99.0\%)=20$，即 $X=20$。

以百分率表示：

将所鉴定的本品种、异品种、异作物和杂草等均以所鉴定植株的百分率表示。田间小区鉴定的品种纯度结果可采用下式计算：

$$\text{品种纯度（\%）} = \frac{\text{本作物的总株数} - \text{变异株（非典型株）数}}{\text{本作物的总株数}} \times 100$$

结果保留一位小数。

容许差距计算公式：

$$T = 0.65\sqrt{\frac{p \times q}{N}}$$

式中：p——品种纯度的数值；

q——$100-p$；

N——种植株数。

在小区种植鉴定判定中，当采用以百分率表示品种纯度时，如果品种纯度低于所描述的品种纯度数值（P），这时应该采用容许差距计算公式计算容许误差，将“计算的品种纯度与容许误差之和”同所描述的品种纯度的数值进行比较。

第四节　国内外农作物种子常规检验技术概况

一、国际种子检验的起源与发展

种子检验起源于欧洲。德国的诺培博士于1871年编写出版了《种子手册》，1 884在萨兰德建立了第一所种子检验室。由此，诺培博士成为公认的种子科学和种子检验创始人。

1897年美国颁布了检验规程。

1892年通过了世界上第一个跨越国家的斯堪的维亚种子检验规程，1906年德国汉堡举行第一次国际种子大会，使种子检验向国际合作迈了第一步。1921年在丹麦哥本哈根召开第三次国际大会，创立了欧洲种子检验协会。1924年在英国剑桥召开第四次国际大会，决定把原名改为现在的国际种子检验协会（ISTA），多次颁布了《国际种子检验规程》（1953年、1966年、1985年、1993年、1996等），该会每年召开一次会员国国际种子检验会议，交流种子检验科技进展情况。

二、国际种子及种子检验组织

国际种子及种子检验组织有：ISTA（国际种子检验协会，现设在瑞士苏黎世（International seed Testing Association））、AOSA（北美官方种子分析家协会，1908年在美国纽约成立）、OECD（国际经合组织，1961年成立，对种子科技发展十分重要）、ISO（国际标准化组织，1947年成立）、FAO（联合国粮农组织，设有国际种子检验分部）、FIS（国际种子贸易协会）、IUBS（国际生物科学联合会）、EU（欧盟）、UPOV（国际植物新品种保护联盟）、AOSCA（官方种子认证机构协会）、ICIA（国际作物改良协会）。

三、我国种子检验发展概况

1956年农业部成立种子局，下设检验室。1957年委托浙江农学院办种子干部培训班，推广苏联经验，以后各地陆续建立检验科。

1976年农业部颁发《农作物种子检验办法》和《主要农作物种子分级标准》《主要农作物种子检验技术和操作规程》（试行）。

1981年在天津成立种子协会，并建立检验分会和技术委员会。

1983年国家标准局颁布GB3543—83《农作物种子检验规程》（以下简称《83规程》）和《农作物种子质量分级标准》，一直沿用到1996年。它对推动我国种子检验工作规范化、加强种子管理和提高种子质量起到了积极作用，但也存在一些严重缺陷，与国际标准差别较大。

1995年国家标准局颁布新规程和标准。

GB/T 3543.7—1995 简称《95 规程》或新规程、新国标。其特点如下：

1. 全面调整了种子检验方法构成的标准体系

《83 规程》共 5 万字，《95 规程》10 万多字，《95 规程》是国外先进标准复合体。“净度、发芽率测定”等效采用国际标准（93 版）；“真实性和品种纯度鉴定内容中有 TSTA93 版第八部分，而田间小区种植鉴定中则又采用 OECD 认证方案内容，并非完全等效于 TSTA 规程。《95 规程》与《83 规程》比，约有 90%的内容不相同。

2. 田间检验内容从规程中删除

田间检验不是种检范畴，拟作单独“田间检验”标准另行报批，它属于种子认证范畴，由 OECD 修订，多为企业使用，因此以后种子检验不再采用田检、室检两环节的做法。

目前田检规程尚未出台，而在实际工作中田检规程又必不可少，特别是纯度田检，所以也是质量控制的重要环节，由种子公司负责。

3. 净度分析

采用快速法过去分为好种子、废种子、有生命杂质、无生命杂质四个部分，现在改为净种子、其他植物种子、和杂质三个部分。

4. 废止签证做法

废止了签证做法，改为签发结果报告单。

5. 营养器官检验执行产品标准

《95 规程》没有对营养器官检验方法作出规定（国际检验规程中也无）。因此检验中的种子指有性过程产生的，通常所见的传播单位，仅包括真种子及类似种子的果实（如瘦果、颖果、分果、小花等）。

6.《83 规程》为强制性标准，《95 规程》为推荐性标准

当前国际种业界有影响力的种子检验组织主要有 OECD 以及 ISTA 等。ISTA 检验技术及手册详细且规范，对不同植物种子的检测标准都有严格地要求，同时在种子种前、产后的监控，对于企业的要求也很高，国内企业是否能做到全程跟踪也备受关注。中国的《农作物种子检验规程》标准参照国际种子检验规程（ISTA，1993 版），而 ISTA 分年代、时期，并不断修订和颁布《国际种子检验规程》，如今已经修订到了 2010 版。其目的就是为统一种子检验的技术条件，保证检测结果的一致性；提供科学、实用的检测依据，提高检测结果的准确性、重演性。为达此目的，ISTA 制定了种子检验室认可及准入标准，每年定期开展种子检验室能力对比检验考核，保证了种子检验实验室所检测种子质量结果的准确性。就中国目前的种子检验而言，总体水平还比较落后，常规检验尚未普及，与国际接轨差距更大。同时，由于中国的蔬菜种子检验并没有国际上认可的实验室承担，这就造成中国的蔬菜种子在出口过程中必须拿到国外去进行种子质量的常规检验，使得出口国的种子质量受制于进口国的检验。这就迫切要求建立国际上承认的蔬菜种子质量检测机构，为中国的出口蔬菜种子质量把关，让中国的蔬菜种子质量得到全世界的认可。

附录：幼苗鉴定总则

正确鉴定幼苗是发芽试验中一个最重要的环节，全面掌握正常幼苗和不正常幼苗鉴定标准，认真鉴别正常幼苗和不正常幼苗，对获得正确可靠的发芽试验结果非常重要。

一、正常幼苗的鉴定标准

正常幼苗分为完整幼苗、带有轻微缺陷的幼苗和次生感染的幼苗三类。

凡符合下列类型之一者为正常幼苗：

（一）完整幼苗

幼苗主要构造生长良好、完全、匀称和健康。因种不同，应具有下列一些构造。

1. 发育良好的根系组成

细长的初生根，通常长满根毛，末端细尖。在规定试验时期内产生次生根。在燕麦属、大麦属、黑麦属、小麦属和小黑麦属中，由数条种子根代替一条初生根。

2. 发育良好的幼苗中轴组成

出土型发芽的幼苗，应具有一个直立、细长并有伸长能力的下胚轴。留土型发芽的幼苗，应具有一个发育良好的上胚轴。在出土型发芽的一些属（如菜豆属、花生属）中，应同时具有伸长的上胚轴和下胚轴。在禾本科的一些属（如玉米属、高粱属）中，应具有伸长的中胚轴。

3. 具有特定数目的子叶

单子叶植物具有一片子叶，子叶可为绿色圆管状（葱属），或因变形而全部或部分遗留在种子内（如石刁柏、禾本科）。双子叶植物具有二片子叶，在出土型发芽的幼苗中，子叶为绿色，展开呈叶状；在留土型发芽的幼苗中，子叶为半球形和肉质状，并保留在种皮内。

4. 具有展开、绿色的初生叶

在互生叶幼苗中有一片初生叶，有时先发生少数磷状叶，如豌豆属、石刁柏属、巢菜属。在对生叶幼苗中有两片初生叶，如菜豆属。

5. 具有一个顶芽或苗端

6. 具有健康的芽鞘

在禾本科植物中有一个发育良好、直立的芽鞘，其中包着一片绿叶延伸到顶端，最后从芽鞘中伸出。

（二）带有轻微缺陷的幼苗

幼苗主要构造出现某种轻微缺陷，但在其他方面能均衡生长，并与同一试验中的完整幼苗相当。有下列缺陷则为带有轻微缺陷的幼苗。

1. 初生根

初生根局部损伤，或生长稍迟缓。初生根有缺陷，但次生根发育良好，特别是豆科中一些大粒种子的属（如菜豆属、豌豆属、巢菜属、花生属、豇豆属和扁豆属）、禾本科中的一些属（如玉米属、高粱属和稻属）、葫芦科所有属（如甜瓜属、南瓜属和西瓜属）和锦葵科所有属（如棉属）。燕麦属、大麦属、黑麦属、小麦属、和小黑麦属中有一条粗壮的种子根。

2. 下胚轴、上胚轴或中胚轴局部损伤

3. 子叶（采用“50%规则”）

子叶局部损伤，单子叶组织总面积的一半或一半以上仍保持着正常的功能，并且幼苗顶端或其周围组织没有明显的损伤或腐烂。双子叶植物仅有一片正常子叶，但其幼苗顶端或其周围组织没有明显的损伤或腐烂。

4. 初生叶

初生叶局部损伤，但其组织总面积的一半或一半以上仍保持着正常的功能（采用“50%规则”）。顶芽没有明显的损伤或腐烂，有一片正常的初生叶，如菜豆属。菜豆属的初生叶正常，大于正常大小的1/4。具有三片初生叶而不是两片，如菜豆属（采用“50%规则”）。

5. 芽鞘

芽鞘局部受伤。芽鞘从顶端开裂，但其裂缝长度不超过芽鞘的1/3。受内外稃或果皮的阻挡，芽鞘轻度扭曲或形成环状。芽鞘内的绿叶，没有延伸到芽鞘顶端，但至少要达到芽鞘的一半。

（三）次生感染的幼苗

由真菌或细菌感染引起，使幼苗主要构造发病和腐烂，但有证据表明病源不来自种子本身。

二、不正常幼苗的鉴定标准

不正常幼苗分为受损伤的幼苗、畸形或不匀称的幼苗和由初生感染的腐烂幼苗三类：

（一）受损伤的幼苗

由机械处理、加热、干燥、冻害、化学处理、昆虫损害等外部因素引起，使幼苗构造残缺不全或受到严重损伤，以致不能均衡生长者。这类所产生的不正常幼苗类型主要有：子叶或幼苗中轴开裂并与其他幼苗构造分离；下胚轴、上胚轴或子叶横裂或纵裂；胚芽鞘损伤或顶部破裂；初生根开裂、残缺或缺失。

（二）畸形或不匀称的幼苗

由于内部因素引起生理紊乱，生长细弱，或存在生理障碍，或主要构造畸形或不匀称者。这类所产生的不正常幼苗类型主要有：初生根停滞或细长；根负向地性生长；下胚轴、上胚轴或中胚轴粗短、环状、扭曲或螺旋形；子叶卷曲、变色或坏死；胚芽鞘短而畸形、开裂、环状、扭曲或螺旋形；缺失叶绿素（幼苗黄化或白化）；幼苗纤细；幼苗透明水肿状（玻璃体）。

（三）腐烂幼苗

由初生感染（病源来自种子本身）引起，主要构造发病和腐烂，正常生长受妨碍者。

在实际应用过程中，不正常幼苗只占少数，只要能鉴别不正常幼苗就行。凡幼苗带有下列其中一种或一种以上的缺陷则列为不正常幼苗。

1. 根

初生根残缺、短粗、生长停滞、缺失、破裂、从顶端开裂、缩缢、纤细、卷缩在种皮内、负向地性生长、水肿状，发生由初生感染所引起的腐烂。

种子根没有或仅有生长力弱的一条。

2. 下胚轴、上胚轴或中胚轴

下胚轴、上胚轴或中胚轴缩短而变粗，深度横裂或破裂，纵向裂缝（开裂），缺失，缩缢，严重扭曲，过度弯曲，形成环状或螺旋形，纤细，水肿状（玻璃体），发生由初生感染所引起的腐烂。

3. 子叶（采用“50%规则”）

除葱属外所有属的子叶缺陷：子叶肿胀卷曲，畸形，断裂或有其他损伤，分离或缺失，变色，坏死，水肿状，发生由初生感染所引起的腐烂。

葱属子叶的特定缺陷：葱属子叶缩短而变粗，缩缢，过度弯曲，形成环状或螺旋形，无明显的“膝”，纤细。

4. 初生叶（采用“50%规则”）

初生叶畸形，损伤，缺失，变色，坏死，发生由初生感染所引起的腐烂，虽形状正常，但小于正常叶片大小的1/4。

5. 顶芽及周围组织

顶芽及周围组织畸形，损伤，缺失，发生由初生感染所引起的腐烂。

6. 胚芽鞘和第一片叶（禾本科）

胚芽鞘畸形，损伤，缺失，顶端损伤或缺失，严重过度弯曲，形成环状或螺旋形，严重扭曲，裂缝长度超过从顶端量起的1/3，基部开裂，纤细，发生由初生感染所引起的腐烂。

第一片叶延伸长度不到胚芽鞘的一半，缺失，撕裂或者其他畸形。

7. 整个幼苗

整个幼苗畸形、断裂；子叶比根先长出；两株幼苗连在一起；幼苗黄化或白化，纤细，水肿状，发生由初生感染所引起的腐烂。

第十三章　农作物品种 DNA 指纹鉴定技术

近年来，随着育种水平的提高和种子产业的发展，农作物新品种选育速度明显加快，新品种层出不穷，为我国粮食连续增产做出了重要贡献。然而，由于一些作物骨干亲本的集中频繁使用，使得育成品种间的遗传差异越来越小，依据形态性状进行品种田间检验越来越困难；同时由于形态鉴定的时效性差，容易受到环境与主观因素的影响，品种的监督检测也难以开展，从而给一些不法分子可乘之机，品种“多、乱、杂”以及品种侵权套牌等行为较为严重，损害农民利益，也损害品种权人合法权益，不但扰乱公平竞争的市场秩序，更严重挫伤育种者科技创新的积极性。

DNA 指纹技术是从分子水平区别不同种类生物之间以及同种生物之间差异的重要手段，为 DNA 多态性研究提供了便利的技术手段，可用于植物种质资源保护、品种鉴定、作物遗传育种等。发展 DNA 指纹鉴定技术为打击假冒伪劣种子、保护育种者、种子生产经营企业和农民的合法权益提供重要技术保障，是规范我国种子市场，提高我国种子产业国际市场竞争力的迫切需要。

第一节　DNA 指纹鉴定技术概述

DNA 指纹技术可从 DNA 分子水平上对品种进行鉴定，具有准确可靠、简单快速、易于自动化的优点。SSR 标记作为目前最主要的农作物指纹鉴定技术之一，经过十多年的研究，在我国取得长足发展，主要农作物 SSR 指纹鉴定技术的标准化体系初步建立。

一、品种鉴定技术的发展

随着人们对生物遗传机理研究的不断深入，农作物品种鉴定技术的也由形态学逐步过渡到分子生物学（图 13－1）。早期，人们依据农作物的主要形态特征对品种进行识别，该方法简便、直观、经济，但是由于许多形态学性状鉴定周期长、受环境影响大，并且随着育种亲本的利用集中化，品种鉴定愈来愈困难，形态学方法也就越来越不适应于品种鉴定和纯度分析的需要。后来，随着电泳技术的发展，种子贮藏蛋白电泳和同工酶电泳技术得到应用，蛋白质电泳能产生品种特征特性的蛋白质标记，能准确地将不同品种区分开，而且稳定性、重复性好，具有很强的适用性。但是蛋白质电泳技术也存在一些问题，对某些作物尤其对亲缘关系比较近的品种难以鉴别。同工酶电泳技术能分析大量样品，技术也比较简单，但是同工酶具有组织特异性、可利用的数量少、多态性少、对酶的提取要求高等缺点，因而在品种鉴别上常因同工酶选择不当而得不到应有的结果。20 世纪 90 年代之后发展起来的 DNA 指纹技术，主要依靠分子标记来构建品种的指纹。常用的标记有 RAPD（随机扩增多态性 DNA）、AFLP（扩增片段长度多态性）、SSR（简单重复序列）等，以及新兴的 SNP（单核苷酸多态性）。它是真正意义上 DNA 水平上遗传多样性的直接反映，同其他标记相比具有遗传多态性高，大多数为共显性遗传，选择中性遗传、稳定性和重复性较好，信息量大、分析效率高等优点，随着检测手段的不断完善，在农作物品种鉴定中发挥着重要作用。

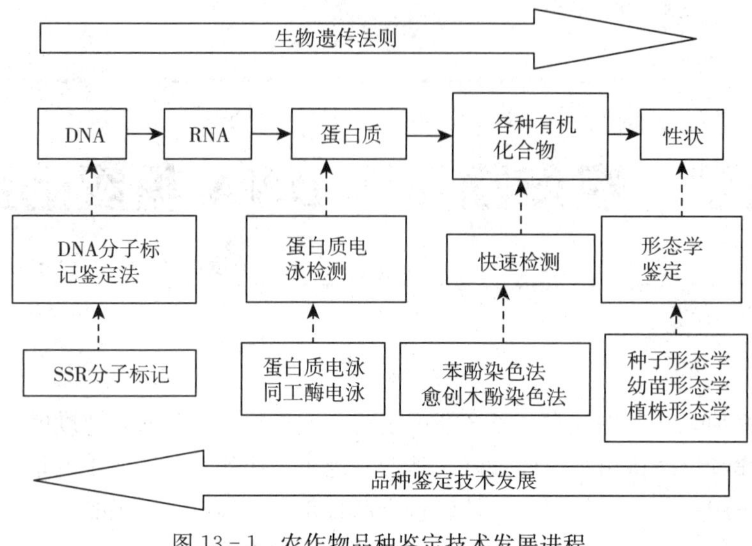

图 13-1 农作物品种鉴定技术发展进程

二、DNA 指纹鉴定技术特点

DNA 指纹图谱技术是随着分子生物学发展而建立起来的应用性的遗传种质分析方法。DNA 指纹图谱是 1985 年英国科学家 Jeffreys 命名的，是基于生物物种或个体的 DNA 序列特异性，利用分子生物学技术，将这种 DNA 序列特异性通过特异的 DNA 条带图谱显示出来。DNA 指纹图谱可直接反映生物的遗传物质在 DNA 分子水平上的差异，具有较高的多态性，就像人的指纹一样，简单而稳定的遗传性。因此，自 DNA 指纹技术建立以来，这一技术迅速在法医学、动植物的进化关系、亲缘关系分析方面得到广泛应用。

在作物品种鉴定方面，由于遗传背景的差异，同一类作物的不同品种之间存在大量的多态性标记，某一品种总能找出有别于其他品种的特异标记，我们将这种特异性的标记或者标记组合称为该品种的 DAN 指纹，所有品种的 DAN 指纹放在一起便构成该物种的 DNA 指纹图谱库。DNA 指纹鉴定技术是以生物 DNA 的多态性分子标记为基础的，它能够反映植物在 DNA 水平上的差异，是继形态标记、细胞标记和生化标记之后发展起来的一种较为理想的遗传标记形式。与前三种标记形式相比，它克服了形态、细胞、生化等标记的许多缺陷，并具有以下优越性：①直接以 DNA 的形式表现，不受季节、环境等限制，在植物的各个器官组织和发育时期均可检测到；②检测位点极多，遍及整个基因组，多态性高；③许多分子标记表现为共显性，能够鉴别纯合基因型与杂合基因型，提供完整的遗传信息；④检测迅速，操作简单，易标准化。

三、我国农作物 SSR 指纹鉴定技术开发

（一）SSR 标记技术的原理

虽然多种 DNA 标记技术都可以用于品种鉴定，但是适合品种鉴定实际应用的分子标记技术应具备以下特点：①多态性丰富，分辨能力强；②实验结果稳定、重复性好；③在不同的实验室和不同的平台之间，检测数据具有很好的可重复再现性；④标记位点分布情况清楚；⑤为共显性标记；⑥为中性变异标记；⑦数据容易标准化；⑧技术不受专利限制；⑨技术成熟、方法可靠；⑩简便易行成本低。综合考虑现有的常用标记技术（表 13-1），SSR 标记是较为适宜的方法，也是现阶段指纹鉴定研究的主要技术。

SSR（Simple sequence repeats，SSR），即简单重复串联序列，也称为微卫星 DNA（MicrosatelliteDNA)，其串联重复的核心序列为1～6核苷酸，重复单位数目多为10～60个，SSR标记高度多态性主要来源于串联数目的不同（图13-2）。SSR在植物中很丰富，均匀分布于整个植物基因组中，但不同植物中SSR出现的频率变化是非常大，如在主要的农作物中两种最普遍的二核苷酸重复单位$(AC)_n$和$(GA)_n$在水稻、小麦、玉米、烟草中的数量分布频率是不同的。在小麦中估计有3 000个$(AC)_n$序列重复和约6 000个$(GA)_n$序列重复，两个重复之间的平均距离分别为704千碱基对、440千碱基对，而在水稻中，$(AC)_n$序列重复约有1 000个左右，$(GA)_n$重复约有2 000个，重复之间的平均距离分别为450千碱基对、225千碱基对。另外在植物中也发现一些三核苷酸和四核苷酸的重复，其中最常见的是$(AAG)_n$、$(AAT)_n$。

表13-1　常用DNA分子标记技术特性比较

特性	RFLP	RAPD	SSR	ISSR	AFLP
分布	普遍存在	普遍存在	普遍存在	普遍存在	普遍存在
遗传	共显性	多数显性	共显性	多数显性	多数显性
多态性	中	高	高	高	非常高
等位检测	是	不是	是	不是	不是
检测位点数	1～3	1～10	1～5	0～50～更多	20～100
样品信息量	低～中	高	高	高	非常高
基因组区域	底拷贝编码	整个基因组	整个基因组	整个基因组	整个基因组
技术难度	中等	简单	简单	简单	中等
重复性	高	中等	高	高	高
DNA样品量	2～30微克	1～100纳克	50～100纳克	2～50纳克	100纳克
耗费时间	慢	快	快	快	中等
可靠性	高	中等	高	高	高

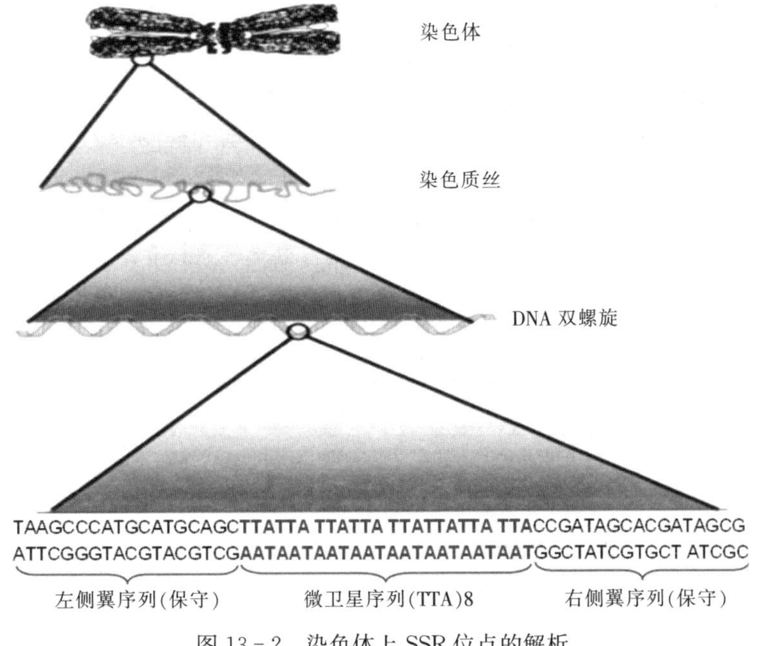

图13-2　染色体上SSR位点的解析

SSR标记技术的基本原理：根据SSR核心序列两端保守序列设计特异扩增引物，通过PCR扩增反应（又称聚合酶链反应，Polymerase chain reaction，PCR）扩增SSR片段，由于不同品种核心序列串联重复数目不同，因而能够用PCR的方法扩增出不同长度的PCR产物，将扩增产物进行凝胶电泳，根据分离片段的长度大小鉴定不同的品种（图13-3）。

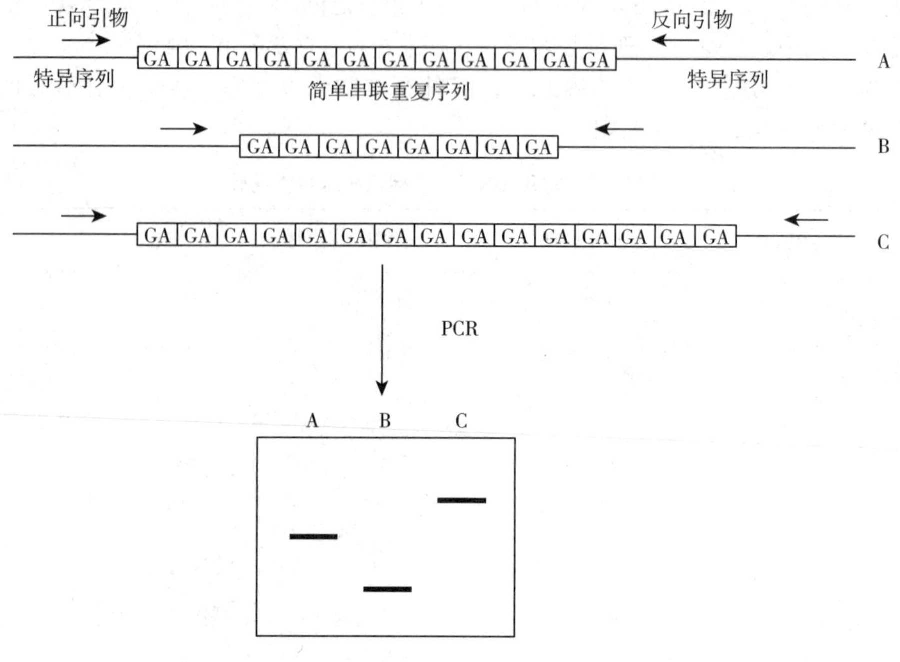

图13-3　SSR分子标记技术原理

注：A、B、C代表三个不同品种，重复核心序列为（GA）n

（二）SSR指纹技术研究与标准化

我国农作物DNA指纹鉴定技术发展的时间不是很长，但取得巨大成果。2000年以后，我国才正式开展农作物品种DNA指纹鉴定技术的研究，起初由于各种作物可用SSR标记数量较少，主要还是以第一代分子标记RAPD标记技术研究为主，但是后来研究发现RAPD技术重复性和稳定性较差，且多态性不高，并不适合品种的鉴定，因此研究的时间较短。到了2003年左右，随着SSR标记技术的不断发展和完善，特别是玉米、水稻等主要农作物基因组计划的实施，大批量的SSR标记被开发出来，促进了SSR标记技术研究的快速发展。经过多年的研究，北京市农林科学院玉米研究中心首先在玉米上取得突破，通过对DNA提取方法的改进、PCR扩增和检测系统的优化、引物筛选和引物组合的验证，最终建立了玉米品种DNA指纹鉴定技术标准（NY/T 1 432—2007），该标准也是国内首个农作物品种DNA分子鉴定的行业标准，极大促进了我国农作物品种指纹鉴定技术的应用。随后，水稻、大豆等作物的分子检测标准陆续制定并颁布。截至2014年6月底，目前现行有效的农作物分子检测标准有19项，涉及15类农作物（表13-2）。

表13-2　现行有效的农作物品种DNA鉴定标准

序号	标准号	标准名称	标准类别
1	NY/T 1432—2014	玉米品种鉴定技术规程 SSR标记法（替代NY/T 1432—2007）	行业标准
2	NY/T 1433—2014	水稻品种鉴定技术规程 SSR标记法（替代NY/T 1433—2007）	行业标准
3	DB11/T 507—2007	玉米品种纯度及真实性SSR分子检测方法	地方标准
4	DB51/T 808—2008	杂交玉米品种真实性和纯度SSR分子检测技	地方标准
5	DB11/T 829—2011	白菜品种纯度及真实性分子检测方法	地方标准

（续）

序号	标准号	标准名称	标准类别
6	NY/T 2474—2013	黄瓜品种鉴定技术规程 SSR分子标记法	行业标准
7	NY/T 2475—2013	辣椒品种鉴定技术规程 SSR分子标记法	行业标准
8	NY/T 2476—2013	大白菜品种鉴定技术规程 SSR分子标记法	行业标准
9	NY/T 2478—2013	苹果品种鉴定技术规程 SSR分子标记法	行业标准
10	NY/T 2477—2013	百合品种鉴定技术规程 SSR分子标记法	行业标准
11	NY/T 2473—2013	结球甘蓝品种鉴定技术规程 SSR分子标记法	行业标准
12	NY/T 2472—2013	西瓜品种鉴定技术规程 SSR分子标记法	行业标准
13	NY/T 2470—2013	小麦品种鉴定技术规程 SSR分子标记法	行业标准
14	NY/T 2469—2013	陆地棉品种鉴定技术规程 SSR分子标记法	行业标准
15	NY/T 2468—2013	甘蓝型油菜品种鉴定技术规程 SSR分子标记法	行业标准
16	NY/T 2467—2013	高粱品种鉴定技术规程 SSR分子标记法	行业标准
17	NY/T 2466—2013	大麦品种鉴定技术规程 SSR分子标记法	行业标准
18	NY/T 2595—2014	大豆品种鉴定技术规程 SSR分子标记法	行业标准
19	NY/T 2859—2015	主要农作物品种真实性 SSR分子标记检测普通小麦	行业标准

四、我国农作物SSR指纹图谱库构建

DNA指纹技术的应用范围很大程度上取决于指纹图谱的构建，一个覆盖已知品种的指纹图谱库是有效开展品种鉴定的关键。DNA指纹库的构建是一个复杂系统的工程，为了数据库的标准化，需要制定一套原则和规范。一是标记方法和引物来源。UPOV在2005年拟定的BMT测试指南草案中建议使用SSR和SNP作为建库方法，而SSR标记由于技术成熟，成为当前各种农作物建库的首选。为方便检测数据的一致性比对，对于有检测标准的作物，引物选用应以标准提供的引物为主。二是电泳检测平台的确立。用于指纹鉴定电泳的有普通银染法和荧光毛细管电泳法，而毛细管电泳法因结果更加准确、易于标准化、数据兼容性强等优点已成为目前建库的主要方法。三是要严格控制用于图谱构建的所有生化试剂的质量，确保结果的稳定性。四是样品的来源要权威，最好是由农业主管部门征集的标准样品，且经过育种者的真实性承诺。五是数据库的验证。对于构建的数据库必须经过不同实验室进行验证，评价数据库的质量。六是开发一套图谱分析管理软件，实现图谱智能化管理和分析处理，提高图谱的应用效率。

目前我国科研单位建立大量的不同作物DNA指纹数据库，但技术上普遍不规范，而且库容品种数量少，在实际检测上用途不大。其中影响较大且在实际检测中得到应用的是北京市农林科学院玉米研究中心开发的玉米DNA指纹数据库及其管理系统（网址为http：//www.maizeDNA.com），该系统具有数据管理、数据浏览和数据分析3部分功能，汇总了品种的基本信息、形态数据和图片、DNA指纹数据和指纹图谱等各种数据信息，是目前国内进行玉米真伪鉴定的主要数据库。

五、北京市重要农作物品种鉴定技术研究进展

作为种子管理与种子质量检测机构，北京市种子管理站一直把检测新技术研究与应用作为加强种子质量管理的重要手段，也是在行业内较早开展分子检测技术研究与应用的机构之一。从2006年起，开始了大白菜、西瓜、番茄、草莓、生菜和辣椒六种北京市重要农作物的DNA指纹鉴定技术研究工作，取得一些成果。

（1）**采用两步法筛选出适合品种鉴定的多态性 SSR 引物。**引物初筛以 16～24 个外形差异大、遗传纯度高的杂交品种作为材料，利用生物大分子分析仪（LabChip GX）从大量 SSR 引物中筛选具有一定多态性（等位基因数大于或等于 2 个），扩增容易，扩增带型清晰且稳定的引物。引物复筛采用毛细管（ABI 3500XL）电泳检测法，利用 100 个左右材料对初筛后的引物进行多态性分析，根据等位基因的频率统计位点的多态性信息含量，用于品种鉴定的引物多态性都在 0.5 以上。最终确定适合四种作物品种鉴定的候选引物，其中番茄 24 对、西瓜 24 对、草莓 16 对、大白菜 20 对、生菜 24 对、辣椒 24 对。

（2）**分析了适宜品种鉴定引物组合。**用于品种鉴定引物组合应具有三个特点：首先是组合的分辨能力强，至少能满足 98%的现有品种的鉴别；其次组合引物之间品种鉴别能力要有差异，品种鉴别趋同性不可过强；最后是组合的位点数要适宜，位点太多检测的成本高、效率低，太少不能满足高分辨率。利用遗传相似聚类法确立了 66 个番茄和 68 个西瓜品种鉴定引物组合，其中 9 个引物组合可以有效鉴别 66 个番茄（遗传相似系数介于 0.148～0.963），14 个引物组合可以有效鉴别 68 个西瓜品种（遗传相似系数介于 0.476～0.984）。

（3）**构建了主要品种的指纹图谱。**统一制作标准和试验条件，采用固定的引物组合，利用毛细管电泳平台对不同品种进行指纹图谱的制作，完成了 216 个北京市审定玉米品种（图 13-4）、79 个北京市审定西瓜品种（表 13-3）、89 个北京市审定大白菜品种、169 个番茄品种和 102 个草莓品种的 SSR-DNA 指纹图谱的制作，编制出版了《杂交玉米品种 SSR 分子图谱》，为分子鉴定技术标准的制定奠定了基础。

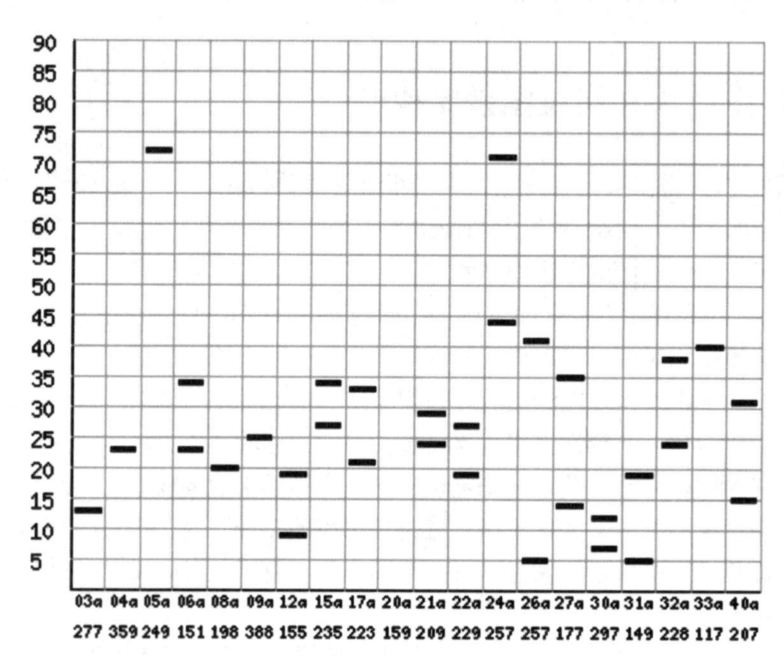

图 13-4　20 个 SSR 位点的玉米品种 DNA 指纹（谱带法）

表 13-3　北京市主栽西瓜品种 DNA 指纹（0，1 法）

品种名称 Variety Name	DNA 指纹 DNA Fingerprint
京欣 1 号	0111110010101101101101001111011010000101001010111011111101110
京欣 2 号	0111111110100101001101010111011010000101001010011011111111110
京欣 3 号	0101111110100101111100011111011110000100001111011110111101110
京欣无籽 1 号	0111111110100101001101110111011010000101001110011011111111110
航兴 1 号	0111111110100101001101010110001010000111001010101011111101110
京秀	1010010111010101010100101010001100001000000110010010011010001
暑宝	0111111110111101111110111111001010000101001111011011111111010

第二节 SSR指纹鉴定的技术环节

检测标准是指导检验工作的准绳，但也不是一味地盲从，特别是对于分子检测，由于试剂和设备不能统一，不同的实验室要根据具体情况对试验的条件进行调整，灵活处理各种试验参数的关系。SSR指纹鉴定试验的由样品取样、DNA提取、PCR扩增和电泳分析四个主要环节构成，每一步正确合理的操作对于结果准确性都至关重要。

一、样品取样

合理的取样策略是检测关键的一步，关系到所得出的检测结果是否具有代表性和参考价值；同时，样本数的多少还关系到工作量，检测费用等影响技术推广的实际问题。

对于品种鉴定，样品取样方式主要分为混合取样和个体取样两种方式，不同遗传变异水平的样品，需要不同个体数目的样品来代表。如果样品不同个体遗传上高度一致（样品纯度达到90%），混合取样能够代表待检样品，可以体现其遗传特征，达到检测的目的，而且混合取样方式能在很大程度上减少试验工作量、降低成本，提高工作效率；如果样品不同个体间遗传差异较大（纯度低于90%），则混合取样方式不适用，采用单粒种子进行分析为宜，而且至少5粒以上，以多数单粒样品都相同的带型作为该品种的主带型进行结果分析，如果不能找出主带型，则将分析的单粒数进一步增加，直至找到主带型。

对于纯度检测，由于本身就是用单粒种子或单株幼苗进行检测，所以不存在取样的问题。但是由于纯度检测的样品量大，为了提高样品的处理速度，可以购置高通量的样品处理设备（如德国莱驰的MM400，一次最多可以处理192个单株的幼苗），提高检测的速度。

二、DNA提取

PCR检测技术的第一步就是获得适合检测的DNA模板，DNA质量直接影响着PCR反应的结果。长期以来，样本中DNA的提取和纯化一直是耗时、繁琐的过程，严重影响着分子检测速度，因此，人们一直在探索各种DNA的提取方法。DNA的提取分为两个步骤：细胞裂解和核酸分离纯化。从样品中提取DNA首先要通过物理、化学或酶解作用裂解细胞，使DNA释放出来。细胞裂解物是含核酸分子的复杂混合物，除目的核酸外，包括蛋白质、多糖和脂类物质以及非需要的核酸分子（主要指RNA）。一般地，分离纯化步骤越多，核酸的纯度也越高，但获得率会逐渐下降，完整性也愈难以保证。这需要结合核酸的用途而加以选择，而简化操作程序。用非有机溶剂法代替传统的有机溶剂法，减少提取过程对人的损伤。利用各种固相吸附作用，与免疫技术相结合，有效除去PCR反应抑制剂是DNA提取方法发展趋势。

由于SSR技术对DNA质量要求并不是很高，一般采用常规SDS法或者CTAB法都可以取得不错的结果，也是目前相关标准推荐的常用方法，同时也可以购置商业的植物基因组提取试剂盒，不仅快捷方便，而且不容易产生污染。但是考虑到种子纯度检测特点，至少要提取100个单粒种子或单株幼苗DNA，就必须采用更简便的方法。其中热碱法就是一种比较好的选择，可用于玉米、西瓜、小麦种子的DNA快速提取。热碱法主要利用弱碱（0.1毫摩尔NaOH）处理幼嫩组织（如种子胚、去壳的仁或幼苗组织），将细胞壁裂解，再采用弱酸（pH 2.0的HCl）溶液进行中和，混合液就可以用于PCR扩增（图13-5），而且扩增的质量与常规方法提取的DNA没有明显差异（图13-6）。用热碱法完成100粒种子的DNA提取只需要1小时，试剂费用在1元左右，非常快速、经济。但是该方法提取的DNA未经纯化，容易降解，所以DNA不能存放，不能进行反复检测，一般现提现用。

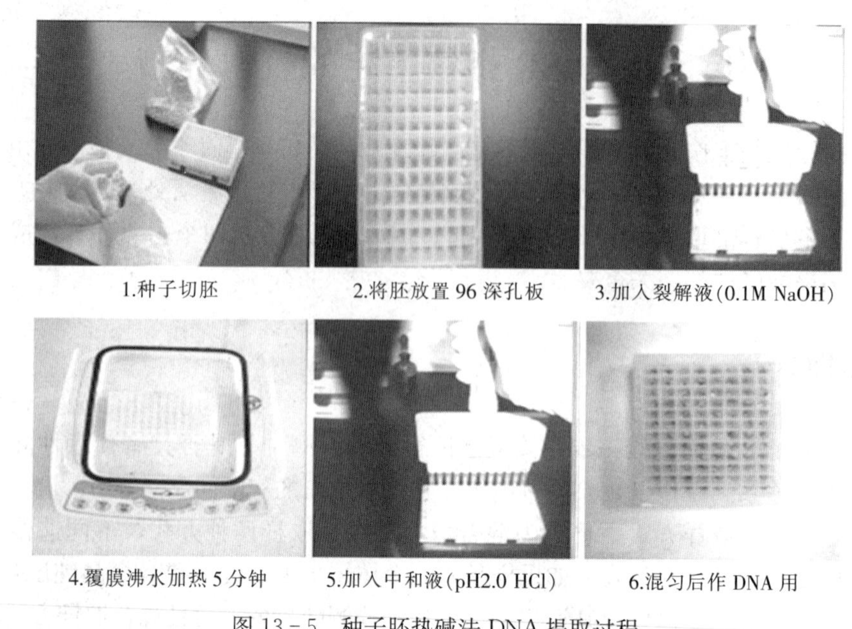

图13-5 种子胚热碱法DNA提取过程

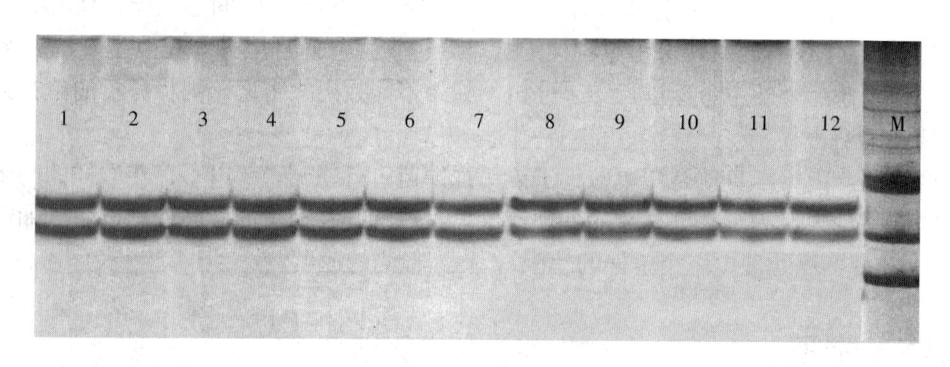

图13-6 不同提取方法提取的DNA SSR分析结果

1～6号为用热碱法提取的单株幼苗DNA SSR分析结果

7～12号为用传统方法提取的单株幼苗DNA SSR分析结果

三、PCR扩增

PCR扩增反应，是80年代中期发展起来的体外核酸扩增技术。它具有特异、敏感、产率高、快速、简便、重复性好、易自动化等突出优点。能在一个试管内将所要研究的目的基因或某一DNA片段于数小时内扩增至十万乃至百万倍，使肉眼能直接观察和判断；可从一根毛发、一滴血、甚至一个细胞中扩增出足量的DNA供分析研究和检测鉴定。

PCR是目前分子生物学最基础的技术之一，但在实际操作过程中，不同实验室，不同操作人员之间都可能会出现各种各样的问题，从而直接影响着分子检测准确性和稳定性。综合分析问题的原因可能源于以下几个方面：试剂质量和用量、反应条件设置和操作手法。

（一）PCR试剂质量和用量

PCR反应中主要含五种试剂成分，即引物、酶、dNTP、DNA模板和Mg^{2+}，这五种成分缺一不可。由于不同公司合成每批试剂质量都有差异，因此在实验室启用新的试剂之前，一般都要对试剂进行质量的检测，再进行分装使用。如果PCR出现问题，在排除仪器问题的情况下，要考虑PCR各种成分的质量和用量。①DNA质量。DNA模板是PCR成功的保证，原料中不能混有任何蛋白酶、核酸酶、DNA聚合酶的抑制剂和能结合DNA的蛋白质。模板的量与循环数要匹配。如果循环数一定，模板的量太少，会出现阴性结果或条带很弱；模板的量太多，则会出现条带弥散，模糊不清。②Mg^{2+}浓度。Mg^{2+}是TaqDNA聚合酶活性所必需的，对反应有显著影响。浓度过低，酶的活力降低，浓度过高，则催化非特异性扩增，降低PCR忠实性。③引物浓度。在一定范围内，引物浓度升高，反应特异性降低；反之，特异性增加。通常，引物浓度一般为0.1～0.5毫摩/升就足够了，浓度过高，凝胶电泳时会出现引物条带。④dNTP浓度。dNTP浓度过高会产生错误掺入，而浓度过低会降低产量，常用浓度为200毫摩/升。反复冻融使之活性降低，甚至出现假阴性结果。⑤Taq DNA聚合酶量。目前应用最多的是耐热DNA聚合酶，根据酶活性的不同，20微升的PCR体系，一般用量为0.5～1单位。浓度过高，易造成非特异性扩增；浓度过低则导致效率降低，延伸不完全。

玉米SSR分子检测标准（NY/T 1432—2014）PCR反应体系见表13-4。

表13-4 PCR扩增反应体系

反应组分	原浓度	终浓度	20微升体系各组分体积（微升）
ddH_2O	—	—	12.35
10×Buffer	10×	1×	2
$MgCl_2$	25毫摩尔/升	2.5毫摩尔/升	2
dNTP	2.5毫摩尔/升	0.15毫摩尔/升	1.2
Tag酶	5单位/微升	1 U	0.2
引物	20微摩/升	0.25微摩/升	0.25
DNA	25纳克/微升	2.5纳克/微升	2

（二）PCR程序设置

PCR反应条件为温度、时间和循环次数。基于PCR原理三步骤而设置变性—退火（复性）—延伸三个温度点。①变性：一般94℃，30～40秒即可。时间过长温度过高，都加速酶的失活。在第一循环变性前，维持94℃，5分钟，有利于打开模板的二级结构。②复性：复性温度影响PCR的特异性。温度升高，特异性增强，但是温度过高，引物与模板不易结合，PCR反应效率降低；温度过低，非特异性结合增加。通常当引物长度为20～25碱基对且特异性较强、质量较高时，复性条件为55～60℃、30秒即可。如果引物的质量和特异性较差，宜适当升高温度，延长时间。③延伸：延伸温度一般为72℃，延伸时间长短取决于扩增片断的长短。一般来说，Taq酶在72℃左右，每分钟可延伸1 000碱基对。可随着循环数的增加，逐渐增加延伸时间（如每个循环增加1～3秒）。因为随着反应进行，各种试剂浓度降低，特别是Taq酶的浓度和活性降低，降低了反应效率，因此适当增加延伸时间可弥补这一不足。

（三）PCR操作手法

不同的实验人员在做PCR的时候，习惯不一样，但是有三点是需要注意的：①PCR配置时间尽量要短。每次PCR之前，首先将PCR体系中相同的试剂预先混合（如酶、dNTP、Mg^{2+}），再向PCR板（管）里加入不同的成分（通常是DNA），然后再分配PCR混合液。②对于微量样品（引物或者DNA）的吸取，最好是先稀释后再加样，在保持有效成分总量情况下增加液体取样量，尽量减少因移液而造成样品间的误差。③为防治样品污染，出现假阳性，要使用一次性手套、吸头、离心管等；在通风的试验室进行PCR体系配置；PCR体系配置区与PCR扩增区要有物理隔离。

四、电泳检测

SSR扩增产物一般片段较小（100～400碱基对），且主要表现在2～5个核苷酸重复次数的变化，等位基因之间片段大小差异可以小到 2 碱基对，这就需要灵敏有效的检测方法。目前最常用的有普通聚丙烯酰胺凝胶电泳检测法和荧光标记引物毛细管电泳检测法，不同的实验室根据自身条件选取合适的方法。

（一）丙烯酰胺凝胶电泳检测法

聚丙烯酰胺凝胶电泳（Polyacry lamide gel electrophoresis，PAGE）在 1959 年由 Raymends 和 Weintraub 建立，由于其技术成熟，操作简单，成本低廉，样品使用量少、具有较高的分辨率且易于观察，在 SSR、SNP 等分子标记研究中和国内一般的分子生物学实验室均可使用。聚丙烯酰胺凝胶电泳主要是以 PAGE 为介质，根据 DNA 分子大小和电荷将 DNA 片段进行分离，电泳结束后，用固定剂（乙酸）将核酸固定到凝胶上，然后使银染剂中（$AgNO_3$）的银离子与之牢固结合，再通过还原剂（甲醛）将银离子还原，从而发生银棕色显色反应，最后通过肉眼可以观察不同 DNA 片段大小的差异。

在实际检测过程中，要注意室温对电泳及银染检测的影响。首先是对玻璃板硅化的影响：室温较低时，玻璃板硅化效果较差，不易硅化或硅化时间加长，从而造成黏板；而温较高时，由于硅化液挥发较快，容易造成涂亲和硅烷和涂剥离硅烷的玻璃板之间交叉污染，从而造成凝胶不易黏附在板上。其次对电泳的影响：室温较低时，样品泳动速度变慢，达到相同位置时的电泳时间延长；室温较高时，样品泳动速度较快。最后是对银染的影响：低温时，染色时间必须延长，同时加大染色液的浓度，否则显影时带纹出现较慢，甚至不能出带；高温时，在染色时间不变的情况下，显影时带纹出现较快，容易形成较深的背景，通过减少甲醛的用量，可以控制显影时间。

（二）荧光标记毛细管电泳检测法

荧光标记毛细管电泳检测法是近年来发展起来的一种高效率的 SSR 标记检测方法，实现了自动灌胶、自动进样、自动数据收集分析，并能准确测定 DNA 片段的碱基顺序或片段大小。与聚丙烯酰胺凝胶电泳检测相比，该方法省时省力、同时减少了有毒有害试剂对人体的伤害和对环境的污染，将操作者从低效率、高强度的工作中释放出来，而且这种自动化程度的提高，还避免了操作中的人为误差，增强试验结果的稳定性和可重复性。图 13－7 显示将玉米 10 个引物的扩增产物混合，进行毛细管电泳，结果大大地提高了电泳的效率。

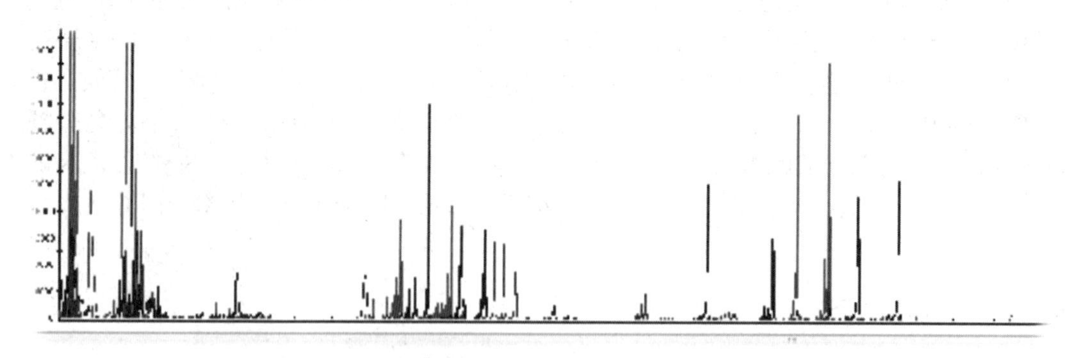

图 13－7　玉米 10 重 PCR 产物毛细管电泳

由于引物扩增表现不同，以及试验条件的干扰，可能会出现不同状况的非特异峰，需要依据一定的规则和经验，才能准确识别特异峰。通常的非特异峰表现为以下六种情况（图 13－8）：①杂峰，产生的原因主要是胶内气泡、电压不稳定或胶内有杂质。表现为带型突兀、钝型、尖锐或连续多峰，峰高和面积不成比例，没有任何规律。②Pull-up 峰，在毛细管电泳中，引物标记的颜色有 4 种，当多重组合电泳时，某一色荧光引物某一位置的特异峰较高引起同一位置的其他颜色荧光峰值升高，称之为 Pull-up 峰。③加 A 峰，扩增时的 3′端加 A 不完全，在主峰前出现一个比主峰少一个碱基的影子峰。④高低峰，由引物不对称扩增，不同等位基因之间峰值差别较大引起的。对于峰值差异大于 5 倍的矮峰的取舍需要慎重，要结合样品的纯度情况分析。⑤连续多峰，又称 Stutter 峰。一般核心重

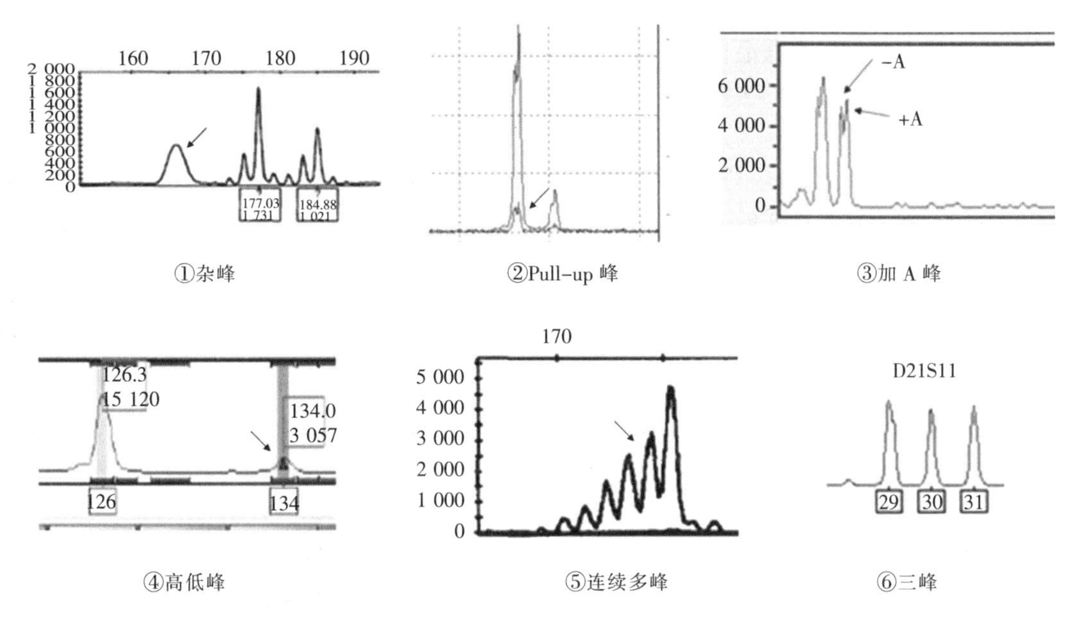

①杂峰　②Pull-up峰　③加A峰

④高低峰　⑤连续多峰　⑥三峰

图13-8　毛细管电泳非特异峰表现形式

复序列为2碱基对的位点易出现，其产生原因主要是Taq酶在模板链上滑动，多是由一系列相差2碱基对的连续峰组成，峰高普遍偏低。⑥三峰，与提取的DNA质量有关，DNA质量越好的材料，出现三峰的情况越少，另外与引物设计的质量有关，某些引物出现三峰的情况较多，而某些引物很少出现三峰。对这样的材料必须重新扩增确定其真实带型。

毛细管电泳检测技术由于速度快（一次检验仅需数小时）、灵敏度高（适合现场提取的微量样品的检验）、检验结果更加准确（每个泳道内都加入内标）、数据结果可以比对等优点已成为DNA指纹建库的主要方法，适用于大规模材料的分析研究。但是毛细管电泳检测法需要昂贵的仪器设备和配套试剂，所以也限制了该技术的普及。

第三节　SSR指纹鉴定技术的应用

SSR指纹鉴定技术应用的领域十分广泛，在品种真实性鉴定、品种纯度鉴定、新品种辅助测试以及分子辅助育种方面发挥越来越重要的作用，可以满足农业生产中不同条件下品种鉴定的需要，对保证农业生产中种子质量具有重要意义。

一、品种真实性鉴定

随着农作物品种权侵权案件日益增多，真实性鉴定成为品种鉴定工作的最主要的工作。指纹鉴定技术具有不受环境影响、快速、准确的优点，成为目前品种真实性鉴定的重要手段。

（一）真实性检测几种形式

1. 成对比较

提供一对待测样品和对照样品，进行指纹的两两比对，鉴定待测样品与对照样品是否相同，这种最为普遍，操作上也最为简单的方法，根据检测目的的不同，分以下几种情况：

（1）与已审定品种标准样品比较。主要目的是进行市场打假，规范市场秩序。从2010年起，农业部一方面大范围征集已审定主要农作物的标准样品，一方面组织各省（直辖市、自治区）种子管理部门利用分子标记方法开展水稻和玉米真实性检测，累计抽检样品近万份，通过指纹的两两比对，发现了一些品种标签不真实的种子样品，处罚了一批造假套牌企业。

（2）**与品种权保护的标准样品比较。**主要目的是鉴定是否发生侵权。送样单位一般为司法机构或品种权人。目前维权力度较大的玉米品种主要有种植面积较大的郑单958、先玉335、中科4号、浚单20、登海11等。

（3）**与模仿对象进行比较。**育种单位采用模仿育种的方式进行育种，对目前主推品种的亲本进行细微改良，主要目的鉴定改良后的品种与原品种在DNA水平上是否发生了明显变化，是否可以作为不同品种使用。目前主要的模仿对象是玉米郑单958，先玉335等。

（4）**姊妹系或近等基因系之间比较。**育种单位采用连续回交、诱变、突变、转基因等方式选育的自交系与其原始自交系之间，采用二环系方式连续自交6代后不同姊妹系之间，遗传相似度一般比较高，需要确定有明显不同，才可以作为新自交系使用。

（5）**跟踪品种种性是否发生变化。**主要目的是监控品种在多年的繁育过程中，或者育种者持续提纯复壮过程中，可能会带来的种性上的改变。特别是一些推广年限较长的品种，有可能与审定时相比已有明显改变，应作为不同品种重新进行区试审定，而不能继续推广。

（6）**同一品种或同来源样品之间比较。**在区试中主要目的是监控同一品种在不同参试年份或不同组别是否发生更换；在品种权保护中主要目的是监控由不同申请单位提供的同名的近似品种样品是否相同；在育种中主要目的是监控不同来源的同名自交系是否相同以及以哪个作为标准。

2. 与数据库比较

提供一个待测品种，鉴定待测品种与已知品种数据库中哪个品种相同或最近似。分以下几种情况：

（1）**在种子市场打假中，鉴定市场抽检的品种仿冒什么已知品种。**市场销售的种子会存在以甲品种的名称销售乙品种的种子的情况。例如，由于主推品种郑单958等品种丰产性好，农民比较认可，但这些品种已经获得品种权，未经品种权人许可不能销售。在这种情况下，就会出现以其他品种名义实际销售该品种的种子，一方面可以不必交纳品种权使用费；另一方面可以卖出更高的价格，且生产的风险降低。

（2）**在国家和各省区试中，鉴定区试品种是否与已知品种雷同，并作为品种能否推荐审定的必要条件。**区试品种均是新品种，一般情况下，应与所有已知品种不同，如果相同或极近似，则不能通过审定，以免在品种推广使用阶段造成混乱。

（3）**在品种权保护中，辅助筛查申请品种的最近似品种，代替原来由申请者自行提供。**由于申请者自己掌握的已知品种数量有限，申请者提供的近似品种并不一定是申请品种的最近似品种，利用完备的已知品种库，可以将待测品种与库内所有品种进行比较，并筛选出最近似的品种。

（二）结果的判定

相对来说，由于SSR检测位点不多，检测结果以差异位点数表示，即比较检测样品和标准样品的位点差异数，而不采用变异百分率或相似系数表示。差异位点数目的确定是各利益方关注的重点，也是争议的焦点。确定位点差异数目，关键是要确定其三方面的影响因素。一是不可避免存在的影响因素，主要包括检测方法的精度、检验机构之间的检测误差、品种推广应用至少10年的自然变异。近几年开展的真实性鉴定工作实践证明，这种误差很小，一般不会超过2个位点。二是尽量减少错检错判的概率，充分考虑现有已知品种之间的位点差异。以玉米为例，北京市农林科学院玉米研究中心对2 751个玉米审定品种40对核心SSR引物成对比较结果进行统计，发现92.21%以上的成对品种间差异位点数在20个以上，98.31%以上的成对品种间差异位点数在10个以上，99.61%以上的成对品种间差异位点数在3个以上。三是与种子其他质量标准一致，兼顾统一规范的要求。除棉花变异稍大一些外，水稻、玉米、小麦、大豆、油菜基本相似。因此，主要农作物的真实性的判定标准一般设3～4个位点，即检测样品与标准样品之间差异位点≥3（或4）时，判定为品种标签不真实。

图13-9显示利用20对SSR引物对玉米样品进行鉴定，与参照样品相比存在3个位点的差异，判定这两样品非同一品种。

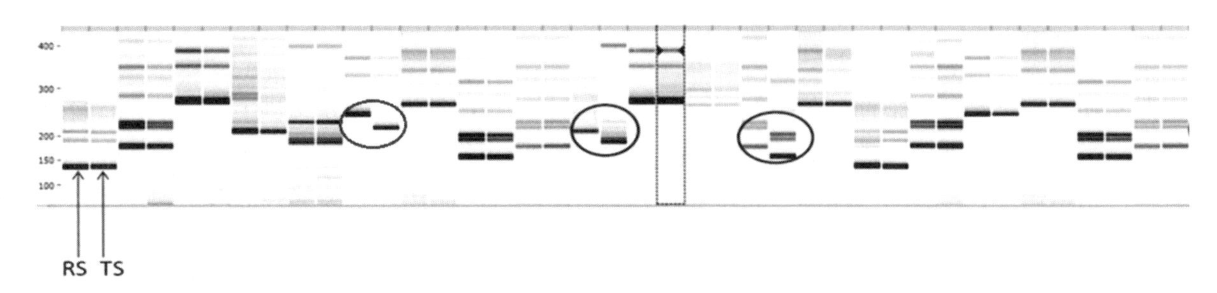

图13-9　玉米品种真实性检测

RS：参照样品，TS：检测样品

二、品种纯度鉴定

杂交种子品种纯度鉴定对杂交种子质量管理具有重要意义。随着品种鉴定技术的发展，分子标记技术已经开始在玉米、水稻品种纯度鉴定中得到应用，其中SSR标记是应用较多的标记技术。

（一）鉴定引物的选择

由于纯度检测群体内部的差异，检测的样本量通常大于100粒种子，所以不能用真实性鉴定的引物组合进行纯度鉴定，需要选择适量的引物作为纯度鉴定的引物。杂交种纯度鉴定的两个目的：一是验自交苗，这是最主要的目的，也是造成目前杂交种不纯的主要原因。由于SSR标记的共显性特点，杂交种显示双亲谱带，因此仅需要1对双亲互补型引物就可以对自交苗进行鉴定。二是验异型株，这个比较复杂，需要用特异的引物组合，使得出现相同带型品种的概率足够低，从而能有效的区分出异型株。

基于这两点，适于纯度鉴定的核心引物必须具备两个特征：①杂合率高，从而能够比较容易筛选到双亲互补型的引物；②多态性高，从而具有较高的区分异型株的能力。只有这样，才能最大限度将杂交苗和异型株区分，获得最接近真实值的结果。

具体到某一个样品采用几对引物进行纯度鉴定，具体样品具体分析，这个既要考虑结果准确性，同时还要考虑检测成本问题。就玉米来说，对于制种中去雄不彻底的杂交种，一般选用一对双亲互补的引物鉴定亲本就可以；而对于隔离条件不达标、机械混杂等样品，则需要多对引物进行分析，实际中一般选择多态性好的3～10对引物进行鉴定。如图13-10，采用三对引物对同一玉米样品进行检测，结果显示三个引物鉴别能力完全不一样，其中引物1用于亲本的鉴定，而引物2和3可以鉴别混杂的异品种，三者互补可用于该品种纯度鉴定。

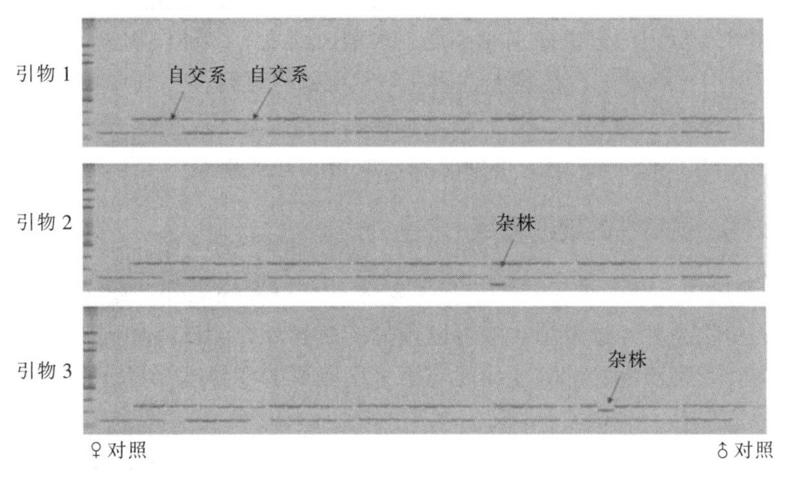

图13-10　不同引物纯度鉴别的能力

（二）结果表示

根据所选引物对各单株的检测结果，综合判定待测杂交种的纯度。如果提供了父母本，原始记录中需要区分自交苗和其他类型杂株（含回交苗、异品种等造成的杂株）；如果没有提供父母本，原始记录中只需提供杂株（即自交苗也是杂株的一种）。品种纯度检测结果按以下公式计算：

$$P(\%)=\frac{N_T-N_D}{N_T}\times 100$$

式中：P——品种纯度；

N_T——供检种子粒数（幼苗数、株数）；

N_D——判定为杂株的种子粒数（幼苗数、株数）。

三、DUS辅助测定

根据UPOV公约的规定，在新品种审定前，要确定该品种的特异性、一致性和稳定性。由于新品种选育技术的同质化、基础育种材料等的频繁交流造成了遗传基础的狭窄，品种之间的性状趋同性增强，目测区分植株性状越来越困难，人们逐渐将新品种测试新技术手段聚焦在DNA指纹图谱技术及相应的数据库上，利用它辅助新品种的测试审查和品种鉴别。

（一）特异性辅助测定

在常规的DUS测试中，特异性是指申请品种权的植物新品种应当明显区别于在申请日以前已知的植物新品种，即指该品种至少应当有一个特征明显区别于已知品种，它是DUS的主要测试内容。但是在实际操作中存在两个局限性，一是现行DUS测试只能和有限的品种（近似或对照品种）进行比较，不能和所有已知品种进行比较，因此很难确定新品种特异性的唯一性；二是随着新品种的增多，由于性状的趋同性，品种间细微的差异受环境改变，以及观察人的不同，容易造成结果判定的误差。

从目前情况看，还不能仅用分子标记作为直接判定品种是否具有特异性的依据，但是可以利用分子标记构建已知品种的DNA指纹图谱库，通过指纹数据库系统辅助筛查申请品种的近似品种，然后将筛查出的近似品种与申请品种在田间一起种植，做DUS测试。这样可以提高特异性测试的针对性，减轻田间测试的工作量。同时，品种是否具有特异性是以形态测试作为最终鉴定方法，与目前的DUS测试系统是相互融合的。

国内外均有不少分子标记应用于DUS辅助测试的研究报道。王立新（2010）、程本义（2008），范建光（2013）等用分子标记的方法分别对小麦、水稻、西瓜等多种作物进行了研究，提出了利用分子标记方法构建DNA指纹图谱进行植物新品种DUS测试的可行性。其中由农业部制定的《玉米品种鉴定DNA指纹方法 NY/T 1432—2007》和《水稻品种鉴定DNA指纹方法 NY/T 1433—2007》已经在近几年的玉米和水稻DUS测试中的得到应用，取得较好效果。

（二）品种一致性、稳定性的辅助测定

在常规的DUS测试中，新品种申请保护除了要求具有特异性之外，还必须要求具有一致性和稳定性。申请品种权的植物品种经过繁殖，除可以预见的变异外，测试品种同一性状在两个相同生长季节表现在同一代码内，或第二次测试的变异度与第一次测试的变异度无显著变化，表示该品种在此性状上具有稳定性。

目前分子标记技术在一致性和稳定性测试方面的应用基本还在研究阶段。原因有三点：一是DNA检测技术的灵敏性较高，可以检测出细微的品种内的差别，而DUS测试中对于可以预见的变异保持一定范围的容许。因此，利用DNA指纹图谱中的特征引物鉴定其品种一致性标准可能较田间表

观形态观测的一致性标准要低。但是合适的标准和接受概率如何确定，对于杂交种来说目前还是一个难题。二是对于一致性的确定应该选用多少个体进行检测，是否和DUS测试需要的田间检测样本相同，如何判别差异个体的容许误差等，都是实践中需要研究的，其中可能包含了DNA指纹的标记误差和品种内的变异。三是对于一些已知品种甚至标准品种来说，由于来自于不同的育种机构的保存、繁殖和选育标准的差别，也造成了同名品种间无论在形态上还是在DNA指纹上，均存在一定的差异，这给用DNA指纹验证一致性也造成了困难。

四、作物分子育种

传统的作物育种是在基因背景不太明确的条件下，通过杂交和各种育种技术，根据分离群体的形态表现和育种者的经验等对表现型累代选择，从而实现对基因型的改良。由于环境效应较易掩盖基因效应，因而育种者对目标性状的选择是耗时和费力的。在遵循和应用常规育种原则和程序下，提高作物遗传育种的效率和精确度是遗传育种发展的关键。

随着遗传学的发展，遗传标记经历了形态学标记、细胞学标记、生化标记和分子标记等几个阶段。在此过程中，育种家们试图利用遗传标记指导作物育种过程中的亲本选配和后代目标性状的选择，然而由于技术水平的限制，最初的遗传标记对指导育种工作带有局限性，实用性有限。与形态学标记、细胞学标记和生化标记比较，分子标记具有准确度高、数量多、多态性高、共显性好、对表型无影响、检测手段简单快捷以及开发和使用成本低等优越性。分子标记的出现与发展，为作物育种注入了前所未有的活力，分子标记在作物育种上得到广泛的应用。

首先，根据种质资源DNA指纹的多态性，可以对育种材料的变异丰富性作出总体评价，为新品种培育选择适宜材料。其次，在杂交育种中，选择到各个目标性状互补程度最大的亲本，后代中才有可能选到综合性状最佳的单株。但环境因素的影响使得选择过程操作起来很不容易。而各品种的DNA指纹差异则可能直接提供与目标性状有关的DNA水平的信息，避免了环境的干扰，从而能大大提高杂交育种中对亲本及后代的理想单株的选择效率。另外，筛选与性状连锁的标记，再用于有针对性地选育，提高选育效率，减少盲目性，从而加快选育进程。

第四节　指纹鉴定技术的发展趋势

我国农作物DNA鉴定指纹研究起步较晚，但是发展较快，特别是主要农作物品种DNA分子检测技术标准化和应用方面，已经走在前欧美等一些种业发达国家前面。目前，国际植物新品种保护联盟（UPOV）和国际种子检验协会（ISTA）两大国际组织都在尝试将指纹技术引进到各自检测体系中，但是离技术标准化和实施还需很长一段时间。同时，随着新技术发展，指纹技术也在不断升级和完善，主要集中在高通量标记和功能标记的开发上。

一、低通量SSR标记向高通量SNP标记技术的转变

（一）SSR指纹技术存在的主要问题

目前，SSR指纹技术存在的主要问题：

（1）**判定标准的确定。**目前SSR标记技术鉴定位点数有限，鉴定结果的判定基本上都采用位点数去衡量。目前对于品种存在位点差异从而判定“两个品种异同”基本没什么问题，但是对于品种间没有位点差异从而判定“两个品种相同”则存在较大异议，毕竟用几十个SSR位点代表整个基因组还是存在较大风险，特别是对于实质派生品种更不容易区分。

（2）**数据库的兼容问题。**不同平台之间不能直接比较，整合需要设立参照样品，甚至同一品牌不同型号毛细管电泳仪之间的数据也需要进行位点的校准才能实现互通。

(3) **检测通量。**毛细管电泳虽然可以实现多重(一般 10 重以下),如果要增加通量的和引物数量,那么相应的工作量就会成倍增加,检测成本也将大幅增加。

(二) SNP 指纹技术的特点与优势

单核苷酸多态性(Single nucleotide polymorphism,SNP),是指在基因组上单个核苷酸的变异(图 13-11),形成的遗传标记包括单个核苷酸置换、颠换、缺失和插入,但主要以前两者为主。SNP 作为第三代分子标记,与 SSR 标记相比具有无可比拟的优势:①分布密度高,SNP 是目前为止分布最为广泛、存在数量最多的一种多态性类型,其标记密度比 SSR 标记更高;②与功能基因的关联度高,更容易开发到与性状相关的 SNP 功能标记;③遗传稳定性强,SNP 是基于单核苷酸的突变,其突变率低,一般仅为 10^{-9},具有极高的遗传稳定性;④检测通量高,易实现自动化分析,根据不同的平台,日检测样品量从几十份到几万份不等,单次检测的位点数从几十个到几十万个不等;⑤SNP 标记一般只有两种等位基因型,数据统计简单,且不依赖检测平台,容易实现不同来源数据的整合和标准化。

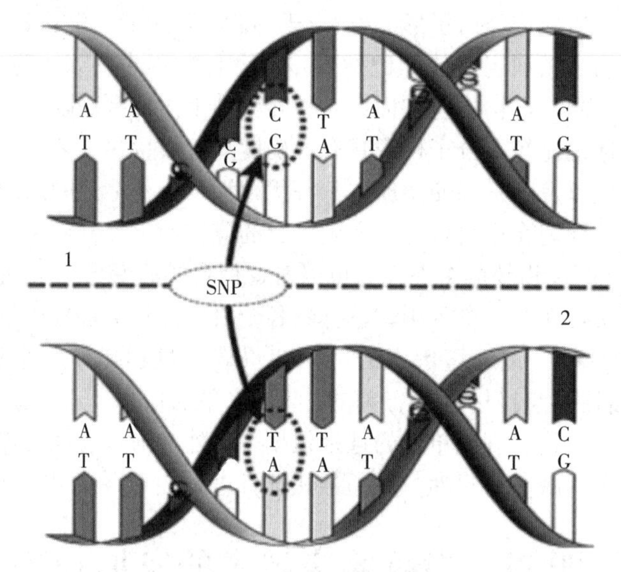

图 13-11 SNP(单核苷酸的变异 CG-TA)

(三) SNP 指纹技术的检测平台与选择

根据其检测通量大小,SNP 技术检测的平台可分为低、中、高型。目前常用的低通量的代表有 TaqMan 探针分型技术平台,中通量的代表技术有 Multiplex SNaPshot 分型技术平台,高通量的有 Illumina 芯片分型技术平台(图 13-12),KASP(竞争性等位基因特异性 PCR)分型技术平台以及 Douglas 分型技术平台等。不同的平台的各有其特点,见表 13-5。

表 13-5 不同的 SNP 检测平台比较

Platform	self-assembled plate based system	Douglas Array Tape system	SNPLine from LGC	Fluidigm Dynamic Array	Life Technology OpenArray	IlluminaiScan
Flexibility of marker choices	☆☆☆☆	☆☆☆☆	☆☆☆☆	☆☆	☆☆	☆
Flexibility of minimum sample sizes	☆☆☆	☆☆	☆☆☆	☆☆☆	☆☆☆☆	☆☆☆☆

（续）

Platform	self-assembled plate based system	Douglas Array Tape system	SNPLine from LGC	Fluidigm Dynamic Array	Life Technology OpenArray	IlluminaiScan
Capital cost per system	\$\$	\$\$\$\$\$	\$\$\$	\$\$\$	\$\$	\$\$
Labor cost for operation	\$\$	\$	\$\$	\$\$	\$\$	\$\$\$
Sample throughput per system	☆☆	☆☆☆☆	☆☆	☆☆	☆☆	☆
Data point throughput per system	☆☆	☆☆☆☆	☆☆	☆☆	☆☆	☆☆☆☆☆
Assay cost per data point	\$\$	\$	\$\$	\$\$	\$\$	<\$
Assay cost per sample*	\$-\$\$\$	\$-\$\$\$	\$-\$\$\$	\$\$-\$\$\$	\$\$-\$\$\$	\$\$\$\$
Available chemistry	KASP，TQ	KASP，TQ	KASP	KASP，TQ	TQ	GG

注：引自朱文芝《SNP 标记分析技术和平台选择方案》

对于平台的选择，从实验设计来讲，SNP 研究的第一阶段采用大量样本的全基因组范围 SNP 基因分型，经过统计学分析找到少量与性状关联或符合目的要求的 SNPs，随后第二阶段，在更大数量的样本中对这些目标 SNPs 位点进行基因分型，最后整合两个阶段的结果进行分析。在第一个阶段，基因芯片对于单个样品的大量 SNP 检测具有优势，而在第二阶段，实验需要检测大量样本的少量 SNPs，而此时基因芯片技术则由于其高成本不太适合于这个阶段的研究，则需要更适合的技术路线，如 TaqMan 探针、KASP 技术等。

（四）SNP 指纹技术研究进展

目前，许多国家都已开展了 SNP 标记的研究与应用，其中美国杜邦先锋公司已于 2008 年成功将 SNP 标记用于玉米鉴定，完全替代了原来的 SSR 标记，利用 15 个 SNP 位点对其 383 份自交系材料进行有效鉴定。为推动 SNP 技术在我国农作物品种鉴定方面的应用，农业部与杜邦先锋公司合作，先后于 2012 年 11 月和 2014 年 4 月在北京举办了 SNP 标记技术培训研讨会，有力促进了我国 SNP 鉴定技术的研究。

目前，包括北京市种子管理站在内的多家机构都在开展 SNP 技术的研究，其中北京市农林科学院玉米研究中心利用 Iiilumina 的 SNP 芯片检测平台，从全玉米全基因 SNP（5 万个位点）芯片中筛选出 3 072 个多态性较好的 SNP 位点，用于玉米品种的鉴定，并定制了芯片。北京市种子管理站利用 3 072 个位点的芯片，利用 Iiilumina 又从中筛选出 100 个 SNP 位点，利用 TAQMAN-SNP 分型技术对 20 个位点进行了分型分析，以期基于 TAQMAN-SNP 分型技术，提高分子检测的准确性和检测效率。

图 13－13 显示利用 TAQMAN-SNP 分型技术鉴定京农科 728 纯度的结果图。其中左上角散点代表父本，右下角散点代表母本，中间散点代表杂交种。

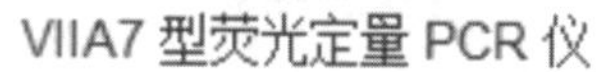

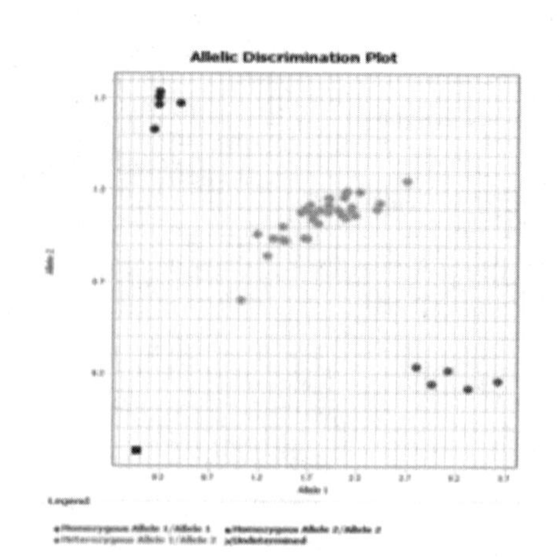

图 13-12　TAQMAN-SNP 分型技术鉴定京农科 728 品种纯度

二、非功能标记向功能标记的转变

由于 RAPD、SSR、AFLP 等分子标记所检测的多态性在基因组的位置大多为随机分布，因此称为随机 DNA 分子标记（Random DNA Markers，RDMs）。随着结构及功能基因组学的飞速发展，根据功能基因内部引起表型性状变异的多态性序列开发出来的一种新型分子标记，称为功能性分子标记（Functional markers，FMs）。功能性分子标记又可以分为直接类型功能性分子标记（Direct functional maker，DFM）和间接性类型功能性分子标记（Indirect functional marker，IFM）。与随机 DNA 分子标记相比，功能性分子标记具有以下几个特点：①由于与目标基因共分离，功能标记能够避免由于重组交换而产生的选择错误，在群体的目标基因检测时更加有效；②由于是直接来自基因位点上决定功能的多态性基因序列，因此一旦功能标记被开发出来，不需要通过进一步验证就可以在多种不同的遗传背景下应用；③具有连锁关系的功能标记通过组合可以形成单倍型，这些单倍型在某些情况下与表型变异可能呈现更好的相关性；④由于是来源于基因内部，直接反映目标性状表现，因此利用回交转育进行优良性状的转移时，功能标记的应用可以更好的避免连锁累赘，减少供体不益基因向受体的导入。

对于品种鉴定，功能标记的出现为作物品种鉴定提供了新思路，利用某一形态性状的特定功能标记，即可根据检测特异等位基因的有无来判断待检品种是否具有某种性状表现，将标记和性状联系起来，为标记在品种鉴定中的应用展开了更加广阔的前景。

参考文献

程本义．2008．水稻品种 DNA 指纹检测技术体系及其应用［J］．杂交水稻，23（1）：54-59.

范建光，张海英，宫国义．2013．西瓜 DUS 测试标准品种 SSR 指纹图谱构建及应用［J］．植物遗传资源学报，14（5）：130-138.

滕海涛，吕波，赵久然．2009．利用 DNA 指纹图谱辅助植物新品种保护的可能性［J］．生物技术通报（1）：1-6.

王凤格，赵久然．2011．玉米品种 DNA 指纹鉴定技术—SSR 标记的研究与应用［M］．北京：中国农业科技出版社.

王立新，常利芳，李宏博．2010．小麦区试品系 DUS 测试的分子标记［J］．作物学报，36（7）：1114-1127.

第十四章　农作物种子（种苗）健康检测技术

第一节　种子健康测定的概念和内容

一、种子健康测定的概念和目的

（一）种子健康测定相关概念

（1）**种子健康状况**（Seed health）。种子健康状况是指种子是否携带有病原菌（如真菌、细菌及病毒），以及有害动物（如线虫及害虫），并且缺乏微量元素等生理状况。

（2）**种传病害**（seed-borne diseases）。种传病害是指病原体附着或寄生或存在于种子外部、内部或种子之间，借助种子传代的病害。如稻瘟病稻梨孢菌、大豆花叶病毒、小麦腥黑粉病腥黑粉菌、稻胡麻叶斑病拉氏蠕孢菌等。其与种子病害是不同的概念。

（3）**种子病害**（Seed diseases）。种子病害是指导致种子本身发病而受到伤害的病害。如稻曲病、麦类赤霉病、玉米黑穗病等。又如感染大豆花叶病毒的大豆种子，其种皮变为褐色或浅黑色斑，种子变小。结球甘蓝和花椰菜受黑腐病侵染后，则胚胎受害或种子全部腐烂，而种子发芽时在幼苗子叶出现明显而典型的黑腐病斑。

（4）**种子健康测定**（Seed health test）。种子健康测定是指检查和测定种子所携带病虫害种类及其数量的技术。

（二）种子健康测定的目的

种子健康测定的目的是测定种子样品的健康状况，据此推测种子批是否携带有害病虫，为种子批利用价值和种子质量提供有关信息，并为签发种子证书和种子贸易及安全使用（种子处理）提供依据。种子健康测定在种子质量把关上发挥着重要作用，其中包括：①通过种子健康检测，可以有效防止和控制病虫的传播和蔓延，保证作物产量和商品价值。②防止种子的流通（包括进口种子批）将病虫害带入新区，为国内外种子贸易提供可靠的保证。③了解种子的种用价值或田间出苗不良的原因，弥补发芽试验的不足。④对种子的安全贮藏起重要作用。

在我国，从国外引入带菌种子把新的病害传入的实例很多。如甘薯黑斑病发生于美国，后传到日本，1937 年从日本传入我国辽宁省，现在全国各地均有发生。棉花黄萎病及枯萎病是由美国引入的斯字 4 号棉种传入我国，后在国内广泛传播。

目前全国有多种检疫对象，如小麦全蚀病、甘薯茎线虫病、南美斑潜蝇和美洲斑潜蝇。

目前随着国内外种子贸易的增加，种子携带病虫传播的机会也随之增多，一旦种子携带的病虫害传入新区，就会给农业生产带来重大损失和灾难。因此，种子健康测定日益受到重视，许多国家开展了种子健康测定，以保护农业生产和保证农产品质量。

事实上，农作物种子检验规程上所列入的未经培养检验、培养后检验方法都比较简单。但需要检验人员具备一定的病理学和昆虫学知识和鉴别经验，并且需要一定的仪器设备。

二、种子健康测定的重要性

种子健康测定对保护正常种子贸易、生产安全，保证产品质量、防止人畜中毒，减轻生产成本，提高产量和产品质量具有极其重要的作用。

（一）种传病虫引起减产

种子是种植业的基本生产资料。世界上约有90%食用作物是用种子播种进行栽培的。各种作物种子或多或少携带会引起植物发病的种传病虫，在幼嫩和成熟植株上发病而造成产量的降低。据全球估计，由植物病虫造成的损失达到作物产量的12%，经济损失每年高达5.5亿美元。在美国一般种传病害占全部病害损失的1/3，在世界上其他地方，其损失可能要大得多。大豆有许多种病害，其中大多数是种传的。在美国1951至1960年间，12种被点名的病害都是种传的，据美国农业部统计，他们造成的年平均损失为13.6%。又如蔬菜作物结球甘蓝，有3个种传病害（引起干腐病及黑脚病的茎点霉和引起黑腐病的野生黄单孢杆菌及引起软腐病和白腐病的核盘菌），它们造成全美平均产量损失为10%。

（二）带病种子田间出苗率降低

当带病种子播种后，由于病菌的活动，而引起种子腐烂或发生立枯病，导致田间成苗率降低。田间成苗率虽然受多种因素的影响，但据调查（Halfon-meiri A，1978）大豆种传紫斑病（*Cercospora Kikuchi* Mats et Tomo）使种子出苗率降低12%，壳球孢腐病（*Macrophomi-na phareolina*）则降低59%。水稻种子由于种传叶斑病（*Allernaria padwickii*）而使种子、根和芽鞘腐烂，以致最终枯死。苜蓿种子感染苜蓿花叶病毒引起发芽率降低30.8%～34.6%，并且会降低种子活力。

（三）植物发病、扩散新区

种传病原菌在种子内的存活时间要比在植株和土壤里更长，并在植物发芽、出苗、生长、开花和成熟期间引起植物发病。例如，有0.02%的结球白菜种子携带黑腐病菌扰乱引发黑腐病。

随着全球经济的发展，国际种子贸易和种质交换必将更为频繁，种传病虫害也会随着种子带入新区大为增加，轻则发病造成损失，重则造成当地作物毁灭性的灾难。

（四）种子变色，形态皱缩

有些病原菌的发病会引起种子病症。例如，种子皱缩和变色。如大豆种子感染紫斑病后引起种子产生紫色斑。小麦种子感染链格孢菌会引起“黑点病”，而感染颖枯病壳针孢菌会引起种子皱缩。

（五）引起生化变化，降低营养价值

有些种传病害，会引起种子生化劣变和营养价值的降低。如大豆感染荚秆枯腐病会降低大豆种子制粉和油分的质量。同样花生种子感染黄曲霉球二孢菌和多主枝孢菌会降低花生种子含油量。这些种传病菌都会影响油的色泽并增加折射率，还能引起自由脂肪酸和皂化值的增加，降低碘价，降低经济价值。

（六）产生毒素，人畜中毒

有些病原菌和腐生菌会在种子里产生毒素。如花生种子感染黄曲霉，则会产生对人和动物有毒的物质黄曲霉素（*Aflatoxin*）。这种毒素会引起急性肝坏死和普遍胆管增生。在许多情况下会发展成为恶性肿瘤。稻谷感染青霉菌则呈黄色，如果用黄色稻米喂食牲畜会导致牲畜中毒死亡。玉米种子感染赤霉菌会丧失饲用价值。

（七）增加费用，劳民伤财

种传病害的防治费用也应加入病害损失之中。种植健康无病种子要比喷施农药省时、省力、省钱。如果种传病害带入新区，并流行，与种植健康天病种子的费用相比，防治的费用更高。

综上所述，种子健康测定在种子质量监督检测中具有十分重要的作用。

三、种子健康测定发展简史

随着欧洲和美国种子质量检验方法的发展，在种子发芽过程中，常常发现感染病害的幼苗，为查明幼苗发病的原因，种子健康测定随之发展起来。1886 年 C. E. Bessey 在依阿华州发表了种子发芽试验中真菌测定目录后，引起了植物种子病原菌协会对种子健康测定的注意。随后，A. L. Smith 发表了英国农业种子发芽试验中所发现真菌的注释。1918 年 L. C. Doyer 博士在荷兰瓦赫宁根政府种子检验站里建立了世界上第一个种子健康测定实验室。1919 年她成为世界上第一位官方种子病理学家。1917 年德国 L. Hiltner 发展了根据幼苗症状测定禾谷类（特别是黑麦）感染镰孢菌（*Fusarium*）的测定方法，并发现由种子传播而感染的雪腐病（*F. nivale*），如果用一层潮湿的碎石覆盖在种子上，则不能出苗，因此这一实验结果与田间性能密切相关。

1924 年，国际种子检验协会（International Seed Testing Association，简称 ISTA）诞生，并成立了第一个专业委员会，即物种真实性与病害检验委员会，即后来的植物病害委员会的前身。

1928 年，ISTA 制定了第一部世界种子检验规程。其中包括种子检疫部分，详细介绍了禾谷类作物中的黑麦麦角菌（*Clavice ps purpure*）、镰刀菌（*Fusarium*）、腥黑粉菌（*Tilletia*）、坚黑粉菌（*Ustilagohordei*）；豌豆中的壳二胞菌（*Ascochyta*），菜豆中的炭疽病（*Colletotrichum lindemuthianum*）；亚麻中的灰葡萄孢菌（*Botrytis*）、炭疽菌（*Colletotrichum linlcola*）和亚麻短柄霉菌（*Aureobasidum lini*）的检验。

如今，种子健康度检验在很多国家已成为国内种子认证、质量评估、植物检疫过程中的例行措施。而在不同实验室中种子健康度检验的方法往往是不相同的。为了提高种子健康度检验结果的真实性与可靠性。ISTA 植物病害委员会做出了不懈的努力。1957 年 ISTA 植物病害委员会为规范种传病害检验技术而提出了“使种子健康度检验结果具有可比性”计划。它的原理是面向大量独立工作的实验室推广统一的、标准的扦样方法，再在年度工作会议上将这些结果加以比较，以建立一种适应国际间种子调运需要的标准的扦样方法。1992 年 ISTA 植物病害委员会在法国西部工业城市昂热召开大会后，植物病害检验工作机构再次被改组成立了检验真菌、细菌、病毒、线虫的专门检验工作机构。

1993 年，ISTA 植物病害委员会第一届座谈会在加拿大渥太华召开，主题是种子健康检验中的质量保证。第二届座谈会 1996 年在英国剑桥召开，主题是种子健康检验—面向 21 世纪的工程。第三届座谈会 1999 年在美国依阿华召开，主题是“病害胁迫与其在种子健康检验中的作用”。第四届座谈会 2002 年在荷兰瓦赫宁根召开，主题是“健康种子，可持续农业的基础”。ISTA“植物病害委员会”在种子健康度检验方面发挥着日益重要的作用。种子健康测定已日益引起世界各国的重视。

最新的发展趋势主要有：建立全球和地区种传病虫害的信息网络体系；发展种子健康测定新技术，如血清学检测，酶联免疫吸附法（ELISA）、PCR 检测方法等。

第二节　种子健康测定实验室仪器设备、培养基

一、种子健康测定的仪器设备及有关物品

1. 显微镜

包括生物显微镜和体式显微镜。生物显微镜，光学放大倍数：40～1 600 倍，需要对观察物进行

预处理，主要用于微生物（细菌、真菌菌丝及孢子）、悬浮体、沉淀物等的观察，可通过微生物的形态对病原物进行鉴定。体式显微镜又称实体显微镜，光学放大倍数 20～100 倍，对观察体无需加工制作，直接放入镜头下配合照明即可观察。观察物要求的放大倍率，一般在 4～45 倍，光源以落照射为主，也可用透射光观察透明物体或半透明物体，或观察物体的轮廓。物镜与观察体距离较远，可进行镜下操作。

2. 培养箱

种子健康检验必须保持标准的培养温度 20℃，对于大多数热带作物培养温度为 25～28℃。培养箱需配备紫外光灯管，两根灯管水平悬挂，相距 20 厘米，挂在培养皿上方 40 厘米处。

3. 培养容器

种子可在任何容器中培育，常用柏氏培养皿，如果培养箱装备有近紫外灯，紫外灯要能透过培养皿和容器。

4. 温室或生长箱

温室或生长箱是检验某些种苗上未被发现的微生物所需要的，在一定的培养条件下可检测专性寄生物和病毒，通过显症培养检测出来。

5. 其他设备

离心机、机械摇床、血球计、高压消毒锅、超净工作台等。

6. 其他物品

载玻片、盖玻片、烧杯、烧瓶、培养皿、试管、镊子等。

二、种子健康测定常用检测方法所需仪器设备和物品

1. 干种子检查

放大镜；体式显微镜。

2. 种子洗涤检查

小型台秤；不同规格容量瓶；台式摇床；台式离心机；生物显微镜。

3. 培养方法检查

9 厘米直径圆形塑料培养皿或玻璃培养皿；同上述培养皿大小规格的滤纸；培养期间放置培养皿的塑料盘；琼脂粉；葡萄糖；次氯酸钠；2,4－D；配有光照的培养箱或培养室（要冷日光紫外灯管，以激发产生近紫外灯光）；放大镜，体式显微镜（至少能放大 60 倍，并带有左、右射光源）；生物显微镜（带有光源，至少能放大 400 倍）；冷冻设备（－20℃）。

三、常用培养基的配置和保藏

微生物培养基的种类很多，这里只列举一些植物病理实验室中常用的培养基的配置方法。

（一）常用培养基的配置

1. 马铃薯葡萄糖琼脂培养基

马铃薯葡萄糖琼脂培养基是使用最多的微生物培养基（简称 PDA），主要用于真菌的分离和培养，有时也用于植物病原细菌的培养，成分包括：马铃薯 200 克、葡萄糖（或蔗糖）10～20 克、琼脂 17～20 克、水 1 000 毫升。

将洗净后去皮马铃薯切碎，加水 1 000 毫升煮沸半小时，用纱布滤去马铃薯，补水至 1 000 毫升，然后加糖和琼脂，加热使琼脂完全融化后，趁热用纱布过滤。最后分装试管，加棉花塞后灭菌。做平板培养的每管约 10 毫升，作斜面培养的则每管约 5 毫升。根据工作需要，还可以分装在三角瓶中灭菌后备用。培养基中不加琼脂，则配成培养液使用。

2. 肉汁胨培养基

肉汁胨培养基主要用于细菌的分离和培养。可以配成培养液或琼脂培养基。需要材料：牛肉浸膏3克、蛋白胨5～10克、水1 000毫升。

先将牛肉浸膏和蛋白胨溶于水中，pH调节到7.0，分装试管或三角瓶灭菌备用。肉汁胨培养液，每1 000毫升加琼脂17～20克，即可配成固体培养基。

3. 麦芽膏琼脂

麦芽膏琼脂适宜于酵母菌和高等担子菌等的生长。需要材料：麦芽膏25克、琼脂17克、水1 000毫升。

麦芽膏溶解在水中，加琼脂融化。

（二）培养基的保藏

配成的培养基应该注明培养基的种类和配置的日期。实验室中往往有许多培养基，单凭记忆和培养基的外表来判断很容易发生差错。培养基的灭菌效果检验也是必要的，检验的简便方法是取一部分培养基，分别放在28℃和37℃的恒温箱中，经过72小时，观察有无微生物的生长。此外，培养基灭菌后酸度可能发生改变，当被培养的微生物对pH有要求时，有必要再核对一下pH。

培养基在贮存的过程中会丧失水分，贮存时间太长还可能发生其他变化。一般贮存在清洁的玻璃橱内，尽量避免灰尘的沾染。培养基保存的时间长短很难做出明确的规定，一般以不超过6个月为宜。最好根据需要量配置，因为多余的培养基不仅保存麻烦，而且在放置过程中还可能发生一些有害的变化。根据植物病原细菌分离的经验，最好是用新鲜配置的培养基。

四、灭菌技术

微生物学上，灭菌和消毒的含义是不同的。灭菌指用物理或化学的方法，完全除去或者杀死器物表面和内部的一切微生物。消毒是指消灭或减少病原微生物以防止侵染，而不是消灭所有的微生物。消毒还有其他作用，如进行分离工作时，植物组织往往要经过表面消毒，目的是消灭组织表面的杂菌而保存组织内的病原菌。

灭菌是微生物学研究工作的基本操作。菌类的纯培养和其他方面的工作，所用的玻璃器皿、培养基和各类操作工具如刀剪等，都要经过灭菌。灭菌的方法有很多，现就主要的热力灭菌进行介绍。利用高温杀菌是最重要的灭菌方法。这个方法又可分为干热灭菌法和湿热灭菌法。

（一）干热灭菌

移植菌种时，将移植环和试管口等在火焰上烧，就是一种干热灭菌法。但是干热灭菌最主要的方式是用加热的空气灭菌，即将所灭菌的器物放在电烘箱中加热。其温度可以调节，有的还有鼓风设备，使箱内的温度更加均匀。干热灭菌的温度一般是在160～180℃，不宜超过180℃，常用的温度是165℃。

干热灭菌的应用是有限的。高温处理易损坏的和含水的物品，都不能用干热灭菌。

（二）湿热灭菌

注射器和挑取孢子的玻璃针等放在沸水中煮是一种湿热消毒方法，但一般所谓湿热灭菌主要是指高压蒸汽灭菌。

干热灭菌和湿热灭菌的机制是不一样的。干热灭菌是一种氧化作用，而湿热灭菌的作用是促使细胞中一些蛋白质的凝固。湿热灭菌与干热灭菌比较，湿热灭菌的效率较高。例如，培养皿用干热灭菌要在160℃处理1小时，湿热灭菌则只要在121℃处理20分钟。

湿热灭菌又有加压和不加压的分别。加压的作用是提高蒸汽的温度。加压蒸汽灭菌效率高，是有限考虑选用的方法。密闭的高压灭菌器中的水加热后产生蒸汽，灭菌器内的压力增高，水的沸点和蒸汽的温度也增高。

高压灭菌器的压力是可以控制的。一般都有自动调节器（安全阀），也可以调节热源来控制压力。一般灭菌都是用103.420 5千帕的蒸汽，时间在15～30分钟。容积大的物体，要适当延长时间，土壤灭菌的时间要长达2小时以上。高压灭菌器的用法和注意事项如下：①检查灭菌器存水的量，加水到指定的标度；②需要灭菌的器物放在灭菌器内，将盖密闭，打开气门；③加热，等空气完全排除后（蒸汽从气门有力的冲出），关闭气门；④当压力上升到所需要的指标后，开始计算灭菌的时间，灭菌过程中保持压力不变；⑤当达到需要的灭菌时间，停止加热，稍微打开气门，排出蒸汽使压力慢慢下降；⑥当压力降到内外相等时，才能打开高压灭菌器的盖。

（三）各种材料的灭菌处理

前面介绍了灭菌的方法和原理。根据不同的器物和要求，可以选适当的方法。

1. 玻璃器皿的灭菌

玻璃器皿灭菌，主要用干热灭菌的方法，在加热至160～170℃烘箱中处理1小时或150℃处理2小时。温度过高，超过180℃时，棉花和纸张会烤焦，棉花塞变为褐色并分泌油脂，而纸张则容易破碎。器皿放入烘箱前必须完全干燥，以免引起玻璃的破碎或其中有些成分的分解。灭菌时要使温度慢慢上升，灭菌后待温度逐渐下降到60℃以下才能打开箱门，避免玻璃器皿因突然冷缩而破碎。

培养皿一般都用干热灭菌。培养皿如用纸包裹或放在铁筐内灭菌，则温度应稍增高或延长灭菌时间。急用培养皿时也可用高压灭菌器灭菌。

吸管的灭菌可用高压灭菌器，但最好是用烘箱。吸管要用纸包裹，然后放在铁丝篮内灭菌。其他玻璃器皿如三角瓶和烧瓶等灭菌，可用烘箱或灭菌蒸锅，但应连续使用同一方法灭菌，否则玻璃容易破碎。一般玻璃器皿用高压灭菌器灭菌，是在121℃处理20分钟左右。

2. 培养基的灭菌

培养基的灭菌一般都是用加压蒸汽（121℃，20分钟），蒸汽的压力和处理时间可以根据培养基的量和导热性能等情况增减，如果器皿中所盛的培养基的量超过1 000毫升，同时灭菌前培养基已经冷却凝固，灭菌的时间必须延长30～45分钟。

3. 土壤的灭菌

土壤是比较难灭菌的。薄层的土壤要在150～170℃的烘箱内灭菌几小时。如果是用加压蒸汽，121℃要2小时，134.5℃要1小时。

五、种子健康测定常用染色剂和染色方法

许多微生物，尤其是细菌，体积微小而且透明。当悬浮在液体内（如水滴内），细菌的折光率和悬液相差不大，因此，在显微镜下不易看到它们，更谈不上识别其细胞结构。若采用染色技术，借助颜色的反射作用，就比较容易看到它们。

（一）染色剂性质和种类

染色剂是一种染色用的化合物。当前普遍采用的微生物染色剂都是苯的衍生物，统称为煤焦油染色剂，包括苯胺染色剂。它们的化学结构都含有苯环。一个染色剂除苯环外，还需连接发色团和助色团。发色团使化合物呈现颜色。苯环和发色团结合而成的化合物称为色原物，色原物不能和被染物相结合。因此色原物不是一个染色剂。染色剂上的助色团有电离特性，可以和被染物相结合，使被染物染上颜色。

助色团分为酸性（如-COOH）和碱性（$-NH_2$）。酸性染色剂电离后分子带负电；碱性染色剂电离后分子带正电。因此，许多形成盐的染色可以是酸性或是碱性的。碱性染色剂通常为氯化物、硫酸盐、醋酸盐或草酸盐。酸性染色剂多与钠、钾、钙、氨等结合。一般染色剂大都是盐。碱性和酸性染色剂都可以用来染各种微生物。酸性染色剂主要染细胞质。碱性染色剂主要染核和异染粒等酸性的结构。由于细菌细胞质内布满核物质和异染粒，因此，染细菌常用碱性染料。

（二）染色方法

染色方法包括固定和染色两个步骤。有时为了特殊目的还要经过媒染、析色等其他步骤。

1. 固定

在染色前必须将细胞固定。固定的作用在于：①尽可能保持细胞核、细胞物质的原有形态和结构；②提高细胞的可视度；③将细胞固定在玻片上。固定可采用物理方法，如加热及冷冻干燥；或采用化学方法，如用乙醇、丁醇和锇酸等化学药剂。固定的作用在于使细胞内的球蛋白展开，而增加反应基如羧基、氨基、烃基等暴露的机会。此外，固定还可以改变染色的亲和力。在实验室进行微生物细胞染色时，固定细菌可将菌涂抹在玻片上，加热固定或干化后用化学固定剂固定。霉菌等常使用固定剂固定。总之固定应避免使细胞收缩、涨大或自溶，并保护细胞质使其变坚韧并不易改变形状。

2. 染色

染色均采用染色剂溶液。方法大都是用乙醇溶化染色剂后，再用蒸馏水稀释到一定浓度。一般采用1%的浓度。用低浓度染色液染色所需时间较长，而染色效果较好。用高浓度染色液应缩短染色时间。配置染色液时染色剂和溶媒都应纯净，否则影响染色效果。如碱性复红中含有过多的离子杂质，则染色不均匀且在玻片中布满珠状小滴。应避免在染色液内加电解质，因为这样容易产生聚集现象。为控制染色液的 pH，可使用缓冲溶液。

3. 媒染剂

媒染剂是一种可以和染色剂形成不溶解化合物以加强染色剂和细胞的结合力的化学物质。它和细胞及染色剂都有强的结合力。媒染剂可在染色前使用，或加入染色液同时应用。媒染剂可分为碱性媒染剂（如矾、硫酸亚铁、酒石酸锑钾等）和酸性媒染剂（如鞣酸和苦味酸）。

4. 鉴别染色

最主要的鉴别染色有细菌染色中的革兰氏染色和固酸染色。

（1）**革兰氏染色。**根据革兰氏（Gram）染色反应可以把细菌分为革兰氏阳性、阴性和不定性三种类型。染色的过程是先用结晶紫染色，随即用含碘的媒染剂处理，再用酒精脱色，最后用番红复染。凡是不能被脱色剂脱去结晶紫的细菌，呈蓝紫色，称为革兰氏阳性菌。凡是经脱色剂脱去结晶紫的细菌，呈复染色颜色的细菌称为革兰氏阴性细菌。复染剂的作用只是使脱色后的细菌再染上另一种颜色，而便于鉴别，这和革兰氏染色机制无关。细菌对革兰氏染色表现的不同反应与它们的生理特性有关。凡是在细菌群体中既有革兰氏阳性细菌，同时又有革兰氏阴性细菌称为革兰氏不定性的细菌。革兰氏阳性细菌与阴性细菌在许多特性上有差异（见表 14－1）。

表 14－1　革兰氏阳性和阴性细菌特性的差别

特　性	革兰氏阳性菌	革兰氏阴性菌
细胞壁厚度	较厚	较薄
细胞壁所含氨基酸	种类少	种类多
质壁分离现象	较难	较易
细胞壁氨基糖含量	较多	较少
等电点	pH 2.5～4	pH 4.5～5.5
最适生长 pH	偏碱	偏酸
对胃液的消化作用	有抗力	抗力小
对强碱（1% KOH）抗力	不溶化	溶化
三苯酚甲烷染色剂的抑菌效应	极敏感	较抵抗
活细胞对染色剂的透性	较渗透	较不渗透
叠氮化物的抑制作用	较渗透	较不渗透
碘的抑制作用	抗	较不抗
自溶性	较敏感	较不敏感
对青霉素的敏感性	较不普遍	较普遍
对降低表面张力的敏感性	较敏感	较不敏感
固酸性	少数菌种	无

(2) **固酸染色**。某些裂殖菌，尤其是分枝杆菌经石炭酸品红染色后，虽用强酸处理也不能脱去所染的颜色，这种方法称为固酸染色。这类细胞称为固酸菌。多数细菌是非固酸菌。

第三节　种子健康测定方法

一、种子病原物的检测方法

（一）未经培养检验

1. 直接检查

借助肉眼或放大镜进行检验。适用于有较大病原体或种子表面有明显症状的病害。如检测小麦线虫病虫瘿、腥黑穗病病粒、小麦赤霉病粒、水稻稻瘟病粒、玉米粒腐病病粒、甘薯黑斑病病薯等。检验时将试验样品放在白纸或玻璃板上，检出病原体或病粒，称其重或计其粒数，按下列公式计算感染病害百分率。

病害感染率＝病粒或病原体的数量或重量(克)/试验样品的粒数或重量(克)×100%

2. 过筛检验

过筛检验主要用于检查混杂在种子内较大的病原体、线虫瘿和杂草种子等。将试验样品用规定孔径的筛子过筛，不同作物种子所用筛孔不同，筛子按孔径大小叠好（孔径上层大，下层小），将试样倒入上层筛内，过筛2分钟，最好用电动筛选器进行。然后将各层筛上物倒入白瓷盆内，摊成薄层用肉眼或10～15倍放大镜检查。将底层的细小筛出物倒于黑底玻板上，用50～60倍双目放大镜检查，拣出病原体或病粒并称重，计算感病种子的百分率。

3. 洗涤检验

用于检验种子表面带菌而肉眼看不见的种传病原物，如麦类腥黑穗病菌、稻粒黑粉病菌、玉米丝黑穗病菌、玉米瘤黑粉病和红麻炭疽病菌等。分取试样两份，每份5克，分别放入100毫升三角瓶内，加无菌水10毫升，如欲使病原体洗涤更彻底，可加入0.1%润滑剂（磺化二羧酸酯），置振荡机上振荡，光滑种子振荡5分钟；粗糙种子振荡10分钟。将洗涤液移入离心管内，在1 000～1 500转/分的离心机上离心3～5分钟。吸去上清液，留1毫升的沉淀部分，稍加振荡。分别滴于5片载玻片上。盖上盖玻片，用400～500倍的显微镜检查，每片检查10个视野，记载病原体种类及每视野的孢子数，并计算每克种子孢子负荷量。

每克种子的孢子负荷量（N）：

$$N=\frac{n_1\times n_2\times n_3}{n_4}$$

式中：n_1——每视野平均孢子数；

n_2——盖玻片面积上的视野数；

n_3——1毫升水的滴数；

n_4——供试样品的重量。

（二）培养后检验

1. 萌芽检验

用于种传真菌的检验。只要在种子萌发阶段开始为害或长出病菌的，都可用此法进行检验。（但对种子带菌，在萌发阶段或苗期不表现症状，则不能用此法）。

(1) **吸水纸法**。在培养皿中放三层吸水纸，用无菌水湿润；把种子播在纸上，保持一定距离（约1厘米），盖好培养皿。

检验种子内部病菌时，种子应进行表面消毒，即浸入1%次氯酸钠溶液中10分钟，置于消毒过的培养皿内。

放入20～25℃箱内培养（低温作物20℃，高温作物25℃），经过4～7天，取出检查。根据种子或幼苗的病菌特征进行鉴别。也可用显微镜检查病原菌种类。

（2）**沙床法**。将沙子晾干，过1毫米的筛子，将沙粒清洗，高温烘干消毒，放入培养皿内加水湿润，种子排在沙床内，盖上盖保持高湿，培养温度与纸床相同，经7～10天后检查。

为了便于检查，可用0.1%～0.2%的2,4-D溶液来停止种子发芽，但2,4-D浓度不能过高，否则有抑菌作用。也可在萌发4～5天时使幼苗冰冻（-20℃）过夜，然后再培养病菌。

2. 分离培养检验

适用于发育较慢的致病真菌及潜伏在种子内部或表面的病原菌，如玉米干腐病菌、小麦斑点病菌、亚麻灰霉病菌、豌豆褐斑病菌等的检测。在检验种子内部的病原菌时，可用1%的次氯酸钠作表面消毒，5分钟后沥干；把灭菌的琼脂加入9厘米培养皿内，每个培养皿播10粒种子于培养基表面，20～22℃黑暗条件下培养5～7天检查。用肉眼检查每粒种子外部长成的典型菌落。

如检测豌豆褐斑病菌，取试样400粒，用次氯酸钠消毒，在培养皿内放入麦芽或马铃薯葡萄糖琼脂，每皿置10粒种子，于20℃黑暗培养7天，用肉眼检查种子外布满的大量白色菌丝体。对疑似菌落通过显微镜进行观察，根据菌落形态及菌丝的特征进行判定。

3. 接种指示植物法

从种子上提取病原物，利用喷雾、针刺、汁液摩擦等方法接种到指示植物（寄主），培养一段时间后，观察指示植物接种后的症状，判断原检测的种子样品中是否携带有病原物。此方法多用于种传病毒的检测，要求具有较严格的环境条件。比如利用指示植物法检验番茄种子上烟草花叶病毒（TMV），常规操作是取一定量的种子样品，加入蒸馏水，充分研磨。取心叶烟植株，去掉老叶和未展开的幼叶，保留4个叶片，纱布摩擦，用棉球蘸取汁液接种。接种后2～4天后观察，根据是否出现坏死斑对结果进行判定。

4. 隔离种植检验

有些种子所带的病害，有时不易发现症状或病原物，需要在生长发育阶段进行病害观察。从国内外引进种子时，如果不了解原产地是否携带有某种病原物或检疫性有害生物，也需要进行隔离种植检验。隔离种植应在温室或极为严密的隔离区进行，并在各个生育阶段进行观察。

（三）其他检验方法

1. 种子化学伤害检查

检查种子药剂处理的化学伤害。一般药剂处理都要求对种子活力没有伤害，但如果药剂配方不合适或处理技术不当都会造成对种子的化学伤害。因此，在现代种子产业中，种子的化学处理方法很多，如杀菌剂处理、种子包衣等，那么造成对种子化学伤害的机会也随之增加，所以有时对种子样品需要进行化学伤害的检查。方法一般是取种子试样400粒，播种在适合的发芽床上，进行培养，待发芽和长出幼苗就幼苗的长势和伤害的畸形特征或死亡种子对种子伤害情况加以判别。一般在种子发芽和幼苗生长过程会呈现出化学伤害的症状。如对化学敏感的禾谷类和葫芦种子，受化学伤害后，幼苗的根变粗短，不长根毛，幼苗肿胀畸形等。受害轻者，幼苗缩短，根毛少；受害重者，则种子不能发芽或仅长出根头和芽尖，成为死种子。

2. 种子生理病害的检查

主要为营养缺素症，检查方法是根据种子生理病害的形态特征可从干种子和培养幼苗阶段进行鉴定，并计算发病百分率。主要包括以下几种情况。

（1）**缺氮症**。如小麦"黄粒"是小麦质量降低的重要因素。小麦籽粒在正常情况下是透明的。但遭受此种异常变化的籽粒，则在籽粒的部分或全体上出现浅黄色斑点。受害部位的淀粉含量高而蛋白质含量低，并且籽粒的比重小。此病具有重要经济意义，可降低谷物的市场价格。

（2）**缺钾症**。该病可造成种子大量减产，也能影响种子质量。常造成种子不能成熟或粒小。

（3）**缺锰症**。这是豌豆种子的常见病，菜豆种子较少得此病。其症状是种子具有延伸到内部的褐色坏死，子叶的中间部分受害。当种子严重受害时，便出现裂缝。有些种子可在种皮上出现内陷的褐色斑点。这些坏死部分继续扩展到下面的两片子叶。当种子播种二三天后便可看出其内部症状。幼苗弱、发育差；一旦长出胚芽，顶芽便死亡，并形成双叉再生胚芽。硫酸锰可防治此病。国外有记载，健康豌豆种子每千克干物质含 41 毫克锰，而受病种子只含有 13 毫克。

（4）**缺硼症**。在美国佛罗里达州，硼缺乏被认为是花生的一种空心病的病因，导致种子变色及腐烂。采用含硼的土壤改良剂可消除此症。

3. 苗期后的植株检查

（1）**生长试验**。某些种类种传病害的生长试验与通常的培养程序，如吸水纸法、琼脂平板法和幼苗症状检验法相比，需有一个较长的培养时间。特别是对于细菌和病毒病害，植株必须过了幼苗阶段症状才能显现。检测程序为：种子播于适宜容器内且容器内的土壤经过蒸汽消毒，并置于适宜的温度和湿度条件下，常常是在温室中或在能控制环境的培养室内以防污染。一个有空调的人工气候室是开展这种程序的理想条件，如莴苣花叶病发展的标准程序。该项试验需在 16～21 天内完成。将种子播种于草炭中，每升草炭加 0.5～2 克碳酸钙和 0.5～1 克的肥料，培养于 25℃下，并用日光灯持续照明。16～21 天后记录发病情况。

（2）**田间小区种植检查**。对于某些种传病原物的检测来说，实验室的一般检测程序或其他方法，可能由于种种原因被认为是不实用的。在这种情况下，观察种植在田间小区中的有代表性样本可以作为检测种子病害的第二道把关。本程序以大麦田间种植计划为例，说明在丹麦已用于禾谷类作物种子的检测。

样品种植在 4 个相距较远的小区中。试验设置在不同地区的两个农场内，每个农场的两个小区分别在不同时期播种。小区 9 米长，种 6 行，行距 25 厘米，行长共 54 米。小区间用一行春小麦纵隔开，有 1 米宽的横隔小道，使用小手扶播种机播种。通常每个小区有 3 000 株，4 个小区共 12 000 株。植物出苗分蘖之前，在每个小区调查 1 米长，记录其数目。关于试验区全部植株的估算，以 4 个样本的数目乘以 13.5 为一个小区全部植株数。大麦的健康检测对象包括条纹病和黑穗病。条纹病的调查是走一遍整个小区进行记录，检测员在一行上跨立，观察邻行，见到病株就拔起来，仅取穗。调查记载全区穗数后，得到病株的总数。用同样的方法记载散黑穗，但调查的时间可稍晚些，要到条纹病的记载完成的时候，这时正是孕穗期或刚过孕穗期。

（3）**田间检查**。对于许多种传病害来说，可根据种子作物的田间检查结果，在收获以前来决定排除受病虫害侵染的种子田块，这是最有效的保证种子健康的防治程序。就田间检查方案来说，两次检查是不能少的，第一次检查应在植株呈绿色并充分生长时进行。第二次检查在成熟期，即开花期或种子成熟期。确定作物受侵染情况取决于作物的种类和所发生的病害。

二、种子害虫的检验

检验种子害虫，首先了解害虫的形态特征和生活习性，以及在种子上为害的症状。常见的检验方法有：肉眼检验、过筛检验、剖粒检验、染色检验和相对密度检验等。

（一）肉眼检验

对于明显感染害虫的种子，可用此法检验。冬季低温时预先将种子样品放在 18～25℃温箱内加温 20～30 分钟，使害虫恢复活动；然后把种子倒在瓷盘内用肉眼或放大镜进行逐粒观察，拣出害虫侵害过的种子，计算每千克样品中害虫的头数。计算公式为：

$$害虫含量(头/千克)=\frac{害虫头数}{样品重量(千克)}$$

（二）过筛检验

凡是成虫或幼虫散布在种子间的害虫可用过筛检验。一般米象、谷象、谷蠹用 2.5 毫米筛孔；锯谷盗、粉螨用 1.5 毫米筛孔。检查米象、谷象、谷蠹等害虫，最好用白瓷盘作底板；检查粉螨最好用光滑的黑纸作底板。过筛后分别将各层筛的样品倒于光滑的底板上，用肉眼或 5～10 倍放大镜检验。一般取送检样品的一半进行检验，计算每千克样品中害虫的头数。标准筛的孔径规格及层数，依据植物籽粒大小而定（表 14-2）。

表 14-2　主要作物籽粒应用的标准筛规格（均用圆孔）

作物名称	层数	筛孔规格（毫米）
玉米、大豆、花生、向日葵	3	3.5，2.5，1.5
稻谷、小麦、大麦、高粱、大麻	2	2.5，1.5
小米、菜籽、芝麻、亚麻	2	2.0，1.2

检验时，先将二层或三层标准筛按照大孔径在上，小孔径在下的次序叠好，再将样品倒入上层筛内，用回旋法筛理。筛理后，分别将第一层、第二层和第三层的筛上物倒入白瓷盘内，摊成薄层，用肉眼或 10～15 倍的手持放大镜检查其中个体较大的害虫；进而鉴定它们的种类。计算公式为：

$$害虫含量(头/千克)=\frac{害虫头数}{样品重量(千克)}$$

（三）剖粒检验

对于隐蔽感染的害虫，如蚕豆象、豌豆象，可用剖粒检验法。取试样 5～10 克（中粒种子 5 克，大粒种子 10 克）用刀剖开或切开种子的被害或可疑部分，检查害虫。

（四）染色检验

一些隐蔽感染的害虫，如米象、谷蠹在种子内产卵后能分泌出一种胶质将产卵孔堵塞，一般肉眼难以看出，可用化学染色法将塞状物染色检查。

1. 高锰酸钾染色法

适用于检查隐蔽的米象、谷象等危害的禾谷类种子。

取试样 15 克，放入塑料网中，在 30℃水中浸泡 1 分钟，再移入 1%高锰酸钾溶液中染色 1 分钟。然后用清水洗涤，倒在白色吸水纸上用放大镜检查，表面有 0.5 毫米斑点的即为害虫籽粒。计算害虫含量。

2. 碘化钾染色法

适用于检验豆象类危害的豆类种子（豌豆象）。

将样品 50 克放入塑料网中，放入 1%碘化钾或 2%碘酒溶液中 1～1.5 分钟。取出后放入 0.5%的氢氧化钠溶液中浸泡 30 秒，取出用水冲洗，用放大镜或肉眼检查：如豆粒表面有 1～2 毫米直径的圆斑点，即为豆象感染。计算害虫含量。

（五）种子相对密度检验（比重检查）

被米象、谷蠹、豆象和麦蛾为害过的种子相对密度较小，用比重法捞出浮种再进一步检查。

取试样 100 克，除去杂质，倒入食盐饱和溶液中（含盐 35.9 克溶于 100 毫升水中），搅拌 10～15 秒，静置 1～2 分钟，将悬浮在上层的种子取出，结合剖粒检验，计算害虫含量。

稻谷等较轻籽粒倒入 2%硝酸铵溶液中，搅拌 1 分钟，即可使被害粒上浮而分开计算。

（六）软 X 射线检验

适用于检查种子内部隐匿的害虫（蚕豆象、玉米象、麦蛾等）。

经 X 射线照射时，隐匿在种子内部的幼虫、蛹、成虫和虫蛀孔清楚可辨，通过照片或直接从荧光屏上观察。检验时，把种子均匀摆放在装入暗袋的胶片或相纸上面，置于X射线机上拍摄。最后经显影定影，则可鉴定分析。种子直接造影的条件参见表14-3。

表14-3 种子直接造影的条件（Mo-405型软X射线仪，Din8胶片）

种子名称	焦片距（厘米）	电压（千伏）	电流（毫安）	曝光时间（秒）
水稻	30	25	5	30
小麦	30	25	5	30
棉花	30	25	5	60
大豆	30	30	5	40
蚕豆	30	25	5	60
黄瓜	25	20	5	40
西瓜	25	20	5	60
番茄	25	15	5	40
茄子	25	15	5	40
甜椒	25	15	5	40

第四节　主要植物病虫害

一、植物病原真菌

植物病原真菌指可以寄生于植物并引致病害的真菌。已记载的植物病原真菌有8 000种以上。真菌可引起3万余种植物病害，占植物病害总数的80%，属第一大病原物。植物上常见的霜霉病、白粉病、锈病和黑粉病四大病害都是由真菌引起的，历史上大流行的植物病害多数是真菌引致的。

（一）真菌的分类与命名

1. 真菌的分类

目前植物病理学科采用的是安斯沃司分类系统（G. C. Ainsworth，1973）。首先是真菌界，下分真菌门和黏菌门。

（1）**黏菌门。**黏菌门的真菌一般称作黏菌。营养体是原质团或变形体。营养方式是吞食。繁殖产生游动孢子。生活方式是腐生，一般不危害植物，与植物病理学关系不大。

（2）**真菌门。**营养体是菌丝体。营养方式是吸收。繁殖产生各种类型孢子。生活方式是腐生和寄生，有很多植物病原菌。目前真菌门分为5个亚门，18个纲，68个目。真菌下分为鞭毛菌亚门、接合菌亚门、子囊菌亚门、担子菌亚门和半知菌亚门5个亚门，主要特征比较见表14-4。

表14-4 真菌五个亚门主要特征

真菌亚门	营养体	无性繁殖体	有性繁殖体
鞭毛菌亚门	无隔菌丝	游动孢子	卵孢子
接合菌亚门	无隔菌丝	孢囊孢子	接合孢子
子囊菌亚门	有隔菌丝	分生孢子	子囊孢子
担子菌亚门	有隔菌丝	无	担子孢子
半知菌亚门	有隔菌丝	分生孢子	无

2. 真菌的命名

真菌命名与其他生物一样，采用林耐提出的拉丁双名法。属名＋种名＋（最初定名人）最终定名人，如：*Pseudoperonospra cubensis*（Berk. et Curt.）Rostov。

（二）真菌不同亚门的特点及引起的主要病害

1. 子囊菌亚门

营养体是有隔膜的菌丝体，极少数是单细胞，有性生殖形成子囊孢子。主要植物病原真菌有白粉菌、赤霉菌、禾本科作物赤霉菌、全蚀病菌、锈菌、黑粉菌等。

子囊菌引起的植物病害有：外囊菌属（*Taphrina*）引起桃缩叶病。白粉属（*Erysiphe*）引起烟草、芝麻、向日葵及瓜类等白粉病。单丝壳属（*Sphaerotheca* ）引起瓜类、豆类等多种植物白粉病。布氏白粉属（*Blumeria*）引起禾本科植物白粉病。叉丝单囊壳属（*Podosphaera*）引起苹果白粉病。球针壳属（*Phyllactinia*）引起桑、梨、柿、核桃等80多种植物白粉病。钩丝壳属（*Uncinula*）引起葡萄和桑树白粉病。叉丝壳属（*Microsphaera*）为害栎树、榛树、栗树等多种树木。长喙壳属（*Ceratocystis*）引起甘薯黑斑病。小丛壳属（*Glomerella* ）引起苹果、梨、葡萄等多种果树炭疽病。黑腐皮壳属（*Valsa*）引起苹果树腐烂病。赤霉属（*Gibberella*）引起大、小麦及玉米等多种禾本科植物赤霉病和水稻恶菌病。顶囊壳属（*Gaeumannomyces*）引起大、小麦等禾本科植物全蚀病等。柄锈菌属（*Puccinia*）引起大麦、小麦、黑麦及燕麦等禾本科植物的杆锈病。胶锈菌属（*Gymnosporangium*）引起梨树梨锈病。多胞锈菌属（*Phragmidium*）引起玫瑰锈病。单胞锈菌属（*Uromyces*）引起菜豆锈病。层锈菌属（*Phakopsora*）引起枣树锈病。栅锈菌属（*Melampsora*）引起亚麻锈菌病。黑粉菌属（*Urocystis*）引起小麦秆黑粉病。叶黑粉菌属（*Entyloma*）引起水稻叶黑粉病。腥黑粉菌属（*Tilletia*）引起小麦腥黑粉病。轴黑粉菌属（*Sphacelotheca*）引起高粱散粒黑穗病。尾孢黑粉菌属（*Neovossia*）引起水稻粒黑粉病。

2. 担子菌亚门

营养体是有隔膜的菌丝体，有性生殖形成担孢子。主要植物病原真菌有锈菌和黑粉菌等。

3. 半知菌亚门

营养体是有隔膜的菌丝体或单细胞，没有有性阶段，但有可能进行准性生殖。主要植物病原真菌有玉米大斑病菌、玉米灰斑病菌和蔬菜斑枯病菌等。

半知菌引起的植物病害有：葡萄孢属（*Botrytis*）引起多种植物灰霉病。粉孢属（*Oidium*）引起白粉病，为白粉菌的无性阶段。梨孢属（*Pyricularia*）引起稻瘟病。青霉属（*Penicillium*）引起柑橘绿霉病。曲霉属（*Aspergillus*）大多腐生，有些种可用于发酵，是重要的工业微生物。轮枝孢属（*Verticillium*）引起棉花黄萎病。尾孢属（*Cercospora*）引起玉米灰斑病。链格孢属（*Alternaria*）引起番茄早疫病。枝孢属（*Cladosporium*）引起大麦、小麦、水稻、玉米、高粱等多种植物黑霉病。黑星孢属（*Fusicladium*）引起梨黑星病。内脐蠕孢属（*Drechslera*）引起大麦条斑病。平脐蠕孢属（*Bipolaris*）引起玉米小斑病和水稻、胡麻叶斑病。突脐蠕孢属（*Exserohilum*）引起玉米大斑病。弯孢属（*Curvularia*）引起玉米弯孢菌叶斑病。丝核菌属（*Rhi-zoctonia*）引起棉花等多种植物立枯病。小核菌属（*Sclerotium*）引起花生等200多种植物白绢病。镰孢属（*Fusarium*）引起枯萎病和多种禾本科植物赤霉病。绿核菌属（*Ustilaginodea*）引起稻曲病。炭疽菌属（*Colletotrichum*）引起苹果、梨、棉花、葡萄、冬瓜、黄瓜、辣椒、茄子等的炭疽病。盘二孢属（*Marssonina*）引起苹果褐斑病。叶点霉属（*Phyllosticta*）引起棉花褐斑病。大茎点菌属（*Macrophoma*）引起苹果、梨轮纹病。拟茎点霉属（*Phomopsis*）引起茄褐纹病。壳针孢属（*Septoria*）引起小麦颖枯病。壳囊孢属（*Cytospora*）引起梨树和苹果树腐烂病等。

4. 鞭毛菌亚门

该真菌的共同特征是产生具鞭毛的游动孢子，因此这类真菌通常称作鞭毛菌。鞭毛菌大多为水生真菌，少数是两栖的或接近陆生的。其中寄生高等植物并引起严重病害的是霜霉目真菌，如腐霉菌属、疫霉菌属、霜霉菌属、假霜霉菌属、白锈菌属等。

5. 接合菌亚门

营养体是菌丝体，典型的没有隔膜，无性繁殖产生孢囊孢子，有性生殖形成接合孢子。一般不侵染植物。

二、植物病原病毒

病毒是一种由核酸、蛋白或其复合体构成的，具有繁殖、传染和寄生在其他生物体上能力的非细胞形态分子生物。病毒区别于其他生物的主要特征：病毒是个体微小的分子寄生物，其结构简单；病毒是专性寄生物，其繁殖需要寄主提供原料和场所。按寄主的不同，病毒分为寄生植物的植物病毒、寄生动物的动物病毒以及寄生细菌的噬菌体等。

植物病原病毒是仅次于真菌的主要病原物。据统计，有900余种病毒可引起植物病害。很多园艺植物病毒病对生产造成极大的威胁。如马铃薯、番茄、辣椒的病毒病，十字花科蔬菜的病毒病，苹果病毒病等，严重影响了蔬果产品的产量和品质。

（一）植物病毒的分类与命名

1. 植物病毒的分类

分为1目、11科、47属、788种。

2. 植物病毒命名

现行植物病毒种的命名大多采用俗名法。如：tobacco（寄主）mosaic（症状）virus（病毒）简写为TMV。

植物病毒属由具共同特征的病毒种所组成。其属名是将代表种英文种名集合，并以 *virus* 结尾。如烟草花叶病毒属 *Tobamovirus*。

植物病毒科是具共同特征病毒属的集合，以 *viridae* 结尾。如，番茄丛矮病毒科 *Tombusviridae*。

植物病毒目是具共同特征病毒科的集合，以 *virales* 结尾。

3. 主要的植物病毒属（组）

主要的植物病毒属有香石竹潜隐病毒属（*Carlavirus*）、长线形病毒属（*Closterovirus*）、黄瓜花叶病毒属（*Cucumovirus*）、等轴不稳环斑病毒属（*Ilarvirus*）、线虫传多面体病毒属（*Nepovirus*）、马铃薯X病毒属（*Potexvirus*）、马铃薯Y病毒属（*Potyvirus*）、植物弹状病毒属（*Rhabdovirus*）、烟草花叶病毒属（*Tobamovirus*）。

（二）植物病毒病症状特点

1. 植物病毒病宏观症状

植物病毒病宏观症状有颜色改变、坏死、局部性坏死斑、系统性坏死（萎蔫）、生长减缩和生长畸形。

2. 植物病毒病微观症状

内含体（inclusion），由病毒粒子或由病毒粒子与植物细胞器组成的几何状不定形结构。内含体可分为结晶状和无定形内含体。

（三）植物病毒病自然传染方式

1. 接触传染

通过植株（叶）摩擦；植物套根等方式传染。

2. 花粉传染

病株带毒花粉将病毒传到健康植株的种胚或整个植物体。

3. 媒介传染

由昆虫、线虫和真菌等生物体为介体使得病毒从病株传到健康植株。媒介传染是植物病毒最主要的自然传染途径。主要有昆虫中的蚜虫、叶蝉、飞虱、粉虱、木虱、网蝽和鞘翅目昆虫等，线虫中的剑线虫（*Xiphinema*）、长针线虫（*Longidorus*）、毛刺线虫（*Trichodorus*）等，真菌主要涉及壶菌（*Chytridiales*）和根肿菌（*Plasmodio-phoralesde*）的一些菌物，螨类主要是叶瘿螨科（*Eriophyidae*）螨类。

（四）植物病毒病的侵染来源

植物病毒为活物寄生。因此，在非生长季节，植物病毒的存活场所大多与活生物体有关。植物病毒的侵染源主要有三方面：带有病毒的种子、无性繁殖材料（苗木）；残留（多年生）带毒寄主及其他野生寄主植物；越冬带毒介体（持久性传毒）主要包括昆虫和真菌。

（五）植物病毒病的诊断鉴定

植物病毒病可主要通过四方面诊断鉴定：症状（病状）分析，包括变色（花叶）、坏死、萎蔫、畸形等；鉴别寄主接种鉴定，如利用指示植物法检验番茄种子上烟草花叶病毒；血清学反应鉴定，如ELISA试验；分子生物学（DNA）分析。

三、植物病原细菌

细菌病害的数量和危害仅次于真菌和病毒，属第三大病原物。细菌属于原核生物界（Procaryotae）的单细胞生物，有细胞壁，没有细胞核。一般细菌的形态为球状、杆状和螺旋状。大都单生，也有双生、串生和聚生的。细菌都是非专性寄生物，可在人工培养基上生长。寄生性强的可以侵染绿色叶片，寄生性弱的只能侵染植物的贮藏器官和果实等抗病性较弱部位。一般植物病原细菌的致死条件是48～53℃下持续10分钟，而要杀死细菌的芽孢则需要120℃左右的高压蒸汽下持续10～20分钟。因此高压灭菌的指标是120℃下灭菌30分钟。细菌的繁殖方式为裂殖，即一分为二。在适宜条件下最快20分钟繁殖一次。一般植物病原细菌的最适温度为26～30℃，24～48小时可以在培养基上长出细菌菌落。

（一）植物病原细菌的分类

根据目前公认的五界生物分类系统，细菌属于原核生物界。由于原核生物形态简单、差异较小，内部的分类系统还不完善。目前比较公认的是《柏杰氏细菌鉴定手册》（第九版，1994）分类系统。原核生物界通常分为4个门，7个纲，35个组群。长期以来，植物病原细菌仅限于5个属：土壤杆菌属、欧氏杆菌属、甲单胞杆菌属、黄单胞杆菌属和棒状杆菌属。近十年来，又陆续新建了一些植物病原细菌属。现在植物病原细菌的主要类群有14个属。下面介绍在种子健康检测中常见的6个属。

1. 土壤杆菌属（*Agrobacterium*）

土壤杆菌属是薄壁菌门根瘤菌科的一个成员，土壤习居菌，菌体短杆状，单生或双生，鞭毛1～6根，周生或侧生。好气性，代谢为呼吸型。革兰氏反应阴性，无芽孢。营养琼脂上菌落为圆形、隆起、光滑，灰白色至白色，质地黏稠。不产生色素。

2. 布克氏菌属（*Burkholderia*）

布克氏菌属是由假单胞菌属中的rRNA第二组独立出来的。茄青枯布克氏菌（*B. solanacearum*）能引起多种作物，特别是茄科植物的青枯病。在组合培养基上形成光滑、湿润、隆起和灰白色的菌落。病菌的寄主范围很广，可以为害30余科，100多种植物。病害的典型症状是全株呈现急性凋萎，病茎维管束变褐，横切后用手挤压可见有白色菌脓溢出。病菌可以在土中长期存活，是土壤习居菌。病菌可随土壤、灌溉水和种薯、种苗传染与传播。侵染的主要途径是伤口，高温多湿有利发病。

3. 欧氏杆菌属（*Erwinia*）

属薄壁菌门。菌体短杆状，周生多根鞭毛。菌落灰白色，革兰氏染色反应阴性。主要引致腐烂，如大白菜软腐病。胡萝卜欧氏菌（E. carotovora）俗称大白菜软腐病菌，寄生范围很广，包括十字花科、禾本科、茄科等20多科的数百种果蔬和大田作物，大多由伤口侵染，或介体动物传代侵染，引起肉汁或多汁的组织软腐，尤其是在厌氧条件下最易受害，多在仓库中贮藏期间表现症状。

4. 假单胞菌属（*Pseudomonas*）

假单胞菌属是薄壁菌门假单胞菌科的模式属。菌体短杆状或略弯，单生，大小为（0.5～1.0）微米×（1.5～5.0）微米，鞭毛1～4根或多根，极生。革兰氏阴性，严格好气性，代谢为呼吸型。无芽孢。营养琼脂上的菌落圆形、隆起、灰白色，有荧光反应，有些种产生褐色素扩散到培养基中。已发现的植物病原细菌有一半属于此属，主要引起叶斑、腐烂和萎蔫等症。如黄瓜细菌性角斑病、茄科青枯病、桑疫病等。

5. 黄单胞菌属（*Xanthomonas*）

黄单胞菌属是薄壁菌门一个成员。菌体短杆状，多单生，少双生，单鞭毛，极生。革兰氏阴性。严格好气性，代谢为呼吸型。营养琼脂上的菌落圆形隆起，蜜黄色，产生非水溶性黄色素。黄单胞菌属的成员都是植物病原菌，模式种是野油菜黄单胞菌。俗称甘蓝黑腐病菌。

6. 棒形杆菌属（*Clavibacter*）

菌体短杆状至不规则杆状，无鞭毛，不产生内生孢子。革兰氏反应阳性。好气性，呼吸型代谢，营养琼脂上菌落为圆形光滑凸起，不透明，多为灰白色。马铃薯环腐亚种（*C. michiganensis* subsp. *sepedonicum*）病菌可侵害5种茄属植物引致马铃薯环腐病。病菌大多借切刀的伤口传染，病株维管束组织被破坏，横切时可见到环状维管束组织坏死并充满黄白色菌脓，稍加挤压，薯块即沿环状的维管束内外分离，故称环腐病。

（二）植物病原细菌的侵染传播与病害诊断

植物细菌病害主要发生在栽培植物上，无论是大田作物或果树、蔬菜都有发生。目前生产上主要的细菌病害有水稻白叶枯病、马铃薯环腐病、茄科作物青枯病、十字花科作物软腐病、葫芦科细菌性角斑病等。

1. 寄生性与致病性

植物病原细菌都是非专性寄生物，都能在人工培养基上生长。培养细菌的常用培养基是牛肉汁蛋白胨培养基（NA培养基）。植物病原细菌的寄生性强弱有所不同。寄生性强的可以侵染作物的绿色部分，如叶片；寄生性弱的只能侵染植物的贮藏器官或抗性较弱部位，如果实。寄生性是病菌与寄主建立寄生关系，能在寄主体内存活与繁殖的特性。致病性则是病菌对寄主造成的破坏引起病变的特性。一种病菌可以在多种植物体内存活，具有寄生性，但并不一定都能引起病害，即无致病性。例如荧光假单胞菌的寄生性较强。可以在多种植物体内营寄生生活，但致病性较弱，只能在很少的场合显示病变。植物病原细菌都有一定的寄主范围。有的病菌寄主范围较窄，只能为害同一属或同一种植物，如棉花角斑黄单胞菌只为害棉属植物。寄主范围广的可以为害多种植物，如甘蓝黑腐病黄单胞菌可以为害十字花科的多种植物。一般把自然条件下能侵染的寄主称为自然寄主，人工接种后显示症状的寄主称为实验寄主。正确判断病菌的寄主范围对病害防治和病原菌的鉴定有重要意义。

2. 植物病原细菌侵染途径

植物病原细菌不能直接侵入植物，只能通过自然孔口和伤口侵入。从自然孔口侵入的细菌一般都能从伤口侵入，能从伤口侵入的细菌不一定能从自然孔口侵入。寄生性弱的细菌一般都是从伤口侵入；寄生性强的细菌则从伤口和自然孔口都能侵入。引致叶斑病的细菌一般是从自然孔口侵入，如假单胞杆菌属和黄单胞杆菌属的细菌。引致萎蔫、腐烂和肿瘤的细菌则多半是从伤口侵入，如棒形杆菌属、欧氏杆菌属和土壤杆菌属的细菌。植物病原细菌侵染途径：自然孔口，如气孔、水孔、皮孔、蜜腺；各种伤口，有自然伤口（如由风雨、冰雹、冻害、昆虫等造成）、人为伤口（如由耕作、施肥、嫁接、收获、运输等造成）等。

3. 植物病原细菌的传播

雨水是植物病原细菌最主要的传播途径。风雨易造成伤口，雨露和水滴飞溅有利于细菌菌脓或菌痂的扩散。昆虫介体也可传播细菌。如种蝇的幼虫和菜青虫传播白菜软腐病。另外工具也可以传播细菌，如切刀可以传播马铃薯环腐病菌。

4. 植物病原细菌的侵染来源

种子和无性繁殖器官：带菌种苗是最主要的初侵入来源，带菌种苗调运可远距离传播细菌。

病残体：植物病原细菌可以在病株残余组织中长期存活，也是主要的初侵染来源。

土壤：细菌主要存活于土壤中的作物残余组织。

杂草和其他作物：相同寄主范围的作物。

昆虫介体：如玉米细菌性萎蔫病菌可以在玉米叶甲体内越冬，成为初侵染来源。

5. 植物细菌病害的诊断

诊断方法包括：通过斑点、萎蔫、腐烂、畸形，水渍状、菌脓、菌痂、流胶症状进行识别；借助显微镜检查喷菌现象；利用 NA 培养基稀释法或画线法进行分离培养，观察单个菌落特点；进行人工接种，将分离的细菌接种于寄主植物或过敏性发应植物，观察所得症状。

四、植物病原线虫

（一）植物病原线虫概述

线虫又名蠕虫，绝大多数线形和像波浪状蠕行。自然界中的线虫约 50 万种，是动物界仅次于昆虫的第二个大的类群，但至今已记载的线虫只有 4 万多种。大多数线虫自由生活在海洋、淡水或土壤中，极少数为人和动植物的寄生物。植物病原线虫已报道 2 500 种左右，其中 100 多种研究较多。有些虽然不能寄生，但常在植物根系周围土壤中或罹病植物或其腐败组织中出现，和植物有着广泛的联系，常被称为植物的伴生线虫。

植物线虫大多数诱发植物地下部分，特别是根系的病害。这类病株的地上部常缺乏特异症状，一般仅表现叶片变色、褪绿、黄化和植株矮缩、萎蔫等，与许多生理病、病毒病和真（细）菌根病的地上部表现相似；土壤中的病原线虫还常与其他病原生物复合侵害根部，形成复合病，为其他病原创造伤口，提供侵入条件，或起着携带其他病原的传媒作用，或和其他病原协同侵害寄主植物。很多植物根病基本上都涉及线虫因素。

绝大多数线虫的自然传播是借虫体自身蠕动有限的扩散，而其远距离传播几乎全是人为造成的。我国进口植物检疫对象目前有 6 种线虫，即松材线虫［*Bursaphelenchusxy lophilus*（Steiner &Buheer，1934）Nickle，1970］、水稻茎线虫［*Ditylenchusangustus*（Butler，1913）Filipjev，1936］、马铃薯金线虫［*Globodera rostochiensis*（Wollenweber，1923）Behrens，1975］、马铃薯白线虫［*Globoderapallida*（Stone，1973）Behrens，1975］、香蕉穿孔线虫［*Radopholussimilis*（Cobb，1893）Thorne，1949］和椰子红环腐线虫（*Rhadinaphelenchusco-cophilus* Goodey，1960）。种传线虫还有小麦粒线虫（*Anguina tritici*）、大豆孢囊线虫（*Heterodera glycines*）及马铃薯茎线虫（*Ditylenchus destructor*）。

（二）植物病原线虫的分类

线虫分类的主要依据是形态学的差异。植物线虫属于动物界线虫门。下分侧尾腺纲和无侧尾腺纲，按照 Maggenti（1987）和 Hunt（1993）的分类系统。植物病原线虫主要分布在垫刃目、滑刃目、矛线目和三矛目。

（三）植物病原线虫的主要类群

1. 粒线虫属（*Anguina*）

本属线虫大都寄生在禾本科植物的地上部，在茎、叶上形成虫瘿，或者破坏子房形成虫瘿。还可传播细菌（*Clavibacter rathayi*）引起小麦蜜穗病。粒线虫属至少包括17个种。模式种为小麦粒线虫（*A. tritici*）。小麦粒线虫生活史的大部分是在子房被破坏而形成的虫瘿内完成。虫瘿在潮湿的土壤中吸水膨胀后，2龄幼虫爬出活动。从芽鞘侵入麦苗，在叶鞘与幼茎间营外寄生。（茎、叶扭曲畸形或在叶片上形成虫瘿）幼穗分化后，幼虫进入花部，侵入到子房内寄生，刺激子房形成虫瘿。侵入子房的幼虫，很快发育为成虫在子房内交配，雄虫交配后即死去，雌虫产卵（每♀2 000～3 000个），虫瘿内的卵随即孵化为第一龄幼虫，以后又很快蜕化为第二龄幼虫。当小麦开花时，虫瘿已经完全形成，成熟的虫瘿黑褐色，很坚硬，短而粗。虫瘿内2龄幼虫的存活力很强，有的可达20年以上，在土壤中的2龄幼虫存活期较短，只不过几个月。小麦粒线虫每年只发生一代，2龄幼虫期的时间很长，只在未成熟的虫瘿个才能看到它的成虫。

2. 茎线虫属（*Ditylenchus* ）

本属一般为雌雄同型，内寄生。可以危害地上部的茎叶和地下的根、鳞茎和块根等。危害性状主要是组织的坏死、腐烂、矮化、瘤肿等。模式种是起绒草茎线虫（甘薯茎线虫，*D. dipsaci*），寄主在300种以上。破坏寄主的组织，甘薯的苗、蔓和薯块都能受害，但最后集中危害薯块，引起干腐和空心等症状。

3. 滑刃线虫属（*Aphelenchoides*）

本属可以寄生植物和昆虫，危害植物叶芽、茎、鳞茎等，所以也将它们称作叶芽线虫。主要症状是坏死、畸形、腐烂等。其中重要种有：菊花叶线虫（*A. ritzemabosi*）、水稻干尖线虫（*A. besseyi*，我国稻区较常见）和草莓叶芽线虫（*A. fragariae*）。

稻干尖线虫的幼虫和成虫在在稻种上越冬。水稻播种后，线虫恢复活动而侵入幼苗，大都是在叶鞘内，从幼叶的顶端吸取汁液。受害叶片抽出后，叶尖2～6厘米一段变为白色，以后干枯卷缩常称干尖；到幼穗形成时，线虫侵入颖壳内，可以引起谷粒不充实。病株一般较矮，以剑叶的干尖最为明显。因此，水稻干尖线虫是一种半外寄生物。水稻收获后，线虫主要在谷壳内越冬，引起下一年发病。

4. 胞囊线虫属（*Heterodera* ）

是危害植物根部的一类重要的线虫，属定居型内寄生线虫。至少包括60个种，模式种为甜菜胞囊线虫（*H. schachtii*），本属线虫中较有名的如甜菜胞囊线虫、燕麦胞囊线虫（*H. avenae*）和大豆胞囊线虫（*H. glycines*）等。雄虫和雌虫形态明显不同，都是定居型的内寄生，雌虫最后只将头部留在植物组织内，虫体的大部分露出根外，卵大部分存在于虫体内（胞囊）。雄虫成熟后就脱离寄主，寻找雌虫交配，或者不交配即在土壤中死去。大豆胞囊线虫的2龄幼虫从大豆幼根的表皮直接侵入到皮层组织内寄生。大豆胞囊线虫完成一代需21～24天，在一个生长季节中可发生3～4代。大豆受害后，根部的生理活动受到破坏，根系发育不好，地上部分则表现为褪绿或黄化，植株生长也较矮，严重时整株枯死。在我国北方地区，大豆胞囊线虫发生普遍而严重。

5. 根结线虫属（*Meloidogyne*）

根结线虫属线虫的性状与胞囊线虫相似，直到1949年还是作为胞囊线虫一个种（*Heterodera marini*）。根结线虫属与胞囊线虫的主要区别是植物受害的根部肿大，形成瘤状根结，雌虫的卵全部排出体外进入卵囊中，成熟雌虫的虫体不变厚，不变为深褐色。广泛分布世界各地。已报道至少80个种，模式种为*M. exigua*。其中主要有4个种：南方根结线虫（*M. incognita*）、北方根结线虫（*M. hapla*）、花生根结线虫（*M. arenaria*）、爪哇根结线虫（*M. javanica*）。这4个种是植物根部的定居型内寄生线虫，引起根结，与土壤中的真菌、细菌一起对植物产生复合侵染。在适宜的温度下（27～30℃），根结线虫完成一代只要17天左右，温度低（15℃）则需要57天左右。因此它在南方发生的代数较多，危害也重。

6. 矛线目

矛线目中至少有5个属的线虫是植物的根外寄生线虫。它们对植物所造成的损害除了它们自身对植物的影响外，更主要的还由于它们可以传播一些病毒引起多种植物的病毒病害。

（四）植物病原线虫的寄生性和致病性

1. 线虫的寄生性

植物病原线虫都是专性寄生的，仅有极少数能在培养的某些真菌、或植物的离体根上生长和发育。植物病原线虫都具有口针，起穿刺和吸收养分作用并分泌唾液及酶类；寄生线虫和腐生线虫的区别：腐生线虫无口针；食道多为双胃形或小杆形；尾部细长如丝；在水中比寄生性线虫活跃。

2. 线虫的寄生方式

线虫的寄生方式有外寄生和内寄生。外寄生线虫类似蚜虫的吸食方式即虫体大部分留在植物体外，仅以头部穿刺到寄主的细胞和组织内吸食，内寄生线虫的虫体进入组织内吸食。有的固定在一处寄生，多数在寄生过程中是移动的。线虫的寄生部位：线虫可以寄生植物的各个部位。但是植物的根和地下茎、鳞茎和块茎等最容易受侵染。植物地上的茎、叶、芽、花、穗等部位，都可以被各种不同种类的线虫寄生。植物寄生线虫具有一定的寄生专化性，它们都有一定的寄主范围，如小麦粒线虫主要寄生小麦，偶尔寄生黑麦，很少发现寄生大麦。根结线虫寄主范围很广，有的种可以寄生许多分类上很不相近的植物。例如起绒草茎线虫（*Ditylenchus dipsaci*）可根据它的寄主范围可分为不同的小种和生物型等。

3. 病原线虫的致病性

病原线虫的致病性包括3种：在组织内造成创伤；食道腺的分泌物对植物破坏；传播其他病原生物（棉枯萎病，葡萄扇叶病毒病，小麦蜜穗病等），引起复合侵染。

食道腺的分泌物，除有助于口针穿刺细胞壁和消化细胞内含物便于吸取外，大致还可能有以下这些影响：刺激寄细胞的增大，以致形成巨型细胞或合胞体；刺激细胞分裂形成瘤肿和根部的过度分枝等畸形；抑制根茎顶端分生组织细胞的分裂；溶解中胶层使细胞离析；溶解细胞壁和破坏细胞。

4. 植物线虫病症状

以畸形为主，包括顶芽和花芽的坏死，茎叶的卷曲或组织的坏死，形成叶瘿或种瘿等；根部停止生长或卷曲，根上形成瘤肿或过度分枝，根部组织的坏死和腐烂等。因此，表现为植株矮小，色泽失常和早衰等症状，严重时整株枯死。

五、种子害虫

（一）种子害虫的种类

这里指的种子害虫包括田间侵入的害虫（如豆象等）和收获后侵入的仓虫（如玉米象、谷蠹、长角扁谷盗、锯谷盗、赤拟谷盗、大谷盗、麦蛾、印度谷蛾、粉斑螟、米黑虫和粉螨等），以及检疫性害虫（如谷斑皮蠹、四纹豆象、谷象等）。这些种子害虫会随种子传播，为害种子，使种子丧失发芽率和活力，因此这类种子害虫也列入种子健康测定和植物检疫的对象，加以测定。

（二）主要种子害虫的形态特征和识别

1. 谷象

谷象［*Sitophilus granarius*（L.）］是节肢动物门、昆虫纲、鞘翅目、象甲科、米象属的一种，原产地在欧洲地中海地区及南非和北非，现分布在我国新疆、甘肃、黑龙江等地。主要为害小麦、大麦、黑麦、燕麦、玉米、稻谷、高粱、粟、荞麦、豆类、花生及面粉、干果及中药材等。对粮食及其加工品为害严重，据陈耀溪报道，谷象长期在仓内繁殖造成很大损失，10对谷象在适宜环境中繁殖，经5年后能使406吨纯净粮食受到毁坏。

(1) **形态特征。**成虫体长2.5～4.7毫米。栗褐色至近黑色，有光泽。喙细长略弯曲，其长约为前胸长的2/3。全身密布刻点及倒伏状毛，前胸背板顶区的刻点长椭圆形，刻点内着生鳞状毛。鞘翅颜色单一，无淡色花斑。后翅退化，丧失飞翔能力。卵长0.6～0.7毫米，宽约0.3毫米。长椭圆形，中部略宽，下端圆，向上逐渐变窄，上端有一帽状的圆形隆起物。老熟幼虫长3～4毫米。乳白色。背隆起，腹面平坦，身体肥胖呈半圆形，无足。第1～4腹节背板被横皱分为3叶。

(2) **生物学特征及发生规律。**该虫具有较强的存活繁殖能力，成虫一般活7～8个月，越冬者达10～15个月或更长。雌虫一生产卵几十粒至200多粒。世代重叠，主要以成虫越冬，越冬场所主要是厂房内的黑暗处如地板缝、砖缝、墙基的粉尘中或杂物中。成虫食粮粒，幼虫危害谷粒蛀成空壳，尤其喜食柔软的淀粉质。温度是环境条件中最重要的因素之一，相对湿度也较重要。据观察，饲养供试谷象，温度25～28℃、相对湿度65%～70%，养虫的麦粒含水量约13%，该条件下谷象生存繁殖较好，每代需时一个多月。据蔡邦华研究，谷象产卵与温湿度关系为：温度16～22℃、相对湿度85%～100%，最适于产卵；温度24～27℃、相对湿度95%～100%，产卵最快；温度13℃时，相对湿度85%以下才开始产卵；温度35℃时，相对湿度20%以下，停止产卵。

2. 玉米象

玉米象（*Sitophilus zeamais*）是节肢动物门、有颚亚门、六足总纲、昆虫纲、有翅亚纲、鞘翅目、象甲科（*Curculionidae*）的1种。全世界分布较广，中国各省（区）均有分布，唯新疆尚无记录。寄生于玉米、豆类、荞麦、花生仁、大麻子、谷粉、干果、酵母饼、通心粉、面包等。幼虫只蛀食禾谷类种子，其中以玉米、小麦、高粱受害重。玉米象是中国储粮的头号害虫，也是世界性的主要储粮害虫。玉米象属于钻蛀性害虫，成虫食害禾谷类种子，以及面粉、油料、植物性药材等仓储物，以小麦、玉米、糙米及高粱受害最重；幼虫只在禾谷类种子内为害。主要为害贮存2～3年的陈粮，成虫啃食，幼虫蛀食谷粒。是一种最主要的初期性害虫，贮粮被玉米象咬食而造成许多碎粒及粉屑，易引起后期性害虫的发生。为害后能使粮食水分增高和发热。能飞到田间为害。

(1) **形态特征。**玉米象卵为椭圆形，长0.65～0.70毫米，宽0.28～0.29毫米，乳白色，半透明，下端稍圆大，上端逐渐狭小，上端着生帽状圆形小隆起；谷象的卵与其相似。玉米象幼虫：体长2.5～3.0毫米，乳白色，体多横皱，背面隆起，腹面平坦，全体肥大粗短，略呈半球形，无足，头小，淡褐色，略呈楔形；谷象幼虫与其相似。玉米象蛹体长3.5～4.0毫米，椭圆形，乳白色至褐色，头部圆形，喙状部伸达中足基节，前胸背板上有小突起8对，其上各生1根褐色刚毛，腹部10节，腹末有肉刺1对。玉米象成虫体长2.9～4.2毫米。体暗褐色，鞘翅常有4个橙红色椭圆形斑。喙长，除端部外，密被细刻点。触角位于喙基部之前，柄节长，索节6节，触角棒节间缝不明显。前胸背板前端缩窄，后端约等于鞘翅之宽，背面刻点圆形，沿中线刻点多于20个。鞘翅行间窄于行纹刻点。前胸和鞘翅刻点上均有一短鳞毛。后翅发达，能飞。雄虫阳茎背面有两纵沟，雌虫Y字形骨片两臂较尖。

(2) **生物学特征及发生规律。**1年发生1代至数代，因地区而异。既能在仓内繁殖，也能飞到田间繁殖。耐寒力、耐饥力、产卵力均较强，发育速度较快。

3. 谷蠹

谷蠹（*Rhizopertha dominica*）也叫米长蠹，长蠹科昆虫的1种。分布于南北纬40°以内地区。成虫体长约2.6毫米，暗褐色，头部隐藏于前胸，下面与胸部垂直，触角末端三节膨大呈片状；前胸圆筒形，背面有小刺。幼虫体形弯曲，头部细小，胸部肥大，全体疏生淡黄色微毛。一般年生2代。成虫及幼虫为害谷粒、豆类、面粉等。中国发生在淮河以南地区。贮粮的主要害虫。除谷类外，还为害豆类、植物性药材。幼虫在仓库内喜寻木质板壁，蛀孔化蛹，造成仓木的严重破坏。幼虫在取食谷粒时大量咬碎颗粒，使贮粮遭受更多的损失。

(1) **形态特征。**体长约3毫米。圆筒形，有光泽，深赤褐色至黑褐色，除后胸腹板前半部外腹面色淡。头被前胸背板覆盖，从上方不可见。触角10节，端部3节向内侧扩展。前胸背板前半部有一列弯成弓形的钝圆形的齿，后半部有许多大而密的颗粒状突起。鞘翅具数条纵列小刻点，并着生稀疏黄色毛。

（2）**生物学特征及发生规律。**幼虫体略弯曲，乳白色，头部小，褐色。3 对胸足细小，气孔小，环形。性喜温暖，能在较高的温度发育。幼虫为蛀食性。成虫产卵于粮粒表面或粮屑内。最适温度为34℃。产卵量高，发育快。成虫不能破坏完整的稻粒，只能从有伤口的地方侵入，能钻到粮堆的底部。气候温暖时则多飞翔。

4. 大谷盗

大谷盗（*Tenebrioides mauritanicus* Linne）又称米蛀虫、乌壳虫，属鞘翅目，主要为害大米、稻。

（1）**形态特征。**成虫体长 6.5～11 毫米，扁长椭圆形，深褐色至漆黑色，具光泽。头略呈三角形，前伸，额稍凹，上唇、下唇前缘两侧具黄褐色毛，上颚发达，触角 11 节棍棒状，末端 3 节向一侧扩展呈锯齿状，前胸背板宽大于长，前胸、翅脉之间颈状连接，鞘翅长是宽的 2 倍，每鞘翅上具 7 条纵刻点行。卵长 1.5～2 毫米，椭圆形细长，一端略膨大，乳白色。末龄幼虫体长 18～21 毫米，头黑褐色，体灰白色，前胸背板黑褐色，中央分开，中后胸背板各具黑褐色圆斑 1 对，腹部后半部粗大，尾端具黑褐色钳状臀叉 1 对，臀板黑褐色。蛹长 8～9 毫米扁平形，乳白色至黄白色。

（2）**生物学特征及发生规律。**温带、热带地区年生 2～3 代，多以成虫，少数以幼虫潜伏在仓库的各种缝隙或粮包褶缝中越冬。翌年 3～4 月间越冬成虫产卵，越冬幼虫化蛹后于 5～6 月间羽化为成虫。成虫寿命长达 1～2 年，每雌产卵 500～1 000 粒，产卵期 2～14 个月，卵单产或成块，卵常混入碎屑或缝隙中。成虫、幼虫生性凶猛，经常自相残杀或捕食其他仓虫。喜在阴暗处、粮堆底层活动，幼虫耐饥力、抗寒性强。在 4.4～10℃条件下，成虫耐饥 148 天，幼虫耐饥 2 年。幼虫 4～6 龄或 7～8 龄，老熟后蛀入木板内或粮粒间或包装物折缝处化蛹。

5. 麦蛾

麦蛾（*Gelechiidae*）属鳞翅目、麦蛾科的昆虫，已记载 3 700 多种，包括几种主要害虫。世界性分布。生活方式不一，或蛀入植株中，或织网，或形成虫瘿，或将叶卷曲。在丝茧内化蛹。幼虫多在小麦、大米、稻谷、高粱、玉米及禾本科杂草种子内食害。严重影响种子发芽力，是一种严重的初期性贮粮害虫。

（1）**形态特征。**成虫褐色，有灰色或银色斑纹。前翅狭；后翅的外缘凹入，翅顶尖突。幼虫圆筒形，淡白或带红色，无毛，腹足有时消失。

（2）**生物学特征及发生规律。**麦蛾（*Sitotroga cerealella*）幼虫蛀食生长中的谷粒及贮粮，成虫灰色，有浅黑斑，翅展约 41.6cm。红铃虫（*Pectinophora gossypiella*）是棉花的主要害虫，可能原产于印度，今已分布世界，幼虫钻入棉桃，以花或种子为食；在棉桃或种子内、落叶中或地下化蛹；成虫褐色，翅有缘毛；在温暖地区每年发生数代。马铃薯块茎蛾（*Gnorimoschema operculella*）为害马铃薯，也为害番茄、烟草等作物，蛀入茎、块茎或叶内；吐丝作茧化蛹，茧上覆以脏物，常见于废物堆中；成虫浅灰色，有黑斑；一年 5～6 代。桃枝麦蛾（*Anarsia lineatella*）为害果树。为害较轻的有番茄蠹蛾（*Keiferia lycopersicella*，蛀食马铃薯、番茄及茄子的果和叶）及草莓冠麦蛾（*Aristotelia fragariae*）。曲麦蛾属（*Recurvaria*）的一些种蛀食植物叶及松针。

幼虫钻蛀茎、果实和根以及卷叶、缀叶、形成虫瘿等，也有极少数潜叶或带鞘为害。其中麦蛾是世界性的仓库害虫；红铃虫是有名的棉铃和棉籽大害虫；马铃薯块茎蛾的幼虫潜入烟叶和马铃薯块茎，也为害番茄等茄科植物。后二者都是国际植物检疫对象。

第五节　重点作物种子的健康检测

一、玉米种子健康测定

玉米种传病害主要有干腐病［*Stenocarpell maydis*（berk）*Sutton*］、玉米黑粉病［*Ustilago* maydis (DC) *Corda*] 和玉米细菌性枯萎病 (*Erwinia slewartii*) 等。下面介绍几种主要病害的种子健康测定方法。

(一) 玉米干腐病种子检测

玉米干腐病是由狭壳柱孢和色二孢引起为害玉米地上部的一类真菌病害。在非洲、澳大利亚、菲律宾、日本、罗马尼亚、意大利、法国、阿根廷、巴西、美国西部和南部等都有发生。该病曾使美国玉米产量损失30%~40%。1930年左右非洲的南罗得西亚种植的玉米，因该病每年损失15%以上。20世纪50年代，中国南起云南北至辽宁的8个省亦曾发现此病，其中云南、贵州、辽宁等省最为普遍。

玉米整个生育期都可受害，以生育后期较重，造成苗枯、茎基腐、穗粒腐，以穗和秆上的症状最为明显。后期病组织上产生大量小黑点，即病菌分生孢子器，而以节部最密，同时还有少量白色菌丝，为田间识别此病的主要特征。

病原物为玉米狭壳柱孢 [*Steno-carpell maydis* (Berk) Sutton]、大孢狭壳柱孢 [*S. macrospora* (Eare) Sutton] 和干腐色二孢 (*Diplodia frumenti* Ell et Ev)，均属半知菌，球壳孢目。其中以玉米狭壳柱孢菌最为常见。干腐色二孢菌的有性态为玉米孢壳 (*Physalospora zeicola* Ell et Ev)，病菌以菌丝体和分生孢子器在病残组织和出病种子上越冬。翌春遇雨时，分生孢子器吸水膨胀，释放出大量分生孢子，借气流传播，蔓延为害。玉米生长前期干旱高温 (28~30℃)，雌穗吐丝后半个月内遇多雨，均有利于发病。

防治该病的主要措施有：无病区加强植物检疫，防止病害传入；病区选留无病种子；重病区实行轮作，避免连作；清洁田园，减少菌源。

玉米干腐病检测方法，可用肉眼检查玉米种子的病粒，吸水纸保湿萌芽检查和田间病株调查。

(二) 玉米黑粉病种子检测

玉米黑粉病 (maize smut) 是由黑粉菌引起，主要为害玉米穗部，是一类重要的种传真菌病害。常见有瘤黑粉病和丝黑粉病。

1. 瘤黑粉病

又称普通黑粉病，遍布世界各玉米产区，在中国广泛分布。本病对产量损失以单株上病瘤的多少、大小以及危害部位的不同而异，一般减产10%以内，在大面积种植抗病品种地区，每年损失很少超过2%。

瘤黑粉病的主要诊断特征是在病株上形成膨大的肿瘤。玉米的雄穗、果穗、气生根、茎、叶、叶鞘、腋芽等部位均可生出肿瘤，但形状和大小变化很大。肿瘤近球形、椭球形、角形、棒形或不规则形，有的单生，有的串生或叠生，小的直径不足1厘米，大的长达20厘米以上。肿瘤外表有白色、灰白色薄膜，内部幼嫩时肉质，白色，柔软有汁，成熟后变灰黑色，坚硬。玉米瘤黑粉病的肿瘤是病原菌的冬孢子堆，内含大量黑色粉末状的冬孢子，肿瘤外表的薄膜破裂后，冬孢子分散传播。

玉米病苗茎叶扭曲，矮缩不长，茎上可生出肿瘤。叶片上肿瘤多分布在叶片基部的中脉两侧，以及相连的叶鞘上，病瘤小而多，常串生，病部肿厚突起，成泡状，其反面略有凹入。茎秆上的肿瘤常由各节的基部生出，多数是腋芽被侵染后，组织增生，形成肿瘤而叶鞘突出。雄穗上部分小花长出小型肿瘤，几个至十几个，常聚集成堆。在雄穗轴上，肿瘤常生于一侧，长蛇状。果穗上籽粒形成肿瘤，也可在穗顶形成肿瘤，形体较大，突破苞叶而外露，此时仍能结出部分籽粒，但有的全穗受害，变成为一个大肿瘤。

黑粉病的病原菌主要以冬孢子在土壤中或在病株残体上越冬，成为翌年的侵染菌源。混杂在未腐熟堆肥中的冬孢子和种子表面污染的冬孢子，也可以越冬传病。越冬后的冬孢子，遇到适宜的温、湿度条件，就萌发产生担孢子，不同性别的担孢子结合，产生双核侵染菌丝，从玉米幼嫩组织直接侵入，或者从伤口侵入。越冬菌源在整个生育期中都可以起作用。生长早期形成的肿瘤，产生冬孢子和担孢子，可以再侵染，从而成为后期发病的菌源。瘤黑粉病菌的冬孢子、担孢子可随气流和雨水分散传播，也可以被昆虫携带而传播。

玉米瘤黑粉病是一种局部侵染的病害。病原菌在玉米体内虽能扩展，但通常扩展距离不远，在苗期能引起相邻几节的节间和叶片发病。

玉米瘤黑粉病菌的冬孢子没有明显的休眠现象，成熟后遇到适宜的温、湿度条件就能萌发。冬孢子萌发的适温为26～30℃，最低为5～10℃，最高为35～38℃，在水滴中或在98%～100%的相对湿度下都可以萌发。在北方，冬、春干燥，气温较低，冬孢子不易萌发，从而延长了侵染时间，提高了侵染效率；而在温度高、多雨高湿的地方，冬孢子易于萌发失效。

玉米抽雄前后遭遇干旱，抗病性明显削弱，此时若遇到小雨或结露，病原菌得以侵染，就会严重发病。玉米生长前期干旱，后期多雨高湿，或干湿交替，有利于发病。遭受暴风雨或冰雹袭击后，植株伤口增多，也有利于病原菌侵入，发病趋重。玉米螟等害虫既能传带病原菌孢子，又造成虫伤口，因而虫害严重的田块，瘤黑粉病也严重。病田连作，收获后不及时清除病残体，施用未腐熟农家肥，都使田间菌源增多，发病趋重。种植密度过大，偏施氮肥的田块，通风透光不良，玉米组织柔嫩，也有利于病原菌侵染发病。

玉米品种间抗病性有明显差异。概而言之，耐旱的品种、果穗苞叶长而紧裹的品种和马齿型玉米较抗病，甜玉米较感病，早熟玉米比晚熟品种发病轻。瘤黑粉病菌生理分化现象明显，有很多生理小种其致病性不同。

2. 玉米丝黑穗病

周期性发生于美国、墨西哥的太平洋沿岸三角洲和山谷地带，在澳大利亚、印度、新西兰、苏联和南非也有发生。1919年中国首次在东北报道，目前在许多春玉米地区，特别是东北、西北、华北和南方冷凉山区的连作玉米田块发病重。病株果穗全部变为黑粉而绝收。此病分布虽不如瘤黑粉病普遍，但有局部地区的为害则大于瘤黑粉病，甚至称为当前玉米生产上的严重病害。

此病属苗期侵入、系统侵染性病害，一般在穗期表现典型症状，主要为害雌穗和雄穗，一旦发病，往往全株无收成。受害严重的植株苗期可表现症状，分蘖增多呈丛生型，植株明显矮化，节间缩短，叶色暗绿挺直，有的品种叶片上则出现与叶脉平行的黄白色条斑，有的幼苗心叶紧紧卷在一起弯曲呈鞭状。成株期病穗分两种类型：黑穗型，受害果穗较短，基部粗顶端尖，不吐花丝；除苞叶外整个果穗变成黑粉包，其内混有丝状寄主维管束组织。畸形变态型，雄穗花器变形，不形成雄蕊，颖片呈多叶状；雌穗颖片也可过度生长成管状长刺，呈束猬头状，整个果穗畸形。田间病株多为雌雄穗同时受害。

玉米丝黑穗病由担子菌亚门丝轴团散黑粉菌属病原真菌侵染致病。穗内的黑粉是病菌冬孢子。成熟的冬孢子在适宜条件下萌发产生担孢子，担孢子又可芽生次生担孢子。担孢子萌发后侵入寄主。

玉米丝黑穗病菌以冬孢子散落在土壤中、混入粪肥里或黏附在种子表面越冬。冬孢子在土壤中能存活2～3年，甚至7～8年。种子带菌是病害远距离传播的主要途径，尤其对于新区，带菌种子是重要的第一次传播来源。带菌的粪肥也是重要的侵染来源，冬孢子通过牲畜消化道后不能完全死亡。总之，土壤带菌是最重要的初侵染来源，其次是粪肥，再次是种子。成为翌年田间的初次侵染来源。

玉米丝黑穗病菌冬孢子萌发后在土壤中直接侵入玉米幼芽的分生组织，病菌侵染最适时期是从种子破口露出白尖到幼芽生长至1～1.5厘米时，幼芽出土前是病菌侵染的关键阶段。由此，幼芽出土期间的土壤温湿度、播种深度、出苗快慢、土壤中病菌含量等，与玉米丝黑穗病的发生程度关系密切。此病发生适温为20～25℃，适宜含水量为18%～20%，土壤冷凉、干燥有利于病菌侵染。促进幼芽快速出苗、减少病菌侵染概率，可降低发病率。播种时覆土过厚、保墒不好的地块，发病率显著高于覆土浅和保墒好的地块。玉米不同品种以及杂交种和自交系间的抗病性差异明显。

玉米的果穗和雌花一旦发病，通常全株颗粒无收。因此，该病的发病率即等于病害的损失率。许多地区常将本病与玉米黑粉病混同一起，统称“乌米”和“灰包”，但两种病实际上是由不同病菌所产生的不同病害，应加以区别。

3. 玉米黑粉病的检测

由于玉米黑粉病菌的孢子黏附在玉米种子表面，所以可用种子洗涤方法检查。计算每粒（克）种子所含孢子数。洗涤后在显微镜下对孢子进行鉴定。

（三）玉米细菌萎蔫病

玉米细菌萎蔫病又称玉米细菌性叶枯病、斯氏细菌枯萎病、斯氏叶枯病、玉米欧氏菌萎蔫病等，属全株系统性维管束病害，分布在美国加拿大、墨西哥、巴西、秘鲁、圭亚那、意大利、波兰、罗马尼亚、南斯拉夫、泰国、越南和马来西亚等，是中国重要的外检对象。

斯氏欧文瓦菌［*Xanthomonasstewartii*（Smith）Dowson］异名玉米斯氏萎蔫病欧文瓦菌［*Erwiniastewartii*（Smith）Dye.］，属细菌。细菌杆状，无鞭毛，格兰氏染色阴性，大小（0.9～2.2)微米×(0.4～0.8）微米。

种子可以带菌。病菌还可在玉米跳甲体内越冬，带菌跳甲也可传播此病。据美国研究，玉米跳甲在细菌越冬和传播上具有重要作用。此外，微量元素影响玉米对该菌侵染的敏感性。根据《伯杰手册》第8版的分类系统，欧文氏病菌属下分群及群内各种的鉴别见表14-5。

表14-5 欧文氏菌属3个群的主要鉴别性状

性 状	解淀粉菌群	草生菌群	胡萝卜软腐菌群
需要生长因素	d	－	－
果胶酶活性	－	－	＋
产生黄色素	－	＋	－
与植物关系	引起坏死、萎蔫	叶面附生、腐烂引起枯萎、腐烂	引起各种软腐

注：＋表示阳性；－表示阴性；d表示阴性或阳性。

玉米细菌萎蔫病菌为欧文氏杆菌属胡萝卜软腐菌群，具有革兰氏染色反应为阳性，氧化酶反应阴性，胶质状生长阳性，硝酸盐还原阴性等特性，可使用荧光检测盒生理化学方法进行检测。

二、水稻种子的健康测定

（一）水稻胡麻斑病吸水纸检测

胡麻斑病菌（*Drechslera oryzae*）菌丝或分生孢子在稻草或种子上越冬，种子发芽不久，病菌即侵入幼苗为害，使芽鞘变褐色，甚至芽未长出就枯死。幼苗受害后，叶片及叶鞘出现暗褐色斑点，严重时引起枯死。根部变黑色。受害叶片上则出现椭圆形、纺锤形或不规则形褐色病斑。其周围有黄色晕圈。其病斑大小通常像芝麻粒，故称为胡麻斑病。受害谷粒上产生褐色圆形或椭圆形斑点。

1. 检测方法

取400粒种子样品，取玻璃培养皿（直径9.5厘米）16只，然后取2～3层白色或彩色吸水纸，用无菌水充分吸湿后垫入培养皿。拨入种子样品（经处理或未经预处理），每皿播种25粒种子，400粒试样共播种16个培养皿，盖好皿盖。将置床种子培养皿移至人工气候室22℃下培养，并设置12小时光照/12小时黑暗循环，共培养7天，其中用照射，促进孢子的形成。

2. 培养后检查

在种皮上有分生孢子梗产生，淡灰色气生菌丝全部或部分覆盖在种子上，有时也会蔓延到吸水纸上。分生孢子为月牙形，(35～170)微米×(11～17）微米，呈淡棕色至棕色，中部或下部最宽并向圆形一端收窄，在 12～50 倍体视显微镜下检查每粒种子上的胡麻斑病的分生孢子。如有怀疑，可在 200 倍显微镜下检查分子孢子进行核实。

（二）稻瘟病吸水纸检测

稻瘟病病菌（*Pyriculana oryzae*）（菌丝、分生孢子）在种子和稻草上越冬。带菌种子播种后，即可引起苗瘟。天气转暖降雨潮湿时，大量病菌从病草中飞散出来，借风传播到水稻上，使早稻秧苗或大田稻株发病。接着在病稻上连续不断地繁殖病菌（分生孢子），依靠风雨等传播，继续危害水稻。苗瘟。多由种子带菌引起，单季晚稻秧田上危害严重。三叶期前发生，一般不形成明显病斑，多变黄褐色枯死。多数是三叶期后发生在叶上（即苗叶瘟），病斑短纺锤形至梭形，或密布不规则的小斑，灰绿色或褐色，天气潮湿时病部生有灰绿色的霉（分生孢子），严重时可使秧苗成片枯死。叶瘟。大田期叶部发病称为叶瘟。一般在分蘖期生发，远望发病田块如火烧过似的。病斑有四种类型。

①急性型：病斑不规则，由针头大小至近似绿豆大小，大的病斑两端稍尖，暗绿色。背面密生灰绿色霉。急性型病斑的穿线是稻瘟病流行的预兆。

②慢性型：急性型病斑在其后干燥等情况下可转化形成慢性形。一般呈梭形，边缘红褐色，中间灰白色。潮湿时，病斑边缘或背面也常有灰绿色霉。

③褐点型：多在气候干燥时抗病力强的稻株中部和下部叶片上出现，呈褐色小点。在适温高湿时，有点灰转变为慢性型病斑。

④白点型：多在感病的嫩叶上出现近圆形的白色小斑点。这种类型的病斑少见。在气候适宜的情况下，可转变为急性型病斑。穗颈瘟。发生在穗颈和小枝梗上。早粳稻、单季晚稻和后季稻上危害严重，一般影响产量最为严重。初期出现小的淡褐色病斑，边缘有水渍状的褪绿现象。以后病部向上、下扩展，长的可达 2～3 厘米，颜色加深，最后变黑枯死或折断，造成白穗。

1. 检测方法

检查方法同水稻胡麻斑病。

2. 培养后检查

在 12～50 倍放大镜下检查每粒种子上稻瘟病的分生孢子。一般这种真菌会在颖片上形成小形的、不明显的灰色至绿色的分生孢子。这种分生孢子密集地着生在短而纤细的分生孢子梗的顶端，而很少覆盖整粒种子。如有怀疑，可在 200 倍显微镜下检查分生孢子加以核实。典型的分生孢子是倒梨型，透明、基部较短具有短齿，分两隔，通常具有尖锐的顶端，大小为（20～25）微米×（9～12）微米。

（三）水稻细菌性条斑病检测

水稻细菌性条斑病（Bacterial stream of rice.）1918 年 Reinking 首先报道了菲律宾水稻上发生一种细菌性叶条斑病。1957 年方中达等首次将广东发生的条斑病与白叶枯病区分开来，称为水稻细菌性条斑病。根据 1984 年第 9 版《伯杰细菌鉴定手册》，条斑病病原菌名称为野油菜黄单胞菌（*Xanthomonas campestris* pv. *oryzicola*）。

1. 检验

条斑病是我国的检疫对象，病害主要随种子传播，因此，严格控制来自病区稻种的流传是检疫的关键。可用 75%的酒精将种子表面灭菌 2 分钟，再略加破碎后再种子量 2 倍以上的 1%的蛋白胨水中浸泡 2 小时，再取浸泡液进行分离。分离时，选用下列培养基进行平板 28℃培养。

D5 培养基是黄单孢菌属的选择性培养基。配方：纤维二糖 5 克，K_2HPO_4 3 克，NaH_2PO_4 1 克，NH_4Cl 1 克，$MgSO_4 \cdot 7H_2O$ 0.3 克，琼胶 15～20 克，水 1 000 毫升。

2. 致病性测定

分离得到的条斑病菌，经过纯化后，可根据条件进行必要的生理生化反应，致病性测定或血清学鉴定。条斑病的致病性测定可采用剪叶、针刺或喷雾接种等方法。喷雾接种比较接近自然侵染，但以中午为宜，因此时叶片气孔张开，病菌侵染率高。大量测定致病性时以剪叶接种法较为快速简便，但要注意选用已知的感病品种水稻作为对照。通常可选用3周左右的植株。菌液浓度可选用光度计波长为640纳米，光密度值（OD）在0.15～0.8。接种后保湿15小时，2周后观察结果，时间长了，会发生再侵染，影响计数。作为病情指标，通常病斑的长度比病斑数更可靠，因后者易受环境条件的影响，如光照就能影响气孔的开合。

三、小麦黑穗病种子检测

小麦黑穗病是最古老的种传病害之一。它是由黑粉菌引起，主要危害小麦穗粒的一类真菌病害。小麦黑穗病主要有普通腥黑穗病，矮腥黑穗病、印度腥黑穗病，秆黑粉病和散黑穗病等5种。小麦腥黑穗病和矮腥黑穗病又称腥乌麦、黑麦、黑疸。病症主要表现在穗部，一般病株较矮，分蘖较多，病穗稍短且直，颜色较深，初为灰绿，后为灰黄。颖壳麦芒外张，露出部分病粒（菌瘿）。病粒较健粒短粗，初为暗绿，后变灰黑，包外一层灰包膜，内部充满黑色粉末（病菌厚垣孢子），破裂散出含有三甲胺鱼腥味的气体，故称腥黑穗病。

1. 病原菌的主要特征

病原菌有两种，一种是小麦网腥黑粉菌［*Tilletia caries*（DC.）Tul］，另一种是小麦光腥黑粉菌［*Tilletia foetida*（Wallr.）Liro］，有报道小麦矮腥黑粉菌（*Tilletia contraversa* Kühn）也能引起腥黑穗病发生。均属担子菌亚门真菌。小麦网腥黑粉菌孢子堆生在子房内，外包果皮，与种子同大，内部充满黑紫色粉状孢子，具腥味。孢子球形至近球形，浅灰褐色至深红褐色，大小14～20微米，具网状花纹，网眼宽2～4微米。小麦光腥黑粉菌孢子堆同上。孢子球形或椭圆形，有的长圆形至多角形，浅灰色至暗榄褐色，大小15～25微米，表面平滑，也具腥味。小麦矮腥黑粉菌成群的孢子为暗黄褐色，分散的孢子近球形，浅黄色至浅棕色，大小14～18微米，具网纹，网脊高2～3微米，网目直径3～4.5微米，有的可达9.5～10微米，外面包被厚1.5～5.5微米的透明胶质鞘。主要引致小麦矮腥黑穗病。

2. 传播途径和发病条件

病菌以厚垣孢子附在种子外表或混入粪肥、土壤中越冬或越夏。当种子发芽时，厚垣孢子也随即萌发，厚垣孢子先产生菌丝，其顶端生6～8个线状担孢子，不同性别担孢子在先菌丝上呈“H”状结合，然后萌发为较细的双核侵染线。从芽鞘侵入麦苗并到达生长点，后以菌丝体形态随小麦而发育，到孕穗期，侵入子房，破坏花器，抽穗时在麦粒内形成菌瘿即病原菌的厚垣孢子。小麦腥黑穗病菌的厚垣孢子能在水中萌发，有机肥浸出液对其萌发有刺激作用。萌发适温16～20℃。病菌侵入麦苗温度5～20℃，最适9～12℃。湿润土壤（土壤持水量40%以下）有利于孢子萌发和侵染。一般播种较深，不利于麦苗出土，增加病菌侵染机会，病害加重发生。

3. 检验

从种子批扦取1 000克送验样品。洗涤检查50克试验样品，培养检查400粒种子试验样品。

（1）**种子病症检查。**将1 000g送验样品倒入长孔筛（筛孔17.5毫米×2.0毫米）或圆孔筛（筛孔为1.5毫米和2.5毫米），套好底盘或放在白瓷盘上进行筛理，检查筛下物中有无黑粉病粒。在过筛检查中，特别容易从瘪粒中找到黑粉病粒。

（2）**洗涤检查。**将试验样品50克放入三角瓶中，加入100毫升的灭菌水，加塞后用力振荡5分钟，立即将悬浮液注入10～15毫升的离心管内，以每分钟1 000转，离心5分钟，必要时可重复离心1次，将上层清液全部弃去，最后加入数滴席尔氏液，每份样品检查5个玻片，根据病菌形态加以鉴定。席尔氏液（600毫升）配制方法：将19.212克的柠檬酸溶解到1升蒸馏水里，充分溶解；将28.392克的磷酸氢二钠溶解到1升蒸馏水里，充分溶解；取8.25毫升已配制好的柠檬酸溶液和291.75毫升磷酸氢二钠溶液混合在一起；在上述的混合液里加入6克醋酸钾，充分溶解；最后加入120毫升的甘油和180毫升95%的乙醇，充分混合。

四、十字花科蔬菜种子健康测定

（一）十字花科蔬菜黑胫病种子检测

十字花科黑胫病（Phoma lingam）危害油菜、甘蓝、花椰菜、萝卜等的根、茎、枝梗和种荚，引起根、茎腐烂和斑点，是美国重要的十字花科蔬菜病害。引起种子质量降低，造成经济损失。病原菌为茎点霉属（*Phoma* spp.），分生孢子器球形、扁球形、或有乳头突起，有孔口，着生寄主组织内，部分从其组织内突起，或以短喙穿出表皮。分生孢子在寄主表皮下，深黑褐色，100～400 微米，长圆形，无色透明。内有两个油球，(3.5～4.5)微米×(1.5～2) 微米，菌丝体在种子内可存活 3 年以上。病症，寄生病菌主要从伤口侵入，病斑容易扩大，边缘不明显，病部生有明显的黑色小点。病菌以分生孢子器随病残组织越冬或在种子里越冬，为初次感染病原。

吸水纸培养检测，取试验样品 1 000 粒种子，每个培养皿垫 3 层滤纸，加入 5 毫升 0.2%的 2,4-D 溶液，以抑制种子发芽。滤去多余的 2,4-D 溶液，用无菌水洗涤种子后，每个培养皿播 50 粒种子。在 12℃下用 12 小时光照和 12 小时黑暗的周期交替培养 11 天。第 6 天在 25 倍放大镜下，能观察到在种子的培养基上的黑胫病松散的银白色菌丝和分生孢子器原基。第 11 天第 2 次观察到感染种子及其周围，会见到分生孢子器。记录已长有黑胫病分生孢子器的感染种子。并计算百分率。

（二）十字花科蔬菜黑斑病种子检测

黑斑病是十字花科蔬菜上的一种常见病害，分布很广，各种十字花科蔬菜均受害，尤以大白菜、甘蓝、花椰菜发生较多，一般危害不严重，但在部分地区或某些年份，大白菜常因该病危害，造成一定损失，且影响品质和贮藏。该病主要危害叶片，也侵害叶柄、花梗和种荚等。叶片染病多从外层老叶开始，产生灰褐色至黑褐色、圆形或近圆形病斑，常有色泽深浅交替的同心轮纹，病斑周围有时生黄色晕环。田间湿度大时，病斑上生一层灰黑色霉，即病斑的分生孢子梗和分生孢子。白菜上的病斑较小，直径 2～6 毫米，而甘蓝、花椰菜上的病斑较大，直径 5～30 毫米。病斑多时，叶片易变黄干枯死亡。叶柄、花梗上病斑黑褐色，长梭形或条状，微凹陷，亦生黑霉。病菌以菌丝体及分生孢子随病残体在土壤中、留种株上及混杂在种子间越冬，成为田间病害的初侵染源。发病后病部大部分产生大量分生孢子，通过风雨传播进行再侵染，使病害扩展至蔓延。

1. 病原菌的主要特征

芸薹链格孢（*Alternaria brassicae*），危害白菜；甘蓝链格孢（*A. brassicicola*）危害甘蓝、花椰菜，均属半知菌亚门，链格孢属。两种病菌均只产生分生孢子，其形态相似，倒棍棒状或长卵形，灰橄榄色至棕褐色，具有纵横隔膜。但甘蓝链格孢（*A. brassicae*）分生孢子多单生，较大，嘴胞较长，色较淡；而芸薹链格孢（*A. brassicicola*）分生孢子常链生（8～10 个连成一串），较小，嘴胞亦短，但色泽较深。

2. 检测方法

该病菌以菌丝和分生孢子混杂在种子间越冬传播危害，同样可用洗涤检查方法进行检测。并根据孢子形态进行鉴定。

五、主要农作物常见种传病害名录和检测方法

由于真菌、细菌、病毒和线虫所引起的种传病害日益增多。特别是随着植物病毒学的迅速发展，将会发现植物病毒的种类越来越多。为了便于对种传病害进行检验与种子处理，现将主要作物常见种传病害的名称和检验方法列于表 14-6，以供参考。

表 14－6 主要农作物常见种传病害名录及检验

病 名	学 名	病原物潜伏场所	检测方法
稻瘟病	*Pyricularia oryzae* Cav.	菌丝体在谷壳内	保湿萌芽检验；分离培养检验；洗涤检验
水稻白叶枯病	*Xanthomonas campestris* pv. *oryzae*（Ishiyama）Zoo	细菌潜伏颖壳组织内，或胚和胚乳表面	噬菌体检验；血清反应检验；保湿萌芽检验；田间检验；细菌溢检验
稻胡麻叶斑病	*Cochliobolus miyabeanus*（Ito et Kurib.）	菌丝体主要在颖壳内	直接肉眼检验；分离培养检验，保湿萌芽检验；田间检验
稻恶苗病	*Fusarium moniliforme* Sheld 有性时期 *Gibberlla fujikuroi*（Saw.）Wollenw	菌丝体在颖壳内，护颖及胚乳等部分或以分生孢子黏附在种子表面	直接（肉眼）检验；分离培养检验；洗涤检验；田间检验
稻曲病	*Ustilaginoidea virenas*（Cooke）Tak	厚壁孢子在谷粒内外	直接（肉眼）检验；洗涤检验
稻条叶枯病	*Cercospora oryzae* Miyake 有性时期 *Sphaerulina oryzina* Hara	菌丝体在种子内	保湿萌芽检验；分离培养检验
稻粒黑粉病	*Neovossia horrida*（Tak.）Padw. et A. Kahn	冬孢子在种子内外	直接（肉眼）检验；洗涤检验；保湿萌芽检验
稻谷枯病	*Phoma glumarum* Ell. et Tracy	分生孢子器在病谷颖壳上	直接（肉眼）检验；田间检验
水稻茎线虫病	*Anguilluina angusta*（Butl）Goodey	成虫、幼虫在颖壳与米粒间	（贝尔曼）漏斗分离检验；田间检验；隔离试植检验
稻干尖线虫病	*Aphelenchoides besseyi* Christie＝*Aphelenchoides oryzae* Yokoo	成虫、幼虫在颖壳与米粒间	贝尔曼漏斗分离检验
稻褐色叶枯病	*Melasphaeria albesecns*，*Fusarium niu-ale*（Fr.）Ces. var. *oryzae* Caa.	菌丝体潜伏谷粒内。分生孢附于谷粒表面	直接（肉眼）检验；保湿萌芽检验；分离培养检验
水稻云纹病	*Rhynchos porium or yzue* Hash. et Yok	菌丝体潜伏谷粒内，分生孢附于谷粒表面	直接（肉眼检验；保湿萌芽检验；分离培养检验
水稻斑枯病	*Trichoconis padwickii* Gang.	菌丝体潜伏在谷粒内	保湿萌芽检验；分离培养检验
稻赤霉病	*Gibberlla zeae*	菌丝体或分生孢子在谷粒表面或谷粒内	直接（肉眼）检验；洗涤检验；分离培养检验
稻细菌性条斑病	*Xanthomonas campestrris* pv. *orzicola*（Fang. Ren. Chen. Chu. Faan and Wu）Dye	细菌在谷粒内	分离培养检验；血清学反应检验；噬菌体检验；细菌溢检验
稻细菌性褐斑病	*Pseudomonas syirngae* pv. *syringae*（Van Hall Young.）Dye et Wilkie	细菌在颖壳组织内	田间检验；血清学反应检验；分离培养检验
稻细菌性褐条病	*Pseudomonas sryingae* pv. *panici*（Elliott）Young. Daye et Wilkie	细菌在病谷内	田间检验；血清学反应检验；分离培养检验
小麦散黑穗病	*Ustilago tritici*（Pers.）Jens.	菌丝体在种子胚部	分离培养检验；整胚检验；试植检验；化学染色检验；荧光检验

（续）

病　　名	学　　名	病原物潜伏场所	检测方法
大麦散黑穗病	*Ustilago nuda*（Jeus）Rostr.	菌丝体在种胚内	分离培养检验；整胚检验；试植检验；化学染色检验；荧光检验
小麦腥黑穗病	*Trlletia caries*（Dc.）Tul. *Tilletia leuis* Kuhn	冬孢子黏附于种子外表	洗涤检验；直接（肉眼）检验；田间检验
小麦矮腥黑穗病	*Tilletia contrauersa* Kuhn	冬孢子黏附于种子外表	洗涤检验；直接（肉眼）检验；田间检验
小麦秆黑粉病	*Urocysyis tritici* Koen	冬孢子黏附于种子外表	洗涤检验；田间检查
麦类全蚀病	*Ophiobolus graminis* Sacc.	病体残屑夹杂在种子中	分离培养检验；田间检验
麦类赤霉病	*Gibberellla zeae*（Schw.）Petch 无性时期 *Fusarium graminearum* Schw.	菌丝体在种子内，或分生孢子黏附在种子外表	直接（肉眼）检验；解剖检验；分离培养检验；化学染色检验
小麦线虫病	*Anquina tritici*（Steinb.）Filip et Stekh.	2 龄幼虫在虫瘿内，并混杂种子中	直接（肉眼）检验；解剖检验
小麦颖枯病	*Septoria nodorum* Berk.	分生孢子或分生孢子器黏附在病粒上	洗涤检验；分离培养检验；田间检验；荧光检验
小麦黑胚病（小麦根腐病）	*Helminthosporium satiuum* Pam. et al.	菌丝体在种子内部，或以分生孢子附着于种子表面	洗涤检验；保湿萌芽检验；分离培养检验；田间检验
小麦黑颖病	*Xanth monas translucens*（Jones et al.）Dowson.	病菌在种子内	直接（肉眼）检验；分离培养检验；田间检验
麦类麦角病	*Clauiceps purpurea*（Fr.）Tul	菌核混于种子间	过筛检验；直接（肉眼）检验
小麦白秆病	*Selenophoma drabac*（Fuck.）petr.	菌丝体或菌丝结在种子表皮或种皮内	保湿萌芽检验；分离培养检验
小麦雪腐病	*Calonectria graminicola*（Berk et Br）Wol-lenw 无性时期 *Fusarium nivale*（Fr.）Ces.	菌丝体在种子内，或分生孢子黏附在种子外	洗涤检验；分离培养检验；保湿萌芽检验
小麦密穗病	*Corynebacterium tritici*（Hutchin-son）Burkhoder	细菌在菌瘿内	分离培养检验；直接（肉眼）检验；田间检验
小麦叶枯病	*Septoria tritici* Rob. et Desm.	分生孢子在种子上	洗涤检验；分离培养检验
小麦印度腥黑穗病	*Tilletia indica* Mitra	孢子在种子表面，或菌丝在果皮内	洗涤检验；直接（肉眼）检验
小麦霉粒病	*Cladosporium herbarum*（Pers.）Link	果皮上	保湿萌芽检验；分离培养检验
玉米干腐病	*Diplodiazeae*（Schw.）Lev. *Diplodis fru-menti*［Ell. et Ev.］*Diplodia macrospora* Earle	菌丝及分生孢子器在种子上	直接（肉眼）检验；保湿萌芽检验；田间检验
小麦细菌性颖基腐烂病	*Pesudomonas atrofaciens*（Mccul-loch）Stevens	细菌在种子内外	分离培养检验；噬菌体检验；接种检验；田间检验
大麦条纹花叶病毒	*Barley Stripe mosaic virus-BSMV*	病毒质粒在种胚和胚乳中	血清学反应检验；隔离试植检验；田间检验；指示植物接种检验

（续）

病　　名	学　　名	病原物潜伏场所	检测方法
大麦坚黑穗病	*Ustilago hordei*（Pers.）Lagerh.	冬孢子黏附在种子外表，或菌丝在颖壳与孢子间或种皮内	洗涤检验；化学染色检验；田间检验
大麦花叶病	*Barley mosaic virus-BMV*	病毒在种子内	血清学检验；田间检验
大麦网斑病	*Helminthosporium* teres Sacc. *Pyrenophora teres*（Dred.）Drechsler	分生孢子、菌丝体或子囊壳在种子上	保湿萌芽检验；分离培养检验；试植检验；田间检验
玉米小斑病	*Cochliobolus heterostrophus* Drechsl. 无性时期 *Helminthosporium maydis* Nishik. et Miyabe	T小种分生孢子在种表，菌丝体在种子内部	直接（肉眼）检验；分离培养检验；保湿萌芽检验；田间检验
玉米丝黑穗病	*Sphacelothecareiliana*（Kuhn）Clint.	冬孢子黏附在种子表面	洗涤检验；保湿萌芽检验；田间检验
玉米圆斑病	*Helminthos porium carbonum* Ullstr.	分生孢子或菌丝体在种子内部	直接（肉眼）检验；分离培养检验；保湿萌芽检验；田间检验
玉米黑穗病	*Ustilago maydis*（Dc.）Corda	冬孢子黏附在种子表面	洗涤检验；田间检验
玉米细菌性萎蔫病	*Erwinia slewartii*（E. F. Sm）Dye	病菌黏附在种子表面	面、或在种子维管束组织、胚乳间接种检验；噬菌体检验；田间检验
玉米青枯病	*Fusarium* sp.	种子带菌	吸水纸法（保湿萌芽检验）；分离培养检验；田间检验
玉米赤霉病	*Gibberella zeae*（Schw）Petch 无性时期 *Fusarium moniliforme* Sheld Currieet Thorn	子囊壳或分生孢子在种子表面或菌丝体在种子内	吸水纸法（保湿萌芽检验）；分离培养检验；田间检验
玉米青霉病	*Penicillium oxalicum*	分生孢子或菌丝体在种子表面或果皮内	保湿萌芽检验；田间检验；分离培养检验
玉米穗轴纵裂病	*Nigrospora oryzae*（Berk. et Br.）Petch	分生孢子在种子表面或菌丝体在果皮内	直接（肉眼）检验；保湿萌芽检验。分离培养检验
玉米纵黑穗病	*Cephalosporium acremonium* Corda	菌丝体在果皮内部	分离培养检验；保湿萌芽检验
玉米矮花叶病	*Maize dwarf mosaic-MDMV*	病毒质粒在种子内部	酶标法（血清学反应检验）
茄褐纹病	*Phomopsis rexans*（Sacc. et Syd.）Hartr	菌丝体潜伏种皮部，分生孢子附于种子表面	分离培养检验；洗涤检验
茄黄萎病	*Verticillium albo-atrum* Reinke et Berth	种子内部	吸水纸法检验；试植检验
茄丝核菌猝倒病	*Pellicuaria filomentosa*（Pat.）Rogers	菌丝体侵入种子内部，菌核附着种子表面	直接（肉眼）检验；保湿培养检验
番茄溃疡病	*Corynebacteriummichi gnense*（Smith）Jensem	细菌在种表及种皮内部	噬菌体检验；指示植物接种检验；分离培养检验；试植检验
番茄细菌性斑点病（番茄疮痂病）	*Xathomonas vesicatoria*（DoiDGe）Dowson	病原细菌在种子表面及种皮内部	分离培养检验；试植检验
番茄叶霉病	*Cladosporium fuluum* Cooke	分生孢子附着在种子表面	保湿萌芽检验（吸水纸法）；洗涤检验；分离培养检验

（续）

病　　名	学　　名	病原物潜伏场所	检测方法
番茄早疫病	*Alternaria solani* （Ell. et Mart.） Jones et Grout.	菌丝体潜伏在种皮下	保湿萌芽检验；洗涤检验；分离培养检验
番茄果腐病	*Botryosporium Pulchrum* Corda	分生孢子附着在种子表面上越冬	洗涤检验；保湿萌芽检验
番茄丛矮病毒	*Tomato bushy stunt virus*-*TBSv*	病毒在病种子内部	血清学反应（酶标法）检验；试植检验；指示植物接种检验
番茄条斑病毒病	*Tomato sirur virus*-*TSV*	病毒在番茄种皮止	试植检验；指示植物接种检验
番茄斑萎病毒病	*Tomato spotted wilt Virus*-*TSWV*	病毒在番茄种子内部	试植检验；指示植物接种检验
辣椒炭疽病	*Colletotrichum nigrum* Ell. et Halst.	分生孢子附于种子外表	洗涤检验；保湿萌芽检验；分离培养检验
番茄环斑病毒病	*Tomato ring spot virus*-*TRSV*	病毒在大豆种胚	试植检验；指示植物接种检验
番茄炭疽病	*Colletotrichum phomoides* （Sacc.） Chest.	分生孢子附于种子表面，或菌丝体潜伏种子内部	分离培养检验；保湿萌芽检验
番茄黑斑病	*Macrosporium tomato* Cooke	菌丝体潜伏在种子内	保湿萌芽检验；分离培养检验
番茄枯萎病	*Fusariumoxysporum* （Schl.） f. *lycopersici* Snyder et Hansen	种子内外带菌	保湿萌芽检验；分离培养检验
辣椒细菌性斑点菌	*Xanthomona vesicatoria* （Doidge） Dowson	以病原细菌附于种子表面	分离培养检验；试植检验
辣椒丝核菌猝倒病	*Pellioularia filamentosa*	菌丝可侵入种子，或菌核附于种子表面	直接（肉眼）检验；保湿萌芽培养检验
辣椒疫病	*Phytophthora cupsici* Leonian	菌丝体在种子内部	保湿萌芽检验；分离培养检验
十字花科黑腐病	*Xanthomonas campestris* （Pam.） Dowson	病菌附于种子上	分离培养检验；血清学反应检验；试植检验
十字花科细菌性黑点病	*Pseudomonus maculicola* （Mc Cull.） Stev.	病菌在种子内部	分离培养检验；噬菌体检验；血清学反应检验
十字花科根朽病（黑茎病）	*Phoma lingam* （Fr.） Desm.	菌丝体潜伏在种子内部	直接（肉眼）检验；保湿萌芽检验；分离培养检验
十字花科蔬菜菌核病	*Sclerotinia sclerotiorum* （Lib.） de Bery	菌核混于种子间	直接（肉眼）检验；过筛检验；比重检验
甘蓝黑斑病	*Alternaria brassicae* （Berk.） Sacc.	分生孢子黏附在种子上	直接（肉眼）检验；洗涤检验；保湿萌芽检验
萝卜黑斑病	*Alternaria raphani* Groves et Skoloko	分生孢子黏附在种子上	直接（肉眼）检验；洗涤检验；保湿萌芽检验
萝卜炭疽病	*Colletotrichumhiggin sianum* Sacc.	分生孢子黏附在种子上，或菌丝体潜伏在种子内	直接（肉眼）检验；洗涤检验；保湿萌芽检验
白菜白斑病	*Cercosporella albomaculans* （Ell. et Ev.） Sacc.	分生孢子附着在种子上	洗涤检验；保湿萌芽检验；分离培养检验
白菜炭疽病	*Colletotrichumhiggin sianum* Sac.	菌丝体或分生孢子附着在种子上	洗涤检验；保湿萌芽检验；分离培养检验

参考文献

成雪峰，张凤云. 2009. 种子检验技术的现状与展望 [J]. 种子，28（8）：58-62.

廖富荣，郭木金，林石明. 2011. 进境番茄种子中番茄花叶病毒的检测与鉴定 [J]. 植物保护，37（5）：124-128.

倪长春. 2004. 国际种子检测协会（ISTA）的种子病害标准检疫法 [J]. 世界农药，26（4）：28-30.

颜启传. 2002. 种子健康测定原理和方法，北京：中国农业科学技术出版社，12.

于继洲，韩红艳，郭艳. 2005. 种子检测技术研究进展 [J]. 中国种业（2）：21-22.

第十五章　转基因植物检测技术

第一节　转基因植物检测概况

利用现代生物技术培育的转基因农作物具有抗虫、抗除草剂及抗逆等优良特性，极大地提高了农作物的产量。但随着转基因技术的发展及转基因作物商业化种植面积的不断扩大，公众对转基因产品的安全性也更加关注。由于转基因产品存在一系列潜在的风险，世界各国都制定了相应的管理制度，包括安全性评价制度和转基因成分标识制度等。作物转基因成分的检测越来越受到重视。

一、检测机构

目前，大多数国家和地区均将已商业化应用的转基因植物（如转基因玉米、大豆、油菜、棉花、番茄及其产品），列为重点检测对象。欧盟等主要发达国家，均已建立较为成熟的转基因植物检测技术研究中心和标准化体系，其中，欧盟是对转基因生物安全管理最为严格的地区，其转基因检测机构数量达 80 多个。

我国在转基因检测机构建设方面，截止到 2015 年农业部已有农业转基因生物安全监督检验测试机构 42 个。其中，食品安全检测机构 2 个、环境安全检测机构 16 个、产品成分检测机构 24 个，初步建成国家转基因生物安全检测体系。此外，出入境检验检疫系统现已建立了多个转基因产品检测实验室。我国现已逐渐形成了以国家级检测机构为引导，区域性和专业性检测机构为主体的转基因检测实验室体系。我国的转基因产品检测实验室完成了亚太实验室认可合作组织（APLAC）国际实验室转基因产品检测能力验证项目，获得了 APLAC 能力验证执行主席的高度评价和所有参试实验室的肯定，填补了亚太地区国际实验室转基因产品检测能力验证的空白，并进一步证明了我国转基因植物产品检测体系的科学性和准确性。

二、检测标准

检测技术标准化是规范检测工作，保证不同检测机构或实验室按照统一程序和技术要求完成检测操作，获得一致性检测结果的重要基础；也是促进不同国家和地区、不同实验室间检测技术交流和检测结果互认的重要基础。

世界许多国家和地区均十分重视转基因植物检测技术标准的制定。国际标准化组织（International Organiza-tion for Standardization，ISO）颁布了 6 项转基因食品检测标准，包括 1 项一般要求和定义（ISO 24276）、4 项检测方法标准（ISO 21569、ISO 21570、ISO 21571 和 ISO 21572）和 1 项《检测方法增补原则》（ISO 21098）。上述标准作为转基因植物及其加工产品检测的指导，已被多个国家接收和采用，如欧盟、日本和韩国等。

欧盟也建立了一套转基因产品检测标准化体系，包括信息收集、检测技术研究、检测方法验证与标准制备、实验室水平测试与认证等。欧盟已循环认证 51 种转基因品系事件特异性定量 PCR 检测方法，涉及转基因玉米、大豆、棉花、油菜、水稻、马铃薯和甜菜等作物。

我国于2006年成立了全国农业转基因生物安全管理标准化技术委员会，负责转基因植物、动物、微生物及其产品的研究、试验、生产、加工、经营、进出口及与安全管理方面相关的国家标准制修订工作。目前，我国转基因产品标准已发布的国家标准和行业标准有100多项，覆盖了当前大部分的转基因生物品种和加工产品，根据其技术内容和应用范围，可分为三个层次：①基础类标准：其技术内容适用于所有转基因植物检测，如转基因植物检测通用要求、取样标准和DNA提取方法标准等；②通用检测标准或筛选检测标准：用于对某一类转基因植物进行检测，如转Bt基因抗虫水稻检测方法标准；③特异性检测标准：用于特定转基因植物转化体（品系）的特异性检测和身份鉴定，如转基因玉米Bt11、MON810等的检测方法标准。我国转基因产品成分检测标准与ISO组织制定的标准比较相近，但是标准体系框架结构不完全一致。ISO标准体系中将所有的转基因成分定性、定量PCR检测方法按照定性PCR技术（ISO 21569）和定量PCR技术（ISO 21570）归纳为两个标准，后期所有针对不同转基因成分的新方法都将以附件形式添加到已有的定性PCR方法和定量PCR方法标准中（ISO 21098）。我国的产品成分标准主要依据我国现行的转基因产品标识管理制度建立，重点以定性PCR检测方法为主，每种转基因成分检测方法制定为一个单一标准，提高标准的针对性。总体而言，这些转基因检测标准包括定性和定量检测方法，能满足我国转基因生物安全监管的需求。然而，我国转基因检测标准也面临着不同的问题和挑战，如抽样方法标准有待完善、标准物质研究起步晚等。

三、检测内容

转基因植物检测内容主要分两类：一类是转基因植物的外源重组DNA核酸分子，另一类是转基因植物中外源基因表达的目的蛋白。

转基因植物的外源重组DNA序列，主要包括通用元件、外源目的基因、构建特异性序列、转化体特异性序列4大类。通用元件主要包括*CaMV35S*启动子、*FMV35S*启动子、*NOS*终止子等通用元件以及*NptII*、*Hpt*、*Pat*、*GUS*、*Aad*等标记基因。外源目的基因主要包括*Cry1Ac*、*Cry1Ab*、*CP4-EPSPS*等抗虫、抗除草剂和抗病性状等基因。构建特异性序列是指转基因植物中插入基因组的外源表达载体中两个元件的连接区的DNA序列。转化体特异性序列是指插入基因组的外源表达载体与旁侧的基因组序列的连接区DNA序列，如MON810转化体特异序列。

转基因植物中表达的外源目的蛋白，主要分抗虫、抗除草剂、抗病和果实延熟四大功能。

四、检测标准物质

（一）定义和基本特性值

转基因检测标准物质（Reference material for GMO detection）是具有一种或多种足够均匀并能较好确定相关的特性值，在转基因检测中用以校准测试装置、评价测量方法或给材料赋值的一种物质。转基因植物日常分析中使用的标准物质根据检测方法不同大致可分为核酸检测用标准物质和蛋白质检测用标准物质两种。在核酸检测用标准物质中主要包括基体标准物质、基因组DNA标准物质和质粒标准物质；而蛋白质检测用标准物质主要有两种，一种是基体标准物质，一种是标准蛋白。

目前，国内外研制的转基因植物标准物质主要有基体标准物质和核酸分子标准物质。基体标准物质是与被测样品具有相同或相近基体的实物标准，是给被测物质赋值的最有效的标准物质。目前所研制的基体标准物质根据存在形式不同主要有种子标准物质和种子粉末标准物质。核酸分子标准物质是含有已知量值（目标基因拷贝数或含量）的植物基因组DNA或质粒DNA分子，目前已有的核酸分子标准物质主要有基因组DNA分子标准物质和质粒DNA分子标准物质，而基因组DNA分子标准物质主要有叶片DNA（AOCS 0306－A；AOCS 0208－A2；AOCS 0306－H）和种子DNA分子标准物质两种。每种类型的标准物质在制备、保存和使用中都有其优缺点。具体见表15－1。

表 15－1 转基因植物核酸标准物质类型

转基因植物标准物质类型		原材料纯度/%	是否需核酸提取	应用	稳定性	均匀性	复制难度	价格
基体标准物质	种子	≤100	是	具有基体效应可做核酸、蛋白检测	不稳定	不易均匀	容易	高
	种子粉末	≤100	是	具有基体效应可做核酸、蛋白检测	稳定	不易均匀	不易	高
核酸分子标准物质	基因组 DNA（叶片）	100	否	只能用于核酸检测	稳定	均匀	不易	最高
	基因组 DNA（种子）	≤100	否	只能用于核酸检测	稳定	均匀	不易	最高
	质粒 DNA	100	否	只能用于核酸检测	稳定	均匀	容易	低

（二）核酸检测用标准物质

核酸检测用标准物质，即是对植物及其产品利用核酸检测方法检测时所采用的标准物质。目前核酸检测用标准物质大概可归为三类：第一类是利用含有转基因外源目的基因的植物组织粉碎研究制成的一种标准物质，即基体标准物质；第二类是利用含有转基因检测外源目的基因的植物组织抽提基因组 DNA 研究制成的一种标准物质，即基因组 DNA 标准物质；第三类是利用重组含有转基因检测外源目的基因和内标准基因特异性片段的线性化质粒分子而制成的一种标准物质，即质粒标准物质。

在核酸检测用标准物质研究方面，欧盟联合研究中心下属的标准物质研究所（IRMM）开展了较多的标准物质制备和技术研究工作，建立了完善和有效的标准物质制备方法和技术流程，并将其标准化，为今后的转基因植物标准研究和制备提供了理论依据和试验操作规范。该研究所已经研制了一系列针对商业化生产的转基因植物的标准物质，提供包括大豆、玉米、油菜等转基因成分不同含量标准物质的服务。除了 *IRMM* 外，美国石油化学家学会也研制了一些转基因油菜、棉花、玉米标准物质，包括玉米转化体 *MON88017* 等基体标准物质和棉花 LL25、水稻 LL601 等基因组 DNA 标准物质；拜耳作物科学公司针对研发的转基因玉米、油菜、大豆、棉花、水稻等也研制了相应的基体标准物质和基因组 DNA 标准物质。而对质粒标准物质的研究发展较晚，随着“单靶标质粒分子”概念的提出，对质粒标准物质的研究才开始不断发展。国际上已分别针对筛选特异性、基因特异性和转化体特异性检测方法研制的适合转基因玉米、棉花、大豆、马铃薯等植物检测的质粒标准物质。近年来，在国内也有相关质粒标准物质研究，包含水稻、玉米、大豆、油菜等一种或几种植物内源和外源基因的质粒标准物质。敖金霞等构建了转基因大豆、玉米和水稻外源基因检测通用标准分子，经证明，所构建的标准分子质粒可以用来作为不同品种转基因粮食作物定性检测 *CP4-EPSPS*、*Cry1A*（*B*）、*BAR* 和 *PAT* 基因的通用阳性标准分子。李飞武等构建的适用于转基因大豆 *MON89788* 检测的质粒标准分子，经适用性验证，该质粒标准分子 *pMD-LM3M5* 能替代 *MON89788* 基体标准品，用于 *MON89788* 大豆及其产品的定性 PCR 检测。

（三）蛋白质检测用标准物质

蛋白检测用的基体标准物质与核酸检测用的基体标准物质是一致的，国际上已经研制的基体标准物质都可以用于转基因植物蛋白检测。标准蛋白是以纯蛋白为基体的标准物质，目前国际上还没有关于转基因植物标准蛋白研究的报道，在实际检测中主要使用一些实验室内部制备的标准蛋白作为参照标准品。

（四）转基因检测标准物质的应用

转基因检测标准物质可以应用于转基因产品检测方法研究、转基因检测实验室间研究、转基因产品定量检测数据的质量控制等。

第二节　转基因植物核酸检测主要方法

随着转基因植物的规模化生产应用，转基因植物检测技术的研究日益深入，已有数十种转基因植物检测技术方法应用于转基因植物检测。检测方法根据检测靶标的不同可分为两类：一类是基于核酸（DNA）的检测方法，另一类是基于外源蛋白质靶标的蛋白质检测方法。其中核酸检测方法主要又以PCR技术，杂交技术和基因芯片技术为主。

一、核酸提取和纯化

（一）基本原则和要求

转基因植物核酸的提取和纯化是转基因植物核酸检测方法建立的前提和基础。合适、科学、高效的核酸提取和纯化方法将在很大程度上决定转基因产品检测的准确性和可靠性。核酸制备包含样品细胞的裂解和纯化两个步骤。裂解是使样品中的核酸游离在裂解体系中的过程，纯化则是使核酸与裂解体系中的其他成分，如蛋白质、盐及其他杂质彻底分离的过程。

分离纯化核酸的总原则是保证核酸一级结构的完整性和排除其他分子的污染。为了保证分离核酸的完整性和纯度，在实验过程中，应注意以下事项：①尽量简化操作步骤，缩短提取过程，以减少各种有害因素对核酸的破坏。②减少化学因素对核酸的降解。为避免过酸、过碱对核酸链中磷酸二酯键的破坏，操作多在pH为4～10的条件下进行。③减少物理因素对核酸的降解。物理降解因素主要是机械剪切力，其次是高温。④防止核酸的生物降解，细胞内外的各种核酸酶消化核酸链中的磷酸二酯键，直接破坏核酸的一级结构，其中DNA酶，需要金属二价离子Mg^{2+}、Ca^{2+}的激活，使用EDTA、柠檬酸盐螯合金属二价离子，基本可以抑制DNA酶活性。而RNA酶不但分布广泛，极易污染样品，而且耐高温、耐酸、耐碱、不易失活，所以是生物降解RNA提取过程的主要危害因素。

（二）DNA提取和纯化

传统的DNA提取与纯化，如CTAB法（如图15－1）、SDS法是在裂解细胞的基础上，进行多次苯酚氯仿等有机溶剂抽提，使蛋白质变性沉淀于有机相，而核酸保留在水相，达到分离核酸的目的；加入RNA酶除去核酸中的RNA；然后加入异丙醇、乙醇等沉淀DNA；用70％乙醇漂洗沉淀，除去分离过程中残留的有机溶剂和盐离子，以免影响核酸溶解和抑制后续步骤的酶促反应，最后用TE溶解DNA备用。

近年来，出现了DNA提取新方法，以螯合树脂、特异性DNA吸附膜、离子交换纯化柱及磁珠或玻璃粉吸附等为基础进行DNA提取。目前多种商品化的DNA提取纯化试剂盒，其分离原理有的利用核酸的分子量差异，有的利用特异性膜与DNA结合达到分离、回收的目的，如离子交换柱、磁珠等。这些试剂盒操作简单、高效，DNA含较高，但价格昂贵，提取量少。在进行转基因植物检测时，DNA的提取和纯化方法应该根据检测样品的特点、数量和提取时间综合考虑，选择合适的方法。

（三）核酸质量测定

用于核酸检测的DNA样品在纯度、长度和浓度上均应达到一定的要求。纯度上无蛋白质、RNA、多糖等杂质。提取和纯化的DNA质量测定方法主要有两种，即琼脂糖凝胶电泳检测法和紫外分光光吸收法。

1. 琼脂糖凝胶电泳检测法

琼脂糖凝胶电泳是分离鉴定和纯化DNA片段的常用方法。DNA分子在琼脂糖凝胶中移动时有电荷效应和分子筛效应，DNA分子在高于等电点的pH溶液中带负电荷，在电场中向正极移动。由

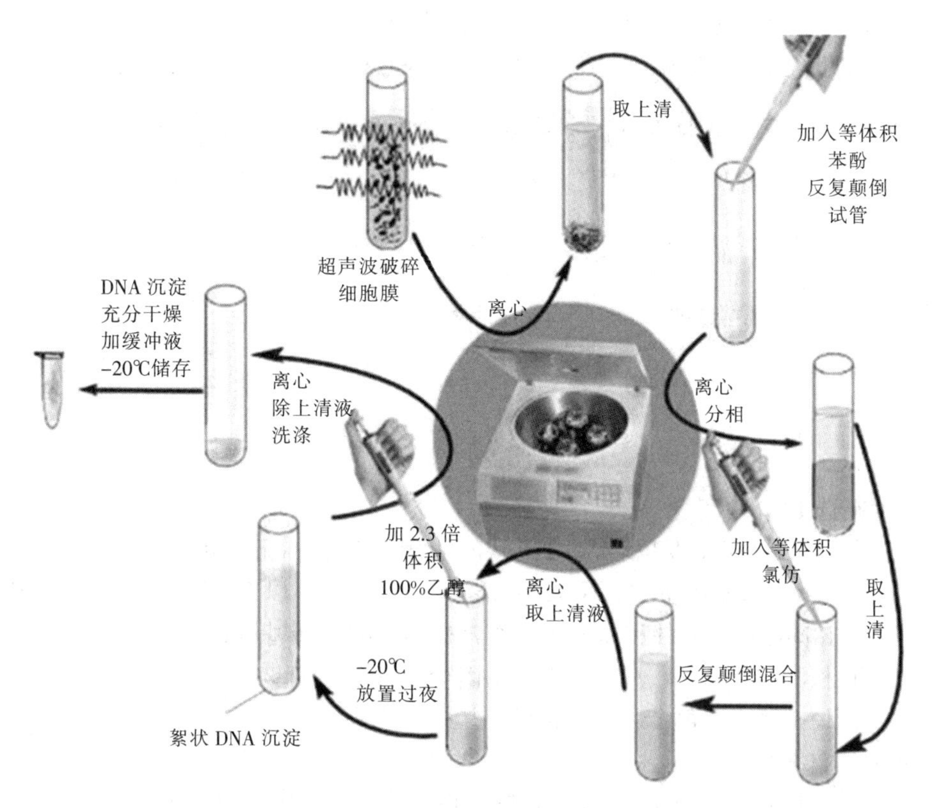

图 15-1　CTAB 法提取 DNA

于糖磷酸骨架在结构上的重复性质，相同数量的双链 DNA 几乎具有等量的净电荷，因此它们能以同样的速度向正极方向移动。不同浓度琼脂糖凝胶可以分离从 100 碱基对至 50 千碱基对的 DNA 片段。在琼脂糖溶液中加入低浓度的溴化乙锭，在紫外光下可以检出 10 纳克的 DNA 条带，在电场中，pH 为 8.0 条件下，凝胶中带负电荷的 DNA 向阳极迁移。

2. 紫外分光光吸收检测法

用紫外分光光度计测定 DNA 样品 260 纳米、280 纳米和 230 纳米光吸收值（OD）。分别计算 OD_{260}/OD_{280} 和 OD_{260}/OD_{230} 的值。纯的 DNA 溶液其 $OD_{260}/OD_{280}=1.8\pm0.1$，$OD_{260}/OD_{230}>2.0$。若 $OD_{260}/OD_{280}>2.0$ 时，表明有较多 RNA 污染，这时应用 RNA 酶重新处理样品；若比值小于 1.6 时，表明样品中含有较多的蛋白质杂质或混有提取时所用酚试剂，这时需用氯仿重新抽提样品以去除蛋白质杂质及酚。$OD_{260}/OD_{230}<2.0$ 时，表明溶液中有残存的小分子及杂质盐类，可增加 70%乙醇洗涤 DNA，以除去这些杂质。1OD 的吸光值相当于 50 微克/毫升的 dsDNA。测试后的吸光值经过上述系数的换算，从而得出相应的 DNA 样品浓度。

二、PCR 检测

目前，PCR 方法是最主要、最准确地检测转基因产品的方法，包括复合 PCR 方法、竞争性定量 PCR 方法、荧光定量 PCR 方法等。

（一）PCR 检测策略

转基因产品 PCR 检测方法建立的主要依据是扩增特异性的转基因植物的外源基因片段，选择不同的特异性目的基因片段得到的 PCR 检测结果可能不太一致，因此建立一种转基因植物的 PCR 检测方法需要充分考虑扩增的特异性目的片段。在培育转基因植物过程中，外源 DNA 片段可以分为通用元件、目的基因、外源载体序列这三大类。因此根据不同的外源 DNA 片段，PCR 检测策略可以分为四种，即通用元件筛选 PCR 检测、基因特异性 PCR 检测、构建特异性 PCR 检测、品系特异性 PCR 检测。图 15－2 说明了四种转基因产品检测策略的重点和每种策略的特异性比较。

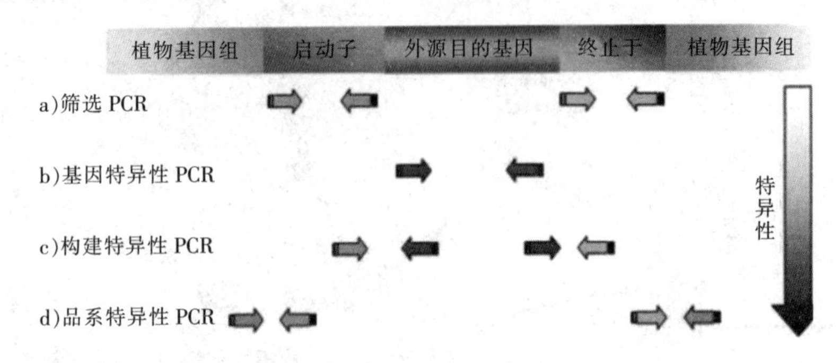

图 15－2　转基因产品 PCR 检测策略示意图及特异性

1. 通用元件筛选 PCR 检测

通用元件筛选 PCR 检测主要以转基因产品的通用元件和标记基因为特异性扩增片段，例如 CaMV35S 启动子、FMV35S 启动子、NOS 终止子等通用元件以及 NPTII、HPT、PAT、GUS、AAd 等标记基因。相同的通用元件和标记基因经常被用于多种转基因产品的研究与生产中，从而大大降低了筛选 PCR 检测的特异性，只能用于转基因产品检测的初步筛选。目前常用的启动子、终止子和标记基因的 PCR 检测方法都已经建立起来，并用于转基因产品 PCR 检测。

2. 基因特异性 PCR 检测

基因特异性 PCR 检测以插入外源基因的特异性 DNA 片段作为目的检测片段，例如 *Cry1Ac*、*Cry1Ab* 和 *CP4－EPSPS* 等基因，如表 15－2 所示。目前已经建立很多种外源目的基因的特异性 PCR 检测方法，基本上涵盖了所有商业化种植的转基因产品的外源目的基因。但是，由于相同的外源基因可能在相同或不同的植物中表达，形成新的具有相同农艺性状的品系或新的转基因植物，因此基因特异性检测方法不能特异性的区分具有相同农艺性状的转基因植物及其品系，在建立基因特异性检测的同时还需引用其他 PCR 检测方法作为辅助。

表 15－2　转基因生物特异性 PCR 检测方法

检测策略	定性 PCR 方法			定量 PCR 方法		
	检测靶标	检测极限	是否验证	检测靶标	检测极限	是否验证
筛选特异性检测	CaMV35S 启动子、FMV35S 启动子、NOS 终止子、	0.1%	是	CaMV35S 启动子	0.05%	是
	Ubiqutin 启动子、水稻 Actin 启动子、NOS 启动子	0.1%	否	FMV35S 启动子、NOS 终止子、NOS 启动子	0.01%	否
	CaMV35S 终止子	—	—	CaMV35S 终止子	—	—
	bla 基因、*GUS* 基因、*Hpt* 基因、*NPTII* 基因	0.1%	是	*bla* 基因、*GUS* 基因、*Hpt* 基因、*NPTII* 基因	0.01%	否
基因特异性检测	18SrRNA、*aadA*、*bxn*、*CP*、*cry1Ab*、*CryF*、*cry2Ab*、	0.1%	—	*Aad*、*acp1*、*bar*、*CP*、*cp4 epsps*、*cry1Ab/c*、	0.01%	否
	cry9C、*epsps*、*gox*、*RP*、*uidA*、*vip3A*（*a*）、*phytase*、*cptI*	—	—	*cry1Ac*、*cry2Ab*、*cry3A*、*FatA*、*gox*、*pat*、*RP*	—	—
	bar、*Barnase*、*cryIA*（*b*）、*cry1Ac*、*cry3A*、*plrvrep*、*pat*	0.1%	是	*Cry1Ab*、*cry1A105*、*cry2Ab2*	0.05%	是

（续）

检测策略	定性 PCR 方法			定量 PCR 方法		
	检测靶标	检测极限	是否验证	检测靶标	检测极限	是否验证
构建特异性检测	MON531 棉花、MON1445 棉花、GK19 棉花、SGK321 棉花、TT51-1 水稻、KMD 水稻、GA21 玉米、MON810 玉米、MON863 玉米、NK603 玉米、TC1507 玉米、'华番 1 号'番茄	0.1%	否	'华番 1 号'番茄	0.01%	否
	Nema282F 番茄、Bt11 玉米、Event176 玉米、T25 玉米、GTS-40-3-2 大豆、Bt63 水稻、FP967 亚麻	0.1%	是	Ctp2 cp4 epsps、MON810 玉米、Bt11 玉米、Event176 玉米、GA21 玉米、GTS-40-3-2 大豆	0.05%	是
品系特异性检测	油菜（Ms8、Rf3、GT73、Ms1、RF1、Rf2、Topas19/2、T45、Oxy235）	0.1%	是	油菜（Ms8、Rf3、GT73、Ms1、RF1、Rf2、Topas19/2）	0.05%	是
	甜菜 H7-1	0.1%	是	甜菜 H7-1	0.05%	是
	棉花（LLCotton25、MON1445、MON531、MON15985、MON88913、GHB119）	0.1%	是	棉花（281-24-236、3006-210-23、LLCotton25、MON1445、MON531、MON15985、MON88913、GHB119、T304-40）	0.05%	是
	大豆（DP-356043-5、305423、A5547-127、MON89788、GTS-40-3-2、A2704-12、MON 87769、CV127）	0.1%	是	大豆（DP-356043-5、305423、A5547-127、MON89788、GTS-40-3-2、A2704-12、MON87701、MON87705、MON877 69、FG72、CV127）	0.05%	是
	玉米（MON810、3272、MON89034、LY038、MIR162、Bt176、MON88017、Bt11、GA21、MIR604、59122、T25、TC1507、MON863、NK603、Bt10）	0.1%	是	玉米（98140、MON810、3272、MON89034、LY038、MIR162、Bt176、MON88017、Bt11、GA21、MIR604、59122、T25、TC1507、MON863、MON 87460、NK603、Bt10、DAS-40278-9）	0.05%	是
	水稻（TT51-1、KMD、KF6、KF8、LLRICE601）	0.1%	是	水稻（TT51-1、LLRICE62）	0.05%	是
	—	—	—	马铃薯 EH92-527-1	0.01%	否
	—	—	—	油菜 T45 和 Oxy235	0.01%	否

3. 构建特异性 PCR 检测

构建特异性是通过检测外源插入载体中两个元件的连接区的 DNA 序列实现的，如图 15－2 所示。这种方法具有相对较高的特异性，在转基因产品检测中使用较多。目前商业化种植的各种转基因植物的构建特异性 PCR 检测方法已经基本上建立，尤其是用于食品原材料的转基因大豆、玉米、番茄、油菜和马铃薯等农作物。但是由于相同的转基因外源表达载体在转基因转化过程中，可能以一个、两个或者多个拷贝的形式插入到不同或者相同的植物基因组中，形成具有相同农艺性状的不同的转基因品系，因此构建特异性检测方法不能特异性的区分具有相同农艺性状的转基因植物和不同培育品系。

4. 品系特异性 PCR 检测

品系特异性检测是通过检测外源插入载体与植物基因组的连接区序列实现的，如图 15－2 所示。

由于每一个转基因植物品系，都具有特异的外源插入载体与植物基因组的连接区序列，并且连接区序列是单拷贝的，所以品系特异性检测方法具有非常高的特异性和准确性。鉴于上述四种转基因产品检测策略的优缺点，品系特异性检测已经成为目前转基因产品检测研究的重点，并逐步为国际检测标准和国际各检测实验室所采用。到目前为止，已有相当多转基因植物品系的品系特异性检测方法的报道（表 15－2），例如转基因 Roundup Ready 大豆、转基因玉米品系（Mon810、NK603、T25、Bt11、Mon863、StarLink、GA21 和 Bt176）、转基因油菜 GT73 等。

（二）普通 PCR 方法

PCR（聚合酶链式反应）是一种体外选择性扩增特定 DNA 片段的核酸合成技术。由美国 Kary Mullis 等人于 1985 年发明。该技术自发明以来，已在分子生物学的各个领域、分子克隆、遗传病的基因诊断、法医学、考古学等方面获得了广泛的应用，成为检测转基因植物的有效技术之一。

1. 基本原理

DNA 的半保留复制是生物进化和传代的重要途径。双链 DNA 在多种酶的作用下可以变性解旋成单链，在 DNA 聚合酶的参与下，根据碱基互补配对原则复制成同样的两个分子。在实验中发现，DNA 在高温时也可以发生变性解链，当温度降低后又可以复性成为双链。因此，通过温度变化控制 DNA 的变性和复性，加入设计引物，DNA 聚合酶、dNTP 就可以完成特定基因的体外复制。

PCR 技术的基本原理（图 15－3）类似于 DNA 的天然复制过程，其特异性依赖于与靶序列两端互补的寡核苷酸引物。PCR 由变性—退火—延伸三个基本反应步骤构成：①模板 DNA 的变性：模板 DNA 经加热至 95℃左右一定时间后，使模板 DNA 双链或经 PCR 扩增形成的双链 DNA 解离，使之成为单链，以便它与引物结合，为下轮反应作准备；②模板 DNA 与引物的退火（复性）：模板 DNA 经加热变性成单链后，温度降至 55℃左右，引物与模板 DNA 单链的互补序列配对结合；③引物的延伸：DNA 模板与引物结合物在 72℃、DNA 聚合酶（如 TaqDNA 聚合酶）的作用下，以 dNTP 为反应原料，靶序列为模板，按碱基互补配对与半保留复制原理，合成一条新的与模板 DNA 链互补的半保留复制链，重复循环变性—退火—延伸过程就可获得更多的半保留复制链，而且这种新链又可成为下次循环的模板。每完成一个循环需 2～4 分钟，2～3 小时就能将待扩增目的基因扩增放大几百万倍。

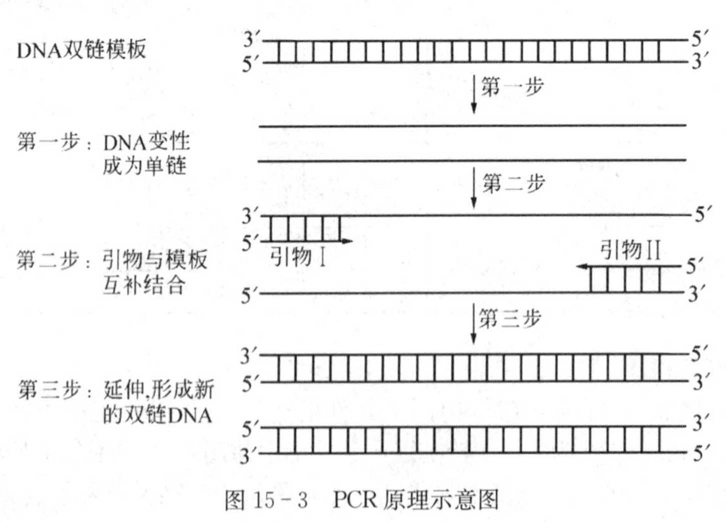

图 15－3　PCR 原理示意图

2. PCR 产物的检测

PCR 扩增反应完成之后，必须通过严格的鉴定，才能确定是否真正得到了准确可靠的预期特定扩增产物。凝胶电泳是检测 PCR 产物常用的最简便方法，主要有琼脂糖凝胶电泳和聚丙烯酰胺凝胶电泳，其中琼脂糖凝胶电泳是转基因检测最常用的方法，简便易行，只需少量 DNA 即可进行实验。其原理是不同大小的 DNA 分子通过琼脂糖凝胶时，由于泳动速度不同而被分离，经溴化乙锭（EB）

染色，在紫外光照射下 DNA 分子发出荧光，根据荧光条带的宽度和亮度判定其分子的大小。用于电泳检测 PCR 产物的琼脂糖浓度通常为 1%～2%，主要用于检测大于 100bp 的 DNA 片段。

3. 普通 PCR 检测应用

目前，普通 PCR 检测方法已经成为我国转基因植物检测的主要技术。利用该技术，已经建立了系列基于转基因植物通用元件筛选、基因特异性、构建特异性和转化体特异性的 PCR 检测方法。涉及玉米、大豆、棉花、番茄、南瓜和油菜等植物。

（三）实时荧光 PCR 方法

1. 实时荧光 PCR 原理

PCR 技术自问世以来，已广泛地应用于转基因成分的检测，但其传统的 PCR 方法一直面临着几个问题：一是不能准确定量；二是容易产生交叉污染而呈现假阳性；三是普通 PCR 分析的都是终极产物。在多数情况下，人们感兴趣的是未经 PCR 放大前的起始模板量，在此种情况下便应运而生了荧光定量 PCR 技术。

实时荧光 PCR 均基于荧光共振能量转移原理（Fluorescence Resonance Energy Transfer，FRET）（图 15－4），即一个荧光基团与一个荧光淬灭基团的距离临近至一定范围时，便会发生荧光能量转移，淬灭基团吸收荧光基团在激发光作用下激发荧光，从而使其发不出荧光；而荧光基团一旦与淬灭基团分开，淬灭作用即消失。因此，通过利用这一原理，选择合适的荧光基团和淬灭基团对核酸探针或引物进行标记，利用核酸杂交和核酸水解时所致荧光基团和淬灭基团结合或分开的原理，建立各种实时荧光 PCR 方法。

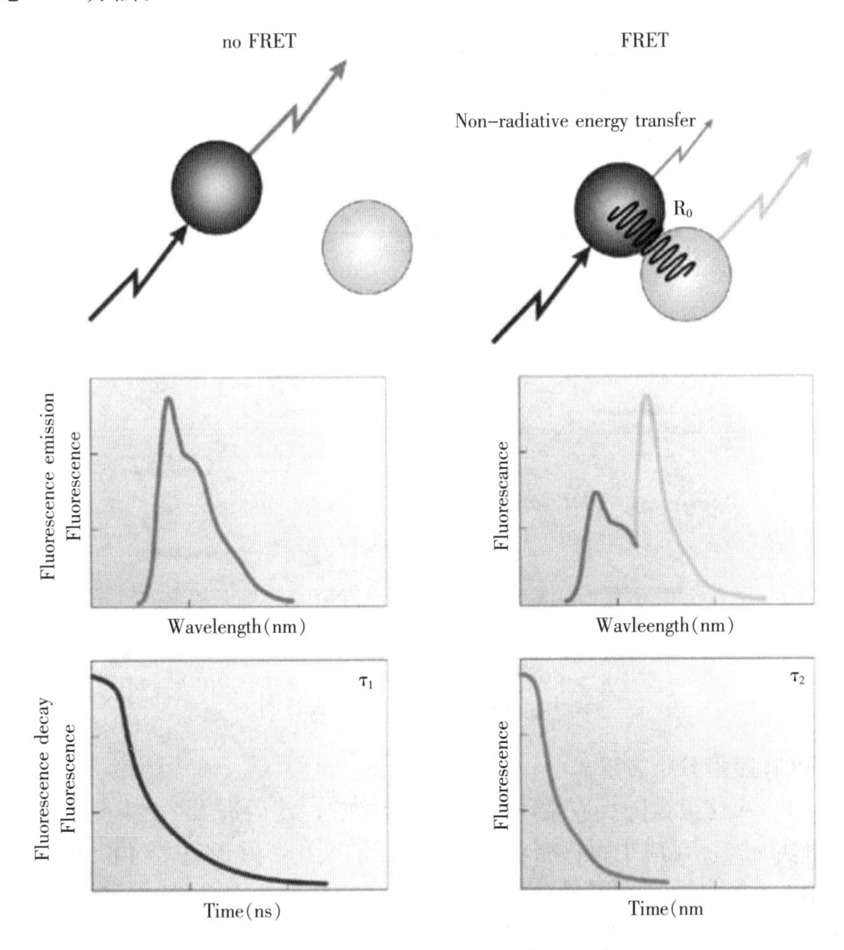

图 15－4　荧光共振能量转移原理图

2. 实时荧光 PCR 的类型

根据引入反应体系的荧光物质，实时荧光定量 PCR 主要分为染料类和探针类两种：染料类是利用与双链 DNA 小沟结合发光的理化特征来指示扩增产物的增加，是一种非特异性的方法，假阳性高，但简便易行、成本较低，其中比较成熟的方法如 SYBR Green iv 检测法等；探针类是利用与靶序列特异杂交的探针来指示扩增产物的增加，由于增加了探针的识别步骤，特异性更强且定量准确。因此，以各种标记探针为基础的检测方法目前应用极为广泛，如 TaqMan 探针法、Taq-Man-MGB 探针法、分子信标法、TaqMan 分子信标法、复合探针法、置换探针法、Allglo 探针法等。

其中，TaqMan 探针法（图 15－5）是最为常用的方法。TaqMan 探针是一种水解型寡核苷酸探针，其 5′端标记荧光基团（如 6－羧基荧光素、六氯－6－羧基荧光素等），3′端标记淬灭基团（如 6－羧基四甲基罗丹明等），分别与上游引物和下游引物之间的目标序列配对。当完整的 TaqMan 探针与目标序列配对时，5′端荧光基团因与 3′端淬灭基团的接近而产生 FRET 现象，荧光被淬灭；而在进行延伸反应时，具有 5′→3′外切酶活性的 Taq 酶延伸引物链至 DNA 探针，并将 DNA 探针逐个降解，其 5′端荧光基团因与 3′端淬灭基团分离，发射荧光。一分子产物的生成伴即随着一分子的荧光信号的产生，随着扩增循环数的增加，释放出来的荧光信号不断积累；而荧光强度与扩增产物的数量呈正比关系，因此通过检测反应体系中的荧光强度，即可达到检测 PCR 产物扩增量的目的。TaqMan 探针法具有特异性强、假阳性低、定量准确、适合多重荧光定量 PCR 等优点，但其线性结构导致了较高的背景荧光，且结果易受酶活性影响。

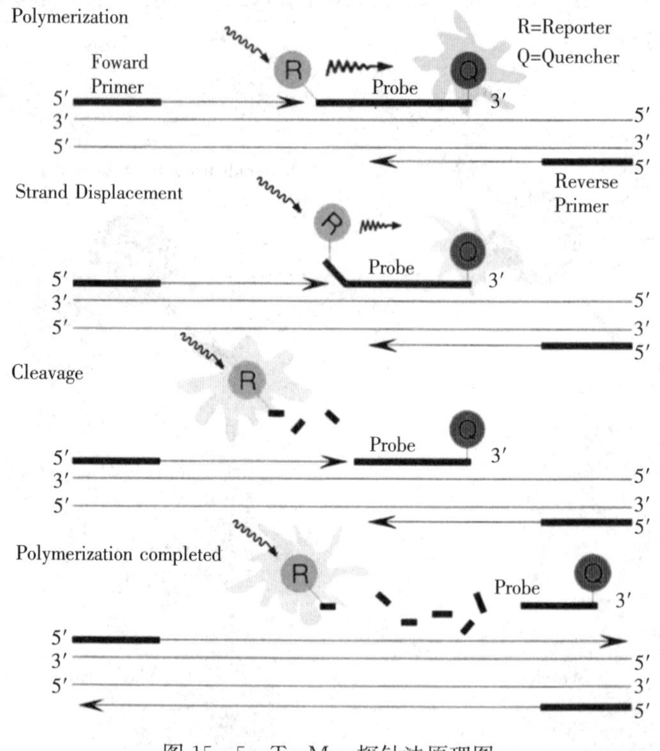

图 15－5　TaqMan 探针法原理图

3. 实时荧光 PCR 定量分析方法

PCR 反应时，DNA 拷贝数随反应循环数而呈指数增加，然后进入平台期；利用反应过程中荧光信号积累的变化来实时监测反应中每一循环扩增产物量的变化，并通过 Ct 值（Cycle threshold，Ct）和标准曲线对起始 DNA 模板进行定量分析，即为实时荧光定量 PCR 技术（Real-time Quantitative Polymerase Chain Reaction，RQ-PCR）的定量原理。通常在 RQ-PCR 反应指数期，首先需设定一个荧光信号阈值，这个阈值一般取 PCR 反应前 15 个循环荧光信号作为荧光本底信号，检测到荧光信号超过此阈值即被认为是真正信号，可以用来定义样本的 Ct 值（图 15－6）。Ct 值即阈值循环数。在

PCR 循环过程中，荧光信号开始由本底进入指数增长阶段的拐点所对应的循环次数，也就是当每个反应管内扩增的荧光信号达到设定的阈值时所经历的扩增循环数。研究表明，每个模板的 Ct 值与该模板起始拷贝数的对数呈线性关系：若模板 DNA 分子（即起始拷贝数）越多，荧光达到阈值所需的循环数越少，即 Ct 值也越小。公式表示：$Ct=-k\log X_0+b$（X_0 指原始模板数）。用已知起始拷贝数的标准品作出标准曲线，通过测量未知样品的 Ct 值，依据标准曲线即可求得该样品的起始 DNA 拷贝数。

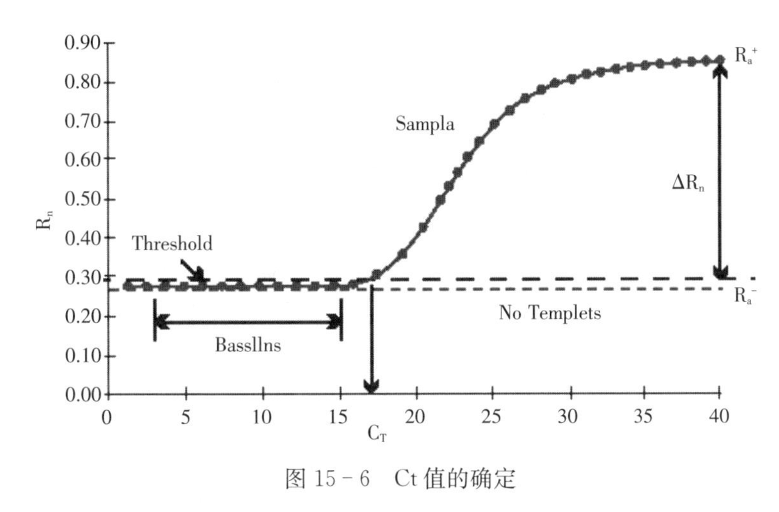

图 15-6　Ct 值的确定

4. 检测应用

RQ-PCR 的一系列优点使其在转基因产品的定性检测、品系鉴定、转基因成分含量的检测中被广泛的应用。转基因产品定性检测方面：利用荧光定量 PCR 技术，根据检测样品 Ct 值的范围，即可快速准确的判断转基因成分的有无。到目前为止我国已经自行设计了实时荧光 PCR 定性检测引物 32 对和相对应的探针，建立了转基因产品实时荧光 PCR 定性检测方法，该方法能检测目前国内外已报道的主要商品化转基因品种。RQ-PCR 用于转基因大豆、玉米、小麦、油菜等农作物的检测，目前主要检测这些转基因作物中特有的启动子 35S、终止子 NOS、耐除草剂基因 EPSPS 或抗虫基因 Cry-IA（b）等转基因成分，以确定是否为转基因产品。例如，Marta 等利用 DNA 结合染料 SYBR Green I 和扩增产物的熔解曲线分析对多种转基因成分进行多重实时定量 PCR 检测，得到了针对 Maximizer 176、Bt11、MON810、GA21 和 GTS0-3-2 的扩增产物并通过其特定的 T_m 值进行鉴定，灵敏度达到了 0.1%。Hird 等利用 RQ-PCR 对若干植物及其加工产品的转基因成分进行了检测，检测结果显示 RQ-PCR 的转基因大豆检测结果与标准含量的误差仅为 1.0%，在三种不同玉米标准品中误差仅为：2.0%、10.0%、7.0%。

（四）其他 PCR 方法

1. 巢式 PCR（Nested PCR）

巢式 PCR（图 15-7），又称为套式引物（Nestedprimer）PCR，有两对引物：一对引物在目的模板 DNA 的外侧，称为外引物（Outer-primer）；另一对引物对应的序列在同一模板 DNA 的外引物的内侧，称为内引物（Inner-primer），即外引物的扩增产物中含有内引物的互补序列，外引物扩增后的产物成为内引物的模板，这样经过两次 PCR 扩增可以大大地提高 PCR 检测的灵敏度，从而实现对微量模板 DNA 样品的分析和检测。同时，巢式 PCR 减少了引物非特异性褪火，从而增加了特异性扩增，提高了扩增效率，也提高了检测的灵敏度。巢式 PCR 对转基因食品样品的快速检测非常有效。

2. 竞争性定量 PCR（QC-PCR）**检测**

定量竞争 PCR 法的实验原理比较巧妙，实验程序设计较为严谨，采用构建的竞争 DNA 与样品 DNA 相互竞争相同底物和引物，并根据电泳结果作出工作曲线图，从而得到可靠的定量分析结果，具体的反应原理见图 15-8。1998 年欧盟的 12 个实验室共同对竞争 PCR 法进行了研究，结果表明竞

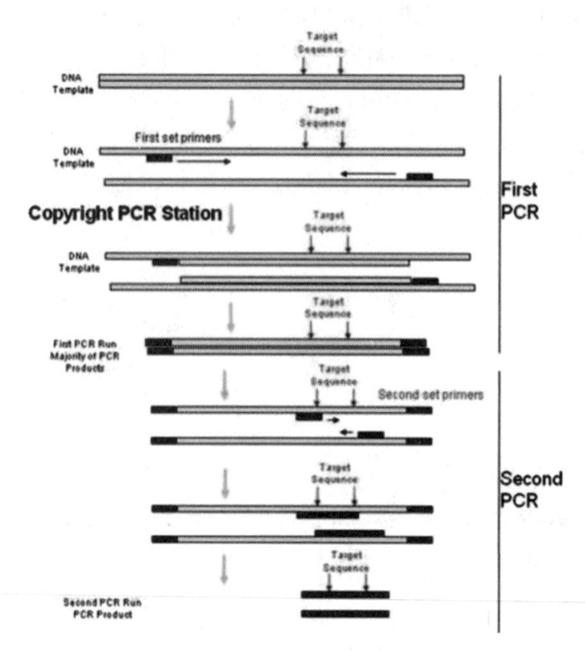

图 15-7　巢式 PCR 反应模式图

争 PCR 法与定性 PCR 法相比大大降低了实验室间的实验误差，竞争 PCR 法完全可以对转基因食品的转基因含量进行检测。此方法对实验仪器的要求不高，不足之处是需要利用基因重组技术构建标准竞争 DNA，且每次检测需要作多个标准样品的对照，不太适合高通量的样品检测。

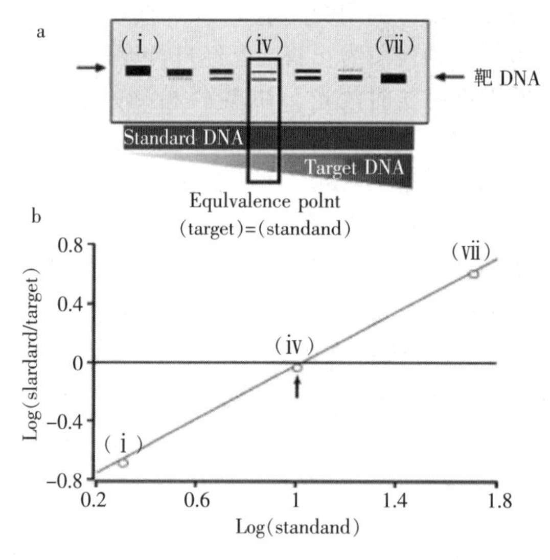

图 15-8　竞争性定量 PCR 原理图

3. PCR—ELISA 检测

传统的 PCR 产物是利用琼脂糖凝胶电泳法分析，只能粗略判断产物的大小，并不能鉴别产物的特异性，因此在常规 PCR 检测中常出现非特异性、假阳性等问题。新近发展起来的 PCR—ELISA 是用免疫学方法检测 PCR 产物，将 PCR 的高效性和 ELISA 的高特异性结合在一起。目前国外已开发出转基因产品 PCR—ELISA 检测试剂盒，我国也已建立了检测转基因产品的 PCR—ELISA 法。该方法用一种特殊的管（也可用 PCR 管代替），经过处理后共价交联结合诱捕分子，诱捕分子是与需扩增的目的 DNA 分子互补的一段寡聚核苷酸分子；以诱捕到的目标 DNA 为模板进行 PCR 扩增，其中大部分扩增 DNA 分子以共价键固定在管上，经变性去掉互补链，清洗后只有互补目标分子保留在管上，用生物素或地高辛标记的探针进行杂交，用碱性磷酸酯酶标记的抗生物素或抗地高辛进行

ELISA 检测，颜色反应通过酶标仪读数。液相的 PCR 产物可通过凝胶电泳进行检测，也可进行杂交检测。常规的 PCR—ELISA 法只是定性实验；若加入内标，作出标准曲线，也可实现半定量的检测目的。

与常规 PCR 相比，PCR—ELISA 增加了杂交步骤来检测 PCR 产物的特异性，用酶联反应来放大信号提高了检测的准确性、灵敏度及自动化程度，比常规 PCR、ELISA 的灵敏度大大提高；杂交检测可自动化，适于大批样品检测；包被管可长时间保存，使用时不需临时包被，是适合推广的一种转基因产品检测方法。

4. 数字 PCR 技术

数字 PCR（Digital PCR，D-PCR）（图 15-9）是一种新型的检测和定量核酸的技术，其基本原理是通过将微量样品作大倍数稀释和分液，直至每个样品中所含待测分子数不超过 1 个，再将所有样品在相同条件下进行 PCR 扩增，有 PCR 扩增荧光信号记为 1，无荧光信号记为 0，有荧光信号的反应单元中至少包含一个拷贝的目标分子，针对反应结果采用泊松概率分布公式，便可计算出样本的最初拷贝数或浓度。

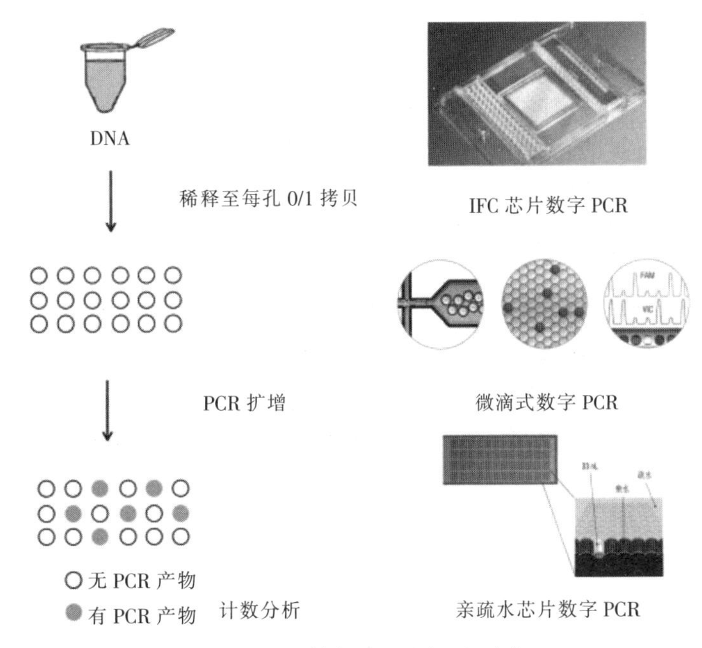

图 15-9 数字 PCR 原理和平台

该技术不依赖于扩增曲线的循环阈值，也不需要看家基因和标准曲线，是 DNA 绝对定量方法，在基因拷贝数变化分析、遗传突变检测、基因分型、基因定量、单细胞基因表达等方面的研究取得了突破性的发展，在临床方面为癌症、肿瘤等疾病检测提供了新的诊断工具。在转基因检测方面，Corbisier 等（2010）利用数字 PCR 分析了玉米种子 DNA 中外源基因和内标准基因的拷贝数之比，该结果与利用普通荧光定量 PCR 技术以质粒 DNA 为标准物质检测的结果相同，证明了数字 PCR 的可靠性。Burns 等（2010）评估了数字 PCR 在转基因检测中检测限（LOD）和定量限（LOQ），探索了数字 PCR 在转基因检测方面的可行性和反应条件，表明数字 PCR 能够准确地对起始模板拷贝数进行绝对定量。数字 PCR 技术在转基因检测的研究方面还处于起始阶段，有可能成为潜在的核酸测量基准方法，并从原理上为核酸计量提供了保证。

5. 环介导恒温扩增技术

环介导恒温扩增（Loop mediated isothermal amplification，LAMP）是一种新型的扩增模式，最早由 Notomi 和 Okayama（2000）开发。LAMP 法的特征是针对靶基因上的六个区域设计四条引物，利用链置换型 DNA 聚合酶在恒温条件下进行扩增反应，可在 15～60 分钟内实现 109～1 010 倍的扩增，反应能产生大量的扩增产物即焦磷酸镁白色沉淀，可以通过肉眼观察白色沉淀的有无来判断靶基因是否存在。LAMP方法的优势除了高特异性和高灵敏度外，操作还十分的简单，在应用阶段对仪器的要求低，一个简单的恒温装置就能实现反应，结果检测也非常简单，直接肉眼观察白色沉淀或者绿色荧光即可，不像普通PCR方法需要进行凝胶电泳观察结果，是一种适合现场、基层快速检测的方法。

LAMP技术已经应用于很多方面，如肿瘤基因的鉴定、致病微生物的检测等，近些年，国内外学者将这种方法应用于转基因检测并取得了显著成果。Lee等（2009）通过LAMP对转基因油菜品系MS8和RF3建立了转化事件特异性的检测方法，实验结果表明，这种方法的检测限可以达到0.01%，并且理论上可以实现单分子检测；Chen等（2011）则发明了一种可视化的LAMP技术，可通过肉眼直接判断样品中是否含有转基因产品；Kiddle等（2012）则通过将一种荧光报告基团BART与LAMP技术联用，可以检测到0.1%转基因含量，提高了LAMP检测的灵敏度。

三、核酸分子杂交检测法

（一）Southern Blot检测

Southern印迹杂交（Southern blot）是1975年由英国人southern创建，是研究DNA图谱的基本技术，其基本原理是：具有一定同源性的两条核酸单链在一定的条件下，可按碱基互补的原则形成双链，此杂交过程是高度特异的。由于核酸分子的高度特异性及检测方法的灵敏性，综合凝胶电泳和核酸内切限制酶分析的结果，便可绘制出DNA分子的限制图谱。但为了进一步构建出DNA分子的遗传图，或进行目的基因序列的测定以满足基因克隆的特殊要求，还必须掌握DNA分子中基因编码区的大小和位置。

Southern印迹杂交的基本方法（图15-10）是将DNA标本用限制性内切酶消化后，经琼脂糖凝胶电泳分离各酶解片段，然后经碱变性，Tris缓冲液中和，再经高盐下通过毛吸作用将DNA从凝胶中转印至硝酸纤维素膜上，烘干固定后即可用于杂交。凝胶中DNA片段的相对位置在DNA片段转移到滤膜的过程中继续保持着，附着在滤膜上的DNA与32P标记的探针杂交，利用放射自显影术确立探针互补的每一条DNA带的位置，从而可以确定在众多消化产物中含某一特定序列的DNA片段的位置和大小。

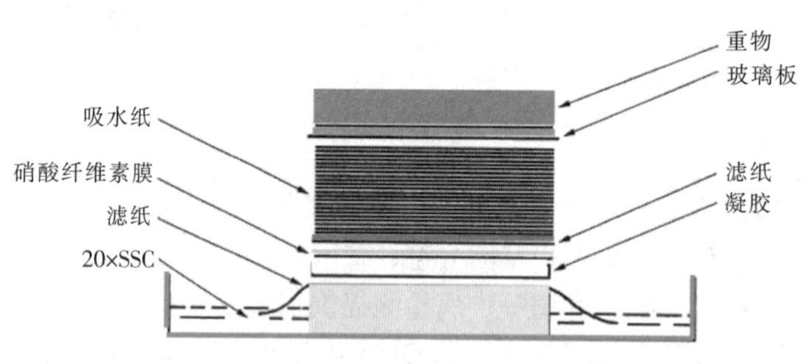

图15-10　Southern印迹示意图

Southern印迹杂交是研究转基因植物外源基因整合最可靠的方法，已广泛应用于大豆、玉米、水稻、小麦、桃等各类作物的转基因检测。但Southern检测的灵敏度远低于PCR检测方法，且需要转膜及杂交，操作程序复杂，成本高，且对实验技术条件要求较高，不适合大批量样品的检测，一般用于PCR结果的验证。

（二）Northern Blot检测

Northern Blot由斯坦福大学的George Stark教授于1975年发明。其原理是在变性条件下将待检的RNA样品进行琼脂糖凝胶电泳，继而按照同Southern Blot相同的原理进行转膜和用探针进行杂交检测。

Northern Blot（图 15－11）首先需要从组织或细胞中提取总 RNA，或者再经过寡聚（dT）纯化柱进行分离纯化得到 mRNA。然后 RNA 样本经过电泳，依据分子量的大小被分离，随后凝胶上的 RNA 分子被转移到膜上。膜一般都带有正电荷，核酸分子由于带负电荷可以与膜很好的结合。转膜的缓冲液含有甲酰胺，它可以降低 RNA 样本与探针的退火温度，因而可以减少高温环境对 RNA 的降解。RNA 分子被转移到膜上后须经过烘烤或者紫外交联的方法加以固定。被标记的探针与 RNA 探针杂交，经过信号显示后表明需检测的基因是否表达。Northern blot 实验中阴性对照可以采用已经过 RT-PCR 或基因芯片检测过的无表达的基因。

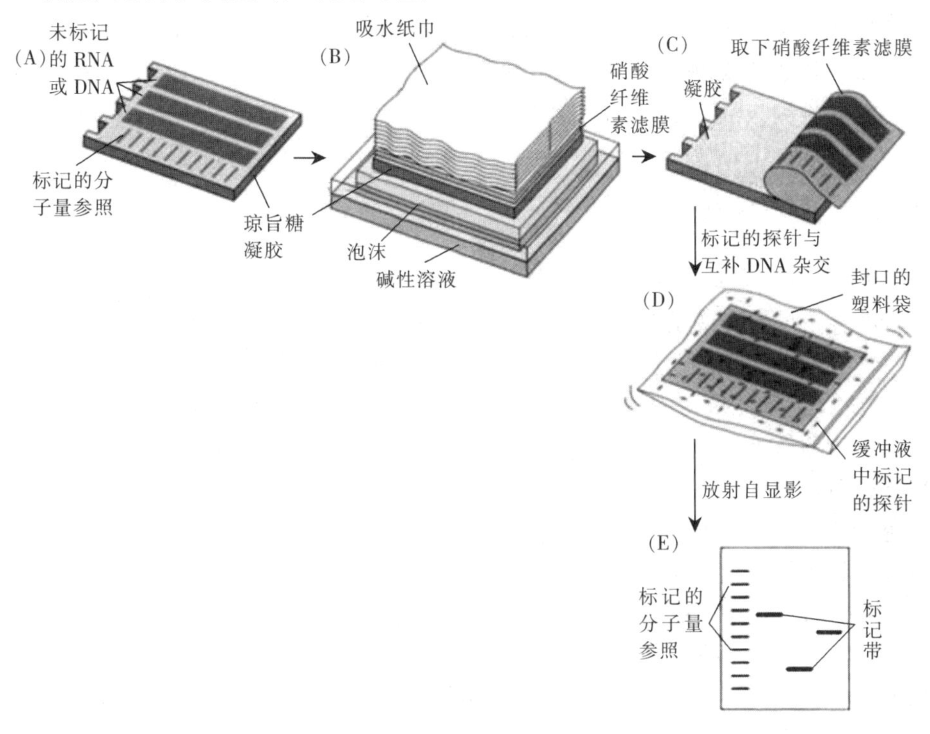

图 15－11　Northern 杂交示意图

Northern 杂交是研究转基因作物的外源基因表达及调控的重要手段。与 Southern 杂交相比，更接近于目的性状的表现，因此更有现实意义。该方法已分别用于对马铃薯、杨树、烟草的目的基因鉴定。但 Northern 杂交的灵敏度有限，对细胞中低丰度的 mRNA 检出率较低，且操作步骤相当繁琐，对 RNase 污染非常敏感，任一步操作不当都会严重影响实验结果。

四、基因芯片检测

转基因作物检测基因芯片是将目前通用的报告基因、抗生素抗性标记基因、启动子和终止子的特异片断制成检测芯片与待测产品的 DNA 进行杂交，杂交信号由扫描仪扫描后再经计算机软件进行分析，就可以判断待测样品是否为转基因产品。目前，欧洲已经推出了商品化的转基因检测芯片试剂盒，该试剂盒可以对指定的转基因作物中的几种转基因成分做定性检测。欧盟某研究小组正致力于将基因芯片技术应用于转基因成分鉴定及定量检测。

基因芯片技术用于转基因植物检测中具有如下特点：①选择检测的报告基因具有明显区别于受体细胞遗传背景的选择标记，使转基因作物检测芯片具有一定的代表性。②该技术综合了 PCR 和分子杂交的优点，用量少，快速而且准确。③芯片具有高密度、高通量的优点，可同时检测报告基因、抗性基因、启动子和终止子。非常适合于转基因作物及加工品的检测，使之具有广阔的发展前景。④检测结果直接由分析软件进行处理。使得检测结果更加科学、准确。但是，作为一种新的技术，也有其技术上的缺陷：①目前的基因芯片一般都采用荧光标记技术。使得基因芯片检测不仅需要昂贵的芯片制作系统，而且需要昂贵的激光共聚焦扫描仪，高昂的价格严重限制了这种芯片技术的普及应用。②操作复杂、费时，对操作人员的专业素质要求比较高，这也是限制其普及应用的障碍之一。③在样品目标物放大反应的过程中，容易造成样品污染，也会影响到检测信噪比。研究人员试图通过生物传感器吸附样品加以避免，并结合半导体技术、纳米技术和生物发光技术提高其灵敏度。

第三节　转基因植物蛋白质检测的主要方法

蛋白质检测技术都是基于免疫学的原理，即转基因生物表达的特定蛋白可作为抗原和抗体特异性结合，是一种直观、快速的检测方法。目前，酶联免疫吸附法和侧向流动免疫测定是两种基于蛋白的转基因产品最主要的检测方法。

一、酶联免疫吸附法

酶联免疫吸附法（Enzyme linked immunosorbent assay，ELISA）是一种将免疫反应和酶的高效催化反应结合的检测方法（图 15－12），从 20 世纪 70 年代以来已在生物学领域广泛应用。该方法有两个特点，一是抗原抗体免疫反应在固体表面进行，二是用酶作为标记物进行蛋白质测定。外源目的蛋白与抗体结合后，再结合酶标抗体，加入底物后通过酶促反应形成有色物质，就可根据颜色变化判断是否为转基因外源蛋白，并计算其含量。

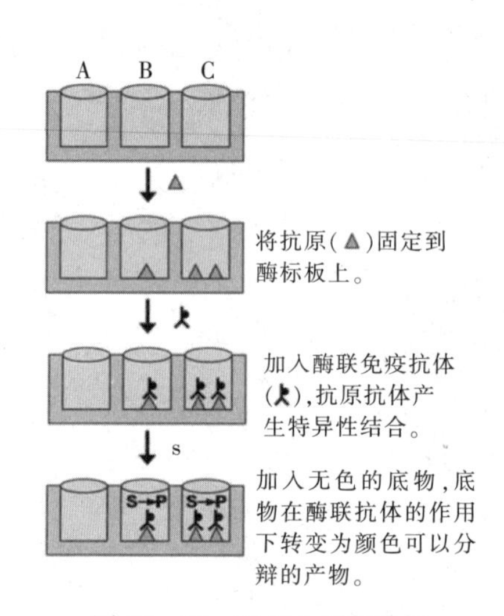

图 15－12　ELISA 原理图解

一般的 ELISA 反应为定性检测，但若作出已知转基因成分含量与光密度值（OD）的标准曲线，也可根据标准曲线由未知样品的 OD 值来确定此样品中转基因成分的含量，达到半定量测定。若要得到定量的解释，可以将微孔板放到微量板读数仪去读数，微量板读数仪可以一次性准确地读出所有样品和标准品的光密度。再利用读数仪所提供的软件，便可从标准曲线上计算出样品浓度。

ELISA 方法有直接法、间接法和双抗夹心法，使用较多的是双抗夹心法，其检测灵敏度最高。目前，已有各种商业化的 ELISA 转基因生物检测试剂盒检测不同外源基因表达的蛋白（表 15－3），其检测极限最高可达 0.1%。

表 15－3　商业化转基因生物蛋白检测方法/试剂盒

外源目的蛋白	转基因植物	检测方法	
		ELISA	LFD
Cry 1A	玉米、棉花	有	无
Cry 1Ab	玉米	有	有
Cry 1Ac	棉花	有	有
Cry 1F	玉米、棉花	有	有
Cry 2A	棉花、玉米	有	有
Cry 2Ab	玉米、棉花	有	无
Cry 2Ae	棉花	无	有
Cry 34	玉米	有	有
Cry 34Ab1	玉米	有	有
Cry 3B	玉米	有	无

（续）

外源目的蛋白	转基因植物	检测方法	
		ELISA	LFD
Cry 3Bb	玉米	有	无
Cry 9c	玉米	有	有
modified Cry 3A	玉米	有	有
CP4 EPSPS	玉米、棉花、油菜、苜蓿、大豆	有	有
PAT/bar	水稻、棉花	有	有
PAT/Pat	玉米、大豆、油菜	有	有
Vip3A	棉花、玉米	有	有

ELISA具备了酶反应的高灵敏度和抗原抗体反应的特异性，具有简便、快速、费用低等特点，但易出现本底过高的问题，且只能检测目的蛋白抗原性没有明显变化的粗加工产品。直接法和双抗夹心法都要制备特异的酶标抗体，制备方法较繁琐，且一种酶标抗体只能检测一种蛋白，而适用于间接法的酶标抗体已有商品出售。一种转基因蛋白的检测试剂盒是否能在表达相同外源蛋白的不同植物之间通用还要进行试验。

二、侧向流动免疫测定法

侧向流动免疫测定法（lateral flow devices，LFD）与ELISA相似，这种测定方法也是基于三明治夹心式技术原理。侧向流动免疫测定试纸条可用于检测叶片、种子和谷粒中的转基因成分。侧向流动试纸条被放入少量含有外源蛋白的植物组织抽提物中后，配对抗体与蛋白之间结合形成三明治形式的复合物，但并不是所有的抗体都与显色试剂相结合。由于膜上具有两个捕获区段，一个捕获外源蛋白结合物，另一个捕获显色试剂。当三明治形式和非反应的显色试剂在膜上的特异区段被捕获时，捕获区段显示微红色。若膜上显示单一的一条线（控制线），表明样本是阴性的；若出现两条线，表明样本是阳性的（图15-13）。目前，很多转基因检测侧向流动型免疫测定试纸条已经商业化应用（表15-3）。

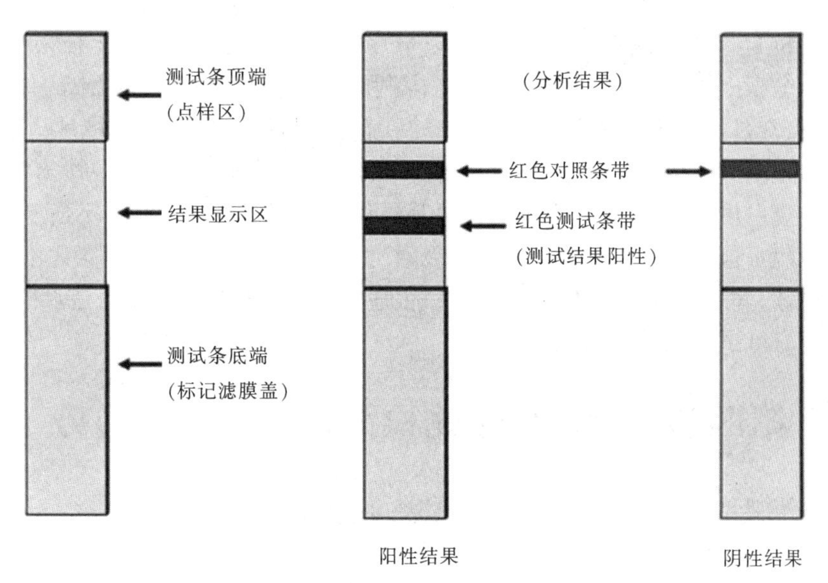

图15-13　侧向流动免疫测定试纸条附着原理图

侧向流动免疫测定试纸条是一种很快速简便的定性检测方法（图 15 - 14），将试纸条放在待测样品抽提物中，5～10 分钟就可得出结果，不需要特殊仪器和熟练技能。但一种试纸条只能检测一种蛋白质，且只能检测有无存在外源蛋白而不能区分具体的转基因品种。侧向流动免疫测定方法是定性或是半定量。按照合适的采样步骤，可以在给定的一批样品中以 99%的置信水平检测出少于 0.15%的转基因成分。与 DNA 为基础的检测方法相比，该方法的样品处理简单。由于目标蛋白一般是水溶的且抗体具有高度专一性，因此检测样品仅需要初步处理便能达到测试的要求，具有快速、简便、适合野外操作等优点。

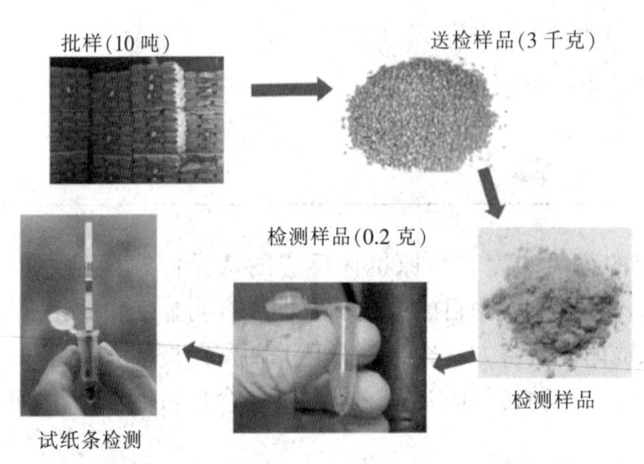

图 15 - 14　侧向流动试纸条检测流程图

三、Westernblot 杂交

在基因工程研究中，经常需要检测外源基因是否能表达，即转录的 mRNA 能否翻译出特异蛋白质。外源基因表达产物若是酶，可测定该酶活性；若表达产物不具酶活性，就要采用免疫学方法检测，一般采用 Westernblot 杂交。转化的外源基因正常表达时，转基因植株细胞中含有一定量的目的蛋白。从植物细胞中提取总蛋白，将蛋白质样品溶解于含去污剂和还原剂的溶液中，经 SDS 聚丙烯酰胺凝胶电泳使蛋白质按分子大小分离，将分离的各蛋白质条带原位转移到固相膜（硝酸纤维素膜或尼龙膜）上，膜在高浓度的蛋白质（如牛血清白蛋白）溶液中温浴，以封闭非特异性位点。随后步骤同 ELISA 间接法，即加入目的蛋白的特异性抗体（一抗），印迹上的目的蛋白（抗原）与一抗结合后，再加入能与一抗专一结合的酶标记第二抗体，最后通过第二抗体上标记化合物的性质进行检测。根据检测结果，可分析出被检植物细胞内目的蛋白表达与否、浓度大小、及大致的分子量。

Westernblot 杂交是植物基因工程中检测外源基因是否表达出蛋白质的权威方法，将蛋白质电泳、印迹、免疫测定融为一体，具有很高的灵敏性，可以从植物细胞总蛋白中检出 50 纳克的特异蛋白质，若是提纯的蛋白质，可检出 1～5 纳克。但其操作较繁琐，费用较高，不适于口岸快速、大量样品的检测。植物病毒检测方法之一为斑点免疫吸附法，与 Westernblot 杂交相比不同的只是蛋白质样品不经过凝胶电泳，而是直接点在膜上，此方法很适合于大量样品的检测，是否也适用于转基因产品蛋白质的检测还有待试验验证。

第四节　转基因植物检测技术的发展趋势

一、快速检测

随着生物技术的发展，将来会有更多的、性状各异的转基因生物（GMO）及其产品进入人类生活的各个领域，必然要求在短时间内同时完成大量样本的各种基因成分的检测。转基因植物的检测方法主要以分子生物学检测方法为主，分子生物学方法又以 PCR 的实验技术为基础。现有的常规转基因检测方法众多，各有优缺点，单独的一种方法已经很难满足快速、灵敏、高通量及准确定量的检测要求。因此，亟需建立准确可靠的转基因检测技术，使转基因定性定量检测技术朝着快速、高通量、灵敏、自动化的方向发展。

当前，各种检测手段不断涌现，如基因芯片技术、色谱技术、红外线光谱分析、生物传感器技术及毛细管电泳技术等，在转基因作物及其产品检测中都有所应用。Zhang 等（2013）研发了一种 DNA 快速提取装置，能够在 15 分钟内完成植物基因组 DNA 的提取，并将其与 LAMP 技术联用，实现转基因生物现场快速检测。新型生物芯片能够满足高通量的需求，如 IFC 的动态芯片，可同时进行 9 216 个独立定量 PCR 反应。

二、精准检测

在转基因作物育种阶段，外源基因通过农杆菌转化法或基因枪法插入作物基因组时，有可能会产生很多的破碎片段，基因枪法产生破碎片段尤为常见。破碎的插入片段在植物的基因组中有可能产生多个位点，而且位点的数量和位置还有可能由于转基因作物的不同批次而产生差异。这些碎小的插入片段对转基因作物的精准检测提出了更加严格的要求。另外随着转基因作物育种技术的发展，转基因作物已经不仅仅局限于插入外源基因，一些植物内源基因的过量表达以及基因沉默已经成为了新一代转基因作物的特征，研究这一类的转基因作物的检测技术也将是今后检测技术的发展方向之一。

三、多样检测

由于深度加工使原料 DNA 在加工过程中遭到严重破坏，加工中出现的某些物理、化学物质或酶因子也会影响 DNA 质量。深加工产品中常含有阳离子（如 Ca^{2+}、Mg^{2+}）、微量重金属、碳水化合物、单宁酸、酚类、盐分、亚硝酸盐等物质均能抑制 PCR 检测反应，这些抑制剂也常因食品种类不同而差异很大，如火腿几乎不含有抑制剂，而奶酪则完全抑制 PCR 反应。虽然，不同国家已经加快步伐研究深加工产品的转基因检测技术，例如，我国检验检疫科学研究院基因组自主创新的一管式 PCR 核酸提取检测技术，将提取检测步骤缩短为四步，而且适用于复杂样品，如巧克力等的快速提取检测。但是，面对当前不同形式的转基因产品深加工，现有的技术方法已经不能完成满足检测的需求。需要依据深加工品的种类和其中可能存在的 PCR 反应抑制剂采取不同的 DNA 提取方法，以降低或消除这些抑制剂的存在，提高检测的灵敏度和准确性。因此，研制适用于各种深加工转基因产品的 DNA 提取技术将使转基因检测技术上升到一个新台阶，为检验机构特别是出入境检验机构提供极大方便，也有利于检测方法的标准化，为更多的深加工产品市场标识提供技术保障。

参考文献

敖金霞，高学军，仇有文，等. 2009. 实时荧光定量 PCR 技术在转基因检测中的应用 [J]. 东北农业大学学报，40 (6)：141 - 144.

柴晓芳，赵宏伟，肖长文. 2012. 浅析转基因作物检测技术研究进展 [J]. 种子世界 (11)：15 - 17.

陈锐，朱珠，兰青阔，等. 2014. 转基因检测技术与标准物质研究概述 [J]. 天津农业科学，20 (3)：10 - 14，31.

费云燕，赵团结 . 2012. 商业化转基因大豆的发展现状及展望 [J]. 现代农业科技 (12)：43 - 52.

金万枚，巩振辉，李桂荣，等. 2000. 植物遗传转化方法和转基因植株的鉴定 [J]. 陕西农业科学 (1)：24 - 29.

林清，彭于发，吴红，等. 2009. 转基因作物及产品检测技术研究进展 [J]. 西南农业学报，22 (2)：513 - 517.

林清，吴红，周幼昆，等. 2012. 转基因玉米研究现状及发展趋势 [J]. 南方农业，6 (9)：12 - 16.

农业部科技发展中心. 2009. 转基因植物检测 [M]. 北京：中国农业出版社.

王荣谈，姜羽，韦娇君，等. 2013. 转基因生物及其产品的标识与检测 [J]. 植物生理学报，49 (7)：645-654.

杨长青，王凌健，毛颖波，等. 2011. 植物转基因技术的诞生和发展 [J]. 生命科学，23 (2)：140-149.

朱鹏宇，商颖，许文涛，等. 2013. 转基因作物检测和监测技术发展概况 [J]. 农业生物技术学报，21 (12)：1488-1497.

Zhang M，Liu Y，Chen L，Quan S，Jiang S，Zhang D，Yang L. 2013. One simple DNA extraction device and its combination with modified visual loop-mediated isothermal amplification for rapid on-field detection of genetically modified organisms [J]. Anall Chem，85 (1)：75-82.

第十六章 种子质量检测仪器

第一节 扦样和分样仪器

一、扦样器简介

（一）扦样器的分类

针对不同的作物种子类型以及包装形式，选择不同的扦样器扦取初次样品。国际种子检验协会2004年出版了第二版《种子扦样手册》，详细描述了扦样器具的种类，规定了其使用程序。目前全世界的扦样器具主要有单管扦样器、双管扦样器、长柄短筒圆锥形扦样器、圆锥形扦样器、气吸式扦样器、自动扦样器等。上述6种扦样器又可以根据其使用的不同场合，分为两种类型，即袋装种子扦样器和散装种子扦样器。

（二）扦样器的构造及使用方法

1. 袋装种子扦样器

袋装种子（质量在15～100千克的定量包装）扦样器，包括单管扦样器及部分双管扦样器。其构造和使用方法如下：

（1）**单管扦样器。**单管扦样器也称诺培扦样器，虽因用于扦取的种子不同有很多型号和规格，但其构造和使用方法大致相同。这种扦样器的管是由金属制成，手柄为木制。适用于禾谷类种子的单管扦样器总长约50厘米，管的直径约1.5厘米。金属管上有纵形斜槽形切口，槽约长30厘米，宽约0.8厘米，管的先端尖锐，约长5厘米，管下端略粗与手柄相连接，手柄约长15厘米，中空，便于种子流出。此种扦样器适用于中、小粒种子扦样（图16-1）。

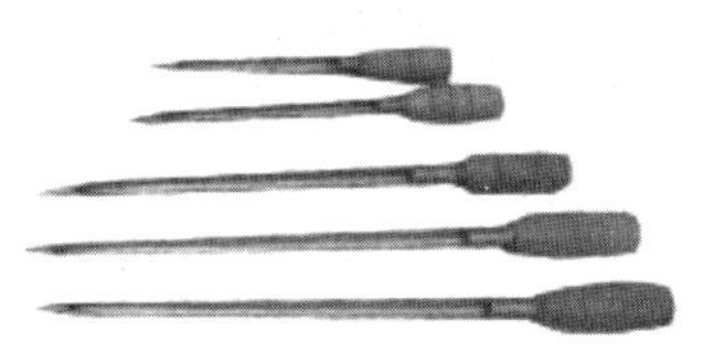

图16-1 单管扦样器

在选择此类扦样器时应掌握一条原则，即扦样器长度略短于被扦容器的斜角长度。扦样前首先确认扦样器与盛样器清洁干净，且种子袋不要超过两货盘高；扦样时，用扦样器尖端拔开袋一角的线孔，扦样器凹槽向下，用手堵住手柄底部的孔口，将扦样器自袋角处尖端与水平成30°向上倾斜地慢慢插入袋内，直至到达袋的中心；手柄旋转180°，使凹槽旋转向上，稍稍振动，使种子落入孔内，使扦样器全部装满种子；缓慢抽出扦样器，即可打开孔口将种子倒入盛样器内，获得一个初次样品；扦样完毕后用扦样器尖端在扦孔处画一十字，拨好扦孔，也可以用纸黏好扦孔。

图16-2 双管扦样器

（2）**双管扦样器。**其构造是由金属制成两个圆管形开孔的管子，两管的管壁紧密相套合，外管尖端有一实心的圆锥体，便于插入种子，内管末端与手柄连接，便于转动（图16-2）。当内管旋转到小孔与外管小孔成一线时，种子便流入内管的孔内。当内管旋转半周，孔口即关闭。管的长度和直径根据种子种类及容器大小有多种设计，并制成有隔板及无隔板的两种。在袋装种子扦样时，适用的双管扦样器的规格大小见表16－1。

表16－1　双管扦样器规格大小

适用种子类型（容器）	扦样器长度（毫米）	外径（毫米）	小孔数目
小粒易流动种子（袋）	762	12.7	9
禾谷类（袋）	762	25.4	6

双管扦样器可以垂直或水平使用，垂直使用时，须选择有隔板的样式，否则当扦样器开启时，种子将由上层落入扦样器而使这层的种子过多。扦样前首先确认扦样器与盛样器清洁干净，且种子袋不要超过两货盘高；旋转手柄，使孔关闭（即扦样器在关闭状态插入袋内）；扦样时，用扦样器尖端拔开袋一角的线孔，自袋角处尖端与水平成30°向上倾斜地慢慢插入袋内，直至到达袋的中心（对角线插入袋内）；手柄旋转180°，打开孔口稍稍振动，使种子落入孔内，使扦样器全部装满种子；关闭孔口，注意不要关得太紧，以免使某些种子而被压碎而被归于杂质；抽出扦样器，即可打开孔口，将种子倒入盛样器内，获得一个初次样品；扦样完毕后用扦样器尖端在扦孔处画一十字，拨好扦孔也可以用纸黏好扦孔。

2. 散装种子扦样器

散装种子（大于100千克容器的种子批或正在装入容器的种子流）扦样器主要有双管扦样器、长柄短筒圆锥形扦样器、圆锥形扦样器和气吸式扦样机等。其构造和使用方法如下：

（1）双管扦样器。用于散装种子扦样的双管扦样器的构造原理与前面所述的袋装种子双管扦样器相同，但要大得多，规格大小见表16－2。

表16－2　双管扦样器规格大小

适用种子类型（容器）	扦样器长度（毫米）	外径（毫米）	小孔数目
禾谷类（散装容器）	1 600	38	6～9

扦样前首先确认扦样器与盛样器清洁干净；扦样时将扦样器以关闭状态插入种子堆，旋转内管，使内外开口相对，打开孔口，种子即落入小室内，并作上下微微振动，使小室内充满种子，然后旋转内管，关闭小室，抽出扦样器；打开孔口，将种子倒入盛样器内，获得一个初次样品。此种扦样器的优点有两个：首先，一次扦样可从各层分级取得样品；其次，可以从垂直及水平两方向来扦取样品。

（2）长柄短筒圆锥形扦样器。

该种扦样器又名“探子”，是我国最常用的散装种子扦样器。其由铁制成，分长柄与扦样筒两部分，长柄有实心和空心两种，柄长2～3米，由3～4节组成，节与节之间由螺丝连接，可依种子堆的高度而增减，最后一节具有圆环形握柄。扦筒由圆锥体、套筒、进谷门、活动塞、定位鞘等部分构成（图16－3a）。

扦样前先确认扦样器和盛样器干净；旋紧螺丝，关闭进谷门，以30度的斜度插入种子堆内；到达一定深度后，用力向上一拉，使活动塞离开进谷门，略予振动，使种子掉入；关闭进谷门，抽出扦样器；打开进谷门，把种子倒入盛样器中，获得一个初次样品。从不同层次（上、中、下层）扦取样品。此种扦样器的优点是：扦头小，容易插入，省力；同时因柄长，可扦取深层的种子。

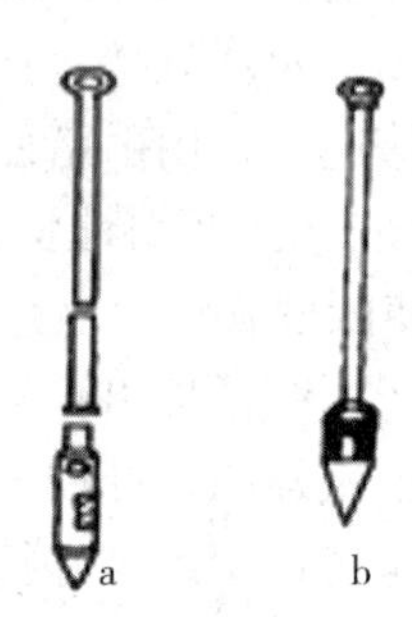

图16－3　扦样器
a. 长柄短筒圆锥形扦样器；
b. 圆锥形扦样器

（3）圆锥形扦样器。该扦样器是一种苏式扦样器，专供种子柜、汽车或车厢中散装种子的扦样，适用于玉米、稻、麦等大中粒散装种子

(每次扦取数量水稻约100克，小麦约150克)。其由金属制成，分为两个主要部分，即活动铁轴（手柄）和一个下端尖锐的倒圆锥形的套筒，铁轴长约1.5米，轴的下端连接套筒盖，可沿支杆上下自由活动（图13-3b）。

扦样前先确认扦样器和盛样器干净；扦样时将扦样器垂直或略微倾斜地插入种子堆中，压紧铁轴，使套筒盖盖住套筒，达到一定深度后，上拉铁轴，使套筒盖升起，此时略微振动一下，使种子掉入套筒内，然后抽出扦样器；打开套筒盖，把种子倒入盛样器中，获得一个初次样品。此种扦样器的优点是每次扦样数量比较多。

(4) 气吸式扦样器。

气吸式扦样器由扦样管、真空泵和连接蛇管等部分组成（图16-4）。

扦样前先确认扦样器和盛样器干净；扦样时，接通电源，开动真空泵，该系统产生负压，将种子吸入扦样管，经过蛇管，进入低压旋风室，落入下部的样品收集室；关闭电源，停止真空，打开下部活门，接收扦取的样品（初次样品）。

图16-4　气吸式扦样器

(5) 自动扦样器。

自动扦样器可以定时从种子流动带的加工线上扦取样品。扦样间隔和每次扦取的种子数量通常是可调节的。混合样品的大小取决于加工速率、初次样品的频率和扦取初次样品的时间。使用自动扦样器扦样，首先确保种子流须是一致的和连续的；不同种子批的扦样器必须清洁，必要时应重装；负责扦样的扦样员的职责是定期对扦样器进行校准和确认。

二、分样器简介

(一) 分样器的分类

目前国内外通常使用的分样器有横格式分样器、钟鼎式分样器和离心式分样器。为适应不同类型种子分样的要求，每种分样器都有多种规格和型号。在种子检验上，对分样器的要求是分样要均等，各种成分的分配要均匀，分样时种子流畅，并且不窝藏种子，容易清理，各种机构开关灵活。

(二) 分样器的构造及使用方法

1. 横格式分样器

横格式分样器也称为土壤分样器，是目前世界上广泛应用的分样器。其适用于大粒种子和有稃壳的种子，此外也有一些横格式分样器适用于小粒种子。

(1) 构造。此类分样器，一般用铁皮或铝皮制成。顶部为一长方形的漏斗，下面为12～18个排列成一行的长方形格子或凹槽，其中有一半格子或凹槽相间隔地通向一个方向，另一半格子或凹槽通向相反的方向；漏斗下面有个支架，每组格子或凹槽下面各有一个盛样器（盛接盘）；此外还有一个盛样器（倾倒盘），其长度与漏斗长度相同。此类分样器可制成大型和小型的几种不同规格（图16-5）。

(2) 使用方法。检查分样器和盛样器是否干净，同时确信分样器处于比较坚固的水平表面上。把盛样器放在每一边，称为盛样器A和B；把待分样品放入盛样器C，把C沿着漏斗长度等速倒入漏斗内，种子经过两组格子或凹槽分别流入两个盛接器内使每一边有同样的种子；把A和B的种子倒入C重新混合，空的盛样器A和B放在分样器两边，把C中的种子再次倒入漏斗中；对于易流动种子，重复上述步骤一次；对于带稃壳的种子，重复两

图16-5　横格式分样器

次。经过随机混合的种子，由盛样器C倒入漏斗，在分样器漏斗下有A和B，每一个含有混合样品的一半种子。把A中种子放入另一盛放器后再把A放在漏斗下，移去B，用空C来代替；倒B至漏斗，这样A有四分之一种子，C有四分之一种子；A移到另一混合样品盛放器中（通常有盖），把空盛样器A和B放在漏斗下；把C倒入漏斗中；继续上述过程，直至取得规定重量的送验样品为止。

2. 钟鼎式分样器

（1）**构造。**钟鼎式分样器也称为圆锥形分样器，由铜皮或铁皮制成。其构造由漏斗、圆锥体及一组把种子通向两个出口的档格、盛样器组成。这些档格形成相间的凹槽通向一个出口，空格则通向相对的出口。在漏斗底部有一个活门或开关以控制种子。当活门开放时，种子由于重力下落到正对活门中心的顶尖冲上的圆锥体上，从而均匀分布到圆锥体底部四周分布的凹槽及空格内，然后经过出口落到盛样器（盛接盘）内（图16-6）。

图16-6　钟鼎式分样器

钟鼎式分样器有两种类型，一种是适用于小粒种子（即小于小麦属的种子），有22个凹槽及22个空格，各宽7.9毫米，高406.4毫米，直径152.4毫米；另一种适用于大粒种子（等于或大于小麦种子），19个凹槽和19个空格，各宽25.4毫米，高812.8毫米，直径368.3毫米。

（2）**使用方法。**检查分样器和盛样器是否干净，同时确信分样器处于比较坚固的水平表面。把盛样器各放一边，称为盛样器A和B；把待分样品放入盛样器C，把C的种子放入漏斗，铺平，用手很快拨开活门，使种子迅速下落；把A和B的种子倒入C重新混合，空的盛样器A和B放在分样器两边，把C再倒入漏斗中；重复上述步骤2～3次使种子达到随机混合。

经过随机混合的种子，由盛样器C倒入漏斗，在分样器漏斗下有A和B，每一个含有混合样品的一半种子。把A中种子放入另一盛放器后再把A放在漏斗下，移去B，用空C来代替；倒B至漏斗，这样A有四分之一种子，C有四分之一种子；A移到混合样品盛放器中（通常有盖），把空盛样器A和B放在漏斗下；把C倒入漏斗中；继续上述过程，直至取得规定重量的送验样品为止。

3. 离心式分样器

（1）**构造。**离心分样器也称为精密分样器（Precision divider），通常用铬钢板制成，内部制造光滑，可防止任何种子样品附着在内部表面。此类分样器是应用离心力混和并把种子撒布在分离面上。分样时，种子向下流动，经过漏斗到达浅橡皮杯或旋转器内。由马达带动旋转器，种子即被离心力抛出落下。种子落下的圆周或面积由固定的隔板相等地分成两部分。因此，大约一半种子流到一个出口，其余一半流到另一出口（图16-7）。

图16-7　离心式分样器

（2）**使用方法。**调节分样器的脚，使其达到水平，同时核查分样器和四个盛样器（盛接器）是否干净。每一出口处放一盛样器；将全部样品倒入漏斗盒，当装入漏斗时，种子必须始终倒在中心；启动旋转器，使种子流入盛样器；取出装有种子的盛样器换上空盛样器，将两个盛样器内装有的种子一起倒入漏斗，这样种子会边倒入边自然混匀，再启动旋转器；重复上述步骤一次。取出装有种子的两个盛样器分别换上空盛样器，将其中一个装有种子的盛样器内的种子移到混合样品盛放器中（通常有盖），将另一个盛样器内的种子倒入漏斗，然后启动旋转器；重复上述程序，直至分得与规定重量相当的送验样品（或试验样品）为止。

第二节　室内种子质量检测仪器

一、净度分析仪器

净度分析的目的是通过对样品中净种子、其他植物种子和杂质三种成分的分析，了解种子批中洁净可利用种子的真实重量及其他植物种子及无生命杂质的种类和含量，为评价种子质量提供依据。进行净度分析时，试样称重后，通常是采用人工分析进行分离和鉴定，根据净种子定义的标准，将试样分成净种子、其他植物种子和杂质三种成分。为提高工作效率，降低误差，提高重演性，需要使用到一系列的仪器设备。

（一）净度分析台

种子净度分析台又称种子净度工作台，种子净度试验台，种子净度观察台。其大小无统一规格，也可依据客户要求定制。一般为全钢木结构，实芯理化板台面，配有超薄型导光板式白光冷光源（反射光可用于禾本科可育小花和不育小花的分离，以及线虫瘿和真菌体的检查）；偏振光防眩目透射观察平台（偏振光装置能完全滤除背景光源的干扰，可对种子、幼苗、植物叶片、菌落等细致观察检验，并适用于拍摄高质量的照片）；电动可调暗场。一般标配有5×、10×大直径活臂式照明放大镜（用于鉴定和分离小粒种子单位和碎片），手动计数器，数粒板。选配件有40×解剖镜，700万像素数码相机。此外，该功能可扩展性强，具有对种子外形评判，切片观察，病理分析，品种鉴定以及种子发芽，幼苗生长叶片分析，菌落计数、米质分析等综合功能（图16－8）。

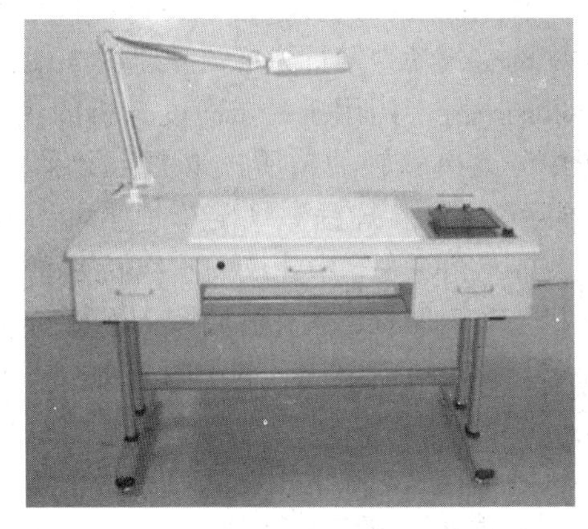

图16－8　净度分析台

（二）分样器

净度分析中常使用到的分样器为钟鼎式分样器、横格式分样器，根据需分样的种子类别选择使用。

（三）辅助器具

净度分析经常使用的辅助器具有：不同孔径的套筛（包括振荡器）、吹风机、甜菜复胚种子采用的筛子。

1. 套筛（包括振荡器）

净度分析时，可通过套筛（图16－9）对试样进行分离，以便客观地分离出杂质和其他植物种子，减轻分析工作量。筛理种子所用的套筛一般由上、下两层组成，上层为大孔筛，辅助手拣，分离净种子及大的破碎粒、杂质；下层为小孔筛，分离小粒、瘦粒及尘埃杂质（茎叶碎片、土壤、其他细小颗粒）。筛孔分为圆孔和长孔两种，圆孔筛是按种子宽度分离，用于圆形或近似于圆形种子的筛理，如油菜、玉米等；长孔筛是依种子厚度分离，用于长形或近似于长形种子的筛理，如小麦等。筛孔大小、形状应根据种子大小、形状决定（表16－3）。使用时选用筛孔适当的两层套筛（大孔筛的孔径大于所分析的种子，小孔筛的孔径略小于所

图16－9　套筛（包括振荡器）

分析的种子的 1/2)，按筛孔大小由上至下套好，再用筛底盒套在小孔筛的下面，长孔筛筛孔彼此要平行。将试样倒入上层筛，盖严后，手动或放置于电动筛选机上进行筛理 2 分钟，长孔筛要顺着筛孔方向筛理。筛理后将各层筛及底盒中的分离物分别倒在净度分析台上进行分析鉴定，分离出净种子、其他植物种子和杂质。

表 16-3 常用套筛的规格

作物种类	孔径（毫米）	孔型
玉米	5.5～6，4.8	圆孔
大豆	5，4.5	圆孔
小麦	1.5	长孔

2. 吹风机

种子吹风机又名风选净度仪，其是根据物质微粒在气流中的空气动力学行为（飘浮速度），运用微电子控制技术开发的一种专门用于种子净度分析的仪器。可从较重的种子中分离出较轻的杂质，如皮壳及禾本科牧草的空小花。《国际种子检验规程》规定草地早熟禾和野茅必须用此方法。GB/T3543.3 中建议的吹风机是指 South Dakota 型吹风机。其由风机、料杯、底座、连接筒、分离筒、杂物杯、上罩、调节风门组成。其中管道部分的材质为优质有机玻璃（图 16-10）。

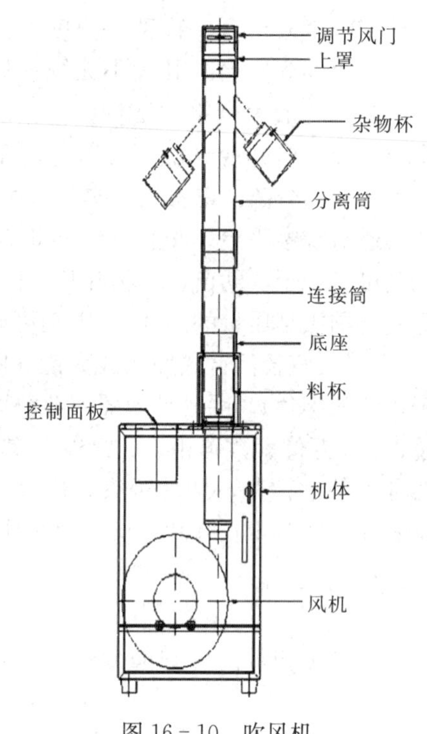

图 16-10 吹风机

种子吹风机在使用时，首先将待检测的样品放置在一个底部装有精密网眼的样品盒（料杯）中，将其推入料杯室内卡紧。打开底部风机，风将通过网眼输送至垂直风选管道中，调节风力旋钮（同时也可以调节垂直风选导管顶端的风门调整风力的大小)，选择合适的风力（风力大小调节至被检验样品被向上气流充分抛扬，而杂质恰被上面两层挡住后进入杂物杯为宜）并定时（最长时间为 10 分钟，在 0～10 分钟内可任意设置)，这样样品会被吹起且分为两部分，即轻质的杂质部分（收集于顶部杂物杯）和正常种子部分（收集于料杯中)。正常种子的重量与总重量的比即为该种子样品的净度。

3. 甜菜复胚种子采用的筛子

净种子的分离可借助于各种辅助器具的帮助，其中规定的辅助器具只有用于甜菜种子的选筛。鉴于甜菜复胚小粒种球可能没有发芽率，所以甜菜复胚种球要用 200 毫米×300 毫米的长方形筛，筛孔规格为 1.5 毫米×20 毫米的筛网，筛动 1 分钟后，留在筛上的才认为是净种子。但是，甜菜单胚品种不能采用选筛。

（四）观察器具

为了正确地鉴定和分离小粒种子单位和碎片，手持放大镜、双目体视显微镜是十分重要的。

1. 手持放大镜

手持放大镜是区别于台式放大镜的放大观察工具。其具有体积较小，方便随身携带的特点，在生活中的应用非常广泛。根据不同的使用场合及特点，可细分为带灯放大镜、高倍放大镜、阅读放大镜。在净度分析中常用到的手持放大镜放大倍数为 0.8×至 10×。

2. 双目体视显微镜

双目体视显微镜又称实体显微镜、立体显微镜、操作和解剖显微镜。较常规显微镜，其特点：视场直径大、焦深大，这样便于观察被检测物体的全部层面；虽然放大率（放大倍数一般在7×～42×，最大放大倍数为180×）不如常规显微镜，但其工作距离很长，像是正像立体的，便于实际操作。因此双目体视显微镜在用途上也最为广泛，主要应用于动物学、植物学、昆虫学、组织学、矿物学、考古学、地质学和皮肤病学等的研究。

其光学原理是由一个共用的初级物镜对物体成像，成像后的两个光束被两组中间物镜（也称变焦镜）分开，并组成一定的角度（称为体视角一般为12°～15°），再经各自的目镜成像。目镜的倍率变化是由改变中间镜组之间的距离而获得，利用双通道光路，且双目镜筒中的左右两光束不是平行，具有一定的夹角，为左右两眼提供一个具有立体感的图像（相当于两个单镜筒显微镜并列放置，两个镜筒的光轴相当于人们用双目观察一个物体时所形成的视角，以此形成三维空间的立体视觉图像）。

(1) **基本结构。**镜体中装有几组不同放大倍数的物镜。镜体的上端安装着双目镜筒，其下端的密封金属壳中安装着五组棱镜组，镜体下面安装着一个大物镜，使目镜、棱镜、物镜组成一个完整的光学系统。物体经物镜作第一次放大后，由五角棱镜使物像正转，再经目镜作第二次放大，使在目镜中观察到正立的物像。镜体架上还有粗调和微调手轮，用以调节焦距。双目镜筒上安装着目镜，目镜上有目镜调节圈，以调节两眼的不同视力。此外可根据实际的使用要求，选配丰富的附件，如若想得到更大的放大倍数可选配放大倍率更高的目镜和辅助物镜，可通过各种数码接口和数码相机、摄像头、电子目镜和图像分析软件组成数码成像系统接入计算机进行分析处理。照明系统有反射光、透射光照明，光源有卤素灯、环形灯、荧光灯、冷光源等（图16-11）。

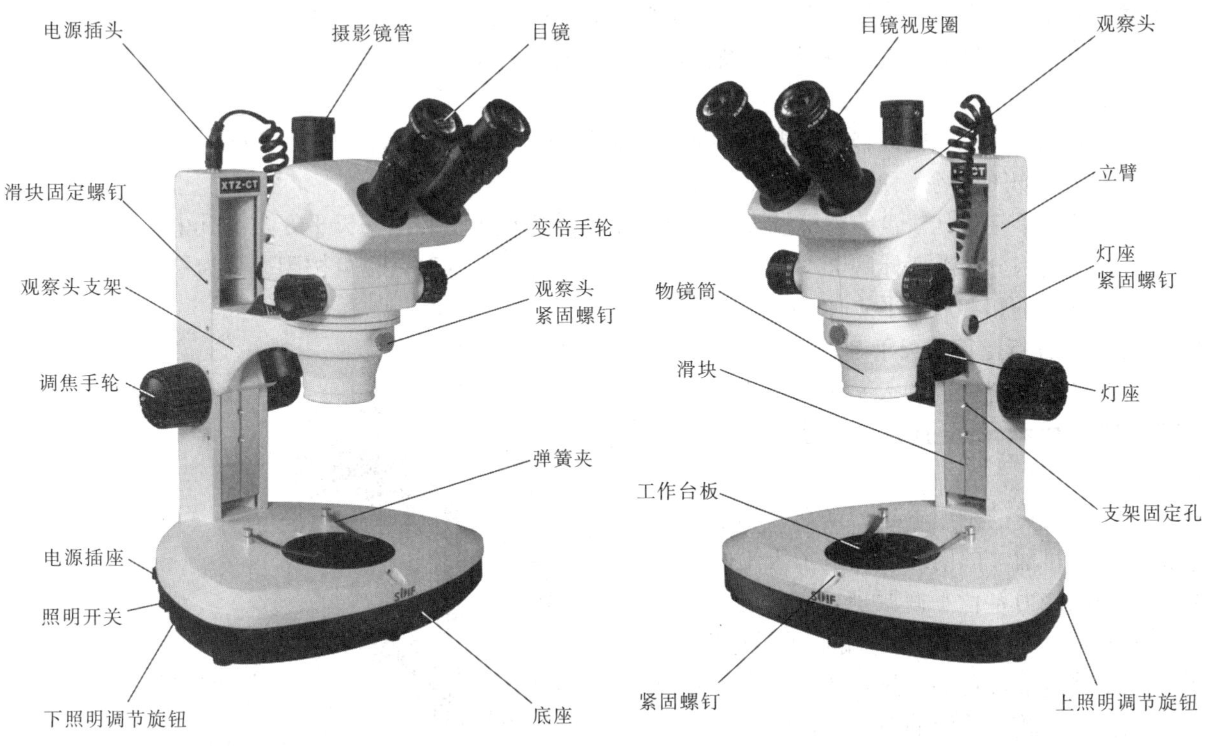

图16-11　双目体视显微镜（左、右侧）

(2) **使用。**使用前的调校：主要包括调焦，视度调节，瞳距调节和灯泡更换几个步骤。

调焦首先要将工作台板放入底座上的台板安装孔内。观察透明标本时，选用毛玻璃台板；观察不透明标本时，选用黑白台板。松开调焦滑座上的紧固螺钉，调节镜体的高度，使其与所选用的物镜放大倍数大体一致的工作距离。调好后，须锁紧紧固螺钉。调焦时，建议选用平面物体，如印有字符的平整纸张、直尺、三角板等。

视度调节要先将左右目镜筒上的视度圈均调至0刻线位置。通常情况下，先从右目镜筒中观察。将变倍手轮转至最低倍位置，转动调焦手轮和视度调节圈对标本进行调节，直至标本的图像清晰后，再把变倍手轮转至最高倍位置，继续进行调节直到标本的图像清晰为止，此时，用左目镜筒观察，如不清晰则沿轴向调节左目镜筒上的视度圈，直到标本的图像清晰为止。

瞳距调节通过扳动两目镜筒，改变两目镜筒的距离。当使用者观察视场中的两个圆形视场完全重合时，说明瞳距已调节好。应该注意的是由于个体的视力及眼睛的调节差异，因此，不同的使用者或即便是同一使用者在不同时间使用同一台显微镜时，应分别进行调整，以便获得最佳的观察效果。

灯泡更换方面，无论是更换上光源灯泡，还是更换下光源灯泡，在更换前，务必将电源开关关上，电源线插头一定要从电源插座上拔下。当更换上光源灯泡时，先拧出上光源灯箱的滚花螺钉，取下灯箱，然后从灯座上卸下坏灯泡，换上好灯泡，再把灯箱和滚花螺钉装上即可。当更换下光源灯泡时，需将毛玻璃台板或黑白台板，从底座上取出，然后从灯座上取下坏灯泡，换上好灯泡；再把毛玻璃台板或黑白台板装好即可。更换灯泡时，请用干净的软布或棉纱将灯泡玻壳擦拭干净，以保证照明效果。

经上述调节，显微镜从高倍变倍到低倍，整个像都在焦距上。观察同样的试样，不需要再调节显微镜的其他部件，只需要旋动变倍旋钮就可以轻松对试样进行变倍观察了。

（五）称量器具——天平

1. 天平的概念

天平即一种衡器，是一种等臂杠杆。由支点（轴）在梁的中心支着天平梁而形成两个臂，每个臂上挂着一个盘，其中一个盘里放着已知质量的物体，另一个盘里放待测物体，固定在梁上的指针在不摆动且指向正中刻度时的偏转就指示出待测物体的质量。

2. 天平的分类

狭义的天平专指双盘等臂机械天平，是利用等臂杠杆平衡原理，将被测物与相应砝码比较衡量，从而确定被测物质量的一种衡器。

广义的天平则包括双盘等臂机械天平、单盘不等臂机械天平和电子天平3类。其中双盘等臂机械天平一般按结构分为普通标牌天平、微分标牌天平和架盘天平3种，也可按用途分为检定天平、分析天平、精密天平和普通天平4种。

3. 净度分析使用的天平

目前净度分析常用的天平为电子天平（图16－12），其感量分别为0.1克、0.01克、0.001克和0.1毫克。

电子天平指的是用电磁力平衡被称物体重力的天平。目前，国内外生产电子天平的厂家普遍采用电磁力补偿平衡原理，实质也是一种杠杆平衡，只是在杠杆的一端采用了电磁力。其特点是称量准确可靠、显示快速清晰并且具有自动检测系统、简便的自动校准装置以及超载保护等装置。

图16－12　电子天平

（1）**电子天平的分类。**按电子天平的精度可分为以下几类：①超微量电子天平：超微量电子天平的最大称量是2～5克，其标尺分度值小于（最大）称量的10^{-6}。②微量电子天平：微量电子天平的称量一般在3～50克，其标尺分度值小于（最大）称量的10^{-5}，实际分度值是1微克。③半微量电子天平：半微量电子天平的称量一般在20～100克，其标尺分度值小于（最大）称量的10^{-5}，实际分度值为0.01毫克。④常量电子天平：常量电子天平的最大称量一般在100～200克，其标尺分度值小于（最大）称量的10^{-5}，实际分度值为

0.1毫克。⑤电子分析天平：电子分析天平是常量电子天平、半微量电子天平、微量电子天平和超微量电子天平的总称。⑥精密电子天平：精密电子天平是准确度级别为Ⅱ级的电子天平的统称，实际分度值为1毫克以下。

（注：Ⅰ级准确度是 $e \geq 1$ 毫克，检定分度数（$n = max/e$）大于50 000。Ⅱ级准确度是如果 e 在1～50毫克，检定分度数（$n = max/e$）最小100，最大10 000。如果 $e \geq 0.1$ 克，检定分度数（$n = max/e$）最小5 000最大10 000）。

(2) 电子天平的使用步骤。天平开机前，应观察天平后部水平仪内的水泡是否位于圆环的中央，否则通过天平的地脚螺栓调节，左旋升高，右旋下降。天平在初次接通电源或长时间断电后开机时，至少需要30分钟的预热时间。因此，实验室电子天平在通常情况下，不要经常切断电源。按下ON/OFF键，接通显示器，等待仪器自检，当显示器显示零时，自检过程结束，天平可进行称量；放置称量纸，按显示屏两侧的Tare键去皮，待显示器显示零时，在称量纸加所要称量的试剂称量；称量完毕，按ON/OFF键，关闭显示器。

(3) 电子天平的维护保养。主要有以下几方面：①将电子天平置于稳定的工作台上避免振动、气流及阳光照射。②在使用前调整水平仪气泡至中间位置。③电子天平应按说明书的要求进行预热。④称量易挥发和具有腐蚀性的物品时，要盛放在密闭的容器中，以免腐蚀和损坏电子天平。⑤经常对电子天平进行自校或定期外校，保证其处于最佳状态。⑥如果电子天平出现故障应及时检修，不可带“病”工作。⑦操作电子天平不可过载使用以免损坏。⑧若长期不用电子天平时应暂时收藏为好。

二、水分测定仪器

（一）天平

水分测定时使用感量到达0.001克的电子天平。

（二）样品盒

样品盒由金属（常用铝材）制成，并有一个合适的紧凑盖子，可使水分的吸收和散发降到最低限度。盒子基部边缘呈弧形、底部平坦、沿口水平（图16-13）。所用样品盒，要求样品在盒内的厚度每平方厘米不超过0.3克，盛放样品4.5～5.0克（建议铝盒规格为：直径4.6厘米，高2～2.5厘米）。盒与盖应当标相同的编码。使用之前，把样品盒预先烘干（130℃，1小时），并放在干燥器中冷却（为了检验是否达到恒重，建议重复两次，两次重复的重量相差不超过0.002克）。

图16-13 样品盒

（三）干燥箱

干燥箱有电热恒温干燥箱（电烘箱）和真空干燥箱（图16-14）。目前常用的是机械对流（强制通风）的电热恒温干燥箱，它主要由箱体（保温部分）、加热部分和恒温部分组成。箱体工作室内装有可移动的多孔铁丝网，顶部孔内插入200℃温度计，以测得工作室内的温度。用于测水分的电烘箱，应是绝缘性能良好，箱内各部位温度均匀一致，能保持规定的温度，加温效果良好，即在预热至所需温度后，放入样品，可在5～10分钟内回升到所需温度。烘箱温度控制范围为0～200℃或50～200℃。

（四）电动粉碎机

用于磨碎样品，常用的有滚刀式和磨盘式两种。要求用不吸湿的材料制成且结构密闭，粉碎样品时尽量避免室内空气的影响，转速均匀，不致使磨碎样品时发热而引起水分损失，可将样品粉碎至规定细度。粉碎机需备孔眼为0.50毫米，1.00毫米，4.00毫米的金属丝筛子（图16-15）。

（五）干燥器

用于冷却经过烘干的样品或样品盒。干燥器的盖与底座边缘涂上凡士林后密闭性能良好，打开干燥器时要将盖向一边推开。干燥器内需放干燥剂，一般使用变色硅胶，其吸湿率为31%。在未吸湿前呈蓝色，吸湿后呈粉红色，因此极易区分其是否仍有吸湿能力。吸湿后的变色硅胶可通过烘干将水分除去，以恢复吸湿性能（图16－16）。

图16－14　干燥箱　　图16－15　电动粉碎机　　图16－16　干燥器

（六）水分快速测定仪

1. 分类

种子水分快速测定仪可分为三类，即电阻式、电容式和微波式（图16－17）。各种类型都有多种型号仪器，使用方法也各不相同，以下介绍常用的电阻式和电容式水分测定仪。

图16－17　水分快速测定仪

（1）**电阻式水分测定仪**。测定原理：将种子放在电路中，作为一个电阻，在一定的范围内，种子水分高，溶解的物质增多，电离度增大，电流较大；反之，电流较小。但二者之间亦非完全直线关系。根据这个原理，可以测定种子水分。当种子水分太低或太高时，相当于断路或短路，仪器就不能测出。由于不同作物种子的化学组成不同，含有相同水分时，其自由水和束缚水的比例不同，溶解的可溶性物质多少不同，电阻不完全一致，所以操作前应先选择所测作物的特定表盘或按钮。样品电阻的大小同时受到待测样品温度的影响。当水分一定时，温度高，电离度增加，电阻降低，测定值偏高；反之，则低。一般仪器以20℃为准，高于或低于20℃时都要对读数进行校正，有些仪器已设定自动校正。

（2）**电容式水分测定仪**。测定原理：当被测种子样品放入水分测定仪传感器中时，组成电容的一部分，电容量的数值将取决于该样品的介电常数，而种子样品的介电常数主要随种子水分的高低而变化（空气的介电常数约为1，种子中干物质为10，水为81），因此，通过测定传感器的电容量，就可间接地按样品容量与水分的对应关系，测定被测样品的水分。

2. 使用水分快速测定仪应注意的问题

使用电子仪器测定水分前，必须和烘干减重法进行校对，以保证测定结果的正确性，并注意仪器性能的变化，及时校验。样品中的各类杂质应先除去，样品水分不可超出仪器量程范围，测定时所用样品量需符合仪器说明要求。

三、发芽试验仪器

（一）置床及数种设备

为了确保合理置床和提高发芽试验工作效率，可使用数种设备。目前使用的数种设备主要有活动数种板和真空数种器。必须注意的是，使用数种设备应确保置床的种子是从净种子中随机选取的。

1. 活动数种板

数种板由固定下板和活动上板组成。其板面大小刚好与所数种的发芽容器相适应。上板和下板均开有与欲数种子大小和形状相适应的 50 或 25 个孔。在其构造上，配有边框，以防种子四面散落，并在一边开有缺口，以使多余种子下落，固定下板有糟，使活动上板定位。数种板适用于大粒种子，如玉米、大豆、菜豆和脱绒棉子等种子的数种和置床（图 16－18）。

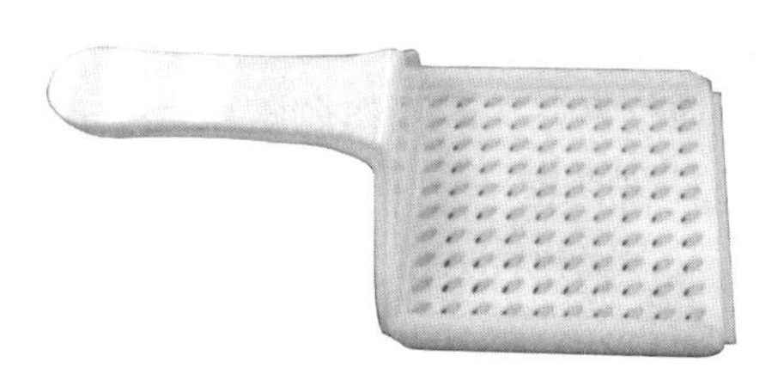

图 16－18　活动数种板

操作时，首先挑选与欲数种子类型相适应的数种板，然后移动活动上板，使上板与下板的数种孔错开，将种子散在板上，适当摇晃，使每孔恰好一粒种子，然后将板稍微倾斜，以除去多余的种子。进行核对，当所有孔装满了种子并每孔只有一粒种子时，将数种板放在发芽床上，移动上板，使上板孔与下板孔对齐，种子就落在发芽床的适当位置。

2. 真空数种器

通常由数种头、气流阀门、调压阀、真空泵和连接皮管等部分组成。数种头有圆形、方形和长方形，其数种头面积大小刚好与所用的培养皿或发芽盒的形状和大小相适应。其面板设有 100、50 或 25 个数种孔，其孔径大小也与种子类型相适应。真空数种器主要适用于小、中粒种子，如水稻、小麦种子的数种和置床（图 16－19）。

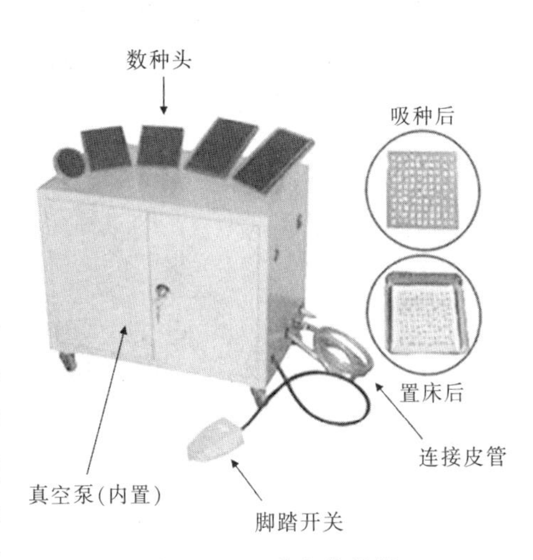

图 16－19　真空数种器

操作时，首先挑选与欲数取种子相适应的数种头，清理数种孔，使孔孔通气，然后调节球阀，使真空吸力恰好是每孔能吸住一粒种子。然后在未产生真空前，将种子均匀撒在数种头上，然后接通真空泵，倒去多余种子，并进行核对，使全部孔都放满种子，并使每个孔中只有一粒种子。然后将数种头倒转放在发芽床上，再解除真空，使种子按一定位置落在发芽床上。应避免将数种头直接嵌入种子，防止有选择选取重量较轻的种子。

（二）发芽培养设备

常用的发芽培养设备有发芽箱和发芽室之分。

1. 发芽箱

发芽箱是提供种子发芽所需的温度、湿度或水分、光照等条件的设备。发芽箱可分为两类：一类是干型的，只控制温度不控制湿度，其中又可分为恒温和变温两种；另一类是湿型的，既控制温度又控制湿度（图 16－20）。

目前常用的发芽箱多数属于干型，如光照变温发芽箱。它们有一个保温良好的箱体，箱的上下部分别设有加热系统和制冷系统，可根据发芽技术要求升温、降温。箱体后部装有鼓风机，箱内中间配有数层发芽架，箱体的内壁装有日光灯。其特点是可调节和控制温度和光照条件，是一种功能较为完备的发芽箱。在选用发芽箱时，应考虑以下因素：①控温可靠、准确、稳定，箱内上、下各部位温度均匀一致。②致冷致热能力强，变温转换要能在 1 小时内

图 16－20　发芽箱（左：干、右：湿）

完成。③光照度至少达到750～1 250勒克斯（勒克斯是照度的国际单位）。1流明（lm）的光通量均匀分布在1米^{2}面积上的照度，就是1勒克斯，即：1勒克斯=1流/米^2。流明，光通量的单位。发光强度为1坎德拉（cd）的点光源，在单位立体角（1球面度）内发出的光通量为1流明。④装配有风扇，通气良好。⑤操作简便等。设定发芽箱时，高温8小时光照，低温16小时黑暗。

2. 发芽室

发芽室也称人工气候室。可以认为是一种改进的大型发芽箱，其构造原理与发芽箱相似，只不过是容量扩大，在其四周置有发芽架。发芽室跟发芽箱一样，也有干型和湿型之分，干型发芽室内放置的发芽器皿须加盖保湿（图16－21）。

（三）发芽器皿

发芽器皿要求透明、保湿、无毒、有盖，具有一定的种子发芽和发育的空间，确保一定的氧气供应，使用前要清洗和消毒。可采用透明聚乙烯发芽盒（高度为5～10厘米），其容积可因种子大小而异。如供禾谷类中粒种子发芽的容积为10厘米×10厘米×5厘米，大豆、玉米等大粒种子发芽则可用15厘米×20厘米×8.5厘米的容积（图16－22）。

图16－21　发芽室

图16－22　发芽器皿

四、分子检测方法配套仪器

（一）样品贮藏设备

样品贮藏设备主要有低温低湿种子标样储藏箱和种子低温储藏库。此两种设备的区别仅是种子储藏的容积不同。其均由微电脑自动化设定控制箱（库）内温度、湿度、时间等指标，确保内部低温低湿，可通过LED数字屏显示内部温度、湿度，同时具有除霜，自动除湿，紫外杀菌（种子低温储藏库无此功能）等功能。制冷结构为风冷式（图16－23）。

图16－23　样品贮藏设备（箱、库）

（二）PCR 仪

1. 工作原理

PCR 仪可精准地控制温度和反应时间，在体外完成 DNA 的复制。将 DNA 加热至 90～95℃完成变性；冷却至 55～60℃将引物附着于模板 DNA 两端，完成退火；最后在 DNA 聚合酶的作用下加热至 70～75℃进行延伸，完成复制。

2. 分类

根据 DNA 扩增的目的和检测的标准，可以将 PCR 仪分为普通 PCR 仪，梯度 PCR 仪，实时荧光定量 PCR 仪，原位 PCR 仪四类。在此介绍常见的前三种。

（1）**普通 PCR 仪。**一次 PCR 扩增只能运行一个特定退火温度的 PCR 仪，称为普通 PCR 仪，也称为传统的 PCR 仪。如果要做不同的退火温度需要多次运行。其主要是简单的对目的基因的扩增（图 16－24）。

（2）**梯度 PCR 仪。**一次 PCR 扩增可以设置一系列不同的退火温度（通常有 12 种温度梯度），这样的 PCR 仪称为梯度 PCR 仪，外形与普通 PCR 仪相同。因为被扩增的不同 DNA 片段，其最适退火温度不同，通过设置一系列的梯度退火温度进行扩增，从而通过一次 PCR 扩增，就可以筛选出表达量高的最适退火温度，进行有效的扩增。主要用于研究未知 DNA 退火温度的扩增，这样节约成本的同时也节约了时间。梯度 PCR 仪，在不设置梯度的情况下也可以做普通 PCR 扩增（图 16－24）。

（3）**实时荧光定量 PCR 仪。**在普通 PCR 仪的基础上增加一个荧光信号采集系统和计算机分析处理系统，就成了荧光定量 PCR 仪。其 PCR 扩增原理和普通 PCR 仪扩增原理相同，只是 PCR 扩增时加入的引物是利用同位素、荧光素等进行标记，使用引物和荧光探针同时与模板特异性结合扩增。扩增的结果通过荧光信号采集系统实时采集信号，连接输送到计算机分析处理系统，得出量化的实时结果输出，故把这种 PCR 仪称为实时荧光定量 PCR 仪。实时荧光定量 PCR 仪有单通道，双通道和多通道之分。当只用一种荧光探针标记的时候，选用单通道，有多个荧光标记的时候用多通道。单通道也可以检测多荧光的标记的目的基因表达产物（图 16－25）。

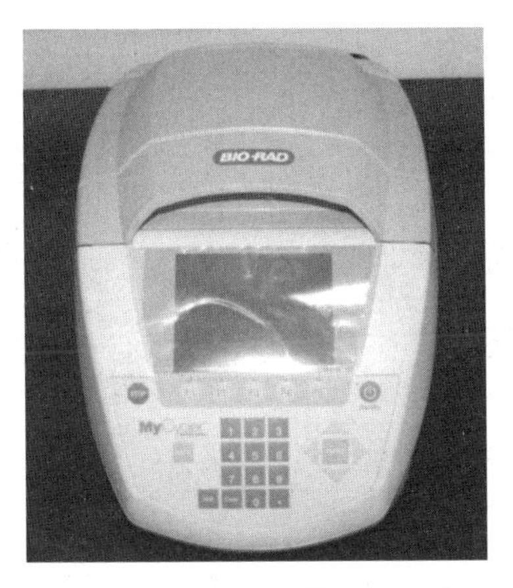

图 16－24　普通、梯度 PCR 仪

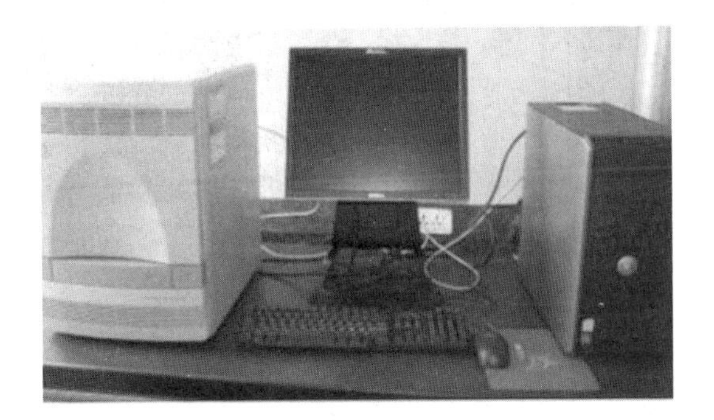

图 16－25　实时荧光定量 PCR 仪

（三）PCR 反应产物分析仪器

1. 传统电泳设备

传统电泳设备由电泳槽和电泳仪组成。

（1）**电泳槽。**电泳槽是凝胶电泳系统的核心部分。根据电泳的原理，凝胶都是放在两个缓冲腔之间，电场通过凝胶连接两个缓冲腔。缓冲液和凝胶之间的接触可以直接通过液体接触，也可以间接通过凝胶条或滤纸条。垂直板状电泳大多采取直接液体接触方式。这种方式可以有效地使用电场，但在装置设计上有一些困难，如液体泄漏，电安全和操作麻烦等问题。水平板状电泳槽大多通过间接方式，用凝胶或滤纸条搭接。电泳槽主要有以下几种类型：

圆盘电泳槽（图 16-26）：有上、下两个电泳槽和带有铂金电极的盖。上槽中具有若干孔，孔不用时，用硅橡皮塞塞住要用的孔，配以可插电泳管（玻璃管）的硅橡皮塞。电泳管的内径早期为 5～7 毫米，为保证冷却和微量化，现在则越来越细；长度早期为 65～70 毫米，为提高分辨率，现在则越来越长。

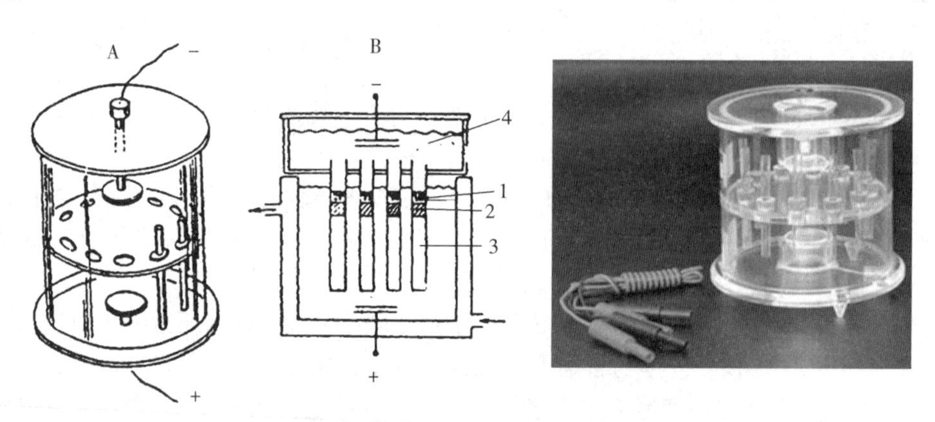

图 16-26　圆盘电泳槽（A 为正面，B 为剖面）

1. 样品　2. 浓缩胶　3. 分离胶　4. 电极缓冲液

垂直平板电泳槽（图 16-27）：垂直平板电泳槽的基本原理和结构与圆盘电泳槽基本相同。差别只在于制胶和电泳不在电泳管中，而是在两块垂直放置的平行玻璃板中间。与圆盘电泳相比，由于胶板面积大，易于冷却而提高了分辨率，且由于冷却均匀，使分离的区带平直。其较大的优点是可在同一块凝胶板上同时比较多个样品，而保证结果的准确和可靠。根据对凝胶板的冷却方式，垂直平板电泳槽可分成“开放式”和“封闭式”两种。前者是将载胶的玻璃板暴露在空气中，利用冷空气散热。后者是在电泳槽中装有热交换系统（如弯曲的玻璃管）与外循环水浴相连，用于带走电泳时在凝胶上产生的热。后者散热效果佳。

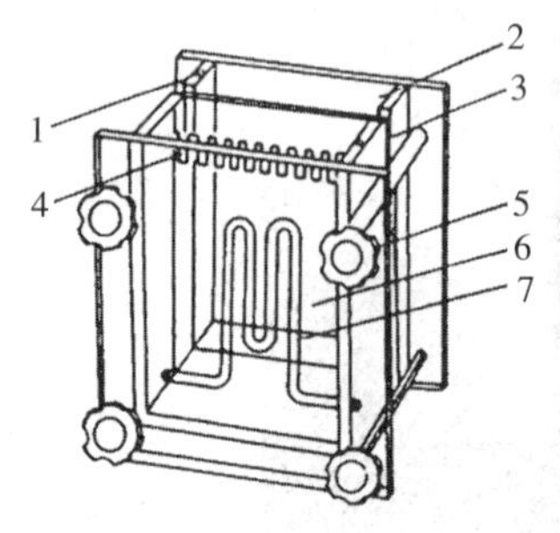

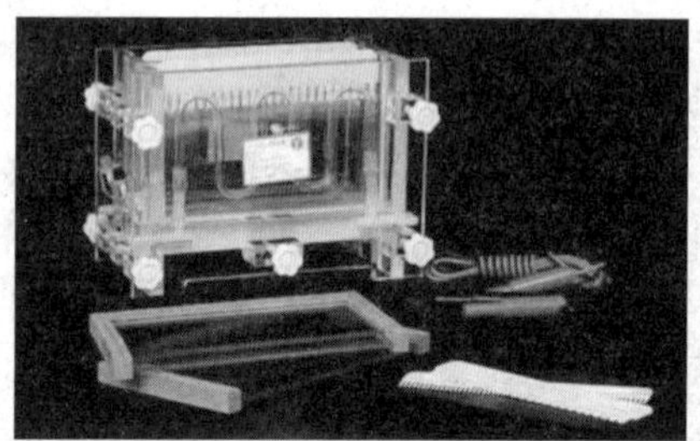
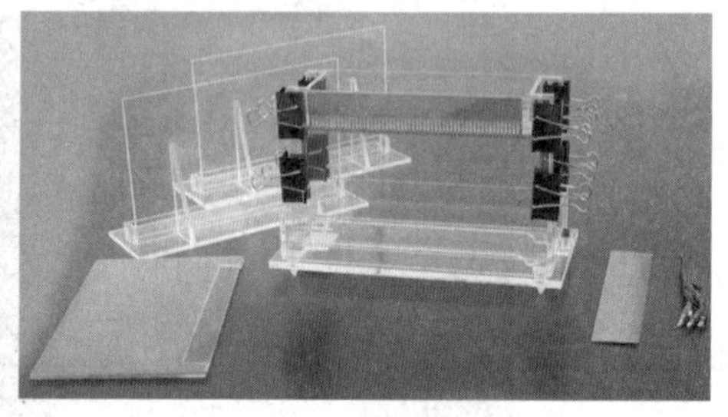

图 16-27　垂直平板电泳槽

1. 导线接头　2. 下贮槽　3. 凹形橡胶框　4. 样品槽模板　5. 固定螺丝　6. 上贮槽　7. 冷凝系统

水平电泳槽（图 16-28）：水平电泳槽的形状各异，但结构大致相同。一般包括电泳槽基座，冷却板和电极，有的还包括安全盖。

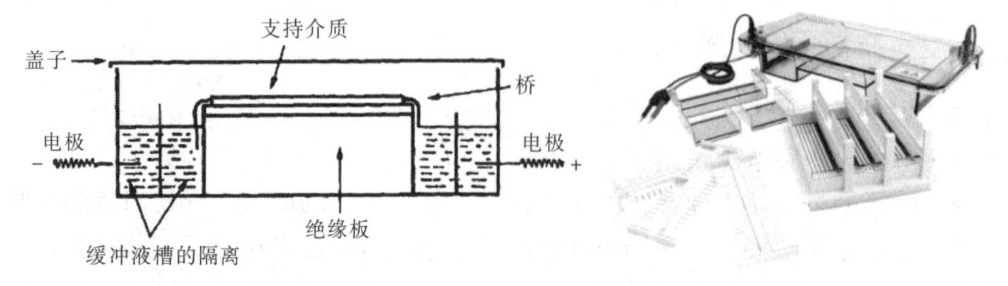

图 16-28　水平电泳槽

（2）电泳仪。电泳仪主要是用来提供电流，产生电场力带动分子运动，是提供（电泳）电压的设备。其可根据电泳的具体要求，设置恒定功率、电压、电流多种模式（图 16-29）。

2. 全自动基因分析仪 3 500xl

全自动基因分析仪 3 500xl 是建立在四色荧光标记技术的基础上，具有 DNA 测序、PCR 片段大小分析和定量分析功能，而且实现了全部操作自动化，包括自动灌胶、自动进样、自动数据收集分析。其采用毛细管电泳技术取代传统的聚丙烯酰胺凝胶平板电泳进行 DNA 测序分析，繁锁的灌胶和上样过程全部由泵和自动进样器完成。每次使用之前，只需把样品放到自动进样品的样品盘中，设置电泳参数、数据收集和分析参数即可。此外设备公司提供的凝胶高分子聚合物，包括 DNA 测序胶和 GeneScan 胶，凝胶颗粒孔径均一，避免了配胶条件不一致对测序精度的影响。它实现了 24 小时无需人工干预的全自动化运行，操作人员只需将装有待测样品的样品盘放置于工作平台上，自动移液器会将 24 个样品自动转移至进样孔中，实现一次分析 24 个样品。一次电泳结束后，仪器会自动进入下一轮循环，直至将所有待测样品分析完毕（图 16-30）。

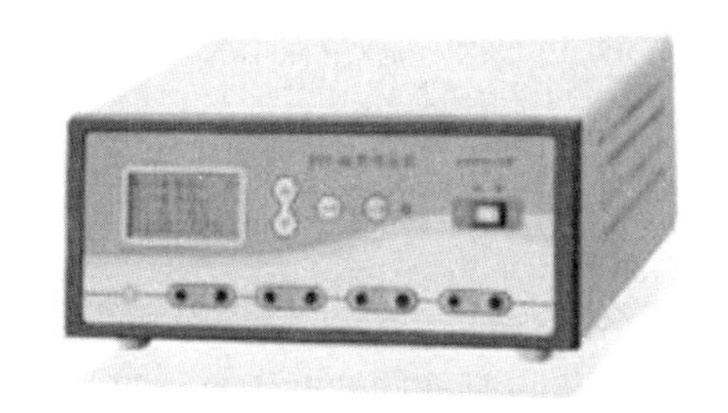

图 16-29　电泳仪

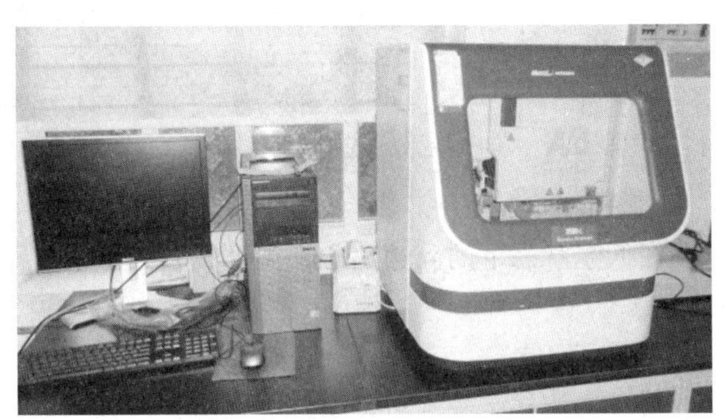

图 16-30　全自动基因分析仪 3 500xl

（四）辅助设备

1. 纯水仪

纯水仪是实验室检验用纯水的制取装置，提供所需的分析测试用水、试剂用水、实验用水及分析仪器用水。其采用人性化设计，全中文菜单 LCD 液晶显示，触摸开关，全面实现人机对话功能；配有超大容量储水箱，加快出水，停电停水可用；全自动电子控制，多重安全保护（停水、停电、水箱满水自动停机保护）；一机二用，实现实验室分质用水，即可制取纯水又能制取超纯水；滤芯使用寿命长，且更换简单，全部采用快接模式（图 16-31）。

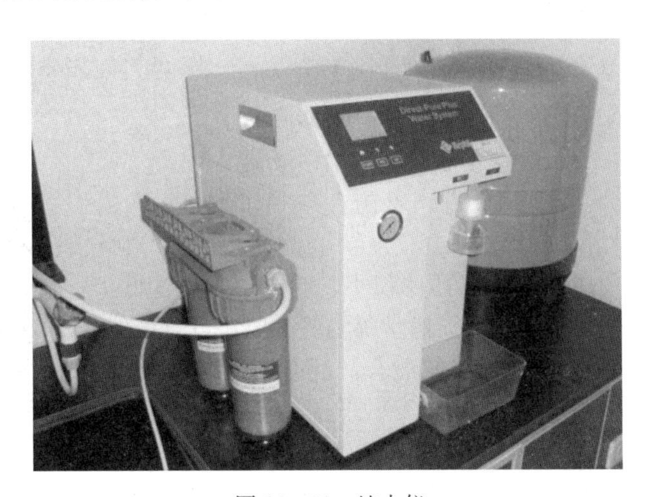

图 16-31　纯水仪

2. 研磨仪

利用快速旋转的刀头或高频振荡的钢珠将样品粉碎（图 16－32）。

3. 凝胶成像系统

内置荧光激发装置和数码相机，可实现琼脂糖凝胶电泳的成像和拍摄工作（图 16－33）。

图 16－32　研磨仪

图 16－33　凝胶成像系统

4. 高速冷冻离心机

实现在低温状态下的高速离心，温度、转速、时间均可单独设定。应用于分子检测相关环节（图 16－34）。

5. 移液器

移液器是生物化学实验室常用的小容量移取液体的设备。其优点是准确性和重复性强，耐用，维护简单，符合人体工程学原理，手感舒适，吸排液操作力轻，避免重复性肌劳损，退吸头力小，且支持高温灭菌（图 16－35）。可按以下情况分类：

图 16－34　高速冷冻离心机

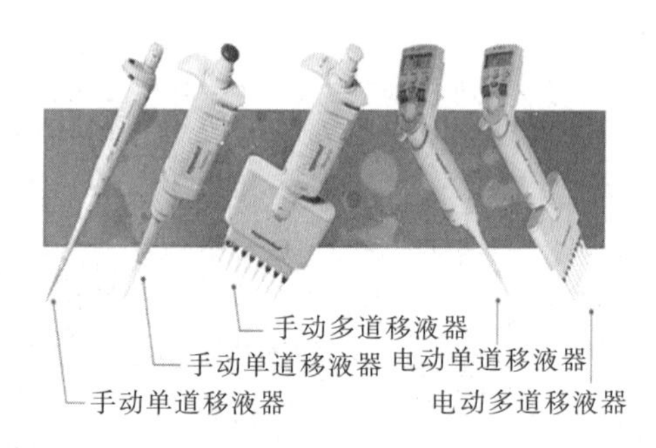

图 16－35　移液器

（1）按移液是否手动来分：手动移液器、电动移液器。

（2）按量程是否可调来分：固定移液器、可调移液器。

（3）按排出的通道来分：单道、8 道、12 道、96 道工作站。

6. 涡旋混合器

旋涡混合器具有结构简单可靠，仪器体积小，耗电省，噪音低等特点，广泛应用于生物化学，基因工程，医学等实验需要。可对液体、液固、固固（粉末）以高速漩涡形式快速混合，混合速度快、均匀、彻底（图 16－36）。

图 16－36　涡旋混合器

7. 液氮罐

液氮罐主要用于室内液氮的静置贮存，不宜在工作状态下作远距离运输使用，应避免剧烈的碰撞和震动（图 16－37）。

8. 水平摇床

由底座和托盘组成，托盘可在电机的带动下做水平圆周回转运动。可使放在托盘上的容器中的溶液做匀速搅拌（图 16－38）。

9. 胶片观察灯

箱体结构，采用日光灯管作为光源，可将染色后的胶板放置其上，方便观看（图 16－39）。

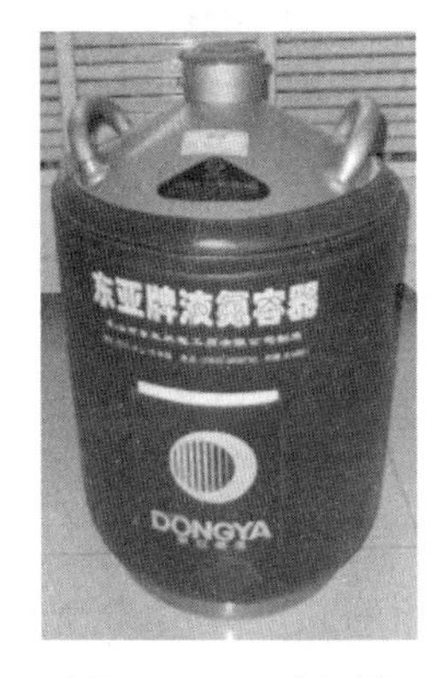

图 16－37　液氮罐

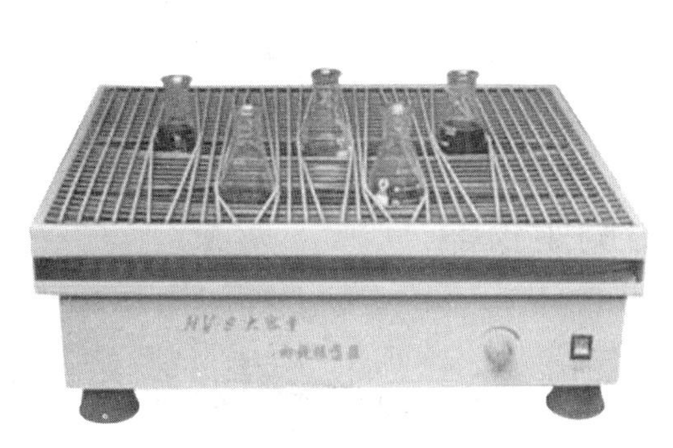

图 16－38　水平摇床

图 16－39　胶片观察灯

10. 磁力搅拌器

磁力搅拌器可搅拌或加热搅拌同时进行，适用于黏稠度不是很大的液体或者固液混合物。将待搅拌的液体放入容器中并置于搅拌器的载物平台上，将磁性搅拌子放入液体中，接通电源，当旋转底座产生磁场后，带动搅拌子成圆周循环运动从而达到搅拌液体的目的。配合温度控制装置，可以根据具体的实验要求控制并维持样本温度（图 16－40）。

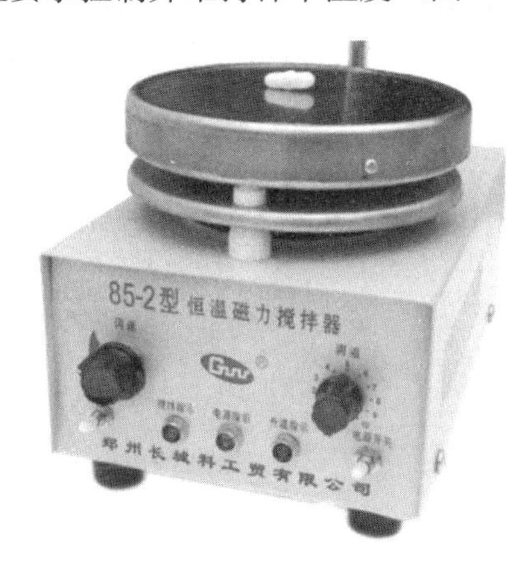

图 16－40　磁力搅拌器

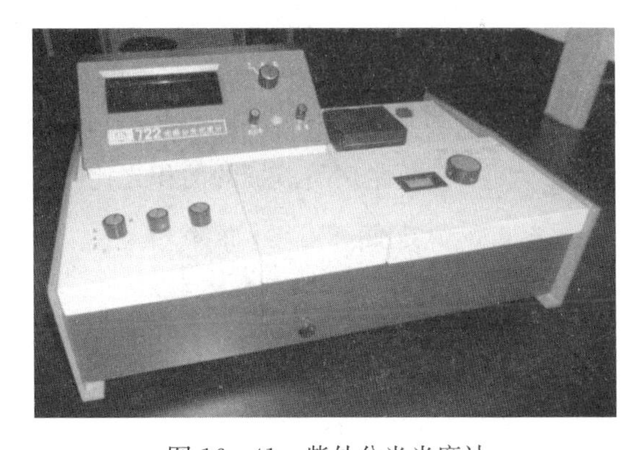

图 16－41　紫外分光光度计

11. 紫外分光光度计

用于测定所提取的 DNA 的质量，要求可以发射波长 260 纳米及 280 纳米的紫外光（图 16－41）。纯 DNA：$OD_{260}/OD_{280} \approx 1.8$（$>1.9$，表明有 RNA 污染；$<1.6$，表明有蛋白质、酚等污染）。

12. 酸度计

用于测量溶液的 pH（图 16－42）。

13. 水浴锅

水浴锅主要用于实验室中蒸馏、干燥、浓缩及温渍化学药品或生物制品，也可用于恒温加热和其他温度试验。其内水平放置不锈钢管状加热器，水槽的内部放有带孔的铝制搁板。上盖上配有不同口径的组合套圈，可适应不同口径的烧瓶。水浴锅左侧有放水管，右侧是电气箱，电气箱前面板上装有温度调节控制仪表、电源开关。电气箱内有电热管和传感器（图 16－43）。

图 16-42　酸度计

图 16-43　水浴锅

五、种子生活力和活力测定仪器

（一）生活力测定仪器

生活力（四唑）测定的仪器设备比较简单，主要仪器设备与发芽试验设备相同，可采用其设备，如发芽箱。此外观察器具与净度分析设备相同，如双目体视显微镜或手持放大镜。

（二）活力测定仪器

活力测定的方法很多，现就常见的仪器加以介绍：

1. 种子老化箱

种子老化箱又名种子老化试验箱，种子加速老化箱（图 16-44）。其为微电脑智能化温控显示，拥有自动示温湿度示警，漏电保护功能，可完成时间设置，控温精确可靠。采用双重门结构，内门采用钢化玻璃门，观察箱内情况时不影响温度。内为不锈钢工作室，加热精密，温度均匀，且断电后，仍能保持较长时间的恒温。内有温湿度探头，可实现精确控温及平衡加湿。整机配置中含老化盒。

2. 电导率仪

活力测定可用直流电或交流电直接读数的电导率仪（图 16-45），电极常数必须达到 1.0（电极常数是指电极板之间的有效距离与极板的面积之比）。

图 16-44　种子老化箱

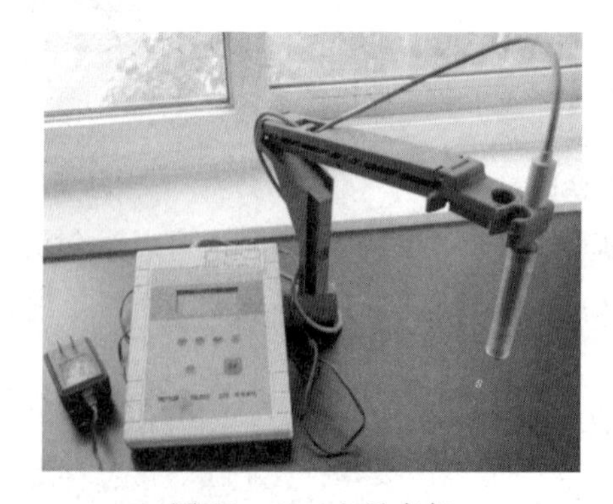

图 16-45　电导率仪

（1）**工作原理。**电导率是以数字表示溶液传导电流的能力。水的电导率与其所含无机酸、碱、盐的量有一定的关系，当它们的浓度较低时，电导率随着浓度的增大而增加，因此，该指标常用于推测水中离子的总浓度或含盐量。水溶液的电导率直接和溶解固体量浓度成正比，而且固体量浓度越高，电导率越大。高活力种子细胞膜完整性好，浸入水中后渗出的可溶性物质或电解质少，自然浸泡液的电导率低，反之亦然。

(2) 使用方法。

校正电极：电导率仪开始使用之前或经常使用一定时期（每隔两周）内，应对电极进行校正：标定液用 0.745 克分析纯氯化钾（在 150℃干燥 1 小时，称重前在干燥剂中冷却）溶入 1 升去离子水，配成 0.01 摩尔/升的氯化钾溶液。该溶液在 20℃下电导率仪的读数应是 1 273 微西/厘米。由于去离子水和蒸馏水本身存在着较低的电导率，溶液的测定值会略高（1～5 微西/厘米）。记录电导率仪读数。如果读数不准确，应调整或修理仪器。

检查仪器清洁度：每一测定日应随机从使用的每 10 个烧杯中选取 2 个，加入已知电导率的 250 毫升去离子水或蒸馏水，在 20℃下测定并记录电导率。如果烧杯中测定的电导率超过了放入水的电导率，这表明烧杯可能存在杂质或其他化学物质的痕迹或电极上次使用后未清洗干净。这一测定日应重新用去离子水或蒸馏水洗涤电极或烧杯，并从每 10 个烧杯中选取 2 个，加入 250 毫升去离子水或蒸馏水进行重新测定，直至达到读数没有差异为止。

准备电导率仪：试验前先启动电导率仪至少 15 分钟。每次测定前须用去离子水或蒸馏水冲洗电极。作为冲洗之用的去离子水电导率不应超过 2 微西/厘米或蒸馏水不超过 5 微西/厘米。

测定溶液电导率：先用去离子水或蒸馏水清洗电极，后用滤纸吸干，再用被测溶液清洗一次，把电极浸入被测溶液中，用玻璃棒搅拌溶液，使溶液均匀，读出溶液的电导率值。

六、种子健康测定仪器

（一）显微镜

显微镜是由一个透镜或几个透镜的组合构成的一种光学仪器，主要用于放大微小物体成为人的肉眼所能看到的仪器（图 16－46）。显微镜分光学显微镜和电子显微镜，净度分析中应用到的双目体视显微镜及种子健康测定中应用到的双目显微镜均为光学显微镜。光学显微镜可把物体放大 1 600 倍，分辨的最小极限达 0.1 微米。

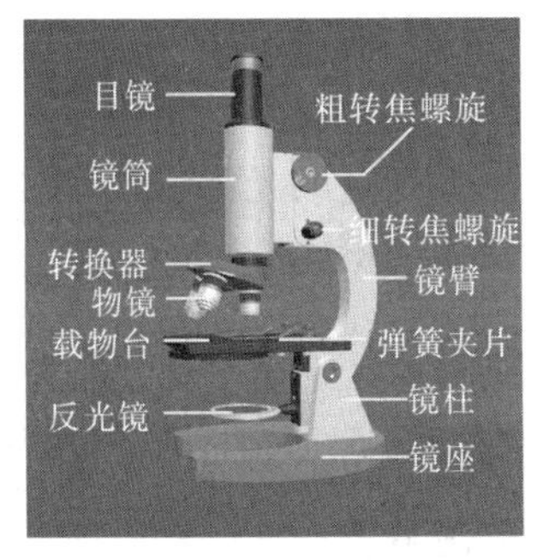

图 16－46　显微镜

光学显微镜的种类很多，主要有明视野显微镜（普通光学显微镜）、暗视野显微镜（具有暗视野聚光镜，从而使照明的光束不从中央部分射入，而从四周射向标本的显微镜）、荧光显微镜（以紫外线为光源，使被照射的物体发出荧光的显微镜）。

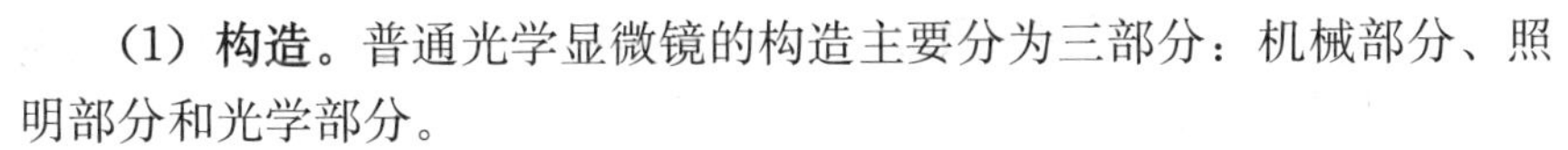

(1) 构造。普通光学显微镜的构造主要分为三部分：机械部分、照明部分和光学部分。

①机械部分包括：

镜座：是显微镜的底座，用以支持整个镜体。

镜柱：是镜座上面直立的部分，用以连接镜座和镜臂。

镜臂：一端连于镜柱，一端连于镜筒，是取放显微镜时手握部位。

镜筒：连在镜臂的前上方，镜筒上端装有目镜，下端装有物镜转换器。

物镜转换器：简称"旋转器"，接于棱镜壳的下方，可自由转动，盘上有 3～4 个圆孔，是安装物镜部位，转动转换器，可以调换不同倍数的物镜，当听到碰叩声时，方可进行观察，此时物镜光轴恰好对准通光孔中心，光路接通。转换物镜后，不允许使用粗调节器，只能用细调节器，使像清晰。

镜台（载物台）：在镜筒下方，形状有方、圆两种，用以放置玻片标本，中央有一通光孔，我们所用的显微镜其镜台上装有玻片标本推进器（推片器），推进器左侧有弹簧夹，用以夹持玻片标本，镜台下有推进器调节轮，可使玻片标本作左右、前后方向的移动。

调节器：是装在镜柱上的大小两种螺旋，调节时使镜台作上下方向的移动。大螺旋称"粗调节器”（粗准焦螺旋），移动时可使镜台作快速和较大幅度的升降，所以能迅速调节物镜和标本之间的距离使物象呈现于视野中，通常在使用低倍镜时，先用粗调节器迅速找到物象。小螺旋称“细调节器”（细准焦螺旋），移动时可使镜台缓慢地升降，多在运用高倍镜时使用，从而得到更清晰的物象，并借以观察标本的不同层次和不同深度的结构。

②照明部分（装在镜台下方）包括：

反光镜：装在镜座上面，可向任意方向转动，它有平、凹两面，其作用是将光源光线反射到聚光器上，再经通光孔照明标本，凹面镜聚光作用强，适于光线较弱的时候使用，平面镜聚光作用弱，适于光线较强时使用。

集光器（聚光器）：位于镜台下方的集光器架上，由聚光镜和光圈组成，其作用是把光线集中到所要观察的标本上。“聚光镜”由一片或数片透镜组成，起汇聚光线的作用，加强对标本的照明，并使光线射入物镜内，镜柱旁有一调节螺旋，转动它可升降聚光器，以调节视野中光亮度的强弱。“光圈”在聚光镜下方，由十几张金属薄片组成，其外侧伸出一柄，推动它可调节其开孔的大小，以调节光量。

③光学部分包括：

目镜：装在镜筒的上端，通常备有2～3个，上面刻有5×、10×或15×符号以表示其放大倍数，一般装的是10×的目镜。

物镜：装在镜筒下端的旋转器上，一般有3～4个物镜，其中最短的刻有“10×”符号的为低倍镜，较长的刻有“40×”符号的为高倍镜，最长的刻有“100×”符号的为油镜（油镜头上常刻有黑色环圈，或“油”字）。

显微镜的放大倍数是物镜的放大倍数与目镜的放大倍数的乘积。显微镜目镜长度与放大倍数呈负相关，物镜长度与放大倍数呈正相关。

（2）使用。

①基本要求：利用自然光源镜检时，最好用朝北的光源，不宜采用直射阳光；利用人工光源时，宜用日光灯的光源；镜检时身体要正对实验台，采取端正的姿态，两眼自然张开；镜检时载物台不可倾斜；镜检时应将标本按一定方向移动视野，直至整个标本观察完毕，以便不漏检，不重复。

②光线要求：一般情况下，染色标本光线宜强，无色或未染色标本光线宜弱；低倍镜观察光线宜弱，高倍镜观察光线宜强。

③取镜和放置：显微镜平时存放在柜或箱中，用时从柜中取出，右手紧握镜臂，左手托住镜座，将显微镜放在自己左肩前方的实验台上，镜座后端距桌边7厘米为宜，便于操作。

④对光：用拇指和中指移动旋转器（切忌手持物镜移动），使低倍镜对准镜台的通光孔（当转动听到碰叩声时，说明物镜光轴已对准镜筒中心）；拨动反光镜（光源强时用平面，较暗时用凹面），调节聚光器及光圈（需要强光时，将聚光器提高，光圈放大；需要弱光时，将聚光器降低，或光圈适当缩小）至视野最亮无阴影。

⑤玻片标本放置：取一玻片标本放在镜台上，一定使有盖玻片的一面朝上，切不可放反，用压片夹夹住，然后移动玻片，将所要观察的部位调到视野范围内。

⑥低倍镜的使用：转动旋转器至低倍镜，以左手按逆时针方向转动粗准焦螺旋，使镜筒缓慢地下降至物镜距标本片约5毫米处，应注意在下降镜筒时，切勿在目镜上观察。一定要从右侧看着镜筒下降，以免下降过多，造成镜头或标本片的损坏。然后，两眼同时睁开，在目镜上观察，左手顺时针方向缓慢转动粗准焦螺旋，使镜筒缓慢上升，直到视野中出现清晰的物象为止。如果物象不在视野中心，可移动玻片，将所要观察的部位调到视野范围内。（注意移动玻片的方向与视野物象移动的方向是相反的）。如果视野内的亮度不合适，可通过调整光圈的大小来调节。

⑦高倍镜的使用：一定要先在低倍镜下把需进一步观察的部位调到中心，同时把物象调节到最清晰的程度，才能进行高倍镜的观察；转动转换器，调换上高倍镜头（转换高倍镜时转动速度要慢，并从侧面进行观察防止高倍镜头碰撞玻片，如高倍镜头碰到玻片，说明低倍镜的焦距没有调好，应重新

操作）；转换好高倍镜后，在目镜上观察，此时一般能见到一个不太清楚的物象，可将细调节器的螺旋逆时针移动约 0.5～1 圈，即可获得清晰的物象（切勿用粗调节器）；如果视野的亮度不合适，可用集光器和光圈加以调节；如果需要更换玻片标本时，必须顺时针（切勿转错方向）转动粗调节器使镜台下降，方可取下玻片标本。

⑧油镜的使用：使用油镜观察时，需加香柏油。因为油镜需要进入镜头的光线多，但油镜的透光孔最小，这样进入的光线就少，物体不易看清楚。同时又因自玻片透过的光线，由于介质（玻片-空气-物镜）密度（玻片：n=1.52，空气：n=1.0）不同而发生了折射散光，因此射入镜头的光线就更少，物体更看不清楚。于是采用一种和玻片折光率相接近的介质如香柏油，加于标本与玻片之间，使光线不通过空气，这样射入镜头的光线就较多，物象就看得清楚。

首先将光线调至最强程度（聚光器提高，光圈全部开放）；转动粗调节器使镜筒上升，滴香柏油 1 小滴（不要过多，不要涂开）于物镜正下方标本上；转动物镜转换器，使油镜头于镜筒下方；俯身镜旁侧面在肉眼的观察下，转动粗调节器使油镜头徐徐下降浸入香柏油内，轻轻接触玻片为止；慢慢转动粗调节器，使油镜头徐徐上升至见到标本的物象为止；转动微调节器，使视野物象达到最清晰的程度；标本观察完毕后，转动粗调节器将镜筒升起，取下标本玻片。立即用擦镜纸将镜头上的香柏油擦净。

（二）霉菌培养箱

霉菌培养箱是适合培养霉菌等真核微生物的试验设备，因为大部分霉菌适合在室温（25℃）下生长，且在固体基质上培养时需要保持一定的湿度，所以一般的霉菌培养箱由制冷系统，制热系统，空气加湿器，培养室，控制电路，操作面板等部分组成，并使用温度传感器和湿度传感器来维持培养室内的温度和湿度的稳定。有些特殊的霉菌培养箱还可以设定温度湿度随培养时间变化。最好配置两根近紫外灯管（图 16－47）。

图 16－47　霉菌培养箱

（三）高压灭菌锅

高压灭菌锅又名高压蒸汽灭菌锅，可分为手提式灭菌锅和立式高压灭菌锅。利用电热丝加热水产生蒸汽，并能维持一定压力的装置。主要由一个可以密封的桶体、压力表、排气阀、安全阀、电热丝等组成。适用于对医疗器械、敷料、玻璃器皿、溶液培养基等进行消毒灭菌（图 16－48）。

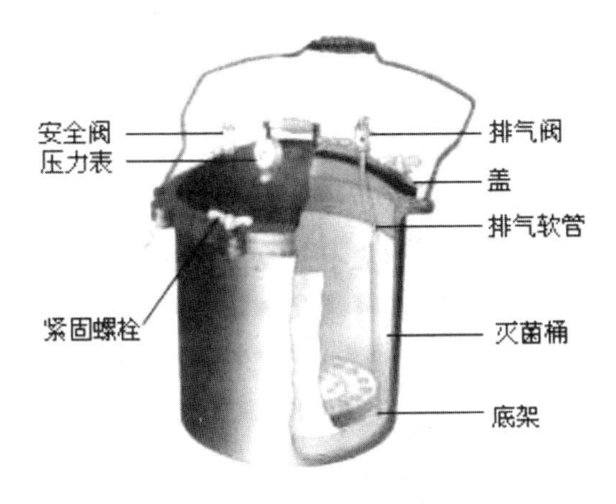

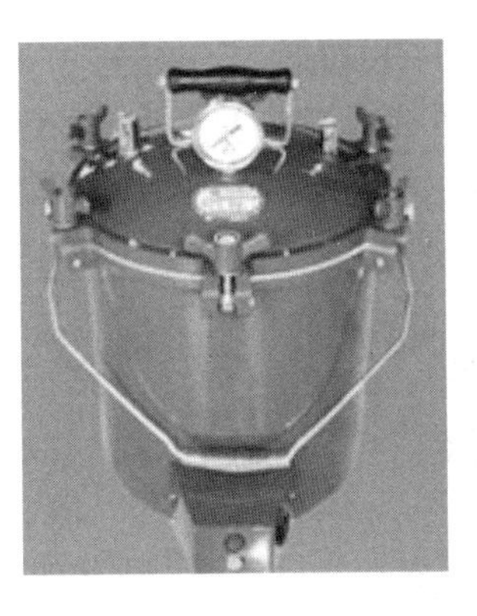

图 16－48　高压灭菌锅

1. 使用方法

在外层锅内加适量的水，将需要灭菌的物品放入内层锅，盖好锅盖并对称地扭紧紧固螺栓。加热使锅内产生蒸气，当压力表指针达到33.78千帕时，打开排气阀，将冷空气排出，此时压力表指针下降，当指针下降至零时，即将排气阀关好。继续加热，锅内蒸气增加，压力表指针又上升，当锅内压力增加到所需压力时，将火力减小，按所灭菌物品的特点，使蒸气压力维持所需压力一定时间，然后将灭菌器断电或断火，让其自然冷却后再慢慢打开排气阀以排除余气，然后才能开盖取物。

2. 使用注意事项

待灭菌的物品放置不宜过紧；必须将冷空气充分排除，否则锅内温度达不到规定温度，影响灭菌效果；灭菌完毕后，不可放气减压，否则瓶内液体会剧烈沸腾，冲掉瓶塞而外溢甚至导致容器爆裂。须待灭菌器内压力降至与大气压相等后才可开盖；有微电脑自动控制的高压蒸气灭菌锅，只需放去冷气后，仪器即可自动恒压定时，时间一到则自动切断电源。

七、种子质量检测高精尖仪器设备

（一）Zephyr核酸提取工作站

Zephyr核酸工作站是专业的核酸实验室自动化样品处理设备（图16-49）。

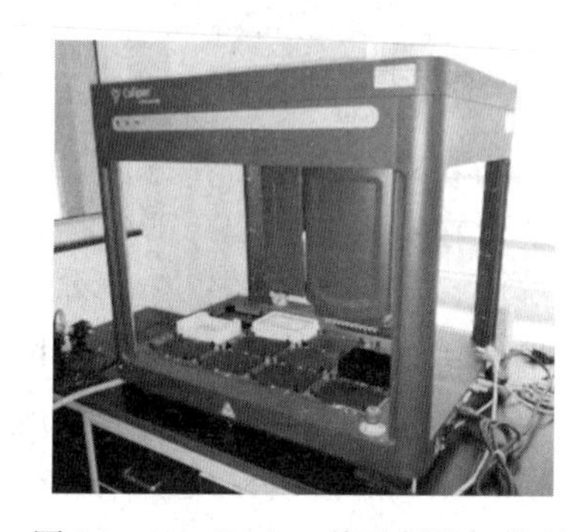

图16-49 Zephyr核酸提取工作站

1. 适用范围

核酸抽提；各种PCR、测序等反应的体系构建；PCR及测序产物纯化；新一代测序仪的样品制备；血凝抑制实验、ELISA实验的自动化；各种样品管理工作如梯度稀释、浓度均一化、Cherry Picking等；其他各种实验室液体处理工作。

2. 性能特点

（1）**精准。**1～200微升加样量程（1～5微升Cv<5%，5～200微升Cv<2%）；使用100微升或200微升一次性tip，杜绝交叉污染；机械臂定位精度高，可实现各种精细的加样及移液分液动作。

（2）**功能强大。**灵活多样的液体处理能力（可实现单道、8道、12道、乃至96道同步的移液分液）；配备抓板机械手（用于微孔板及其他耗材或功能组件的堆叠、转移，开关板盖及持盖）；更可配备其他功能模块，如负压抽滤、磁力支架、温控、振荡、条码识别、储板器乃至第三方外设，以实现各种基因组、蛋白组、细胞学、免疫学以及药物研发实验流程的自动化及高通量。

（3）**经济、实用、安全。**12个标准板位的工作平台，设计紧凑，可通过耗材堆叠增加有效通量；兼容各种96孔及384孔板、PCR排管、Eppendorf管及试剂池；试剂耗材完全开放，可配合各主流厂商的试剂达成相应实验的自动化；配备紧急终止按钮，并可加配安全防护罩及HEPA装置。

（二）超微量核酸定量分析仪

又名超微量分光光度计（图16-50）。

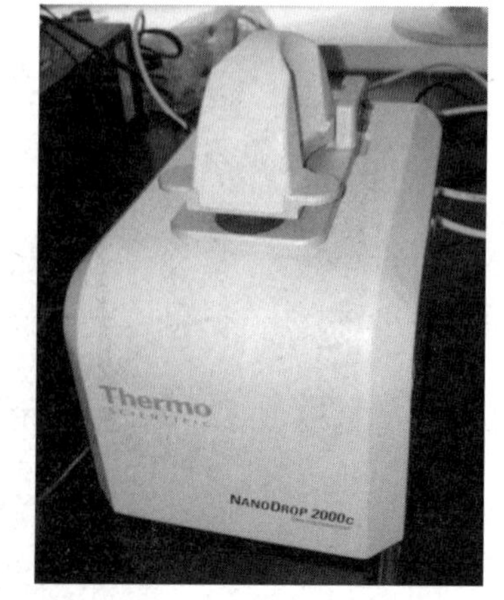

图16-50 超微量核酸定量分析仪

1. 工作原理

在基座上包埋一根光纤（接受光纤），用移液器把样品（1～2微升）加到检测基座上，第二根光纤（光源光纤）放下来与液体样本接触，应用液体表面张力来把样本保留在两根检测光纤中间，在两根光纤末端形成液柱。由一个脉冲氙灯作为光源，使用一个线性 CCD 阵列来检测通过液体的光信号。所得试验数据，以 workbook（*.twbk）文件形式保存在特定软件中。

2. 较传统分光光度计的优势

可以检测 0.5～2 微升的样本，且具有非常高的准确性和重复性；高浓度样本可以不用稀释，最高浓度是标准比色皿的 200 倍；检测迅速，仅需 3 秒钟；具有检测孔或比色杯两种模式，适合检测各种类型的样本，包括易挥发性物质的检测；检测范围更加宽泛，2～15 000 纳克/微升（双链 DNA）；内置比色杯，可进行实时动力学曲线研究，或者 OD_{600} 细胞浓度的测量。

（三）SNP 芯片检测系统

SNP 芯片检测系统由芯片、扫描仪、和分析软件组成（图 16－51）。

图 16－51　SNP 芯片检测系统

1. 芯片原理可以参阅链接

http：//www.cnblogs.com/think-and-do/p/6611334.html

2. 应用范围

全基因组关联研究（Genome-Wide Association Studies，GWAS）。GWAS 是一种对全基因组范围内的常见遗传变异基因（单核苷酸多态性 SNP 和拷贝数变异 CNV）总体关联分析的方法，能够对疾病进行轮廓性概览，适用于许多疾病相关基因以及生物学标记的研究。可最多完成 110 万位点/芯片，准确度和成功率>0.99。全基因组甲基化分析和 CNV 分析，以及基因分型和全基因组表达谱分析。

3. 优势

检测通量很大，一次可以检测几十万到几百万个 SNP 位点；检测准确性很高，准确性可以达到 99.9%以上；检测的费用相对低廉，大约一个 90 万位点的芯片（每个样本的）检测费用在 1 000～2 000 人民币。

（四）LabChip GX 生物大分子分析仪

LabChip 意为“芯片上的实验室”（Lab-on-Chip），该概念自 1990 年被提出以来，已有了长足的发展，被认为是生命科学分析设备的未来发展方向。其核心是通过集成化、微型化的设备，实现分析速度的提高、样品与试剂消耗的极大降低、以及由于整个实验流程的标准化、自动化而带来的更好的数据准确性与重现性，从而使得更高通量、更低成本的研究乃至家庭化的应用与普及成为可能。“LabChip GX 生物大分子分析仪”以其高质量的数字化数据、强大的分析功能、数十数百倍于传统技术的速度、全面的试剂耗材及认证配套、简便的操作、安全可靠的性能，无疑将使传统的手工一维电泳（如：琼脂糖及 SDS-PAGE 电泳是目前生命科学研究中使用最广泛、不可或缺的技术之一，但同时具有数据不标准、规范的特点）成为历史（图 16－52）。

图 16－52　LabChip GX 生物大分子分析仪

性能特点居多。其应用范围较广，适用于 DNA、RNA 及蛋白质的定性及定量分析，并有进一步扩展的空间。高质量的数字化实验结果。准确性、重现性、灵敏度、分辨率、定量线性范围均优于传统一维电泳。分析速度。可达 28 秒/样品，包括进样、分离、检测、分析及管路系统清洗全过程。操作简便，自动化程度高。灌胶、上样、染色、脱色、成像、分析全部自动化完成，并实时给出实验结果。通量高而灵活，每次可分析 1～384 个样本。低消耗，低至纳升级的样品消耗，且一张芯片可重复使用数百上千次。软件功能强大。提供峰图、胶图及数据表格；可对不同批次乃至不同实验室间的数据进行平行比对；具备过滤功能，用于快速筛选或比对具备特定条带特征的样品；RNA 样品更可提供综合质量评分及多项具体评估参数。标准化。软件符合 FDA 21CFR Part11，可提供 4Q 认证，符合 GLP、GCP、GMP 要求。拓展性强。可与实验室液体处理工作站整合以达成全自动无缝衔接的核酸或蛋白样品制备检测流程。设计紧凑，节省实验室空间。

八、办公自动化

扦样软件将传统的纸质扦样单电子化（图 16－53），其优势有：提高扦样效率，降低劳动强度；降低出错率；可将扦样信息、包装袋、标签直接录入数据库，便于管理和分析；可连接便携式打印机，实现现场打印扦样单，快捷、统一、美观；可直接连接互联网，实现远程数据共享。

图 16－53　扦样软件

图书在版编目（CIP）数据

北京市农作物种子管理教程 / 赵山普主编. —2 版.
—北京：中国农业出版社，2017.12
ISBN 978-7-109-23457-4

Ⅰ.①北… Ⅱ.①赵… Ⅲ.①作物—种子—管理—北京—教材 Ⅳ.①S339.2

中国版本图书馆 CIP 数据核字（2017）第 259693 号

中国农业出版社出版
（北京市朝阳区麦子店街 18 号楼）
（邮政编码 100125）
文字编辑 谢志新
责任编辑 张丽四

北京通州皇家印刷厂印刷 新华书店北京发行所发行
2017 年 12 月第 1 版 2017 年 12 月北京第 1 次印刷

开本：720mm×960mm 1/16 印张：24.75
字数：736 千字
定价：110.00 元